中文版 AutoCAD 2020 建筑设计全套图纸绘制大全

麓山文化　编著

机械工业出版社

本书主要介绍使用中文版 AutoCAD 2020 绘制全套建筑图纸的方法和技巧。

全书共 3 篇 21 章，第 1 篇为基础入门篇（第 1 章~第 4 章），主要讲解建筑设计的基本制图规范和 Auto CAD 2020 的基本知识、基本操作和二维图形的绘制和编辑等；第 2 篇为居住建筑篇（第 5 章~第 12 章），分别以别墅和住宅楼为例，讲解了居住建筑的建筑施工图、结构施工图、电气施工图、给水排水施工图的绘制方法和技巧；第 3 篇为公共建筑篇（第 13 章~第 21 章），分别以商场、厂房和办公楼建筑为例，讲解了公共建筑的平面图、立面图、剖面图、详图等绘制方法和技巧。

本书内容严谨，讲解透彻，实例紧密联系建筑工程实际，具有较强的专业性和实用性，特别适合读者自学和大、中专院校师生作为教材和参考书，同时也适合从事建筑设计的工程技术人员学习和参考之用。

图书在版编目（CIP）数据

中文版AutoCAD 2020建筑设计全套图纸绘制大全/麓山文化编著.—北京：机械工业出版社，2020.9

ISBN 978-7-111-65868-9

Ⅰ.①中… Ⅱ.①麓… Ⅲ.①建筑制图－计算机辅助设计－AutoCAD软件 Ⅳ.①TU204

中国版本图书馆 CIP 数据核字(2020)第 109314 号

机械工业出版社（北京市百万庄大街 22 号 邮政编码 100037）
责任编辑：曲彩云　　责任校对：刘秀华　　责任印制：郜　敏
北京中兴印刷有限公司印刷
2021 年 1 月第 1 版第 1 次印刷
184mm×260mm · 28 印张 · 691 千字
标准书号：ISBN 978-7-111-65868-9
定价：99.00 元

电话服务　　网络服务
客服电话：010-88361066　　机 工 官 网：www.cmpbook.com
010-88379833　　机 工 官 博：weibo.com/cmp1952
010-68326294　　金 书 网：www.golden-book.com
封底无防伪标均为盗版　　机工教育服务网：www.cmpedu.com

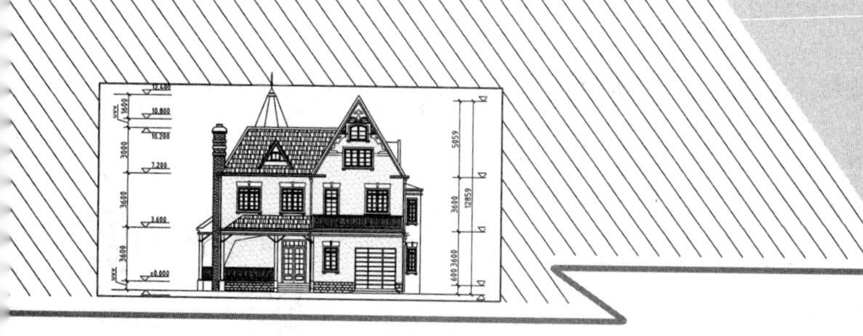

前言

AutoCAD 是美国 Autodesk 公司开发的专门用于计算机绘图和设计工作的软件。自 20 世纪 80 年代 AutoCAD 公司推出 AutoCAD R1.0 以来，由于其具有简便易学、精确高效等优点，深受广大工程设计人员的青睐。迄今为止，AutoCAD 历经了十余次的扩充与完善，新发布的 AutoCAD 2020 中文版极大地提高了二维绘图功能的易用性和三维建模功能。

■ 编写目的

鉴于 AutoCAD 强大的功能，我们力图编写一本全方位讲解 AutoCAD 在建筑设计行业应用技术的教程。本书以 AutoCAD 命令为脉络，以操作实例为阶梯，逐步讲解了使用 AutoCAD 进行全套建筑设计图纸的绘制方法和技巧，包括平面布置图、立面图、详图和放大图等。

■ 本书内容

本书分 3 篇，共 21 章，具体内容安排如下。

篇　　名	内 容 安 排
第 1 篇　基础入门篇 （第 1 章~第 4 章）	系统讲解了 AutoCAD 2020 的基本知识，使 AutoCAD 初学者能够快速掌握其基本操作，包括 AutoCAD 2020 工作界面、绘制环境、文件管理、常用建筑绘图工具、常用图形编辑工具等
第 2 篇　居住建筑篇 （第 5 章~第 12 章）	分别以别墅和住宅楼为例，讲解了居住建筑的建筑施工图、结构施工图、电气施工图、给水排水施工图的绘制方法和技巧
第 3 篇　公共建筑篇 （第 13 章~第 21 章）	分别以商场建筑、办公楼和厂房建筑为例，讲解了公共建筑的平面图、立面图、剖面图、详图和放大图的绘制方法和技巧

■ 本书特色

零点起步　轻松入门：本书内容讲解循序渐进、通俗易懂、易于入手，每个重要的知识点都采用了实例讲解，读者可以边学边练，通过实际操作理解各种功能的实际应用。

实战演练　逐步精通：安排了行业中大量经典的实例（共 140 多个），每个章节都有实例示范来提升读者的实战经验。实例串起了多个知识点，可提高读者的应用水平，使其快步迈向高手行列。

全套图纸　全面接触：本书绘制的图纸类型囊括建筑施工图、建筑结构图、电气设备图等常见建筑设计图纸类型，使广大读者在学习 AutoCAD 的同时，可以从中积累相关经验，能够了解和熟悉不同建筑设计领域的专业知识和绘图规范。

视频教学　身临其境：附赠资源内容丰富超值，不仅有实例的素材文件和结果文件，还有由专业领域的工程师录制的全程同步语音视教学频，让读者如亲临教学课堂。

超值赠送　在线答疑：随书赠送 AutoCAD 常用按钮、命令快捷键、功能键和绘图技巧速查手册 4 本，以及

100 多套图纸及 70 例绘图练习，并提供 QQ 群（368426081）免费在线答疑，让读者轻松学习、答疑无忧。

■ 配套资源

本书物超所值，随书附赠以下资源：

配套教学视频：配套 140 多集高清语音教学视频，总时长近 1600min。读者可以先通过教学视频学习本书内容，然后对照本书加以实践和练习，以提高学习效率。

本书案例的文件和完成素材：所有案例均提供了源文件和素材，读者可以使用 AutoCAD 2020 打开和编辑。

微信扫描“资源下载”二维码即可获取资源下载方法。

资源下载

■ 本书编者

本书由麓山文化编著，参加编写的有：陈志民、江凡、张洁、马梅桂、戴京京、骆天、胡丹、陈运炳、申玉秀、李红萍、李红艺、李红术、陈云香、陈文香、陈军云、彭斌全、林小群、刘清平、钟睦、刘里锋、朱海涛、廖博、喻文明、易盛、陈晶、张绍华、黄柯、何凯、黄华、陈文轶、杨少波、杨芳、刘有良、刘珊、赵祖欣、齐慧明。

由于编者水平有限，书中不足、疏漏之处在所难免。在感谢读者选择本书的同时，也希望读者能够把对本书的意见和建议告诉我们。

读者服务邮箱：lushanbook@qq.com

读者 QQ 群：368426081

编　者

目　录

第 1 篇　基础入门篇

第 1 章 建筑设计基本理论

第 2 章 认识 AutoCAD 2020

第 3 章 绘制基本二维图形

第 4 章 编辑基本二维图形

第 2 篇 居住建筑篇

第 5 章 别墅建筑施工图的绘制

第 6 章 别墅结构施工图的绘制

第 7 章 别墅给水排水施工图的绘制

第 8 章 别墅电气施工图的绘制

第 9 章 住宅楼建筑施工图的绘制

第 10 章 住宅楼结构施工图的绘制

第 11 章 住宅楼给水排水施工图的绘制

第 12 章 住宅楼电气施工图的绘制

第 3 篇　公共建筑篇

第 13 章 商场建筑平面图的绘制

第 14 章 商场建筑立面图的绘制

第 15 章 商场建筑剖面图、详图的绘制

第 16 章 办公楼建筑平面图的绘制

第 17 章 办公楼建筑立面图的绘制

第 18 章 办公楼建筑剖面图、详图的绘制

第 19 章 厂房建筑平面图的绘制

第 20 章 厂房建筑立面图的绘制

第 21 章 厂房建筑剖面图、详图的绘制

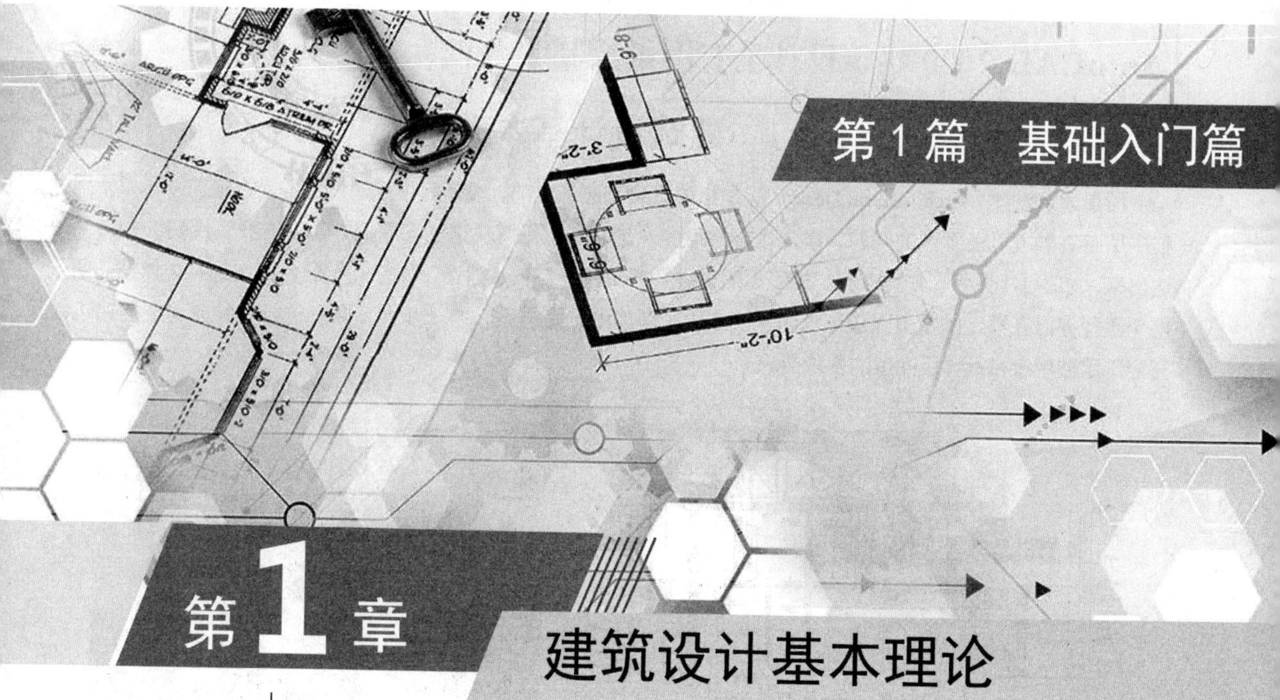

第 1 篇　基础入门篇

第 1 章　建筑设计基本理论

本章导读

建筑设计是指在建造建筑物之前，设计者按照设计任务，将施工过程和使用过程中所存在的或可能会发生的问题，事先做好通盘的设想，拟定好解决这些问题的方案与办法，并用图纸和文件的形式将其表达出来。

本章主要介绍建筑设计的一些基本理论，包括建筑设计的内容、建筑设计的基本原则、建筑施工图的内容和绘制步骤等，最后介绍了建筑制图的要求及规范住宅，为后面学习相关建筑工程图纸的绘制打

本章重点

- 了解建筑设计的内容
- 熟悉建筑设计的基本原则
- 了解建筑施工图的概念和内容
- 了解建筑施工图的特点和绘制步骤
- 了解建筑制图的要求及规范

1.1 建筑设计基本理论

所谓建筑设计（Architectural Design），是指建筑物在建造之前，设计者按照建设任务，把施工过程和使用过程中所存在的或可能发生的问题，事先做好通盘的设想，拟定好解决这些问题的办法、方案，用图纸和文件表达出来，如图 1-1 所示。作为备料、施工组织设计和各工种在制作、建造工作中互相配合协作的共同依据。便于整个工程得以在预定的投资限额范围内，按照周密考虑的预定方案，统一步调，顺利进行，并使建成的建筑物充分满足使用者和社会所期望的各种要求。

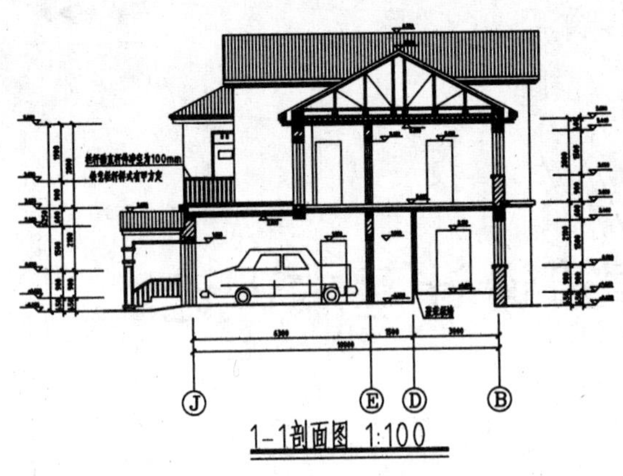

图 1-1 建筑设计图与现实结果

常见民用建筑的构造组成如图 1-2 所示。主要由基础、墙、楼板、楼梯等构造部分组成，其中某些构造部分的含义如下。

➢ 基础：位于地下的承重构件，承受建筑物的全部荷载。

➢ 墙：作为建筑物的承重与维护构件，承受房屋和楼层传来的荷载，并将这些荷载传给基础。墙体的围护作用主要体现在抵御各种自然因素的影响与破坏，还要承受一些水平方向的荷载。

➢ 楼板：作为建筑中的水平承重构件，承受家具、设备和人的重量，并将这些荷载传给墙或柱。

➢ 楼梯：作为楼房建筑的垂直交通设施，主要供人们平时上下和紧急疏散时使用。

➢ 屋顶：作为建筑物顶部的围护和承重构件，由屋面和屋面板两部分构成。屋面用来抵御自然界雨、雪的侵袭，屋面板则用来承受房屋顶部的荷载。

➢ 门窗：门用来作为内外交通的联系及分隔房间，窗的作用是通风及采光。门窗均不是承重构件。

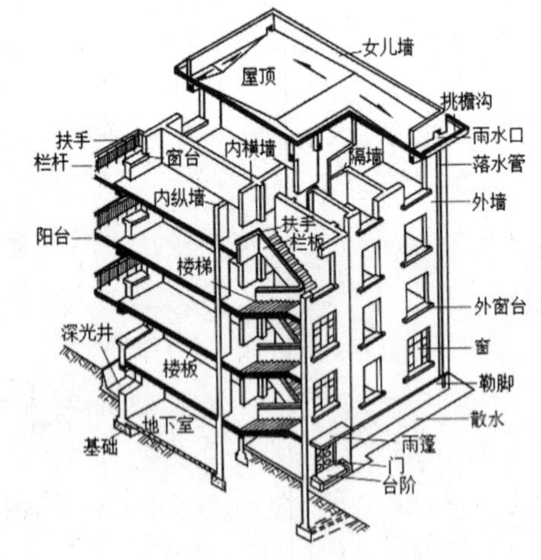

图 1-2 参见民用建筑的构造组成

除此之外，房屋还有一些附属的组成部分，如散水、阳台、台阶等。这些建筑构件可以分为两大类，即承重结构及围护结构，分别起承重作用及围护作用。

1.1.1 建筑设计的内容

建筑设计既指一项建筑工程的全部设计工作，包括各个专业，可称为建筑工程设计；也可单指建筑设计专业本身的设计工作。

一栋建筑物或一项建筑工程的建成，需要经过许多环节。例如，建筑一栋民用建筑物，首先要提出任务、编制设计任务书、任务审批，其次为选址、场地勘测、工程设计及施工、验收，最后交付使用。

建筑工程设计是整个工程设计中不可或缺的重要环节，也是一项政策性、技术性、综合性较强的工作。整个建筑工程设计应包括建筑设计、结构设计、设备设计等部分。

❑ 建筑设计

可以是一个单项建筑物的建筑设计，也可以是一个建筑群的总体设计。根据审批下达的设计任务书和国家有关政策规定，综合分析其建筑功能、建筑规模、建筑标准、材料供应、施工水平、地段特点、气候条件等因素，提出建筑设计方案，直到完成全部的建筑施工图的设计及绘制。

❑ 结构设计

根据建筑设计方案完成结构方案与选型，确定结构布置，进行结构计算和构建设计，完成全部结构施工图的设计及绘制。

❑ 设备设计

根据建筑设计完成给水排水、采暖、通风、空调、电气照明及通信、动力、能源等专业的方案、选型、布置以及施工图的设计及绘制。

建筑设计应由建筑设计师完成，而其他各专业的设计，则由相应的工程师来承担。

建筑设计是在反复分析比较，与各专业设计协调配合，贯彻国家和地方的有关政策、标准、规范和规定，反复修改，才逐步成熟起来的。

建筑设计不是依靠某些公式，简单地套用、计算出来的，因此建筑设计是一项创作活动。

1.1.2 建筑设计的基本原则

❑ 应该满足建筑使用功能要求

因为建筑物使用性质和所处条件、环境的不同，所以其对建筑设计的要求也不同。例如，北方地区要求建筑物在冬季能够保温，而南方地区则要求建筑物在夏季能通风、散热，对要求有良好声环境的建筑物，则要考虑吸声、隔声等。

总而言之，为了满足使用功能需要，在进行构造设计时，需要综合有关技术知识，进行合理的设计，以便选择、确定最经济合理的设计方案。

❑ 要有利于结构安全

除了根据荷载大小、结构的要求确定建筑物构件的必须尺度外，对一些附属构件，如阳台、楼梯的栏杆、顶面、墙面的装饰，门、窗与墙体的结合及抗震加固等的设计，都应该在构造上采取必要的措施，以确保建筑物在使用时的安全。

❑ 应该适应建筑工业化的需要

为提高建设速度，改善劳动条件，保证施工质量，在进行构造设计时，应该大力推广先进技术，选用各种新型建筑材料，采用标准设计和定型构件，为构、配件的生产工厂化、现场施工机械化创造有利条件，以适应建筑工业化的需要。

❑ 应讲求建筑经济的综合效益

在进行构造设计时，应注意建筑物的整体效益问题，既要注意降低建筑造价，减少材料的能源消耗，又要有利于降低正常运行、维修和管理的费用，考虑其综合的经济效益。

另外，在提倡节约、降低造价的同时，还必须保证工程质量，不可为了追求经济效益而偷工减料、粗制滥造。

❑ 应注意美观

构造方案的处理还要考虑造型、尺度、质感、纹理、色彩等艺术和美观问题。

1.2 建筑施工图的概念和内容

作为表达建筑设计意图的工具，绘制建筑施工图是进行建筑设计必不可少的环节，本节介绍建筑施工图的基础知识，包括建筑施工图的概念及其所包含的内容。

1.2.1 建筑施工图的概念

建筑施工图是将建筑物的平面布置、外型轮廓、尺寸大小、结构构造及材料做法等内容，按照国家制图标准中的规定，使用正投影法详细并准确地绘制出的图样。

建筑施工图是用来组织、指导建筑施工、进行经济核算、工程监理并完成整个房屋建造的一套图样。

1.2.2 建筑施工图的内容

按照专业内容或作用的不同，可以将一套完整的建筑施工图分为建筑施工图、建筑结构施工图、建筑设备施工图。

1. 建筑施工图（建施）

表示建筑物的总体布局、外部造型、内部布置、细部构造、内外装饰等内容，包括设计说明、总平面图、平面图、立面图、剖面图及详图等。

图 1-3 所示为绘制完成的建筑施工图。

2. 建筑结构施工图（结施）

主要表示建筑物各承重构件的布置、形状尺寸、所用材料及构造做法等内容，包括设计说明、基础平面图、基础详图、结构平面布置图、钢筋混凝土详图、节点构造详图等。

如图 1-4 所示为绘制完成的建筑结构施工图。

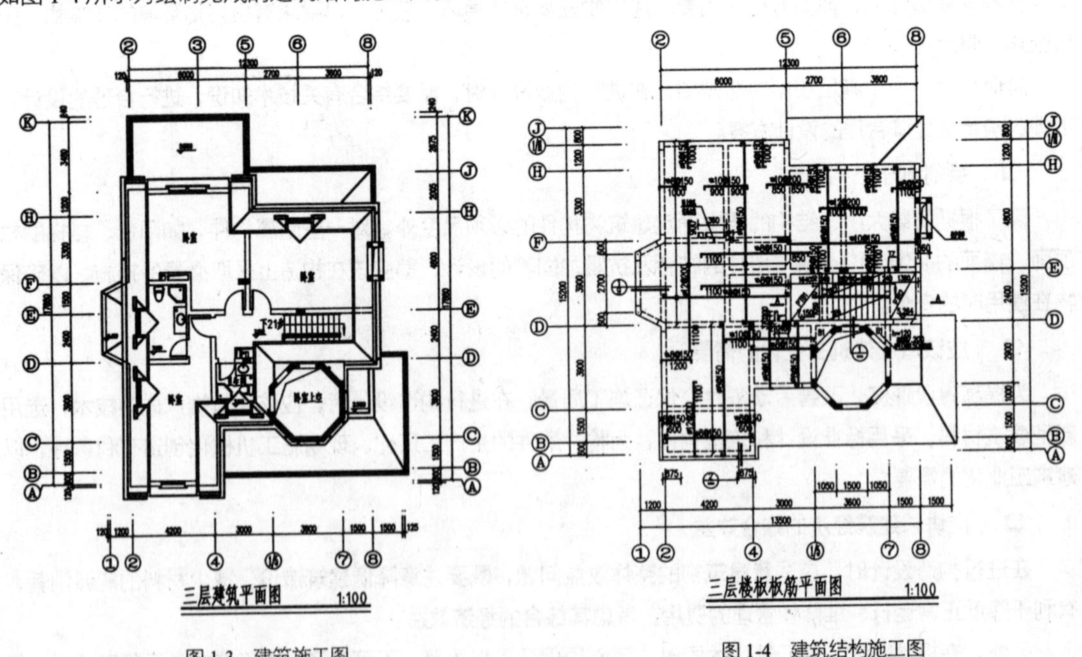

图 1-3 建筑施工图　　图 1-4 建筑结构施工图

3. 建筑设备施工图（设施）

表示建筑工程各专业设备、管道及埋线的布置和安装要求等内容，包括给水排水施工图（水施）、采暖通风施工图（暖施）、电气施工图（电施）等，由施工总说明、平面图、系统图、详图等组成。

如图 1-5 所示为绘制完成的建筑设备施工图。

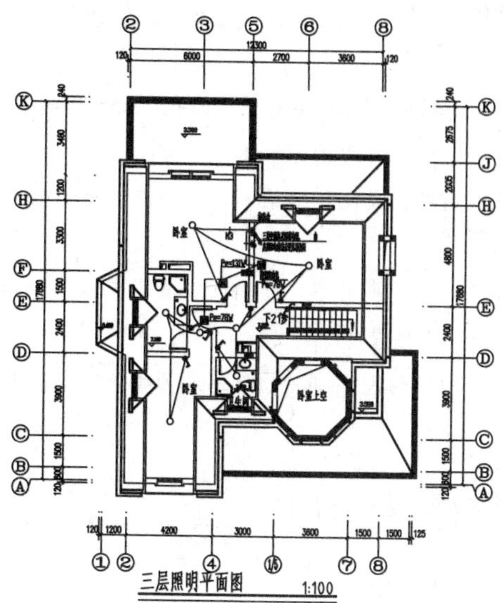

图 1-5　建筑设备施工图

全套的建筑施工图的编排顺序为：图纸目录、总平面图、建筑施工图、建筑结构施工图、给水排水施工图、采暖通风施工图、电气施工图等。

图 1-6 所示为绘制完成的电气设计施工说明。

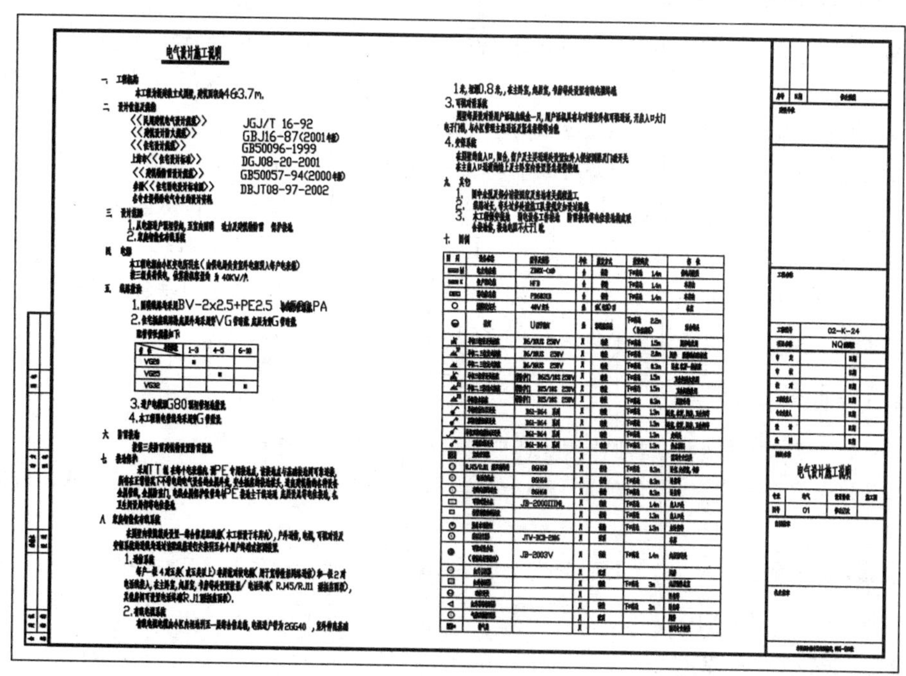

图 1-6　电气设计施工说明

1.3　建筑施工图的特点和设计要求

在了解了建筑施工图的概念及内容的基础知识后，本节再进一步介绍建筑施工图的特点及设计要求，以期读者更进一步了解建筑施工图。

1.3.1 建筑施工图的特点

建筑施工图在图示方法上的特点如下。

➢ 由于建筑施工图中的各个图样均根据正投影法绘制，因此所绘的图样应符合正投影法的投影规律。

➢ 应采用不同的比例来绘制施工图中的各类图形。如果房屋主体较大，则应采用较小的比例来绘制；如果房屋内部的各建筑构造较为复杂，则用较大的比例来绘制，因为在小比例的平、立、剖面图中不能表达清楚其细部构造。

➢ 因为房屋建筑工程的构配件及材料种类繁多，为简便绘图，国家制图标准规定了一系列的图例符号及代号，用来代表建筑构配件、建筑材料、卫生设备等。

➢ 除了标高及总平面图外，施工图中的尺寸都必须以毫米为单位，因此在尺寸数字的后面不需要标注尺寸单位。

1.3.2 建筑施工图设计要点

1. 总平面图的设计要点

➢ 总平面图要有一定的范围：仅有用地范围不够，要有场地四邻既有规划的道路、建筑物、构筑物。

➢ 保留既有地形和地物：指场地测量坐标网及测量标高，包括场地四邻的测量坐标或定位尺寸。

➢ 总平面图必要的详图设计：指道路横断面、路面结构，反映管线上下、左右尺寸关系的剖面图，以及挡土墙、护坡排水沟、广场、活动场地、停车场、花坛绿地等详图。

2. 建筑设计说明绘制要点

➢ 装饰做法仅是文字说明表达不完整：各种材料做法一览表加上各部位装修材料一览表才能完整地清楚地表达房屋建筑工程的做法。

➢ 门窗表：对组合窗及非标窗，应绘制立面图，并把拼接件选择、固定件、窗扇的大小、开启方式等内容标注清楚。假如组合窗面积过大，请注明必须由有资质的门窗生产厂家设计。另，外还要对门窗性能，如防火、隔声、抗风压、保温、空气渗透、雨水渗透等技术要求加以说明。例如，建筑物 1 ~ 6 层和 7 层及 7 层以上对门窗气密性要求不一样，1 ~ 6 层为 3 级，7 层及以上为 4 级。

➢ 防火设计说明：按照《建筑工程设计文件编制深度规定》中的要求，需要在每层建筑平面图中注明防火分区面积和分区分隔位置示意图，并宜单独成图，可不标注防火分区的面积。

3. 建筑平面图设计要点

➢ 应标注最大允许设计活荷载，假如有地下室则应在底层平面图中标注清楚。

➢ 标注主要建筑设备和固定家具的位置及相关做法索引，如卫生间的器具、雨水管、水池、橱柜、洗衣机的位置等。

➢ 应标注楼地面预留孔洞和通气管道、管线竖井、烟道、垃圾道等的位置、尺寸和做法索引，包括墙体预留空调机孔的位置、尺寸及标高。

4. 建筑立面图设计要点

➢ 防止出现立面图与平面图不一致的情况，如立面图两端无轴线编号；立面图除了标注图名外还需要标注比例。

➢ 应把平面图上、剖面图上未能表达清楚的标高和高度标注清楚，不应该仅标注表示层高的标高，还应把女儿墙顶、檐口、烟囱、雨篷、阳台、栏杆、空调隔板、台阶、坡道、花坛等关键位置的标高标注清楚。

➢ 立面图上的装饰材料、颜色应标注清楚，特别是底层的台阶、雨篷、橱柜、窗细部等较为复杂的地方也应标注清楚。

5. 建筑剖面图设计要点

➢ 剖切位置应选择在层高不同、层数不同、内外空间比较复杂且具有代表性的部位。

➢ 平面图中的墙、柱、轴线编号及相应的尺寸应标注清楚。

➢ 要完整地标注剖切到或可见的主要结构和建筑结构的部位，如室外地面、底层地坑、地沟、夹层、吊灯等。

1.3.3 建筑施工图绘制步骤

1. 确定绘制图样的数量

根据房屋的外形、层数、平面布置各构造内容的复杂程度，以及施工的具体要求来确定图样的数量，使表达内容既不重复也不遗漏。图样的数量在满足施工要求的条件下以少为好。

2. 选择适当的绘图比例

一般情况下，总平面图的绘图比例多为 1:500、1:1000、1:2000 等；建筑物或构筑物的平面图、立面图、剖面图的绘图比例多为 1:50、1:100、1:150 等；建筑物或构筑物局部放大图的绘图比例多为 1:10、1:20、1:25 等；配件及构造详图的绘图比例多为 1:1、1:2、1:5 等。

3. 进行合理的图面布置

图面布置（包括图样、图名、尺寸、文字说明及表格等）要主次分明、排列均匀紧凑，表达清楚，并尽可能保持各图之间的投影关系。相同类型的、内容关系密切的图样，集中在一张或图号连续的几张图纸上，以便对照查阅。

1.4 建筑制图的要求及规范

目前建筑制图所依据的国家标准为 2017 年 9 月 27 日发布，2018 年 5 月 1 日起实施的《房屋建筑制图统一标准》GB/T 50001—2017。该标准中列举了一系列在建筑制图中所应遵循的规范条例，涉及图纸幅面及图纸编排顺序、图线、字体等方面的内容。

由于《房屋建筑制图统一标准》中内容较多，本节仅摘取其中一些常用的规范条例进行介绍，而其他的内容读者可参考《房屋建筑制图统一标准》GB/T 50001—2017。

1.4.1 图纸幅面规格

图纸幅面指图纸宽度与长度组成的图面。图纸幅面及图框尺寸应符合表 1-1 中的规定。

表 1-1 图纸幅面及图框尺寸 （单位：mm）

尺寸代号	幅面代号				
	A0	A1	A2	A3	A4
$b \times l$	841×1189	594×841	420×594	297×420	210×297
c	10			5	
a	25				

注：b 为幅面短边尺寸；l 为幅面长边尺寸；c 为图框线与幅面线间宽度；a 为图框线与装订边间宽度。

图纸及图框应符合如图 1-7、图 1-8 所示中的格式。

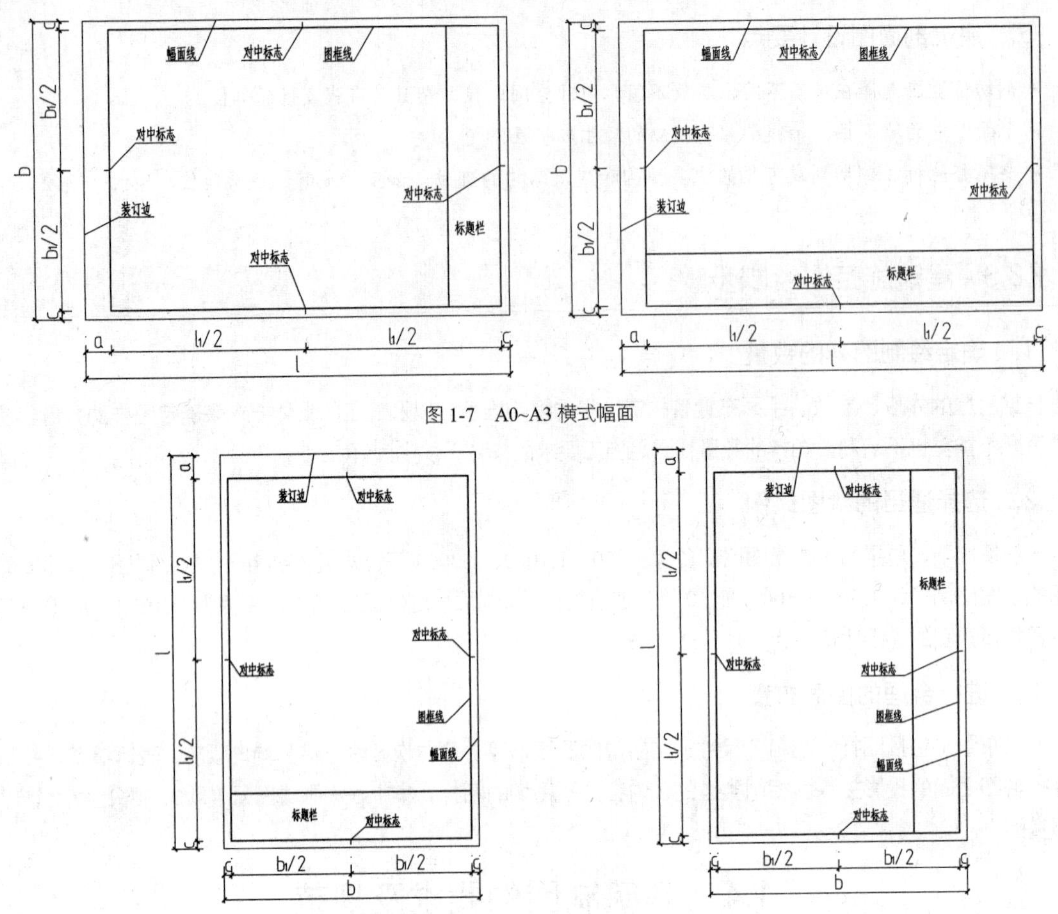

图 1-7　A0~A3 横式幅面

图 1-8　A0~A4 横式幅面

需要微缩复制的图纸，在其中一个边上应附有一段准确的米制尺度，四个边上均应附有对中标志。米制尺度的总长应为 100mm，分格应为 10mm。对中标志应画在图纸各边长的中点处，线宽应为 0.35mm，并应伸入框内，在框外应为 5mm。

图纸的短边尺寸不应加长，A0~A3 幅面长边尺寸可加长，但应符合表 1-2 中的规定。

表 1-2　图纸长边加长尺寸　（单位：mm）

幅面代号	长边尺寸	长边加长后的尺寸
A0	1189	1486（A0+l/4）、1783（A0+l/2）、2080（A0+3l/4）、2378（A0+l）
A1	841	1051（A1+l/4）、1261（A1+l/2）、1471（A1+3l/4）、1682（A1+l）、1892（A1+5l/4）、2102（A1+3l/4）
A2	594	743（A2+l/4）、891（A2+l/2）、1041（A2+3l/4）、1189（A2+l）1338（A2+5l/4）、1486（A2+3l/2）、1635（A2+7l/4）、1783（A2+2l）1932（A2+9l/4）、2080（A2+5l/2）
A3	420	630（A3+l/2）、841（A3+l）、1051（A3+3l/2）、1261（A3+2l）、1471（A3+5l/2）、1682（A3+3l）、1892（A3+7l/2）

注：有特殊需要的图纸，可采用 b×l 为 841mm×891mm 与 1189mm×1261mm 的幅面。

图纸长边加长的示意图如图 1-9 所示。

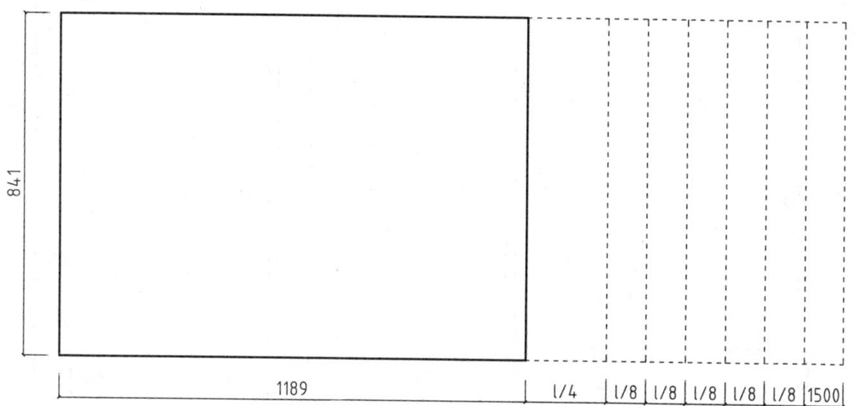

图 1-9　图纸长边加长的示意图（以 A0 图纸为例）

图纸以短边作为垂直边应为横式，以短边作为水平边应为立式。A0~A3 图纸宜横式使用；必要时，也可立式使用。在一个工程设计中，每个专业所使用的图纸，不应多于两种幅面，其中不包含目录及表格所采用的 A4 幅面。此外，图纸可采用横式，也可采用立式，如图 1-7 和图 1-8 所示。

图纸内容的布置规则为：为能够清晰、快速地阅读图纸，图样在图面上排列要整齐。

1.4.2　标题栏与会签栏

图纸中应有标题栏、图框线、幅面线、装订边线及对中标志。其中图纸的标题栏及装订边位置，应符合下列规定。

➢ 横式使用的图纸，应按图 1-10 所示的形式进行布置。

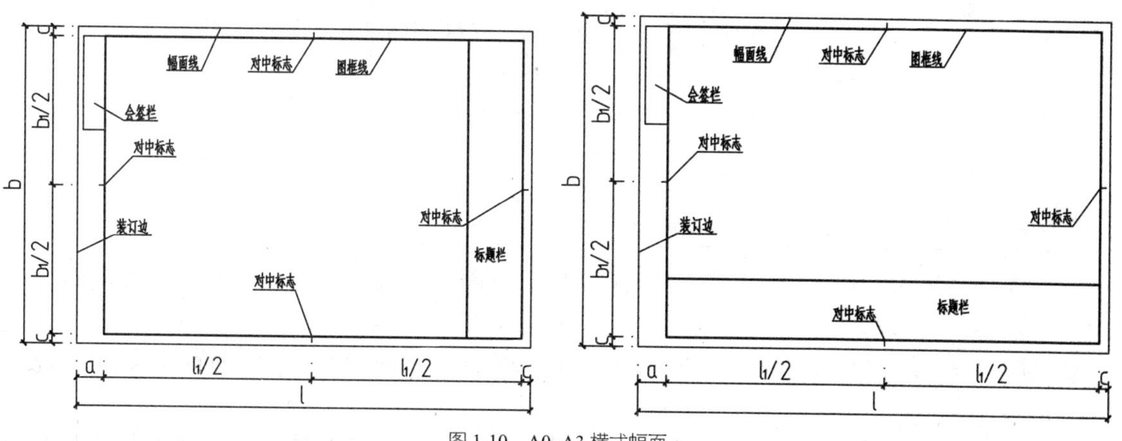

图 1-10　A0~A3 横式幅面

➢ 立式使用的图纸，应按图 1-11 所示的形式进行布置。

标题栏应按图 1-12 所示的格式进行设置，应根据工程的需要选择确定其内容、尺寸、格式及分区。签字栏应包括实名列和签名列，并符合下列规定：

➢ 标题栏可横排，也可竖排。

➢ 标题栏的基本内容可按照图 1-12 进行设置。

➢ 涉外工程的标题栏内，各项主要内容的中文下方应附有译文，设计单位的上方或左方，应增加“中华人民共和国”字样。

➢ 在计算机制图文件中使用电子签名与认证时，必须符合《中华人民共和国电子签名法》中的有关规定。

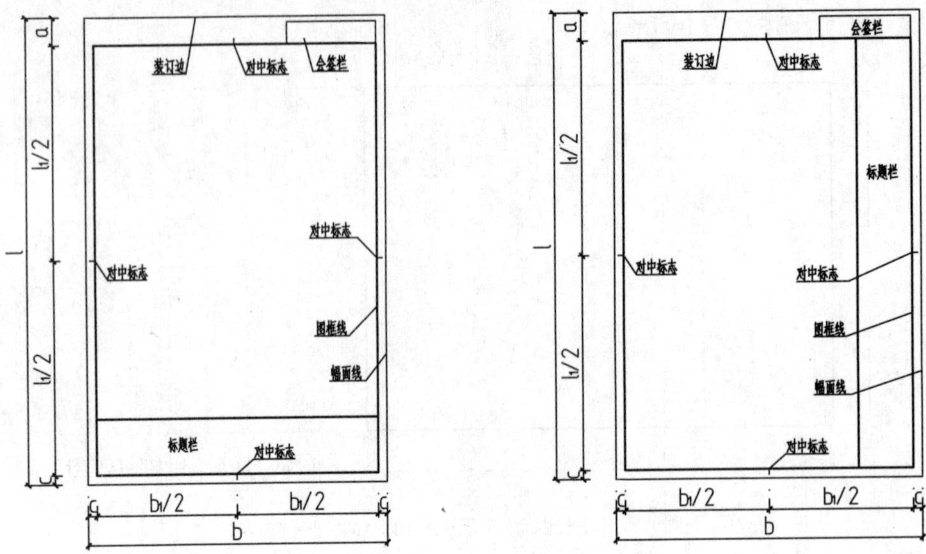

图 1-11　A0~A4 立式幅面

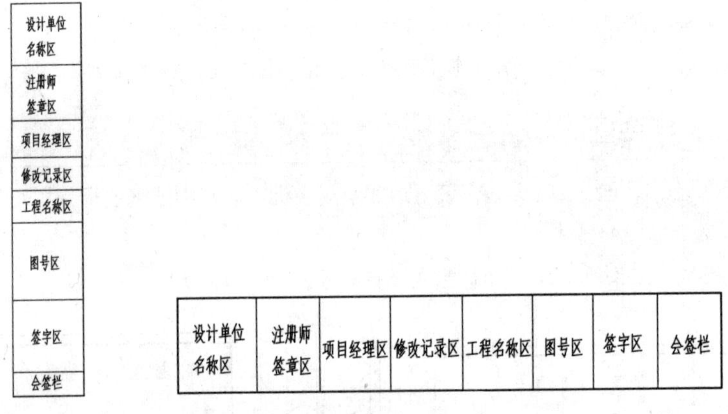

图 1-12　标题栏

1.4.3　图线

图线是用来表示工程图样的线条，由线型和线宽组成。为表达工程图样的不同内容且能够分清楚主次，应使用不同的线型和线宽的图线。

线宽指图线的宽度，用 b 来表示，宜从 1.4mm、1.0mm、0.7mm、0.5mm、0.35mm、0.25mm、0.18mm、0.13mm 的线宽系列中选取。

线宽不应小于 0.1mm，每个图样应根据复杂程度与比例大小，先选定基本线宽 b，然后再选用表 1-3 中相应的线宽组。

表 1-3　线宽组　（单位：mm）

线宽比	线宽组			
b	1.4	1.0	0.7	0.5
0.7*b*	1.0	0.7	0.5	0.35
0.5*b*	0.7	0.5	0.35	0.25
0.25*b*	0.35	0.25	0.18	0.13

注：1. 需要缩微的图纸，不宜采用 0.18mm 及更细的线宽。
2. 同一张图纸内，各种不同线宽中的细线，可统一采用较细的线宽组的细线。

工程建设制图应选用表 1-4 中的图线。

表 1-4 图线

名称		线型	线宽	一般用途
实线	粗		b	主要可见轮廓线
	中		$0.5b$	可见轮廓线、尺寸线
	细		$0.25b$	图例填充线、家具线
虚线	粗		b	见有关专业制图标准
	中		$0.5b$	不可见轮廓线、图例线
	细		$0.25b$	图例填充线、家具线
单点长画线	粗		b	见有关专业制图标准
	中		$0.5b$	见有关专业制图标准
	细		$0.25b$	中心线、对称线、轴线等
双点长画线	粗		b	见有关专业制图标准
	中		$0.5b$	见有关专业制图标准
	细		$0.25b$	假想轮廓线、成型前原始轮廓线
折断线			$0.25b$	断开界线
波浪线			$0.25b$	断开界线

在同一张图纸内，相同比例的各图样，应该选用相同的线宽组。

图纸的图框和标题栏线，可选用表 1-5 的线宽。

表 1-5 图框和标题栏的线宽

幅面代号	图框线	标题栏外框线、对中标志	标题栏分格线、幅面线
A0、A1	b	$0.5b$	$0.25b$
A2、A3、A4	b	$0.7b$	$0.35b$

相互平行的图例线，其净间隙或线中间隙不宜小于 0.2mm。

虚线、单点长画线或双点长画线的线段长度和间隔，宜各自相等。

单点长画线或双点长画线，当在较小图线中绘制有困难时，可用实线来代替。

单点长画线或双点长画线的两端，不应是点。点画线与点画线交接点或点画线与其他图线交接时，应是线段交接。

虚线与虚线交接或虚线与其他图线交接时，应是线段交接。虚线为实线的延长线时，不得与实线相接。

图线不得与文字、数字或符号重叠、混淆，不可避免时，应首先保证文字的清晰。

1.4.4 比例

图样的比例，应为图形与实物相对应的线性尺寸之比。

比例的符号为“:”，比例应以阿拉伯数字来表示。

比例宜注写在图名的右侧，字的基准线应取平；比例的字高宜比图名的字高小一号或二号，如图 1-13 所示。

图 1-13　注写比例

绘图所用的比例应根据图样的用途与被绘对象的复杂程度，从表 1-6 中选用，并宜优先采用中常用的比例。

表 1-6　绘制所用比例

常用比例	1:1、1:2、1:5、1:10、1:20、1:30、1:50、1:100、1:150、1:200、1:500、1:1000、1:2000
可用比例	1:3、1:4、1:6、1:15、1:25、1:49、1:60、1:80、1:250、1:300、1:400、1:600、1:5000、1:10000、1:20000、1:50000、1:100000、1:200000

一般情况下，一个图样应仅选用一种比例。根据专业制图的需要，同一图样可选用两种比例。

特殊情况下也可自选比例，这时除了应注出绘图比例之外，还应在适当位置绘制出相应的比例尺。

1.4.5 字体

图纸上所需书写的文字、数字或符号等，都应笔画清晰、字体端正、排列整齐，标点符号应清楚正确。

文字的字高，应从表 1-7 中选用。字高大于 10mm 的文字宜采用 Truetype 字体，假如需要书写更大的字，其高度应按$\sqrt{2}$的倍数递增。

表 1-7　文字的字高　（单位：mm）

字体种类	汉字矢量字体	TrueType 字体及非汉字矢量字体
字高	3.5、5、7、10、14、20	3、4、6、8、10、14、20

图样及说明中的汉字，宜采用长仿宋体（矢量字体）或黑体，同一图纸字体种类不应该超过两种。长仿宋字的高宽关系应符合表 1-8 的规定，黑体字的宽度与高度应该相同。大标题、图册封面、地形图等的汉字，也可书写成其他字体，但是应该易于辨认，其高宽比宜为 1。

表 1-8　长仿宋字的高宽关系　（单位：mm）

字高	20	14	10	7	5	3.5
字宽	14	10	7	5	3.5	2.5

汉字的简化书写，应符合国家汉字简化方案的规定。

图样及说明中的字母、数字，宜采用 Truetype 字体中的 Roman 字体。字母及数字的书写规则，应符合表 1-9 中的规定。

表 1-9　字母及数字的书写规则

书写格式	字体	窄字体
大写字母高度	h	h
小写字母高度（上下均无延伸）	$7/10h$	$10/14h$
小写字母伸出的头部或尾部	$3/10h$	$4/14h$
笔画宽度	$1/10h$	$1/14h$
字母间距	$2/10h$	$2/14h$
上下行基准线的最小间距	$15/10h$	$21/14h$
词间距	$6/10h$	$6/14h$

字母及数字假如需要写成斜字体，其斜度应是从字的底线逆时针向上倾斜 75°，斜字体的高度和宽度应与相应的直体字相等。

字母及数字的字高不应该小于 2.5mm。

分数、百分数和比例数的注写，应该采用阿拉伯数字和数字符号。

当注写的数字小于 1 时，应该写出个位的“0”，小数点应采用圆点，并对齐基准线来书写。

长仿宋汉字、字母及数字应符合国家现行标准《技术制图—字体》GB/T 14691 的有关规定。

1.4.6　符号

本节介绍在建筑制图中常用符号的绘制标准，如剖切符号、索引符号、引出线等。

1.　剖切符号

剖视的剖切符号应由剖切位置线及剖视方向线组成，都应以粗实线来绘制。剖视的剖切符号应该符合下列规定。

➢ 剖切位置线的长度宜为 6~10mm，剖视方向线应垂直于剖切位置线，长度应短于剖切位置线，宜为 4~6mm，如图 1-14 所示；也可采用通用的剖视方法，如图 1-15 所示。在绘制剖视剖切符号时，剖视剖切符号不应与其他图线相接触。

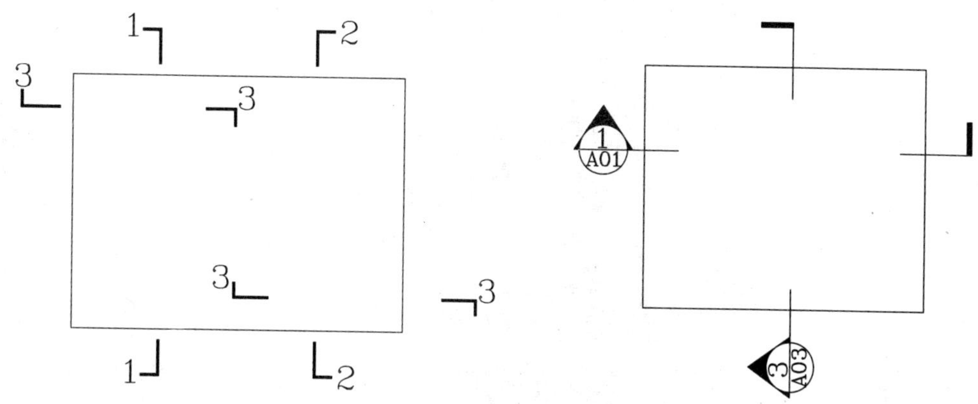

图 1-14　常用剖视的剖切符号

图 1-15　国际通用剖视的剖切符号

➢ 剖视剖切符号的编号宜采用粗阿拉伯数字，按照剖切顺序由左至右、由下至上连续编排，并注写在剖视方向线的端部。

➢ 需要转折的剖切位置线，应在转角的外侧加注与该符号相同的编号。

➢ 建（构）筑物剖面图的剖切符号应注在 ± 0.000 标高的平面图或首层平面图上。

➢ 局部剖面图（首层除外）的剖切符号应注在包含剖切部位的最下面一层的平面图上。

断面的剖切符号应符合下列规定：

➢ 断面的剖切符号应只用剖切位置线来表示，并应以粗实线来绘制，长度宜为 6~10mm。

➢ 断面剖切符号的编号宜采用阿拉伯数字，按照顺序连续编排，并应注写在剖切位置线的一侧；编号所在的一侧应为该断面的剖视方向，如图 1-16 所示。

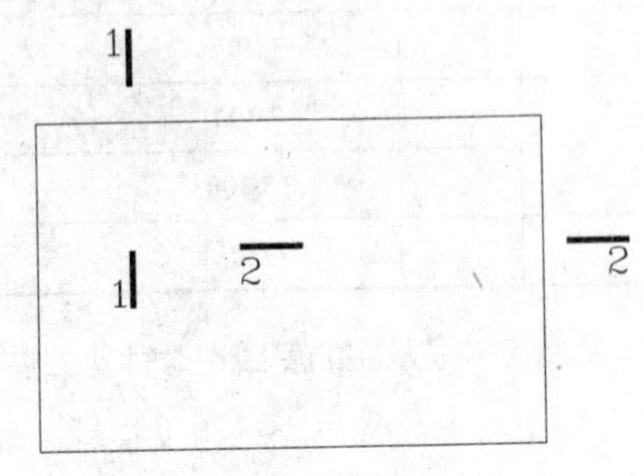

图 1-16　断面的剖切符号

剖面图或断面图，假如与被剖切图样不在同一张图内，则应在剖切位置线的另一侧注明其所在图纸的编号，也可在图上集中说明。

2. 索引符号与详图符号

图样中的某一局部或构件，假如需要另见详图，则应以索引符号索引，如图 1-17a 所示。索引符号是由直径为 8~10mm 的圆和水平直径组成，圆及水平直径应以细实线来绘制。索引符号应按照下列规定来编写。

➢ 索引出的详图，假如与被索引的详图同在一张图纸内，应在索引符号的上半圆中用阿拉伯数字注明该详图的编号，并在下半圆中间画一段水平细实线，如图 1-17b 所示。

➢ 索引出的详图，假如与被索引的详图不在同一张图纸内，应该在索引符号的上半圆中用阿拉伯数字注明该详图的编号，在索引符号的下半圆用阿拉伯数字注明该详图所在的图纸的编号，如图 1-17c 所示。当数字较多时，可添加文字标注。

➢ 索引出的详图，假如采用标准图，则应在索引符号水平直径的延长线上加注该标准图册的编号，如图 1-17d 所示。需要标注比例时，应在文字的索引符号右侧或延长线下方，与符号下对齐。

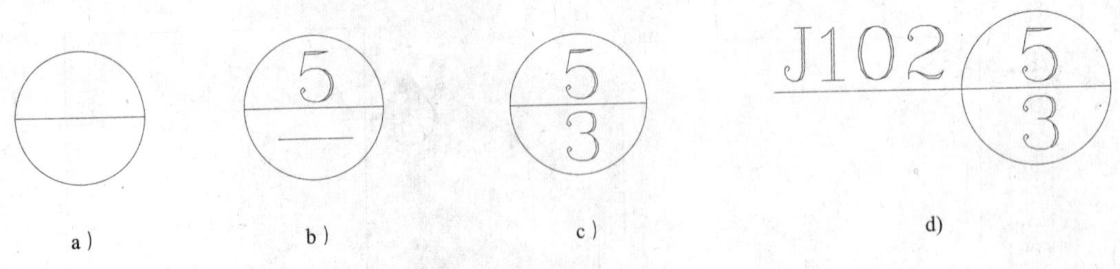

图 1-17　索引符号

当索引符号用于索引剖视详图时，应在被剖切的部位绘制剖切位置线，并以引出线引出索引符号，引出线所在的一侧应为剖视方向，如图 1-18 所示。

零件、钢筋、杆件、设备等的编号宜以直径为 4~6mm 的细实线圆来表示，线宽为 0.25b，同一图样应保持一致，其编号应用阿拉伯数字按顺序来编写，如图 1-19 所示。

详图的位置和编号应以详图符号表示。详图符号的圆直径为 14mm，线宽为 b。详图应按以下规定来编号。

➢ 当详图与被索引的图样同在一张图纸内时，应在详图符号内用阿拉伯数字注明详图的编号，如图 1-20 所示。

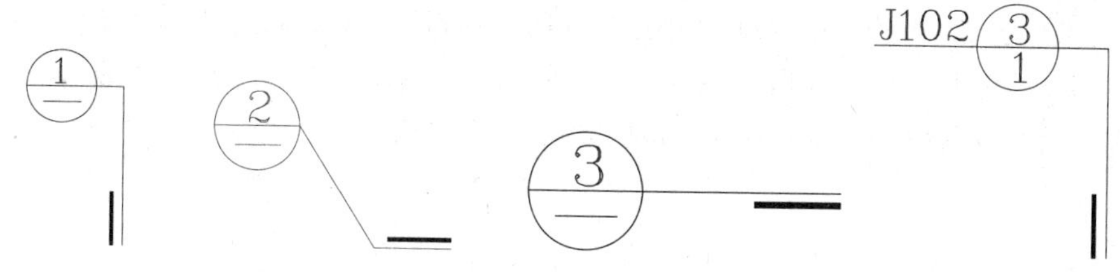

图 1-18　用于索引剖面详图的索引符号

图 1-19　零件、钢筋等的编号

➢ 当详图与被索引的图样不在同一张图纸内时，应用细实线在详图符号内画一水平直径，在上半圆中注明详图编号，在下半圆中注明被索引的图纸的编号，如图 1-21 所示。

图 1-20　详图与被索引的图样同在一张图纸内

图 1-21　详图与被索引的图样不在同一张图纸内

3. 引出线

引出线应以细实线来绘制，宜采用水平方向的直线，或者与水平方向成 30°、45°、60°、90° 的直线，并经上述角度再折为水平线。文字说明宜注写在水平线的上方，如图 1-22a 所示；也可注写在水平线的端部，如图 1-22b 所示；索引详图的引出线，应与水平直径线相连接，如图 1-22c 所示。

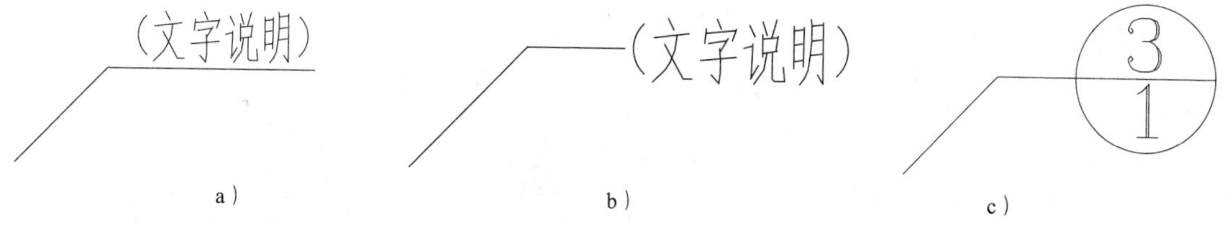

图 1-22　引出线

同时引出的几个相同部分的引出线，宜互相平行，如图 1-23a 所示；也可画成集中于一点的放射线，如图 1-23b 所示。

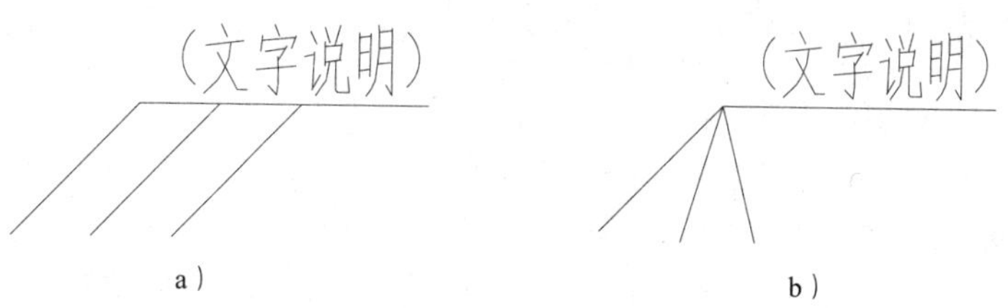

图 1-23　共同引出线

多层构造或多层管道共用引出线，应通过被引出的各层，并用圆点示意对应各层次。文字说明宜注写在水平线的上方，或者注写在水平线的端部，说明的顺序应由上至下，并应与被说明的层次对应一致。假如层次为横向排序，则由上至下的说明顺序应与由左至右的层次对应一致，如图 1-24 所示。

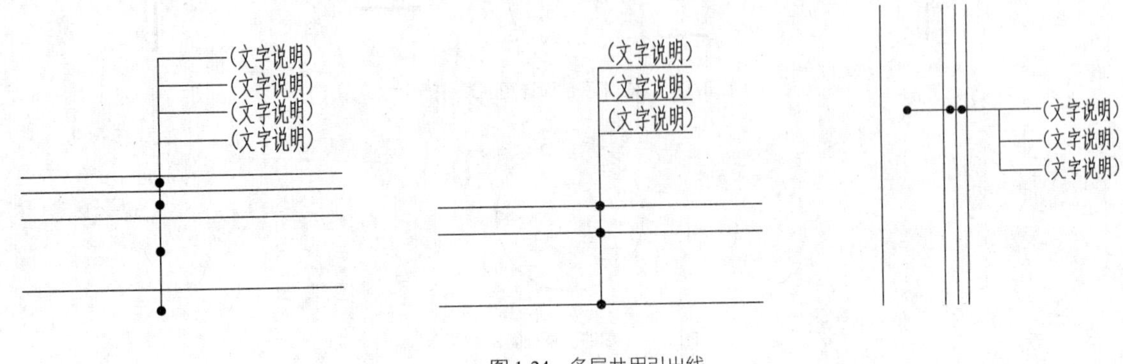

图 1-24　多层共用引出线

4. 其他符号

➢ 对称符号由对称线和两端的两对平行线组成。对称线用单点长画线绘制，线宽为 0.25*b*；平行线用细实线绘制，其长度宜为 6~10mm，每对的间距宜为 2~3mm，线宽为 0.25*b*；对称线应垂直平分于两对平行线，两端超出平行线宜为 2~3mm，如图 1-25a 所示。

➢ 连接符号应以折断线表示需连接的部位。两部位相距过远时，折断线两端靠图样一侧应标注大写拉丁字母表示连接编号。两个被连接的图样应用相同的字母编号，如图 1-25b 所示。

➢ 指北针的形状符合如图 1-25c 所示。其圆的直径宜为 24mm，用细实线绘制；指针尾部的宽度宜为 3mm，指针头部应注“北”或“N”字。需用较大直径绘制指北针时，指针尾部的宽度宜为直径的 1/8。

➢ 对图纸中局部变更部分宜采用云线，并宜注明修改版次，如图 1-25d 所示。

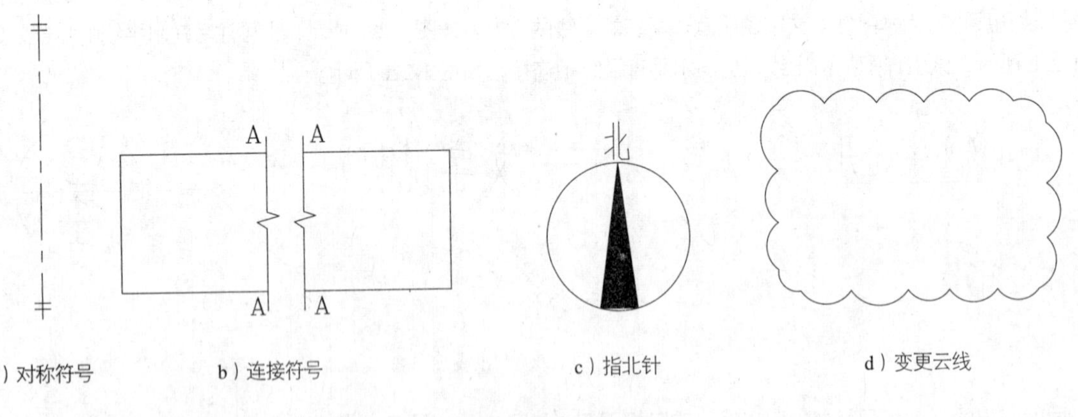

a）对称符号　　b）连接符号　　c）指北针　　d）变更云线

图 1-25　其他符号

1.4.7 定位轴线

定位轴线应使用细单点长画线来绘制。

定位轴线应该编号，编号应注写在轴线端部的圆内。圆应使用细实线来绘制，直径为 8~10mm。定位轴线圆的圆心应在定位轴线的延长线或延长线的折线上。

除了较为复杂需要采用分区编号或圆形、折线形外，一般平面图上定位轴线的编号，宜标注在图样的下方及左侧。横向编号应使用阿拉伯数字，从左至右顺序编写；竖向编号应使用大写英文字母，从下至上顺序编写，如图 1-26 所示。

英文字母作为轴线号时，应全部采用大写字母，不应该使用同一个字母的大小写来区分轴线号。英文字母的 I、O、Z 不得用作轴线编号。当字母数量不够用时，可增用双字母或单字母加数字注脚。

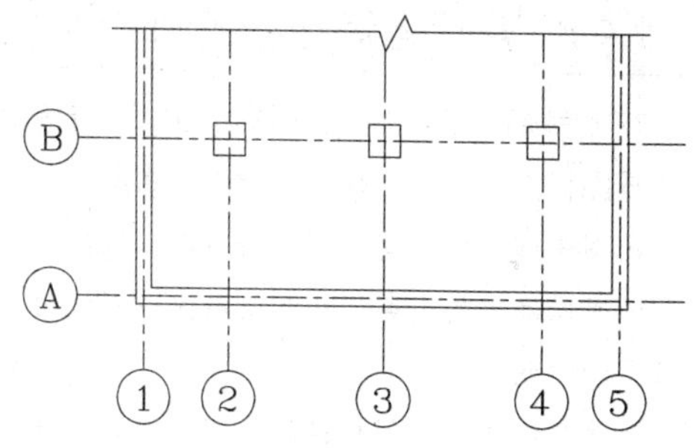

图 1-26 定位轴线的编号顺序

组合较为复杂的平面图中定位轴线也可采用分区编号，如图 1-27 所示。编号的注写形式应为“分区号——该分区定位轴线编号”。分区号宜采用阿拉伯数字或大写英文字母表示。

附加定位轴线的编号应以分数形式表示，并应符合下列规定：

➢ 两根轴线的附加轴线，应以分母表示前一轴线的编号，分子表示附加轴线的编号。编号宜使用阿拉伯数字顺序编写。

➢ 1 号轴线或 A 号轴线之前的附加轴线的分母应以 01 或 0A 表示。

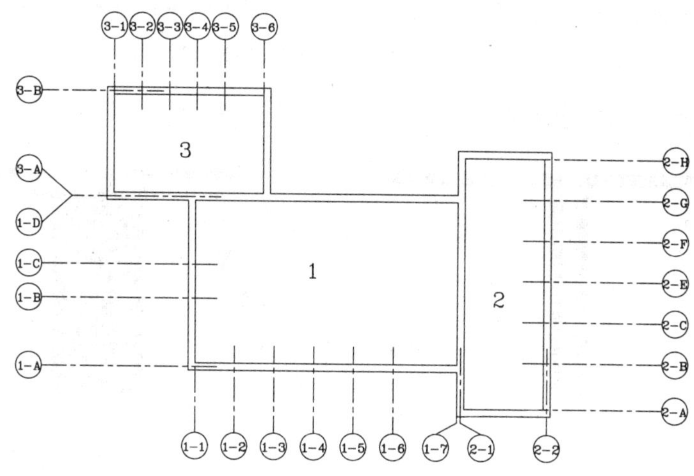

图 1-27 定位轴线的分区编号

一个详图适用于几根轴线时，应同时注明各有关轴线的编号，如图 1-28 所示。

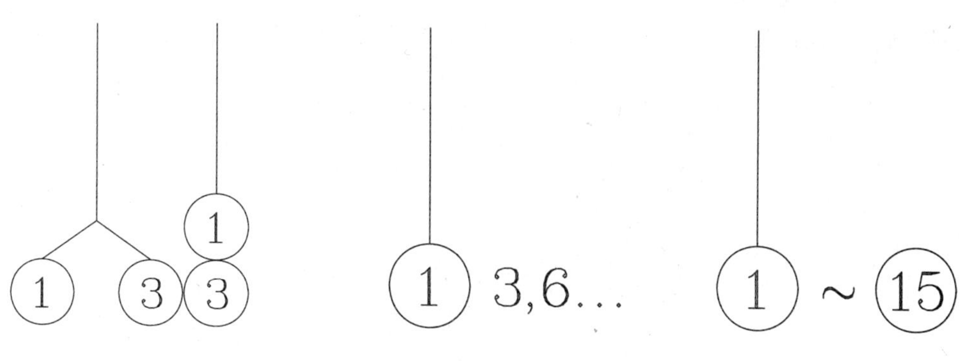

图 1-28 详图的轴线编号

通用详图中的定位轴线，应只画圆，不注写轴线编号。

1.4.8 常用建筑材料图例

在《房屋建筑制图统一标准》中仅规定常用建筑材料的图例画法，对其尺度比例不做具体规定。使用时，应根据图样大小而定，并应注意以下事项。

- 图例线应间隔均匀，疏密有度，做到图例正确，表示清楚。
- 不同品种的同类材料在使用同一图例时（如某些特定部位的石膏板必须注明是防水石膏板），应在图上附加必要的说明。
- 两个相同的图例相接时，图例线宜错开或倾斜方向相反，如图 1-29 所示。

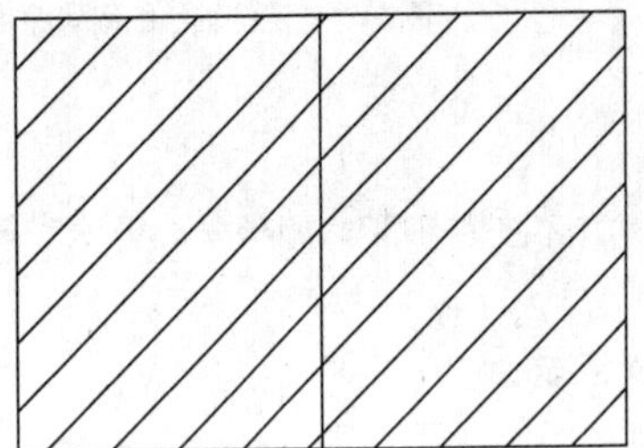
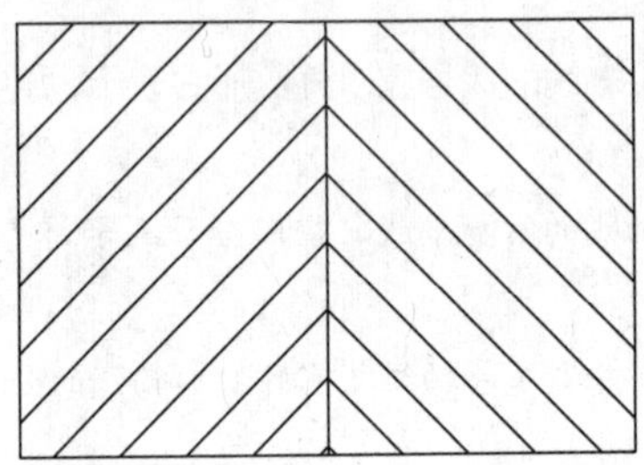

图 1-29　相同图例相接时的画法

两个相邻的涂黑图或灰例间应留有空隙，其净宽不宜小于 0.5mm，如图 1-30 所示。

图 1-30　相邻涂黑图例的画法

假如出现下列情况可以不加图例，但是应该添加文字说明。

- 一张图纸内的图样只用一种图例时。
- 图形较小无法画出建筑材料图例时。

需要绘制的建筑材料图例面积过大时，可以在断面轮廓线内，沿着轮廓线进行局部表示，如图 1-31 所示。

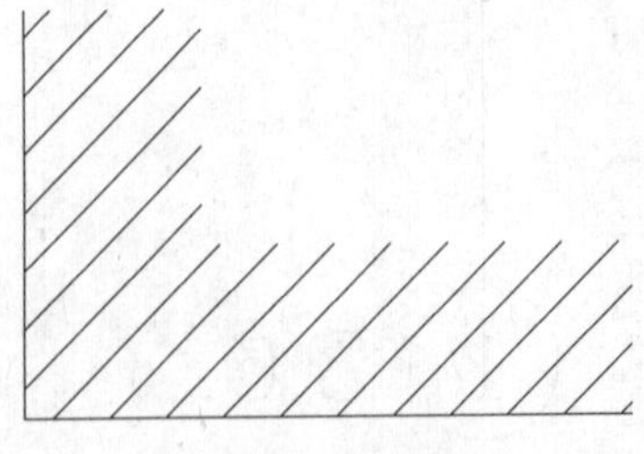

图 1-31　局部表示图例

当选用《房屋建筑制图统一标准》中未包括的建筑材料时，可以自编图例。但是不能与标准中所列的图例重复。绘制时，应该在图纸的适当位置绘制该材料的图例，并添加文字说明。

常用的建筑材料应按照表 1-10 中所示的图例画法进行绘制。

表 1-10 常用的建筑材料图例

序号	名称	图例	备注
1	自然土壤		包括各种自然土壤
2	夯实土壤		
3	砂、灰土		靠近轮廓线绘较密的点
4	砂砾石、碎砖三合土	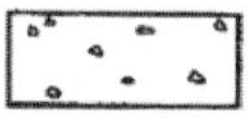	
5	石材		
6	毛石		
7	实心砖、多孔砖	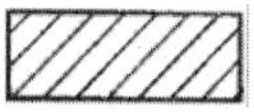	包括普通砖、多孔砖、混凝土砖等砌体
8	耐火砖	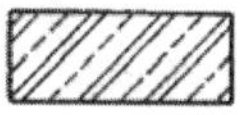	包括耐酸砖等砌体
9	空心砖、空心砌块		包括空心砖、普通或轻骨料混凝土小型空心砌块等砌体
10	饰面砖		包括铺地砖、玻璃马赛克、陶瓷锦砖、人造大理石等
11	焦渣、矿渣	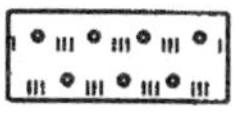	包括与水泥、石灰等混合而成的材料
12	混凝土	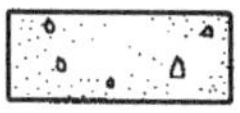	1）包括各种强度等级、骨料、添加剂的混凝土 2）在剖面图上绘制表达钢筋时，不需绘制图例线 3）断面图形小、不易绘制表达图例线时，可填黑或深灰（灰度宜 70%）
13	钢筋混凝土	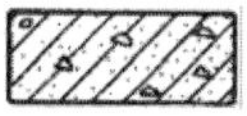	
14	多孔材料	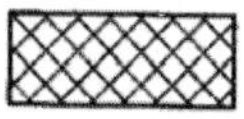	包括水泥珍珠岩、沥青珍珠岩、泡沫混凝土、非承重加气混凝土、软木、蛭石制品等
15	纤维材料	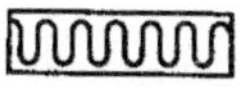	包括矿棉、岩棉、玻璃棉、麻丝、木丝板、纤维板等
16	泡沫塑料材料	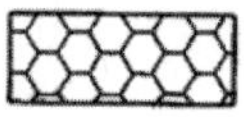	包括聚苯乙烯、聚乙烯、聚氨酯等多聚合物类材料
17	木材	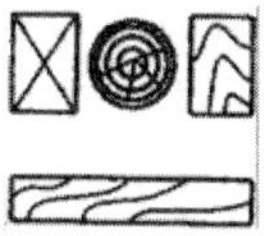	1）上图为横断面，左上图为垫木、木砖或木龙骨 2）下图为纵断面
18	胶合板	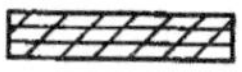	应注明为×层胶合板

序号	名称	图例	备注
19	石膏板		包括圆孔、方孔石膏板、防水石膏板、防火石膏板、硅钙板等
20	金属		1）包括各种金属 2）图形小时，可填黑或深灰（灰度宜 70%）
21	网状材料		1）包括金属、塑料网状材料 2）应注明具体材料名称
22	液体		应注明具体液体名称
23	玻璃		包括平板玻璃、磨砂玻璃、夹丝玻璃、钢化玻璃、中空玻璃、夹层玻璃、镀膜玻璃等
24	橡胶		
25	塑料		包括各种软、硬塑料及有机玻璃等
26	防水材料		构造层次多或比例大时，采用上面图例
27	粉刷		本图例采用较稀的点

注：序号 1、2、5、7、8、13、14、20 图例中的斜线、短斜线、交叉线等均为 45°。

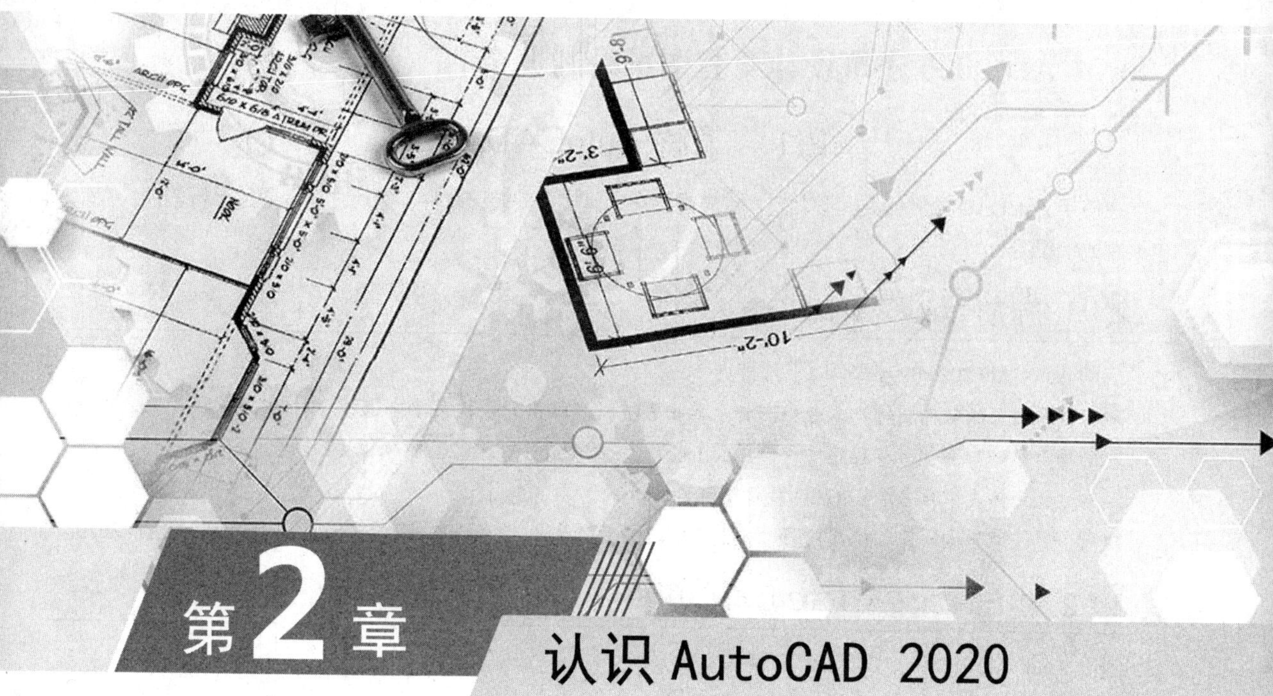

第2章 认识 AutoCAD 2020

本章导读

AutoCAD 软件是由美国欧特克有限公司（Autodesk）出品的一款自动计算机辅助设计软件，目前已更新至 2020 版本；可用于绘制二维图形及进行基本的三维设计，通过它无须懂得编程，即可自动制图。因此，它在全球广泛使用，可用于土木建筑、装饰装潢、工业制图、工程制图、电子工业、服装加工等多方面领域。

本章将为读者介绍 AutoCAD 的相关知识。首先讲解 AutoCAD 的基本工作界面，其次介绍使用 AutoCAD 软件进行简单的二维图形的绘制与编辑操作。

本章重点

- 了解 AutoCAD 2020 启动和退出方法
- 熟悉 AutoCAD 2020 工作界面
- 掌握 AutoCAD 工作空间的切换方法
- 掌握 AutoCAD 绘图环境的设置方法
- 掌握 AutoCAD 图形文件的管理方法
- 掌握 AutoCAD 不同文件版本的保存方法

2.1 了解 AutoCAD 2020

在使用 AutoCAD 绘制各类图形之前，首先需要在计算机上安装该软件，然后才可以通过运行软件，在软件中绘制或编辑图形。

2.1.1 启动 AutoCAD 2020

启动 AutoCAD 2020 的方式有以下几种。

- 双击桌面上的软件图标，或者在图标上单击右键，在弹出的快捷菜单中选择“打开”选项。
- 选择“开始”→“所有程序”→“Autodesk”→“AutoCAD 2020 简体中文”选项。
- 在安装文件夹中双击 AutoCAD 软件图标。

执行上述任意一项操作，都可打开“AutoCAD 2020 初始化”对话框，表示系统正在启动 AutoCAD 2020。

2.1.2 退出 AutoCAD 2020

退出 AutoCAD 2020 的方式有以下几种。

- 单击软件工作界面右上方的“关闭”按钮X。
- 单击工作界面左上方的“菜单浏览器”按钮，在弹出的下拉菜单中单击“退出 Autodesk AutoCAD 2020”按钮，如图 2-1 所示。

执行上述任意一项操作，都可退出 AutoCAD 2020。假如在退出软件之前没有保存图形，则系统会弹出如图 2-2 所示的 AutoCAD 信息提示对话框，提醒用户对图形进行保存。

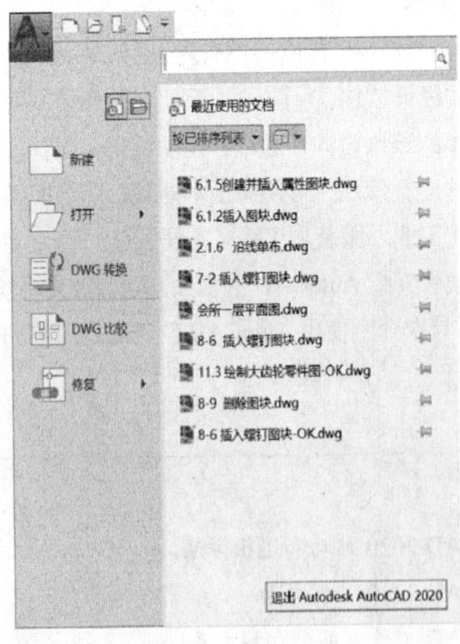

图 2-1 “菜单浏览器”下拉菜单

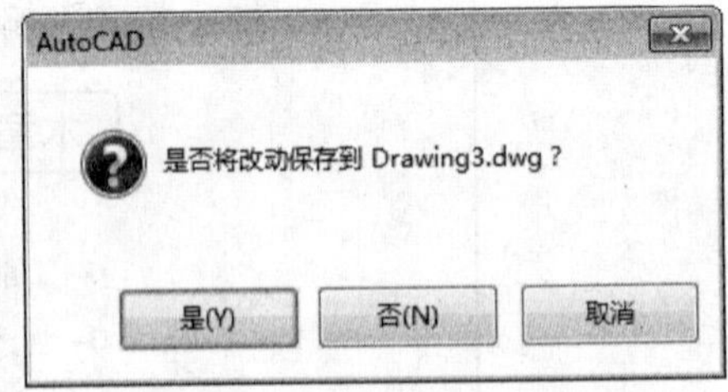

图 2-2 AutoCAD 信息提示对话框

2.2 认识 AutoCAD 工作界面

正确安装 AutoCAD 2020 后，双击桌面上的软件图标，即可开启该软件。软件默认显示“草图与注释”工作工作界面，如图 2-3 所示。

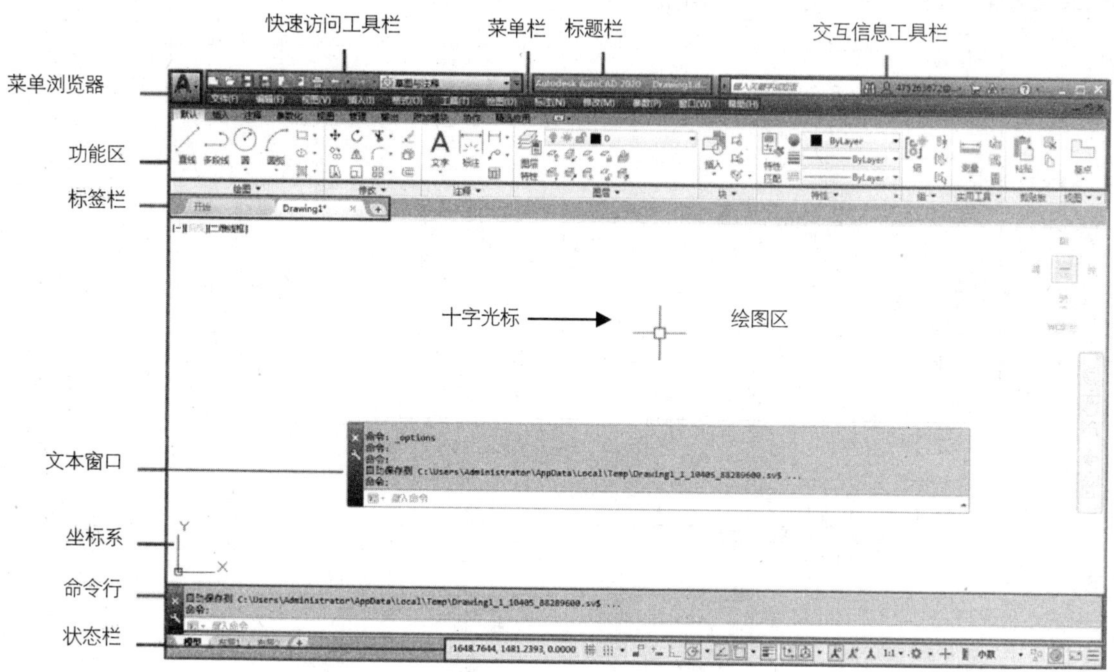

图 2-3 “草图与注释”工作空间界面

2.2.1 标题栏和交互信息工具栏

标题栏和交互信息工具栏位于软件工作界面的最上方，如图 2-4 所示。在标题栏上显示了软件版本的信息，当前正在编辑的图形的名称；在交互信息工具栏的“搜索文本框”中输入文本，单击“搜索”按钮可以搜索相关内容。右侧三个按钮的功能是控制窗口的大小以及关闭软件。

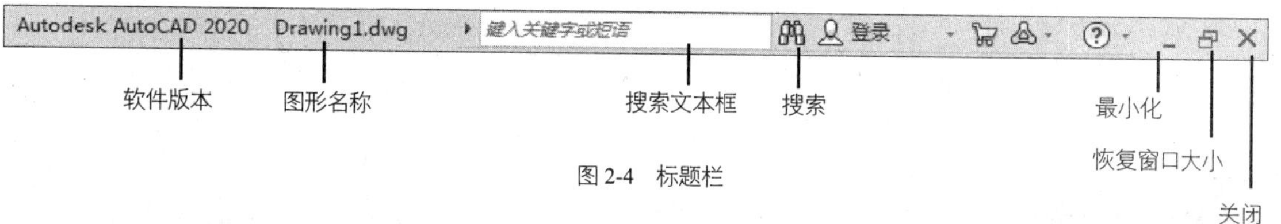

图 2-4 标题栏

2.2.2 菜单栏

菜单栏位于标题栏的下方，如图 2-5 所示。包括“文件”菜单、“编辑”菜单、“视图”菜单等，每个菜单中都包含了相应的命令选项，选择其中的选项，即可调用相应的绘制或编辑命令。

文件(F) 编辑(E) 视图(V) 插入(I) 格式(O) 工具(T) 绘图(D) 标注(N) 修改(M) 参数(P) 窗口(W) 帮助(H) 数据视图

图 2-5 菜单栏和交互信息工具栏

2.2.3 绘图区

绘图区位于工作界面的中间，是绘制图形、编辑图形、查看图形的区域，如图 2-6 所示。

系统默认最大化视口，单击绘图区左上方的“视口样式控件”按钮[−]，在其下拉列表中可选择视口的显示样式，如图 2-7 所示。

因为通常使用 AutoCAD 来绘制平面图形，所以保持视口最大化有助于绘制及编辑图形。一般情况下，视口设置保持系统默认状态，可为制图提供最佳环境。

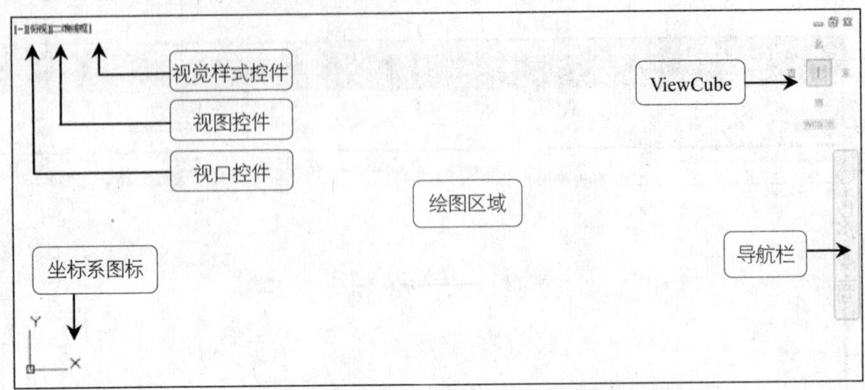

图 2-6　绘图区

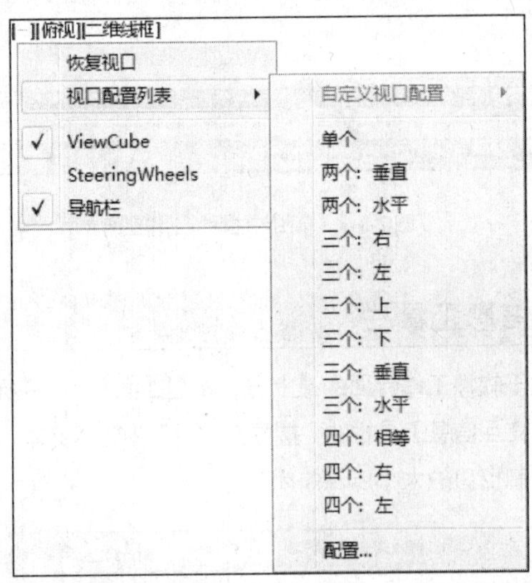

图 2-7　“视口样式控件”下拉列表

2.2.4　命令行

命令行位于绘图区的下方，状态栏的上方，如图 2-8 所示。在其中输入命令的英文代号，按下 Enter 键，即可调用命令。同时命令行实时显示在执行过程中命令的动态，包括命令行各选项、用户所定义的各项参数等。

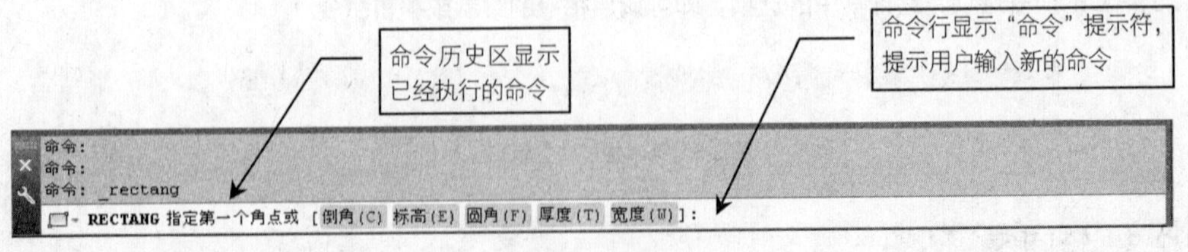

图 2-8　命令行

单击命令行左下方的“最近使用的命令”按钮，在弹出的下拉列表中显示了最近所使用过的命令，如图 2-9 所示。单击可调用其中的命令。

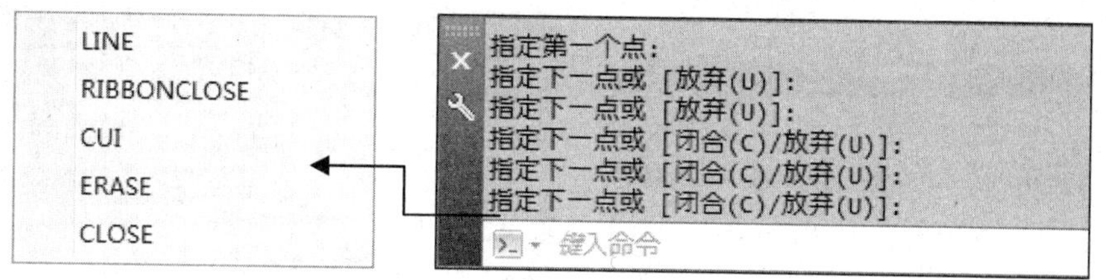

图 2-9 “最近使用的命令”下拉列表

2.2.5 状态栏

状态栏位于命令行的下方，如图 2-10 所示。

图 2-10 状态栏

在状态栏的右侧是绘图辅助工具栏，其中包含“正交”“极轴”等工具按钮。单击按钮，可激活或关闭相应的辅助工具。此外，在状态栏上还可以进行切换绘图空间、设置绘图比例等操作。

2.2.6 功能区

将“工作空间”转换为“草图与注释”，在工作界面的上方可以显示功能区。功能区由多个选项卡及面板组成，每个选项卡包含一组面板。通过切换选项卡，可选择不同功能的面板。图 2-11 所示为“默认”选项卡。

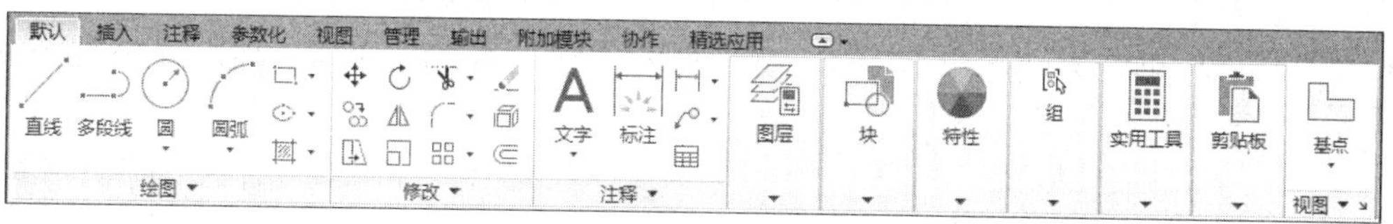

图 2-11 “默认”选项卡

选择“注释”选项卡，如图 2-12 所示。

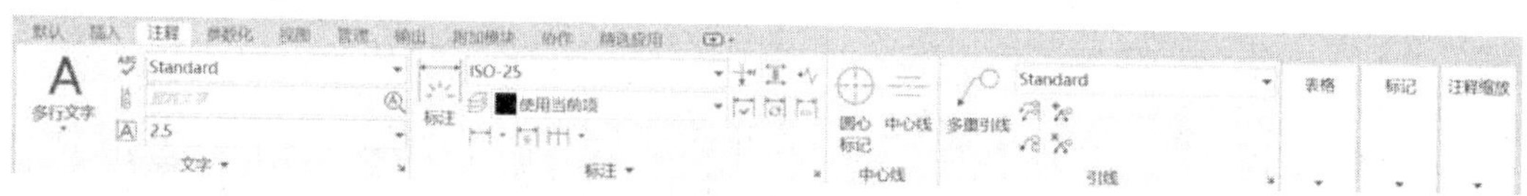

图 2-12 “注释”选项卡

2.2.7 实战——自定义工作界面

AutoCAD 2020 取消了“AutoCAD 经典”工作空间，但可通过系统所提供的工作空间“自定义”功能，来设置一个建筑绘图常用的“AutoCAD 经典”工作空间界面，并可将其保存以随时调用。

01 在“草图与注释”工作空间界面的右下方单击“切换工作空间”按钮，在弹出的下拉列表中选择“自定义”选项，如图 2-13 所示。

02 系统弹出如图 2-14 所示的“自定义用户界面”窗口。

03 在“工作空间”选项上单击右键，在弹出的快捷菜单中选择“新建工作空间”选项，如图 2-15 所示。

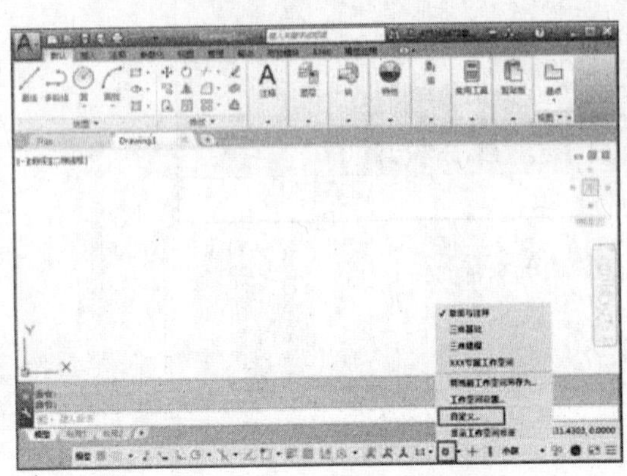

图 2-13　选择“自定义”选项

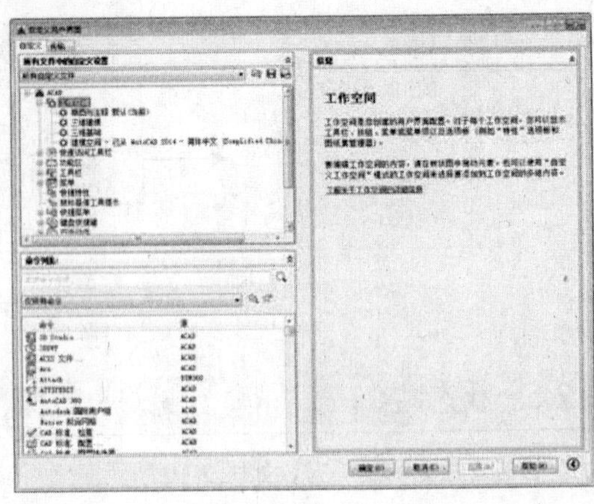

图 2-14　“自定义用户界面”窗口

04 输入新工作空间的名称，如图 2-16 所示。

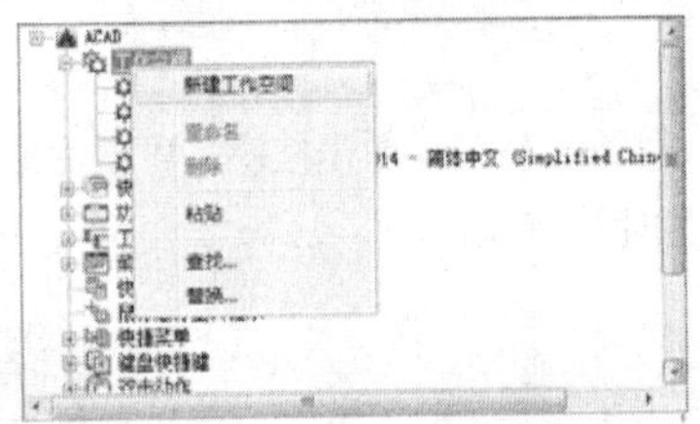

图 2-15　选择“新建工作空间”选项

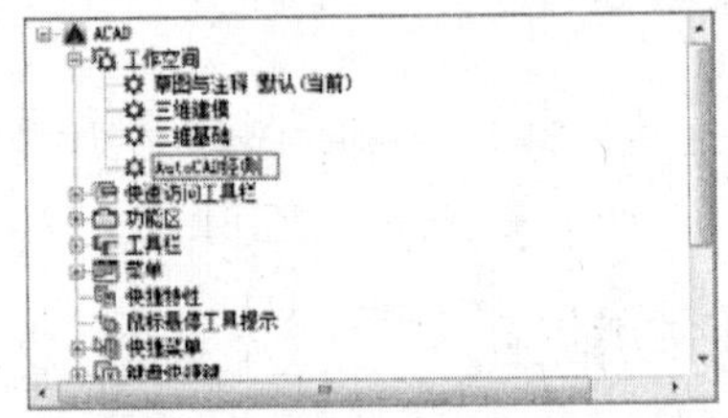

图 2-16　输入新工作空间的名称

05 选择“AutoCAD 经典”工作空间，单击展开下方的“工具栏”，如图 2-17 所示。

06 在“工具栏”列表中选择常用的工具栏，如“绘图”“修改”等，按住鼠标左键不放，将其拖动到右侧的工具栏中，如图 2-18 所示。

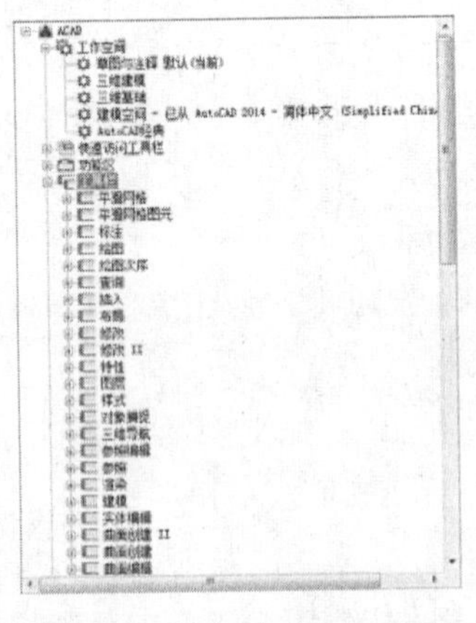

图 2-17　展开“工具栏”

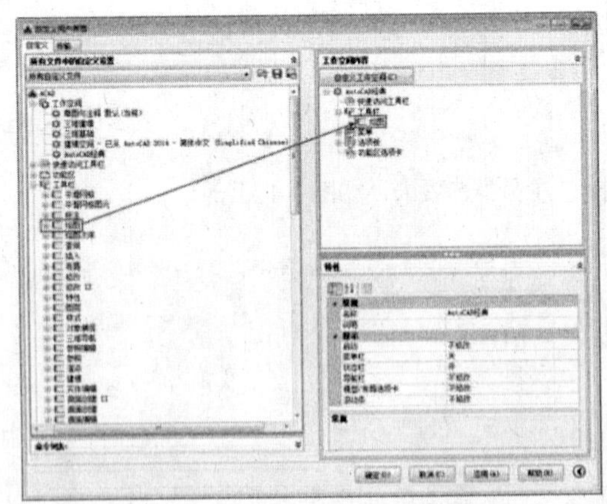

图 2-18　添加常用工具栏

07 依次将常用的工具栏添加到右侧的列表中，效果如图 2-19 所示。用户可以根据自己的使用习惯来添加相应的工具栏。

08 沿用上述的操作方式，打开左侧的“菜单”栏，将其中的工具拖动到右侧的“菜单”栏中，如图 2-20 所示。

09 单击右下方的“应用”按钮，如图 2-21 所示。

10 在“AutoCAD 经典”选项上单击右键，在弹出的快捷菜单中选择“置为当前”选项，如图 2-22 所示。

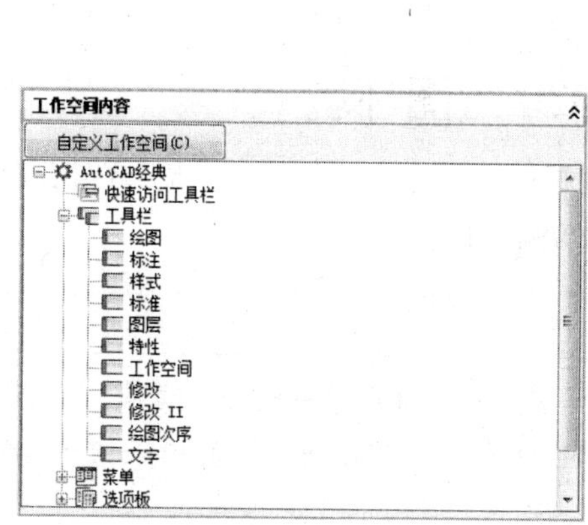

图 2-19　添加结果

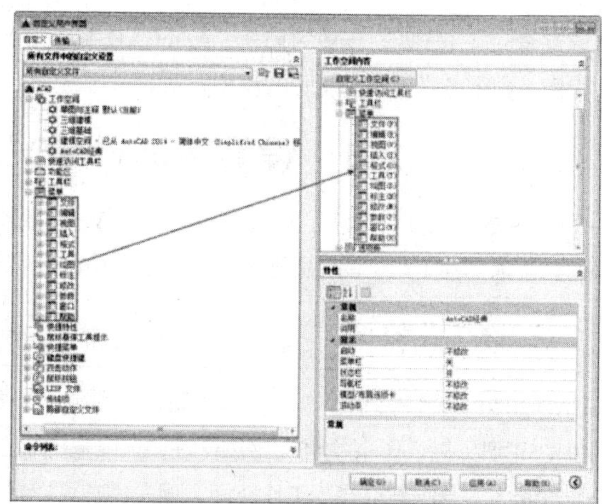

图 2-20　添加菜单栏

11 在右下方"特性"列表中单击"菜单栏"后面的"开/关"选项，将其设置为"开"的状态，如图 2-23 所示；单击"应用"按钮，将改动保存；单击"确定"按钮，关闭对话框，即可进入所定义工作空间界面。

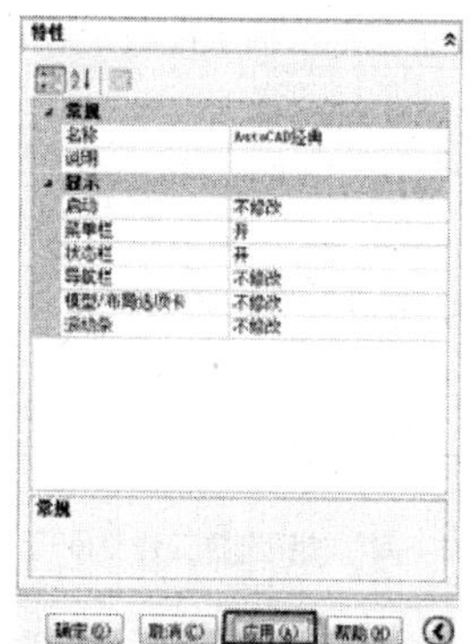

图 2-21　单击"应用"按钮

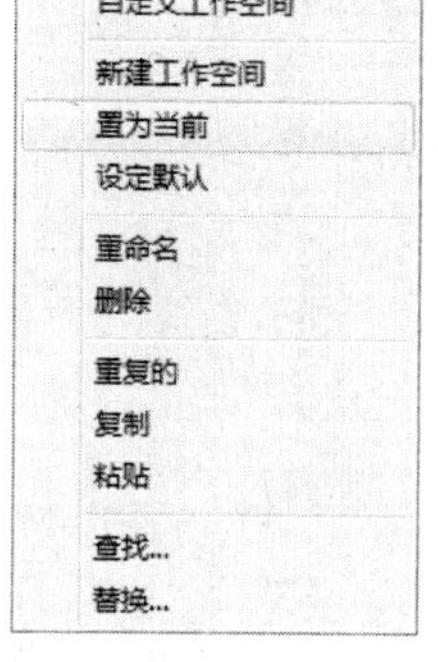

图 2-22　选择"置为当前"选项

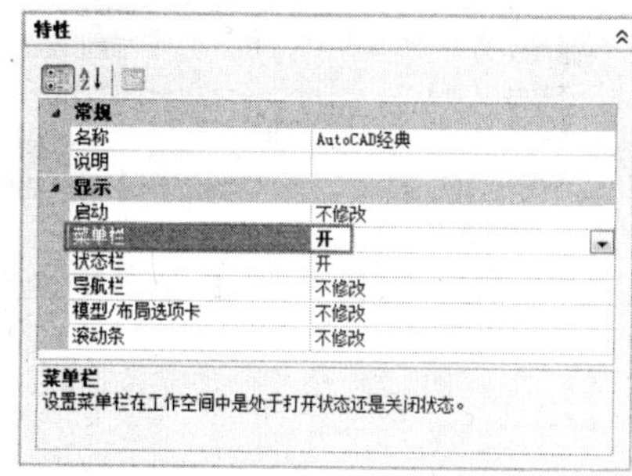

图 2-23　保存更改

12 "AutoCAD 经典"工作空间界面如图 2-24 所示。

图 2-24　"AutoCAD 经典"工作空间界面

绘制建筑设计施工图时，一般习惯在“AutoCAD 经典”工作空间中绘制。因此，本书以“AutoCAD 经典”工作空间为例，介绍各类建筑施工图的绘制方法。

2.3 设置 AutoCAD 2020 绘图环境

AutoCAD 中的空白文件继承了系统的各项默认属性，如绘图空间的类型、绘图单位等。本节介绍绘图环境的设置操作，包括切换工作空间、图形界限、绘图单位、十字光标的大小等。

2.3.1 切换工作空间

AutoCAD 2020 为用户提供了 3 种工作空间，分别是“草图与注释”“三维基础”及“三维建模”工作空间。选择不同的空间可以进行不同的操作。例如，在“三维基础”工作空间下，可以方便地进行简单的三维建模操作。默认的工作空间为“草图与注释”工作空间，但是用户可以根据需要对工作空间进行切换操作。

切换工作空间的方式有以下几种。

➢ 菜单栏：选择“工具”→“工作空间”选项，在子菜单中选择相应的工作空间，如图 2-25 所示。

➢ 状态栏：直接单击状态栏上“切换工作空间”按钮，在弹出的下拉菜单中选择相应的空间类型，如图 2-26 所示。

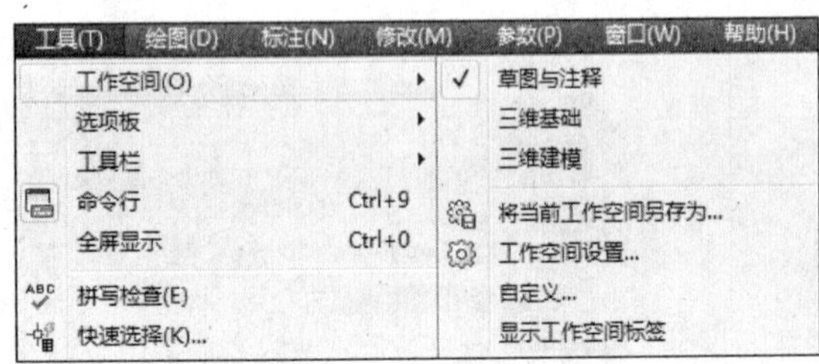

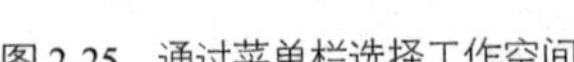

图 2-25 通过菜单栏选择工作空间

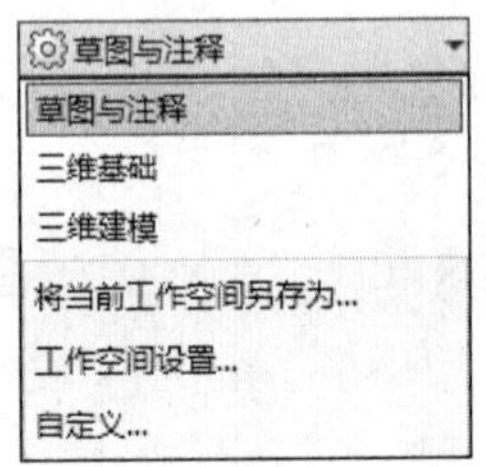

图 2-26 通过“切换工作空间”按钮选择工作空间

“草图与注释”工作空间中包含“默认”“插入”“注释”等选项卡，通过调用其中的各项命令，可以便捷地绘制或编辑二维图形，同时还可对图形执行尺寸标注等操作。

图 2-27 所示为“三维基础”工作空间。在该工作空间中，可以使用三维建模功能、布尔运算功能以及三维编辑功能创建出三维图形。

图 2-28 所示为“三维建模”工作空间。该工作空间中包含了“常用”“实体”“曲面”等选项卡，通过调用其中的各项命令，可以完成三维曲面、实体、网格模型的制作、细节的观察与调整，还可执行材质、灯光效果的制作、渲染以及输出等操作。

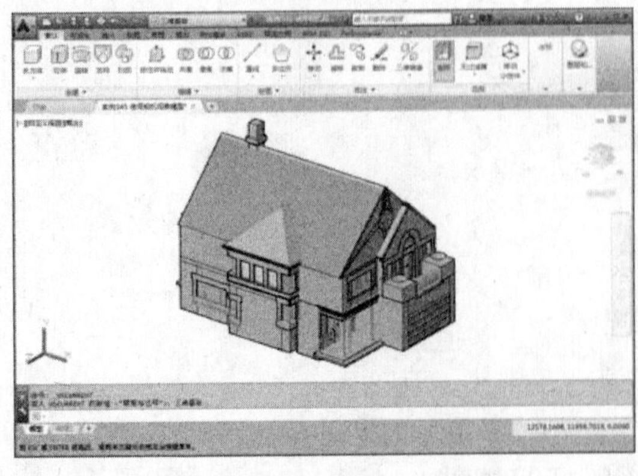

图 2-27 “三维基础”工作空间

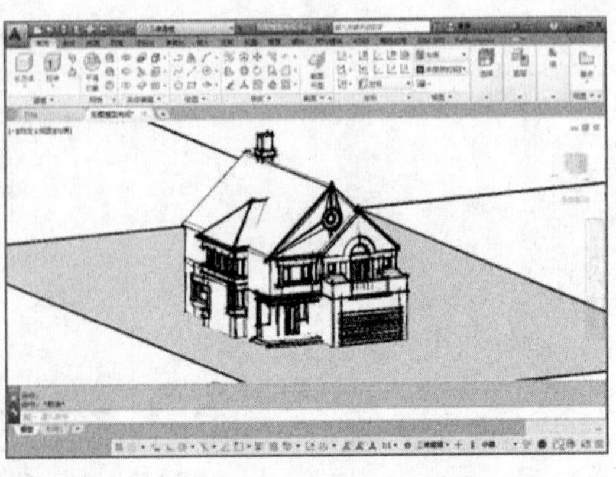

图 2-28 “三维建模”工作空间

2.3.2 设置图形界限

AutoCAD 的绘图区域称为图形界限，建筑施工图纸的打印规格通常为 A3（297mm×420mm）；为保证能正确的被打印输出图形，应在绘图之前设置图形界限。

调用“图形界限”命令的方式有以下几种。

➢ 命令行：在命令行中输入 LIMITS 并按下 Enter 键。

➢ 菜单栏：选择“格式”→“图形界限”选项。

A3 横放图纸图形界限的设置方法如下：

命令：LIMITS↙

重新设置模型空间界限：

指定左下角点或 [开(ON)/关(OFF)] <0.0000,0.0000>: //按下 Enter 键，默认确认坐标原点为图形界限的左下角点

输入 ON 并按下 Enter 键，在绘图时图形不能超出图形界限，若超出系统不予显示。

输入 OFF 并按下 Enter 键，在绘图时准许图形超出界限。

指定右上角点：297.0000，420.0000↙ //输入右上角点的坐标值，按 Enter 键即可完成图形界限的设置操作。

专家提醒 在上面的命令提示中，“//”符号及其后面的文字均是对步骤的说明；而“↙”符号则表示按 Enter 键或空格键，如上文的“297.0000，420.0000↙”即表示“输入 297,420，然后按 Enter 键”。本书大部分的命令均会给出这样的命令行提示，读者可以以此为参照进行模仿操作。

执行“工具”→“绘图设置”命令，在弹出的“草图设置”对话框中选择“捕捉和栅格”选项卡，勾选“启用栅格”复选框。在“栅格行为”选项组中取消勾选“显示超出界限的栅格”复选框，如图 2-29 所示。即可在绘图区域中以栅格显示所设置的图形界限范围，如图 2-30 所示。

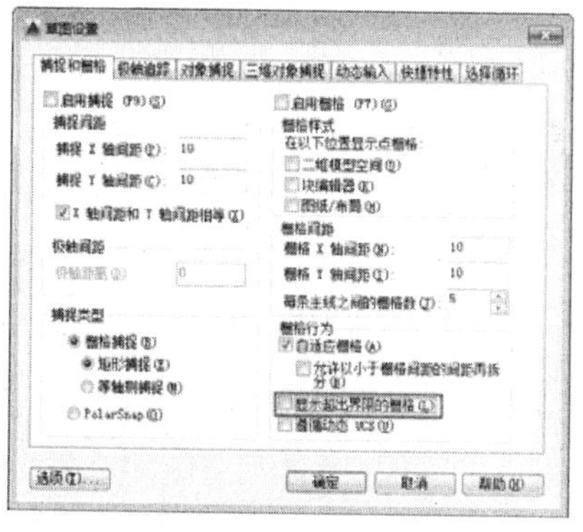

图 2-29 设置“捕捉和栅格”选项卡

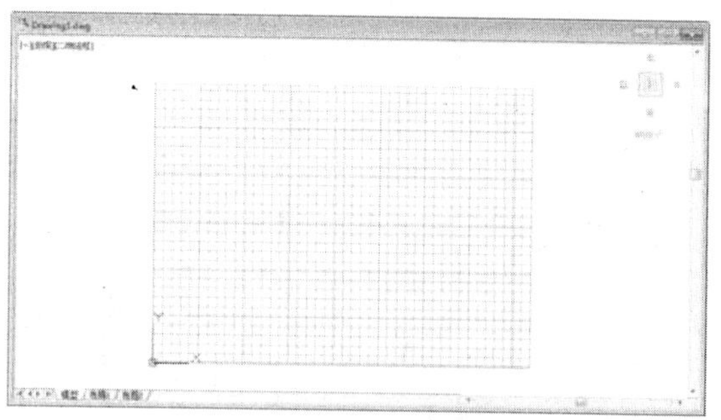

图 2-30 显示图形界限范围

2.3.3 设置绘图单位

绘制建筑设计施工图通常使用“毫米（mm）”为绘图单位，但是在绘制建筑总平面图时，则需要使用“米（m）”为绘图单位。因此，在绘制不同类型的图纸之前，需要先对绘图单位进行设置。

设置绘图单位的方式如下。

➢ 命令行：在命令行中输入 UNITS/UN 并按下 Enter 键。

➢ 菜单栏：选择“格式”→“单位”选项。

执行命令后系统弹出如图 2-31 所示的“图形单位”对话框。在“长度”选项组的“类型”下拉列表中选择“小数”选项，在“精度”下拉列表中选择 0；在“插入时的缩放单位”选项组中选择“毫米”（如果是为建筑总平面图设置绘图单位，则应选择“米”）。

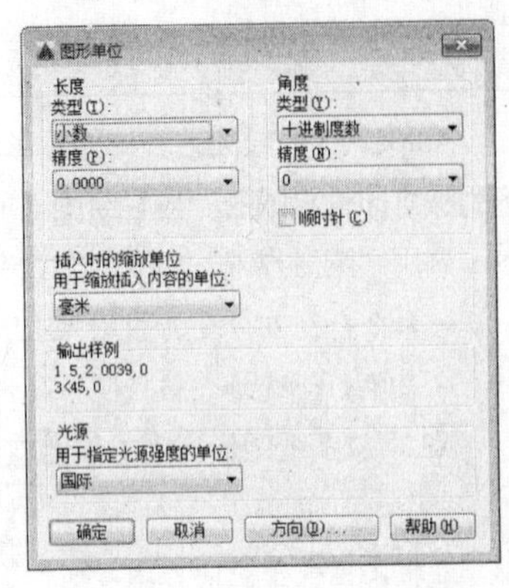

图 2-31 “图形单位”对话框

单击“确定”按钮，关闭对话框，即可完成绘图单位的设置。

2.3.4 设置十字光标大小

十字光标可以为用户在绘图过程中提供纵向及横向的辅助作用，十字光标的大小可以根据用户的喜好及所绘图形的复杂程度来进行设置。

十字光标的大小可以在“选项”对话框中设置，调出“选项”对话框的方式有以下几种。

➢ 命令行：在命令行中输入 OPTIONS/OP 并按下 Enter 键。

➢ 菜单栏：选择“工具”→“选项”选项。

➢ 菜单浏览器：在“菜单浏览器”下拉菜单中单击“选项”按钮。

执行命令后系统弹出如图 2-32 所示的“选项”对话框。在其中选择“显示”选项卡，在“十字光标大小”选项组中，通过在文本框中直接输入参数或移动滑块即可调整光标的大小。

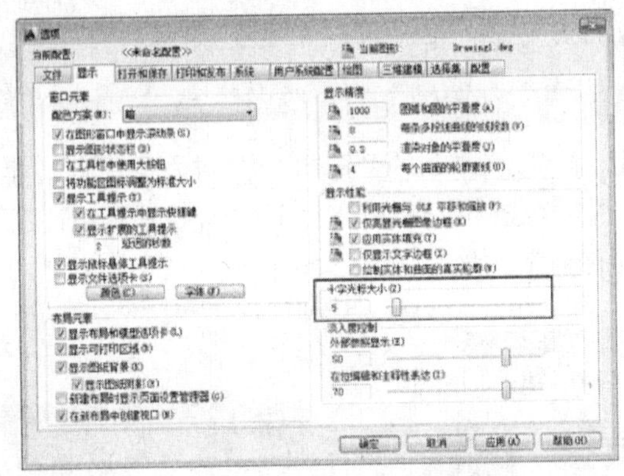

图 2-32 “选项”对话框

图 2-33 所示为不同大小的十字光标设置效果。

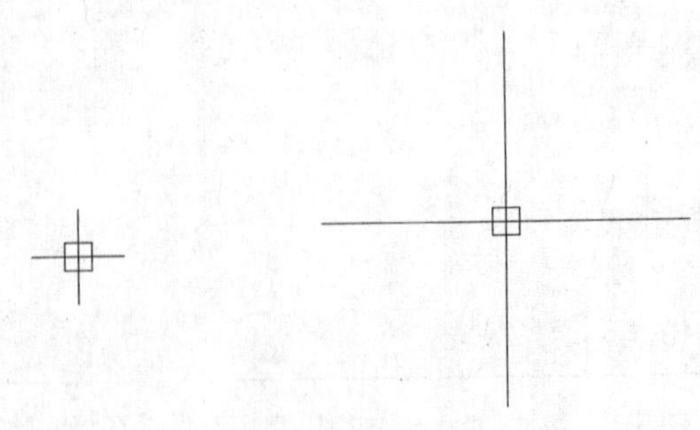

a)十字光标大小为 5　　b)十字光标大小为 20

图 2-33 不同大小的十字光标设置效果

2.3.5 实战——设置绘图区颜色

AutoCAD 默认绘图区的颜色为黑色，黑色可以与各种颜色的图形形成鲜明的对比，具有方便视图显示、观察和修改图形的优点。在“选项”对话框中可执行设置绘图区颜色的操作，下面将介绍其操作方法。

01 打开 AutoCAD 2020 软件，在绘图区任意空白处单击鼠标右键，在弹出的快捷菜单中选择“选项”。

02 选择“选项”对话框中的“显示”选项卡，单击“窗口元素”选项组中的“颜色”按钮；系统弹出如图 2-34 所示的“图形窗口颜色”对话框，在其中可以更改并指定选项的颜色。

03 在右上方的“颜色”下拉列表中显示了系统所提供的 8 种默认颜色，选择其中的颜色，即可将其指定给选中的选项；选择下拉列表中的“选择颜色”选项，弹出“选择颜色”对话框。在其中用户可自定义颜色类型，如图 2-35 所示。

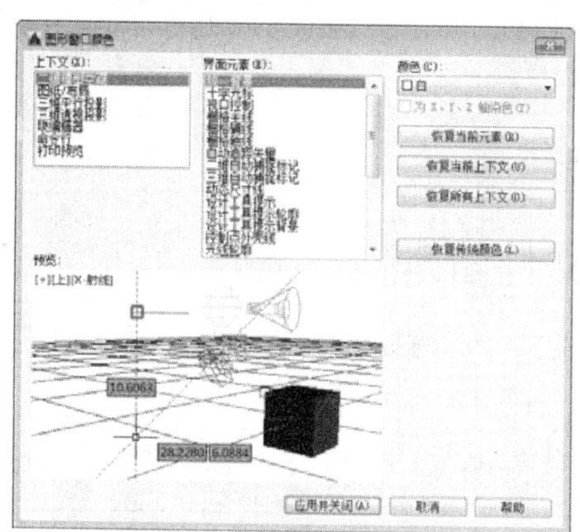

图 2-34 “图形窗口颜色”对话框

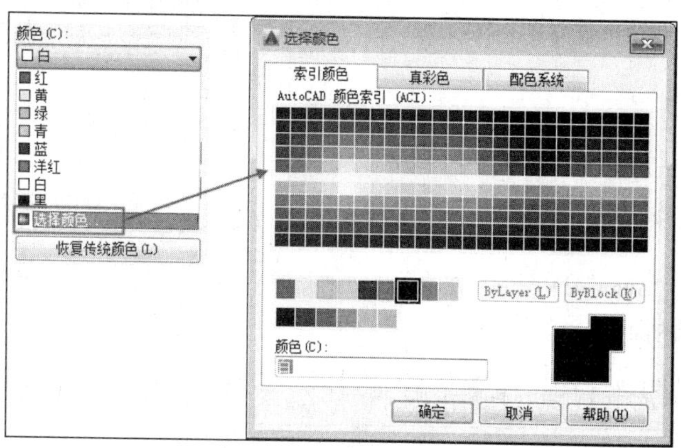

图 2-35 “选择颜色”对话框

04 在“图形窗口颜色”对话框中单击“恢复传统颜色”按钮，可放弃所做的颜色更改，恢复系统默认的颜色。

2.3.6 设置鼠标右键功能

在绘图区中单击鼠标右键，弹出如图 2-36 所示的快捷菜单。在快捷菜单中可选择与当前操作相关的命令，从而达到快速绘图的目的。

快捷菜单中的功能不是固定的，用户可自定义快捷菜单中所显示的各项命令。

调出“选项”对话框，选择“用户系统配置”选项卡；在“Windows 标准操作”选项组中勾选“绘图区域中使用快捷菜单”复选框，亮显并单击“自定义右键单击”按钮，如图 2-37 所示。

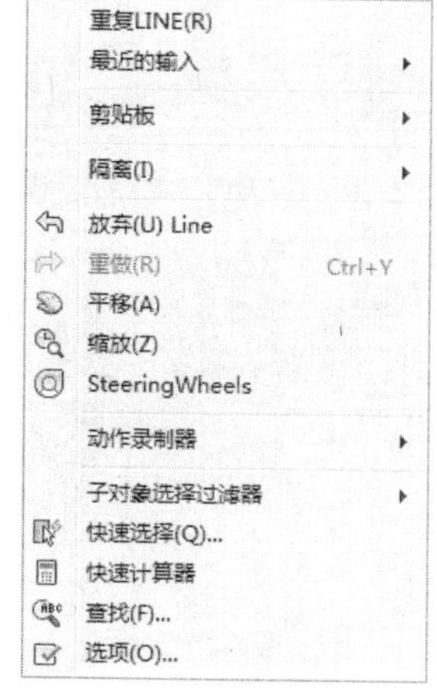

图 2-36 快捷菜单

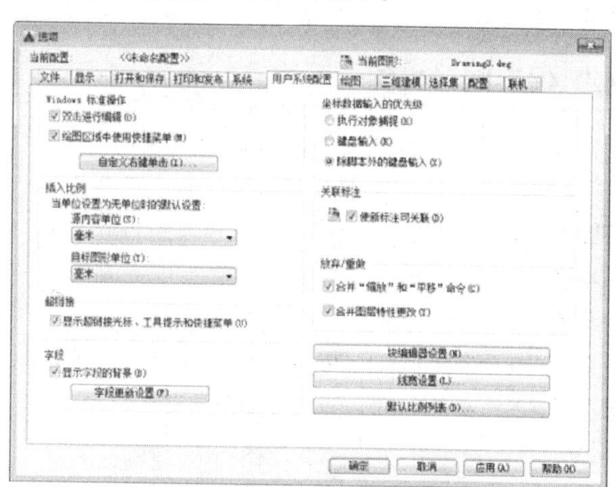

图 2-37 设置“用户系统配置”选项卡

此时弹出如图 2-38 所示的“自定义右键单击”对话框。在其中选择不同模式下鼠标右键的具体含义。单击“确定”按钮，即可完成设置操作。

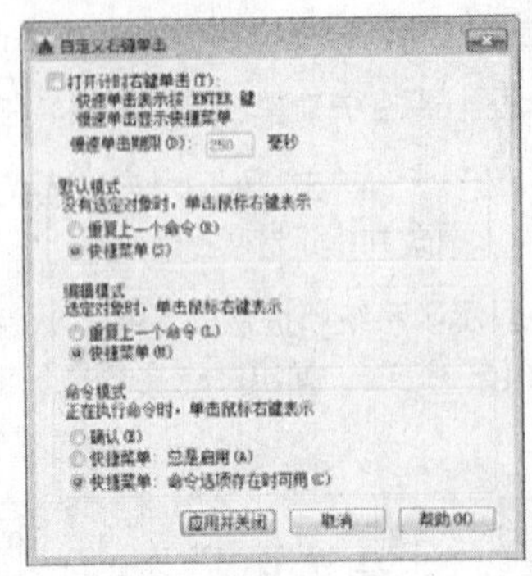

图 2-38 “自定义右键单击”对话框

2.4 AutoCAD 图形文件管理

AutoCAD 图形文件的管理包括新建文件、保存文件、打开文件、关闭文件操作，本节介绍各项图形文件管理的操作方法。

2.4.1 新建图形文件

执行新建文件操作，可新建一个空白的图形文件，该文件的各项属性为系统默认值，用户可自定义修改。

新建图形文件的方式有以下几种。

➢ 菜单栏：选择“文件”→“新建”选项。

➢ 快捷键：按下 Ctrl+N 组合键。

➢ 命令行：在命令行中输入 QNEW 并按下 Enter 键。

➢ 菜单浏览器：在“菜单浏览器”下拉菜单中单击“新建”按钮。

➢ 标签栏：单击标签栏上的按钮。

执行命令后，系统弹出如图 2-39 所示的“选择样板”对话框。选择图形样板文件，单击“打开”按钮，即可完成新建图形文件的操作。

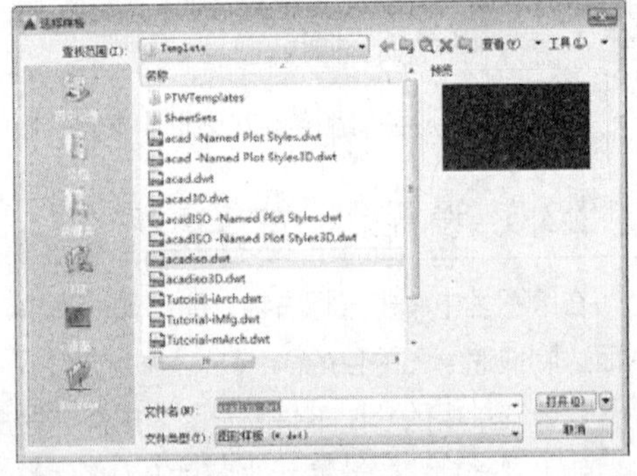

图 2-39 “选择样板”对话框

2.4.2 保存图形文件

执行保存图形文件操作，可将当前的图形存储至目标文件夹中。

保存图形文件的方式有以下几种。

➢ 菜单栏：选择“文件”→“保存”选项。

➢ 快捷键：按下 Ctrl+S 组合键。

➢ 命令行：在命令行中输入 SAVE 并按下 Enter 键。

➢ 菜单浏览器：在“菜单浏览器”下拉菜单中单击“保存”按钮。

执行命令后，系统弹出如图 2-40 所示的“图形另存为”

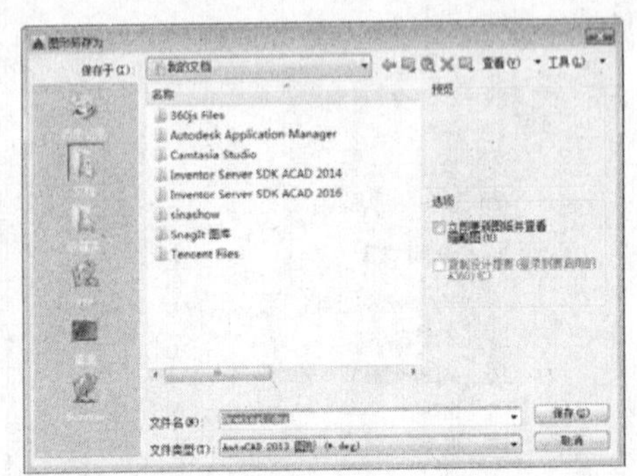

图 2-40 “图形另存为”对话框

对话框。在其中可定义图形的存储名称、存储格式及存储路径，单击“保存”按钮，即可完成保存图形文件的操作。

2.4.3 打开图形文件

执行打开图形文件操作，可以打开已存储的.dwg 文件。

打开图形文件的方式有以下几种。

➢ 菜单栏：选择“文件”→“打开”选项。

➢ 快捷键：按下 Ctrl+O 组合键。

➢ 命令行：在命令行中输入 OPEN 并按下 Enter 键。

➢ 菜单浏览器：在“菜单浏览器”下拉菜单中单击“打开”按钮。

➢ 标签栏：在标签栏空白位置单击鼠标右键，在弹出的快捷菜单中选择“打开”命令。

执行命令后，系统弹出如图 2-41 所示的“选择文件”对话框。在其中选择待打开的文件，单击“打开”按钮即可完成打开图形文件的操作。

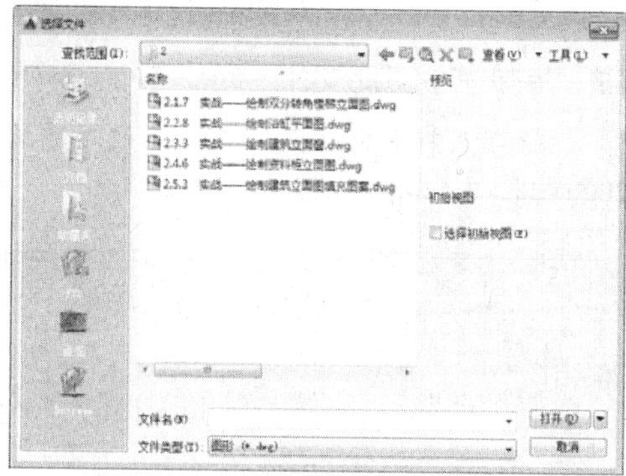

图 2-41 “选择文件”对话框

2.4.4 关闭图形文件

执行关闭图形文件操作，可关闭当前正在使用的图形文件。在执行关闭操作之前，应先对文件进行保存，否则关闭后将会丢失对图形文件所做的修改。关闭图形文件的方式有以下几种。

➢ 菜单栏：选择“文件”→“关闭”选项。

➢ 命令行：在命令行中输入 CLOSE 并按下 Enter 键。

➢ 菜单浏览器：在“菜单浏览器”下拉菜单中单击“关闭”按钮。

执行命令后，系统可将当前图形关闭。假如未保存图形，则系统会弹出如图 2-42 示的 AutoCAD 信息提示对话框，单击“是”按钮，可保存并关闭文件；单击“否”按钮，可放弃保存并关闭文件；单击“取消”按钮，可退出关闭命令，保持图形的打开状态。

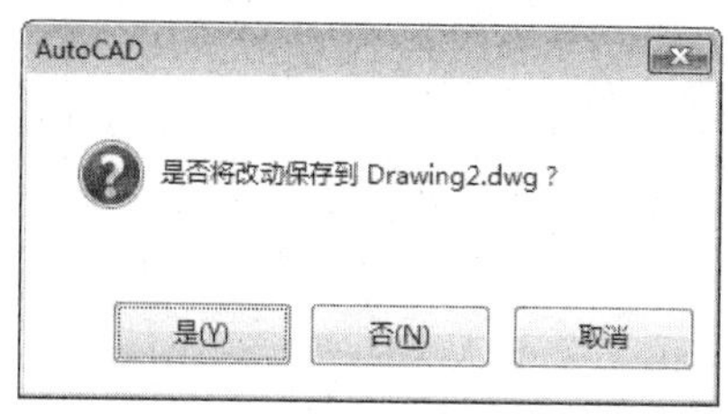

图 2-42 AutoCAD 信息提示对话框

2.4.5 实战——将图形文件另存为低版本文件

在日常工作中，经常要与客户或同事进行图纸往来，有时就难免碰到因为彼此 AutoCAD 版本不同而打不开图纸的情况，如图 2-43 所示。原则上，高版本的 AutoCAD 能打开低版本所绘制的图形文件，而低版本却无法打开高版本的图形文件。因此，对于使用高版本的用户来说，可以将文件通过“另存为”的方式转存为低版本。

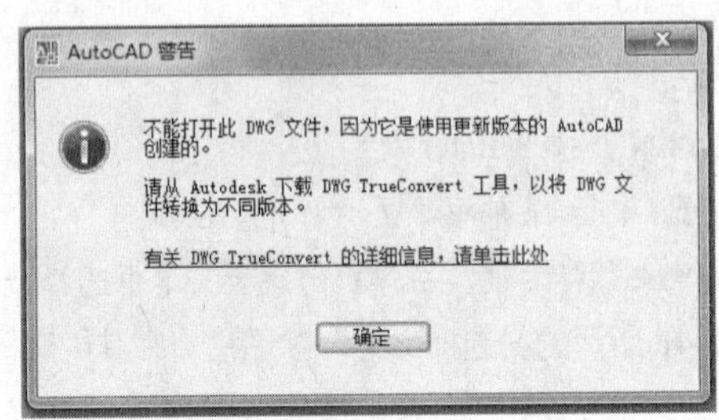

图 2-43　因版本不同出现的 AutoCAD 警告

01 按 Ctrl+O 快捷键，打开要“另存为”的图形文件。

02 单击快速访问工具栏中的“另存为”按钮，系统弹出“图形另存为”对话框。在“文件类型”下拉列表中选择“AutoCAD 2000/LT2000 图形 （*.dwg）”选项，如图 2-44 所示。

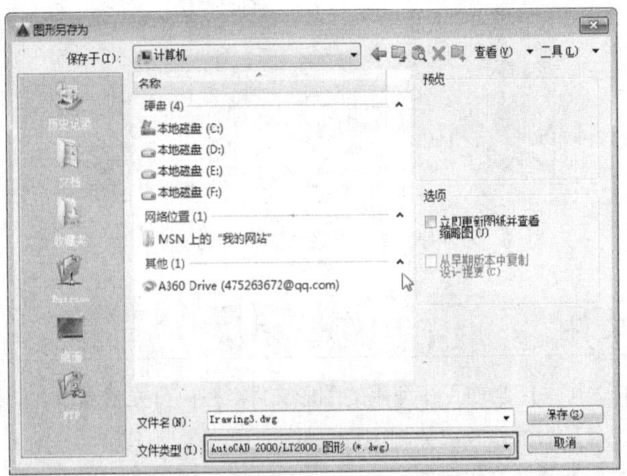

图 2-44　选择图形文件

03 设置完成后，AutoCAD 所绘图形文件的保存类型均为 AutoCAD 2000 类型，任何高于 2000 的版本均可以打开，从而实现工作图纸的无障碍交流。

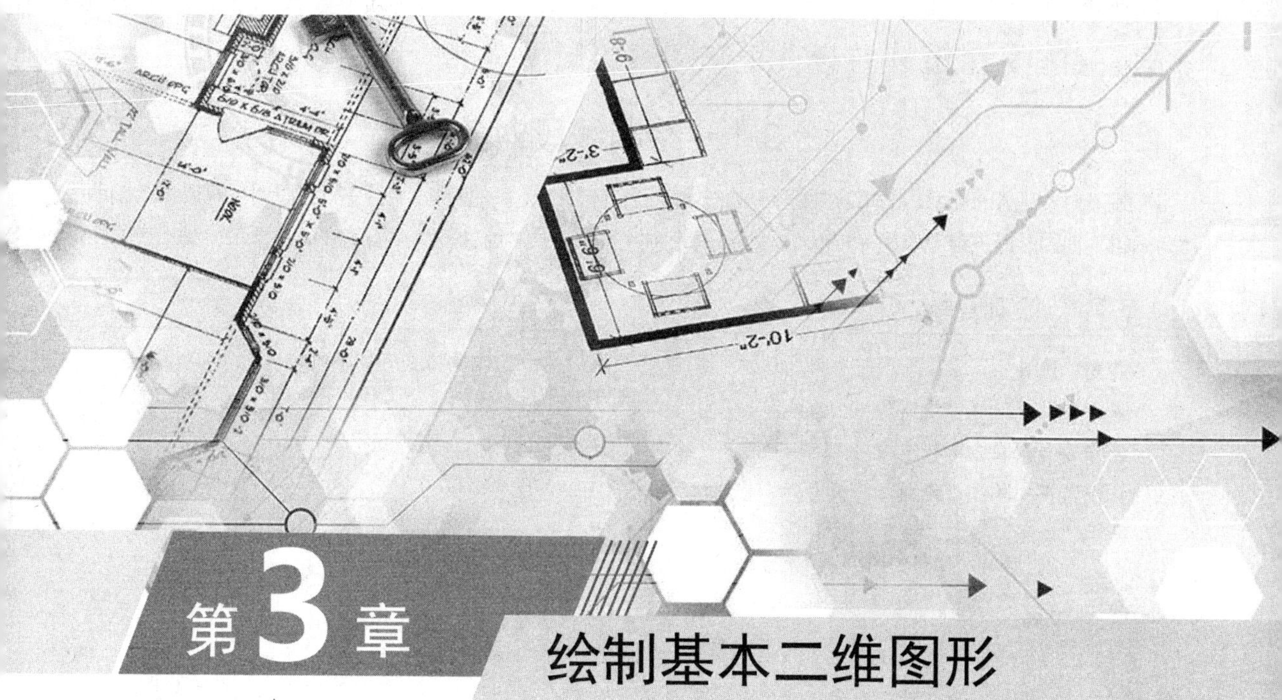

第3章 绘制基本二维图形

本章导读

AutoCAD 具有强大的绘制二维图形的功能，在熟练地掌握了基本二维图形的绘制方法后，才能在此基础上绘制更为复杂的图形，包括各类建筑图纸。

本章介绍基本二维图形的绘制，主要有线段对象、曲线对象、多边形对象、点对象及图案填充对象。

本章重点

- 掌握直线、射线、多线等线段对象的绘制方法
- 掌握圆、圆弧、椭圆等曲线对象的绘制方法
- 掌握矩形和多边形的绘制方法
- 掌握点样式的设置方法
- 掌握单点、多点、等分点的绘制方法
- 掌握图案填充和编辑的方法

3.1 绘制线段对象

线段对象是 AutoCAD 基本二维图形中的一个类型，包含直线、构造线、射线等。线段对象可以作为辅助线，为编辑其他图形提供参考作用；可以作为图形的轮廓线，也可通过组合各种类型的线段对象来得到相应的图形。

3.1.1 绘制直线

调用“直线”命令，可以在两点之间绘制线段。“直线”命令的调用方式有如下几种。

➢ 菜单栏：选择“绘图”→“直线”选项。

➢ 命令行：在命令行中输入 LINE/L 命令并按下 Enter 键。

➢ 功能区：单击“绘图”面板上的“直线”按钮。

调用“直线”命令，命令行提示如下。

```
命令：LINE↙
指定第一个点：                              //单击指定点 A
指定下一点或 [放弃(U)]:120↙                //向下移动指针，输入距离参数，按下 Enter 键即可指定 B 点；继续移动指针，指定距离参数以确定其他各点
指定下一点或 [闭合(C)/放弃(U)]:C↙          //选择“闭合(C)”选项即可
```

待指针停留在点 H 上时，输入 C 可闭合直线，绘制图形的结果如图 3-1 所示。

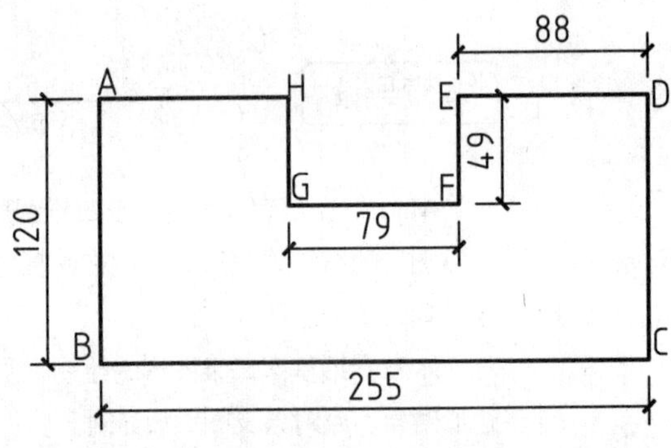

图 3-1　绘制图形的结果

3.1.2 绘制构造线

调用“构造线”命令，可以绘制没有起点和终点但两端可无限延伸的直线。“构造线”命令的调用方式有如下几种。

➢ 菜单栏：选择“绘图”→“构造线”选项。

➢ 命令行：在命令行中输入 XLINE/XL 命令并按下 Enter 键。

➢ 功能区：单击“绘图”面板上的“构造线”按钮。

调用“构造线”命令，命令行提示如下。

```
命令:XLINE↙
指定点或 [水平(H)/垂直(V)/角度(A)/二等分(B)/偏移(O)]:
指定通过点:
```

在绘图区中指定构造线上的两点，按下 Enter 键即可完成构造线的绘制。

3.1.3 绘制射线

调用“射线”命令，可以绘制一端固定而另一端无限延伸的直线。“射线”命令的调用方式有如下几种。

- 菜单栏：选择“绘图”→“射线”选项。
- 命令行：在命令行中输入 RAY 命令并按下 Enter 键。
- 功能区：单击“绘图”面板上的“射线”按钮。

调用“射线”命令，命令行提示如下。

```
命令：RAY↙
指定起点：
指定通过点：
```

在绘图区中分别指定射线的起点及通过点，按下 Enter 键即可完成射线的绘制。

3.1.4 绘制多线

调用“多线”命令，可绘制由两条或两条以上的平行样式构成的复合线对象，常用来表示墙线、阳台线、道路及管道线等。

“多线”命令的调用方式有如下几种。

- 菜单栏：选择“绘图”→“多线”选项。
- 命令行：在命令行中输入 MLINE/ML 命令并按下 Enter 键。

下面介绍使用“多线”命令来绘制墙线的操作过程。

调用“多线”命令，命令行提示如下。

```
命令：MLINE↙
当前设置：对正 = 上，比例 = 1.00，样式 = STANDARD
指定起点或 [对正(J)/比例(S)/样式(ST)]： S↙                //选择“比例（S）”选项
输入多线比例 <1.00>： 240↙                               //输入比例参数
当前设置：对正 = 上，比例 = 240.00，样式 = STANDARD
指定起点或 [对正(J)/比例(S)/样式(ST)]： J↙                //选择“对正（J）”选项
输入对正类型 [上(T)/无(Z)/下(B)] <上>： Z↙               //选择“无（Z）”选项
当前设置：对正 = 无，比例 = 240.00，样式 = STANDARD
指定起点或 [对正(J)/比例(S)/样式(ST)]：
指定下一点：                                             //指定墙体起点
指定下一点或 [闭合(C)/放弃(U)]：                           //指定墙体终点即可
```

分别指定多线的各点，完成多线的绘制，如图 3-2 所示。

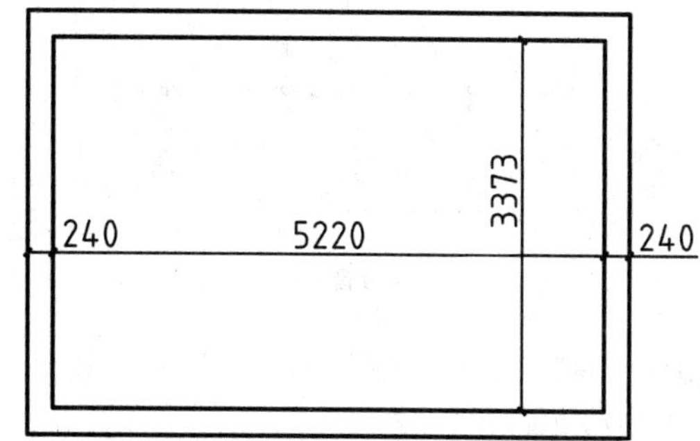

图 3-2 绘制多线

命令行中各选项的含义如下。

➢ “对正（J）”：可以选择相应的对正方式。图 3-3 所示为使用这三类对正方式来创建多线的结果。

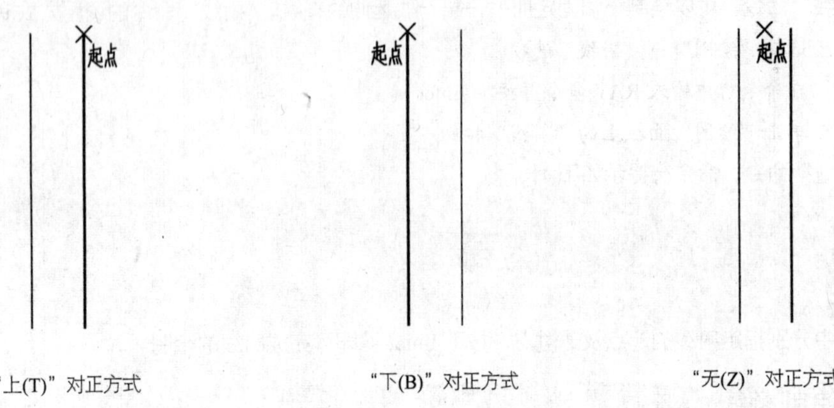

图 3-3　各类对正方式的操作结果

➢ 比例(S)：输入比例参数，可以按照所设定的比例来创建多线。

➢ 样式(ST)：输入样式名称，可以按照样式参数来创建多线。

➢ 闭合(C)：输入 C，可以自动闭合多线。

➢ 放弃(U)：输入 U，可以放弃上一个步骤的操作；依次输入 U，可以放弃多个已操作的步骤。

3.1.5　编辑多线

通过调用“多线编辑工具”中的各类编辑工具，可完成多线编辑。

打开“多线编辑工具”对话框的方式。

➢ 菜单栏：选择“修改”→“对象”→“多线”选项。

➢ 命令行：在命令行中输入 MLEDIT 命令按下 Enter 键。

➢ 双击绘制完成的多线图形。

执行上述任意操作后，系统弹出如图 3-4 所示的“多线编辑工具”对话框。

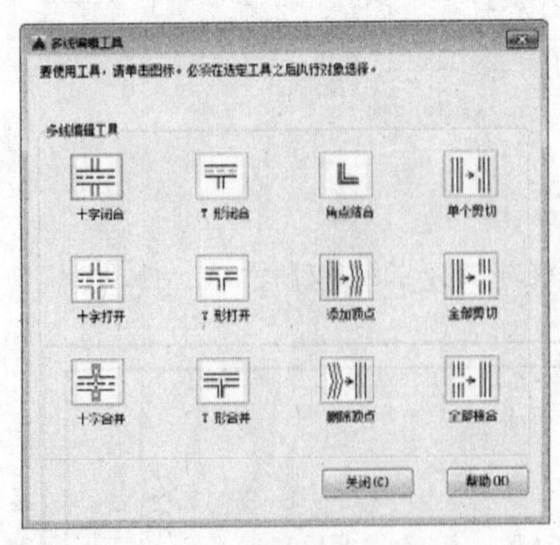

图 3-4　“多线编辑工具”对话框

首先在对话框中单击“多线编辑工具”列表框中的图标按钮，然后返回绘图区，分别选择待编辑的垂直多线及水平多线，即可完成多线编辑的操作，如图 3-5 所示。

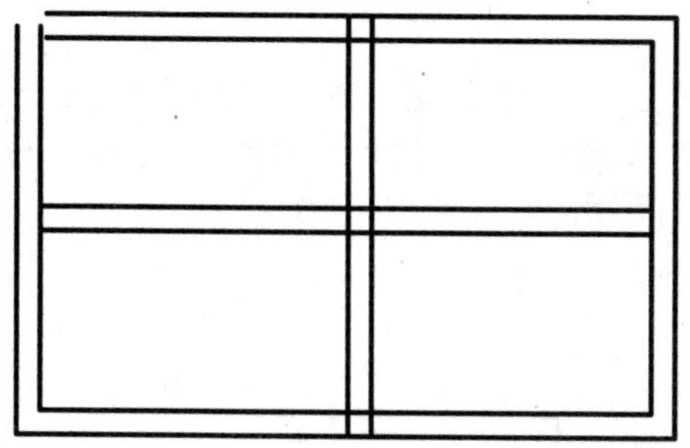

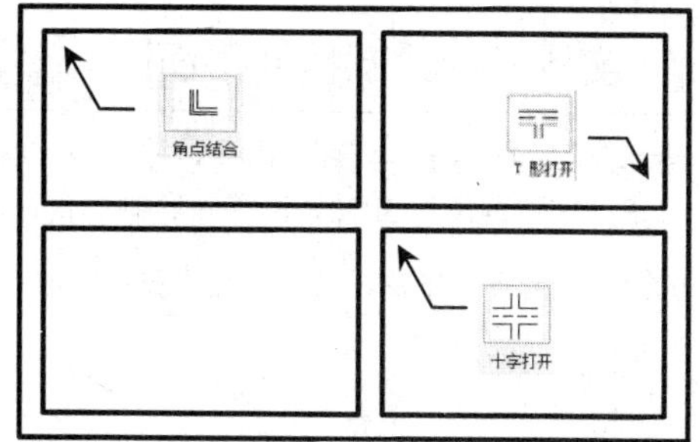

图3-5　多线编辑

3.1.6　绘制多段线

调用“多段线”命令，可以绘制由一条或多条直线段或弧线序列连接而成的一种特殊折线。

“多段线”命令的调用方式有如下几种。

- 菜单栏：选择“绘图”→“多段线”选项。
- 命令行：在命令行中输入 PLINE/PL 命令并按下 Enter 键。
- 功能区：单击“绘图”面板上的“多段线”按钮。

下面介绍执行“多段线”命令来绘制窗帘平面图的操作方法。

调用“多段线”命令，命令行提示如下。

```
命令：PLINE↙
指定起点：                                                    //指定任意一个起点
当前线宽为 0
指定下一个点或 [圆弧(A)/半宽(H)/长度(L)/放弃(U)/宽度(W)]：      //指定任意一个起点
指定下一点或 [圆弧(A)/闭合(C)/半宽(H)/长度(L)/放弃(U)/宽度(W)]：A↙  //选择“圆弧(A)”选项
指定圆弧的端点或[角度(A)/圆心(CE)/闭合(CL)/方向(D)/半宽(H)/直线(L)/半径(R)/第二个点(S)/放弃(U)/宽度(W)]：A↙   //选择“角度(A)”选项
指定包含角：180↙                                              //输入角度参数
指定圆弧的端点或 [圆心(CE)/半径(R)]：150↙                      //输入圆弧端点参数
指定圆弧的端点或[角度(A)/圆心(CE)/闭合(CL)/方向(D)/半宽(H)/直线(L)/半径(R)/第二个点(S)/放弃(U)/宽度(W)]：150↙   //输入圆弧端点参数
指定圆弧的端点或[角度(A)/圆心(CE)/闭合(CL)/方向(D)/半宽(H)/直线(L)/半径(R)/第二个点(S)/放弃(U)/宽度(W)]：L↙   //选择“直线(L)”选项
指定下一点或 [圆弧(A)/闭合(C)/半宽(H)/长度(L)/放弃(U)/宽度(W)]：    //指定下一点
指定下一点或 [圆弧(A)/闭合(C)/半宽(H)/长度(L)/放弃(U)/宽度(W)]：W↙  //选择“宽度(W)”选项
指定起点宽度 <0>：15↙                                          //输入起点宽度参数
指定端点宽度 <15>：0↙                                          //输入端点宽度参数
指定下一点或 [圆弧(A)/闭合(C)/半宽(H)/长度(L)/放弃(U)/宽度(W)]：    //指定下一点
指定下一点或 [圆弧(A)/闭合(C)/半宽(H)/长度(L)/放弃(U)/宽度(W)]：    //指定下一点即可
```

按下 Enter 键，即可完成窗帘平面图的绘制，如图3-6所示。

图3-6　窗帘平面图

3.1.7 实战——绘制楼梯平面图

01 绘制图形。执行 L（直线）命令，按 F8 开启“正交”功能，绘制长度为 3360 的垂直直线；执行 O（偏移）命令，指定偏移距离为 3070，选择新绘制的直线向右进行偏移操作，如图 3-7 所示。

02 执行 L（直线）命令，结合“端点捕捉”功能，连接直线，如图 3-8 所示。

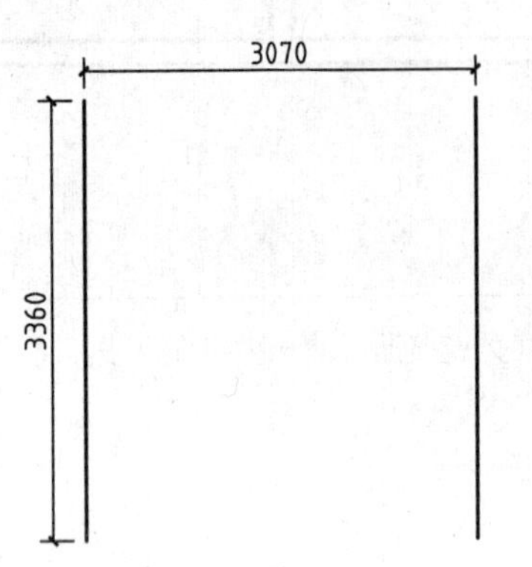

图 3-7 绘制并偏移图形

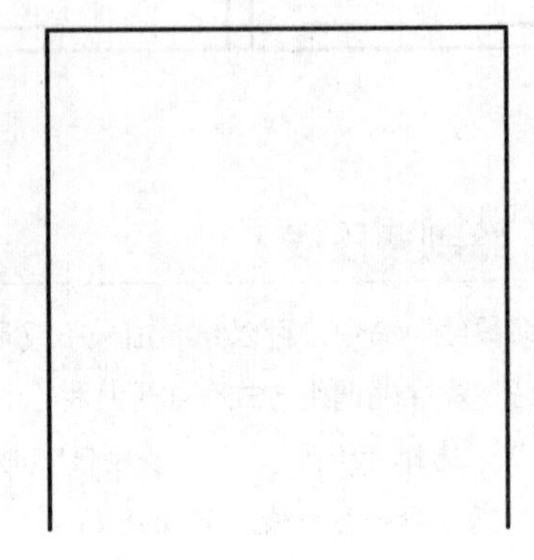

图 3-8 连接直线

03 执行 ARRAYRECT（矩形阵列）命令，修改“行数”为 12、“行间距”为-300，对新绘制的水平直线进行矩形阵列操作，如图 3-9 所示。

04 执行 REC（矩形）命令，绘制一个尺寸为 220×3420 的矩形；执行 O（偏移）命令，将新绘制的矩形向内偏移 60；调用 M（移动）命令，调整新绘制矩形的位置，如图 3-10 所示。

05 执行 L（直线）命令，结合“端点捕捉”功能，连接直线，如图 3-11 所示。

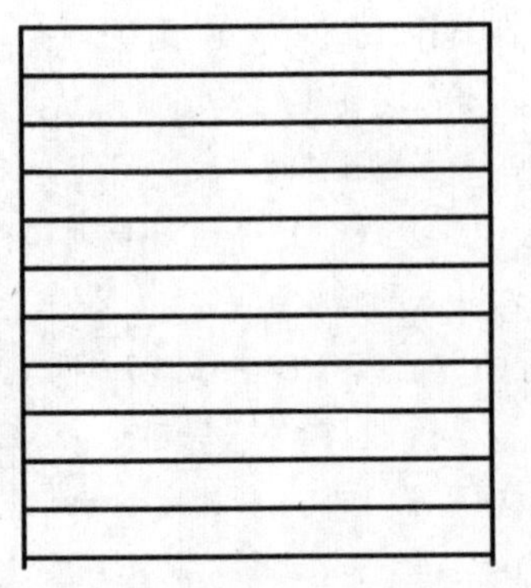

图 3-9 矩形阵列水平直线

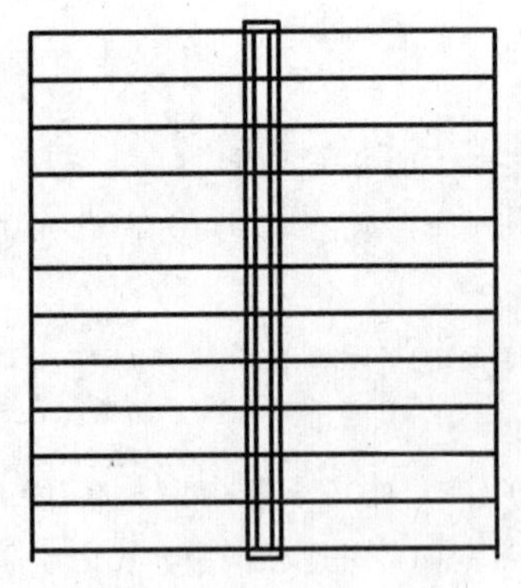

图 3-10 绘制并偏移矩形

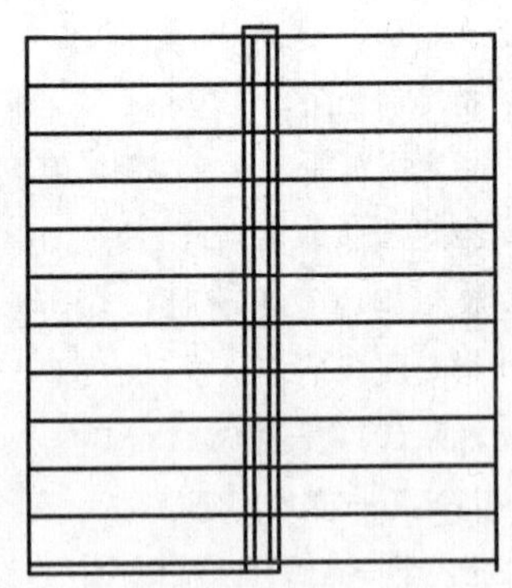

图 3-11 连接直线

06 执行 TR（修剪）命令，修剪多余的图形，如图 3-12 所示。

07 执行 PL（多段线）命令，修改“起始宽度”为 80、“终止宽度”为 0，绘制多段线，如图 3-13 所示。

08 执行 MT（多行文字）命令，修改“文字高度”为 220，创建多行文字，得到最终的楼梯平面图，如图 3-14 所示。

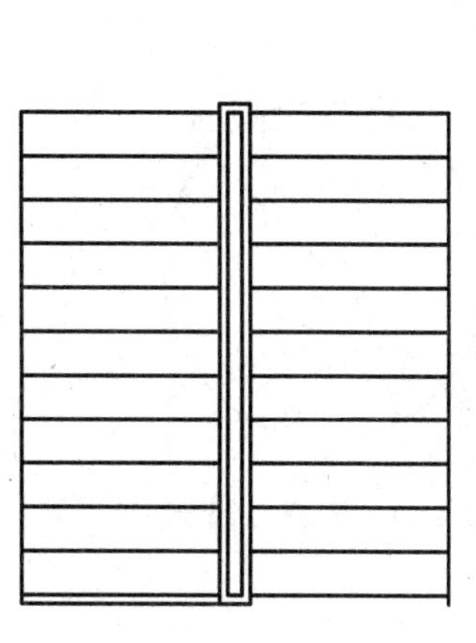

图 3-12　修剪图形

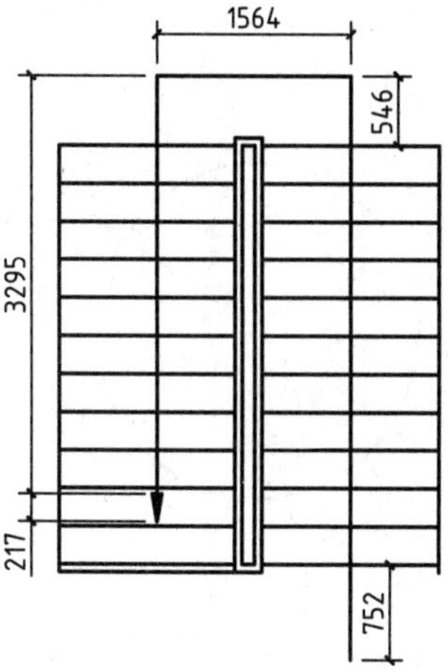

图 3-13　绘制多段线

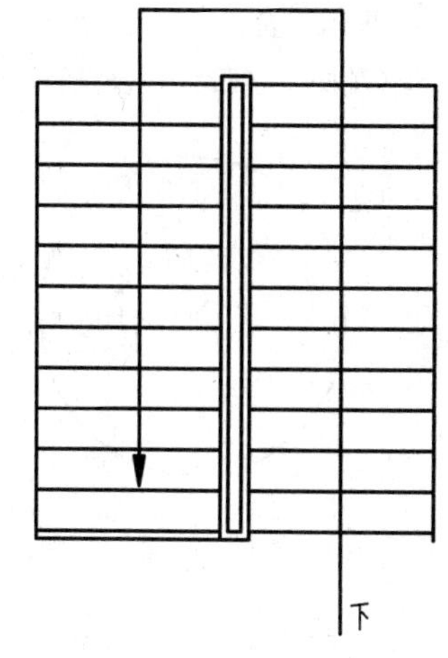

图 3-14　楼梯平面图

3.2　绘制曲线对象

AutoCAD 中的圆及圆弧属于曲线对象，绘制方法稍显复杂，但是绘制方式也比较灵活多样。

3.2.1　绘制圆

AutoCAD 提供了 6 种绘制圆的方法，用户可以根据实际的绘图情况来选择合适的绘制方法。

“圆”命令的调用方式有以下几种。

- 菜单栏：选择“绘图”→“圆”选项，弹出如图 3-15 所示的子菜单。
- 命令行：在命令行中输入 CIRCLE/C 命令并按下 Enter 键。
- 功能区：单击“绘图”面板上的“圆”按钮⊙。

调用“圆”命令，命令行提示如下。

```
命令：CIRCLE↙
指定圆的圆心或 [三点(3P)/两点(2P)/切点、切点、半径(T)]：            //指定点 A
指定圆的半径或 [直径(D)] <4679>:500↙                                //输入半径参数
```

分别指定点 A 为圆心，半径值为 500，即可完成圆的绘制，如图 3-16 所示。

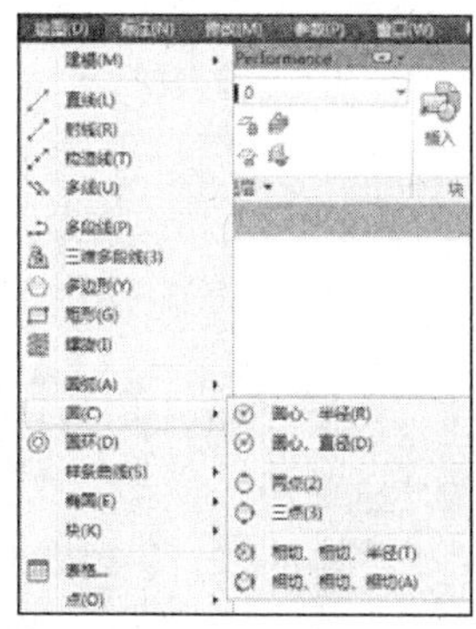

图 3-15　“圆”子菜单

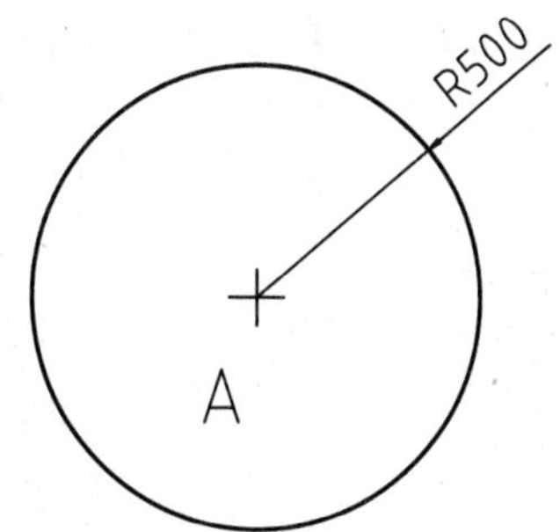

图 3-16　绘制圆

菜单栏上的“绘图”→“圆”菜单项中提供了 6 种绘制圆的选项，各选项的含义如下。

- 圆心、半径：用圆心和半径方式绘制圆，如图 3-17 所示。

➤ 圆心、直径：用圆心和直径方式绘制圆，如图 3-18 所示。

➤ 两点：通过两个点绘制圆，如图 3-19 所示。

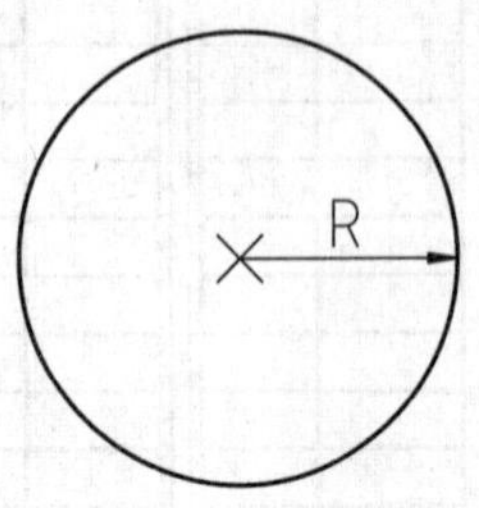

图 3-17 “圆心、半径”绘制圆

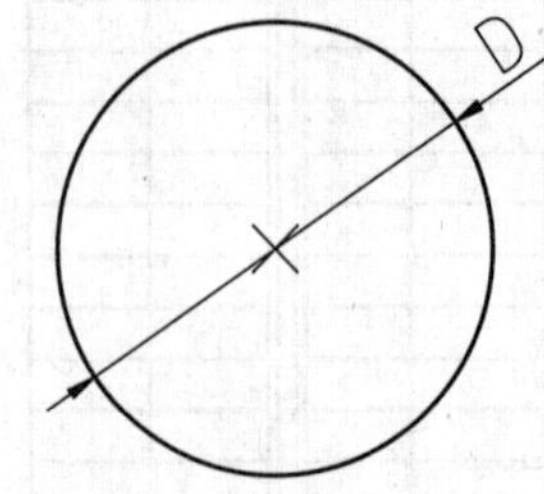

图 3-18 “圆心、直径”绘制圆

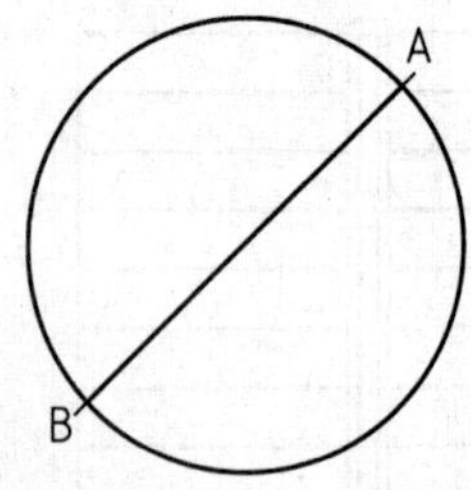

图 3-19 “两点”绘制圆

➤ 三点：通过三个点绘制圆，如图 3-20 所示。

➤ 相切、相切、半径：通过与两个其他对象的切点和半径值绘制圆，如图 3-21 所示。

➤ 相切、相切、相切：通过 3 条切线绘制圆，如图 3-22 所示。

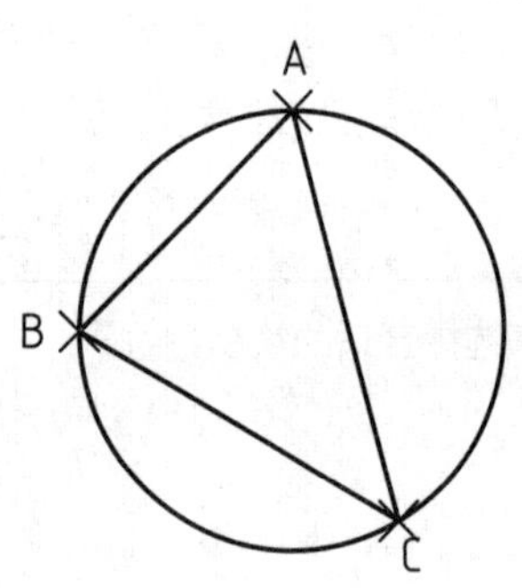

图 3-20 “三点”绘制圆

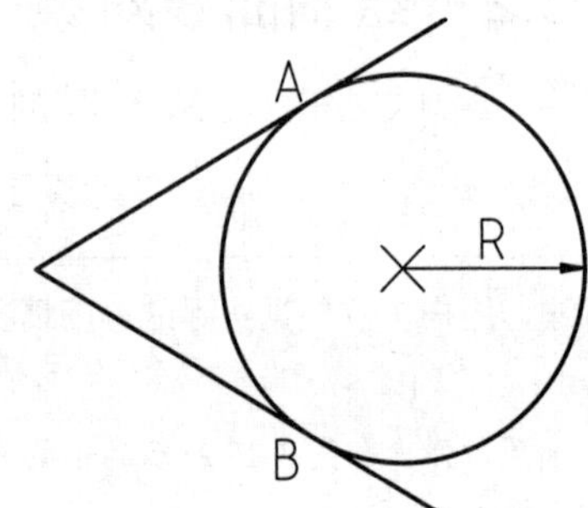

图 3-21 “相切、相切、半径”绘制圆

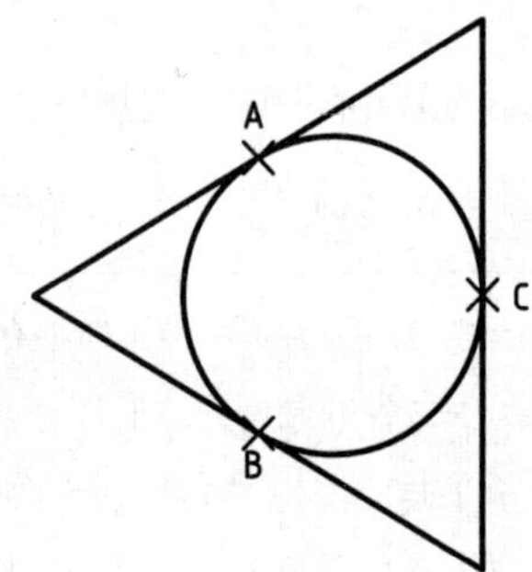

图 3-22 “相切、相切、相切”绘制圆

3.2.2 绘制圆弧

圆弧为圆的一部分，AutoCAD 提供了 10 种方法来绘制圆弧，如图 3-23 所示。圆弧有顺时针和逆时针的特性，在绘制圆弧时需要指定圆弧的圆心、半径、起点、端点等。

“圆弧”命令的调用方式有如下几种。

➤ 菜单栏：选择“绘图” → “圆弧”选项，弹出如图 3-23 所示的子菜单。

➤ 命令行：在命令行中输入 ARC/A 命令并按下 Enter 键。

➤ 功能区：单击“绘图”面板上的“圆弧”按钮。

调用“圆弧”命令，命令行提示如下。

```
命令：ARC↙
圆弧创建方向：逆时针(按住 Ctrl 键可切换方向)。
指定圆弧的起点或 [圆心(C)]:                                //指定点 A
指定圆弧的第二个点或 [圆心(C)/端点(E)]:                    //指定点 B
指定圆弧的端点:                                            //指定点 C 即可
```

分别指定点 A、点 B、点 C，即可完成圆弧的绘制，如图 3-24 所示。

菜单栏上的“绘图” → “圆弧”菜单项中提供了 10 种绘制圆弧的选项，各选项的含义如下。

➤ 三点：通过指定圆弧上的三点绘制圆弧，需要指定圆弧的起点、通过的第二点和端点，如图 3-25 所示。

➤ 起点、圆心、端点：通过指定圆弧的起点、圆心、端点绘制圆弧，如图 3-26 所示。

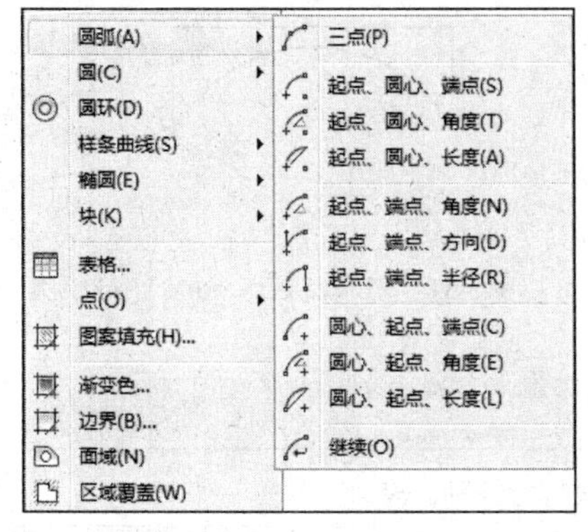

图 3-23 “圆弧”子菜单

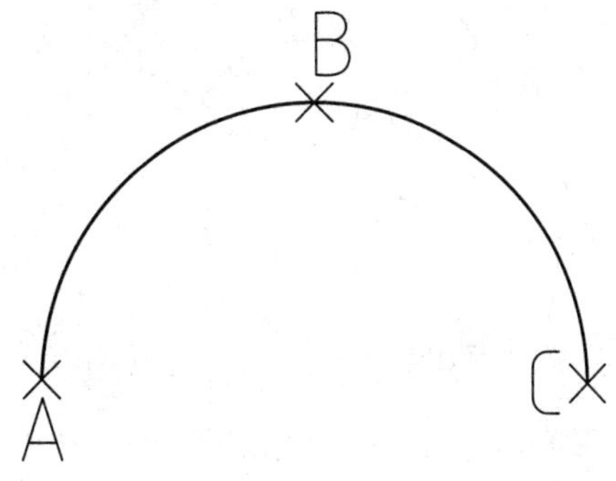

图 3-24 绘制圆弧

➢ 起点、圆心、角度：通过指定圆弧的起点、圆心、包含角绘制圆弧。执行此命令时会出现“指定包含角”的提示，在输入角度时，如果当前环境设置逆时针方向为角度正方向且输入正的角度值。则绘制的圆弧是从起点绕圆心沿逆时针方向绘制，反之则沿顺时针方向绘制，如图 3-27 所示。

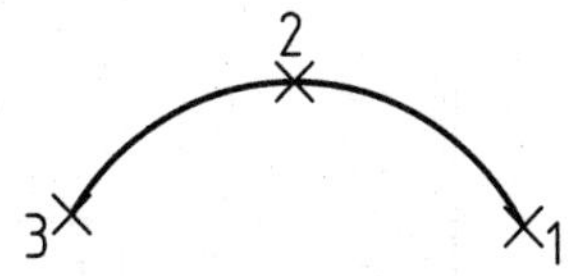

图 3-25 “三点”绘制圆弧

图 3-26 “起点、圆心、端点”绘制圆弧

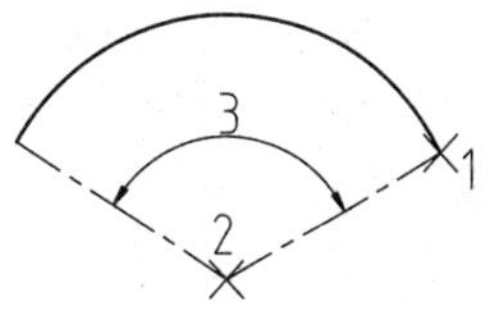

图 3-27 “起点、圆心、角度”绘制圆弧

➢ 起点、圆心、长度：通过指定圆弧的起点、圆心、弦长绘制圆弧。另外，在命令行提示的“指定弦长”提示信息下，如果所输入的为负值，则该值的绝对值将作为对应整圆的空缺部分圆弧的弦长，如图 3-28 所示。

➢ 起点、端点、角度：通过指定圆弧的起点、端点、包含角绘制圆弧，如图 3-29 所示。

➢ 起点、端点、方向：通过指定圆弧的起点、端点和圆弧的起点切向绘制圆弧，如图 3-30 示。

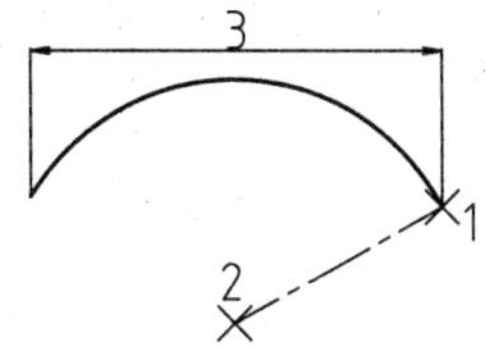

图 3-28 “起点、圆心、长度”绘制圆弧

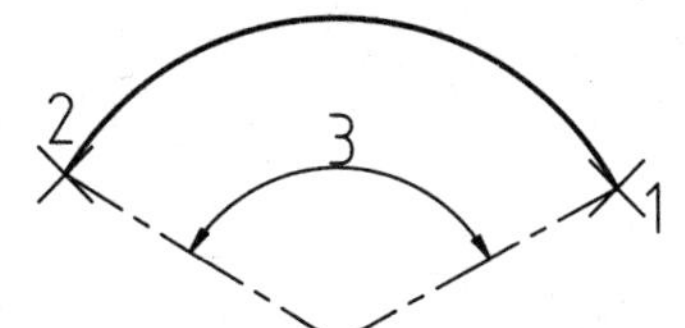

图 3-29 “起点、端点、角度”绘制圆弧

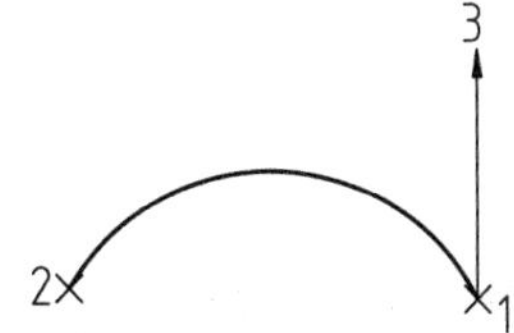

图 3-30 “起点、端点、方向”绘制圆弧

➢ 起点、端点、半径：通过指定圆弧的起点、端点和圆弧半径绘制圆弧，如图 3-31 所示。

➢ 圆心、起点、端点：以圆弧的圆心、起点、端点方式绘制圆弧，如图 3-32 所示。

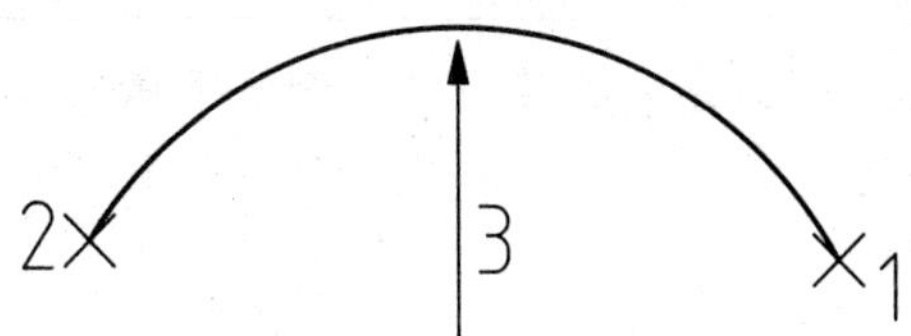

图 3-31 “起点、端点、半径”绘制圆弧

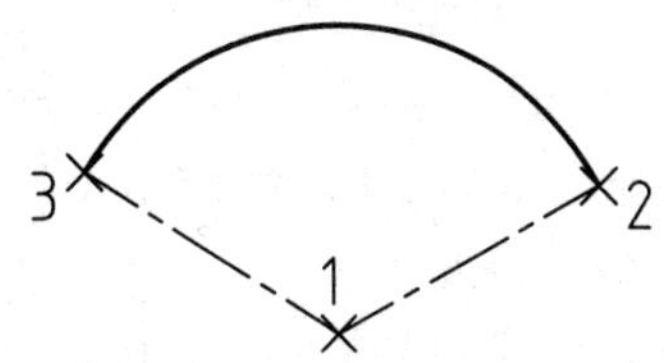

图 3-32 “圆心、起点、端点”绘制圆弧

➢ 圆心、起点、角度：以圆弧的圆心、起点、圆心角方式绘制圆弧，如图 3-33 所示。

➢ 圆心、起点、长度：以圆弧的圆心、起点、弦长方式绘制圆弧，如图 3-34 所示。

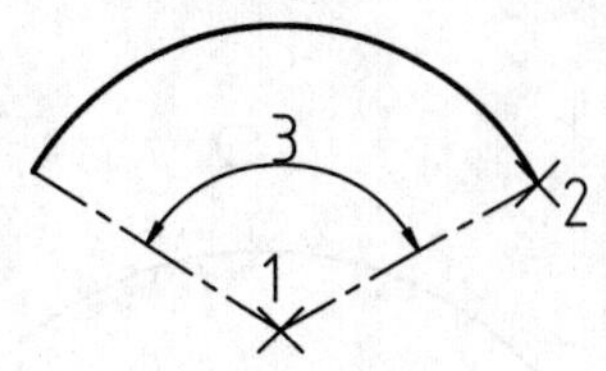

图 3-33 “圆心、起点、角度”绘制圆弧

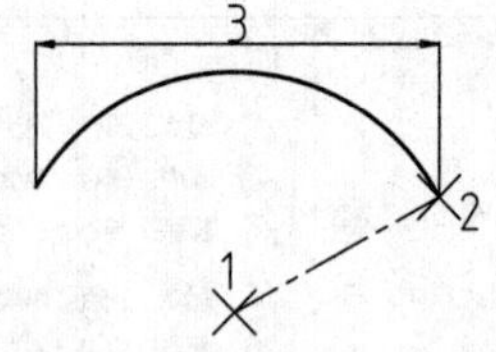

图 3-34 “圆心、起点、长度”绘制圆弧

3.2.3 绘制椭圆

椭圆的形状由定义了长度及宽度的两条轴来决定，较长的轴称为长轴，较短的轴称为短轴。

调用“椭圆”命令的方式有如下几种。

➢ 菜单栏：选择“绘图”→“椭圆”选项，弹出如图 3-35 所示的子菜单。

➢ 命令行：在命令行中输入 ELLIPSE/EL 命令并按下 Enter 键。

➢ 功能区：单击“绘图”面板上的“椭圆”按钮。

调用“椭圆”命令，命令行提示如下。

```
命令：ELLIPSE↙
指定椭圆的轴端点或 [圆弧(A)/中心点(C)]:        //指定点 A
指定轴的另一个端点:                           //指定点 B
指定另一条半轴长度或 [旋转(R)]:                //指定点 C
```

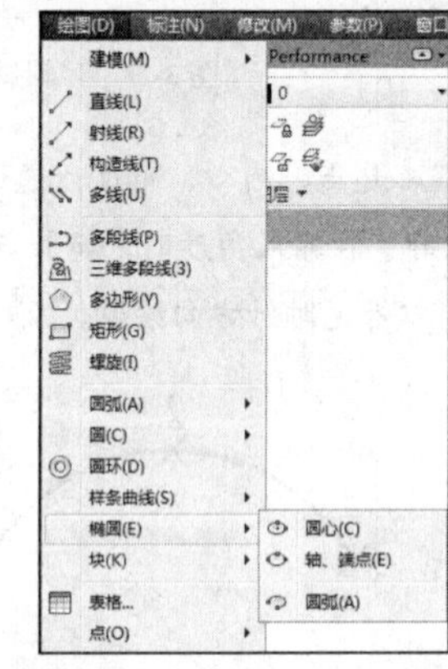
图 3-35 “椭圆”子菜单

分别指定点 A、点 B、点 C，即可完成椭圆的绘制，如图 3-36 所示。

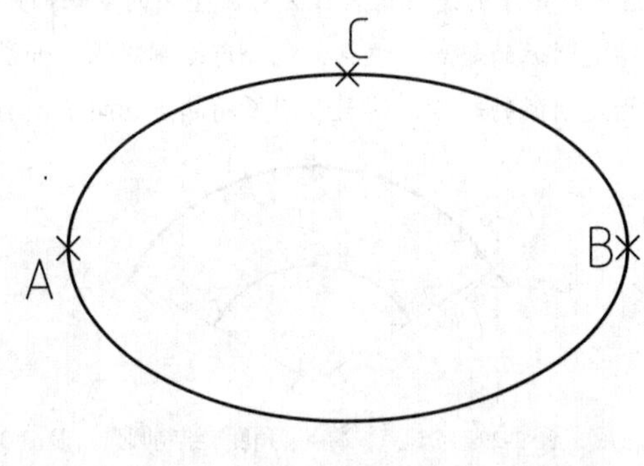

图 3-36 绘制椭圆

3.2.4 绘制椭圆弧

调用“椭圆弧”命令，分别通过指定轴端点、半轴长度以及起始角度和终止角度来创建椭圆弧。

“椭圆弧”命令的调用方式有以下几种。

➢ 菜单栏：选择“绘图”→“椭圆”→“圆弧”选项。

➢ 命令行：在命令行中输入 ELLIPSE/EL 命令并按下 Enter 键。

➢ 功能区：单击“绘图”面板上的“椭圆弧”按钮。

调用“椭圆弧”命令，命令行提示如下。

```
命令：_ellipse↙
指定椭圆的轴端点或 [圆弧(A)/中心点(C)]:A↙                //选择“圆弧(A)”选项。
```

指定椭圆弧的轴端点或 [中心点(C)]: //指定点 A。
指定轴的另一个端点: //指定点 B。
指定另一条半轴长度或 [旋转(R)]: //指定点 C。
指定起点角度或 [参数(P)]: //指定点 a。
指定端点角度或 [参数(P)/包含角度(I)]: //指定 b 点，即可完成椭圆弧的绘制，如图 3-37 所示。

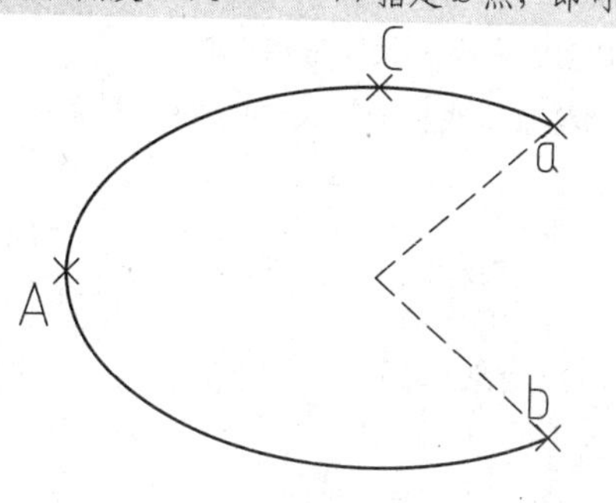

图 3-37 绘制椭圆弧

3.2.5 绘制圆环

调用“圆环”命令，可以绘制两个半径不等的同心圆。圆环命令的调用方式有以下几种。

➢ 菜单栏：选择“绘图”→“圆环”选项。

➢ 命令行：在命令行中输入 DONUT/DO 命令并按下 Enter 键。

➢ 功能区：在“默认”选项卡中，单击“绘图”面板中的“圆环”按钮◎。

调用“圆环”命令，命令行提示如下。

命令：DONUT↙
指定圆环的内径 <1>: 100↙ //输入内径参数
指定圆环的外径 <1>: 200↙ //输入外径参数
指定圆环的中心点或 <退出>: //分别指定圆环的内径及外径值，选择中心点位置即可完成圆环的绘制，结果如图 3-38 所示。

调用 FILL 命令，可以更改圆环的显示样式，命令行提示如下。

命令：FILL↙
输入模式 [开(ON)/关(OFF)] <开>: OFF //选择“关(OFF)”选项，则圆环的样式会转换为不填充样式，如图 3-39 所示。

图 3-38 填充样式的圆环

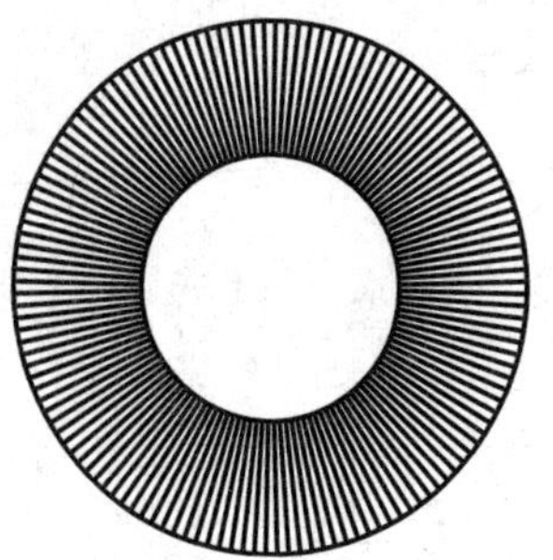

图 3-39 不填充样式的圆环

3.2.6 绘制样条曲线

调用“样条曲线”命令，可以由某些控制点拟合生成光滑曲线。

“样条曲线”命令的调用方式有以下几种。

- 菜单栏：选择“绘图”→“样条曲线”选项。
- 命令行：在命令行中输入 SPLINE/SPL 命令并按下 Enter 键。
- 功能区：单击“绘图”面板上的“样条曲线拟合”按钮或“样条曲线控制点”按钮，

调用“样条曲线”命令，命令行提示如下。

```
命令： SPLINE↙
当前设置：方式=拟合    节点=弦
指定第一个点或 [方式(M)/节点(K)/对象(O)]:
输入下一个点或 [起点切向(T)/公差(L)]:
输入下一个点或 [端点相切(T)/公差(L)/放弃(U)]:
```

分别指定样条曲线的第一个点及下一个点，按下 Enter 键，即可完成样条曲线的绘制，如图 3-40 所示。

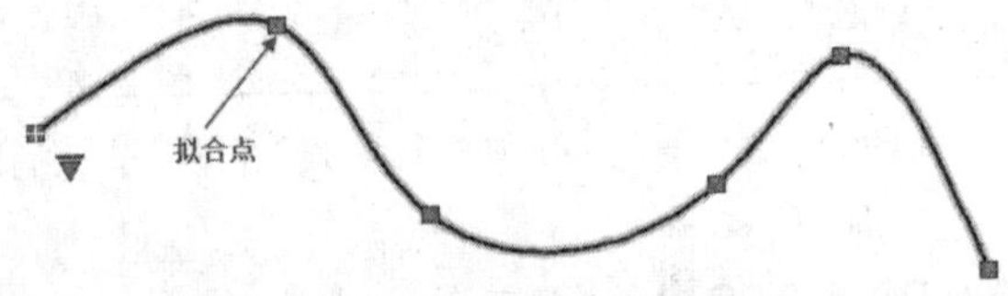

图 3-40 绘制样条曲线

3.2.7 绘制修订云线

调用“修订云线”命令，可以绘制由连续圆弧组成的多段线。修订云线用在检查图纸的阶段，可以提醒用户应特别注意图纸的某个部分。

“修订云线”命令的调用方式有以下几种。

- 菜单栏：选择“绘图”→“修订云线”选项。
- 命令行：在命令行中输入 REVCLOUD 命令并按下 Enter 键。
- 功能区：单击“绘图”面板上的“修订云线”按钮。

调用“修订云线”命令，命令行提示如下。

```
命令： _revcloud↙
最小弧长： 200    最大弧长： 400    样式：普通    类型：矩形
指定第一个角点或 [弧长(A)/对象(O)/矩形(R)/多边形(P)/徒手画(F)/样式(S)/修改(M)] <对象>: R↙
                                                    //选择“矩形（R)”选项
指定第一个角点或 [弧长(A)/对象(O)/矩形(R)/多边形(P)/徒手画(F)/样式(S)/修改(M)] <对象>:A↙
                                                    //选择“弧长（A)”选项
指定最小弧长 <200>: 100↙                             //指定最小弧长参数
指定最大弧长 <100>: 150↙                             //指定最大弧长参数
指定第一个角点或 [弧长(A)/对象(O)/矩形(R)/多边形(P)/徒手画(F)/样式(S)/修改(M)] <对象>:
                                                    //指定第一个角点
指定对角点：                         //指定对角点，完成绘制，如图 3-41 所示。
```

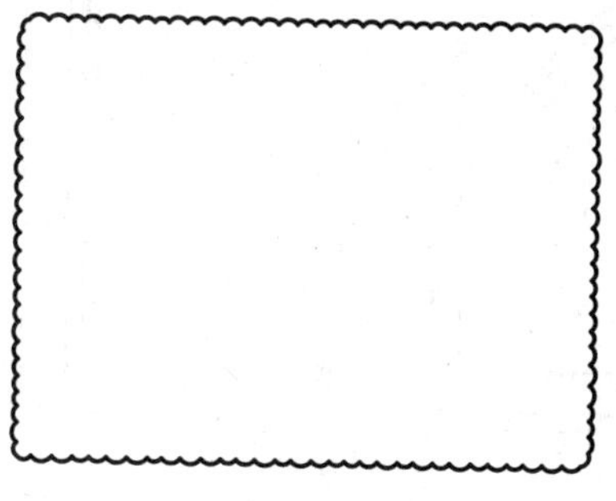

图 3-41 绘制修订云线

3.2.8 实战——绘制浴缸平面图

01 绘制浴缸外轮廓。执行 L（直线）命令，绘制如图 3-42 所示的轮廓线。

02 执行“绘图”→“圆弧”→“起点、端点、半径”命令，指定点 A 为起点，点 B 为端点，设置半径值为 750，绘制圆弧，如图 3-43 所示。

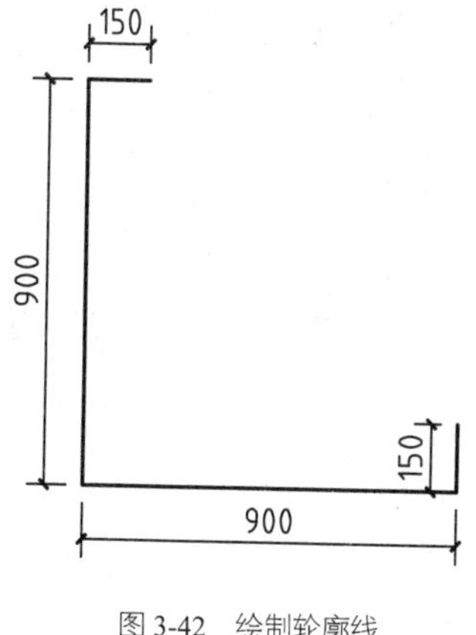

图 3-42 绘制轮廓线

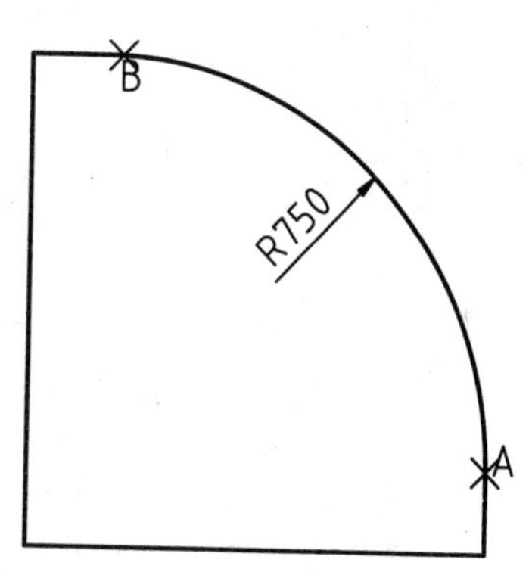

图 3-43 绘制圆弧

03 执行 O（偏移）命令，指定偏移距离分别为 20、30，选择轮廓线向内偏移，如图 3-44 所示。

04 执行 TR（修剪）命令，修剪线段 1，如图 3-45 所示。

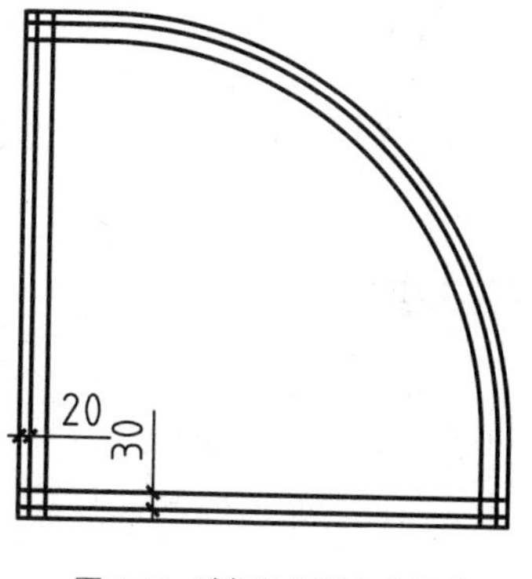

图 3-44 选择轮廓线向内偏移

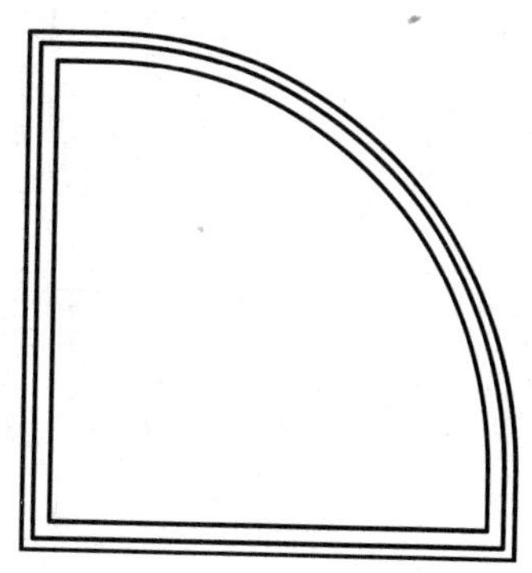

图 3-45 修剪线段 1

05 执行 O（偏移）命令，向内偏移线段，如图 3-46 所示。

06 执行 L（直线）命令，绘制短斜线，如图 3-47 所示。

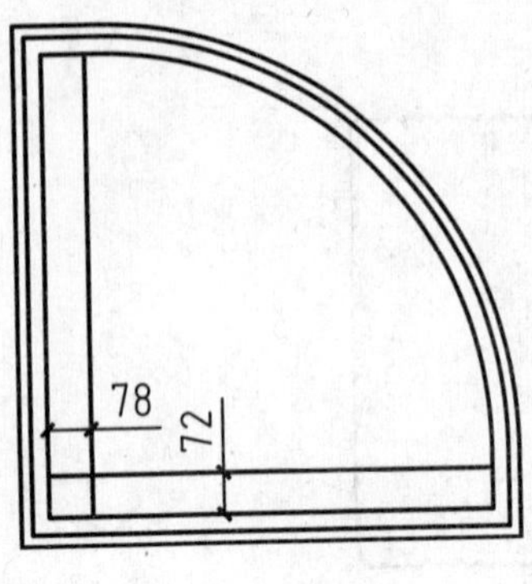

图 3-46　向内偏移线段

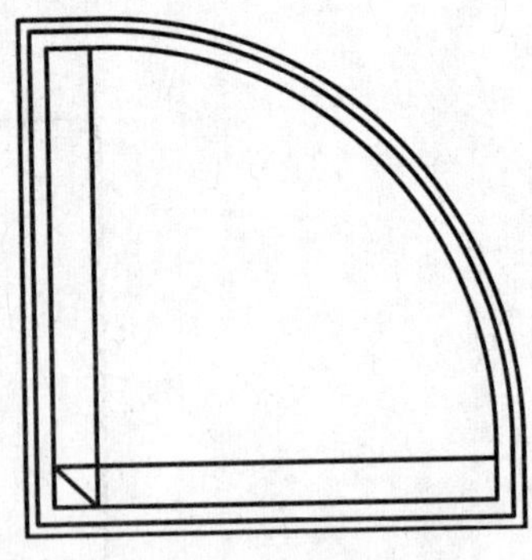

图 3-47　绘制短斜线

07 执行 TR（修剪）命令，修剪线段 2，如图 3-48 所示。

08 绘制流水孔。执行“绘图”→“圆环”命令，设置内径值为 70，外径值为 110，绘制圆环；执行 M（移动）命令，调整新绘制圆环的位置，如图 3-49 所示。

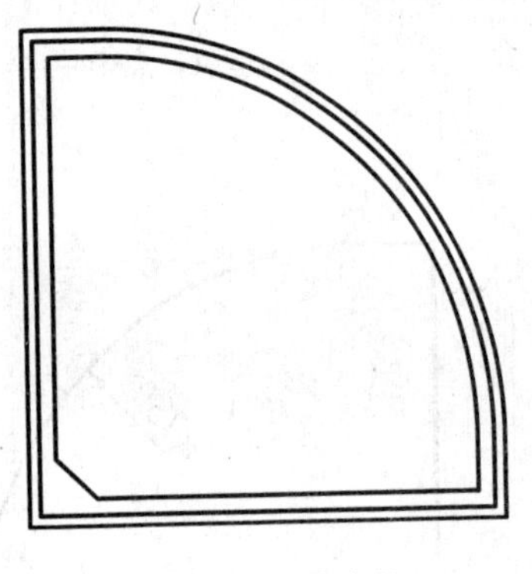

图 3-48　修剪线段 2

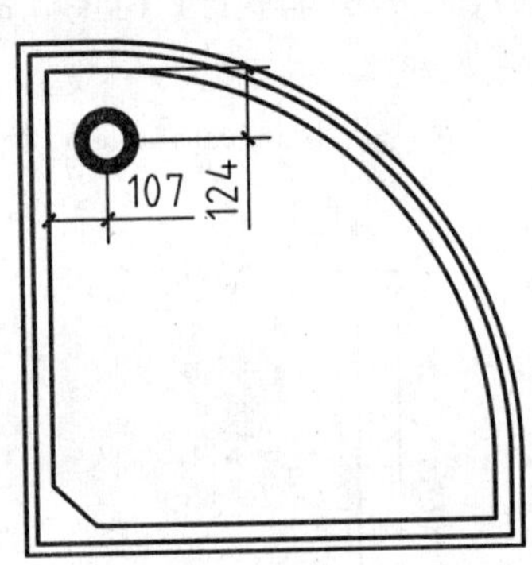

图 3-49　绘制流水孔

09 绘制水流开关。执行 C（圆）命令，分别绘制半径为 21 和 10 的圆形；执行 M（移动）命令，调整新绘制圆的位置，完成浴缸平面图的绘制，如图 3-50 所示。

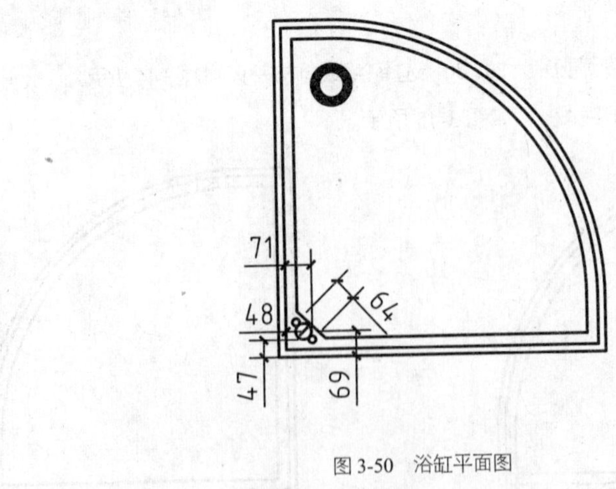

图 3-50　浴缸平面图

3.3　绘制多边形对象

在 AutoCAD 中，多边形是一个整体的对象，即多边形的各边不是单独的对象。假如要对多边形的边进行编辑操作，需要先分解多边形。其中矩形只有四条边，而多边形则可拥有 3~1024 条边。

3.3.1 绘制矩形

调用“矩形”命令，通过指定两个对角点可以创建矩形。此外，通过指定圆角半径、倒角距离、高度、宽度等参数，可以创建圆角矩形、倒角矩形等、带高度及宽度的矩形。

“矩形”命令的调用方式有以下几种。

- 菜单栏：选择“绘图”→“矩形”选项。
- 命令行：在命令行中输入 RECTANG/REC 命令并按下 Enter 键。
- 功能区：单击“绘图”面板上的“矩形”按钮。

调用“矩形”命令，命令行提示如下。

```
命令：RECTANG↙
指定第一个角点或 [倒角(C)/标高(E)/圆角(F)/厚度(T)/宽度(W)]:        //指定点 A
指定另一个角点或 [面积(A)/尺寸(D)/旋转(R)]:                      //指定点 B
```

分别指定点 A、点 B，即可完成矩形的绘制，如图 3-51 所示。

此外，在命令行中设置倒角距离参数、圆角半径参数，可以创建倒角矩形及圆角矩形，如图 3-52 所示。

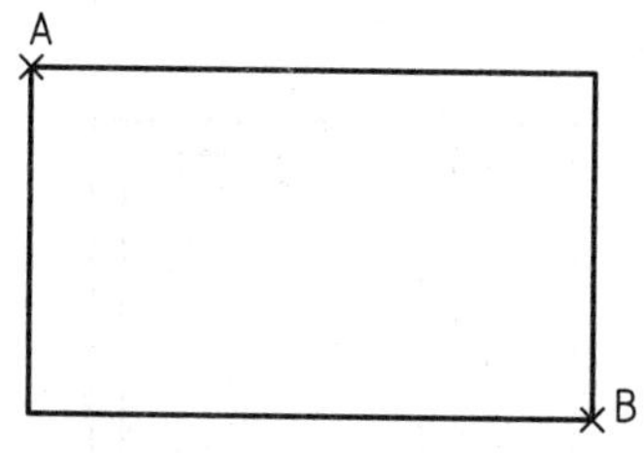

图 3-51 绘制矩形

图 3-52 绘制其他矩形

3.3.2 绘制多边形

调用“多边形”命令，通过指定多边形的各种参数（比如边数、圆心等）来创建等边闭合多段线。

“多边形”命令的调用方式有以下几种。

- 菜单栏：选择“绘图”→“多边形”选项。
- 命令行：在命令行中输入 POLYGON/POL 命令并按下 Enter 键。
- 功能区：单击“绘图”面板上的“多边形”按钮。

调用“多边形”命令，命令行提示如下。

```
命令：polygon↙
输入侧面数 <4>: 6↙                                   //输入侧面参数
指定正多边形的中心点或 [边(E)]:                       //指定中心点
输入选项 [内接于圆(I)/外切于圆(C)] <I>: I↙           //选择“内接于圆（I）”选项
指定圆的半径：500↙                                   //输入圆半径参数
```

设置侧面数为 6，指定点 A 为中心点，输入圆的半径值为 500，绘制“内接于圆”样式的多边形（即正多边形的所有顶点都在圆周上），如图 3-53 所示。

在命令行提示“输入选项 [内接于圆(I)/外切于圆(C)] <I>:”中输入 C，选择“外切于圆(C)”选项，可以创建“外切于圆”样式的多边形（即内切圆的半径也为正多边形中心点到各边中点的距离），如图 3-54 所示。

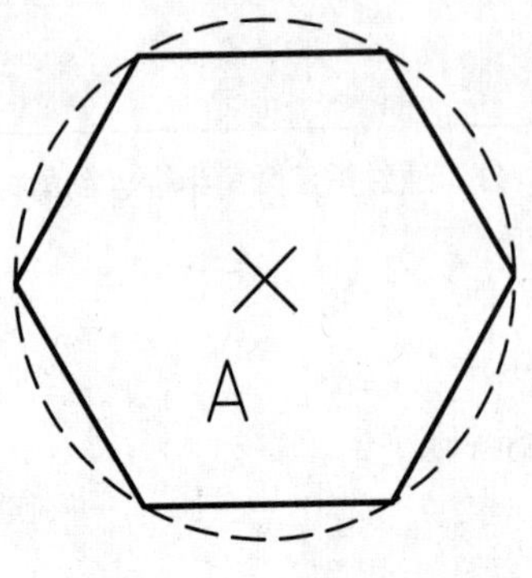

图 3-53 “内接于圆”的多边形

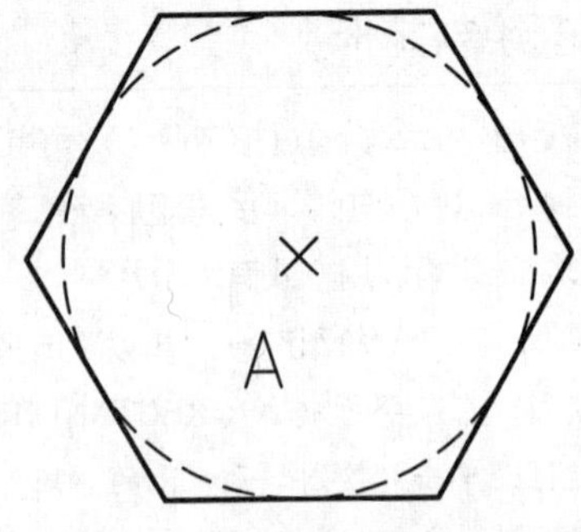

图 3-54 “外切于圆”的多边形

3.3.3 实战——绘制建筑立面窗图形

01 绘制立面窗轮廓。执行 REC（矩形）命令，绘制尺寸为 1740×1467 的矩形；执行 L（直线）命令，以矩形上方边的中点为直线的起点，以矩形下方边的中点为直线的端点，绘制立面窗轮廓，如图 3-55 所示。

02 执行 REC（矩形）命令，捕捉左上角点为第一角点，绘制矩形；执行 M（移动）命令，移动新绘制的矩形，如图 3-56 所示。

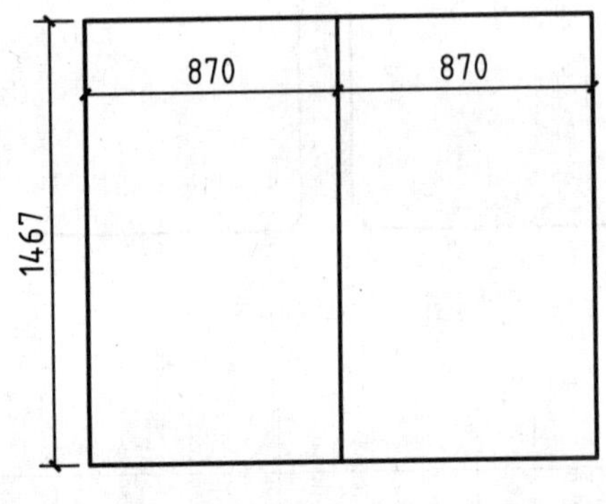

图 3-55 绘制立面窗轮廓

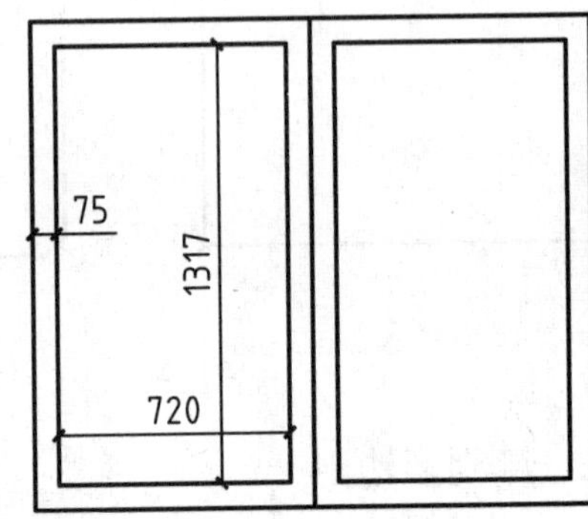

图 3-56 绘制并移动矩形

03 执行 MI（镜像）命令，将新绘制的矩形进行镜像操作，如图 3-57 所示。

04 绘制檐板。执行 REC（矩形）命令，绘制尺寸为 1960×80 的矩形，并调整新绘制矩形的位置，如图 3-58 所示。

图 3-57 镜像矩形

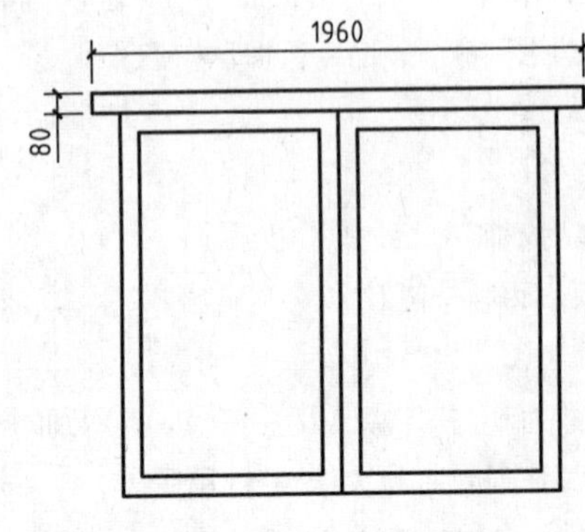

图 3-58 绘制檐板

05 绘制窗台板。执行 MI（镜像）命令，将新绘制的矩形进行镜像操作，如图 3-59 所示。

06 绘制窗套。执行 REC（矩形）命令，绘制尺寸为 1467×60 的矩形，完成窗套的绘制；如图 3-60 所示。

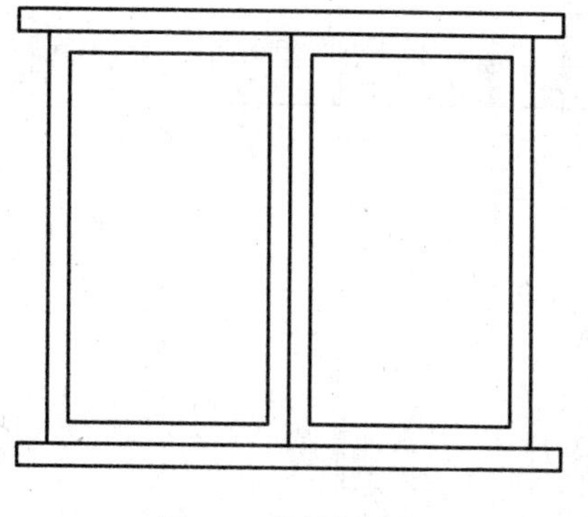

图 3-59　绘制窗台板

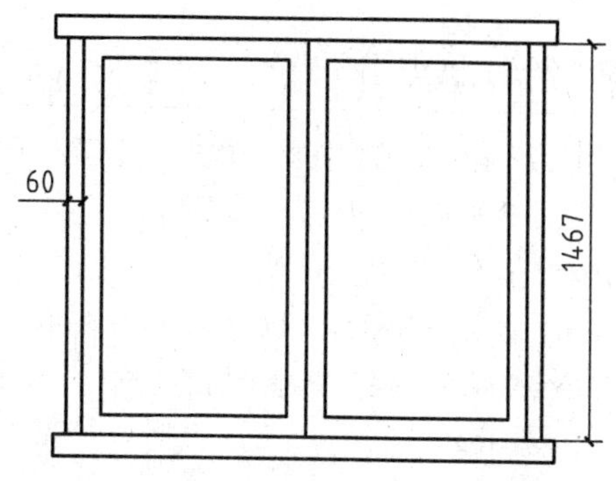

图 3-60　绘制窗套

07 绘制玻璃图案。执行 H（图案填充）命令，选择“设置（T）”选项，在弹出的“图案填充和渐变色”对话框中设置填充参数，如图 3-61 所示。

08 单击“添加：拾取点”按钮，选择尺寸为 1467×870 的矩形为填充区域，绘制玻璃图案的结果如图 3-62 所示。

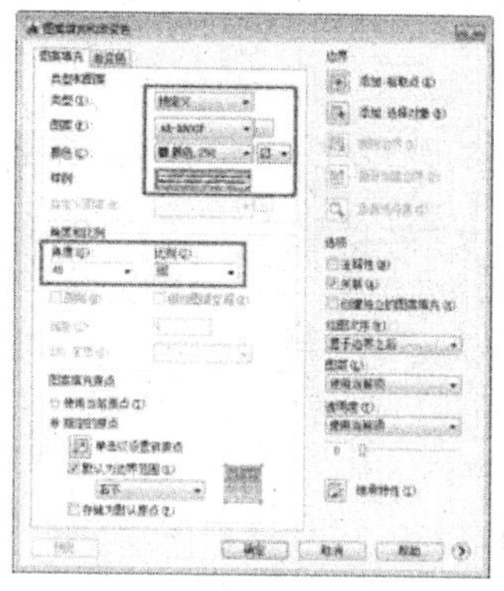

图 3-61　“图案填充”参数

图 3-62　绘制玻璃图案

3.4　绘制点对象

AutoCAD 中的点对象有单点、多点、定数等分点、定距等分点，这些不同类型的点可以提供定位、标记等作用。同时，不同类型的点可以使用相同的点样式，也可使用不同的点样式，用户可以通过设定点的样式及大小来区分不同的点。

本节介绍设置点样式以及绘制各类型点的操作方法。

3.4.1　设置点样式

调用“点样式”命令，可以设置点的样式、点的大小以及点在屏幕中的显示方式。

“点样式”命令的调用方式有以下几种。

- 菜单栏：选择“格式”→“点样式”选项。
- 命令行：在命令行中输入 DDPTYPE/DDPT 命令并按下 Enter 键。

调用“点样式”命令，系统弹出如图 3-63 所示的“点样式”对话框。在对话框的上半部分提供了 20 种点样式供用户选择，单击使样式图标显示为黑色，即可以该样式来创建点。

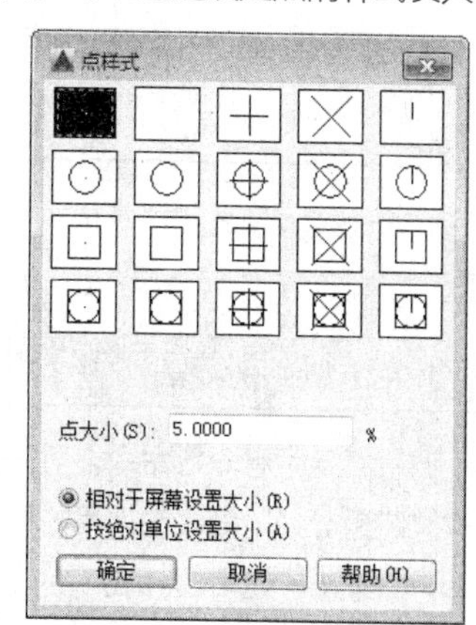

图 3-63　“点样式”对话框

3.4.2 绘制单点

调用“单点”命令，在绘图区中单击，即可绘制一个单点。

“单点”命令的调用方式有以下几种。

➤ 菜单栏：选择“绘图”→“点”→“单点”选项。

➤ 命令行：在命令行中输入 POINT/PO 命令并按下 Enter 键。

调用“单点”命令，命令行提示如下。

```
命令：point↙
当前点模式： PDMODE=35  PDSIZE=0
指定点：                          //在绘图区中点取单点的位置，即可完成单点的绘制。
```

3.4.3 绘制多点

调用“多点”命令，通过单击鼠标左键，即可连续创建多个点；按下 Esc 键，即可退出命令。

“多点”命令的调用方式有以下几种。

➤ 菜单栏：选择“绘图”→“点”→“多点”选项。

➤ 功能区：单击“绘图”面板上的“多点”按钮∴。

调用“多点”命令，在绘图区中连续单击指定多点的位置，可实现一次性绘制多个点的操作。

3.4.4 绘制定数等分点

调用“定数等分”命令，可以按照指定的等分线段数目对图形进行等分操作。

“定数等分”点命令的调用方式有以下几种。

➤ 菜单栏：选择“绘图”→“点”→“定数等分”选项。

➤ 命令行：在命令行中输入 DIVIDE /DIV 命令并按下 Enter 键。

➤ 功能区：单击“绘图”面板上的“定数等分”按钮。

调用“定数等分”点命令，命令行提示如下。

```
命令：DIVIDE↙
选择要定数等分的对象：                    //选择线段 A
输入线段数目或 [块(B)]：5↙                //输入线段数目参数
```

选择线段 A，设置等分线段数目为 5，按下 Enter 键，即可完成定数等分操作，如图 3-64 所示。

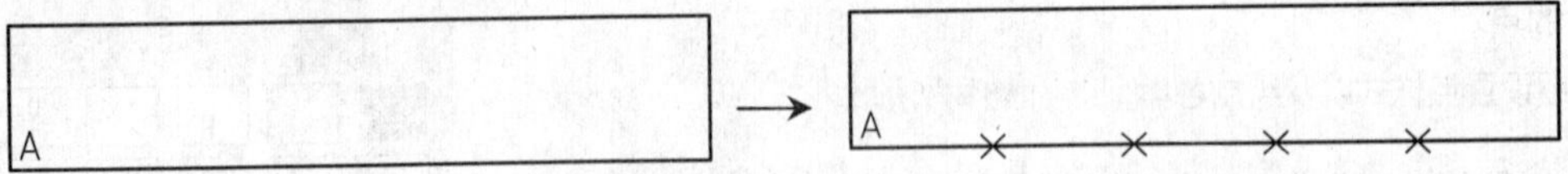

图 3-64 “定数等分”操作

3.4.5 绘制定距等分点

调用“定距等分”命令，可按指定的线段长度等分选定的对象。

“定距等分”命令的调用方式有以下几种。

➤ 菜单栏：选择“绘图”→“点”→“定距等分”选项。

➤ 命令行：在命令行中输入 MEASURE/ME 命令并按下 Enter 键。

➤ 功能区：单击“绘图”面板上的“定距等分”按钮。

调用“定距等分”命令，命令行提示如下。

```
命令: MEASURE↙
选择要定距等分的对象:                                //选择 A 线段
指定线段长度或 [块(B)]: 100↙                         //输入线段长度参数
```

选择线段 A 为等分对象，设置等分线段长度为 100，完成定距等分的操作，如图 3-65 所示。

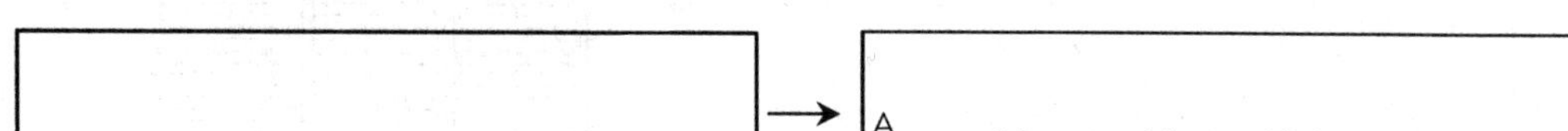

图 3-65 “定距等分”操作

3.4.6 实战——绘制资料柜立面图

01 绘制柜子外轮廓。执行 REC（矩形）命令，绘制尺寸为 3000×2250 的矩形，如图 3-66 所示。执行 X（分解）命令，分解矩形。

02 执行 DIV（定数等分）命令，设置线段数目为 3，选择矩形的左侧边为等分对象，操作效果如图 3-67 所示。执行 L（直线）命令，以等分点为起点绘制水平直线，如图 3-68 所示。

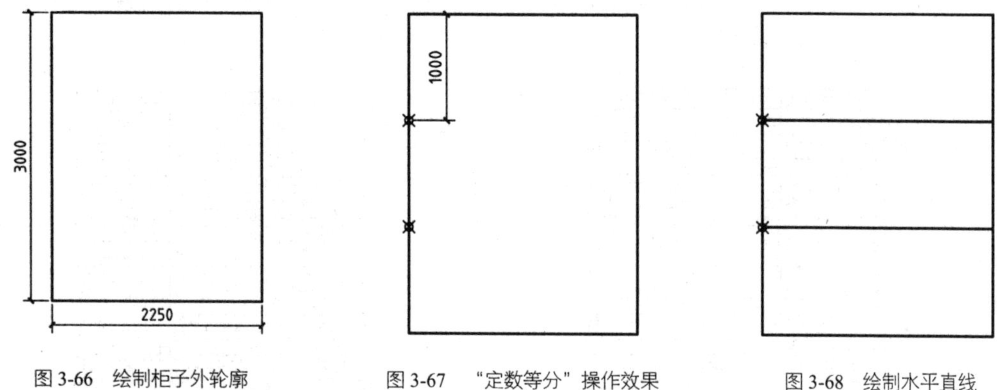

图 3-66 绘制柜子外轮廓　　图 3-67 “定数等分”操作效果　　图 3-68 绘制水平直线

03 执行 ME（定距等分）命令，设置线段长度为 750，选择矩形下方边为等分对象，操作结果如图 3-69 所示。执行 L（直线）命令，绘制垂直直线如图 3-70 所示。

04 绘制柜门。执行 O（偏移）命令，设置偏移距离为 50，选择直线执行偏移操作；执行 TR（修剪）命令，修剪线段，如图 3-71 所示。

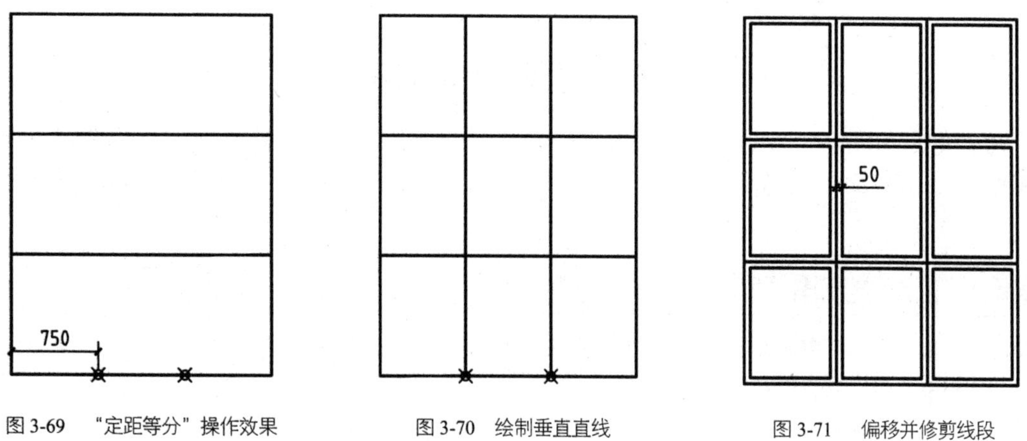

图 3-69 “定距等分”操作效果　　图 3-70 绘制垂直直线　　图 3-71 偏移并修剪线段

05 绘制百叶柜门图案。执行 H（图案填充）命令，选择“设置（T）”选项，系统弹出“图案填充和渐变色”对话框。设置图案填充参数，如图 3-72 所示。

06 在绘图区中拾取填充区域，绘制百叶柜门图案，如图 3-73 所示。

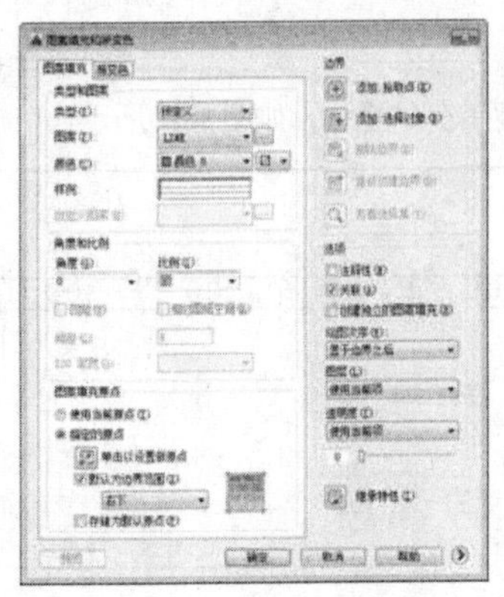

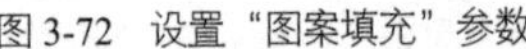

图 3-72　设置“图案填充”参数

图 3-73　绘制百叶柜门图案

07 绘制柜脚。执行 REC（矩形）命令，绘制尺寸为 100×50 的矩形作为柜脚轮廓，如图 3-74 所示。

08 执行 PL（多段线）命令，绘制折断线以表示柜门的开启方向，并将多段线的线型设置为虚线，完成资料柜立面图的绘制，如图 3-75 所示。

图 3-74　绘制柜脚

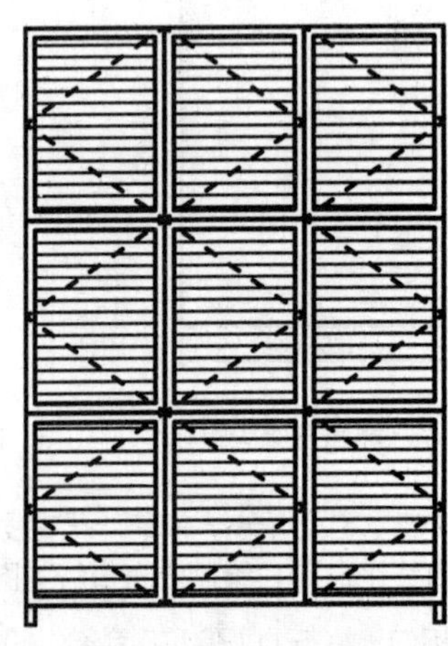

图 3-75　绘制资料柜立面图

3.5　图案填充对象

“图案填充”命令是一个非常重要的命令，几乎绘制所有类型的图纸都会用到它。它不仅可以将系统所提供的图案以不同的角度及比例填充到指定的区域中，而且用户还可通过该命令来自定义填充图案，以区别于系统图案。

3.5.1　创建填充图案

调用“图案填充”命令，可以使用选定的图案来填充由对象构成的封闭区域。

“图案填充”命令的调用方式有以下几种。

- 菜单栏：选择“绘图”→“图案填充”选项。
- 命令行：在命令行中输入 HATCH/H 命令并按下 Enter 键。
- 功能区：单击“绘图”面板上的“图案填充”按钮。

调用“图案填充”命令，系统弹出如图3-76所示的“图案填充和渐变色”对话框，同时命令行提示如下。

```
命令：HATCH↙
拾取内部点或 [选择对象(S)/删除边界(B)]：正在选择所有对象...
正在选择所有可见对象...
正在分析所选数据...
正在分析内部孤岛...
拾取内部点或 [选择对象(S)/删除边界(B)]：
```

在对话框中单击“添加：拾取点”按钮，在绘图区中选择填充区域；按下Enter键返回对话框，单击“确定”按钮关闭对话框，即可完成图案填充的操作，如图3-77所示。

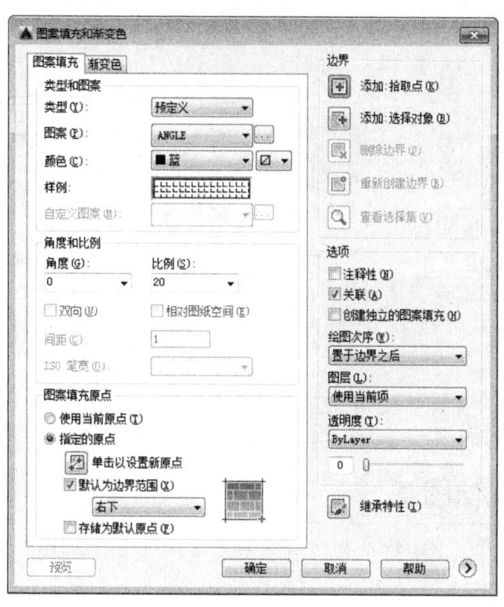

图3-76 “图案填充和渐变色”对话框

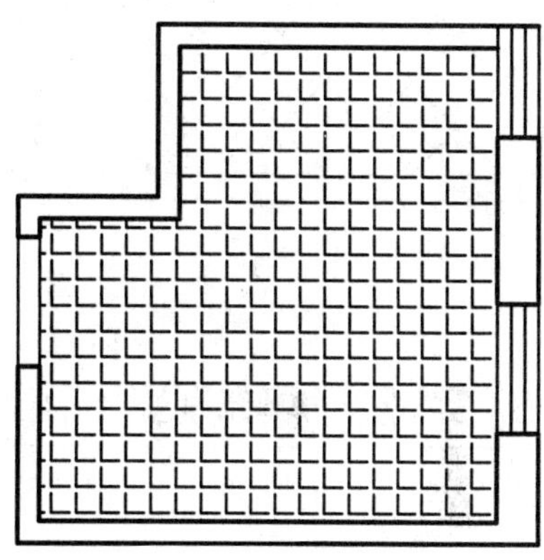

图3-77 图案填充

3.5.2 编辑图案填充

调用“编辑图案填充”命令，可以更改填充图案的类型、比例、角度等参数。

“编辑图案填充”命令的方式有如下几种。

- 菜单栏：选择“修改”→“对象”→“图案填充”选项。
- 命令行：在命令行中输入HATCHEDIT命令并按下Enter键。
- 功能区：单击“修改”面板上的“编辑图案填充”按钮。

调用“编辑图案填充”命令，命令行提示如下。

```
命令：HATCHEDIT↙
选择图案填充对象：
拾取或按 Esc 键返回到对话框或 <单击右键接受图案填充>：
```

选择填充图案，可弹出“图案填充和渐变色”对话框，在其中更改图案的填充角度及比例，单击“确定”按钮，关闭对话框，即可完成编辑图案填充的操作，如图3-78所示。

双击填充图案，弹出“图案填充”选项板；在其中可以更改填充图案的类型、填充比例，单击选项板右上方的“关闭”按钮，关闭选项板后可完成编辑操作，如图3-79所示

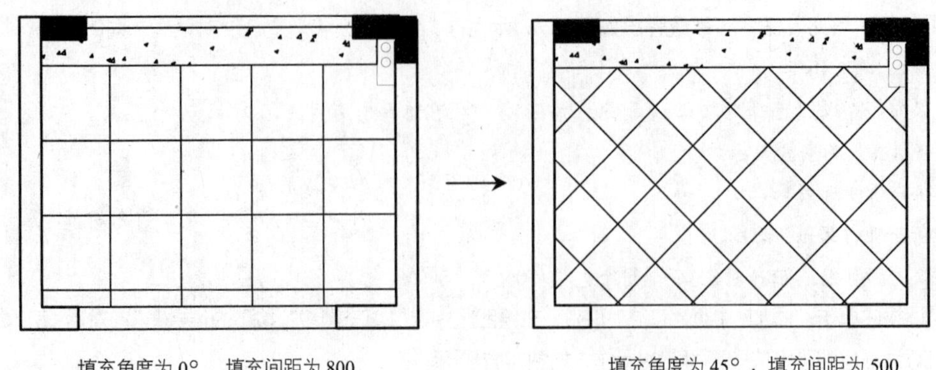

图 3-78　编辑填充图案

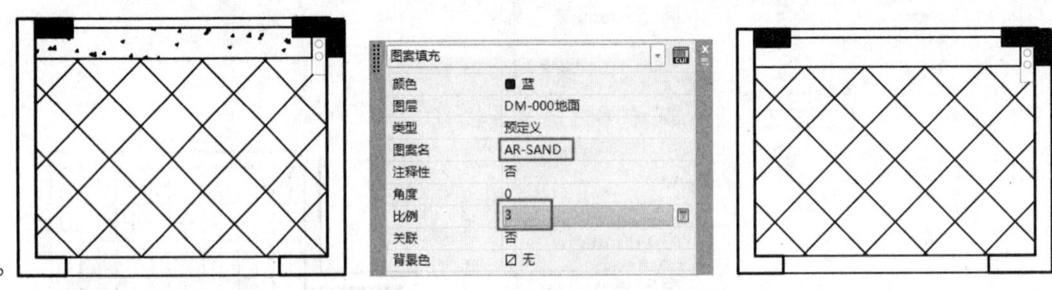

图 3-79　修改填充图案比例效果

3.5.3　实战——填充别墅平面图中的花坛图案

01 打开素材。执行“文件”→“打开”命令，打开本书配套资源“第 3 章/3.5.3　实战——填充别墅平面图.dwg”文件，如图 3-80 所示。

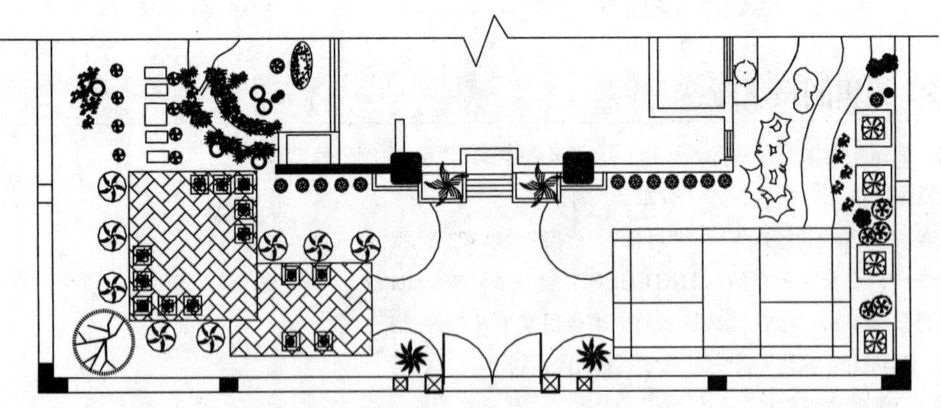

图 3-80　打开素材

02 调用 EL“椭圆”命令，绘制长轴为 2141、短轴为 687 的椭圆，如图 3-81 所示。

03 选择“绘图”→“椭圆”→“圆弧”选项，以椭圆的两个轴端点作为椭圆弧的轴端点，指定椭圆弧的半轴长度为 521，在命令行提示“指定起点角度”“指定端点角度”时，分别移动鼠标，单击椭圆的上下两个轴端点，完成椭圆弧的绘制，如图 3-82 所示。

04 重复操作，绘制另一侧的椭圆弧，如图 3-83 所示。

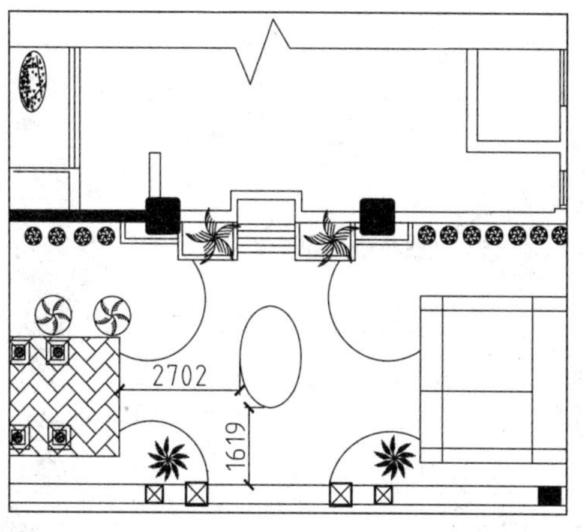

图 3-81　绘制椭圆

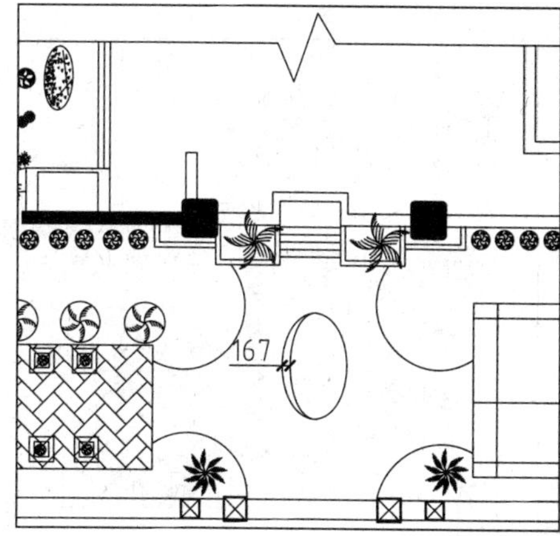

图 3-82　绘制椭圆弧

图 3-83　绘制另一侧椭圆弧

05 调用 H“图案填充”命令，在“图案填充”菜单栏中选择名称为 STARS 的图案，设置填充比例为 20，如图 3-84。

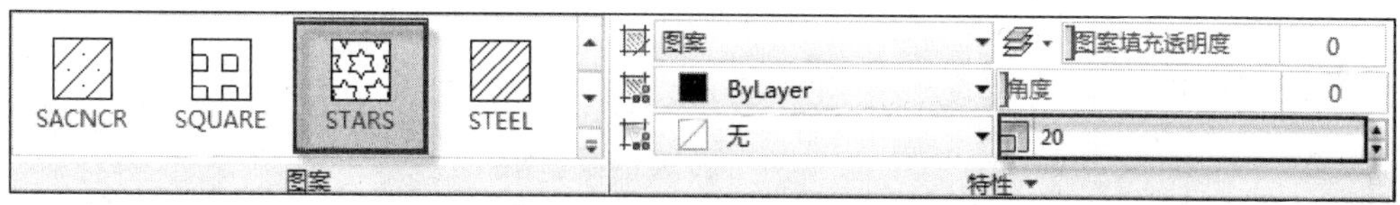

图 3-84　“图案填充”菜单栏

06 在花坛内创建图案填充，如图 3-85 所示。

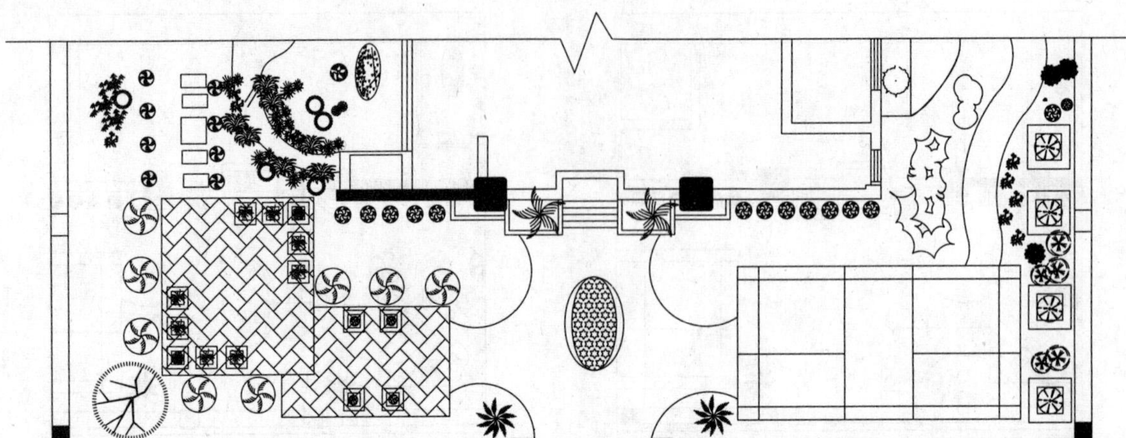

图 3-85　创建花坛图案填充

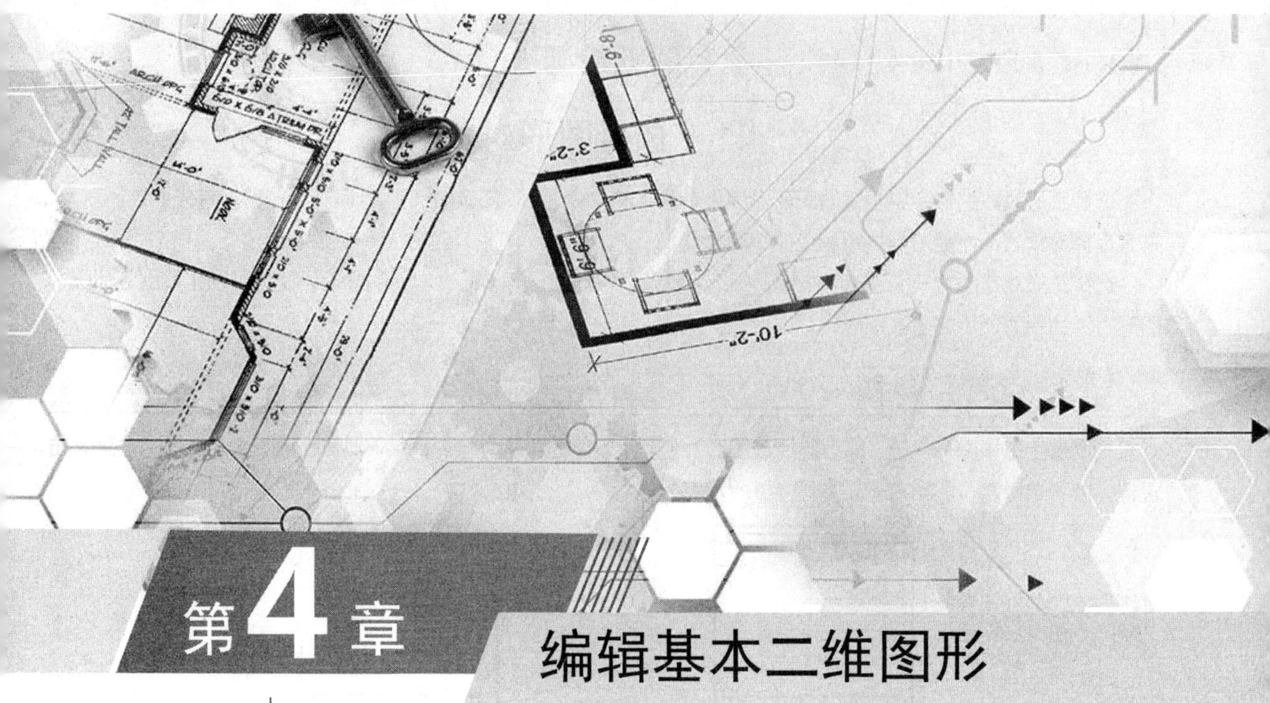

第4章 编辑基本二维图形

本章导读

本章为读者介绍 AutoCAD 中各类编辑图形命令的使用方法。通过调用各类编辑图形命令，可以实现对图形的编辑操作，以使图形符合使用要求。

编辑图形命令主要有选择图形对象命令、修改图形对象命令、复制图形对象命令以及改变图形对象大小及位置的命令。

本章重点

- 掌握点选、窗口、栏选等多种选择对象的方法
- 掌握删除、修剪、延伸、打断等修整图形对象的方法
- 掌握复制、镜像、偏移、阵列等复制图形对象的方法
- 掌握移动、旋转、缩放、拉伸等变换图形对象的方法

4.1　选择图形对象

选择图形对象的命令属于编辑图形命令中最基本的命令，因为在对图形执行编辑操作前，首先要选择对象。只有选择对象后，才能对其执行相应的编辑操作。

选择图形对象的方式有点选、框选、围选、栏选、快速选择等，通过本节的学习，读者可以了解到各类选择图形对象命令的使用方法。

4.1.1　点选图形对象

在图形上单击鼠标左键，即可选择该图形对象。假如目标对象为一个整体，则在图形对象上的任意位置单击左键，就可选择整个图形对象，如图 4-1 所示。

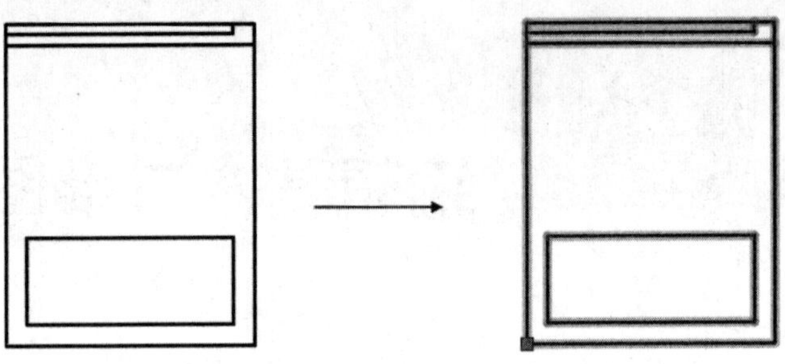

图 4-1　选择整个图形对象

假如目标对象不是一个整体，则单击哪个部分，哪个部分就会被选中，如图 4-2 所示。

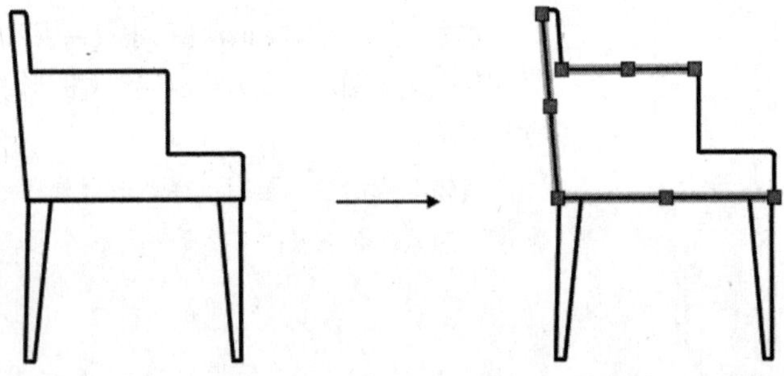

图 4-2　选择图形对象的某个部分

4.1.2　窗口选择图形对象

使用窗口选择的方式来选择图形对象，根据所定义的窗口样式不同，可以选择的图形对象数量也不同。

在目标对象上从左至右（从左上角至右下角、从左下角至右上角）拖出选框，此时选框的颜色为浅蓝色，选框的边界为实线，只有全部位于选框内的图形才会被选中，如图 4-3 所示。

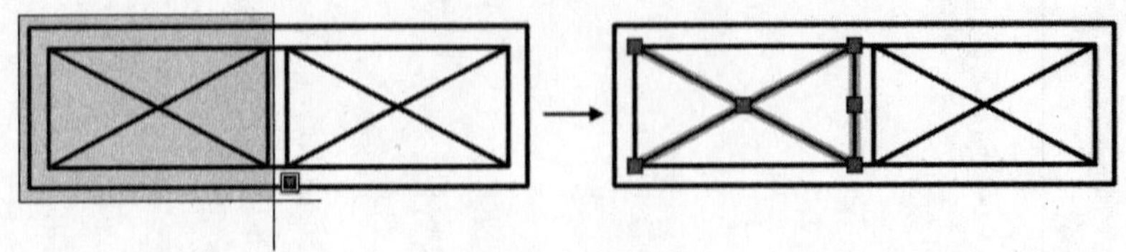

图 4-3　从左至右拖出选框

在目标对象上从右至左（从右上角至左下角、从右下角至左上角）拖出选框，此时选框的颜色为浅绿色，选框的边界为虚线，全部或部分位于选框内的图形对象会被选中，如图 4-4 所示。

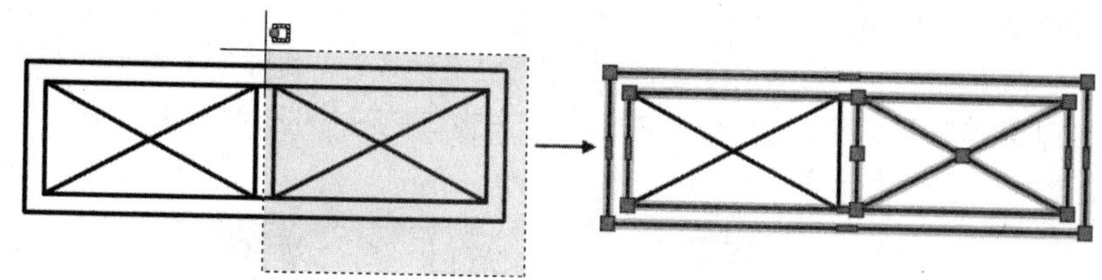

图 4-4　从右至左拉出选框

4.1.3　圈围与圈交选择图形对象

1. 圈围选择

使用圈围的方式来选择图形对象，可以根据选择要求自定义选框的边界，全部位于选框内的图形会被选中。

“圈围”选择时命令行提示如下。

```
命令: 指定对角点或 [栏选(F)/圈围(WP)/圈交(CP)]: wp↙          //选择“圈围(WP)”选项
指定直线的端点或 [放弃(U)]:                                   //指定第 1 点
指定直线的端点或 [放弃(U)]:                                   //指定第 2 点
指定直线的端点或 [放弃(U)]:                                   //指定第 3 点
指定直线的端点或 [放弃(U)]:                                   //指定第 4 点
指定直线的端点或 [放弃(U)]:                                   //指定第 5 点
指定直线的端点或 [放弃(U)]:                                   //指定第 6 点
指定直线的端点或 [放弃(U)]:                                   //指定第 7 点，按 Enter 键，
即可完成选择图形对象的操作，只有全部位于选框内的图形对象才会被选中，如图 4-5 所示。
```

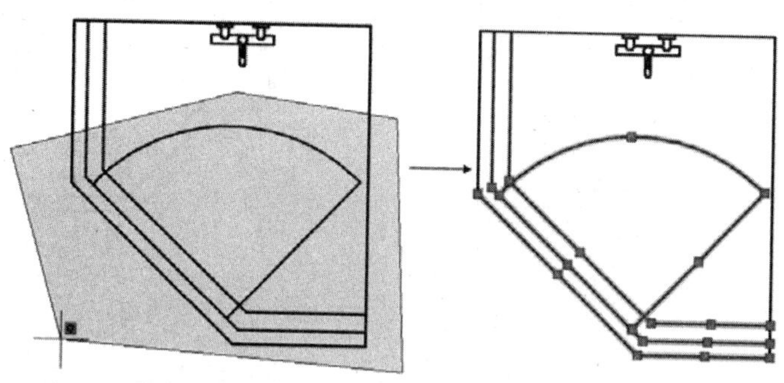

图 4-5　圈围选择对象

2. 圈交选择

使用圈交方式来选择图形对象，可将全部位于或部分位于窗口内的图形对象选中。

“圈交”选择时命令行提示如下。

```
命令: 指定对角点或 [栏选(F)/圈围(WP)/圈交(CP)]: cp↙          //选择“圈交(CP)”选项
指定直线的端点或 [放弃(U)]:                                   //指定第 1 点
指定直线的端点或 [放弃(U)]:                                   //指定第 2 点
指定直线的端点或 [放弃(U)]:                                   //指定第 3 点
```

```
指定直线的端点或 [放弃(U)]:                    //指定第 4 点
指定直线的端点或 [放弃(U)]:                    //指定第 5 点
指定直线的端点或 [放弃(U)]:                    //指定第 6 点，按 Enter 键，
即可完成选择图形对象的操作，只有全部位于选框内的图形才会被选中，如图 4-6 所示。
```

从图 4-6 的选择结果中可以观察到，全部位于窗口中的及与窗口交叉的图形对象都被选中了。

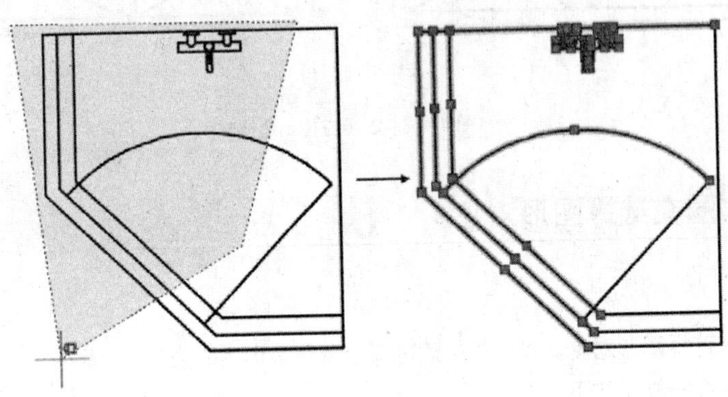

图 4-6　圈交选择对象

4.1.4　栏选图形对象

使用栏选的方式选择图形对象，在目标对象上绘制首尾相接的选框边界，与边界相交的图形对象都会被选中。

使用栏选方式来选择图形对象时，可以不需要围成一个闭合区域；移动指针依次在图形对象上单击，指定各栏选点，可以形成路径虚线；按下 Enter 键，与路径相交的图形对象即被选中，如图 4-7 所示。

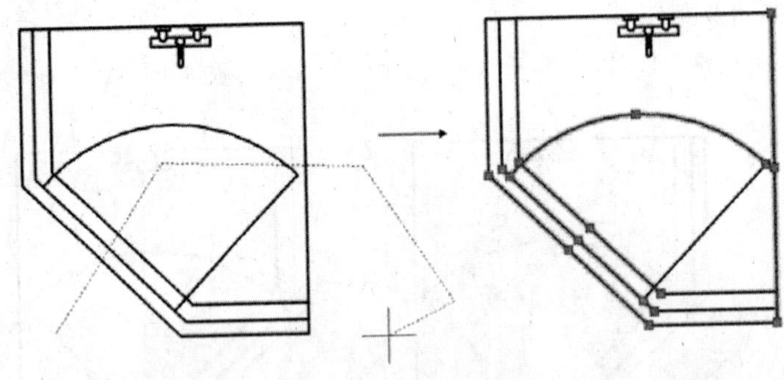

图 4-7　栏选图形对象

光标空置时，在绘图区空白处单击，然后在命令行中输入 F 并按 Enter 键，即可调用“栏选”命令，再根据命令行提示分别指定各栏选点。命令行操作如下。

```
指定对角点或 [栏选(F)/圈围(WP)/圈交(CP)]: F↙          //选择“栏选”选项
指定第一个栏选点:
指定下一个栏选点或 [放弃(U)]:
```

使用该方式选择连续性对象非常方便，但栏选线不能封闭或相交。

4.1.5　快速选择图形对象

假如需要选择多个相同属性的图形对象，使用点选、框选或栏选等方式经常会出现选择速度较慢，而且选择的结果也不一定准确的情况，此时使用“快速选择”命令，可以根据所设定的选择条件来选择符合要求的图形对

象。

执行“工具”→“快速选择”命令，系统弹出如图 4-8 所示的“快速选择”对话框。

在“应用到”下拉列表中设置选择的范围，在“对象类型”选项中设置目标对象的类型，在“特性”列表框中选择其中的某项特性，可指定给选择过滤器的对象特性。在“值”下拉列表中可以选择过滤器的特性值。

例如，在“快速选择”对话框中“特性”列表框中选择“图层”特性，在“值”下拉列表中可以选择“门窗”（即图层的名称），单击“确定”按钮，系统可按照所设定的过滤条件来过滤指定范围内的图形对象，符合条件的图形对象会被选中，如图 4-9 所示。

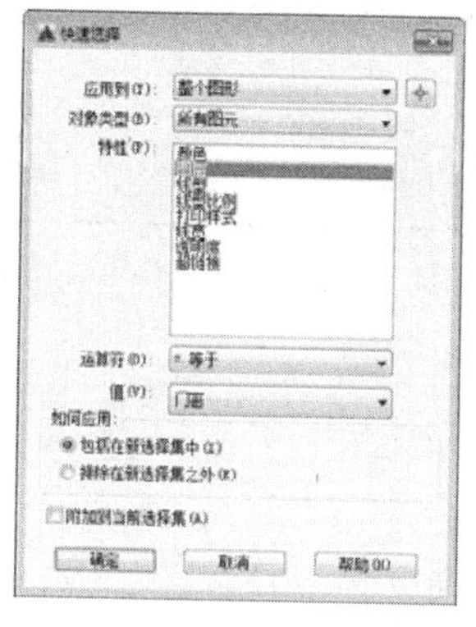

图 4-8 “快速选择”对话框

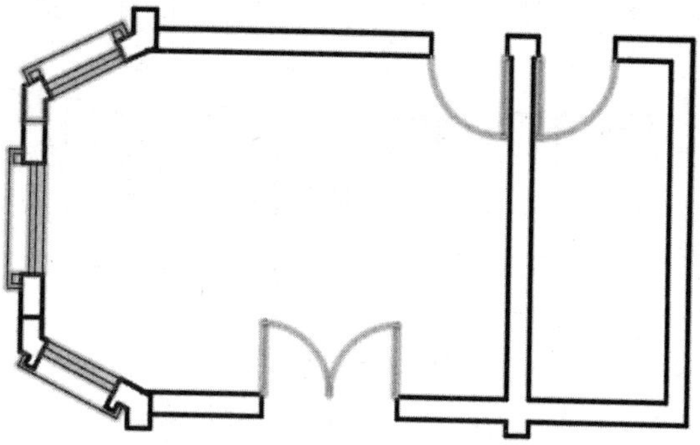

图 4-9 快速选择结果

4.1.6 向选择集添加、删除图形对象

向选择集添加图形对象的方式：保持当前图形对象的选择状态，按住 Ctrl 键，单击其他待加入选择集的图形对象，可以完成添加操作。

向选择集删除图形对象的方式：保持当前图形对象的选择状态，按住 Shift 键，单击待删除的目标图形对象，即可将其从选择集中删除。

4.2 修改图形对象

修改图形对象的目的有的是为了使其适应其他的图形对象，而有的则是为了改正图形对象本身的错误。针对各种不同的情况，AutoCAD 研发了多种修改命令，有删除、修剪、延伸、打断、合并、倒角、圆角、分解；通过本节的学习，读者可以对各类修改图形对象命令的使用方法有一定的认识。

4.2.1 删除图形对象

调用“删除”命令，可以将选择的图形对象删除。

“删除”命令的调用方式有如下几种。

- 菜单栏：执行“修改”→“删除”命令。
- 命令行：在命令行中输入 ERASE/E 命令并按下 Enter 键。
- 功能区：单击“修改”面板上的“删除”按钮。

调用“删除”命令，命令行提示如下。

```
命令：ERASE↙
选择对象：指定对角点：找到 2 个
```

选择待删除的图形对象，按下 Enter 键，即可完成删除操作，如图 4-10 所示。

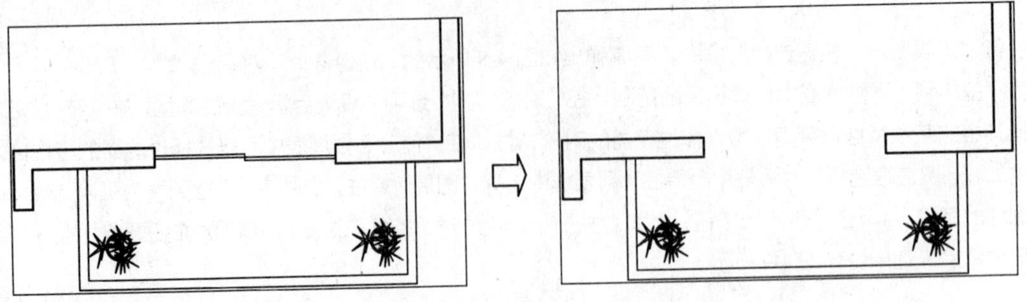

图 4-10　删除图形对象

4.2.2　修剪图形对象

调用“修剪”命令，可以修剪图形对象上指定的部分。

“修剪”命令的调用方式有如下几种。

- 菜单栏：执行“修改”→ “修剪”命令。
- 命令行：在命令行中输入 TRIM/TR 命令并按下 Enter 键。
- 功能区：单击“修改”面板上的“修剪”按钮。

调用“修剪”命令，命令行提示如下。

```
命令: TRIM↙
当前设置:投影=UCS, 边=无
选择剪切边...
选择对象或 <全部选择>: 找到 1 个                              //选择圆对象
选择对象:
选择要修剪的对象，或按住 Shift 键选择要延伸的对象，或
[栏选(F)/窗交(C)/投影(P)/边(E)/删除(R)/放弃(U)]:              //选择圆内的矩形部分
选择要修剪的对象，或按住 Shift 键选择要延伸的对象，或
[栏选(F)/窗交(C)/投影(P)/边(E)/删除(R)/放弃(U)]:              //选择圆内的矩形部分
```

选择圆形为修剪边界，按下 Enter 键；选择圆形内的矩形部分为要修剪对象，按下 Enter 键，退出命令，即可完成修剪操作，如图 4-11 所示。

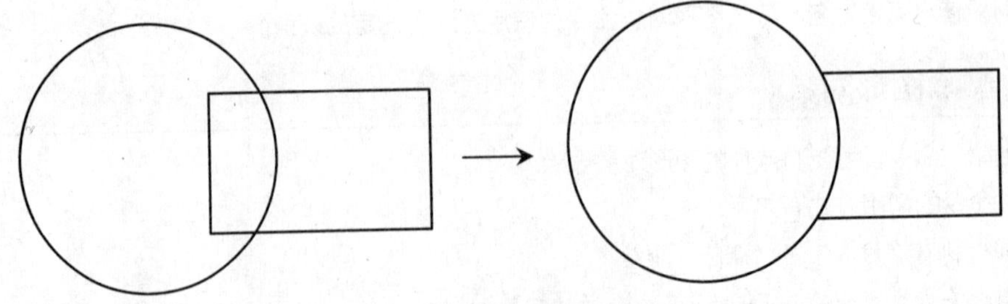

图 4-11　修剪图形对象

4.2.3　延伸图形对象

调用“延伸”命令，可以将图形对象延伸至指定的边界上。

“延伸”命令的调用方式有如下几种。

- 菜单栏：执行“修改”→ “延伸”命令。

➢ 命令行：在命令行中输入 EXTEND/EX 命令并按下 Enter 键。
➢ 功能区：单击“修改”面板上的“延伸”按钮。
调用“延伸”命令，命令行提示如下。

```
命令：EXTEND↙
当前设置：投影=UCS，边=无
选择边界的边...
选择对象或 <全部选择>：找到 1 个                    //选择直线 A
选择对象：
选择要延伸的对象，或按住 Shift 键选择要修剪的对象，或
[栏选(F)/窗交(C)/投影(P)/边(E)/放弃(U)]：          //依次选择直线 a、b、c
```

选择直线 A 为延伸边界的边，选择直线 a、直线 b 和直线 c 为要延伸对象，延伸图形对象，如图 4-12 所示。

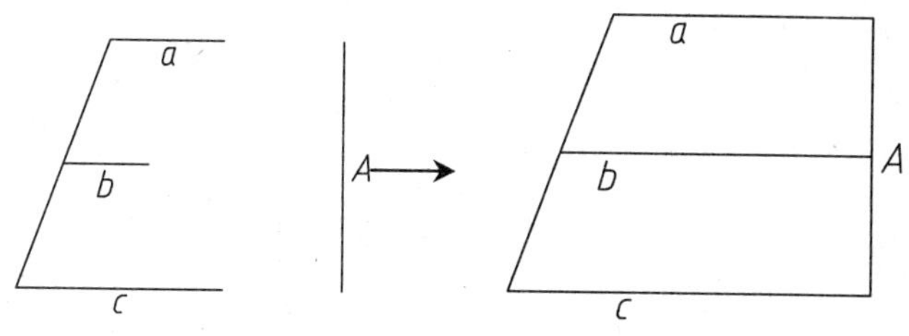

图 4-12　延伸图形对象

4.2.4　打断图形对象

1.　“打断”命令

调用“打断”命令，可以在图形对象上指定两点进行打断操作，其中两点间的图形会被删除。
“打断”命令的调用方式有如下几种。
➢ 菜单栏：执行“修改”→“打断”命令。
➢ 命令行：在命令行中输入 BREAK 命令并按下 Enter 键。
➢ 功能区：单击“修改”面板上的“打断”按钮。
调用“打断”命令，命令行提示如下。

```
命令：break↙
选择对象：                                  //选择椭圆对象
指定第二个打断点 或 [第一点(F)]：F↙          //选择“第一点（F）”选项
指定第一个打断点：                          //指定第一个点
指定第二个打断点：                          //指定第二个点
```

选择椭圆，输入 F 后选择点 A 为第一点，选择点 B 为第二点，点 A、点 B 之间的线段被删除，此时可完成打断操作。按下 Enter 键，重复调用“打断”命令，继续在 C、D 点之间、点 E、点 F 之间执行打断操作，如图 4-13 所示。

2.　“打断于点”命令

调用“打断于点”命令，可以将选择的图形对象打断为相连的两部分。
“打断于点”命令的调用方式有如下几种。
➢ 命令行：在命令行中输入 BREAK 命令并按下 Enter 键。

➢ 功能区：单击“修改”面板上的“打断于点”按钮。

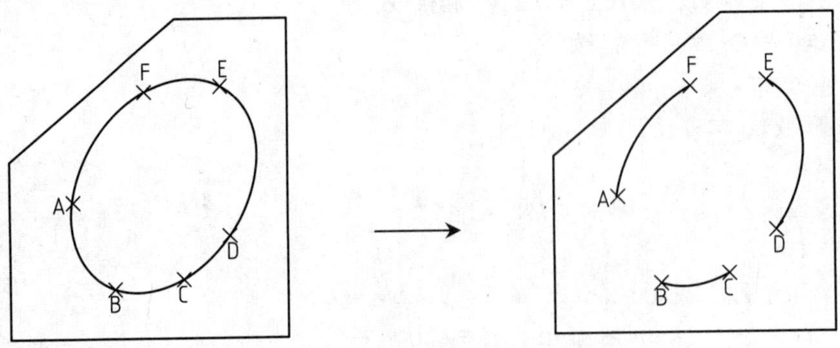

图 4-13　打断图形对象

调用“打断于点”命令，命令行提示如下。

```
命令：break↙
选择对象：                                    //选择打断对象
指定第二个打断点 或 [第一点(F)]：f            //选择“第一点（F）”选项
指定第一个打断点：                            //选择点 A 即可
指定第二个打断点：@
```

选择洁具的外轮廓线，选择点 A 为打断点，即可在点 A 将轮廓线打断为两个相连的部分，如图 4-14 所示。

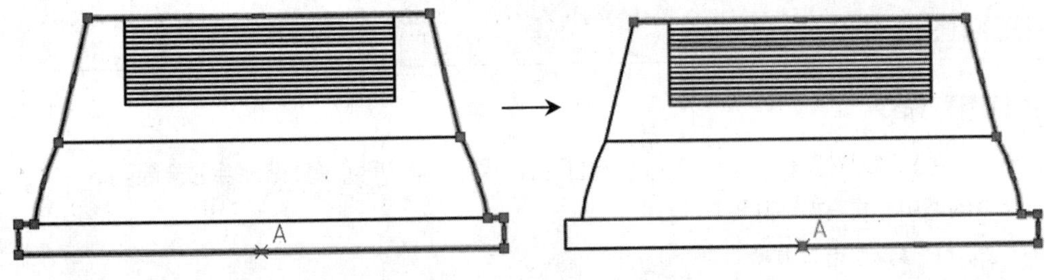

图 4-14　打断图形对象于点

4.2.5　合并图形对象

调用“合并”命令，可以将相似的对象进行合并以形成一个完整的对象。

“合并”命令的调用方式有如下几种。

➢ 菜单栏：执行“修改”→“合并”命令。

➢ 命令行：在命令行中输入 JOIN/J 命令并按下 Enter 键。

➢ 功能区：单击“修改”面板上的“合并”按钮。

调用“合并”命令，命令行提示如下。

```
命令：join↙
选择源对象或要一次合并的多个对象：找到 1 个          //选择椭圆弧
选择要合并的对象：
选择椭圆弧，以合并到源或进行 [闭合(L)]：L             //选择“闭合（L）”选项
已成功地闭合椭圆。
```

选择椭圆弧，输入 L 按下 Enter 键，即可完成合并椭圆的操作，如图 4-15 所示。

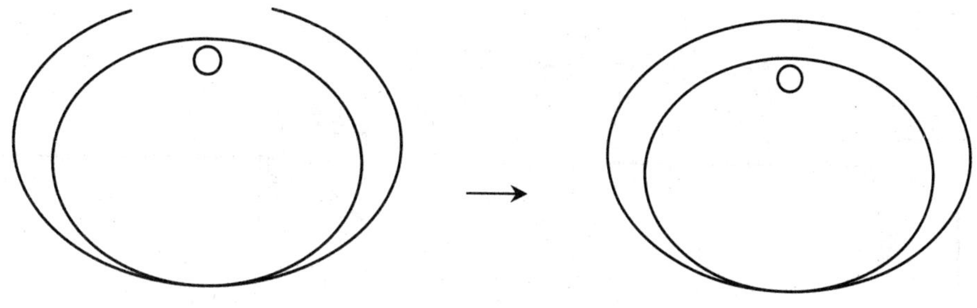

图 4-15 合并图形对象

4.2.6 倒角图形对象

调用“倒角”命令，可以对两个非平行的图形对象倒角。

“倒角”命令的调用方式有如下几种。

➢ 菜单栏：执行“修改”→“倒角”命令。

➢ 命令行：在命令行中输入 CHAMFER/CHA 命令并按下 Enter 键。

➢ 功能区：单击“修改”面板上的“倒角”按钮。

调用“倒角”命令，命令行提示如下。

```
命令： CHAMFER↙
(“修剪”模式）当前倒角距离 1 = 1000，距离 2 = 1000
选择第一条直线或 [放弃(U)/多段线(P)/距离(D)/角度(A)/修剪(T)/方式(E)/多个(M)]:
选择第二条直线，或按住 Shift 键选择直线以应用角点或 [距离(D)/角度(A)/方法(M)]:
```

分别指定外墙线的倒角距离参数为 1000、内墙线的倒角距离参数为 850，然后对外墙线及内墙线执行倒角操作，如图 4-16 所示。

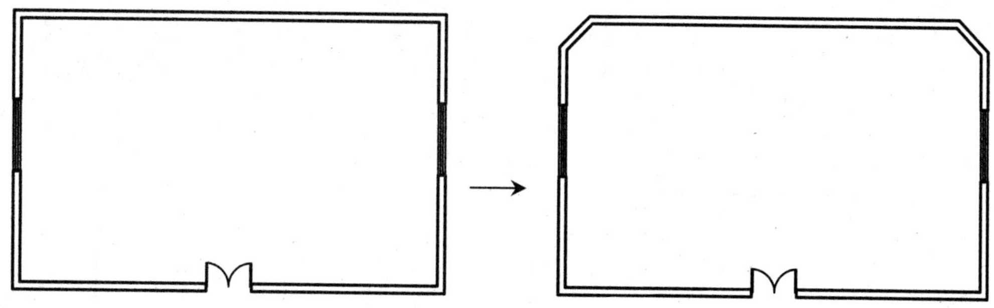

图 4-16 倒角图形对象

命令行中各选项的含义如下。

➢ “距离 1、距离 2”：距离 1、距离 2 参数分别代表被修剪掉的直线长度。假如距离 1、距离 2 的参数值相等，则被修剪掉的线段长度相等，反之则不相等，如图 4-17 所示。

➢ 多段线（P）：以当前所设置的倒角距离对多段线的各顶点（交点）执行倒角操作。

➢ 距离（D）：用来设置倒角距离 1、距离 2 的尺寸。

➢ 角度（A）：根据第一个倒角距离和角度来设置倒角尺寸。

➢ 修剪（T）：输入 T，命令行提示“输入修剪模式选项 [修剪(T)/不修剪(N)] <修剪>:”，用来设置倒角后是否保留原拐角边。

➢ 方式（E）：输入 E，命令行显示“输入修剪方法 [距离(D)/角度(A)] <距离>:”，可以选择其中一项来进行倒角。

➢ 多个（M）：输入 M，可以对多个对象进行倒角。

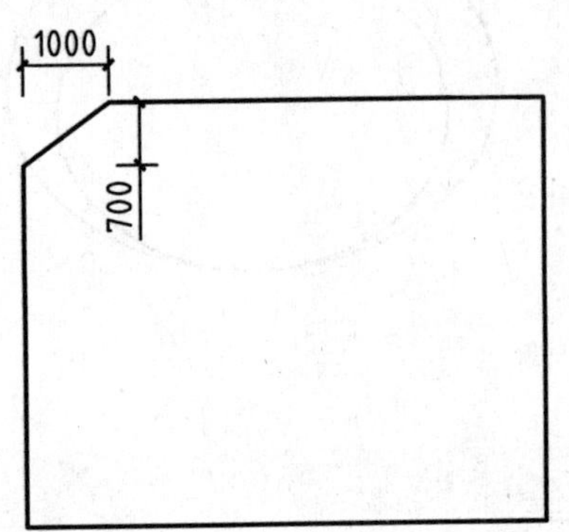

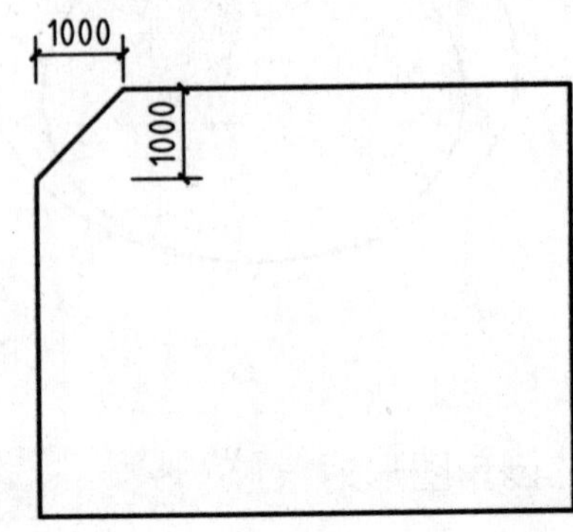

图 4-17　修改不同倒角距离后的结果

4.2.7　圆角图形对象

调用“圆角”命令，可以使用一段给定半径的光滑圆弧来连接两条线段。

“圆角”命令的调用方式有如下几种。

➢ 菜单栏：执行“修改”→“圆角”命令。

➢ 命令行：在命令行中输入 FILLET/F 命令并按下 Enter 键。

➢ 功能区：单击“修改”面板上的“圆角”按钮 。

调用“圆角”命令，命令行提示如下。

```
命令：FILLET↙
当前设置：模式 = 修剪，半径 = 50
选择第一个对象或 [放弃(U)/多段线(P)/半径(R)/修剪(T)/多个(M)]:R↙  //选择“半径（R）”选项
指定圆角半径 <50>: 1000↙                                          //输入半径参数
选择第一个对象或 [放弃(U)/多段线(P)/半径(R)/修剪(T)/多个(M)]:     //拾取矩形中的直线
选择第二个对象，或按住 Shift 键选择对象以应用角点或 [半径(R)]:    //拾取矩形中的直线
```

设置圆角半径为 1000，对书桌执行圆角操作，如图 4-18 所示。

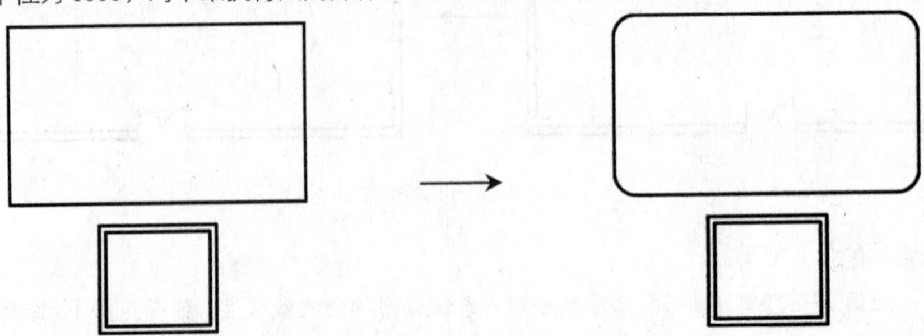

图 4-18　圆角图形对象

4.2.8　分解图形对象

调用“分解”命令，可以将复合对象分解为各部件对象。

“分解”命令的调用方式有如下几种。

➢ 菜单栏：执行“修改”→“分解”命令。

➢ 命令行：在命令行中输入 EXPLODE/X 命令并按下 Enter 键。

➢ 功能区：单击“修改”面板上的“分解”按钮。

调用“分解”命令，命令行提示如下。

```
命令：EXPLODE↙
EXPLODE 找到 1 个
```

选择目标对象，按下 Enter 键，即可完成分解操作，如图 4-19 所示。

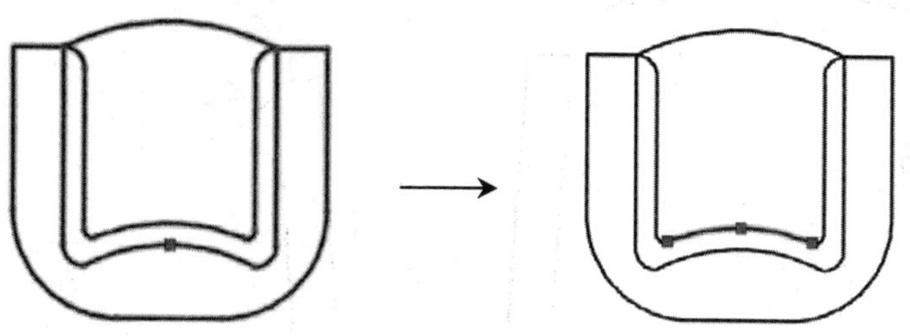

图 4-19　分解操作

4.2.9 实战——绘制办公椅平面图

01 绘制坐垫外轮廓。执行 L（直线）命令，绘制坐垫外轮，如图 4-20 所示。

02 执行 F（圆角）命令，分别设置圆角半径为 50、60，对坐垫外轮廓执行“圆角”操作，如图 4-21 所示。

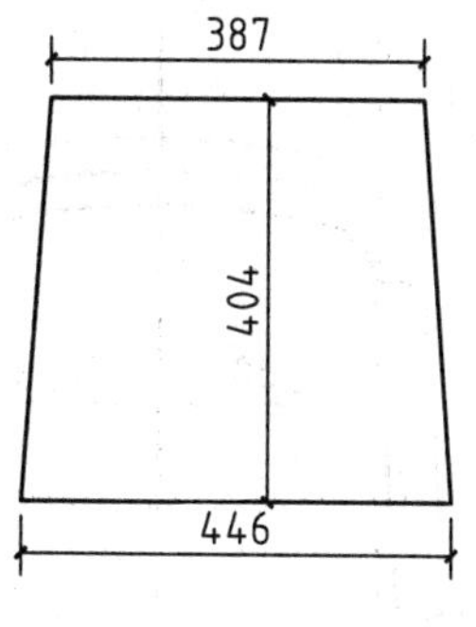

图 4-20　绘制坐垫外轮廓

图 4-21　“圆角”坐垫外轮廓

03 执行“绘图”→“圆弧”→“起点、端点、半径”命令，以点 A 为起点，点 B 为端点，绘制半径为 670 的圆弧，如图 4-22 所示。

04 执行 E（删除）命令，删除多余线段，如图 4-23 所示。

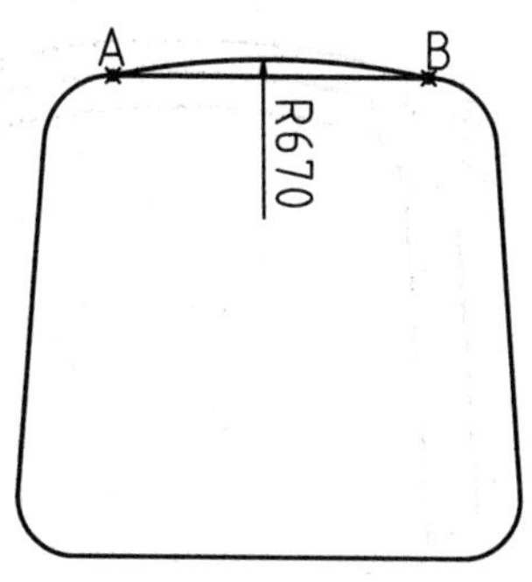

图 4-22　绘制圆弧

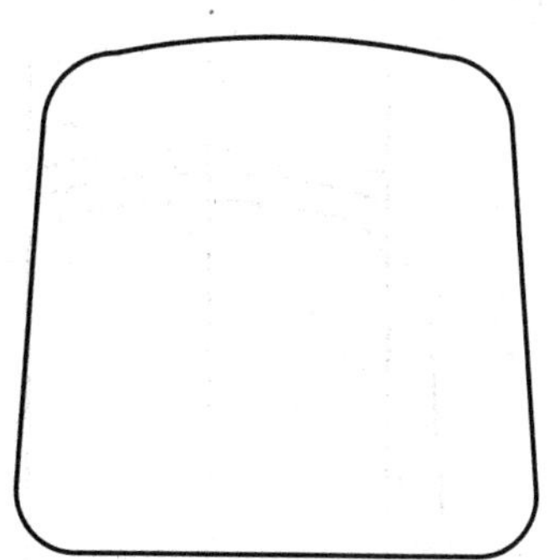

图 4-23　删除多余线段

05 绘制扶手轮廓。执行 O（偏移）命令，设置偏移距离为 45，分别选择左右两侧的线段向外偏移，如图 4-24 所示。

06 执行 F（圆角）命令，更改圆角半径为 15，对扶手轮廓执行圆角操作，如图 4-25 所示。

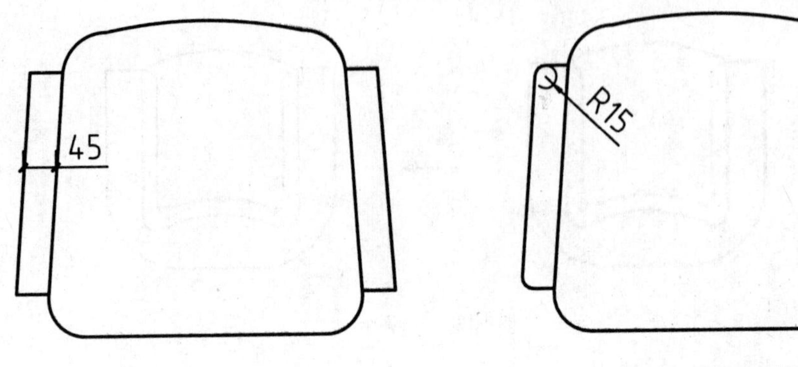

图 4-24　绘制扶手轮廓　　图 4-25　圆角扶手轮廓

07 执行 O【偏移】命令，设置偏移距离为 29，选择圆弧并向上偏移，如图 4-26 所示。

08 执行 L（直线）命令，过圆弧中点绘制辅助线；执行 O（偏移）命令，设置偏移距离为 200，选择辅助线并向左侧及右侧偏移，如图 4-27 所示。

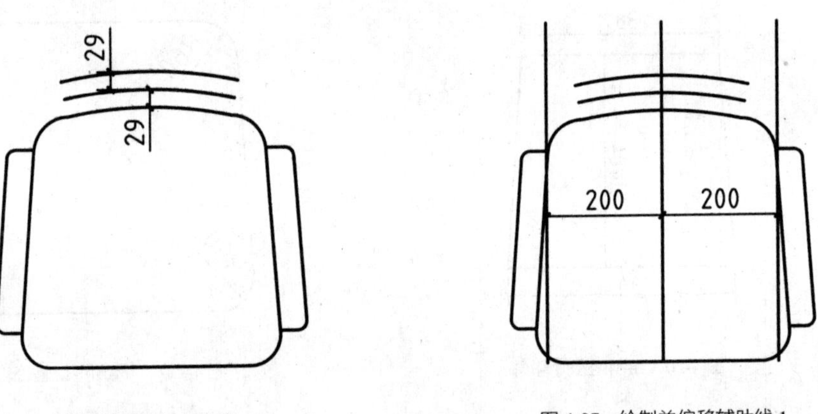

图 4-26　选择圆弧并向上偏移　　图 4-27　绘制并偏移辅助线 1

09 执行 EX（延伸）命令，选择直线为延伸边界，选择圆弧为延伸对象，执行延伸操作，如图 4-28 所示。

10 执行 F（圆角）命令，修改圆角半径为 10，对线段及圆弧执行圆角操作，如图 4-29 所示。

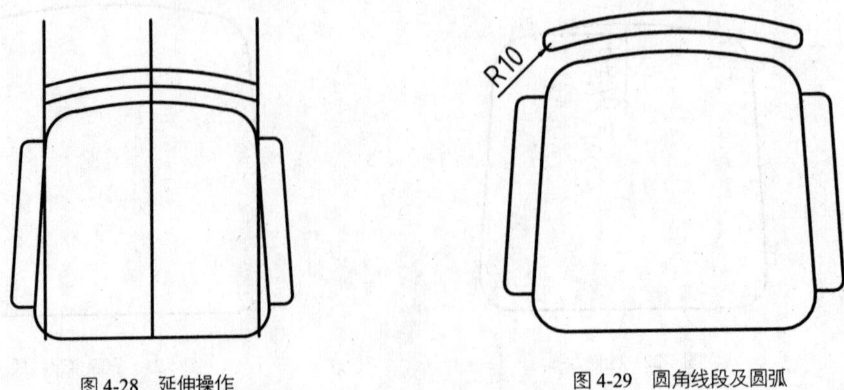

图 4-28　延伸操作　　图 4-29　圆角线段及圆弧

11 执行 L（直线）命令，绘制辅助线；执行 O（偏移）命令，设置偏移距离为 22，选择辅助线并向两侧偏移，如图 4-30 所示。

12 执行 E（删除）命令，删除绘制的辅助线，完成办公椅平面图的绘制，如图 4-31 所示。

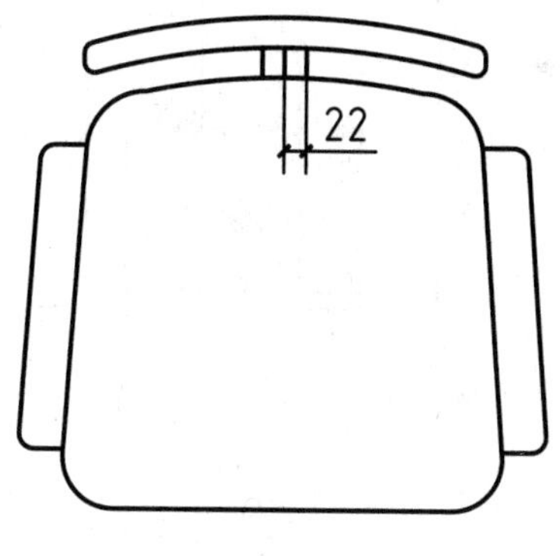

图 4-30　绘制并偏移辅助线 2

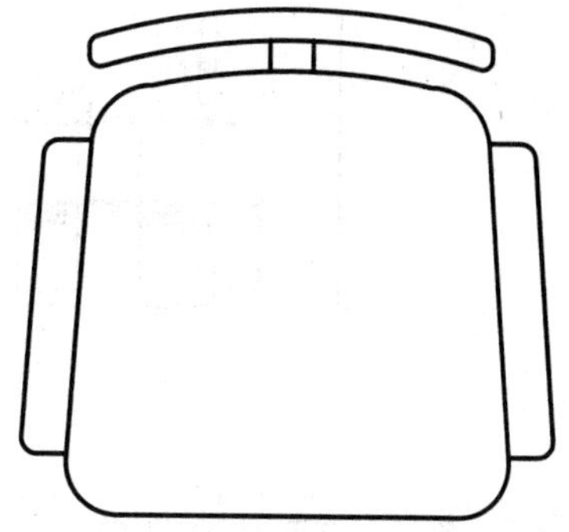

图 4-31　办公椅平面图

4.3　复制图形对象

通过调用复制类命令，可以得到目标对象的副本。由于不同类型的“复制”命令的调用方式不同，因此所得到的图形对象副本的数目及排列方式也不同，如“路径阵列”命令可以将图形对象副本沿着指定的路径排列。通过本节的学习，读者可认识复制类命令的调用方法。

4.3.1　使用“复制”命令复制图形对象

调用“复制”命令，可以复制源图形的对象副本。

“复制”命令的调用方式有如下几种。

- 菜单栏：执行“修改”→“复制”命令。
- 命令行：在命令行中输入 COPY/CO 命令并按下 Enter 键。
- 功能区：单击“修改”面板上的“复制”按钮。

调用“复制”命令，命令行提示如下。

```
命令: COPY↙
选择对象: 指定对角点: 找到 9 个                                    //选择图形对象
选择对象:
当前设置:  复制模式 = 多个
指定基点或 [位移(D)/模式(O)] <位移>:                               //捕捉选择图形对象左上角点
指定第二个点或 [阵列(A)] <使用第一个点作为位移>: 450↙              //输入参数
指定第二个点或 [阵列(A)/退出(E)/放弃(U)] <退出>: 900↙             //输入参数
指定第二个点或 [阵列(A)/退出(E)/放弃(U)] <退出>: 1350↙            //输入参数
指定第二个点或 [阵列(A)/退出(E)/放弃(U)] <退出>:
```

选择磨砂玻璃图形，指定磨砂玻璃图形的左上角点为基点，修改复制间距为 450，完成复制操作，如图 4-32 所示。

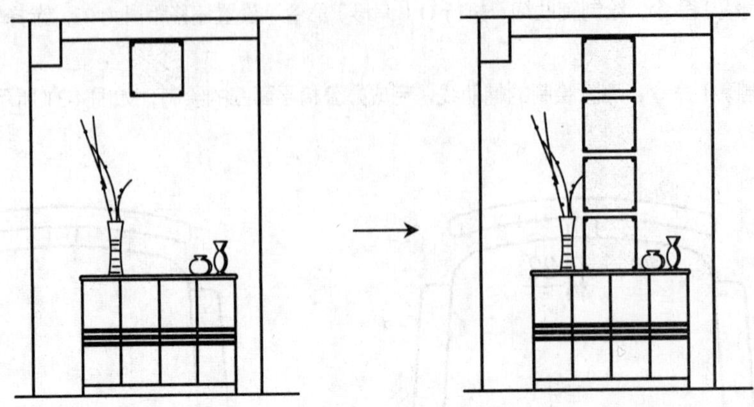

图 4-32　复制图形对象

4.3.2 镜像复制图形对象

调用“镜像”命令，可以将选择的图形对象沿着指定的两点进行对称复制。

“镜像”命令的调用方式有如下几种。

- 菜单栏：执行“修改”→“镜像”命令。
- 命令行：在命令行中输入 MIRROR /MI 命令并按下 Enter 键。
- 功能区：单击“修改”面板上的“镜像”按钮。

调用“镜像”命令，命令行提示如下。

```
命令: MIRROR↙
选择对象: 指定对角点: 找到 4 个                                  //选择图形对象
选择对象:  指定镜像线的第一点: 指定镜像线的第二点:                  //指定两点
要删除源对象吗? [是(Y)/否(N)] <N>:
```

选择椅子图形，指定点 A、点 B 为镜像线的第一点及第二点；在命令行提示“要删除源对象吗？[是(Y)/否(N)]”时直接按下 Enter 键保持系统默认值，完成镜像复制操作，如图 4-33 所示。

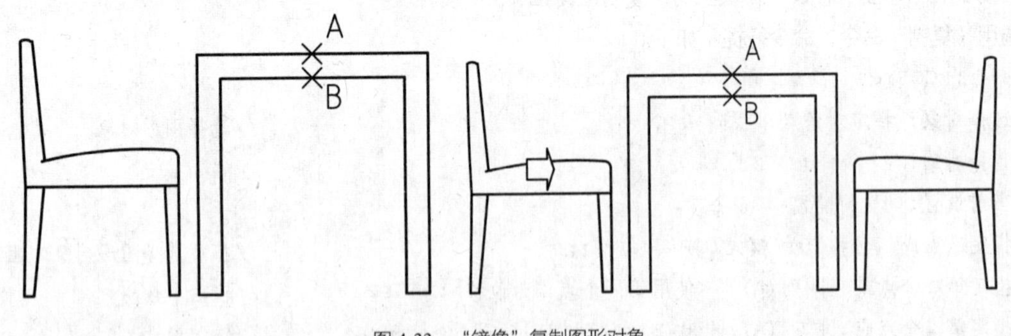

图 4-33　“镜像”复制图形对象

4.3.3 偏移复制图形对象

调用“偏移”命令，可以按照指定的距离或通过点来偏移选中的图形对象，以得到图形对象的副本。

“偏移”命令的调用方式有如下几种。

- 菜单栏：执行“修改”→“偏移”命令。
- 命令行：在命令行中输入 OFFSET /O 命令并按下 Enter 键。

➢ 功能区：单击“修改”面板上的“偏移”按钮。

调用“偏移”命令，命令行提示如下。

```
命令: OFFSET↙
当前设置: 删除源=否  图层=源  OFFSETGAPTYPE=0
指定偏移距离或 [通过(T)/删除(E)/图层(L)] <60>: 725↙          //输入偏移距离参数
选择要偏移的对象，或 [退出(E)/放弃(U)] <退出>:                 //选择对象
指定要偏移的那一侧上的点，或 [退出(E)/多个(M)/放弃(U)] <退出>://指定偏移点
选择要偏移的对象，或 [退出(E)/放弃(U)] <退出>:                 //选择偏移后的图形对象
指定要偏移的那一侧上的点，或 [退出(E)/多个(M)/放弃(U)] <退出>://指定偏移点
```

设置偏移距离为 725，选择线段 A 向右偏移，以完成门窗图形的绘制，如图 4-34 所示。

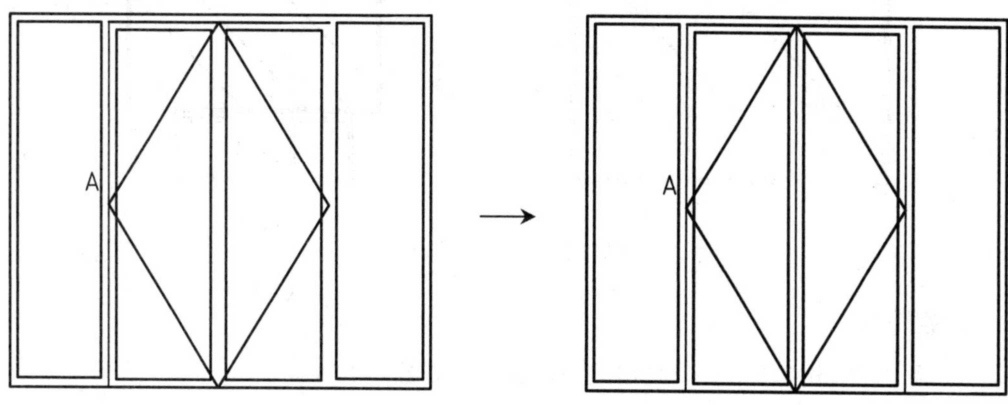

图 4-34 偏移复制图形对象

4.3.4 阵列复制图形对象

使用“阵列”命令，可以创建均布结构或聚心结构的复制图形。AutoCAD 中的“阵列”命令一共有三种，分别是“矩形阵列”“路径阵列”“环形阵列”。

1. 矩形阵列

调用“矩形阵列”命令，可以将图形对象按照指定的行数、列数，以矩形排列的方式进行复制。

“矩形阵列”命令的调用方式有如下几种。

➢ 菜单栏：执行“修改”→“阵列”→“矩形阵列”命令。

➢ 命令行：在命令行中输入 ARRAYRECT 命令并按下 Enter 键。

➢ 功能区：单击“修改”面板上的“矩形阵列”按钮。

调用“矩形阵列”命令，命令行提示如下。

```
命令: ARRAYRECT↙
选择对象: 指定对角点: 找到 4 个
类型 = 矩形  关联 = 是
选择夹点以编辑阵列或 [关联(AS)/基点(B)/计数(COU)/间距(S)/列数(COL)/行数(R)/层数(L)/退出(X)] <退出>: COU↙                  //选择“列数(COL)”选项
输入列数数或 [表达式(E)] <6>:2↙                      //输入列数参数
输入行数数或 [表达式(E)] <4>:2↙                      //输入行数参数
选择夹点以编辑阵列或 [关联(AS)/基点(B)/计数(COU)/间距(S)/列数(COL)/行数(R)/层数(L)/退
```

```
出(X)] <退出>: S↙                                    //选择“间距(S)”选项
    指定列之间的距离或 [单位单元(U)] <1350>: 643↙      //输入列间距参数
    指定行之间的距离 <1800>: -1038↙                   //输入行间距参数
    选择夹点以编辑阵列或 [关联(AS)/基点(B)/计数(COU)/间距(S)/列数(COL)/行数(R)/层数(L)/退
出(X)] <退出>: *取消*
```

选择餐桌椅图形为阵列对象，分别设置行数、行间距、列数、列间距参数，完成矩形阵列的操作，如图 4-35 所示。

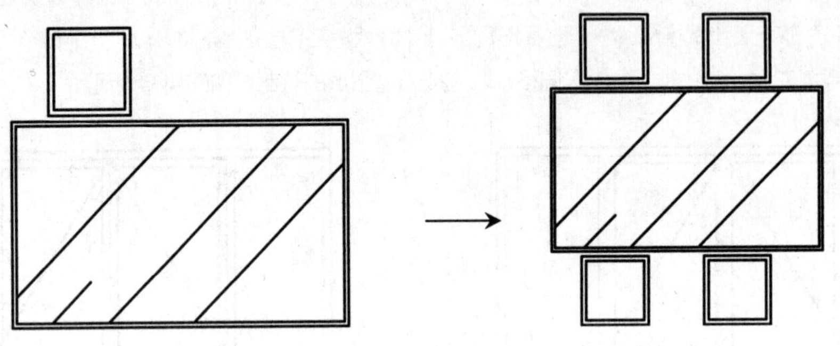

图 4-35　矩形阵列图形对象

2. 路径阵列

调用“路径阵列”路径阵列命令，可沿指定的路径均匀分布图形对象的副本。

“路径阵列”命令的调用方式有如下几种。

- 菜单栏：执行“修改”→“阵列”→“路径阵列”命令。
- 命令行：在命令行中输入 ARRAYPATH 命令并按下 Enter 键。
- 功能区：单击“修改”面板上的“路径阵列”按钮。

调用“路径阵列”路径阵列命令，命令行提示如下。

```
    命令: ARRAYPATH↙
    选择对象: 找到 1 个                                //选择图形对象
    类型 = 路径  关联 = 是
    选择路径曲线:                                      //选择样条曲线
    选择夹点以编辑阵列或 [关联(AS)/方法(M)/基点(B)/切向(T)/项目(I)/行(R)/层(L)/对齐项目
(A)/Z 方向(Z)/退出(X)] <退出>: *取消*
```

选择植物图形，按下 Enter 键；选择样条曲线为路径曲线，即可完成路径阵列操作，如图 4-36 所示。

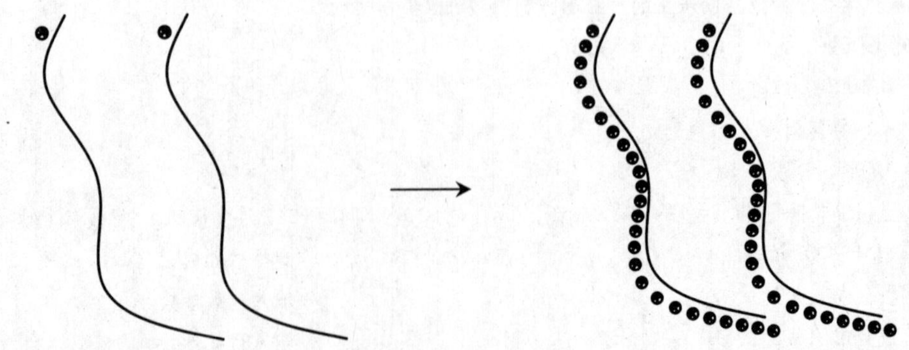

图 4-36　路径阵列图形对象

3. 环形阵列

调用“环形阵列”命令，通过指定环形阵列的中心点、阵列数目及填充角度来复制图形对象的副本。

“环形阵列”的调用方式有如下几种。

- 菜单栏：执行“修改”→“阵列”→“环形阵列”命令。
- 命令行：在命令行中输入 ARRAYPOLAR 命令并按下 Enter 键。
- 功能区：单击“修改”面板上的“环形阵列”按钮。

调用“环形阵列”，命令行提示如下。

```
命令: ARRAYPOLAR↙
选择对象: 找到 1 个                                         //选择对象
类型 = 极轴  关联 = 是
指定阵列的中心点或 [基点(B)/旋转轴(A)]:                     //指定阵列中心点
选择夹点以编辑阵列或 [关联(AS)/基点(B)/项目(I)/项目间角度(A)/填充角度(F)/行(ROW)/层(L)/旋转项目(ROT)/退出(X)] <退出>: I↙   //选择“项目(I)”选项
输入阵列中的项目数或 [表达式(E)] <6>: 4↙                    //输入项目数参数
选择夹点以编辑阵列或 [关联(AS)/基点(B)/项目(I)/项目间角度(A)/填充角度(F)/行(ROW)/层(L)/旋转项目(ROT)/退出(X)] <退出>: *取消*
```

选择小圆和短直线为阵列对象，按下 Enter 键；选择圆心点为阵列中心点，设置阵列项目数为 4，按下 Esc 键退出命令操作，如图 4-37 所示。

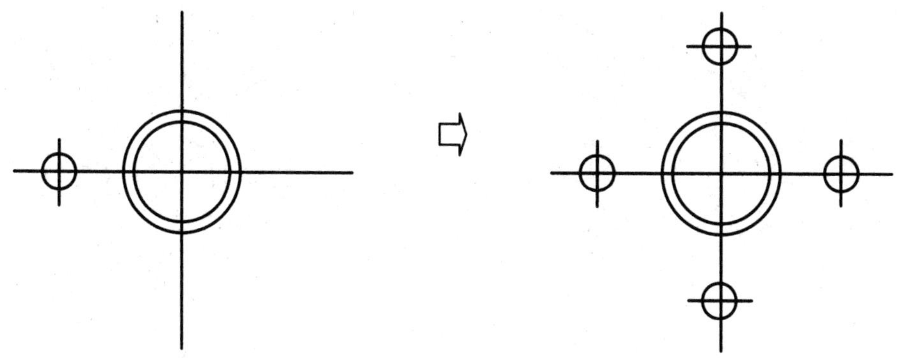

图 4-37 环形阵列图形对象

4.3.5 实战——绘制吊灯平面图

01 打开素材。执行“文件”→“打开”命令，打开本书提供的“第 4 章\4.3.3 实战——绘制吊灯.dwg”文件，如图 4-38 所示。

02 调用 O（偏移）命令，设置偏移距离为 52、21，选择圆并向内偏移，如图 4-39 所示。

03 执行 L（直线）命令，以点 A 为起点，点 B 为端点，绘制直线，如图 4-40 所示。

04 执行 MI（镜像）命令，以点 C、点 D 分别为镜像线的第一点和第二点，镜像复制直线，如图 4-41 所示。

05 执行“修改”→“阵列”→“环形阵列”命令，选择右上方的图形对象，指定圆心为阵列中心点，设定阵列项目数为 8，阵列图形对象，如图 4-42 所示。

06 执行 TR（修剪）命令，修剪圆形，完成吊灯平面图的绘制，如图 4-43 所示。

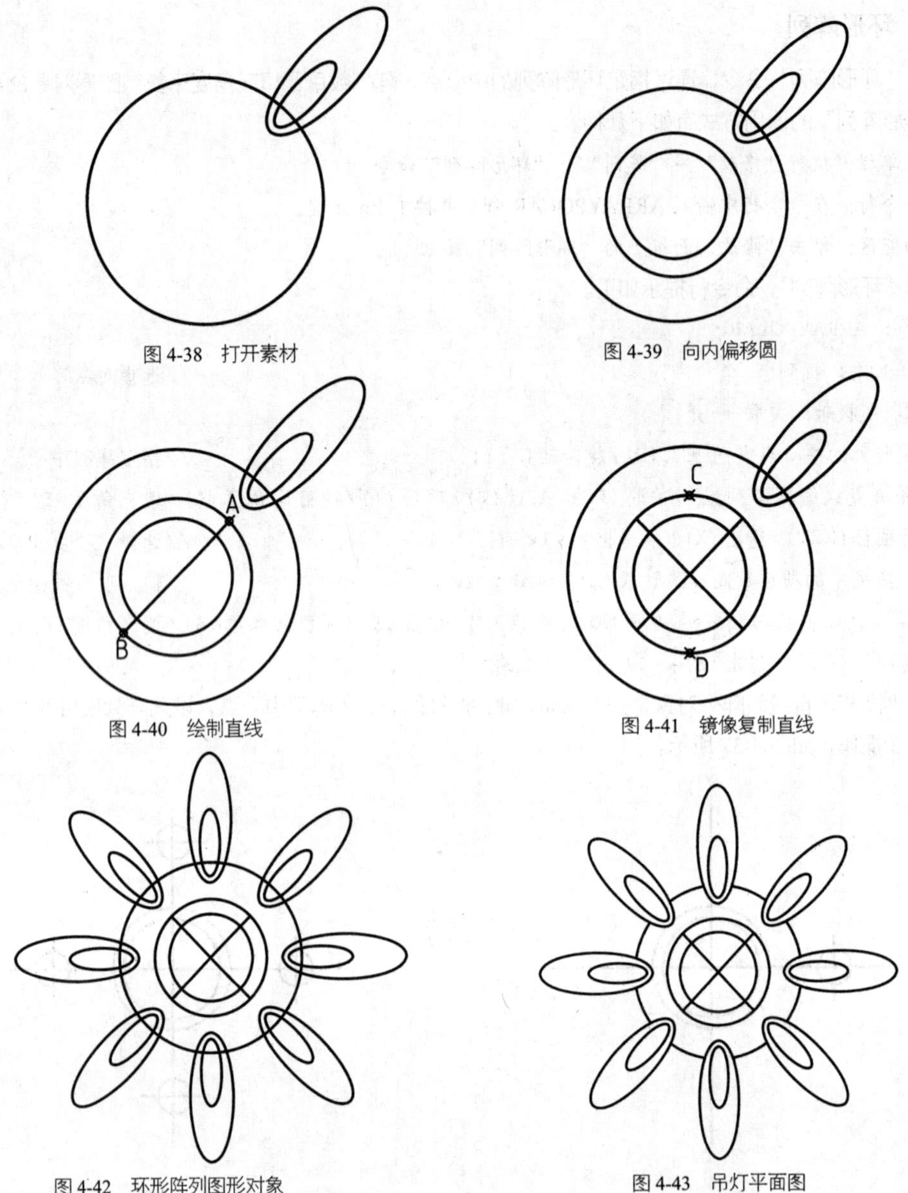

图 4-38　打开素材

图 4-39　向内偏移圆

图 4-40　绘制直线

图 4-41　镜像复制直线

图 4-42　环形阵列图形对象

图 4-43　吊灯平面图

4.4　改变图形对象的大小及位置

通过改变图形对象的大小或位置，可以调整图形对象在图纸上的显示效果，以便正确的反映设计意图。改变图形的大小及位置的命令有“移动”命令、“旋转”命令、“缩放”命令、“拉伸”命令，通过本节的学习，读者可学习到运用这些命令的方法。

4.4.1　移动图形对象

调用“移动”命令，可以按指定的位移来移动选择的图形对象。

“移动”命令的调用方式有如下几种。

- 菜单栏：执行“修改”→“移动”命令。
- 命令行：在命令行中输入 MOVE/M 命令并按下 Enter 键。
- 功能区：单击“修改”面板上的“移动”按钮。

调用“移动”命令，命令行提示如下。

```
命令：MOVE↙
选择对象：找到 4 个，总计 4 个                    //选择图形对象
指定基点或 [位移(D)] <位移>:                       //指定点 A
指定第二个点或 <使用第一个点作为位移>:              //指定点 B
```

选择图形对象后，指定点 A 为基点，移动指针，指定点 B 为第二点，即可完成移动图形对象的操作，如图 4-44 所示。

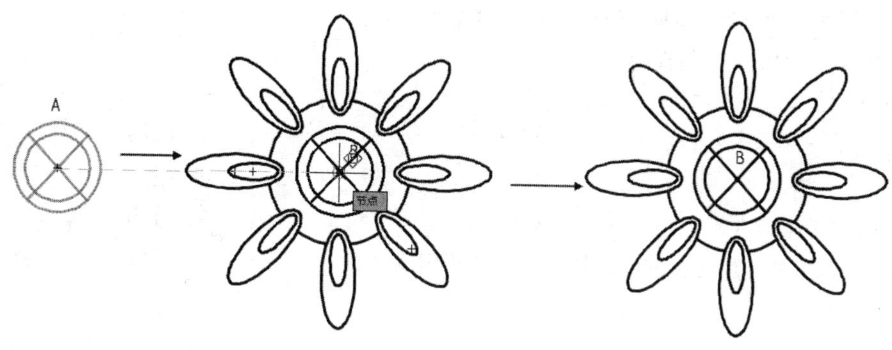

图 4-44　移动图形对象

4.4.2　旋转图形对象

调用“旋转”命令，可以将选择的图形对象围绕指定的基点旋转一定的角度。

“旋转”命令的调用方式有如下几种。

- 菜单栏：执行“修改”→“旋转”命令。
- 命令行：在命令行中输入 ROTATE /RO 命令并按下 Enter 键。
- 功能区：单击“修改”面板上的“旋转”按钮。

调用“旋转”命令，命令行提示如下。

```
命令：ROTATE↙
UCS 当前的正角方向：ANGDIR=逆时针  ANGBASE=0
选择对象：指定对角点：找到 100 个                  //选择图形对象
指定基点：                                          //指定基点
指定旋转角度，或 [复制(C)/参照(R)] <299>: 45        //输入旋转角度参数
```

选择图形对象，指定点 A 为旋转基点，设置旋转角度为 45°，按下 Enter 键，即可完成旋转操作，如图 4-45 所示。

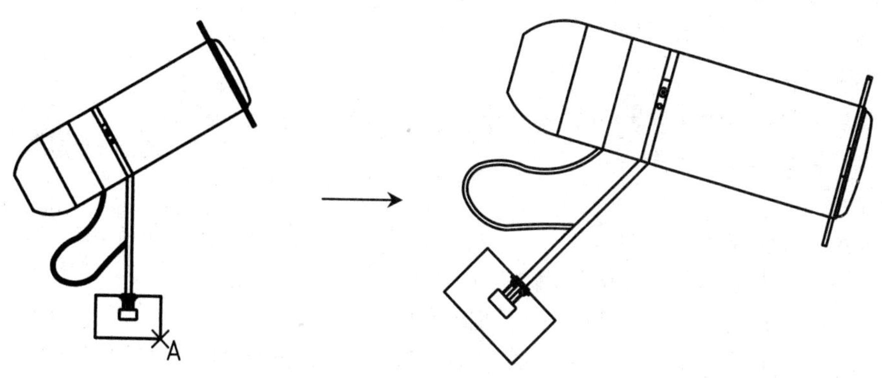

图 4-45　旋转图形对象

4.4.3 缩放图形对象

调用“缩放”命令，可以按照指定的比例因子等比例的放大或缩小图形对象。

“缩放”命令的调用方式有如下几种。

- 菜单栏：执行“修改”→“缩放”命令。
- 命令行：在命令行中输入 SCALE /SC 命令并按下 Enter 键。
- 功能区：单击“修改”面板上的“缩放”按钮。

调用“缩放”命令，命令行提示如下。

```
命令：SCALE↙
选择对象：找到 1 个                              //选择所有图形
指定基点：                                       //指定基点
指定比例因子或 [复制(C)/参照(R)]：1.5↙           //输入比例因子
```

选择图形对象，指定点 A 为缩放基点，输入比例因子为 1.5，按下 Enter 键，即可完成缩放操作，如图 4-46 所示。

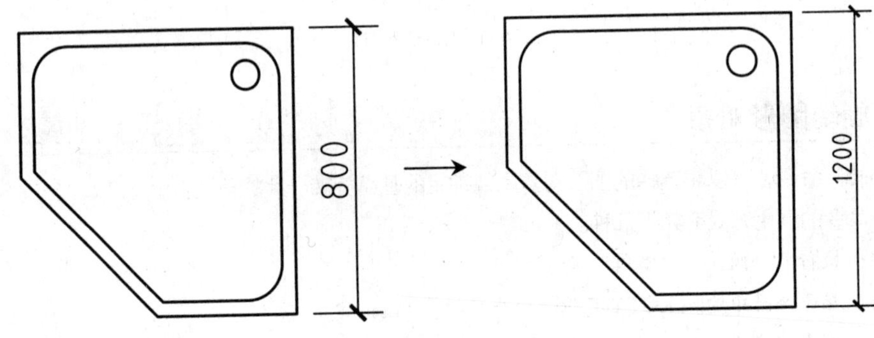

图 4-46　缩放图形对象

4.4.4 拉伸图形对象

调用“拉伸”命令，可以对选择的图形对象进行不等比例的缩放，以改变图形对象的尺寸或显示样式。

“拉伸”命令的调用方式有如下几种。

- 菜单栏：执行“修改”→“拉伸”命令。
- 命令行：在命令行中输入 STRETCH /S 命令并按下 Enter 键。
- 功能区：单击“修改”面板上的“拉伸”按钮。

调用“拉伸”命令，命令行提示如下。

```
命令：STRETCH↙
以交叉窗口或交叉多边形选择要拉伸的对象...
选择对象：指定对角点：找到 3 个                        //选择图形对象
选择对象：
指定基点或 [位移(D)] <位移>：                          //指定基点
指定第二个点或 <使用第一个点作为位移>：1000↙           //输入拉伸距离参数
```

按住鼠标左键，在原图形上从右下角至左上角拖出选框，选择立面窗的上半部分；按下 Enter 键；指定左下角点为基点，向上移动指针，输入拉伸距离，按下 Enter 键，即可完成拉伸操作，如图 4-47 所示。

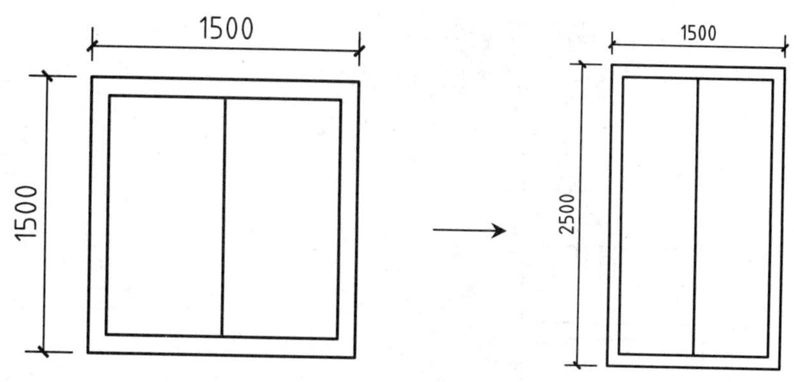

图 4-47　拉伸图形对象

4.4.5　实战——编辑电话机图形

01 打开素材。执行“文件”→“打开”命令，打开本书提供的“3.4.5　实战——编辑电话机图形.dwg”文件，如图 4-48 所示。

02 执行 SC（缩放）命令，设置缩放因子为 0.65，对话机执行缩放操作，如图 4-49 所示。

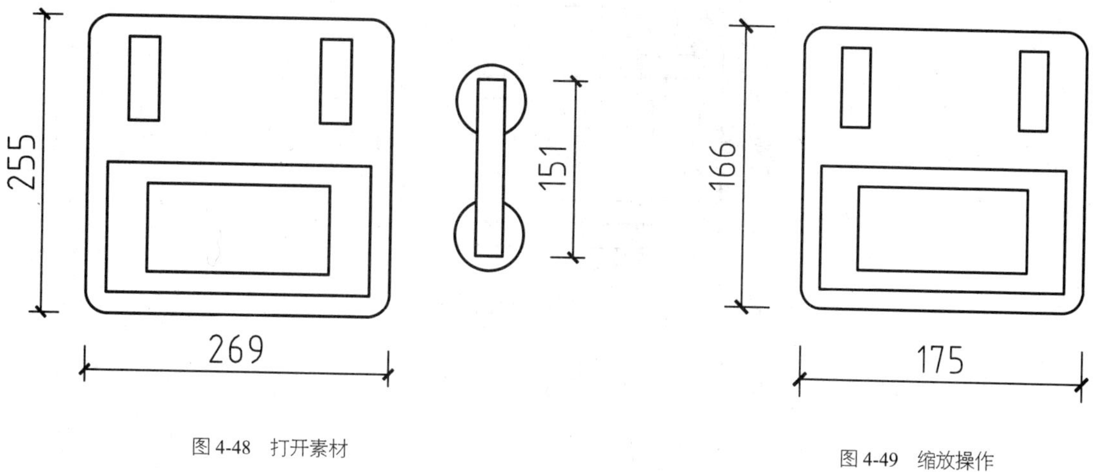

图 4-48　打开素材

图 4-49　缩放操作

03 执行 S（拉伸）命令，设置拉伸距离为 100，对话筒执行拉伸操作，如图 4-50 所示。

04 执行 RO（旋转）命令，设置旋转角度为 90°，对话筒执行旋转操作，如图 4-51 所示。

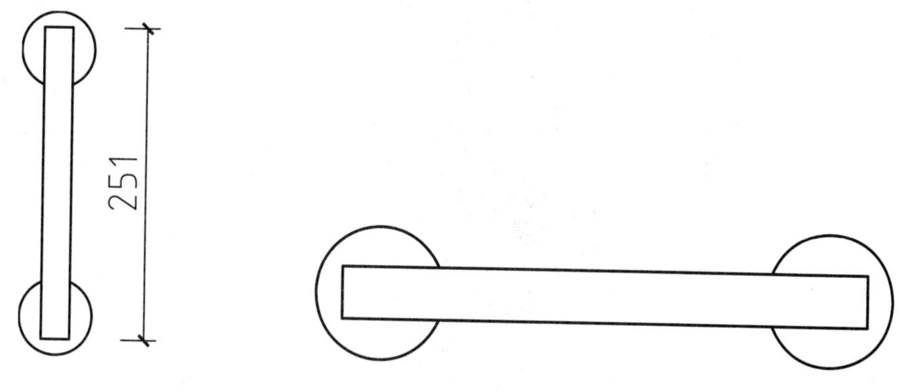

图 4-50　拉伸操作

图 4-51　旋转操作

05 执行 O（偏移）命令，设置偏移距离为 90、24，选择话机轮廓线向内偏移，如图 4-52 所示。

06 执行 M（移动）命令，选择话筒图形并将其移动至话机图形上，并使话筒上的点 A 与辅助线的交点重合，如图 4-53 所示。

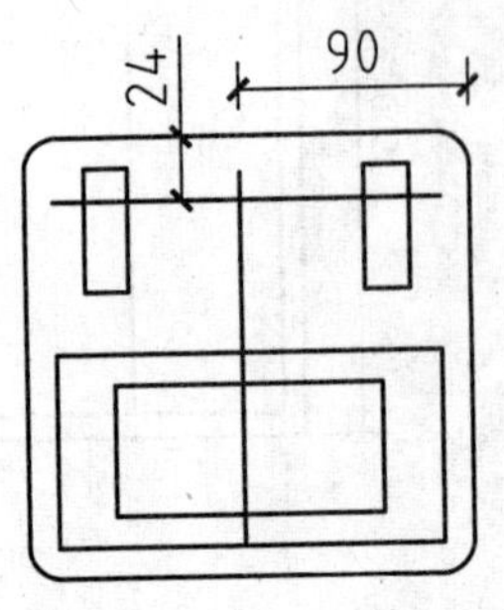

图 4-52　向内偏移轮廓线

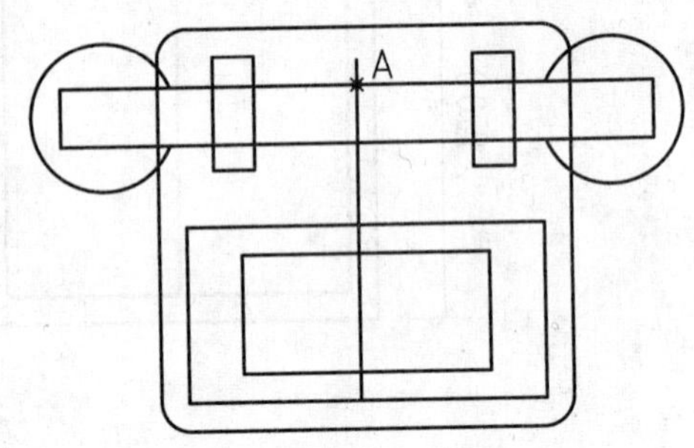

图 4-53　移动图形

07 执行 TR（修剪）命令，修剪线段，完成编辑电话机图形的操作，如图 4-54 所示。

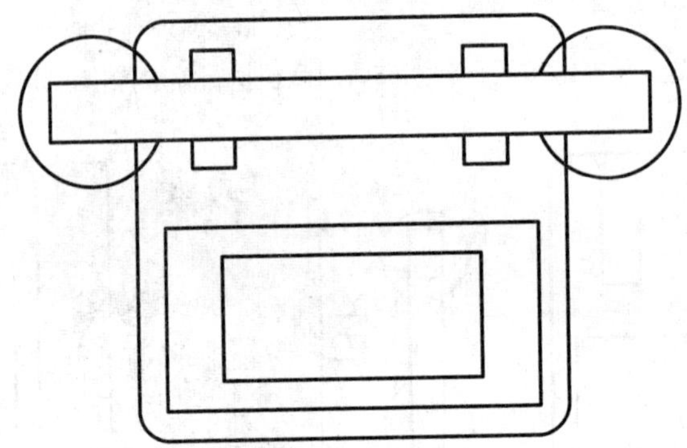

图 4-54　编辑电话机图形

第2篇　居住建筑篇

第5章　别墅建筑施工图的绘制

本章导读

别墅是较为常见的居住建筑之一，有其自身的设计特点，与一般的居家住宅有明显的区别，其设计范围涵盖室内及室外。

本章介绍独栋别墅建筑施工图的绘制，从中可以发现其与常规住宅楼建筑设计的区别，即虽然面积较小，但是各类功能一应俱全。

本章重点

- 了解别墅的类型和分类
- 熟悉别墅建筑施工图的特点
- 掌握别墅平面图的绘制方法和技巧
- 掌握别墅立面图的绘制方法和技巧
- 掌握别墅剖面图的绘制方法和技巧
- 掌握别墅详图的绘制方法和技巧

5.1 别墅概述

在绘制别墅建筑施工图前，应首先了解别墅的一些要点，以便在绘图的过程中随时运用。

5.1.1 别墅简介

别墅，又称别业，指在郊区或风景区建造的供休养用的园林住宅；是居宅之外用来享受生活的居所，即第二居所。

现在人们的普遍认识是，除却“居住”这个住宅的基本功能之外，别墅更是主要体现生活品质及享用特点的高级住所。

5.1.2 别墅的分类

独栋别墅：指独门独院，私密性极强的单体别墅，属于别墅历史最悠久的一种，也是别墅建筑的终极形式。

联排别墅：有独立的院子和车库，由三个或三个以上的单元住宅组成，一排二至四层联结在一起，每几个单元共用外墙，有统一的平面设计和独立的门户，如图 5-1 所示.它是大多数经济型别墅采取的形式之一。

图 5-1 联排别墅

双拼别墅：该类别墅是联排别墅与独栋别墅之间的中间产品，指由两个单元的别墅拼联组成的单栋别墅，如图 5-2 所示。与联排别墅、独栋别墅相比，除了有独立的院落外，最关键是降低了社区的密度，增加了住宅的采光面，使其拥有更宽阔的室外空间。

叠加式别墅：该别墅类型是联排别墅叠拼式的一种延伸，类似于复式户型的一种改良。叠加式别墅介于别墅与公寓之间，是由多层的别墅式复式住宅上下叠加在一起组合而成，如图 5-3 所示。一般四至七层，由每单元二至三层的别墅户型上下叠加而成，这种开间与联排别墅相比，独立面造型可丰富一些，同时一定程度上克服了联排别墅窄进深的缺点。

图 5-2 双拼别墅

图 5-3 叠加式别墅

5.2　绘制别墅一层平面图

绘制别墅一层平面图的步骤为：首先设置绘图环境，然后绘制轴线、墙体；其次绘制各类建筑构件，包括门窗、楼梯等，最后绘制各类图形标注，即尺寸标注、文字标注等。

5.2.1　设置绘图环境

由于新建的 AutoCAD 空白文件继承的是系统默认的各项属性，并不符合绘制不同图纸的要求，因此在绘制图纸之前，应首先设置绘图环境。

01 启动 AutoCAD 2020 应用程序，新建一个空白文件。

02 别墅一层平面图主要由轴线、门窗、墙体、楼梯、设施、文本标注、尺寸标注等元素组成，因此绘制平面图形时，应建立如表 5-1 所示的图层。

表 5-1　图层设置

序号	图层名	描述内容	线宽	线型	颜色	打印属性
1	轴线	定位轴线	默认	中心线(CENTER)	红色	不打印
2	轴号标注	轴线的编号	默认	实线(CONTINUOUS)	绿色	打印
3	节点	节点位置	默认	实线(CONTINUOUS)	114 色	打印
4	详图	部分内容的详图	默认	实线(CONTINUOUS)	33 色	打印
5	剖面	平面的剖面图	默认	实线(CONTINUOUS)	142 色	打印
6	填充	填充	默认	实线(CONTINUOUS)	8 色	打印
7	屋面	屋面	默认	实线(CONTINUOUS)	133 色	打印
8	文字标注	文字、图名、比例	默认	实线(CONTINUOUS)	绿色	打印
9	台阶	台阶	默认	实线(CONTINUOUS)	30 色	打印
10	散水	散水	默认	实线(CONTINUOUS)	11 色	打印
11	墙体	墙体	默认	实线(CONTINUOUS)	洋红色	打印
12	坡道	坡道	默认	实线(CONTINUOUS)	30 色	打印
13	门窗	门窗	默认	实线(CONTINUOUS)	青色	打印
14	楼梯	楼梯间	默认	实线(CONTINUOUS)	黄色	打印
15	立面	平面的立面图	默认	实线(CONTINUOUS)	133 色	打印
16	洁具	洁具	默认	实线(CONTINUOUS)	72 色	打印
17	建筑符号	建筑符号	默认	实线(CONTINUOUS)	52 色	打印
18	厨具	厨具	默认	实线(CONTINUOUS)	123 色	打印
19	尺寸标注	尺寸标注	默认	实线(CONTINUOUS)	绿色	打印
20	标准柱	墙柱	默认	实线(CONTINUOUS)	蓝色	打印
21	标高标注	标高标注	默认	实线(CONTINUOUS)	133 色	打印

03 创建图层。执行 LA（图层特性管理器）命令，在弹出“图层特性管理器”对话框中，根据表 4-1 中的参数来创建图层，如图 5-4 所示。

04 设置绘图单位。执行“格式”→“单位”命令，在弹出的“图形单位”对话框中设置绘图单位为“毫米”，“类型”为“小数”，“精度”为 0.000，如图 5-5 所示。

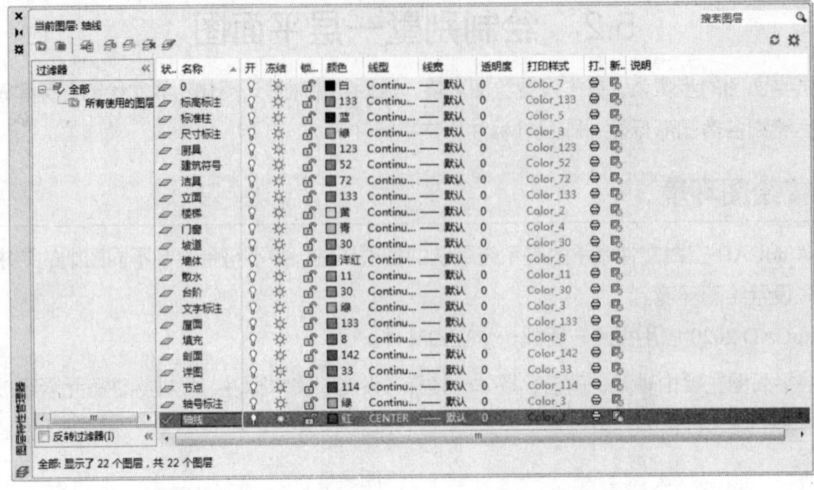

图 5-4　创建图层

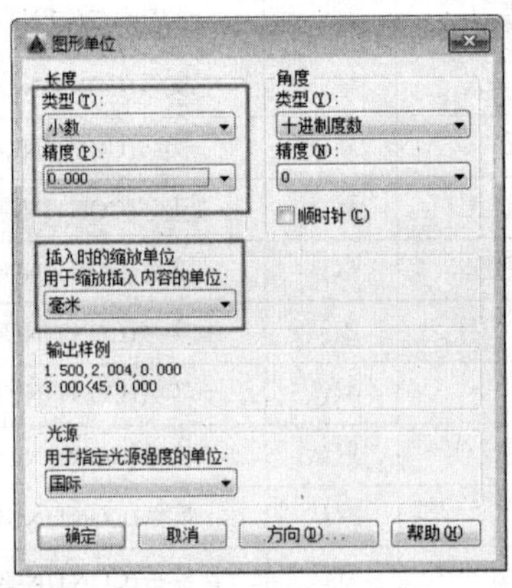

图 5-5　设置绘图单位

5.2.2　设置文字、标注和多重引线

01 创建文字样式。执行 ST（文字样式）命令，在弹出的“文字样式”对话框中创建名称为“建筑文字标注”的样式，设置“SHX 字体”为 gbenor.shx，“大字体”为 gbcbig.shx，如图 5-6 所示。

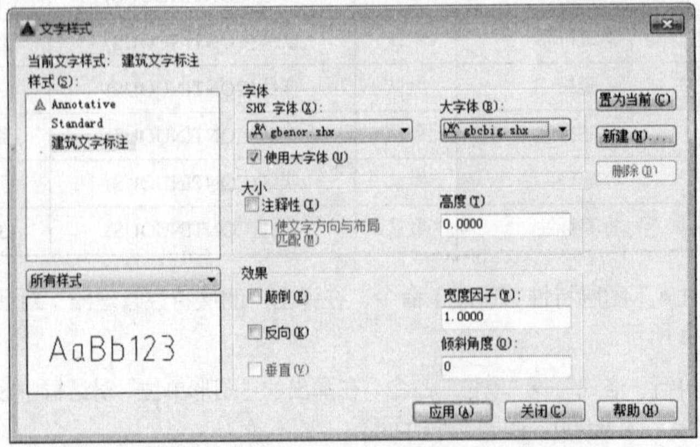

图 5-6　创建“建筑文字标注”

02 创建文字样式。在“文字样式”对话框中创建名称为“轴号标注”的样式，并设置相应的字体和大小，如图 5-7 所示。

03 创建标注样式。执行 D（标注样式）命令，在弹出的“标注样式管理器”对话框中新建名称为“建筑尺寸标注”的尺寸样式，如图 5-8 所示。

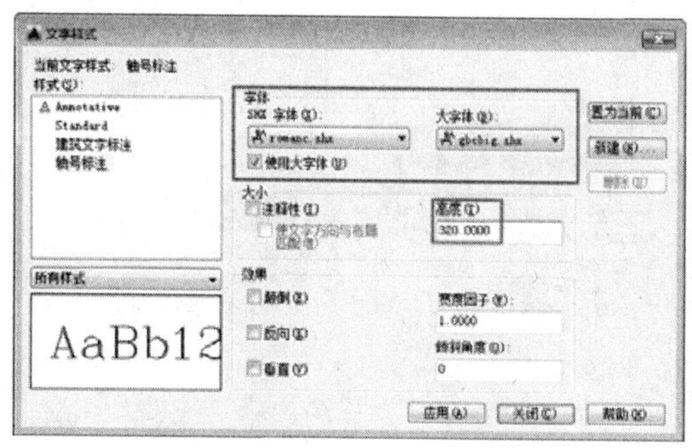

图 5-7　“创建“轴号标注”文字样式

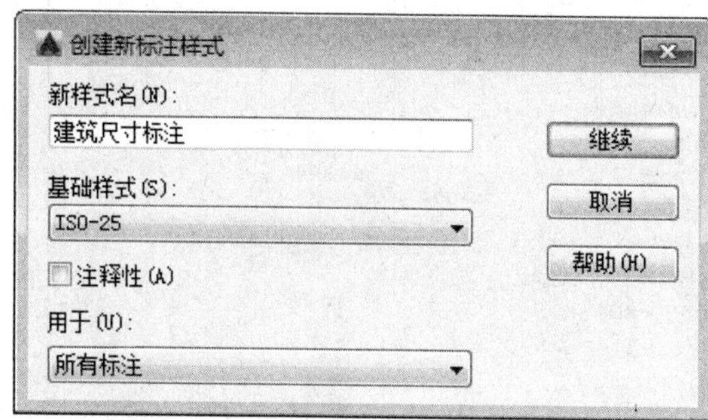

图 5-8　创建新标注样式

04 在“创建新标注样式”对话框中单击“继续”按钮，在稍后弹出的对话框中选择“线”选项卡，在其中设置尺寸线、尺寸界线的参数，如图 5-9 所示。

05 选择“符号和箭头”选项卡，在其中设置箭头样式及箭头大小，如图 5-10 所示。

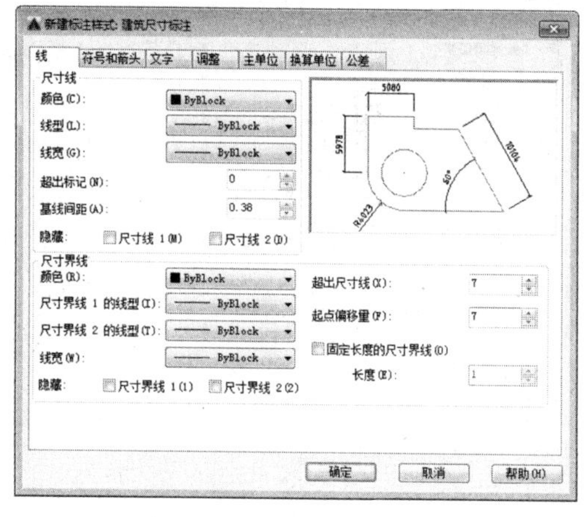

图 5-9　设置“线”参数

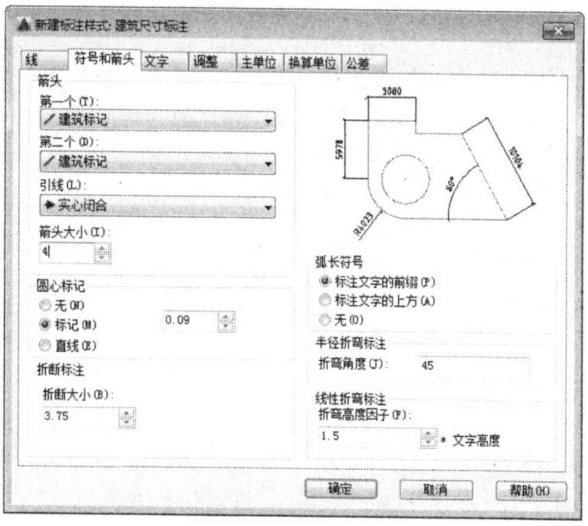

图 5-10　设置“符号和箭头”样式

06 选择“文字”选项卡，设置“文字样式”为“建筑文字标注”样式，设置“文字高度”为 9，“从尺寸线偏移”参数为 3，如图 5-11 所示。

07 选择“主单位”选项卡，设置“单位格式”为小数，“精度”为 0；选择“调整”选项卡，修改“使用全局比例”为 100，如图 5-12 所示。

08 单击“确定”按钮，关闭对话框返回“标注样式管理器”对话框，将“建筑尺寸标注”样式置为当前正在使用的尺寸标注样式，单击“关闭”按钮，关闭对话框即可完成标注样式的创建。

09 创建多重引线样式。执行“格式”→“多重引线样式”命令，在弹出的“多重引线样式管理器”对话框中新建名称为“箭头引注”的引线样式。

10 在“创建新多重引线样式”对话框中单击“继续”按钮，在稍后弹出的对话框中选择“引线格式”选项卡，设置“符号”样式为“实心闭合”，“大小”为 120，如图 5-13 所示。

11 选择“内容”选项卡，设置“文字样式”为“建筑文字标注”，修改“文字高度”为 300，然后再设置

"引线连接" 的样式，如图 5-14 所示。

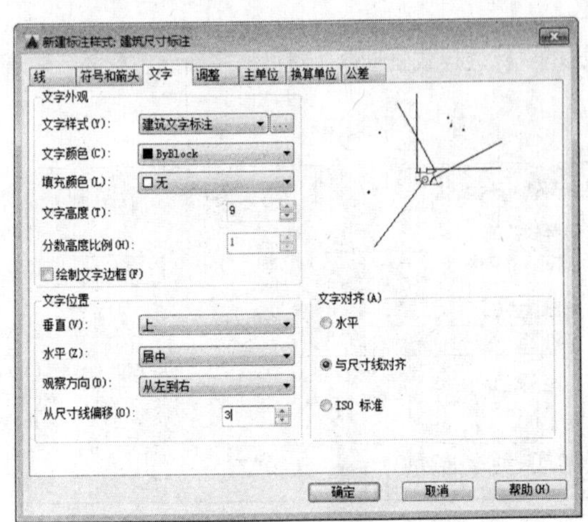

图 5-11　设置 "文字" 样式

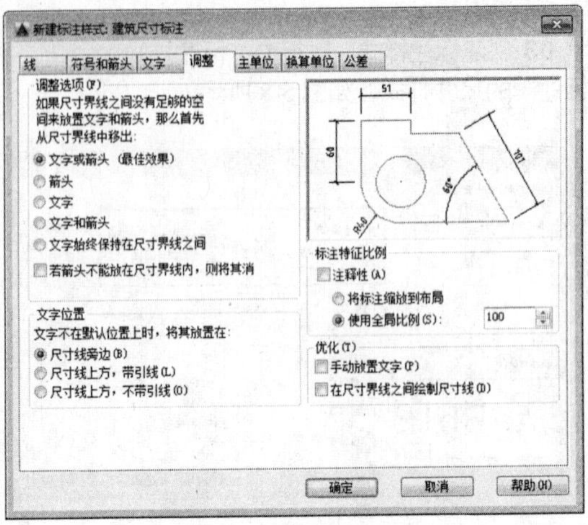

图 5-12　设置 "调整" 样式

12 单击 "确定" 按钮，返回 "多重引线样式管理器" 对话框，将 "箭头引注" 样式置为当前正在使用的样式，单击 "关闭" 按钮，即可完成创建多重引线样式的操作。

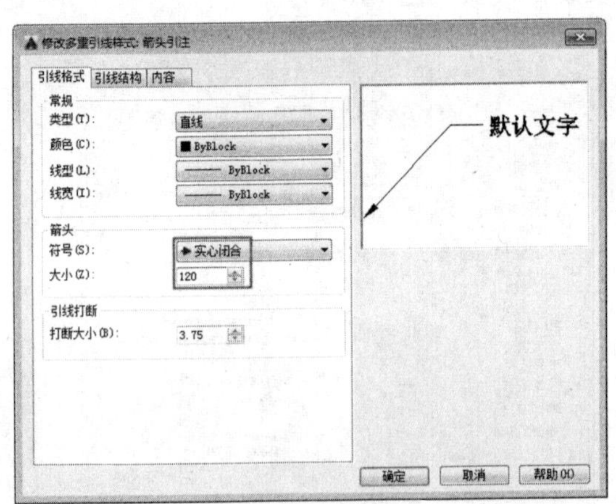

图 5-13　设置 "引线格式" 参数

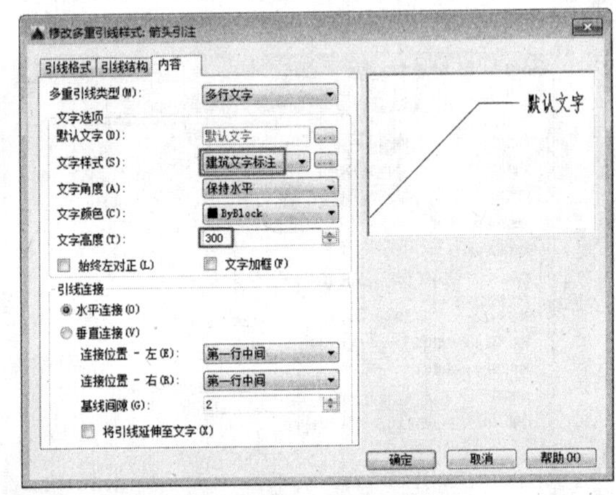

图 5-14　设置 "内容" 参数

5.2.3　绘制标高图块

标高用于表示顶面造型及地面装修完成面的高度，本节将介绍绘制标高图块的操作方法。

01 绘制标高图块。打开 "极轴追踪"，将 "增量角" 设置为 45°。

02 执行 L（直线）命令，通过 "对象捕捉" 和 "45° 极轴追踪" 功能，绘制标高图形轮廓线，如图 5-15 所示。

03 执行 "绘图" → "块" → "定义属性" 命令，在弹出的 "属性定义" 对话框中设置参数，如图 5-16 所示。

04 单击 "确定" 按钮，将属性文字置于标高图块之上，如图 5-17 所示。

05 执行 B（创建块）命令，选择标高图形及属性文字，在 "块定义" 对话框中设置图块的名称为 "标高"。

06 执行创建块操作后，双击图块，弹出如图 5-18 所示的 "增强属性编辑器" 对话框，在其中可更改标高值。

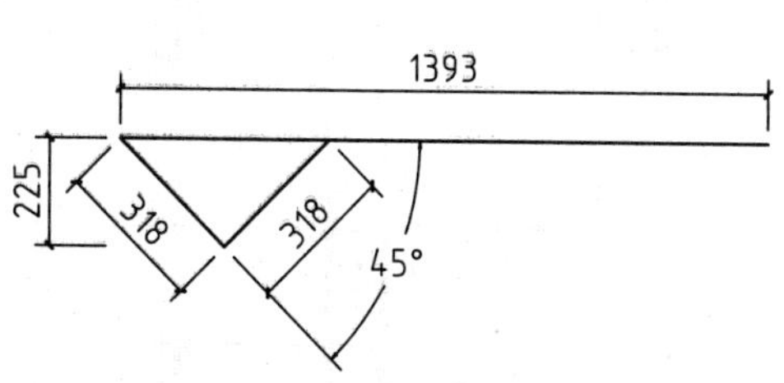

图 5-15　绘制标高图形轮廓线

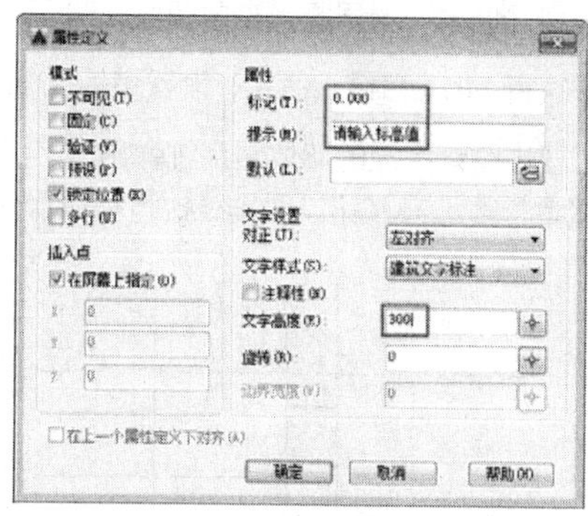

图 5-16　设置“属性定义”对话框

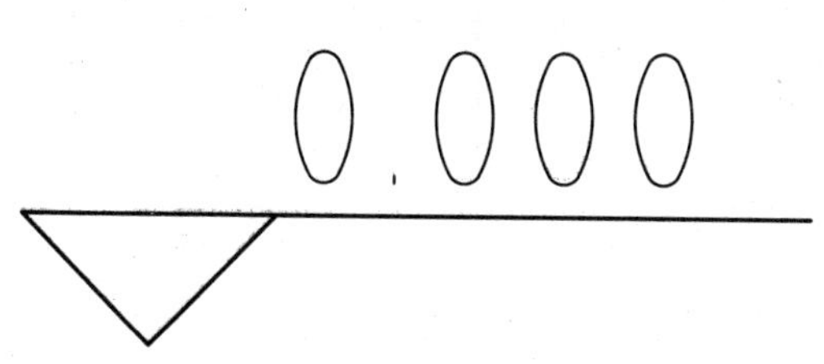

图 5-17　绘制属性文字

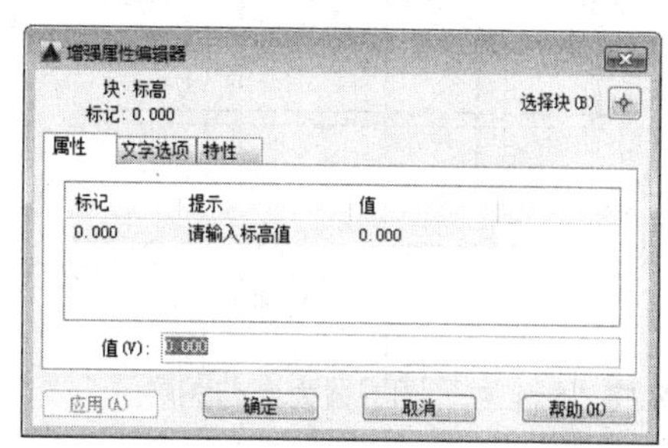

图 5-18　“增强属性编辑器”对话框

5.2.4　绘制轴线、墙柱

轴线为绘制墙柱等建筑构件图形提供参照作用，因此在绘制建筑平面图之前，应首先绘制轴网，轴网由水平轴线及垂直轴线组成。

使用“多线”命令，可以轻松绘制指定宽度的墙体。

01 将“轴线”图层置为当前图层。

02 执行 L（直线）命令，绘制水平轴线及垂直轴线，如图 5-19 所示。

03 执行 O（偏移）命令，按图 5-20 所示的参数距离偏移轴线。

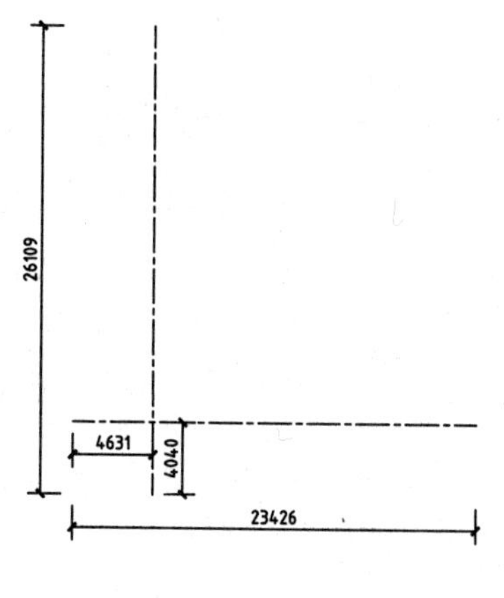

图 5-19　绘制轴线

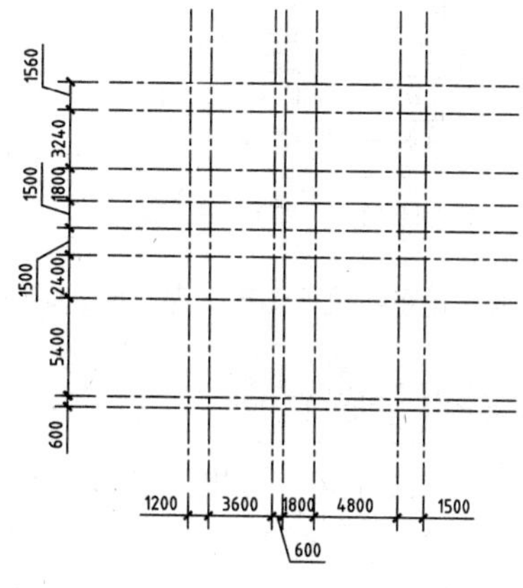

图 5-20　偏移轴线

04 执行 TR（修剪）命令，修剪轴线，完成轴网的绘制，如图 5-21 所示。

05 将“墙体”图层置为当前图层。

06 执行 ML（多线）命令，设置多线比例为 240，“对正方式”为“无”，以轴线的交点为起点，绘制墙体。

07 双击绘制完成的墙体，系统弹出“多线编辑工具”对话框，在其中分别单击“十字打开”“T 形打开”“角点接合”等工具按钮，对轴线执行编辑操作，如图 5-22 所示。

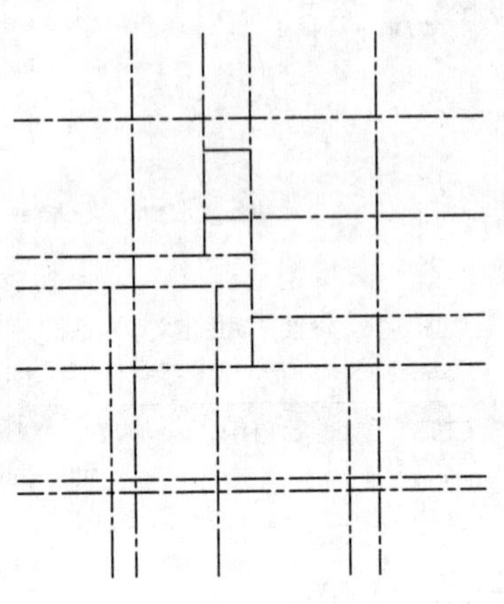

图 5-21　修剪轴线

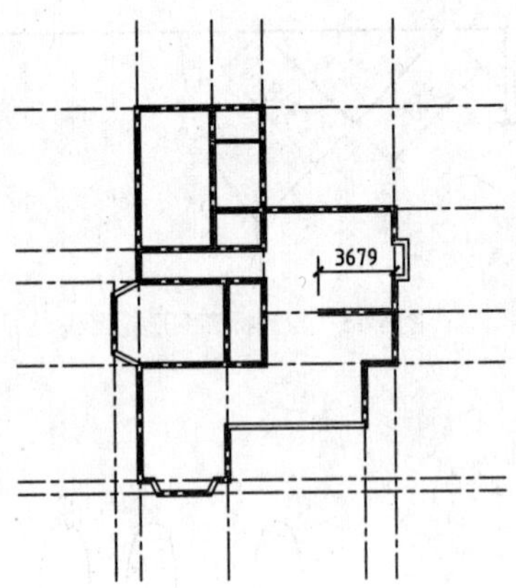

图 5-22　绘制墙体

08 将“标准柱”图层置为当前图层。

09 执行 REC（矩形）命令、L（直线）命令，绘制标准柱轮廓线，如图 5-23 所示。

10 执行 H（图案填充）命令，在弹出的“图案填充和渐变色”对话框中选择 SOLID 图案，如图 5-24 所示。

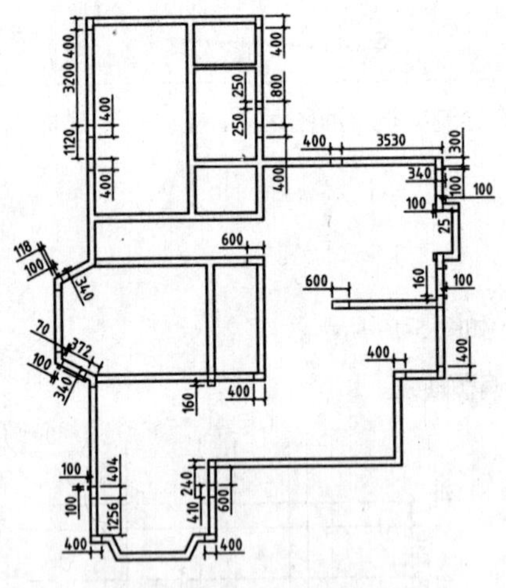

图 5-23　绘制标准柱轮廓线

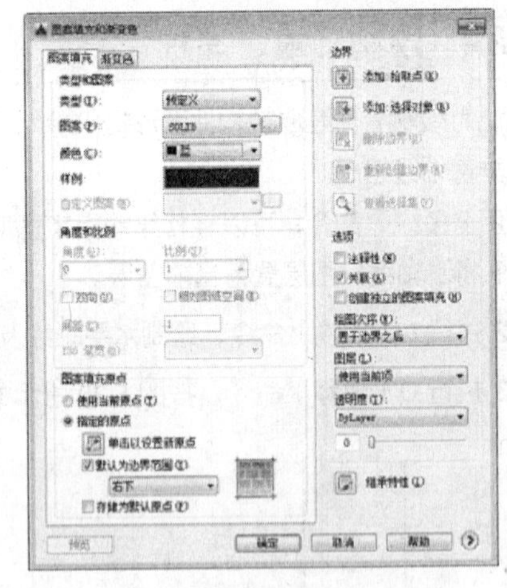

图 5-24　设置“图案填充”参数

11 对标准柱轮廓线执行图案填充操作，如图 5-25 所示。

5.2.5　绘制门窗

在需要重复绘制尺寸相同的门图形的情况下，可将门图形创建成图块；然后通过调用“插入”命令，插入与源图形尺寸一致的门图块。窗图形可通过执行“直线”命令、“偏移”等命令来绘制。

01 将“门窗”图层置为当前图层。

02 绘制门窗洞口。执行 L（直线）命令、O（偏移）命令，绘制门窗洞口线；执行 TR（修剪）命令，修剪洞口之间的墙线，如图 5-26 所示。

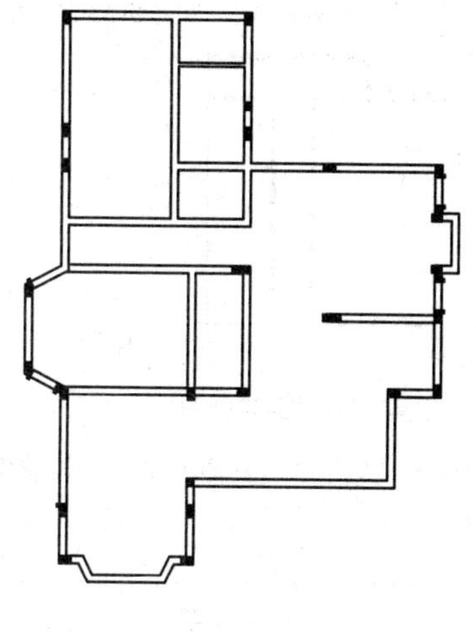

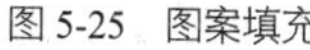

图 5-25　图案填充

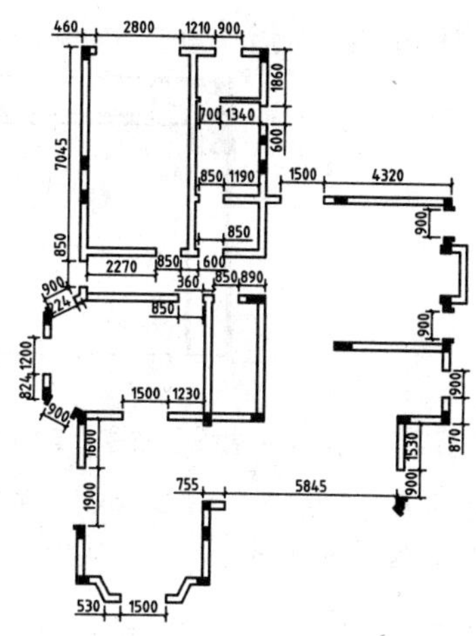

图 5-26　绘制门窗洞口

03 创建平开门图块。执行 REC（矩形）命令，绘制尺寸为 1000×40 的矩形；执行 A（圆弧）命令，绘制圆弧，如图 5-27 所示。

04 选择平开门图形，执行 B（创建块）命令，在弹出的“块定义”对话框中单击“拾取点”按钮；在绘图区中单击拾取图形的左下角点；按下 Enter 键返回对话框。在“名称”文本框中设置图块名称，如图 5-28 所示。单击“确定”按钮，关闭对话框即可完成图块的创建。

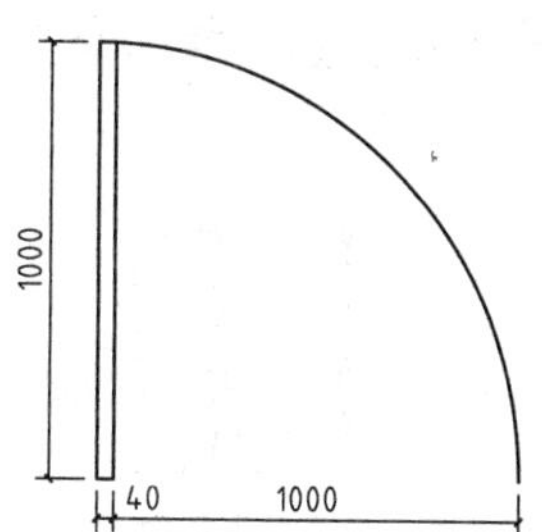

图 5-27　绘制平开门图形

图 5-28　创建图块

05 执行 I（插入）命令，在弹出的“块”选项板中设置 X 方向上的比例因子为 0.85；在绘图区中选择门洞线的中点，插入图块，如图 5-29 所示。

06 在“块”选项板中更改 X 文本框中的数值为 0.75，插入图块后执行 MI（镜像）命令，镜像复制门图形以完成双扇平开门的绘制，如图 5-30 所示。

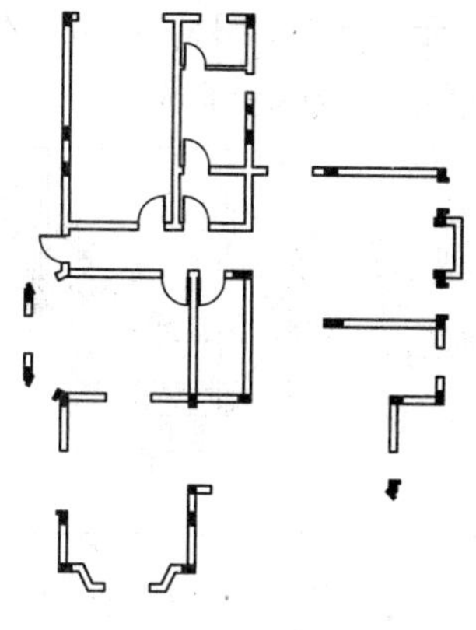

图 5-29　插入图块

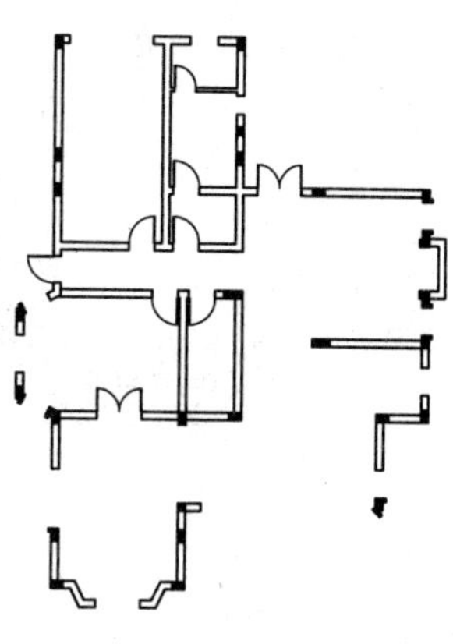

图 5-30　绘制双扇平开门

07 绘制卷帘门。执行 L（直线）命令、O（偏移）命令，绘制并偏移直线，如图 5-31 所示。

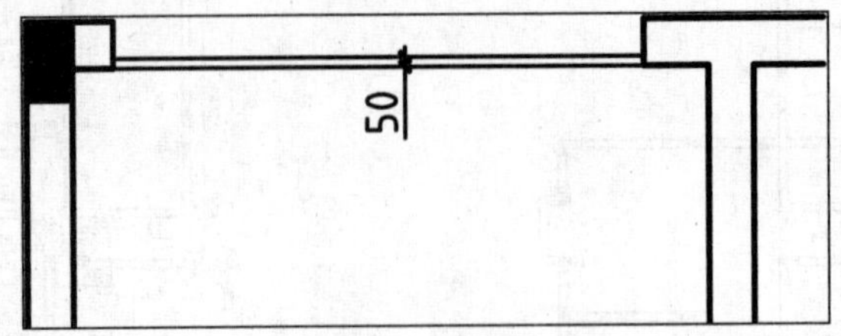

图 5-31　绘制卷帘门

08 绘制窗套。执行 L（直线）命令、TR（修剪）命令，绘制窗套，如图 5-32 所示。

09 绘制平开窗。执行（直线）命令，在洞口间绘制连接直线；执行 O（偏移）命令，设置偏移距离为 80，向上偏移直线，如图 5-33 所示。

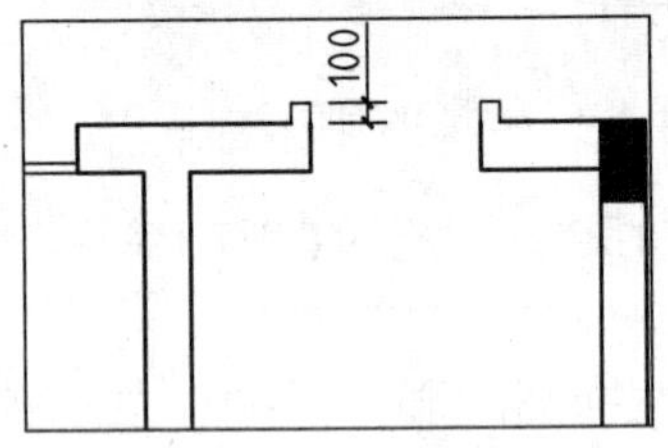

图 5-32　绘制窗套

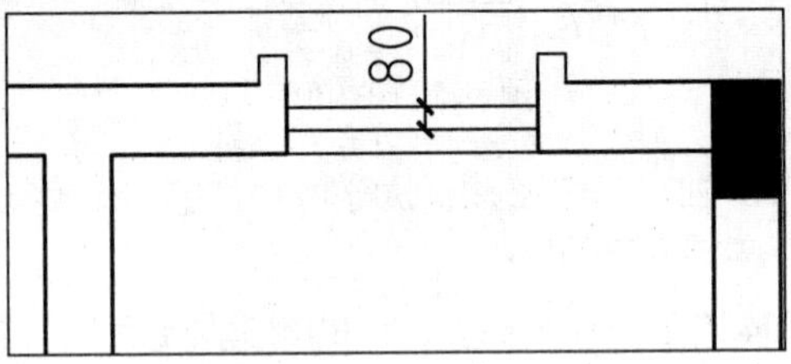

图 5-33　绘制平开窗

10 绘制窗台板。执行 O（偏移）命令、F（圆角）命令，绘制窗台板轮廓线，如图 5-34 所示。

11 重复操作，完成窗及装饰套的绘制，如图 5-35 所示。

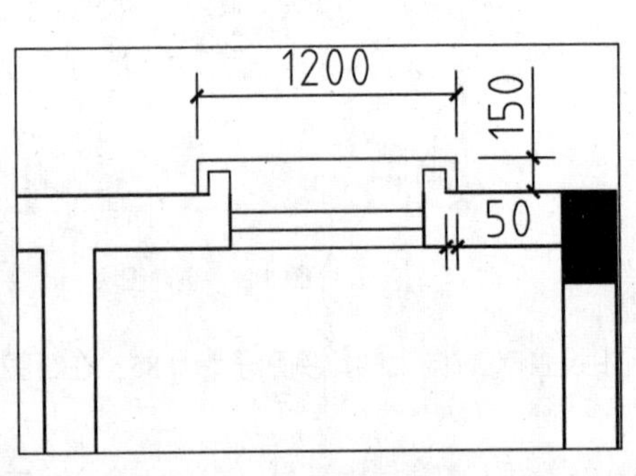

图 5-34　绘制窗台板轮廓线

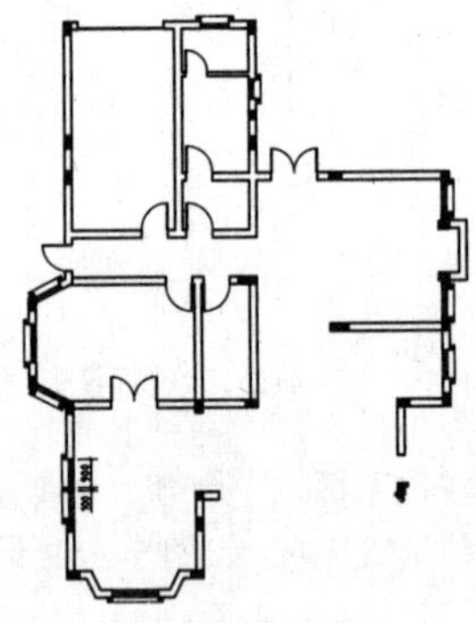

图 5-35　绘制结果

12 执行 ML（多线）命令，修改"比例"为 240、"对正"为"无"，绘制如图 5-36 所示的线段。

13 按照上述所介绍的方式，绘制承重墙以及平开窗、装饰套图形，如图 5-37 所示。

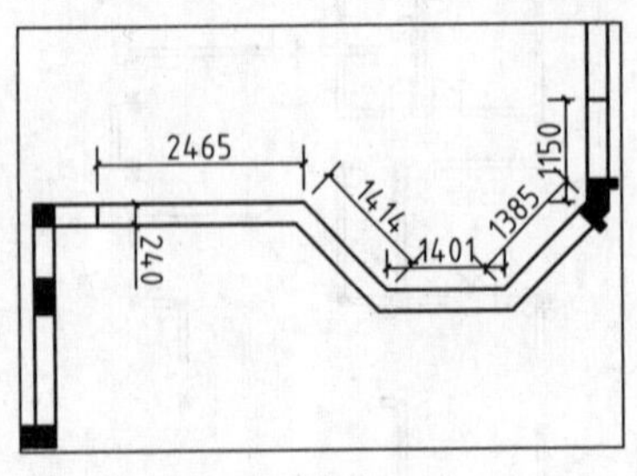

图 5-36　绘制线段

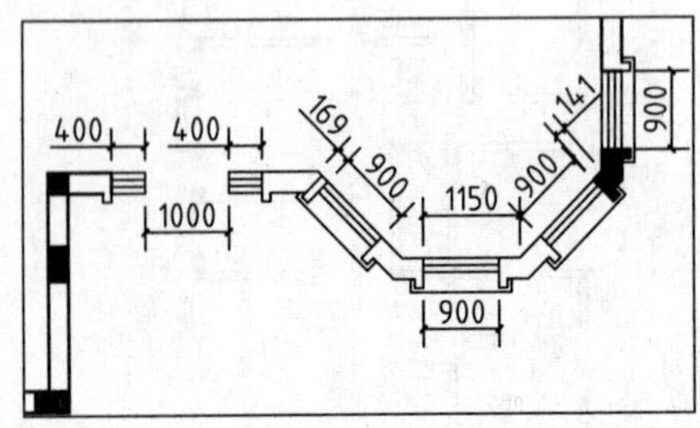

图 5-37　绘制图形

14 执行 I（插入）命令，插入宽度为 1000 的平开门图块，如图 5-38 所示。

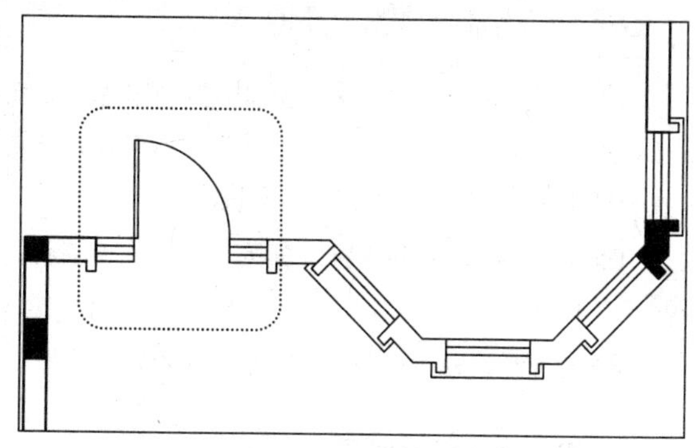

图 5-38　插入平开门图块

5.2.6　绘制栏杆、出水管

别墅室外抬高了地面，制作了门廊，因此应该安装栏杆以进行围护。出水管用来排除门廊的积水，可使用“多线”命令进行绘制。

01 绘制扶手。执行 PL（多段线）命令，绘制扶手轮廓线线；执行 O（偏移）命令，选择轮廓线进行偏移，如图 5-39 所示。

02 绘制栏杆柱。执行 REC（矩形）命令，绘制尺寸为 370×370 的矩形；执行 O（偏移）命令，设置偏移距离为 30，选择矩形向内偏移。

03 执行 C（圆）命令，在矩形内绘制半径为 100 的圆；执行 O（偏移）命令，设置偏移距离为 15，选择矩形向内偏移，如图 5-40 所示。

04 选择绘制完成的矩形及圆形组合，执行 M（移动）命令，将其移动至扶手图形上；执行 CO（复制）命令，移动复制组合图形。

05 执行 TR（修剪）命令，修剪组合图形内的扶手轮廓线，完成栏杆的绘制，如图 5-41 所示。

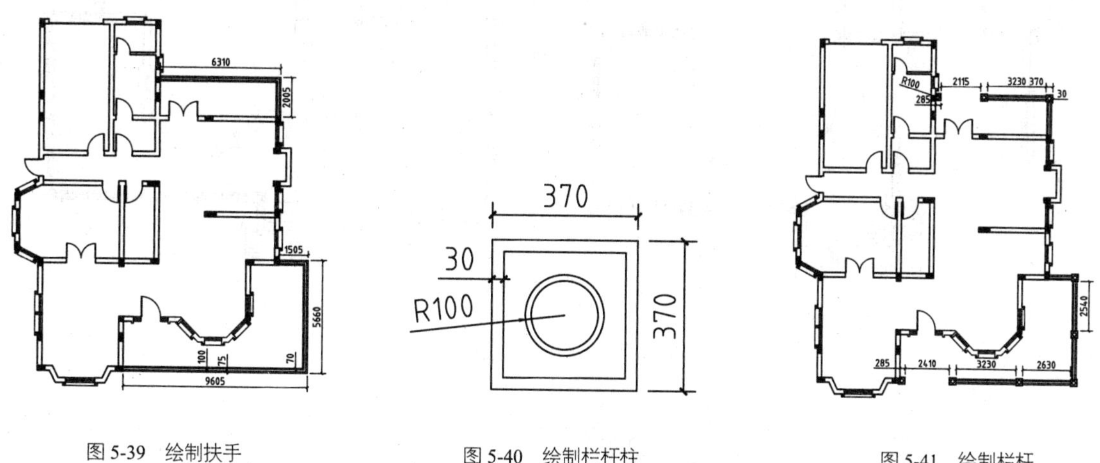

图 5-39　绘制扶手　　图 5-40　绘制栏杆柱　　图 5-41　绘制栏杆

06 绘制出水管。执行 ML（多线）命令，设置多线比例为 50，绘制多线以表示出水管，如图 5-42 所示。

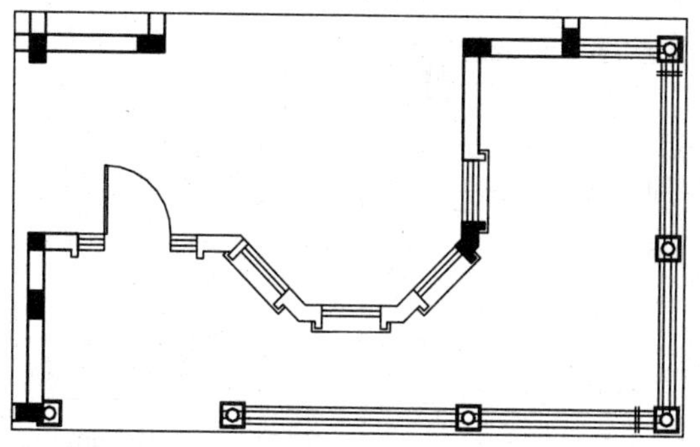

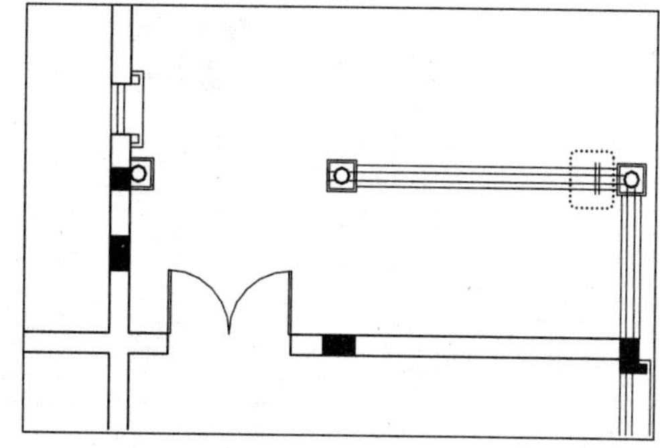

图 5-42　绘制出水管

5.2.7 绘制台阶、坡道

室内与室外形成了高度差，所以需要制作台阶及坡道来连接室内外的空间。坡道设置在车库门口，为车辆的进出提供便利，台阶设置在前门、后门的入口处，方便人们进出。

01 将“台阶”图层置为当前图层。

02 绘制台阶。执行 REC（矩形）命令，绘制尺寸为 250×940 的矩形；执行 TR（修剪）命令，修剪线段，如图 5-43 所示。

03 绘制踏步。执行 L（直线）、O（偏移）命令，绘制并偏移直线，如图 5-44 所示。

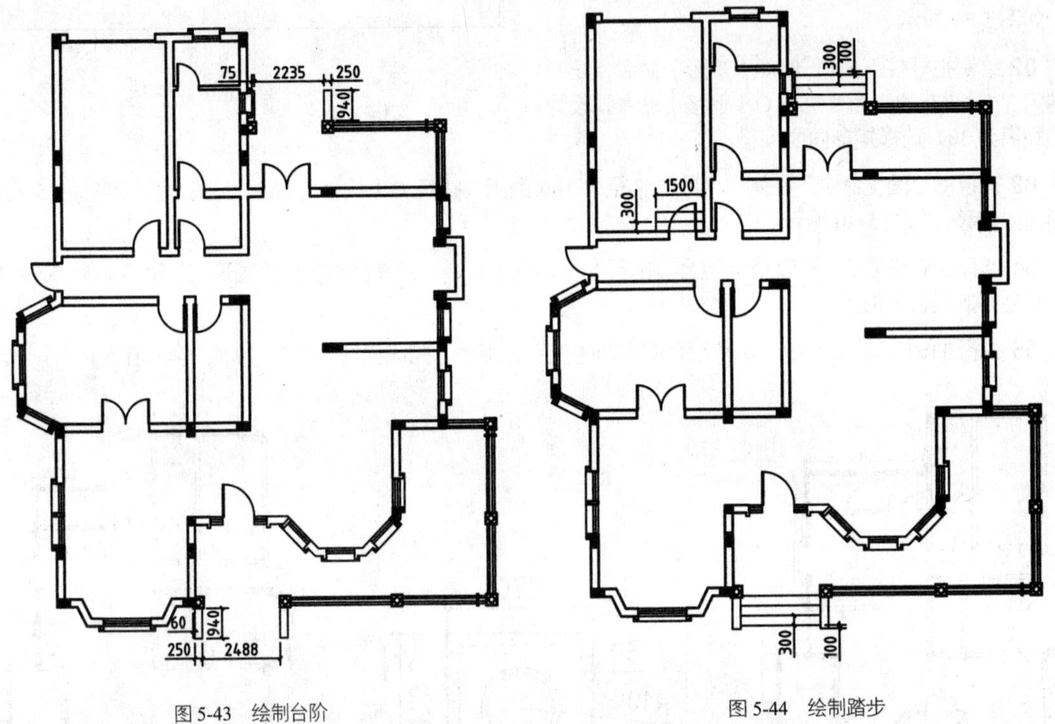

图 5-43　绘制台阶　　　　图 5-44　绘制踏步

04 绘制坡道。执行 L（直线）命令，绘制坡道轮廓线，如图 5-45 所示。

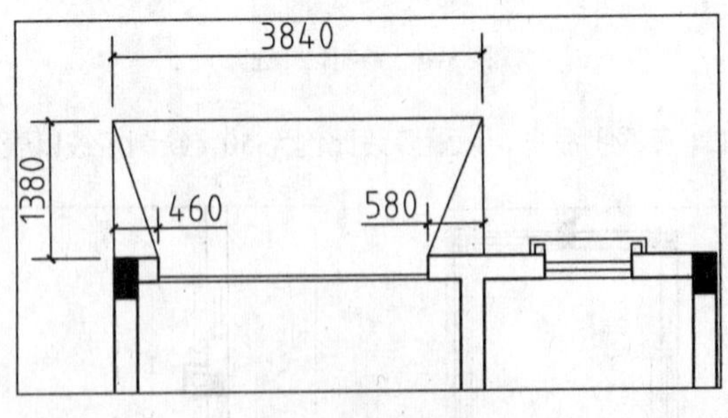

图 5-45　绘制坡道轮廓线

5.2.8 绘制楼梯、壁炉

该别墅一共有三层，所以内部必须有楼梯来连接上下楼层。每个楼层的楼梯样式都不相同，在为指定的楼层绘制楼梯时，应注意其被剖切后所做的正投影结果。读者可参考本章所提供的底层、中间层以及顶层楼梯的绘制方式。

01 将“楼梯”图层置为当前图层。

02 绘制楼梯轮廓线。执行 REC（矩形）命令，绘制矩形；执行 X（分解）命令，分解矩形；执行 O（偏移）命令，向内偏移矩形边，如图 5-46 所示。

03 执行 TR（修剪）命令，修剪线段，如图 5-47 所示。

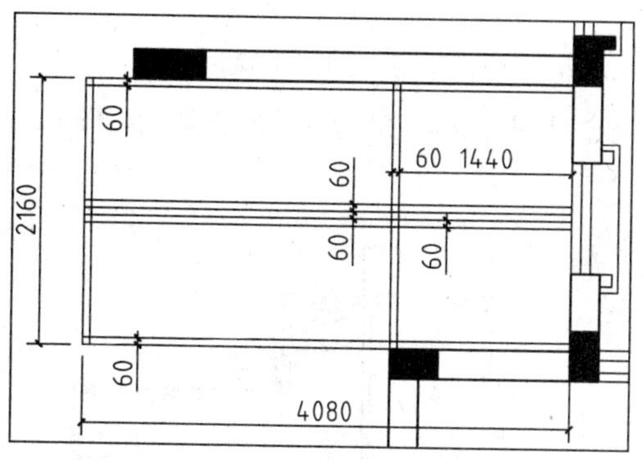

图 5-46　绘制楼梯轮廓线

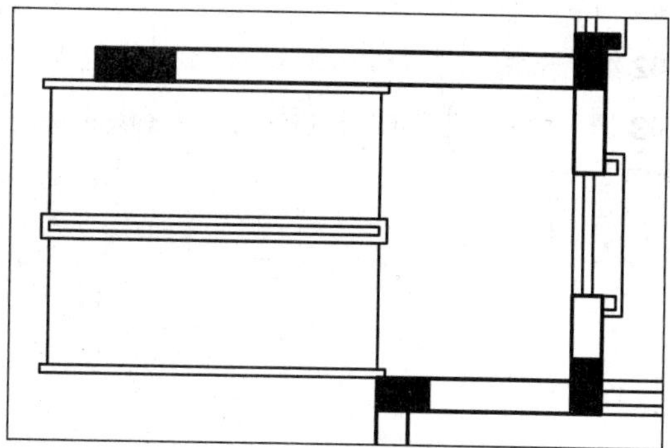

图 5-47　修剪线段

04 执行“修改”→“阵列”→“矩形阵列”命令，选择 A、B 线段为阵列对象；设置列数为 9，行数为 1，列间距为 280，矩形阵列线段，如图 5-48 所示。

05 执行 PL（多段线）命令，绘制剖断线，如图 5-49 所示。

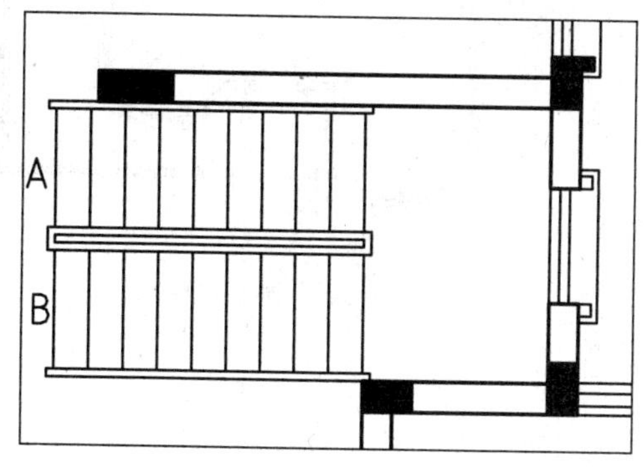

图 5-48　矩形阵列线段

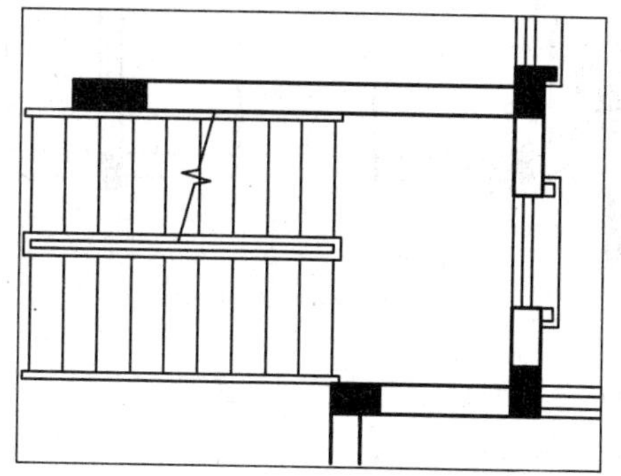

图 5-49　绘制剖断线

06 执行 TR（修剪）命令，修剪线段，如图 5-50 所示。

07 绘制壁炉。执行 L（直线）命令、O（偏移）命令、TR（修剪）命令，绘制如图 5-51 所示的壁炉。

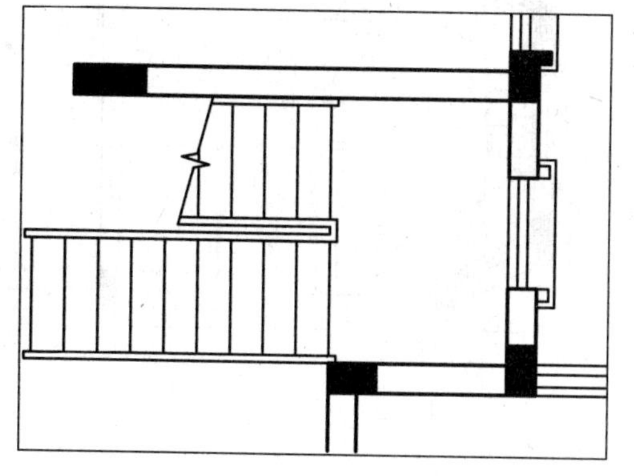

图 5-50　修剪线段

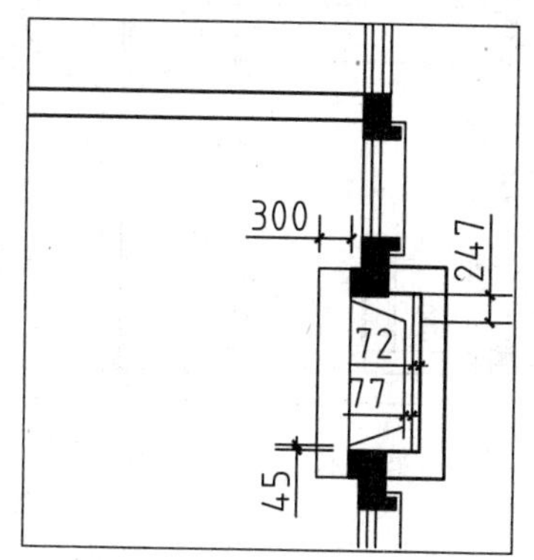

图 5-51　绘制壁炉

5.2.9 布置洁具、厨具

卫生间及厨房可以按照别墅内的人口来进行设计，也可按照面积来进行设计。例如，该别墅中厨房的橱柜沿着多边形的墙体来设计，既最大限度地利用了空间，也保证了其实用性。

01 将“洁具”图层置为当前图层。

02 绘制洗手台。执行 REC（矩形）命令，绘制尺寸为 2070×560 的矩形，如图 5-52 所示。

03 调入图块。打开本书提供的“图例图块.dwg”文件，将其中的洁具图块复制粘贴至当前图形中，如图 5-53 所示。

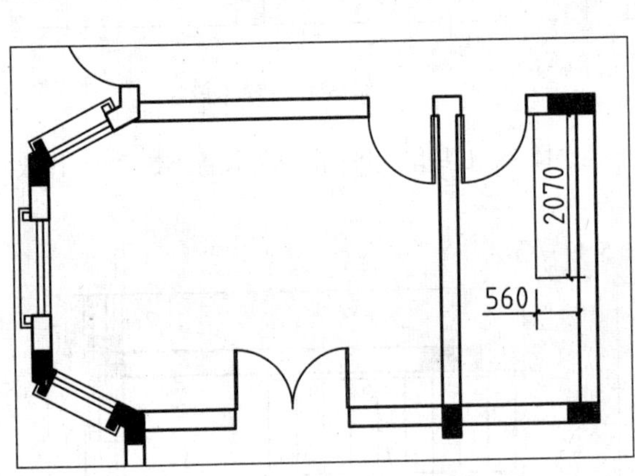

图 5-52 绘制洗手台

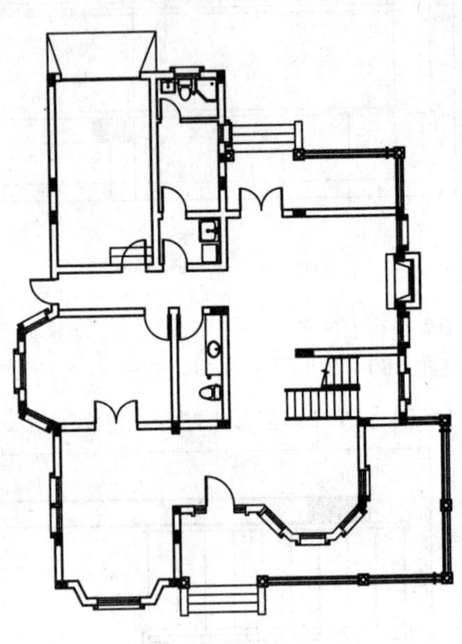

图 5-53 调入洁具图块

04 将“厨具”图层置为当前图层。

05 绘制橱柜台面线。执行 O（偏移）命令，设置偏移距离为 600，选择内墙线向外偏移；执行 L（直线）命令、TR（修剪）命令，绘制并修剪线段，如图 5-54 所示。

06 从“图例图块.dwg”文件中调入厨具图块至当前图形中，如图 5-55 所示。

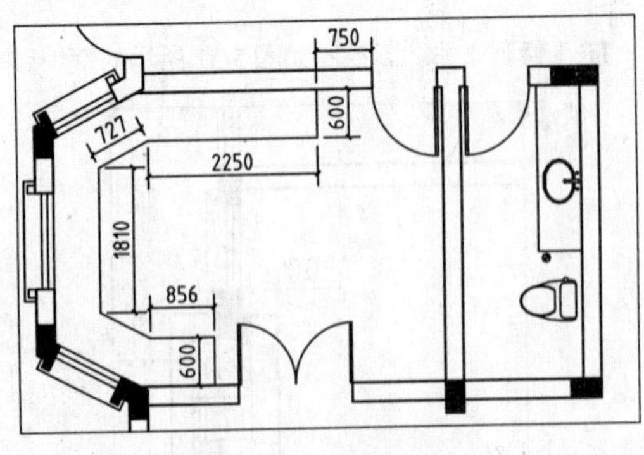

图 5-54 绘制橱柜台面线

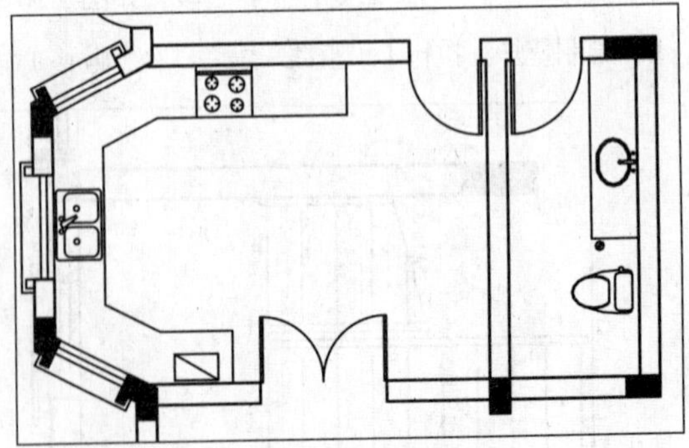

图 5-55 调入厨具图块

5.2.10 绘制竖井、烟道

烟道用来排除厨房的油烟，因此其位置与厨房相邻，目的是节省空间、方便使用。

01 将“墙体”图层置为当前图层。

02 绘制厨房烟道、水暖竖井。执行 O（偏移）命令、TR（修剪）命令，偏移并修剪内墙线；执行 PL（多段线）命令，绘制折断线，如图 5-56 所示。

03 绘制卫生间烟气道、水暖竖井。执行 O（偏移）命令，偏移内墙线；执行 TR（修剪）命令，修剪墙线，以完成烟道及竖井轮廓线的绘制；执行 PL（多段线）命令，在烟道及竖井图形内绘制折断线，如图 5-57 所示。

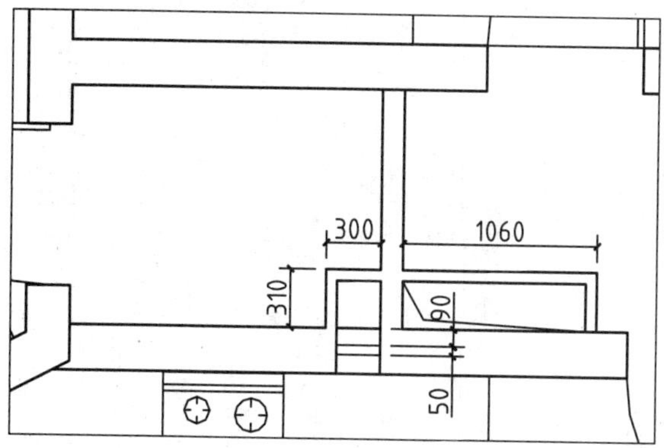

图 5-56　绘制厨房烟道、水暖竖井

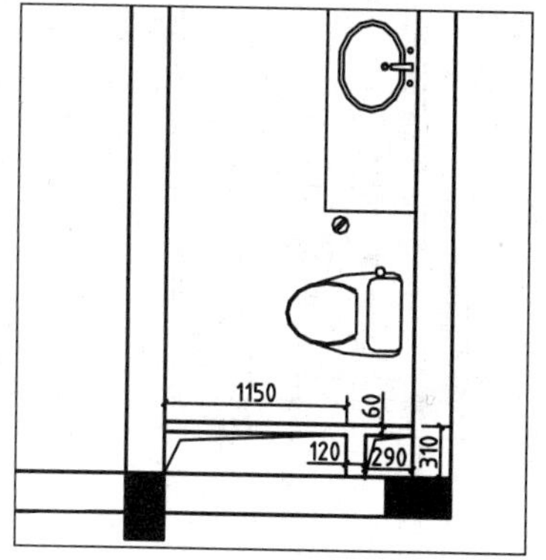

图 5-57　绘制卫生间烟气道、水暖竖井

5.2.11　绘制散水、标注

散水用来保护墙角免受雨水的侵蚀，其宽度一般根据建筑物的实际情况或设计要求而定。图形的标注包括文字标注、尺寸标注及轴号标注，尺寸标注用来表示图形的大小，文字标注用来表示图形的名称等。

01 将“散水”图层置为当前图层。

02 执行 O（偏移）命令，设置偏移距离分别为 250、50，选择外墙线并向外偏移；执行 F（圆角）命令、EX（延伸）命令，编辑偏移得到的墙线，完成散水的绘制，如图 5-58 所示。

03 将“文字标注图层”置为当前图层。

04 绘制引出标注。执行 PL（多段线）命令，绘制起点宽度为 60、端点宽度为 0 的指示箭头；执行 MT（多行文字）命令，绘制文字标注，如图 5-59 所示。

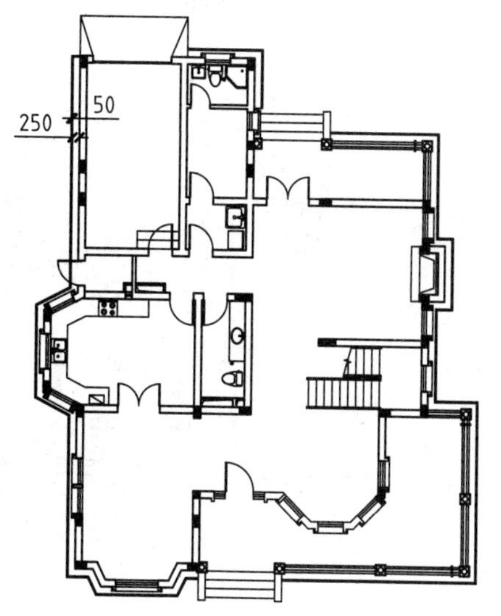

图 5-58　绘制散水

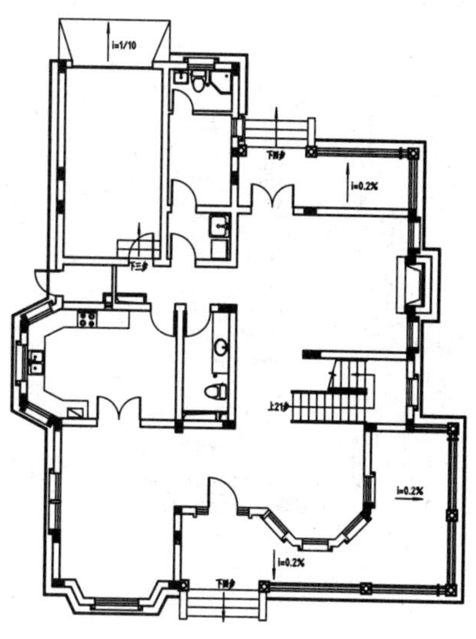

图 5-59　绘制引出标注

05 绘制多重引线标注。执行 MLD（多重引线标注）命令，绘制如图 5-60 所示的标注。

06 绘制多行文字标注。执行 MT（多行文字）命令，绘制各功能区域的文字标注，如图 5-61 所示。

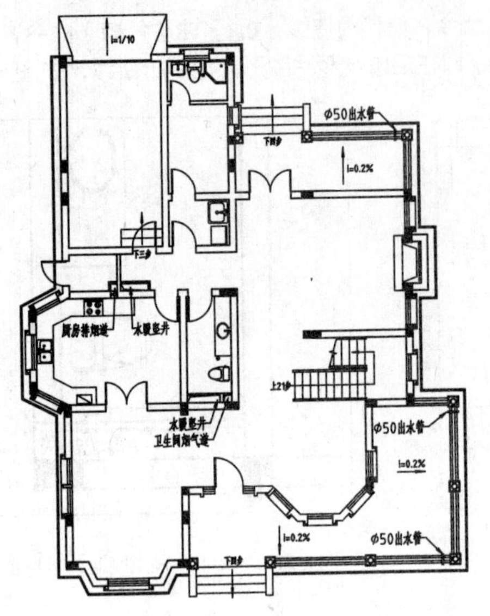

图 5-60　绘制多重引线标注

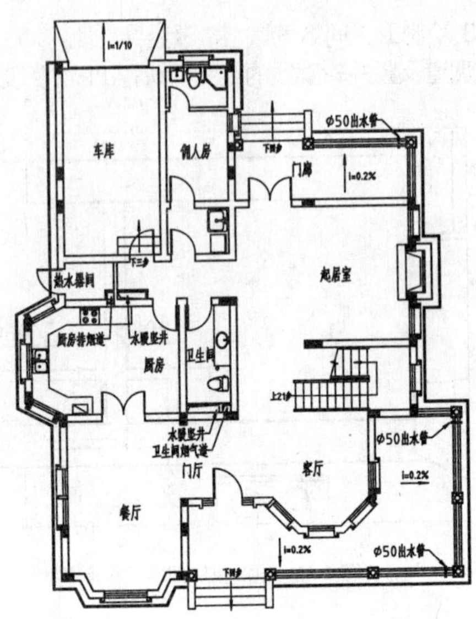

图 5-61　绘制多行文字标注

07 绘制标高标注。执行 I（插入）命令，在“块”选项板中选择“标高”图块，在绘图区中选择插入点，即可完成图块的插入操作。

08 双击标高图块，在弹出的“增强属性编辑器”对话框中更改标高值，绘制标高标注的结果如图 5-62 所示。

09 绘制剖切符号。执行 PL（多段线）命令，绘制起点宽度、端点宽度均为 60 的多段线；执行 MT（多行文字）命令，绘制剖切符号，如图 5-63 所示。

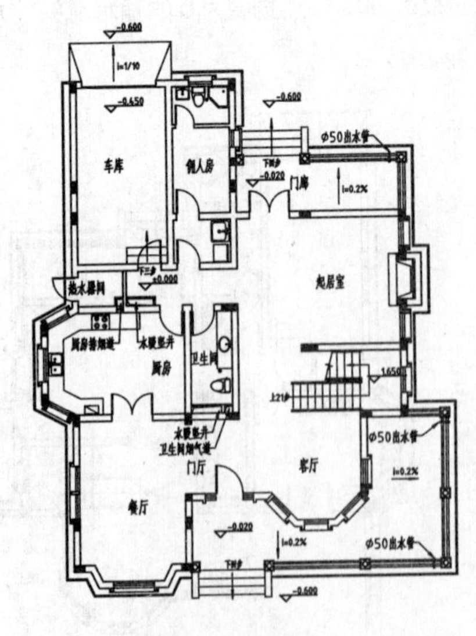

图 5-62　绘制标高标注

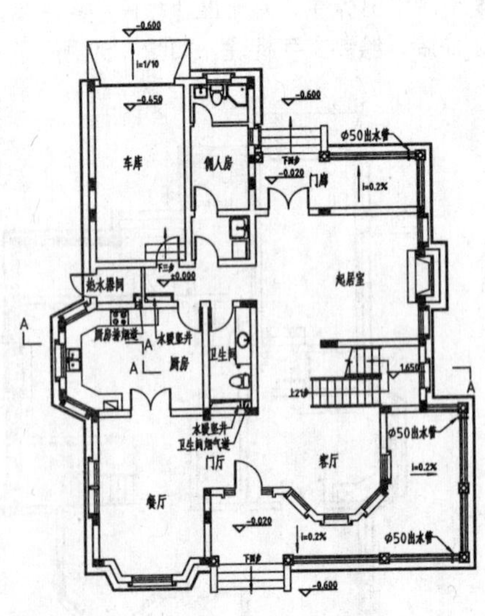

图 5-63　绘制剖切符号

10 开启“轴线”图层。

11 将“尺寸标注”图层置为当前图层。

12 执行 DLI（线性标注）命令、DCO（连续标注）命令，绘制尺寸标注，如图 5-64 所示。

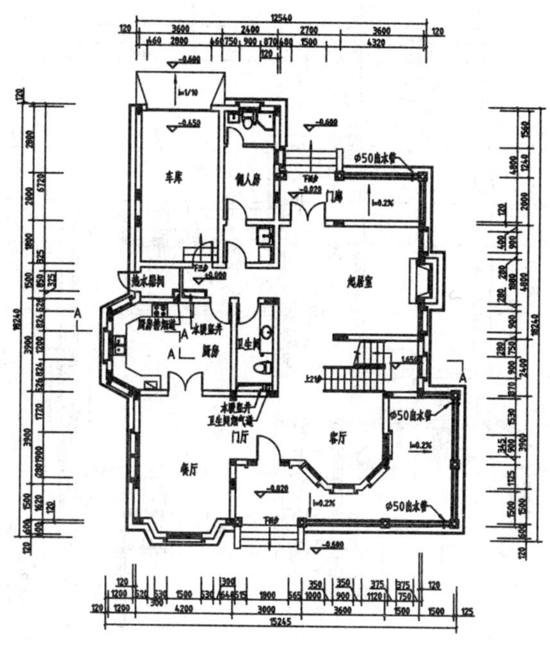

图 5-64　绘制尺寸标注

13 将“轴号标注”图层置为当前图层。

14 绘制轴号引线。执行 L（直线）命令，绘制轴号引线，如图 5-65 所示。

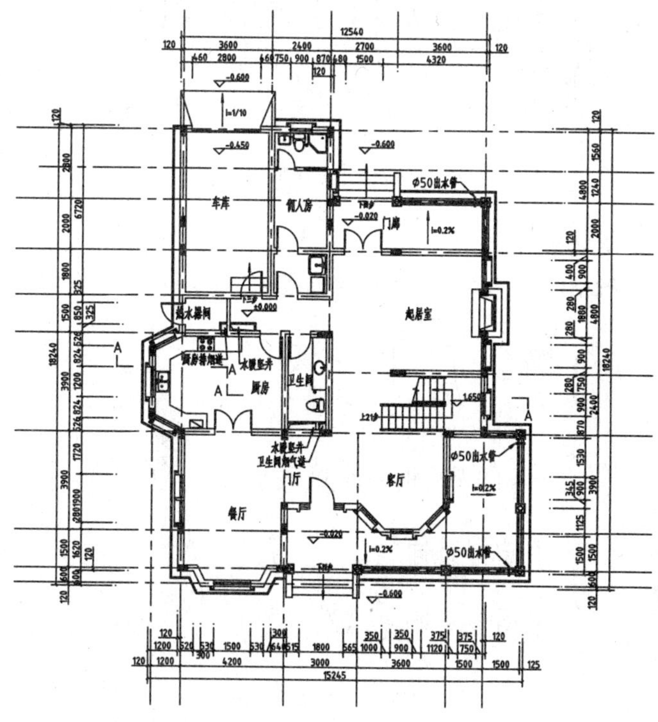

图 5-65　绘制轴号引线

15 绘制轴号标注。执行 C（圆）命令，绘制半径为 280 的圆；执行 MT（多行文字）命令，绘制轴号标注，如图 5-66 所示。

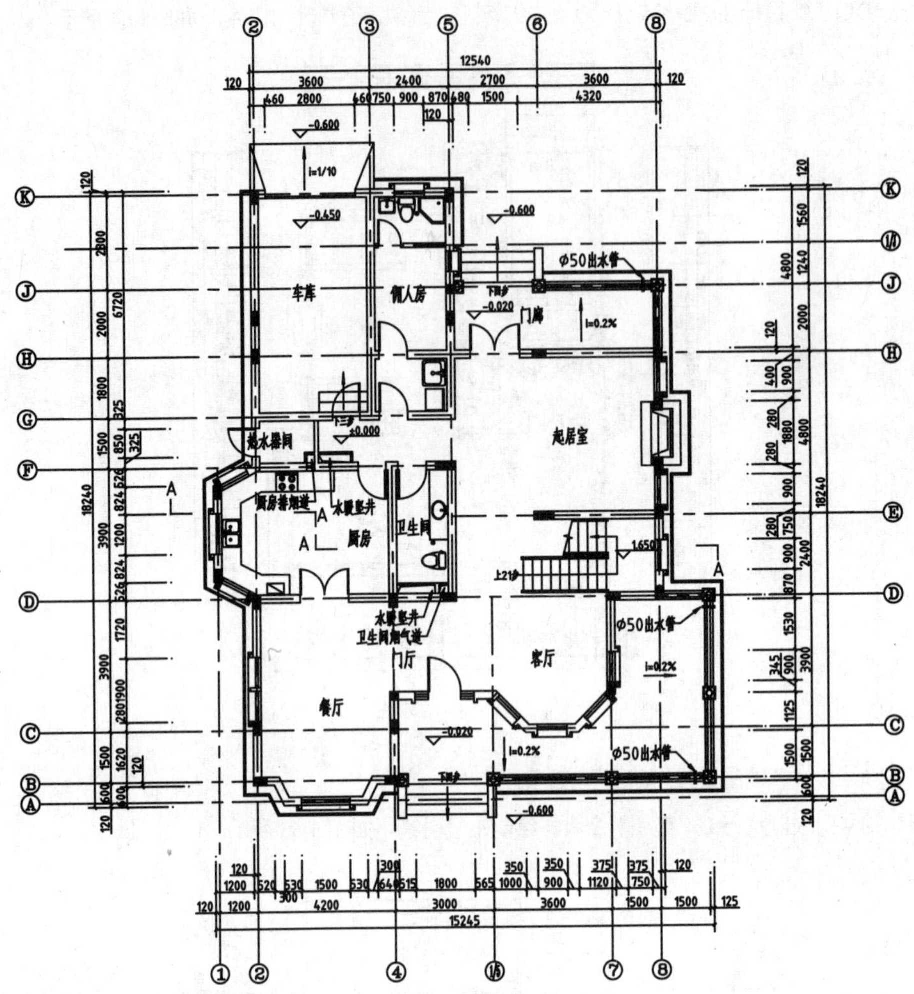

图 5-66　绘制轴号标注

16 将“文字标注”图层置为当前图层。

17 绘制图名标注。执行 MT（多行文字）命令，绘制图名及比例标注、注释文字，如图 5-67 所示。

别墅一层平面图　1:50

注：1.±0.00相当于绝对标高4.1000

2.总建筑面积463.7平方米

3.南北方向见总平面图

图 5-67　绘制图名标注

18 绘制下划线。执行 PL（多段线）命令，分别绘制起点宽度、端点宽度均为 100 的多段线，以及宽度为 0 的多段线，如图 5-68 所示。

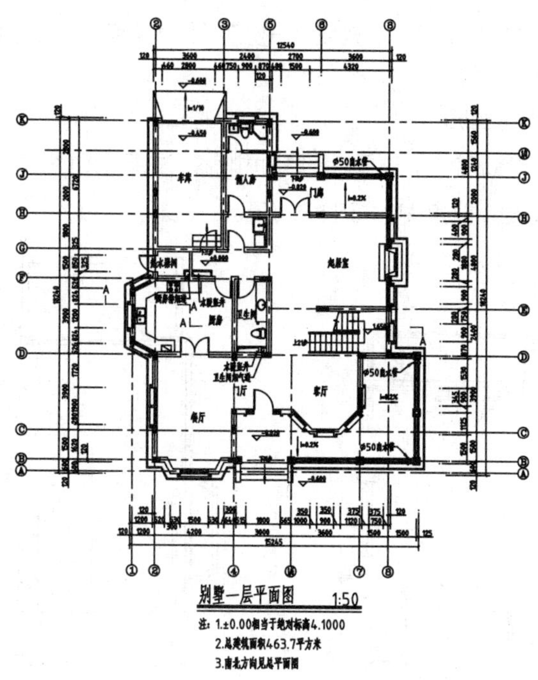

图 5-68　绘制下划线

5.2.12 绘制别墅其他楼层平面图

别墅的二层及三层平面图的绘制结果如图 5-69 所示，读者可以按照前面所介绍的绘图方法来绘制。

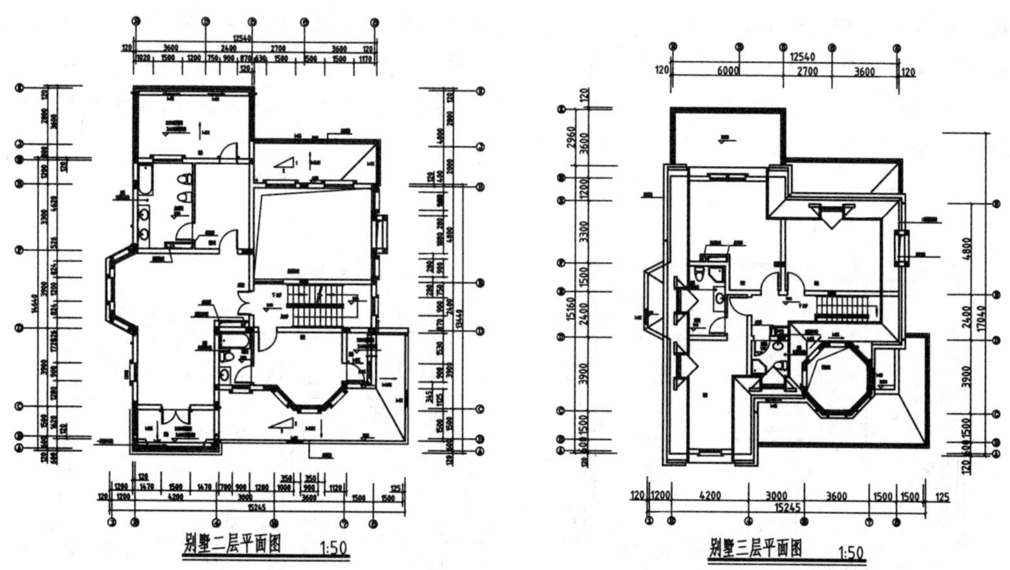

图 5-69　别墅其他楼层平面图

5.3　绘制别墅屋面平面图

别墅屋面平面图用来表示屋面的制作完成情况，需要在平面图中表示烟气道的位置、尺寸，檐沟的位置及流向、倾斜度以及其他构配件的安装位置等。

01 整理图形。执行 CO（复制）命令，移动复制一份别墅三层平面图；执行 E（删除）命令、TR（修剪）命令，删除或修剪图形，如图 5-70 所示。

02 将“屋面”图层置为当前图层。

03 绘制屋面。执行 O（偏移）命令，选择内墙线向内偏移；执行 TR（修剪）命令，修剪墙线。

04 执行 L（直线）命令，绘制对角线，如图 5-71 所示。

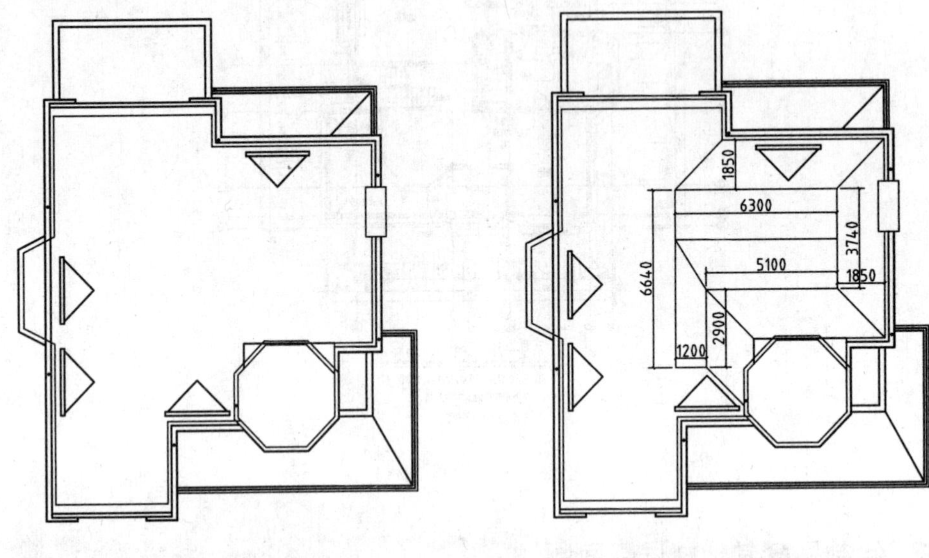

图 5-70　整理图形　　图 5-71　绘制对角线

05 执行 O（偏移）命令、EX（延伸）命令、L（直线）命令，绘制如图 5-72 所示的图形。

06 绘制卫生间烟气道。执行 REC（矩形）命令，绘制尺寸为 480×490 的矩形；执行 O（偏移）命令，设置偏移距离为 120，选择矩形向内偏移；执行 PL（多段线）命令，在偏移得到的矩形内绘制折断线。

07 绘制管道泛水。执行 C（圆）命令，绘制半径为 150 的圆；执行 O（偏移）命令，设置偏移距离为 50，选择圆向内偏移，如图 5-73 所示。

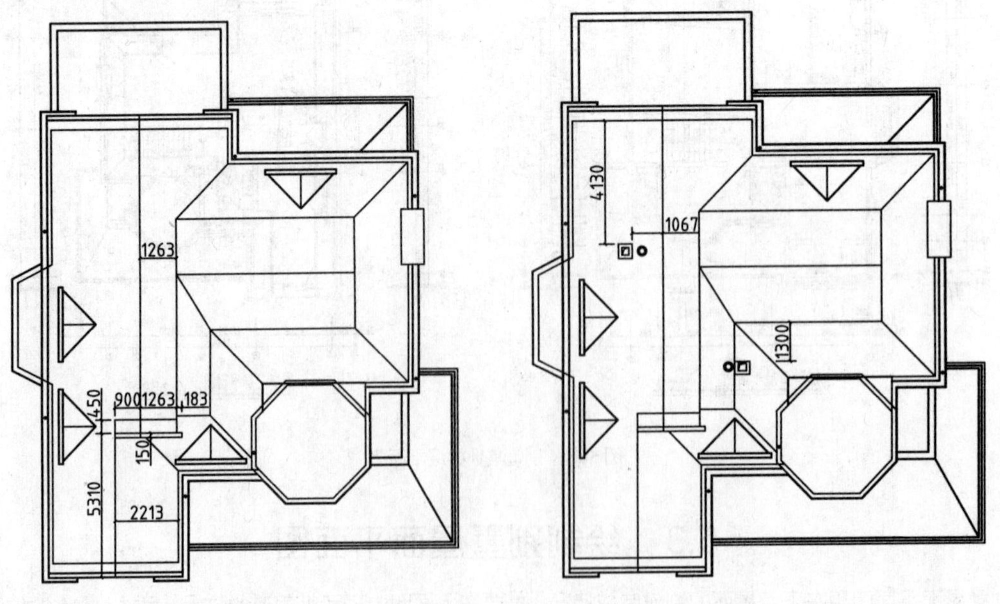

图 5-72　绘制图形　　图 5-73　绘制卫生间烟气道、管道泛水

08 绘制壁炉、烟囱屋面示意图。执行 O（偏移）命令，设置偏移距离为 110，选择壁炉轮廓线向外偏移，设置偏移距离分别为 80、120，选择壁炉轮廓线向内偏移，如图 5-74 所示。

09 绘制卧室上空屋面图。执行 O（偏移）命令，设置偏移距离为 1600，选择内墙线向内偏移，如图 5-75 所示。

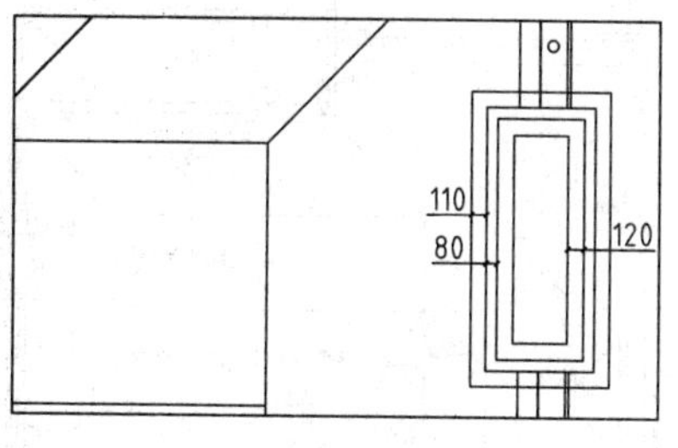

图 5-74　绘制壁炉、烟囱屋面示意图

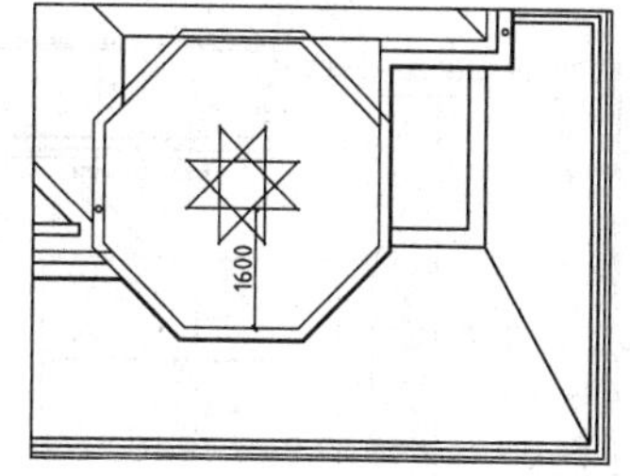

图 5-75　向内偏移墙线

10 执行 F（圆角）命令，设置圆角半径值为 0，对墙线执行圆角操作，如图 5-76 所示。

11 执行 L（直线）命令，绘制对角线，如图 5-77 所示。

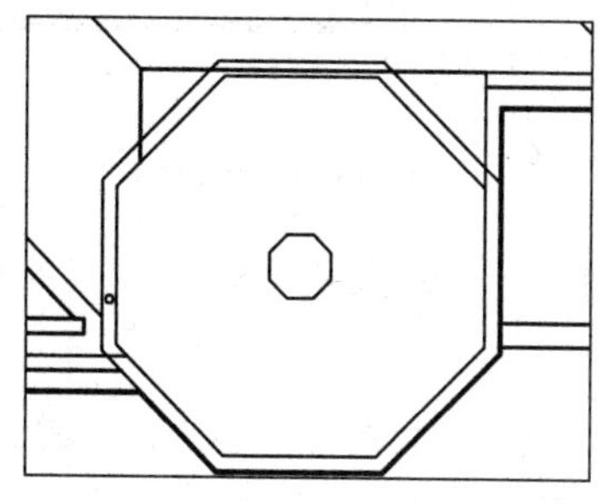
图 5-76　圆角操作

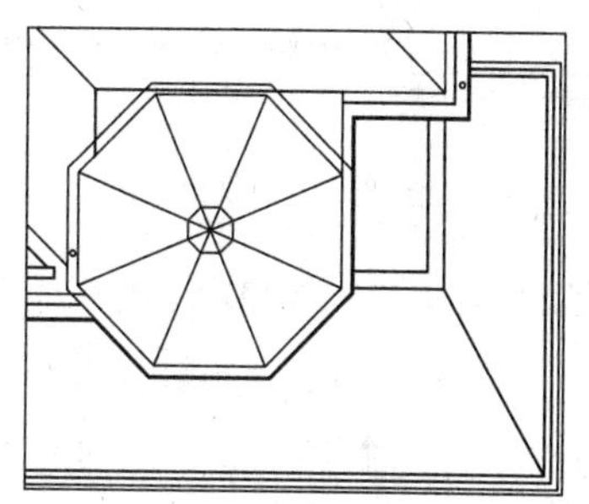
图 5-77　绘制对角线

12 执行 TR（修剪）命令，修剪线段，如图 5-78 所示。

13 执行 C（圆）命令，以多边形的圆心为圆心，分别绘制半径为 150、50 的圆，如图 5-79 所示。

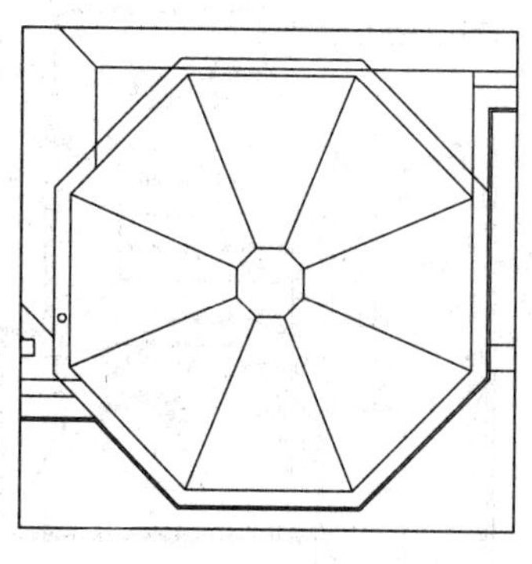
图 5-78　修剪线段

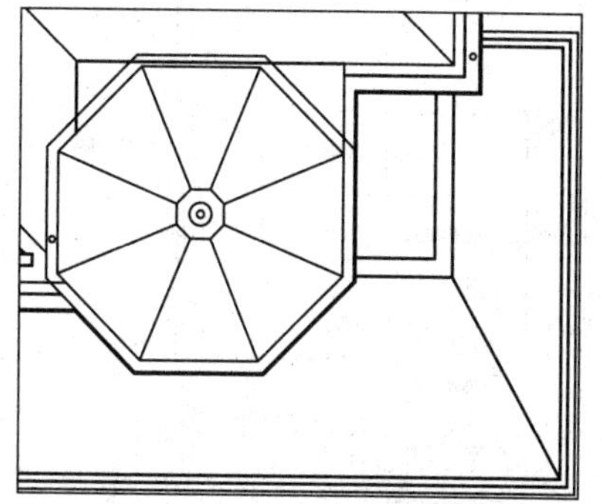
图 5-79　绘制圆

14 将“文字标注”图层置为当前图层。

15 坡道标注。执行 PL（多段线）命令，绘制起点宽度为 60、端点宽度为 0 的指示箭头；执行 MT（多行文字）命令，绘制坡度标注。

16 此外，在屋面图中一律使用半径为 40 的圆表示落水管，并且水管应位于檐沟内，绘制坡度标注及雨水管，如图 5-80 所示。

17 标高标注。执行 I（插入）命令，通过"插入"对话框向图中插入标高图块；双击标高图块对其标高值进行更改，如图 5-81 所示。

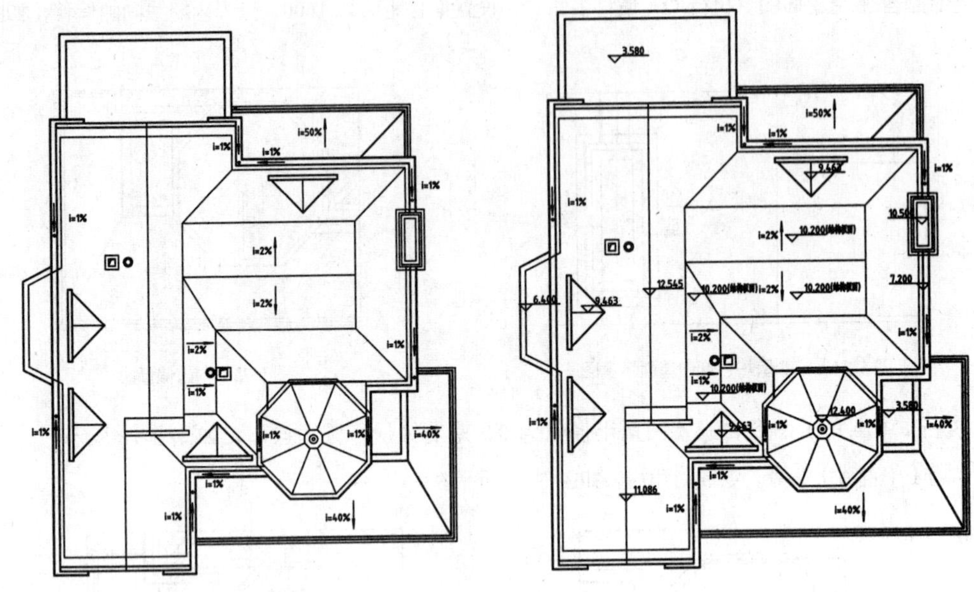

图 5-80　绘制坡道标注及雨水管

图 5-81　标高标注

18 多重引线标注。执行 MLD（多重引线）命令，绘制屋面的引出标注如图 5-82 所示。

19 将"尺寸标注"图层置为当前图层。

20 绘制尺寸标注、轴号标注。执行 DLI（线性标注）命令、DCO（连续标注）命令，绘制屋顶平面图尺寸标注；执行 L（直线）命令、C（圆）命令、MT（多行文字）命令，绘制轴号引线及轴号标注，如图 5-83 所示。

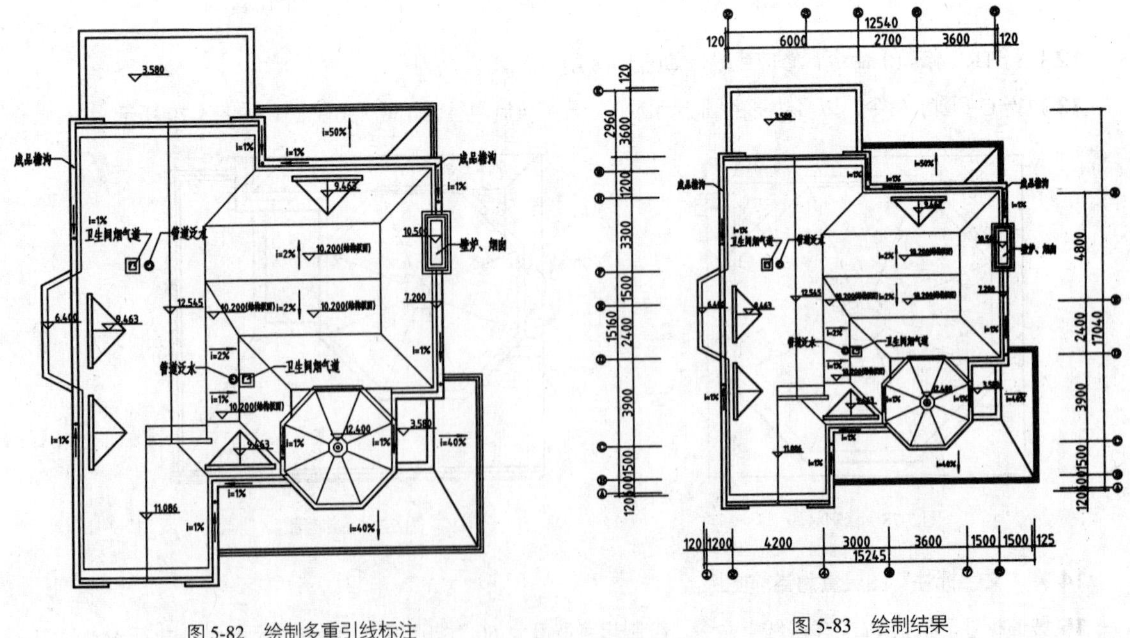

图 5-82　绘制多重引线标注

图 5-83　绘制结果

21 将"文字标注"图层置为当前图层。

22 图名标注。执行 MT（多行文字）命令、PL（多段线）命令，绘制图名及比例标注，如图 5-84 所示。

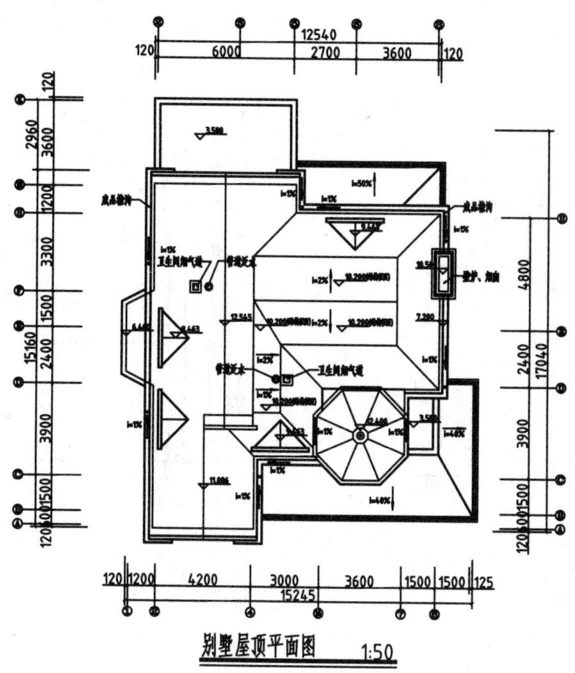

图 5-84　绘制图名及比例标注

5.4　绘制别墅立面图

别墅立面图用来表示别墅外立面的完成情况，立面图需要表示门窗的位置、尺寸、样式，墙面装饰的材料种类、其他建筑配件的安装情况等。

5.4.1　绘制立面图轮廓

首先确定别墅立面图的外轮廓，然后再在轮廓内布置各类建筑构件图形，如门窗、台阶、坡道等。

01 将“立面”图层置为当前图层。

02 执行 L（直线）命令，从一层平面图中绘制①、②、⑧轴线的引长线，并将引长线的线型更改为与轴线的线型一致。

03 执行 O（偏移）命令，设置偏移距离为 120，选择轴线执行偏移操作，然后再将偏移得到的直线线型更改为细实线。

04 执行 L（直线）命令，绘制地坪线；执行 O（偏移）命令，选择地坪线向上偏移，如图 5-85 所示。

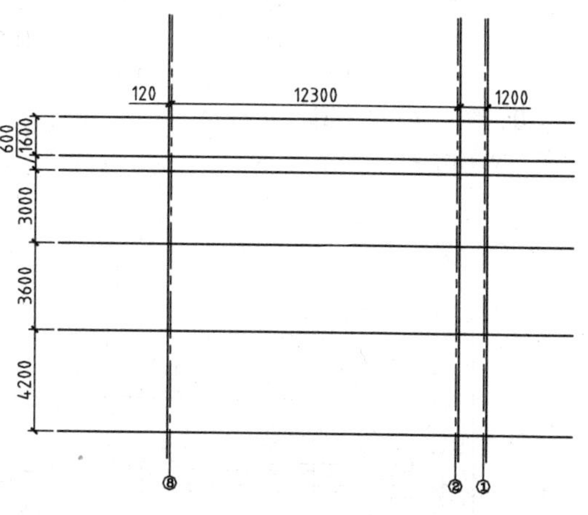

图 5-85　绘制结果

05 执行 O（偏移）命令、TR（修剪）命令、L（直线）命令，绘制屋顶外轮廓线，如图 5-86 所示。

06 绘制侧面轮廓线。执行 O（偏移）命令，偏移线段；执行 L（直线）命令，绘制直线；执行 TR（修剪）命令、EX（延伸）命令，编辑线段，如图 5-87 所示。

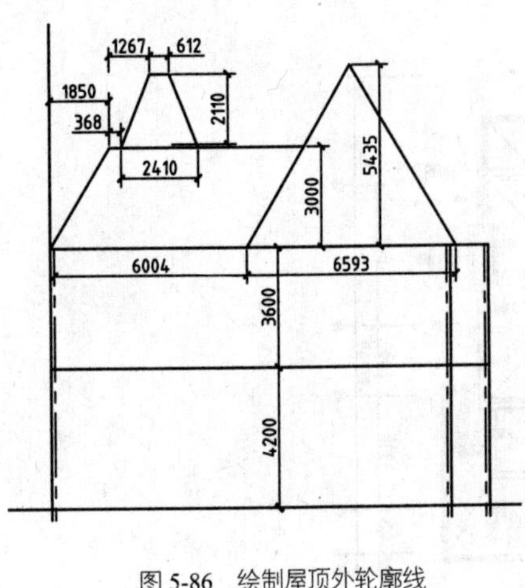

图 5-86　绘制屋顶外轮廓线

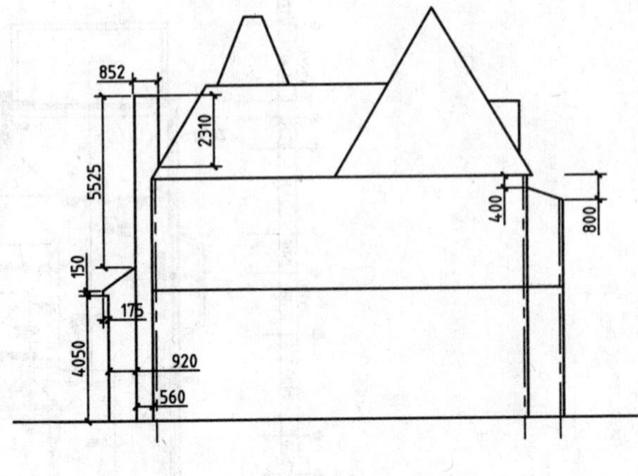

图 5-87　绘制侧面轮廓线

07 绘制屋顶造型线。执行 O（偏移）命令、REC（矩形）命令、L（直线）命令，绘制如图 5-88 所示的屋顶造型线。

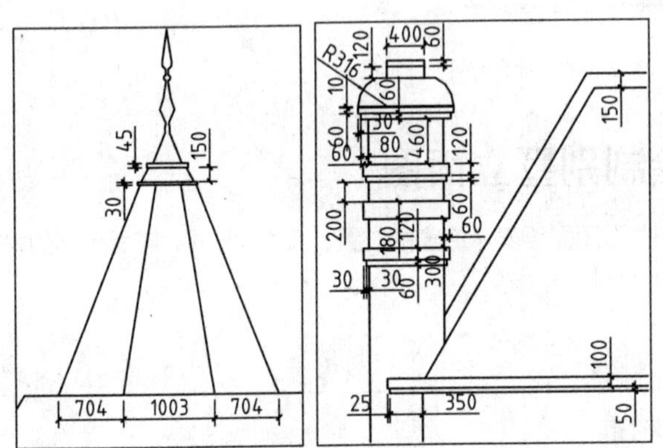

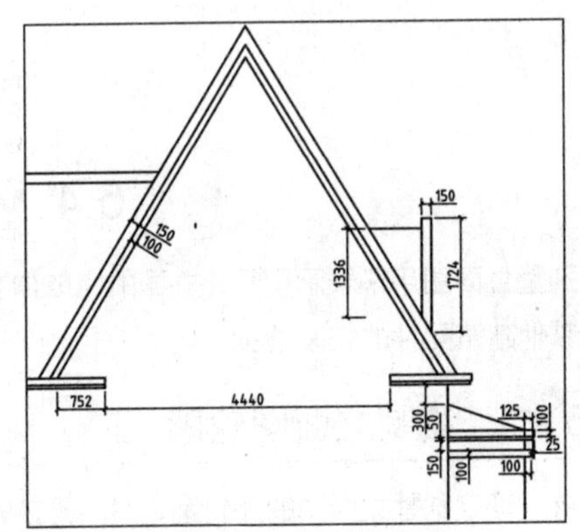

图 5-88　绘制屋顶造型线

08 绘制立面造型线。执行 O（偏移）命令、EX（延伸）命令、TR（修剪）命令等，绘制房屋立面造型线，如图 5-89 所示。

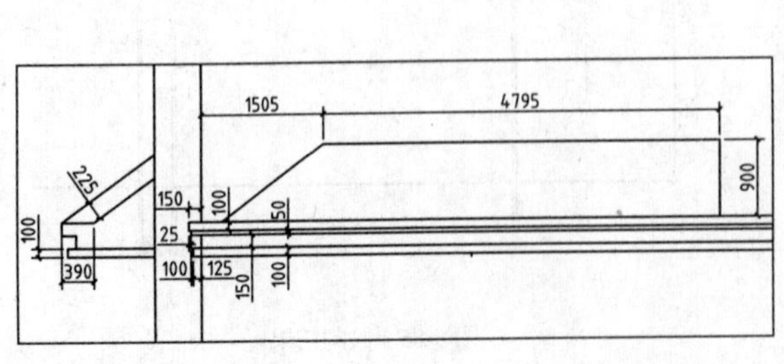

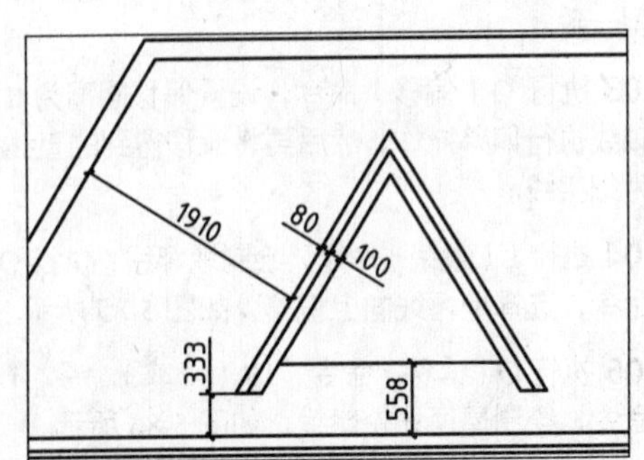

图 5-89　绘制立面造型线

09 完成别墅立面图外轮廓线的绘制，如图 5-90 所示。

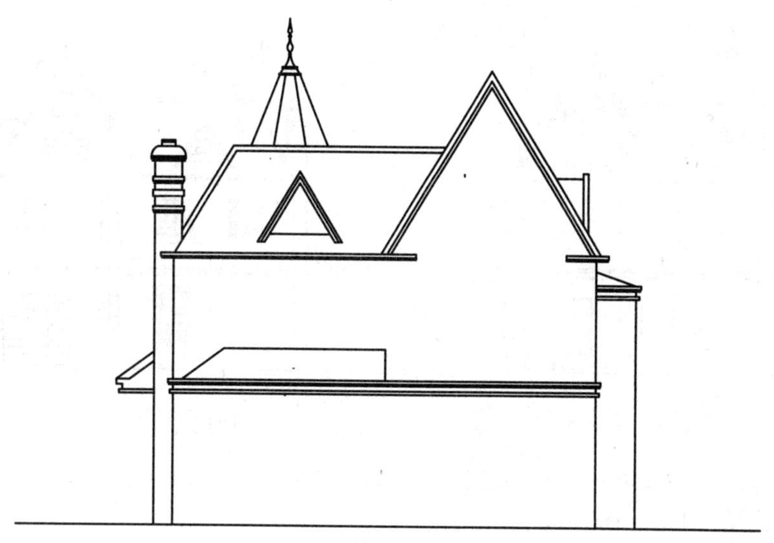

图 5-90　别墅立面图外轮廓线完成效果

5.4.2 绘制立面构件

立面构件包括门窗、台阶、立面柱、雨水管等，这些图形可以直接绘制，也可通过调入外部图块得到。此外，墙面的装饰材料应通过不同的填充图案来进行区分，通过执行“图案填充”命令，可以绘制不同类型图案。

01 绘制门窗轮廓线。执行 CO（复制）命令，选择一层、二层平面图的上半部分，并将其移动复制至一旁；执行 MI（镜像）命令，将平面图形在水平方向上镜像复制，并删除源对象。

02 执行 M（移动）命令，将调整方向后的平面图形移动至立面图的下方，并将立面图的轴线与平面图的轴线对齐；执行 L（直线）命令，绘制引出线。

03 执行 O（偏移）命令，选择地坪线向上偏移；执行 TR（修剪）命令，修剪线段，以完成立面门窗轮廓线的绘制，如图 5-91 所示。

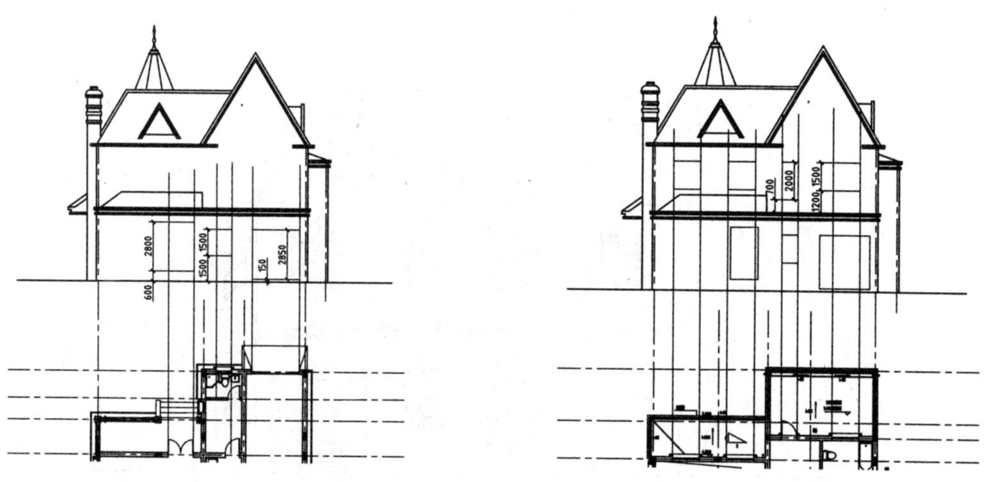

图 5-91　绘制立面门窗轮廓线

04 绘制三层、侧面窗轮廓线。执行 REC（矩形）命令，根据窗的长宽尺寸绘制矩形；执行 A（圆弧）命令，绘制窗的造型线；同时执行 X（分解）、E（删除）命令配合绘制，如图 5-92 所示。

05 调入门窗图块。打开本书提供的“图块图例.dwg”文件，从中复制粘贴立面门窗图块至当前图形中，如图 5-93 所示。

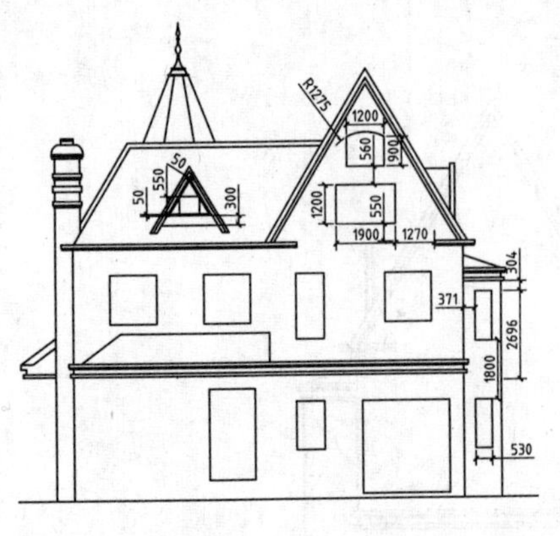

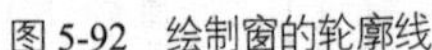
图 5-92　绘制窗的轮廓线

图 5-93　调入门窗图块

06 绘制立面窗装饰造型。执行 REC（矩形）命令、L（直线）命令、TR（修剪）命令、O（偏移）命令，绘制立面窗造型轮廓线，如图 5-94 所示。

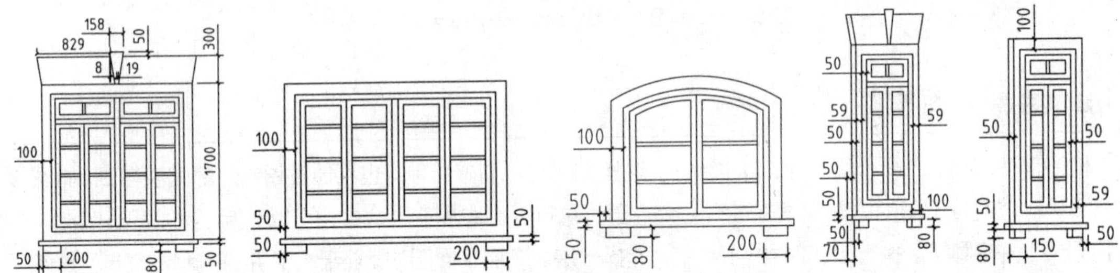

图 5-94　绘制立面窗造型轮廓线

07 执行 M（移动）命令、CO（复制）命令，将立面窗造型轮廓线放置到立面图中，如图 5-95 所示。

图 5-95　放置立面窗造型轮廓线

08 绘制台阶、坡道。执行 REC（矩形）命令，绘制矩形表示台阶两边的挡墙；执行 O（偏移）命令，选择地坪线向上偏移；执行 TR（修剪）命令，修剪多余的线段。

09 执行 L（直线）命令，绘制斜线表示坡道图形，如图 5-96 所示。

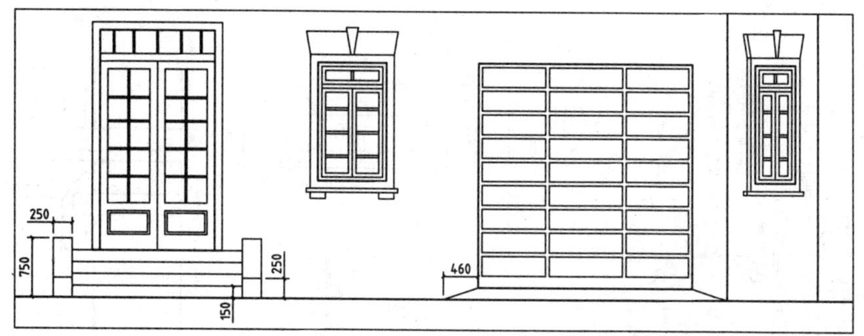

图 5-96　绘制台阶、坡道

10 绘制立面柱造型。执行 REC（矩形）命令，绘制立面柱轮廓；执行 L（直线）命令、O（偏移）命令、TR（修剪）命令，绘制柱面造型，如图 5-97 所示。

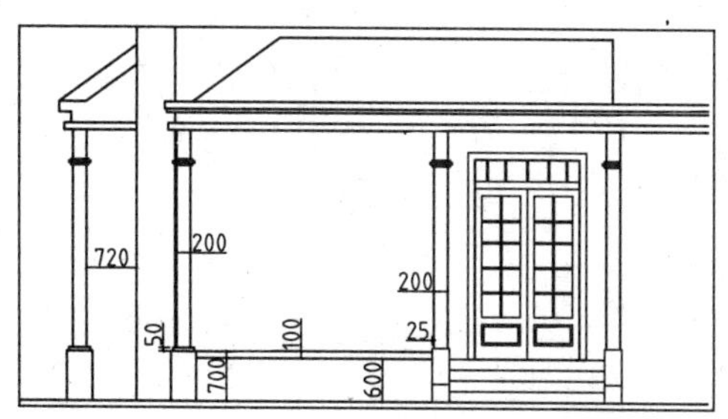

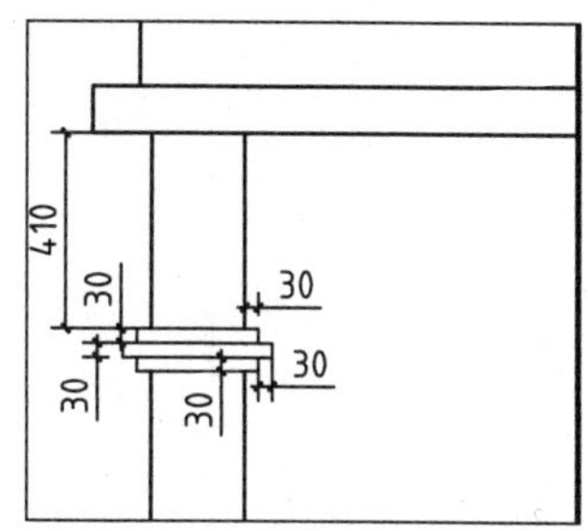

图 5-97　绘制立面柱造型

11 调入图块。打开本书提供的“图块图例.dwg”文件，从中复制粘贴立面栏杆、立面装饰造型图块至当前图形中，如图 5-98 所示。

12 执行 PL（多段线）命令，在门廊处绘制折断线。

图 5-98　调入图块

13 绘制雨水管。执行 O（偏移）命令、L（直线）、TR（修剪）命令，绘制雨水管轮廓线，如图 5-99 所示。

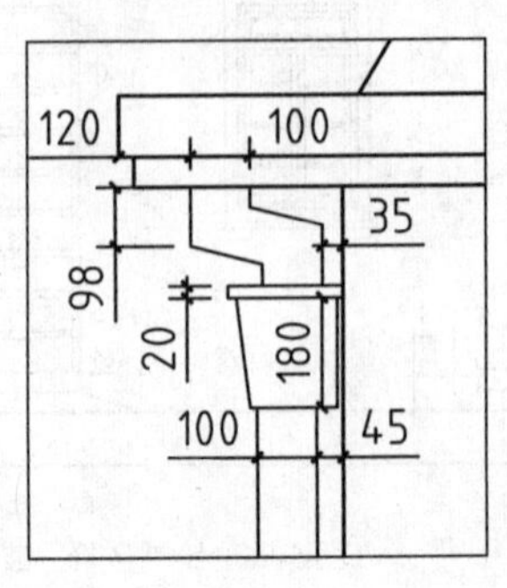

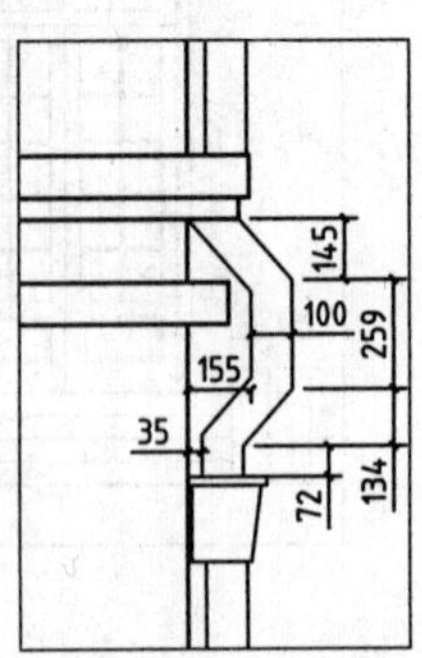

图 5-99　绘制雨水管

14 填充立面材料图案。执行 H（图案填充）命令，在“图案填充和渐变色”对话框中设置图案填充参数，如图 5-100 所示。

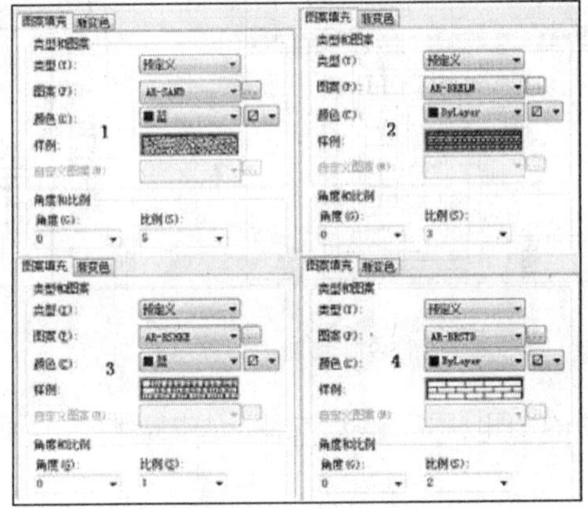

图 5-100　设置图案填充参数

15 在立面图中选择相应的区域执行图案填充操作，如图 5-101 所示。

图 5-101　图案填充立面图

5.4.3 绘制立面标注

立面图的标注主要为层高标注，其中又包括尺寸标注及标高标注。值得注意的是，应该绘制墙面材料图例，以明确表示材料的种类或名称。

01 将"尺寸标注"图层置为当前图层。

02 绘制尺寸标注。执行 DLI（线性标注）命令、DCO（连续标注）命令，绘制立面图尺寸标注，如图 5-102 所示。

图 5-102 绘制尺寸标注

03 绘制标高标注。执行 L（直线）命令，绘制标高标注基准线；执行 I（插入）命令，将标高图块调入立面图中。

04 执行 CO（复制）命令，移动复制多个标高图块；双击标高图块，在弹出的"增强属性编辑器"对话框中更改标高值，如图 5-103 所示。

图 5-103 绘制标高标注

05 轴号标注。执行 CO（复制）命令，从平面图中选择轴号图形将其复制到立面图中。

06 将"文字标注"图层置为当前图层。

07 绘制图例。执行 REC（矩形）命令，绘制尺寸为 900×2000 的矩形；执行 H（图案填充）命令，对矩形执行图案填充操作；执行 MT（多行文字）命令，绘制材料标注。

08 图名标注。执行 MT（多行文字）命令，绘制图名及比例标注；执行 PL（多段线）命令，绘制下划线，完成别墅立面图的绘制，如图 5-104 所示。

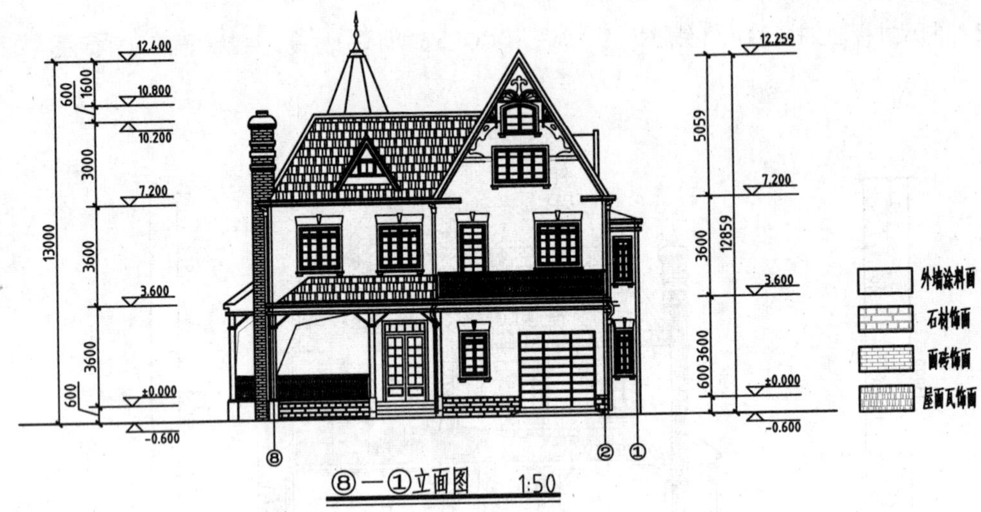

图 5-104 别墅立面图

5.5 绘制别墅剖面图

别墅剖面图用来表示在指定剖切方向上房屋被剖切的情况，应该在图纸上表示墙体、楼板、门窗、梁等建筑构件的剖面图形。

01 新建“剖面”图层，并将其置为当前。

02 执行 CO（复制）命令，从平面图中移动复制轴线至一旁；执行 L（直线）命令、O（偏移）命令，绘制并偏移直线，如图 5-105 所示。

03 执行 RO（旋转）命令、TR（修剪）命令，旋转并修剪轴线，如图 5-106 所示。

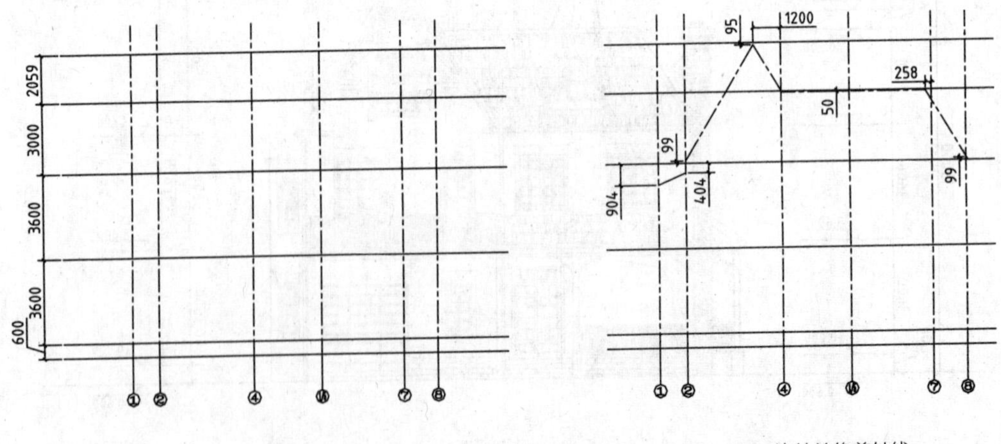

图 5-105 绘制并偏移直线

图 5-106 旋转并修剪轴线

04 绘制剖面墙体。执行 ML（多线）命令，分别绘制比例为 240、100 的多线以表示墙线；执行 L（直线）命令、TR（修剪）命令，对墙体执行编辑操作，如图 5-107 所示。

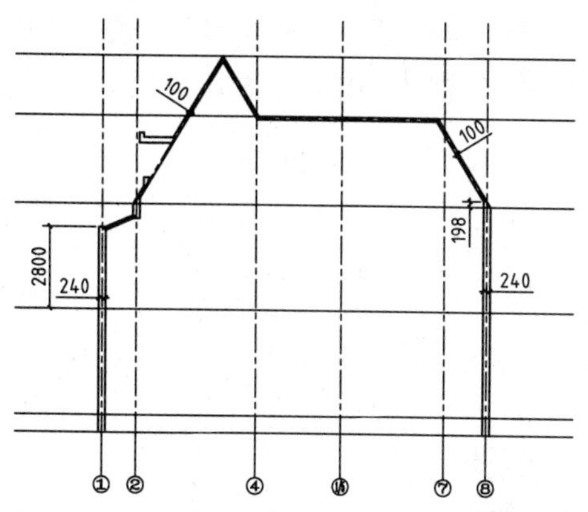

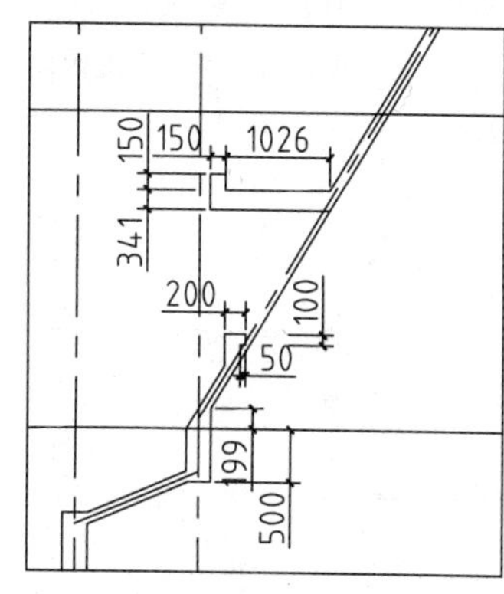

图 5-107　绘制剖面墙体

05 绘制剖面楼板。执行 ML（多线）命令，绘制比例为 100 的多线表示楼板；执行 L（直线）命令，绘制直线以闭合多线，如图 5-108 所示。

06 绘制剖面梁。执行 ML（多线）命令，设置比例为 240，绘制多线表示剖断梁；执行 X（分解）命令，修剪多线；执行 TR（修剪）命令，修剪线段，如图 5-109 所示。

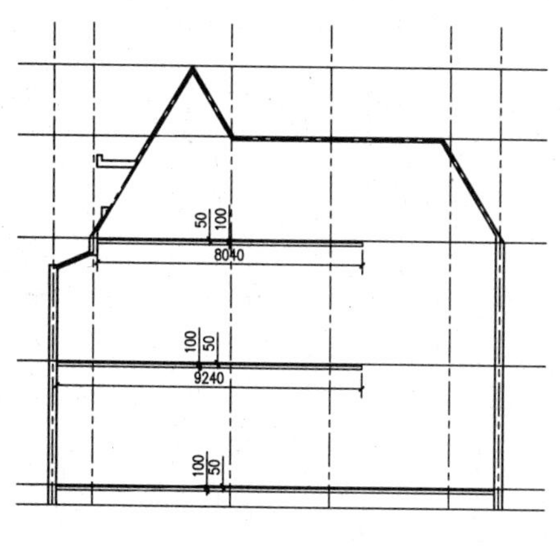

图 5-108　绘制剖面楼板

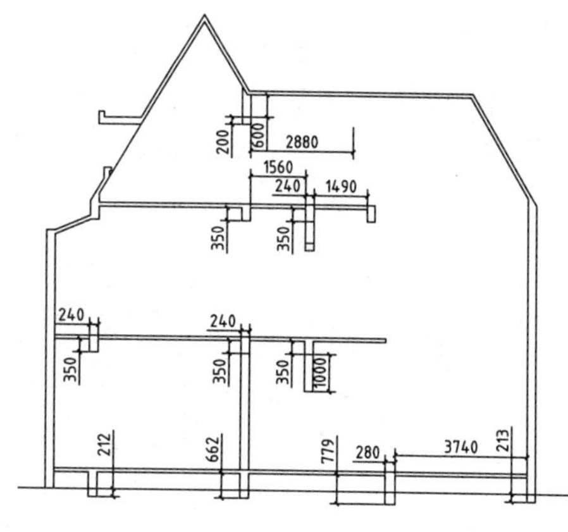

图 5-109　绘制剖面梁

07 绘制剖面窗构件。执行 O（偏移）命令，偏移墙线；执行 TR（修剪）命令，修剪墙线以完成构件图形的绘制。

08 绘制房屋外立面装饰图形剖切轮廓线。执行 PL（多段线）命令，绘制剖切轮廓线，如图 5-110 所示。

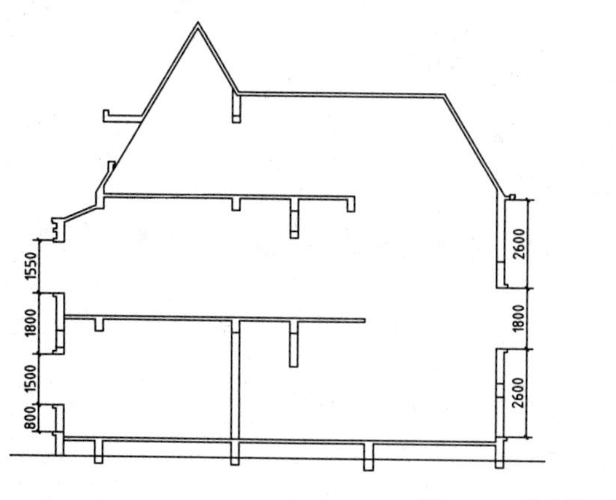

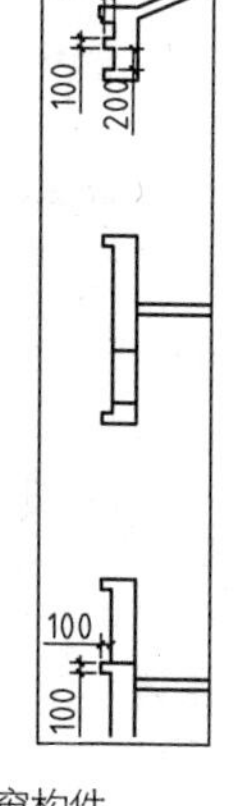

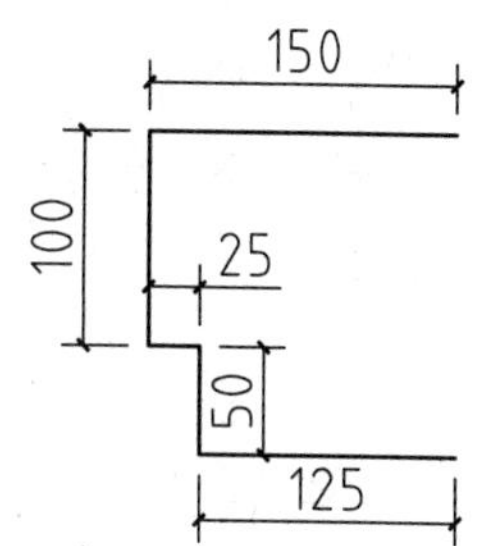

图 5-110　绘制剖面窗构件

09 绘制剖面窗。执行 L（直线）命令、O（偏移）命令，绘制并偏移窗轮廓线，如图 5-111 所示。

10 调入立面门窗图块。打开本书提供的“图块图例.dwg”文件，从中复制粘贴立面门窗图块至当前图形中，如图 5-112 所示。

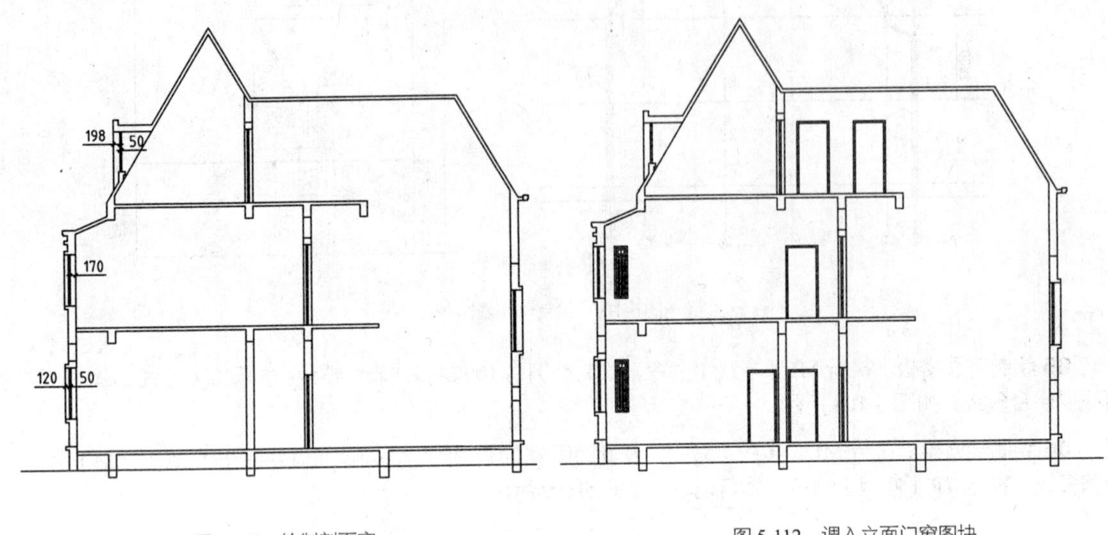

图 5-111　绘制剖面窗　　图 5-112　调入立面门窗图块

11 绘制剖面楼梯。执行 PL（多段线）命令，绘制剖面楼梯轮廓线；执行 L（直线）命令、O（偏移）命令、TR（修剪）命令，绘制休息平台等图形，如图 5-113 所示。

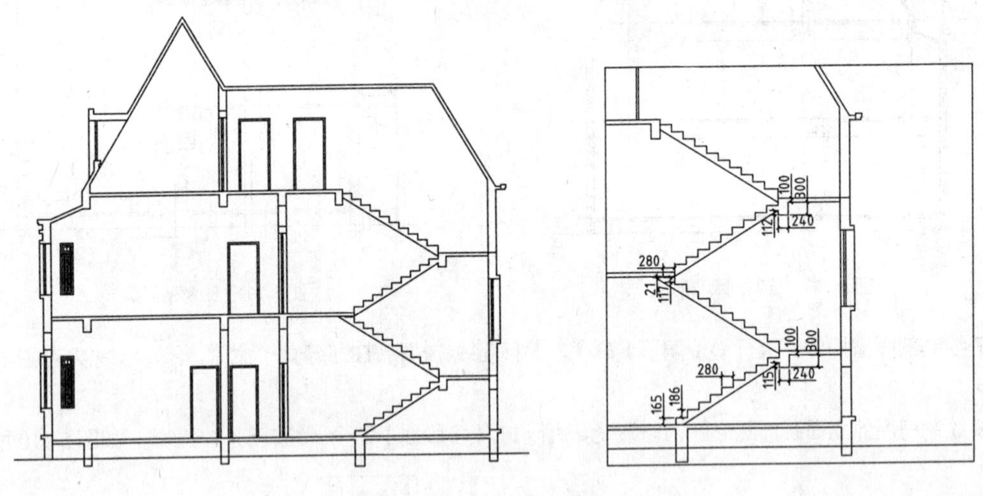

图 5-113　绘制剖面楼梯

12 绘制剖面地板层。执行 O（偏移）命令，设置偏移距离为 50，向上偏移楼板线、被剖切到的梯段的轮廓线；执行 TR（修剪）命令，修剪线段，如图 5-114 所示。

13 调入栏杆图块。从“图块图例.dwg”文件中选择栏杆图块，将其复制粘贴至当前图形中；执行 TR（修剪）命令，修剪多余线段。

14 执行 L（直线）命令，绘制线段，如图 5-115 所示。

15 图案填充。执行 H（图案填充）命令，在“图案填充和渐变色”对话框中设置钢筋混凝土图案的填充参数；在绘图区中选择填充区域，完成图案填充操作，如图 5-116 所示。

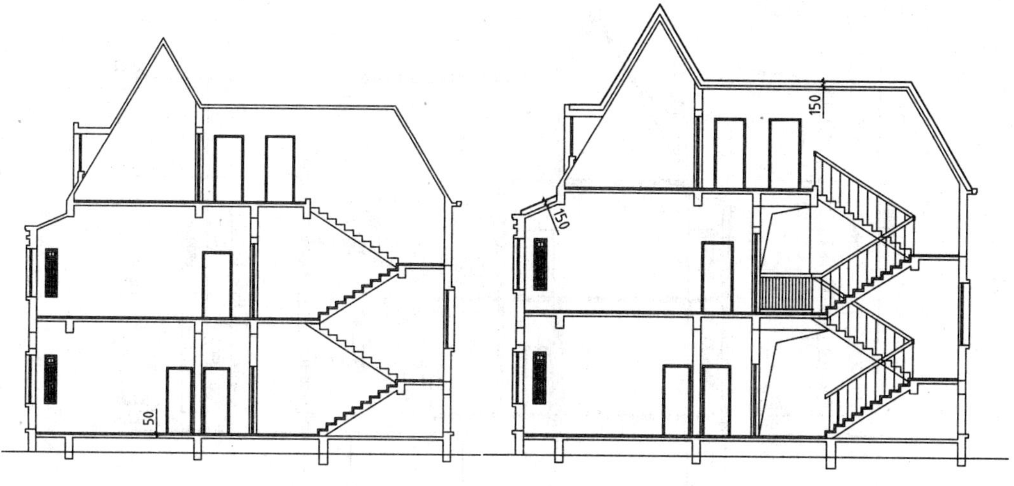

图 5-114　绘制剖面地板层　　　　图 5-115　调入栏杆图块

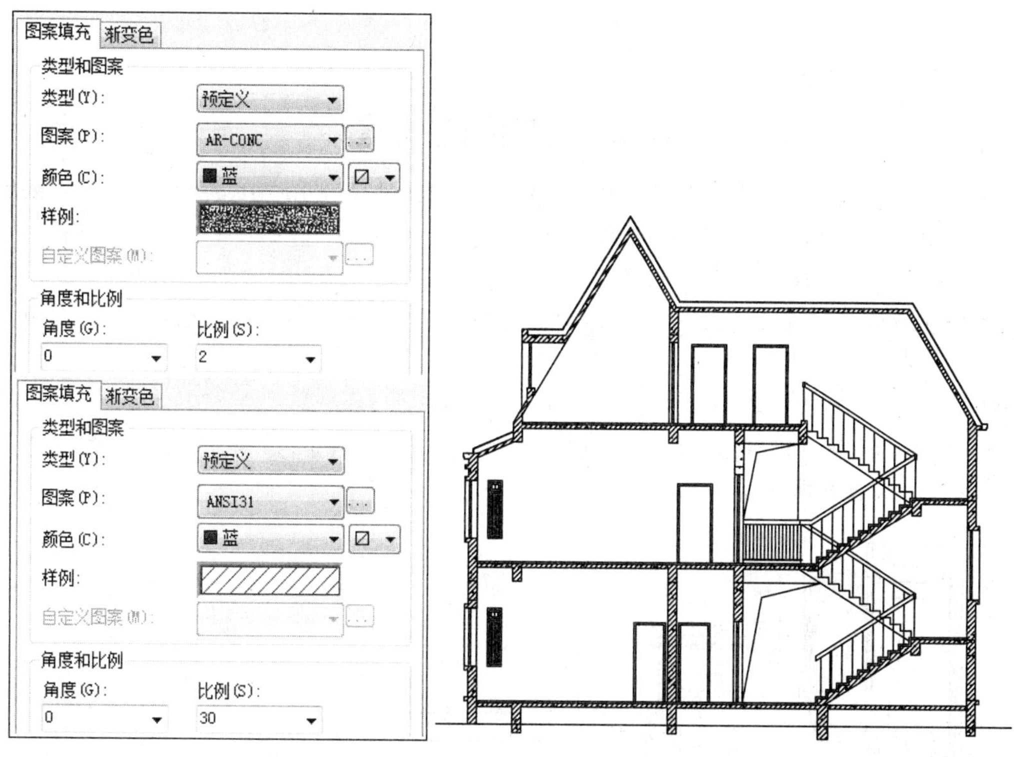

图 5-116　图案填充

16 将"尺寸标注"图层置为当前图层。

17 尺寸标注。执行 DLI（线性标注）命令、DCO（连续标注）命令，为剖面图绘制尺寸标注。

18 标高标注。执行 I（插入）命令，将标高图块插入至剖面图中；然后执行 CO（复制）命令，移动复制多个标高图块，并双击更改其标高值。

19 将"文字标注"图层置为当前图层。

20 图名标注。执行 MT（多行文字）命令，绘制图名及比例标注；执行 PL（多段线）命令，绘制宽度分别为 60、0 的下划线，如图 5-117 所示。

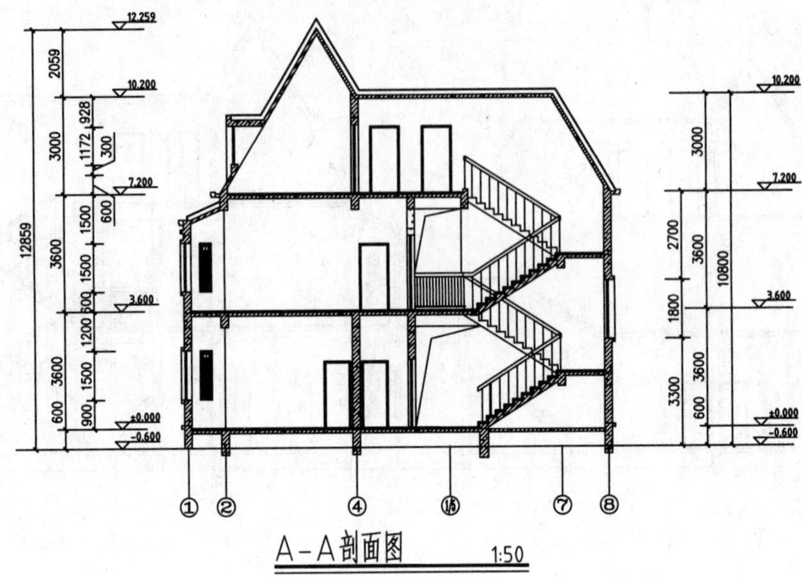

图 5-117　A—A 剖面图

5.6　绘制别墅详图

使用较大比例的图形来表示某一建筑部位的具体做法就是详图。本节使用 1:10 的比例来表示入口处台阶的制作方法，包括材料的使用、各细部之间的连接关系等。

01 新建“详图”图层，并将其置为当前。

02 绘制详图符号。执行 C（圆）命令，绘制半径为 300 的圆；执行 PL（多段线）命令，绘制宽度为 30、0 的多段线。

03 执行 MT（多行文字）命令，绘制详图符号，如图 5-118 所示。

04 绘制台阶轮廓线。执行 REC（矩形）命令、L（直线）命令、O（偏移）命令、TR（修剪）命令，绘制如图 5-119 所示的台阶轮廓线。

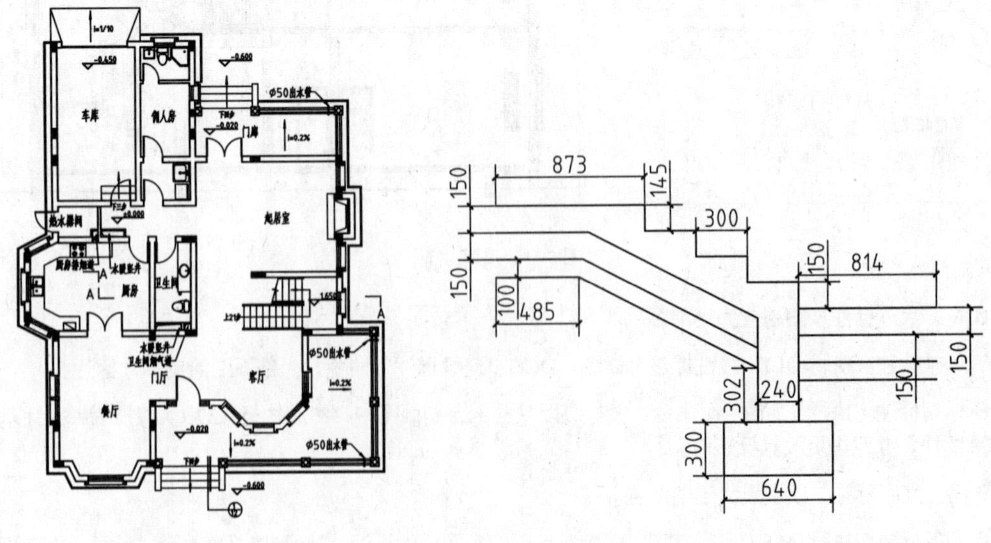

图 5-118　绘制详图符号

图 5-119　绘制台阶轮廓线

05 绘制水泥砂浆结合层。执行 O（偏移）命令，设置偏移距离为 20，选择楼梯轮廓线向上偏移；执行 F（圆角）命令，设置圆角半径为 0，对线段执行圆角操作，如图 5-120 所示。

06 绘制花岗岩铺装层。执行 O（偏移）命令、EX（延伸）命令，偏移并延伸线段；执行 TR（修剪）命令，修剪线段，如图 5-121 所示。

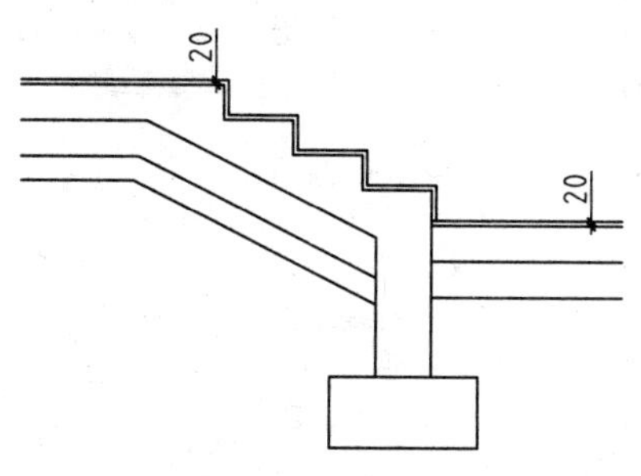

图 5-120　绘制水泥砂浆结合层

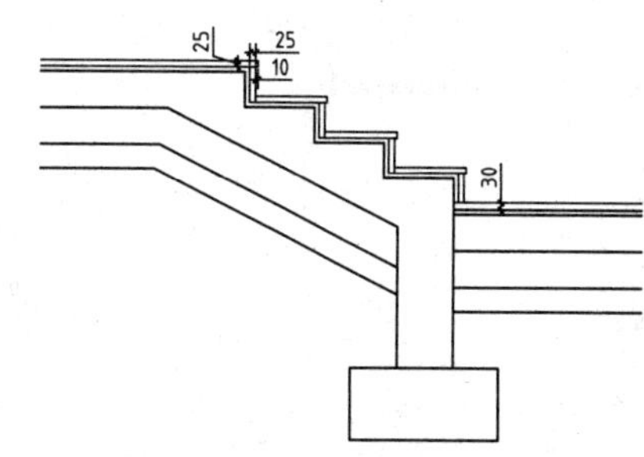

图 5-121　绘制花岗岩铺装层

07 绘制装饰柱。执行 REC（矩形）命令，绘制柱墩；执行 L（直线）命令，绘制圆柱轮廓线。

08 绘制挡墙轮廓线。执行 O（偏移）命令、L（直线）命令，绘制挡墙轮廓线，如图 5-122 所示。

09 执行 O（偏移）命令，设置偏移距离为 20，向上偏移挡墙轮廓线；执行 EX（延伸）命令、F（圆角）命令，编辑偏移得到的线段，如图 5-123 所示。

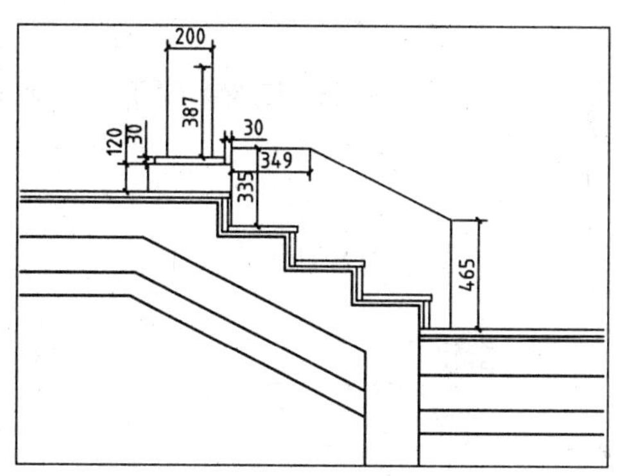

图 5-122　绘制挡墙轮廓线

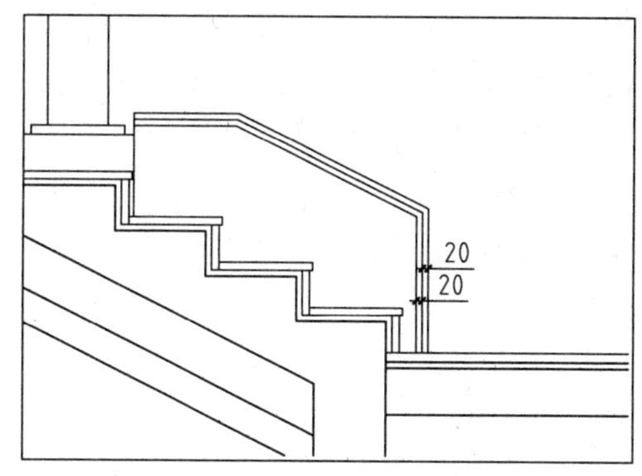

图 5-123　偏移并本节挡墙轮廓线

10 执行 PL（多段线）命令，绘制折断线；执行 TR（修剪）命令，修剪线段，如图 5-124 所示。

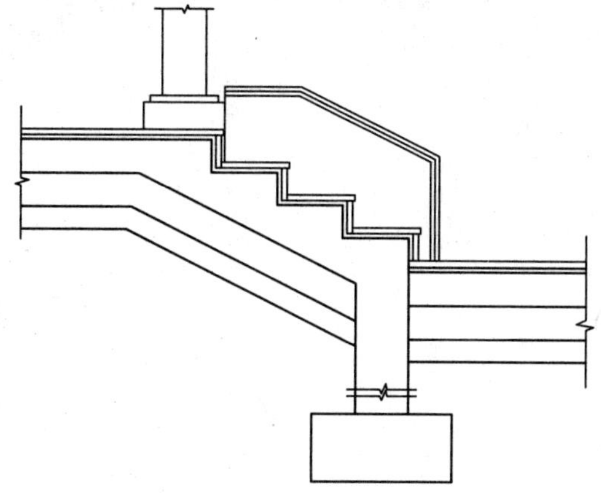

图 5-124　绘制折断线并修剪线段

11 执行 H（图案填充）命令，在弹出的“图案填充和渐变色”对话框中设置图案填充的参数，如图 5-125 所示。

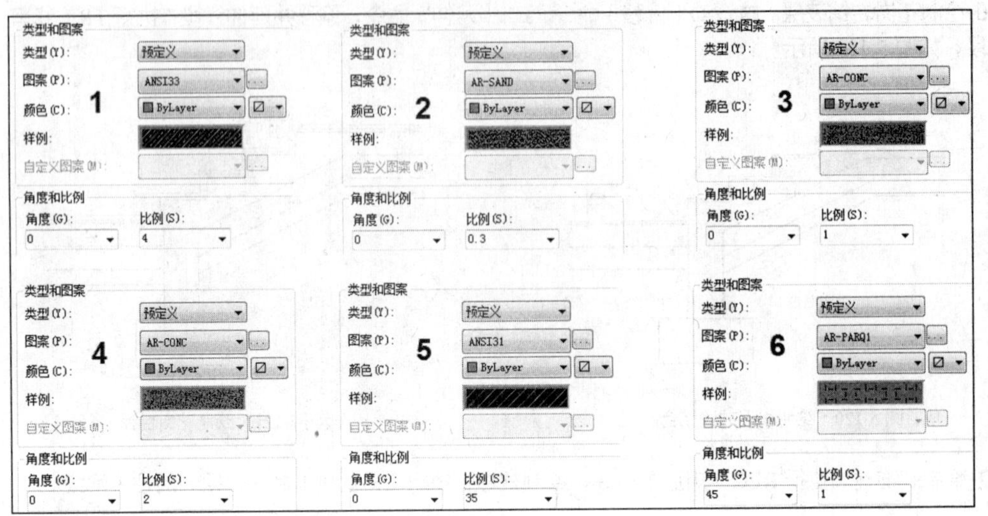

图 5-125　设置图案填充参数

12 对详图执行图案填充操作，如图 5-126 所示。

13 执行 E（删除）命令，删除素土夯实层的底部轮廓线。

14 执行“格式”→“多重引线样式”命令，在“修改多重引线样式：箭头引注”对话框中选择“引线格式”选项卡，在“箭头”选项组中更改“符号”的样式为“圆点”，“大小”为 20。

15 将“文字标注”图层置为当前图层。

16 材料标注。执行 MLD（多重引线）命令，绘制材料标注文字，如图 5-127 所示。

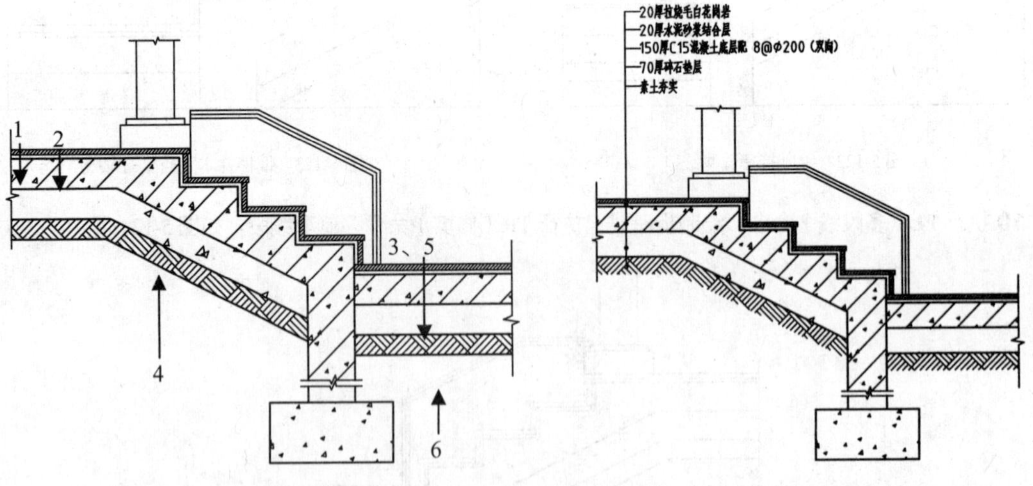

图 5-126　填充操作

图 5-127　绘制材料标注文字

17 将“尺寸标注”图层置为当前图层。

18 绘制轴线。执行 L（直线）命令，以柱墩的中点为起点绘制直线，并转换直线的图层，使其位于“轴线”图层上。

19 绘制轴号标注。执行 CO（复制）命令，从平面图中移动复制轴号至详图中。

20 尺寸标注。执行 DLI（线性标注）命令，为详图绘制尺寸标注，如图 5-128 所示。

21 将“文字标注”图层置为当前图层。

22 图名标注。执行 C（圆）命令，绘制半径为 70 的圆，并设置圆的厚度为 0.3mm；执行 MT（多行文字）命令，绘制图名及比例标注，如图 5-129 所示。

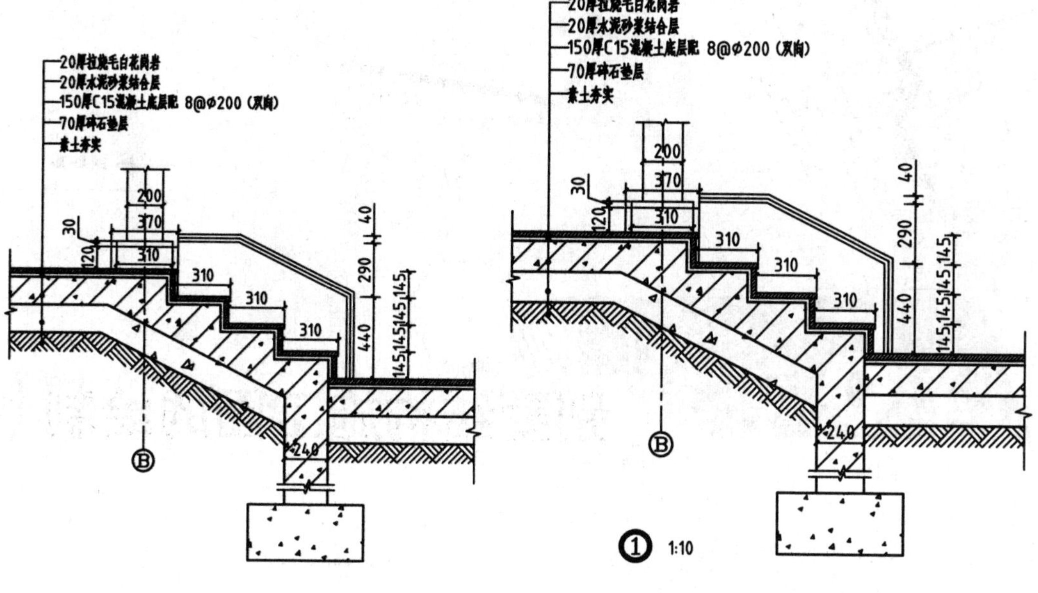

图 5-128　绘制标注　　图 5-129　绘制图名及比例标注

第6章 别墅结构施工图的绘制

本章导读

建筑结构施工图是构件制作、安装、编制施工图预算、编制施工进度和指导施工的重要依据。施工结构图的好坏可直接影响建筑的安全性。

本章介绍结构施工图的基础知识以及别墅基础平面图、别墅架空层结构平面图以及别墅二层楼板配筋图的绘制。

本章重点

- 了解结构施工图的内容和特点
- 掌握别墅基础平面图的绘制方法和技巧
- 掌握别墅架空层结构平面图的绘制方法和技巧
- 掌握别墅楼板配筋图的绘制方法和技巧

6.1 结构施工图识读基础

在学习绘制建筑结构施工图之前，应首先了解一下有关结构施工图的知识，如图纸的绘制要求、各类图形的表示方式等。

6.1.1 图线

现行的《建筑结构制图标准》GB/T 50105—2010 规定，在绘制建筑结构图样时应选用表 6-1 所示的图线，而且在选用图线时，应该考虑图样的复杂程度及比例大小。

其中，线宽 *b* 的选用应参考现行的《房屋建筑制图统一标准》GB/T 50001 中的相关规定。

表 6-1 图线

<table>
<tr><th colspan="2">名称</th><th>线型</th><th>线宽</th><th>一般用途</th></tr>
<tr><td rowspan="4">实线</td><td>粗</td><td></td><td>b</td><td>螺栓、钢筋线、结构平面图中的单线结构构件线，钢木支撑及系杆线，图名下横线、剖切线</td></tr>
<tr><td>中粗</td><td></td><td>0.7b</td><td>结构平面图及详图中剖到或可见的墙身轮廓线、基础轮廓线、钢、木结构轮廓线、钢筋线</td></tr>
<tr><td>中</td><td></td><td>0.5b</td><td>结构平面图及详图中剖到或可见的墙身轮廓线、基础轮廓线、可见的钢筋混凝土轮廓线、钢筋线</td></tr>
<tr><td>细</td><td></td><td>0.25b</td><td>标注引出线、标高符号线、索引符号线、尺寸线</td></tr>
<tr><td rowspan="4">虚线</td><td>粗</td><td></td><td>b</td><td>不可见的钢筋线、螺栓线、结构平面图中不可见的单线结构构件线及钢、木支撑线</td></tr>
<tr><td>中粗</td><td></td><td>0.7b</td><td>结构平面图中的不可见构件、墙身轮廓线及不可见钢、木结构构造线、不可见的钢筋线</td></tr>
<tr><td>中</td><td></td><td>0.5b</td><td>结构平面图中的不可见构件、墙身轮廓线及不可见钢、木结构构件线、不可见的钢筋线</td></tr>
<tr><td>细</td><td></td><td>0.25b</td><td>基础平面图中的管沟轮廓线、不可见的钢筋混凝土构件轮廓线</td></tr>
<tr><td rowspan="2">单点长画线</td><td>粗</td><td></td><td>b</td><td>柱间支撑、垂直支撑、设备基础轴线、图中的中心线</td></tr>
<tr><td>细</td><td></td><td>0.25b</td><td>定位轴线、对称线、中心线、重心线</td></tr>
<tr><td rowspan="2">双点长画线</td><td>粗</td><td></td><td>b</td><td>预应力钢筋线</td></tr>
<tr><td>细</td><td></td><td>0.25b</td><td>原有结构轮廓线</td></tr>
<tr><td colspan="2">折断线</td><td></td><td>0.25b</td><td>断开界线</td></tr>
<tr><td colspan="2">波浪线</td><td></td><td>0.25b</td><td>断开界线</td></tr>
</table>

6.1.2 比例

在绘制结构图样时，应优先选用表 6-2 中的常用比例，但是不排除特殊情况下也可选用可用比例。

表 6-2　比例

图名	常用比例	可用比例
结构平面图 基础平面图	1:50、1:100、1:150	1:60、1:200
圈梁平面图、总图中管沟、地下设施等	1:200、1:500	1:300
详图	1:10、1:20、1:50	1:5、1:30、1:25

6.1.3　认识钢筋混凝土

由字面可以得知，钢筋混凝土是由钢筋与混凝土组成。混凝土是指由水泥、石、砂和水按一定比例配合，浇注入模，经养护硬化后得到的人造石材。钢筋具有较强的抗压强度和抗拉强度，在混凝土构件的受拉区配置一定数量的钢筋，在两种材料黏结成一个整体后，可以共同承受外力。

1．钢筋的作用及分类

钢筋混凝土构件中所配置的钢筋构造如图 6-1 所示。

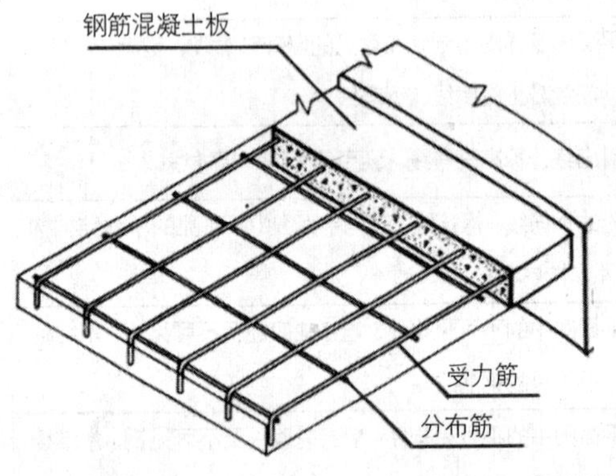

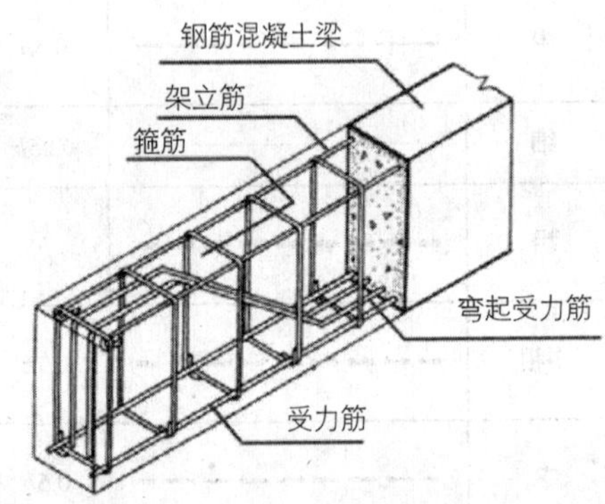

图 6-1　配筋构造

- 受力筋：用来承受混凝土构件中的拉力或压力，配置在梁、板、柱等承重构件中。
- 分布筋：一般用在钢筋混凝土板中，用于将外力均匀地分布到受力筋上，同时固定受力筋的位置。
- 架立筋：用来固定箍筋的位置，并形成构件的钢筋骨架。
- 箍筋：用在梁或柱中，作用为固定受力钢筋的位置，并承受剪力。

2．钢筋的表示方法

混凝土构件中的钢筋可以分为直的、弯的、带钩的、不带钩等，在绘制结构施工图时，需要将钢筋的种类表示清楚。

《建筑结构制图标准》GB/T 50105—2010 中规定了钢筋的一般表示方法，见表 6-3。

3．钢筋的标注

结构图中需要对钢筋绘制引线标注，以表示钢筋的种类、大小、根数等，大多采用引出标注来绘制钢筋标注。钢筋标注的形式及含义如图 6-2 所示。

表 6-3 钢筋的一般表示方法

序号	名称	图例	说明
1	钢筋横断面	●	——
2	无弯钩的钢筋端部		下图表示长、短钢筋投影重叠时，短钢筋的端部用 45° 短斜线表示
3	带半圆弯钩的钢筋端部		——
4	带直钩的钢筋端部		——
5	带丝扣的钢筋端部		——
6	无弯钩的钢筋搭接		——
7	带半圆弯钩的钢筋搭接		——
8	带直钩的钢筋搭接		——

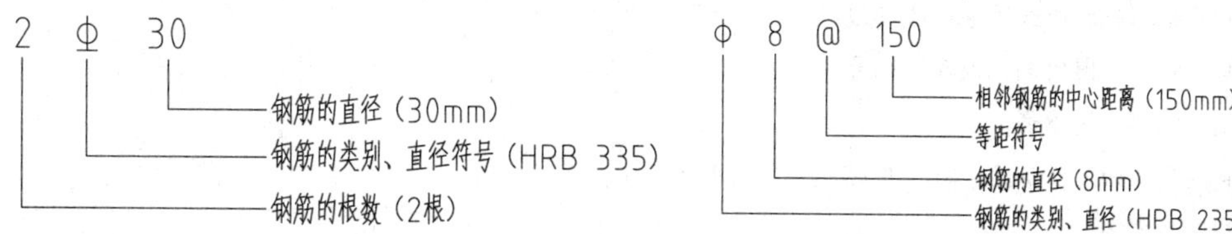

图 6-2 钢筋标注

6.1.4 基础施工图

1. 基础平面图

基础平面图是使用一个假想的水平剖切面沿着房屋底层室内地面附近将整栋房屋切开，将剖切面以上的房屋及基础四周的图层移开后，向下做正投影所得到的水平剖面图。

在基础平面图中，可以省略其他细部的轮廓线不画（因为它们会在基础详图中）；而仅绘制基础墙、柱轮廓线及基础底部轮廓线、基础梁等构件。

基础平面图中所使用的比例、图例以及所标注的轴线编号和轴线尺寸均应与建筑平面图相吻合，以便识图。不同类型的基础、柱应使用代号 J、Z 等来表示。图 6-3 所示为某住宅楼基础平面图。

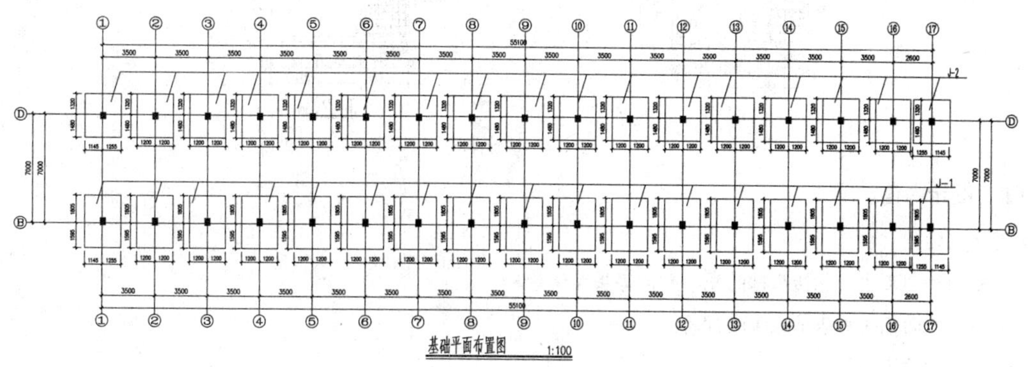

图 6-3 基础平面图

❑ 图示内容

➢ 图名和比例。使用的比例与建筑平面图相同，一般为 1:100 或 1:200。

➢ 定位轴线及其编号和轴线间的尺寸。基础平面图应绘制与建筑平面图相符合的定位轴线及编号、轴线间的尺寸。

- 基础的平面布置、基础底面的宽度。
- 基础墙、柱、基础梁的布置及代号。
- 基础的编号、基础断面的剖切位置和编号。
- 管沟的位置及宽度，管沟墙及沟盖板的布置。
- 施工说明文字。使用文字来说明基础的材料等级、地基承载力以及施工注意事项等。

❑ 识图要领

- 首先阅读施工说明文字，初步了解有关材料的使用及施工要求。
- 阅读轴线网时与建筑平面图相对照，两者必须相吻合。
- 了解墙体厚度、基础宽、预留洞的位置和尺寸。
- 当基础截面形状、尺寸不同时，均标注了不同的剖切符号，可以根据剖切符号来查阅基础详图。

❑ 绘图方法

- 首先绘制与建筑平面图相一致的定位轴网。
- 绘制基础墙柱的边线及基础底部边线。
- 绘制不同断面图的剖切线及其编号。
- 绘制其他部位轮廓线。
- 绘制轴线间的尺寸标注，标注基础及墙柱的平面尺寸。
- 绘制说明文字。

2. 基础详图

使用铅垂剖切平面沿着垂直于定位轴线方向切开基础所得到的断面图称为基础详图，反映了基础各细部的形状、大小、材料以及构造、基础的深埋等情况。

基础详图常使用 1:20、1:25、1:30 的比例来绘制。图 6-4 所示为某办公楼基础详图。

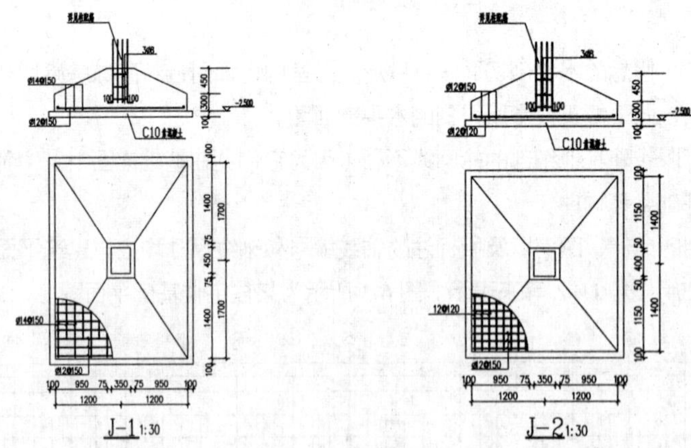

图 6-4 基础详图

❑ 图示内容

- 图名及比例。
- 基础的细部尺寸，包括基础的宽、高、垫层厚度等。
- 室内外地面标高和基础底面的标高。
- 基础梁的位置以及尺寸。
- 基础、垫层的材料、强度等级及配筋情况等。
- 防潮层的做法及位置。
- 施工说明文字。

❑ 基础详图的识图要领

➢ 根据基础平面图中的图名、详图的代号、基础的编号、剖切符号来查阅基础详图。

➢ 了解基础断面形状、大小、材料以及配筋等情况。

➢ 根据基础的室内外标高以及基底标高计算出基础的高度和埋置深度。

➢ 阅读并了解基础梁的尺寸及配筋情况。

➢ 阅读并了解基础墙防潮层及垫层的位置和做法。

❑ 绘图方法

➢ 首先绘制基础的定位轴线。

➢ 然后绘制室内外地面的位置线，根据基础各部分的高、宽等尺寸绘制基础、基础墙等断面的轮廓线。

➢ 绘制基础梁、基础底板配筋等内部构造的情况。

➢ 绘制室内外地面、基础底面的标高及细部的尺寸标注。

➢ 绘制施工说明文字。

3. 结构平面布置图

使用一假想水平剖切平面在所要表明的结构层未抹灰时的表面处水平切开，向下做正投影而得到的水平投影图，称为结构平面布置图。用来表示房屋每层的梁、板、柱、墙等承重构件的平面位置，借以说明各构件在房屋中的位置以及它们之间的构造关系。

图 6-5 所示为某办公楼楼层结构平面布置图。

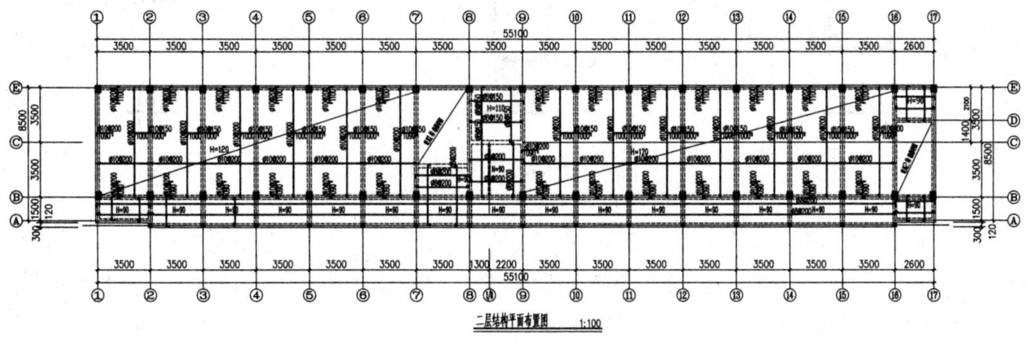

图 6-5 楼层结构平面布置图

❑ 图示内容

➢ 图名、比例。比例与建筑平面图的比例相同，常用比例为 1:100、1:200。

➢ 定位轴线及编号。

➢ 柱、梁、墙的布置情况及其编号。

➢ 现浇板的布置、配筋状况、厚度、标高、编号及预留孔洞的大小和位置。

➢ 预制板的位置、数量、编号、型号以及索引图集号等。

➢ 墙体的厚度、构造柱及圈梁、过梁的位置和编号。

➢ 详图索引符号及有关的剖切符号。

➢ 预制构件标准图集编号、材料要求等。

❑ 识图要领

➢ 阅读并了解轴线间尺寸、建筑的总长、总宽尺寸。

➢ 阅读并了解定位轴线及编号是否与建筑平面图相一致。

➢ 阅读并了解结构层中楼板的平面位置及组合情况。在结构平面布置图中，通常使用对象线（即细实线）来表示板的布置范围。

➢ 阅读并了解现浇板的厚度、标高以及支撑在墙上的长度。

➢ 阅读并了解现浇板中钢筋的布置及钢筋编号、长度、直径、级别、数量等。

➢ 阅读并了解各节点详图的剖切位置。

➢ 阅读并了解梁、板的标高，明确圈梁、过梁构造柱等的布置情况。

❑ 绘图方法

➢ 绘制与建筑平面图相吻合的定位轴网。

➢ 绘制平面外轮廓、楼板下的不可见墙身线和门窗洞口的位置线及梁的平面轮廓线等。

➢ 注明预制板的数量、代号、编号；绘制现浇板中钢筋的布置，并注明钢筋的编号、规格、间距、数量等。

➢ 对断面图的剖切位置及编号进行标注。

➢ 标注轴线编号及图形各部分的尺寸、楼面的结构标高等。

➢ 绘制施工说明文字。

4. 结构详图

结构详图用来表示建筑物各承重构件的形状、大小、材料、构造及连接情况等。如图 6-6 所示为梁的配筋图。

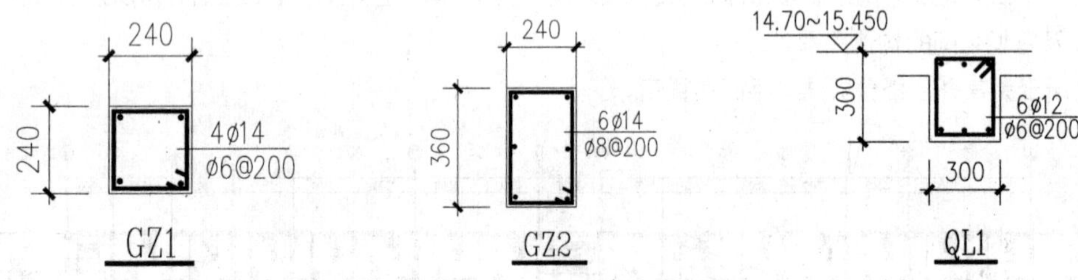

图 6-6 梁的配筋图

❑ 图示内容

➢ 图名、比例。因为梁、柱的长度比其断面高度及宽度要大，因此立面图与断面图采用不同的比例来绘制。

➢ 梁、柱的长度、截面尺寸、梁底标高以及配筋状况。

➢ 断面图的剖切位置及数量。

➢ 钢筋详图以及钢筋表。

❑ 识图要领

➢ 先看图名，然后看立面图及断面图，最后看钢筋详图及钢筋表。

➢ 从立面图中的剖切位置线来确定断面图的剖切位置。然后通过断面图来了解梁、柱的断面形状、钢筋布置及变化的情况。

➢ 通过钢筋详图来了解每种钢筋的编号、根数、直径、各段设计长度以及弯起角度。从钢筋表中也可了解构件的名称、数量、钢筋规格、简图、长度及重量等。

➢ 阅读并了解预埋件的位置、形状和大小。

6.2 绘制别墅基础平面图

基础施工图是表示建筑物在相对标高 ± 0.000 以下，基础部分的平面布置及详细构造的图样。基础施工图是施工时在地基上放样、确定基础结构的位置、开挖基坑及砌筑基础的根据。

基础施工图包括基础平面图、基础详图以及施工说明文字三部分。

本节介绍别墅基础平面图及施工说明文字的绘制，另外提供基础详图供读者参考。

6.2.1 设置绘图环境

绘图环境的各项参数设置可参照 2.3 节中的介绍方式来进行，本节主要介绍创建图层的各项参数。

01 启动 AutoCAD 2020 应用程序，系统可自动新建一个空白文件。

02 创建图层。单击“图层”工具栏上的“图层特性管理器”按钮，如图 6-7 所示。

图 6-7 “图层”工具栏

03 系统弹出“图层特性管理器”对话框，在其中创建绘制基础平面图所需要的图层，如图 6-8 所示。

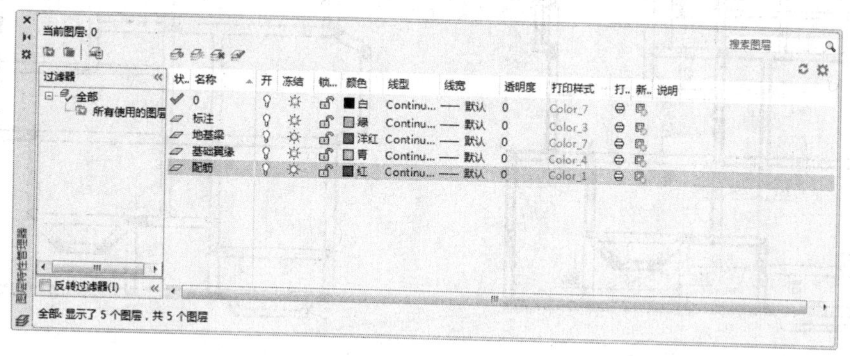

图 6-8 创建图层

04 此外，沿用 5.2 节所介绍的方法，分别设置绘图单位、标注样式、文字样式等，以完成绘图环境的设置。

6.2.2 绘制地基梁

地基梁（也称基础梁或柱下条形基础）是整体式基础，是钢筋混凝土基础梁。通过偏移、编辑墙线来得到地基梁的外轮廓线，新增地基梁图形可通过偏移及编辑轴线来绘制。

01 整理图形。执行 CO（复制）命令，复制一份别墅一层平面图。

02 执行 TR（修剪）命令、E（删除）命令，修剪或删除平面图上的图形；执行 L（直线）命令、O（修剪）命令，对图形执行编辑修改操作，如图 6-9 所示。

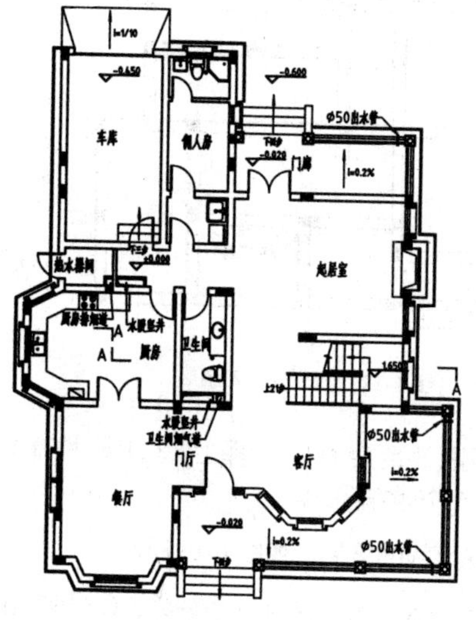

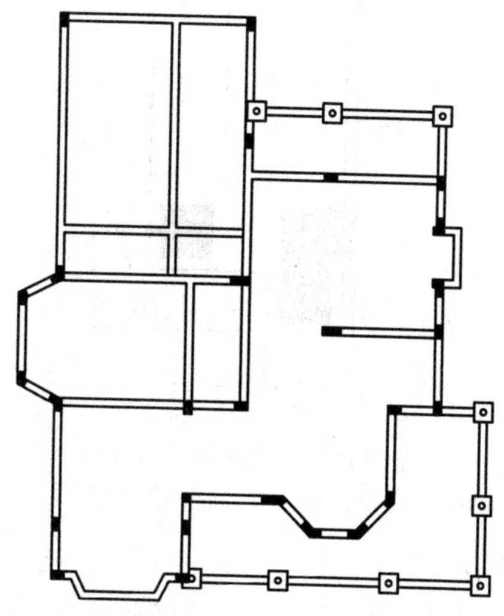

图 6-9 整理图形

03 将“地基梁”图层置为当前图层。

04 绘制墙体地基梁。执行 O（偏移）命令，设置偏移距离为 55，选择墙线分别向两边偏移；执行 TR（修剪）命令，修剪线段。

05 删除墙线，绘制地基梁轮廓线，如图 6-10 所示。

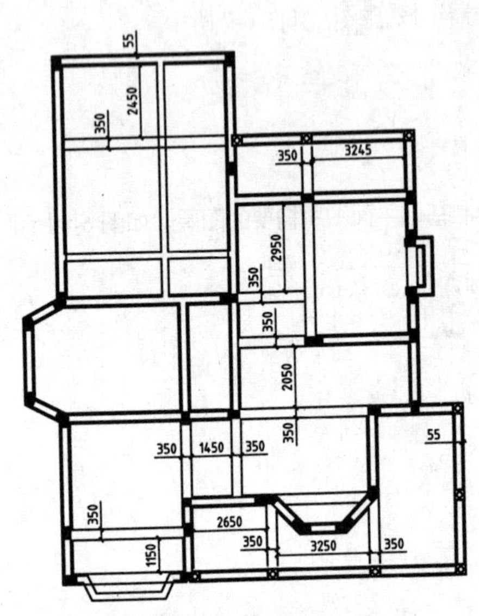

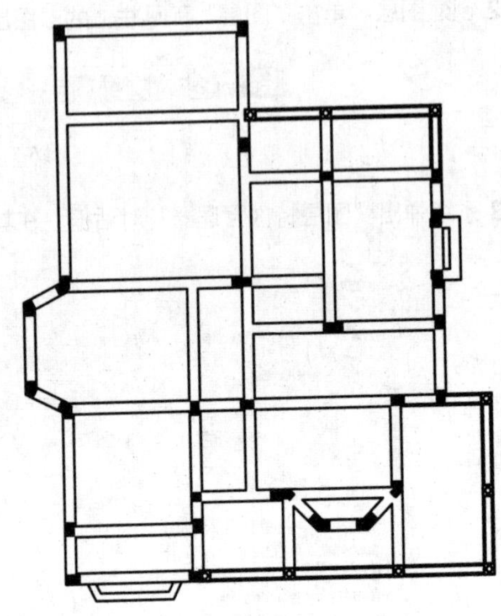

图 6-10　绘制墙体地基梁轮廓线

06 绘制柱子。执行 REC（矩形）命令，绘制尺寸为 240×240 的矩形；执行 H（图案填充）命令，选择 SOLID 图案，对矩形执行填充操作，如图 6-11 所示。

07 执行 E（删除）命令，删除栏杆轮廓线，保留地基梁轮廓线，如图 6-12 所示。

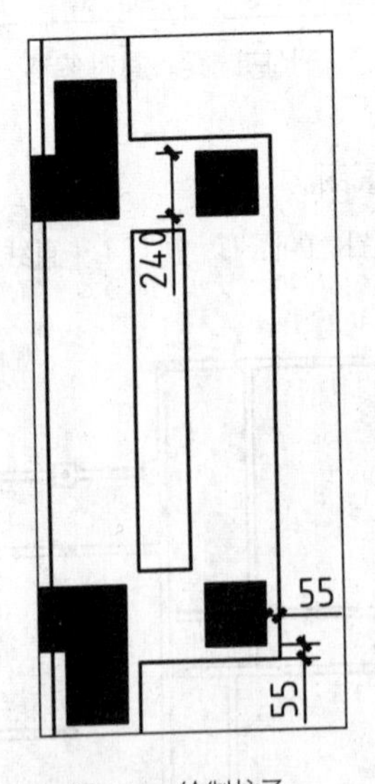

图 6-11　绘制柱子

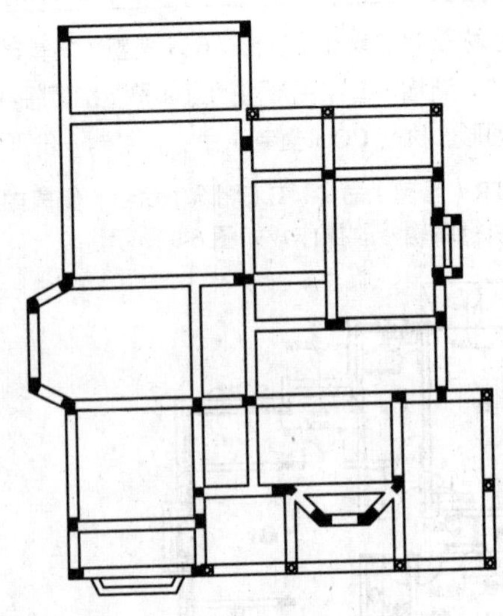

图 6-12　删除栏杆轮廓线

08 绘制立面柱地基梁轮廓线。执行 O（偏移）命令，设置偏移距离为 115，选择立面柱矩形地基向外偏移；执行 E（删除）命令，删除立面柱矩形地基图形（即尺寸为 370×370 的矩形）。

09 执行 TR（修剪）命令，修剪线段，完成立面柱地基梁轮廓线的绘制，如图 6-13 所示。

10 新增地基梁图形。执行 O（偏移）命令，设置偏移距离为 120，分别选择③号轴线、G 号轴线向两侧偏移；执行 MA（特性匹配）命令、TR（修剪）命令，编辑偏移得到的轴线，如图 6-14 所示。

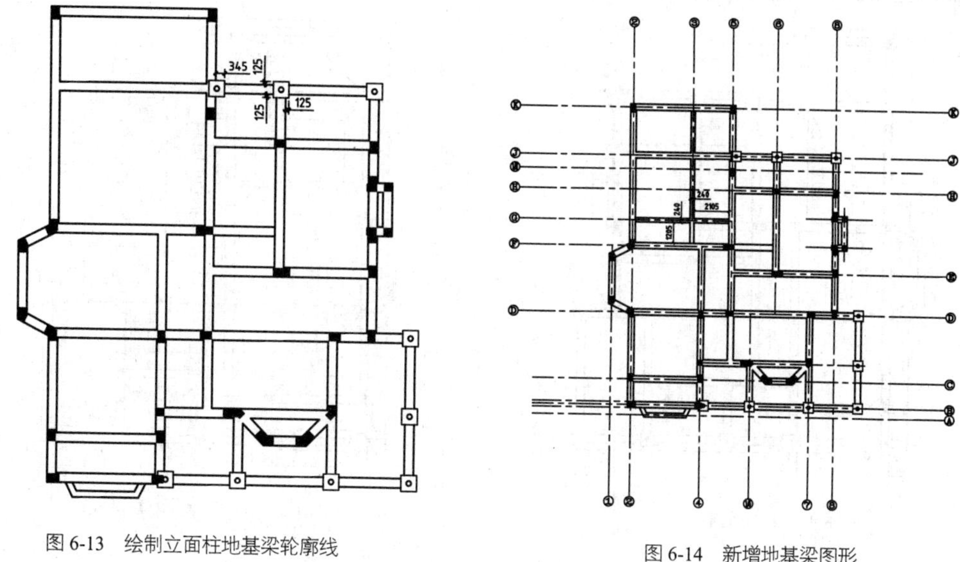

图 6-13　绘制立面柱地基梁轮廓线

图 6-14　新增地基梁图形

6.2.3　绘制基础翼缘

基础翼缘的宽度与截面受弯压力相关，即翼缘越大，对截面受弯越有利。可以通过偏移地基梁轮廓线来绘制翼缘。

01 将“基础翼缘”图层置为当前图层。

02 绘制房屋基础翼缘轮廓线。执行 O（偏移）命令，选择墙体地基梁轮廓线向外偏移；执行 TR（修剪）命令，修剪线段，如图 6-15 所示。

03 执行 L（直线）命令，绘制对角线，如图 6-16 所示。

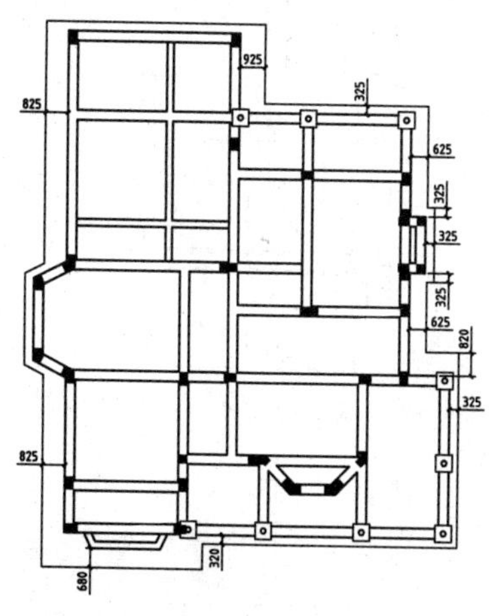

图 6-15　绘制房屋基础翼缘轮廓线

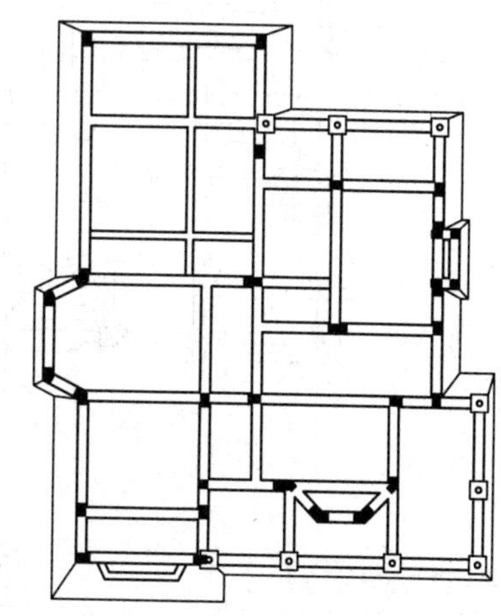

图 6-16　绘制对角线

04 执行 EX（延伸）命令，选择基础翼缘轮廓线为延伸边界，选择墙体地基梁轮廓线为延伸对象，对图形执行延伸操作。

05 执行 TR（修剪）命令，修剪线段，编辑结果如图 6-17 所示。

06 绘制房屋内部基础翼缘。执行 O（偏移）命令，选择地基梁轮廓线向内偏移；执行 TR（修剪）命令，修剪线段。

07 执行 L（直线）命令，绘制对角线，绘制房屋内部基础翼缘，如图 6-18 所示。

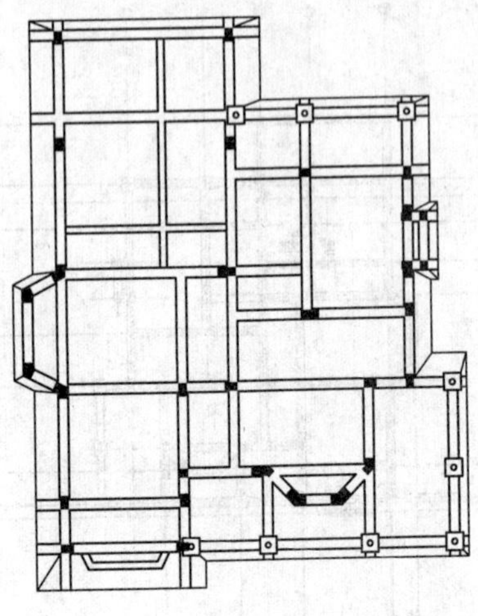

图 6-17　编辑结果

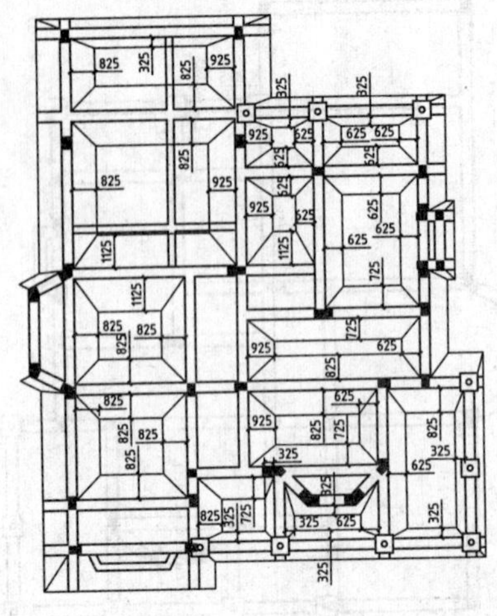

图 6-18　绘制房屋内部基础翼缘

08 将“配筋”图层置为当前图层。

09 绘制配筋。执行 PL（多段线）命令，在命令行提示“指定下一个点或 [圆弧(A)/半宽(H)/长度(L)/放弃(U)/宽度(W)]:”时，输入 W，选择“宽度”选项；指定起点宽度、端点宽度均为 60。

10 然后根据命令行的提示，指定多段线的起点、下一点，绘制配筋，如图 6-19 所示。

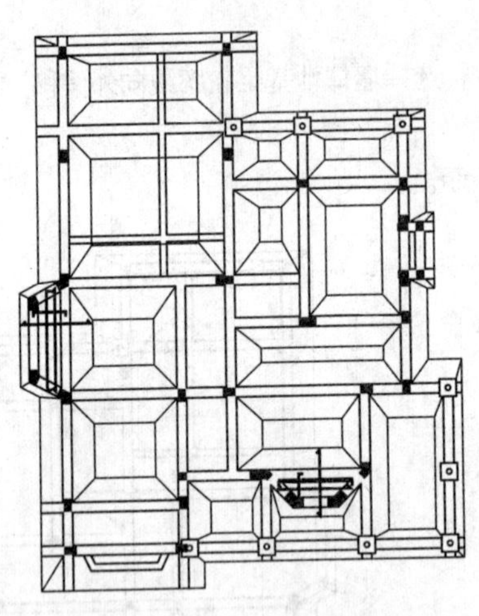

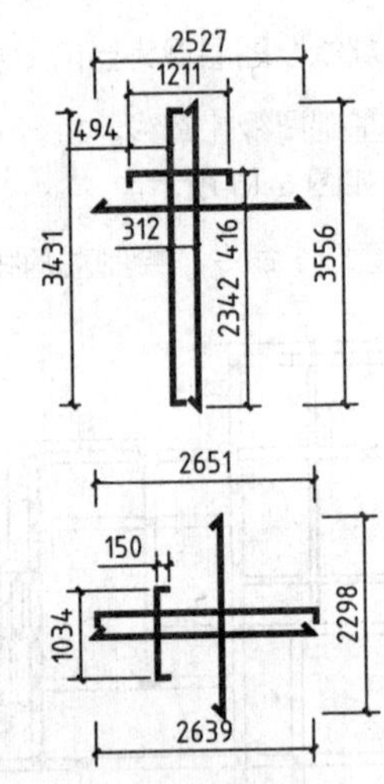

图 6-19　绘制配筋

6.2.4　绘制标注

图形绘制完成之后，要对梁、配筋等绘制文字标注，以表示其编号、尺寸等信息，为施工准备材料提供依据。

01 将“标注”图层置为当前图层。

02 绘制文字标注。执行 L（直线）命令，绘制标注引线；执行 MT（多行文字）命令，绘制标注文字，如图 6-20 所示。

03 执行 E（删除）命令，删除门窗细部尺寸标注，保留轴线间尺寸标注及房屋总开间、总进深标注。

04 绘制图名标注。执行 MT（多行文字）命令，绘制图名和比例标注；执行 PL（多段线）命令，分别绘制宽度为 100、0 的下划线，如图 6-21 所示。

05 绘制说明文字。执行 MT（多行文字）命令，绘制施工说明文字，以表示材料用法、施工注意事项等情况，如图 6-22 所示。

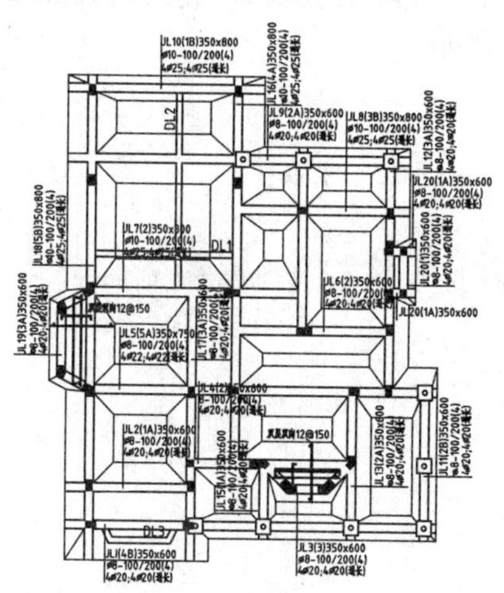

图 6-20　绘制文字标注

基础平面布置图　1:100

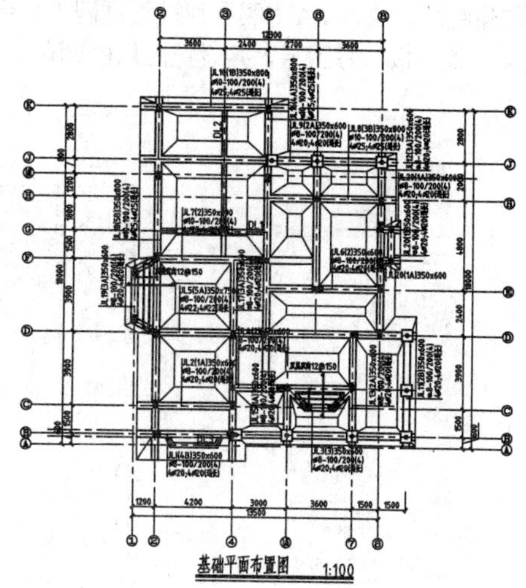

图 6-21　绘制图名标注

06 由于本书篇幅有限，此处便不介绍梁详图的具体绘制方法；吊车梁（DL）详图如图 6-23 所示，在查看基础平面图时，应结合梁详图及说明文字一起查看，以正确了解图纸所表达的意义。

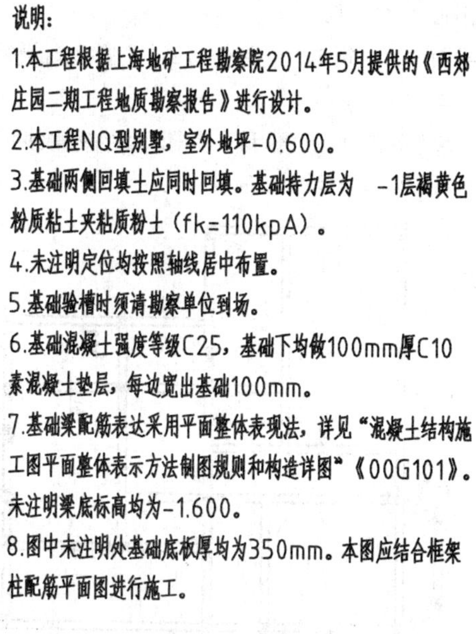

说明：
1.本工程根据上海地矿工程勘察院2014年5月提供的《西郊庄园二期工程地质勘察报告》进行设计。
2.本工程NQ型别墅，室外地坪-0.600。
3.基础两侧回填土应同时回填。基础持力层为 -1层褐黄色粉质粘土夹粘质粉土（fk=110kpA）。
4.未注明定位均按照轴线居中布置。
5.基础验槽时须请勘察单位到场。
6.基础混凝土强度等级C25，基础下均做100mm厚C10素混凝土垫层，每边宽出基础100mm。
7.基础梁配筋表达采用平面整体表现法，详见“混凝土结构施工图平面整体表示方法制图规则和构造详图”《00G101》。未注明梁底标高均为-1.600。
8.图中未注明处基础底板厚均为350mm。本图应结合框架柱配筋平面图进行施工。

图 6-22　绘制施工说明文字

3Ø20
Ø8-150
Ø8@300
2Ø12
600
3Ø22
基底标高+0.400
240
DL1 1:25
3Ø18
基底标高+0.400
400
Ø8-150
3Ø18
240
DL2 1:25
3Ø18
400
Ø8-150
基底标高+0.400
3Ø18
240
DL3 1:25

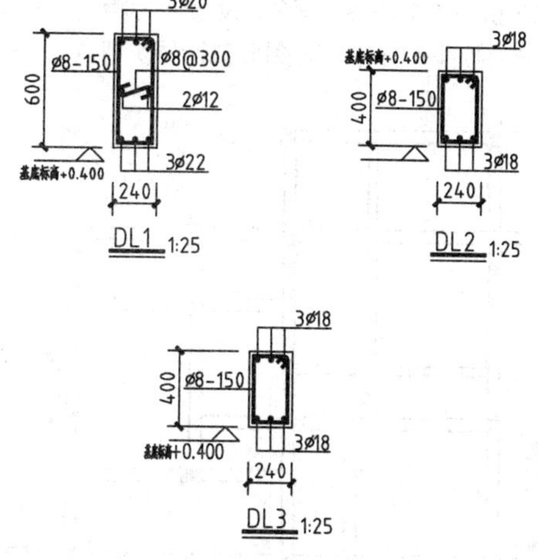

图 6-23　绘制梁详图

6.3　绘制别墅架空层结构平面图

房屋的架空层结构平面图用来表示房屋上部各承重结构或构件的布置图样，是施工布置和安放各层承重构件的依据。

6.3.1　设置绘图环境

下面介绍在绘制架空层结构平面图时所要用到的各类图层的设置，包括“架空板”图层、“细线”图层等。

01 启动 AutoCAD 2020，在系统自动创建的空白文件的基础上，按照 5.2 节所介绍的设置绘图环境的操作方法，分别设置文字样式、标注样式以及绘图单位等。

02 创建图层。执行 LA（图层特性管理器）命令，系统弹出“图层特性管理器”对话框。在其中创建名称为“标注”、“架空板”等图层，并设置图层的颜色，如图 6-24 所示。

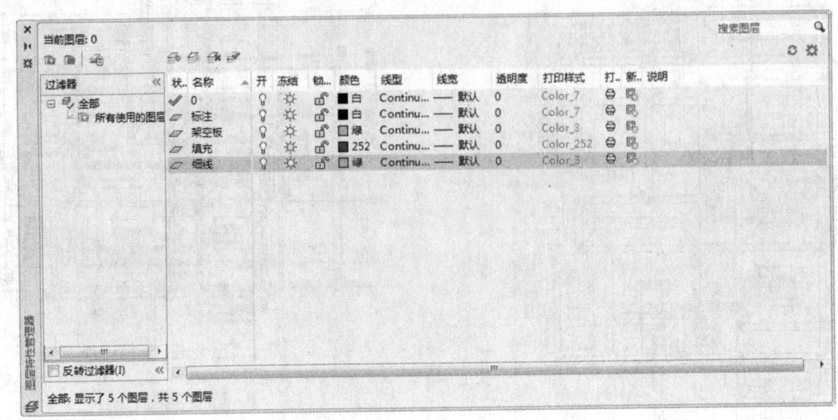

图 6-24 【图层特性管理器】对话框

6.3.2 整理图形

通过编辑修剪基础平面图，可以得到架空层结构平面图的墙柱图形。

01 执行 CO（复制）命令，移动复制一份别墅基础平面图；执行 E（删除）命令，删除基础翼缘、文字标注等图形。

02 执行 O（偏移）命令，设置偏移距离为 55，选择地基梁轮廓线向内偏移，使得两侧的轮廓线距离为 240；执行 TR（修剪）命令，对图形执行修剪操作，完成图形整理，如图 6-25 所示。

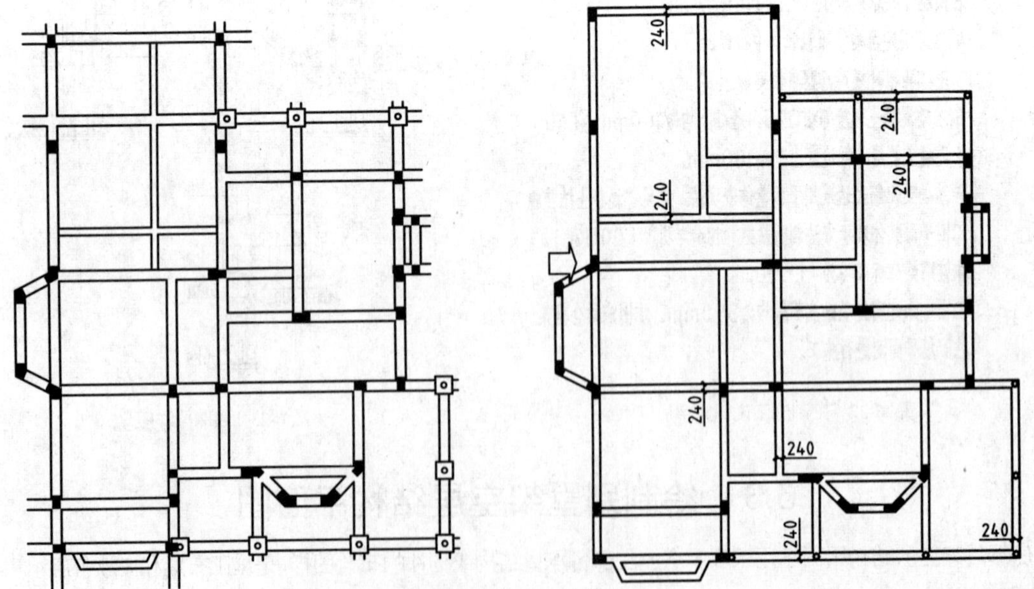

图 6-25 整理图形

6.3.3 绘制结构平面图

绘制架空层结构平面图较为简单，首先确定补缺板的区域，然后绘制填充图案以方便识别；再次绘制架空板的标志，最后绘制文字标注，即可完成架空层结构平面图的绘制。

01 复制楼梯图形。打开“5.2 别墅一层平面图.dwg”文件，从中复制楼梯平面图至当前图形中.注意，要将楼梯图形移至楼梯间中。

02 执行 TR（修剪）命令、E（删除）命令、EX（延伸）命令，编辑楼梯图形，如图 6-26 所示。

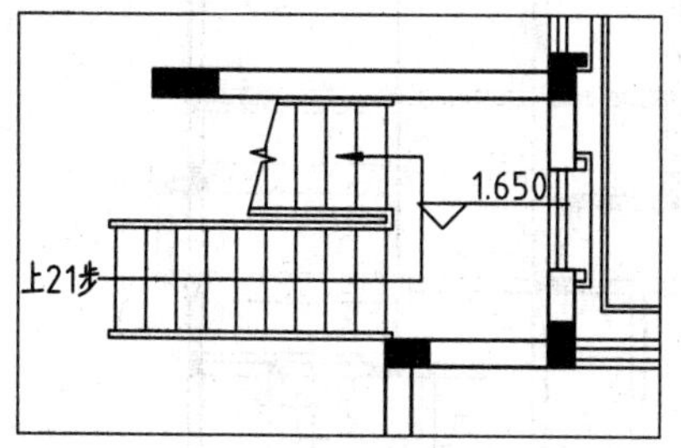

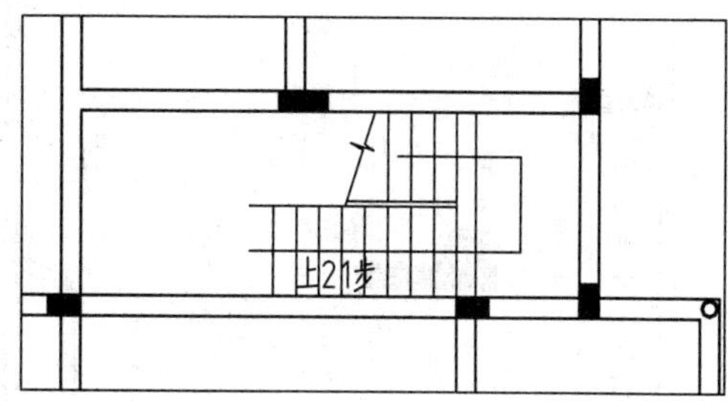

图 6-26　编辑楼梯图形

03 绘制柱子。执行 REC（矩形）命令，绘制尺寸为 240×240 的矩形；执行 H（图案填充）命令，在“图案填充和渐变色”对话框中选择 SOLID 图案，以矩形为填充区域执行图案填充操作，如图 6-27 所示。

04 将“细线”图层置为当前图层。

05 绘制补缺板轮廓线。执行 O（偏移）命令，选择地基梁轮廓线向内偏移；执行 TR（修剪）命令，修剪线段，如图 6-28 所示。

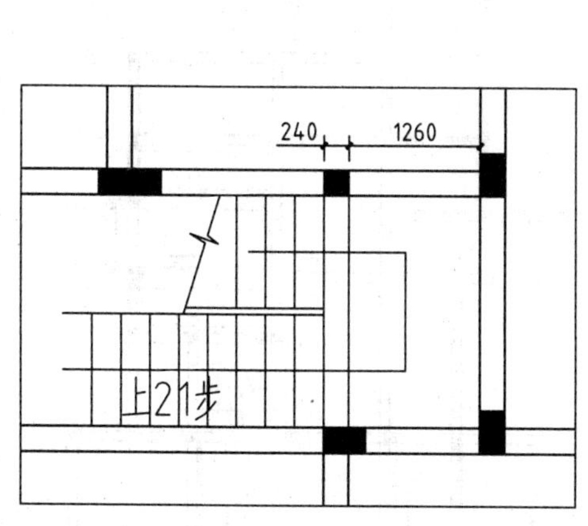

图 6-27　绘制柱子

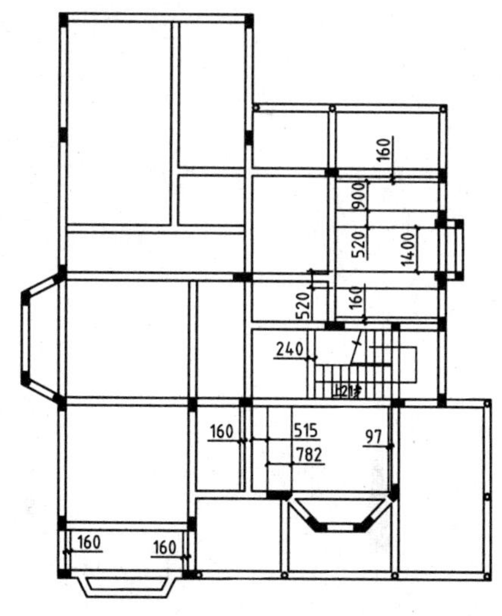

图 6-28　绘制补缺板轮廓线

06 将“填充”图层置为当前图层。

07 执行 H（图案填充）命令，在“图案填充和渐变色”对话框中分别选择 ANSI31、AR-CONC 图案，对图形执行填充操作，如图 6-29 所示。

08 将“架空板”图层置为当前图层。

09 绘制架空板标志。执行 PL（多段线）命令，绘制起点宽度为 70、端点宽度为 0 的指示箭头；执行 MI（镜像）命令，在水平方向上指定镜像线的起点和终点，对箭头图形执行镜像复制操作。

10 执行 CO（复制）命令，移动复制架空板标志至图形的其他区域，如图 6-30 所示。

11 将“细线”图层置为当前图层。

12 执行 L（直线）命令，绘制对角线，如图 6-31 所示。

13 将“标注”图层置为当前图层。

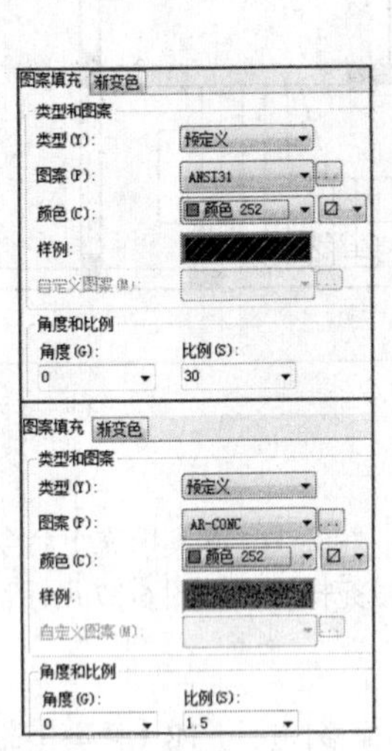

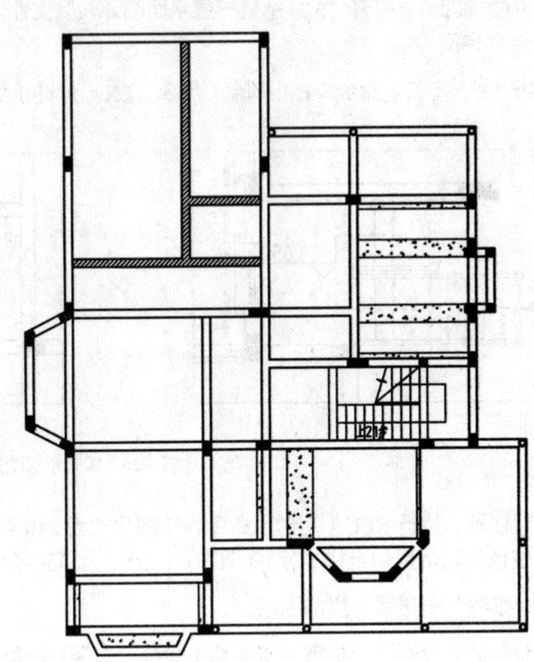

图 6-29　图案填充操作

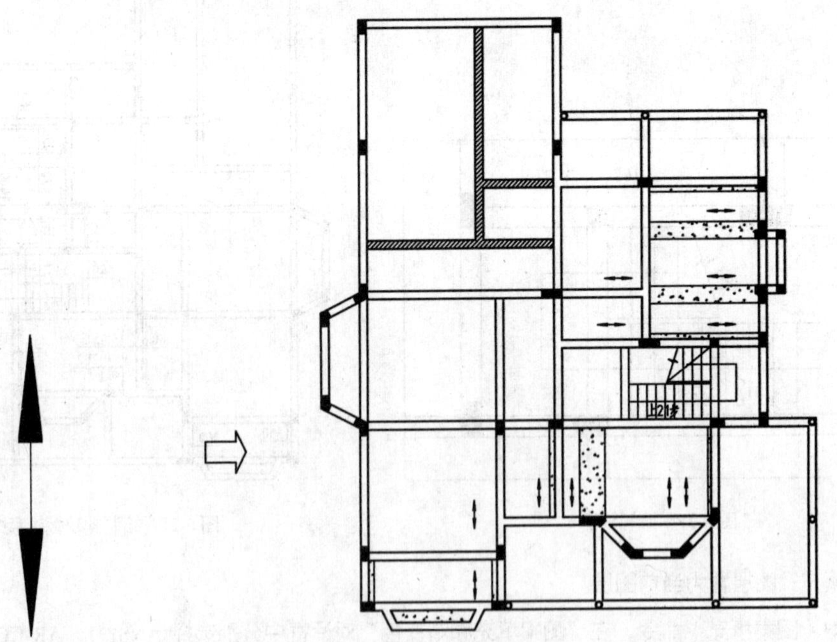

图 6-30　绘制架空板标志

14 执行 MT（多行文字）命令，绘制文字标注，如图 6-32 所示。

15 绘制沉降观测点。执行 L（直线）命令，绘制底边尺寸为 406，腰长为 315 的等腰三角形；执行 H（图案填充）命令，选择 SOLID 图案，对三角形执行图案填充操作。

16 执行 CO（复制）命令，移动复制图形至平面图各处，如图 6-33 所示。

17 执行 MT（多行文字）命令，绘制施工说明文字，如图 6-34 所示。

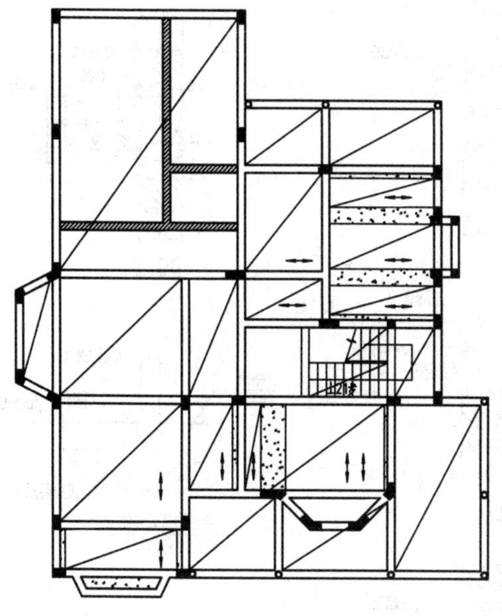

图 6-31　绘制对角线

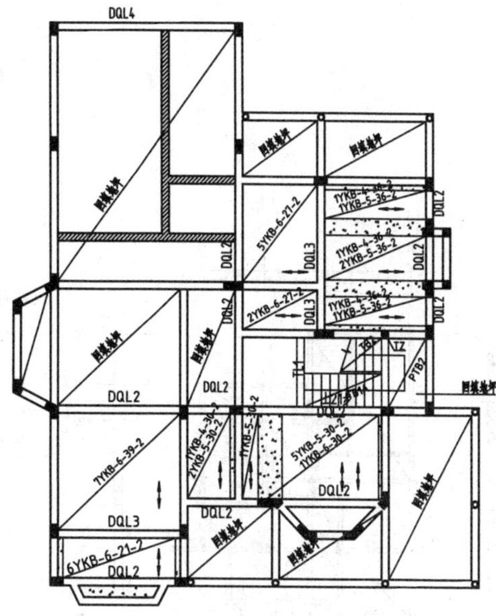

图 6-32　绘制文字标注

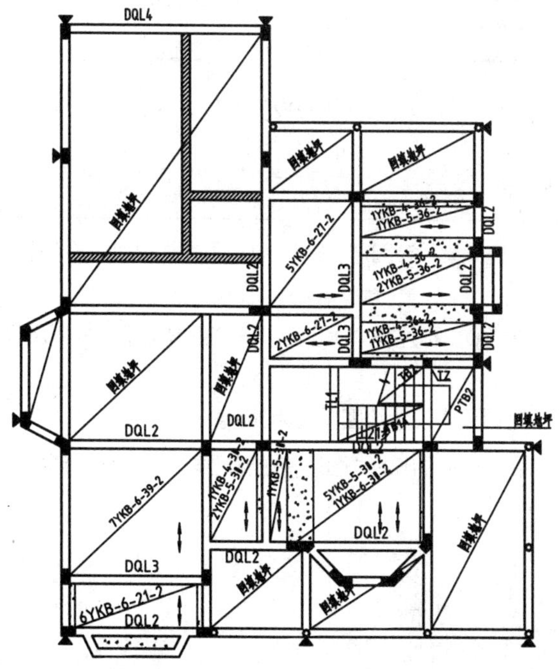

图 6-33　绘制并移动复制沉降观测点标注

说明：

1.图中所布置120厚混凝土空心板（YKB）及构造均套用标准图集《沪97 G306》，其余回填地坪均为素粘土分层夯实后再浇地坪。

2.未注明板面标高为0.040。

3.图中所示 ▭ 为现浇补缺板，配筋见详图A。其余回填地坪均为素粘土分层夯实后再浇地坪。

4.图中未注明砖墙及地垄墙在标高-0.180处均需设置圈梁DQL1。

5.底层120厚隔墙处如"半砖墙基础详图"所示加厚实铺地坪面层，以形成半砖墙基础。

6.图例　表示沉降观测点，设在±0.000处构造柱上。

图 6-34　绘制施工说明文字

18 绘制图名标注。执行 MT（多行文字）命令、PL（多段线）命令，绘制图名及比例标注，如图 6-35 所示。

19 挡土墙（DQ）详图如图 6-36 所示。请读者结合详图、说明文字来对架空层结构平面图进行识读。

6.4　绘制别墅二层楼板配筋图

配筋图用来表示建筑构件内部的钢筋设置、形状、规格、数量等信息，以作为钢筋下料、成形的依据。

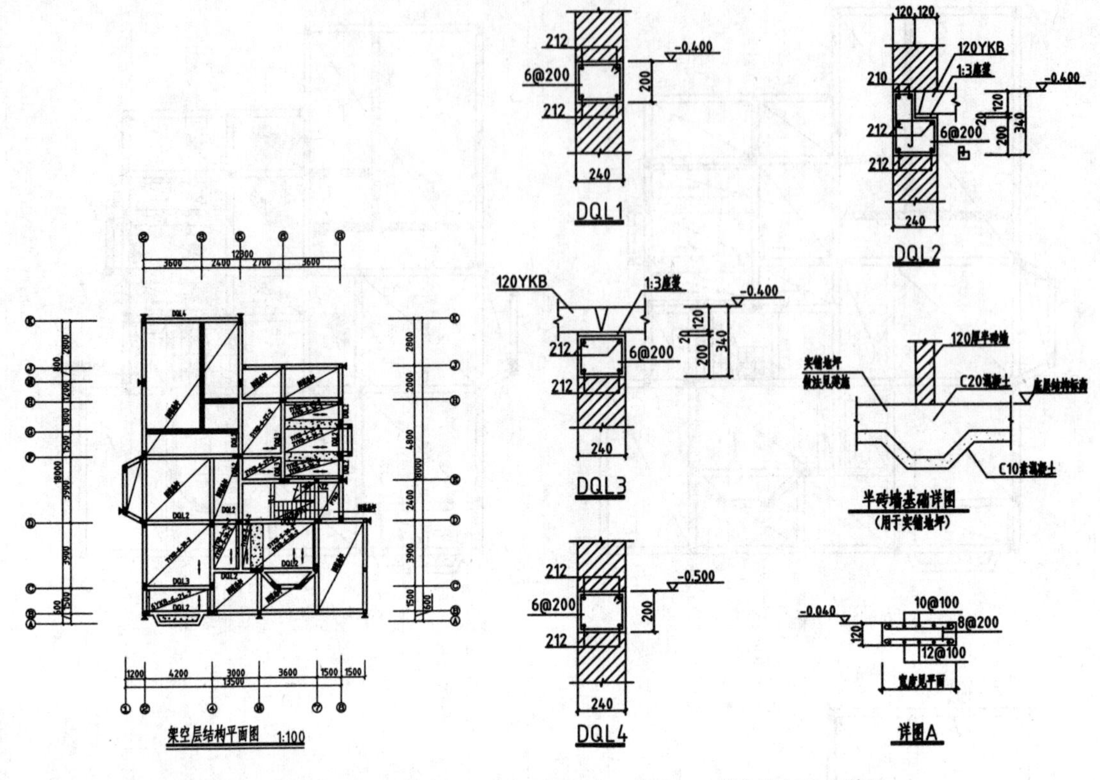

图 6-35　绘制图名及比例标注

图 6-36　挡土墙（DQ）详图

6.4.1　设置绘图环境

在绘制配筋图时需要设置“配筋”图层、“梁”图层、“框架梁”等图层，除了为图层设置不同的名称外，也应更改图层的颜色，以方便识别不同图层上的图形。

在新建的 AutoCAD 文件上，执行 ST（文字样式）命令、D（标注样式）命令，分别设置文字样式以及标注样式，具体参数请参照 5.2 节中的介绍。

01 执行“格式”→“单位”命令，在“图形单位”对话框中设置绘图单位为 mm。

02 创建图层。执行“格式”→“图层状态管理器”命令，在弹出的“图层特性管理器”对话框中创建如图 6-37 所示的图层。

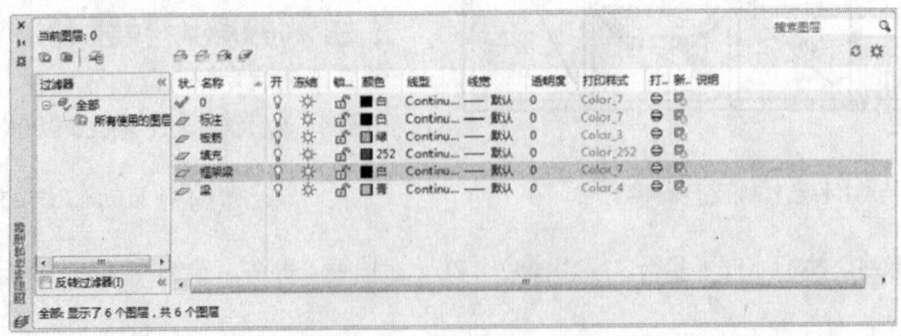

图 6-37　创建图层

6.4.2　整理图形

由于是绘制别墅二层的楼板配筋图，理所当然的应该在别墅二层的墙柱图形上表示钢筋的安放位置。通过编辑修改别墅二层平面图，可以得到配筋图的墙柱图形。

01 执行 CO（复制）命令，移动复制一份别墅二层平面图。

02 执行 E（删除）命令，删除多余的图形；执行 EX（延伸）命令、O（偏移）命令、TR（修剪）命令，完成图形的整理，如图 6-38 所示。

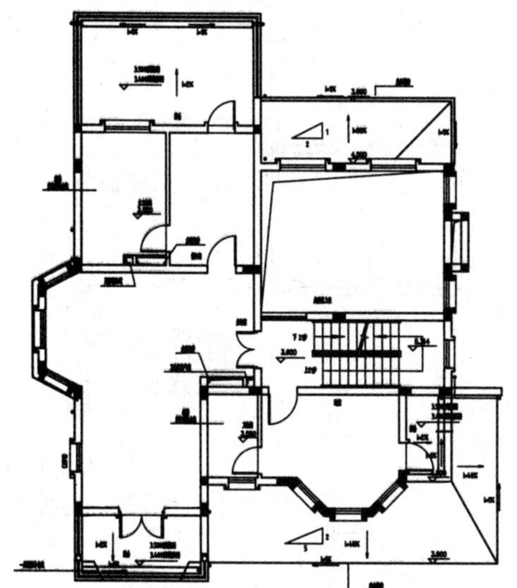

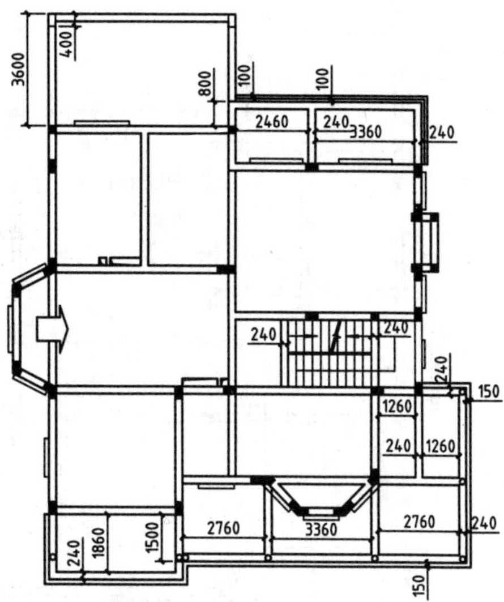

图 6-38　整理图形

6.4.3　绘制楼板配筋图

在绘制钢筋之前，首先应明确表示梁（包括框架梁）的位置。通过更改线型，可以突出表示梁的位置（框架梁则采用填充图案的方式）。

为了区别于其他建筑构件图形，钢筋使用粗实线来表示，并且需要绘制钢筋标注，以表示钢筋的直径、类别、根数等信息。

01 转换图层。选择整理后得到的图形（楼梯图形除外），将其转换至“梁”图层上。

02 更改线型。选择梁轮廓线，将其线型更改为虚线，如图 6-39 所示。

03 将“框架梁”图层置为当前图层。绘制框架梁。执行 REC（矩形）命令，绘制尺寸为 400×240 的矩形；执行 L（直线）命令、O（偏移）命令，绘制并偏移直线，绘制框架梁的轮廓线，如图 6-40 所示。

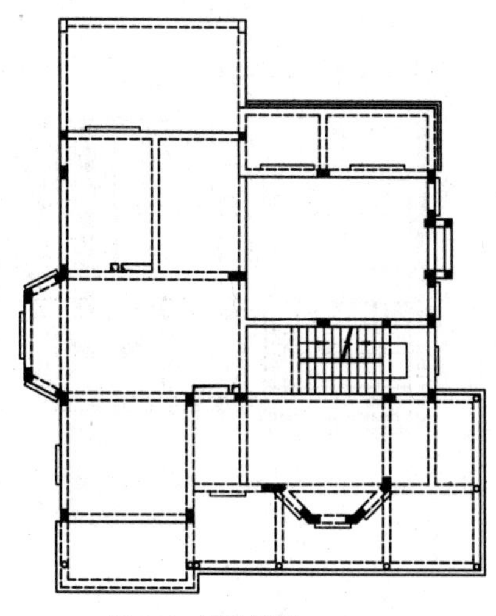

图 6-39　更改线型

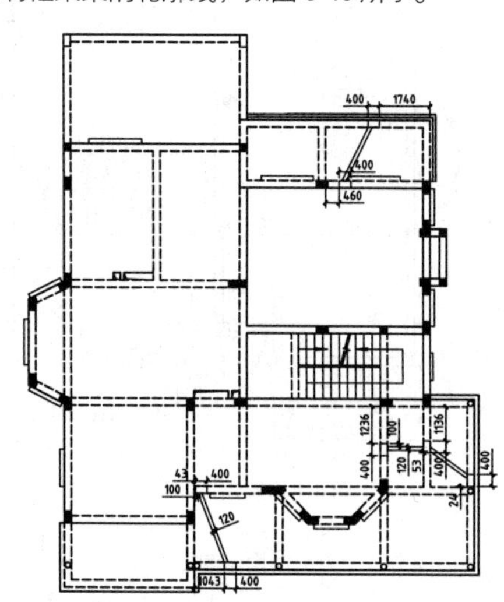

图 6-40　绘制框架梁轮廓线

04 将“填充”图层置为当前图层。

05 执行 H（图案填充）命令，在“图案填充和渐变色”对话框中选择 AR-CONC 图案，设置填充比例为 2，对框架梁轮廓线执行图案填充操作，如　　图 6-41 所示。

06 将“标注”图层置为当前图层。执行 L（直线）命令，绘制对角线，如图 6-42 所示。

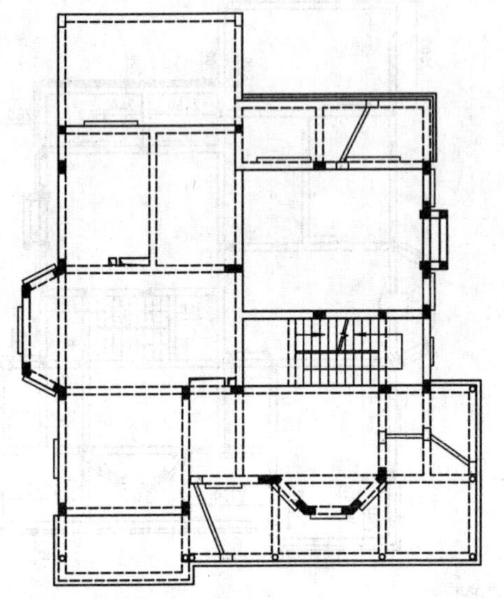

图 6-41　图案填充框架梁轮廓线

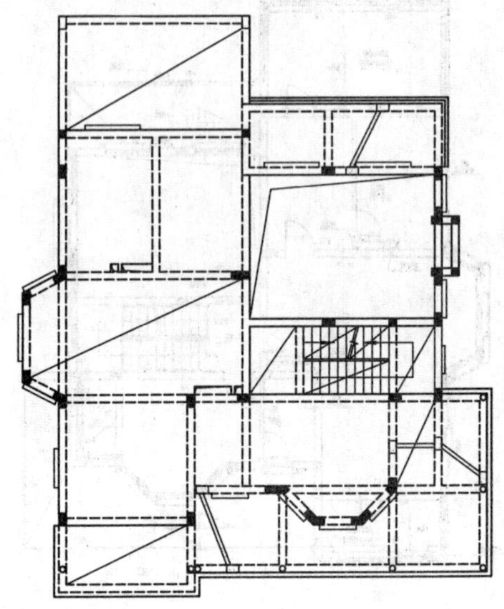

图 6-42　绘制对角线

07 执行 MT（多行文字）命令，绘制文字标注，如图 6-43 所示。

08 将“配筋”图层置为当前图层。

09 绘制配筋。执行 PL（多段线）命令，绘制起点宽度、端点宽度均为 60 的多段线以表示配筋图形，如图 6-44 所示。

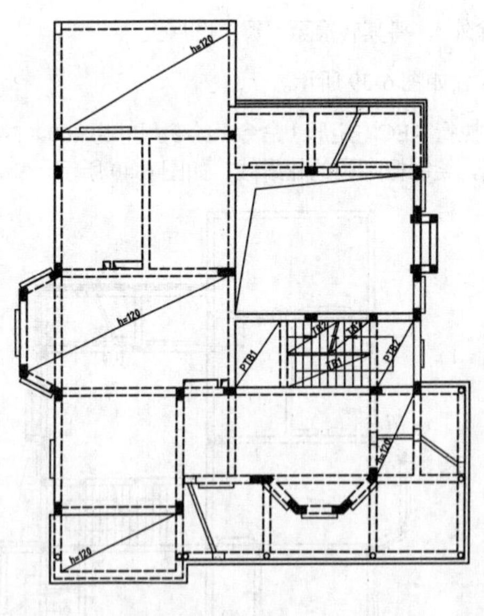

图 6-43　绘制文字标注

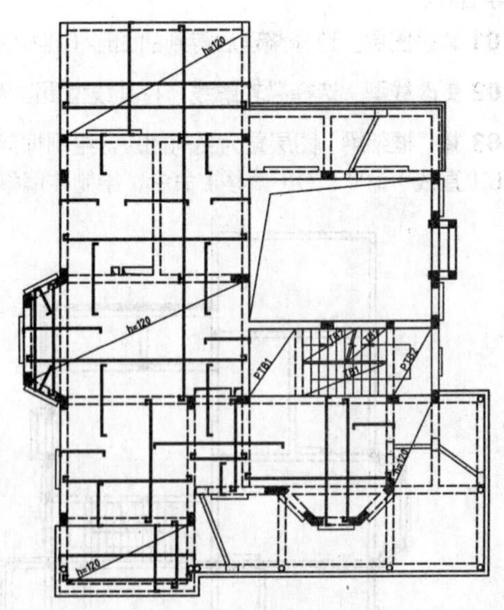

图 6-44　绘制配筋图形

10 将“标注”图层置为当前图层。

11 绘制钢筋标注。执行 L（直线）命令，绘制引线；执行 MT（多行文字）命令，绘制标注文字，如图 6-45 所示。

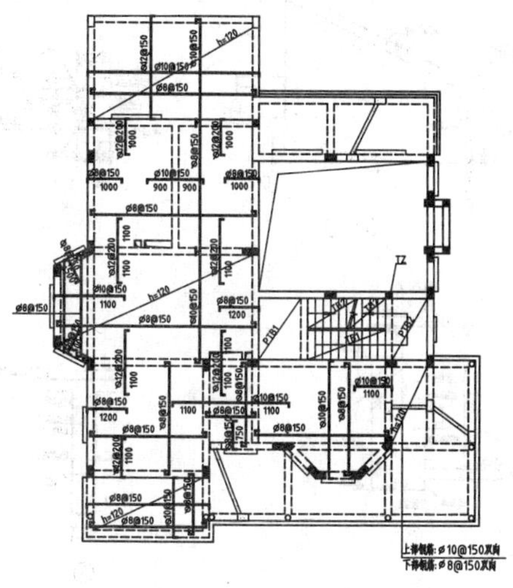

图 6-45　绘制钢筋标注

图 6-46　绘制标高标注

12 标高标注。执行 I（插入）命令，从“块”选项板中调入标高图块；双击标高图块，在弹出的“增强属性编辑器”对话框中更改标高值，如图 6-46 所示。

13 绘制详图符号。执行 C（圆）命令，绘制圆形；执行 PL（多段线）命令，绘制符号引线；执行 MT（多行文字）命令，绘制详图符号并标注文字，如图 6-47 所示。

14 绘制图名标注、标高标注。执行 MT（多行文字）命令、PL（多段线）命令，绘制图名、比例标注以及下划线；执行 I（插入）命令，调入标高图块并更改其标高值，如图 6-48 所示。

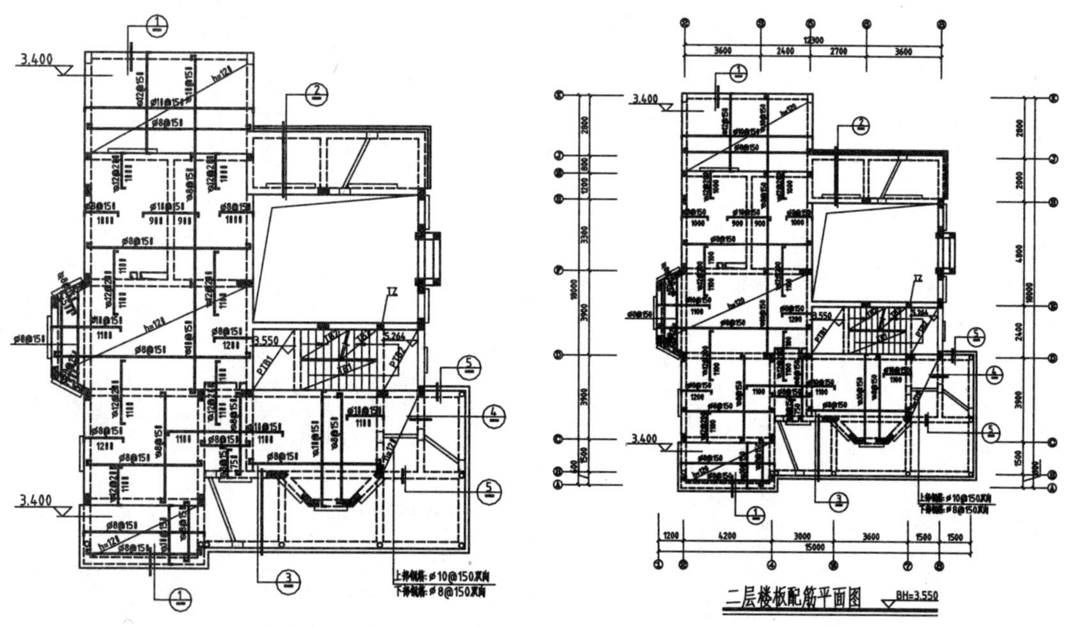

图 6-47　绘制详图符号并标注文字

图 6-48　绘制图名标注、标高标注

15 绘制施工说明文字。执行 MT（多行文字）命令，绘制材料要求、图例意义以及施工注意事项说明文字，如图 6-49 所示。

16 结构详图如图 6-50 所示。在识读楼板配筋图时可结合详图及施工说明文字。

说明：

1.未注明板厚为110。

2.板中分布钢筋均为⌀6@150。

3.相邻板跨板底配筋相同处施工时应尽量拉通，遇有孔洞时钢筋照留，待设备安装完毕后混凝土后浇。

4.未注明板面标高均为BH。

5.板内双向配筋除注明外，均将短向钢筋或较粗的钢筋放在外皮。

6.板上有隔墙，板下无梁支撑时，需在板底另加钢筋，未注明者均为2⌀16。

7.梁、柱定位及尺寸详见梁配筋平面图和柱配筋平面图。

8.当孔洞宽度或圆孔直径大于300，本图中未注明者按结施总说明施工。

9.本图中□表示柱已到顶，■表示本层需设之柱。

图 6-49　绘制施工说明文字

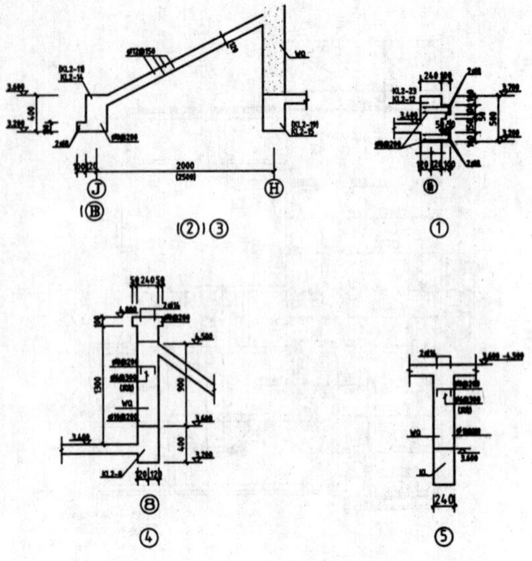

图 6-50　结构详图

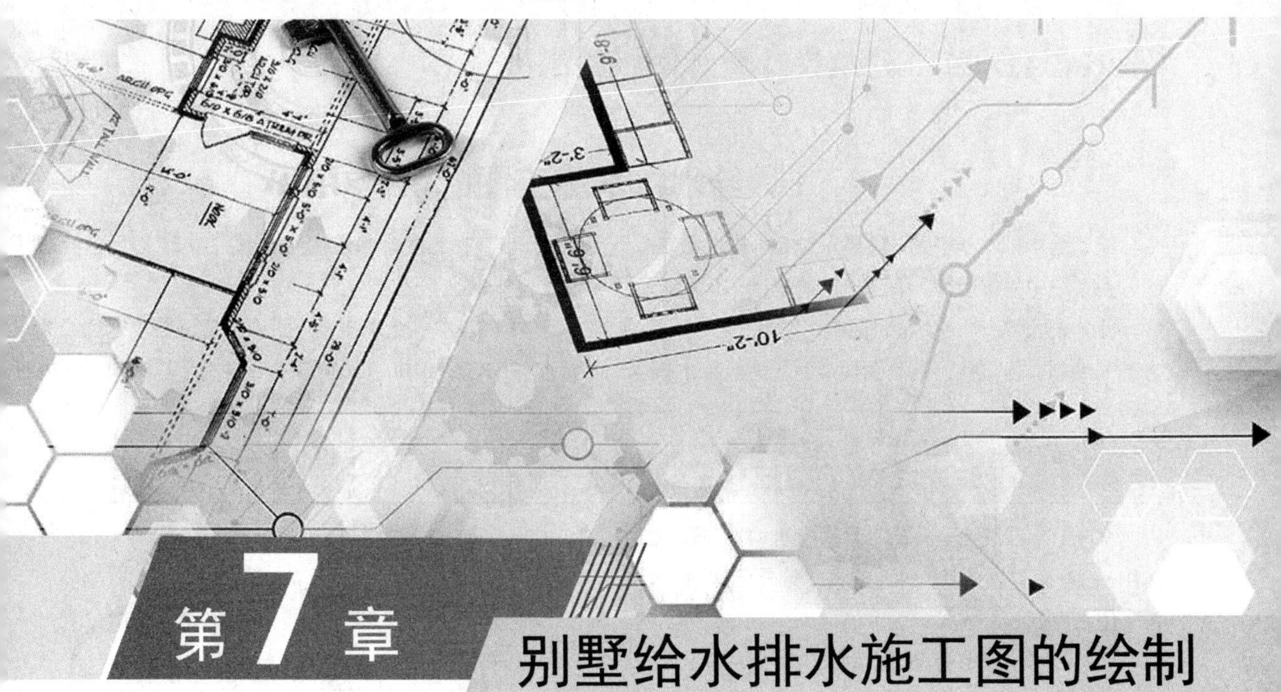

第7章 别墅给水排水施工图的绘制

本章导读

室内水系统分为给水系统和排水系统。给水系统指可将水经管道输送至各用水器具的配水装置，排水系统指可将各种生产污水、生活污水经管道排出的排水装置。

本章介绍给水排水系统的基础知识以及给水排水平面图和系统图的绘制方法。

本章重点

- 了解室内给水系统的组成
- 了解室内排水系统的组成
- 了解室内给水排水施工图的组成
- 掌握别墅给水排水平面图的绘制方法
- 掌握别墅给水系统图的绘制方法
- 掌握别墅排水系统图的绘制方法

7.1 给水排水施工图的识读

绘制给水排水施工图，需要先对给水排水系统有一定的了解，包括给水排水系统的作用、组成，以及各组成部分在系统中的作用等。有了一定的基础知识后，动手绘制给水排水施工图才不至于无从下手。

此外，国家针对各类建筑图纸的绘制都出台了相关的规定，所以在绘制给水排水施工图时应遵照现行的绘图标准来绘制。目前执行的制图标准为《建筑给水排水制图标准》GB/T 50106—2010，本节将摘录其中的部分内容。

7.1.1 室内给水系统的组成

室内给水系统自室外给水管网取水，靠水压作用，经配水管网，以各种方式将水分配给室内各个用水点。

室内给水系统由引入管、水表、管道系统、配水装置和给水附件等部分组成。

- 引入管：自室外给水管将水引入室内的管段，又称进户管。
- 水表：安装在引入管上的水表及其前后设置的阀门和泄水装置的总称。
- 管道系统：由干管、立管和支管等组成。
- 配水装置：如各类配水龙头和配水阀等。
- 给水附件：管道系统中调节和控制水量的各类阀门。

图 7-1 所示为室内给水系统的组成示意。

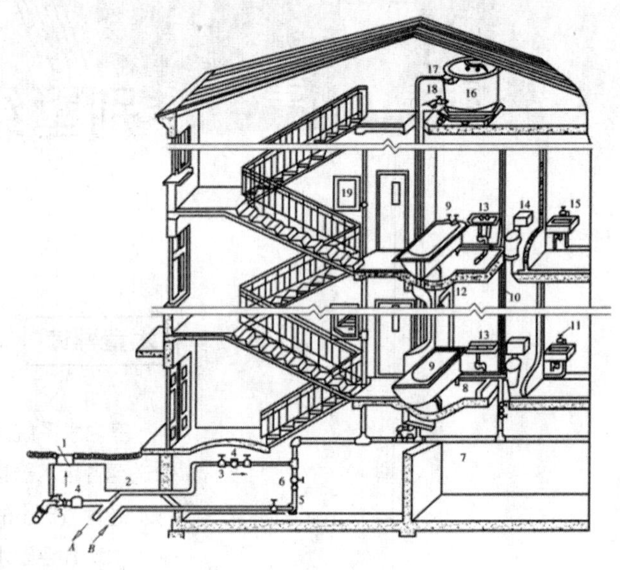

图 7-1 室内给水系统的组成示意

1—阀门井 2—引入管 3—闸阀 4—水表 5—水泵 6—止回阀 7—干管 8—支管 9—浴盆 10—立管 11—水龙头 12—淋浴器 13—洗脸盆 14—坐便器 15—洗涤盆 16—水箱 17—进水管 18—出水管 19—消火栓 *A*—入蓄水池 *B*—来自蓄水池

7.1.2 室内排水系统的组成

室内排水系统是将室内人们在日常生活和工业生产中使用过的水分别汇集起来，直接或经过局部处理后及时排入室外污水管道。

建筑室内排水系统主要由卫生器具、排水管道系统、通气管系统和清通设备等部分组成。

卫生器具：卫生器具又称卫生洁具，卫生器具是供水并接受、排出污废水或污物的容器或装置。卫生器具是建筑内部排水系统的起点，是用来满足日常生活和生产过程中各种卫生要求，收集和排除污水废水的设备。

排水管道系统：由器具排水管、排水横支管、排水立管和排出管等组成。

➢ 器具排水管：器具排水管是指连接卫生器具与排水横支管之间的短管。除坐便器外，其他的器具排水管均应设水封装置。

➢ 排水横支管：作用是将卫生器具排水管送来的污水转输到立管中。应有一定的坡度，坡向立管。

➢ 排水立管：用来收集其上所接的各横支管排出的污水，然后再排至排出管。

➢ 排出管：用来收集一根或几根立管排出的污水，并将其排至室外排水管网中。排出管是室内排水立管与室外排水检查井之间的连接管段，其管径不得小于其连接的最大立管管径。

通气管系统：通气管的作用是把管道内产生的有害气体排至大气中，以免影响室内的环境卫生，减轻废水、废气对管道的腐蚀，并在排水时向管内补给空气，减轻立管内的气压变化幅度，防止卫生器具的水封受到破坏，保证水流通畅。

清通设备：为了疏通排水管道，在室内排水系统中，一般均需设置清扫口、检查口、检查井等清通设备。

如图 7-2 所示为室内排水系统的组成示意。

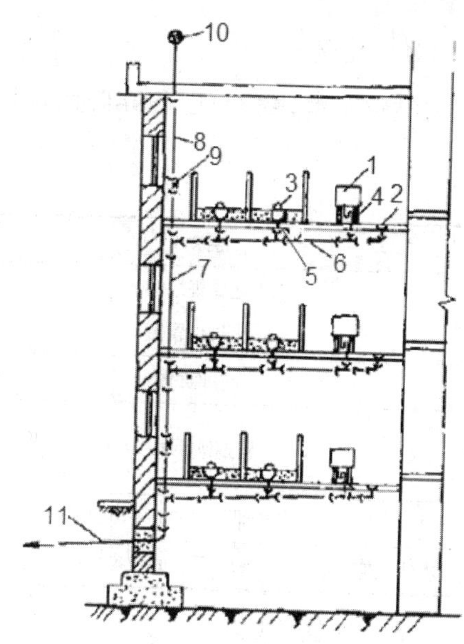

图 7-2　室内排水系统图

1—拖布池　2—地漏　3—蹲便器　4—S 形存水弯　5—器具排水管　6—横管　7—立管　8—通气管　9—立管检查口　10—透气帽　11—排出管

7.1.3　绘制给水排水施工图的相关规定

在绘制建筑给水排水平面图时，应参考《建筑给水排水制图标准》GB/T50106—2010 中的相关规定，本节摘录标准中的相关知识。

1. 图线

在绘制给水排水图形施工图时，图线的选用应符合表 7-1 中的相关规定。其中，图线 *b* 请参考《房屋建筑制图统一标准》GB/T5001 中的相关规定。

表 7-1　图线

名称	线型	线宽	用途
粗实线		*b*	新设计的各种排水和其他重力流管线
粗虚线		*b*	新设计的各种排水和其他重力流管线的不可见轮廓线
中粗实线		0.7*b*	新设计的各种给水和其他压力流管线；原有的各种排水和其他重力流管线
中粗虚线		0.7*b*	新设计的各种给水和其他压力流管线及原有的各种排水和其他重力流管线的不可见轮廓线
中实线		0.5*b*	给水排水设备、零（附）件的可见轮廓线；总图中新建的建筑物和构筑物的可见轮廓线；原有的各种给水和其他压力流管线
中虚线		0.5*b*	给水排水设备、零（附）件的不可见轮廓线；总图中新建的建筑物和构筑物的不可见轮廓线；原有的各种给水和其他压力流管线的不可见轮廓线
细实线		0.25*b*	建筑物的可见轮廓线；总图中原有的建筑物和构筑物的可见轮廓线；制图中的各种标注线
细虚线		0.25*b*	建筑物的不可见轮廓线；总图中原有的建筑物和构筑物的不可见轮廓线
单点长画线		0.25*b*	中心线、定位轴线
折断线		0.25*b*	断开界线
波浪线		0.25*b*	平面图中水面线；局部构造层次范围线；保温范围示意线

2. 比例

绘制不同类型的图纸应该选用不同的比例来表达，标准中规定的各类制图常用的绘制比例见表 7-2。

表 7-2 常用的绘制比例

名称	比例	备注
区域规划图 区域位置图	1:50000、1:25000、1:10000、 1:5000、1:2000	宜与总图专业一致
总平面图	1:1000、1:500、1:300	宜与总图专业一致
管道纵断面图	竖向 1:200、1:100、1:50 纵向 1:1000、1:500、1:300	—
水处理厂（站）平面图	1:500、1:200、1:100	—
水处理构筑物、设备间、卫生间，泵房平、剖面图	1:100、1:50、1:40、1:30	—

3. 图例

标准中列举了一系列给水排水附件的图例，用户在绘图过程中可以依据实际的情况来选用。表 7-3 为从标准中摘录的部分图例。

表 7-3 常用附件图例

名称	图例	名称	图例
闸阀	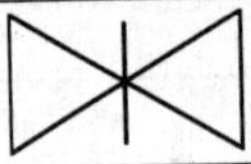	减压阀	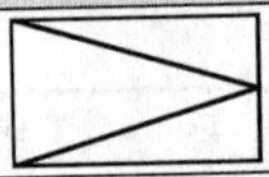
压力调节阀		气动蝶阀	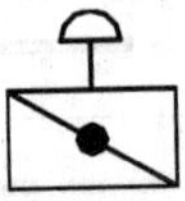
止回阀		截止阀	
水流指示器		水表井	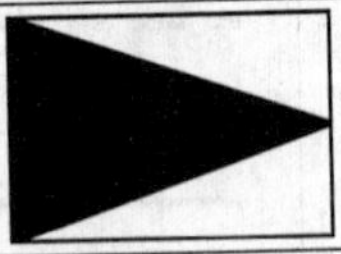
潜水泵	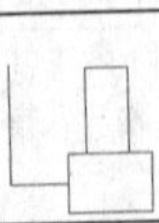	卧式容积热交换器	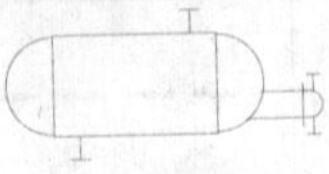
温度计		压力表	
水表		真空表	

7.1.4 绘制给水排水施工图

给水排水施工图分为给水排水平面图、给水排水系统图和给水排水详图。

1. 给水排水平面图

给水排水平面图用来表示室内给水排水系统的布置情况，主要表示给水排水设备的类型、安装的位置，给水排水立管、支管、干管的走向以及各类管道附件的安装等。

图 7-3 为某办公楼楼层给水排水平面图。

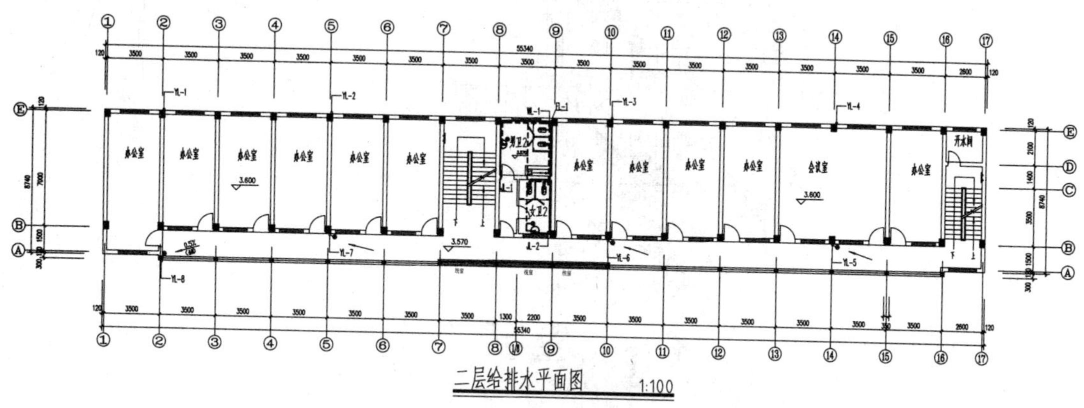

图 7-3 楼层给水排水平面图

给水排水平面图的图示内容如下：

- 房屋的平面形状及尺寸，用水房间在房屋中所处的位置。
- 室外水源接口位置、室内废水排出口位置，底层引入管位置以及管道直径等。
- 给水排水管道的主管位置、编号、管径，干管、支管的平面走向、管径及相关的平面尺寸等。
- 给水排水器材、设备的位置、型号以及安装方式等。

2. 给水排水系统图

给水排水系统图采用斜等轴测投影的方法来绘制，用来反映给水排水管道系统的上下层之间、前后左右间的空间关系，以及各管段的管径、坡度、标高和管道附件位置等。

图 7-4 所示为绘制完成的某办公楼给水系统图。

图 7-5 所示为绘制完成的某办公楼排水系统图。

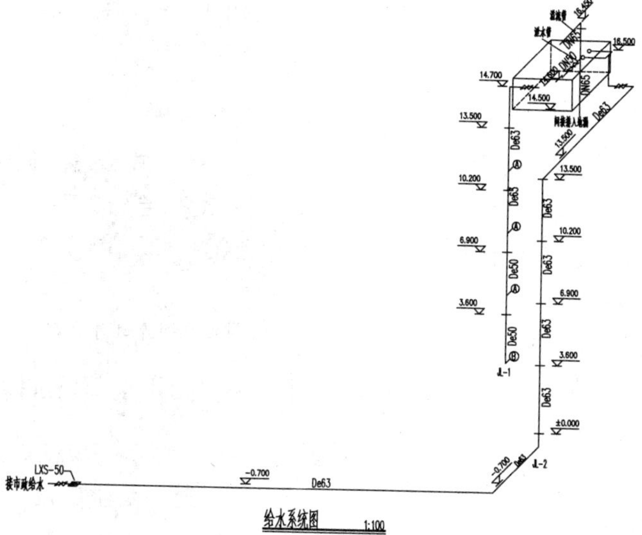

图 7-4 给水系统图

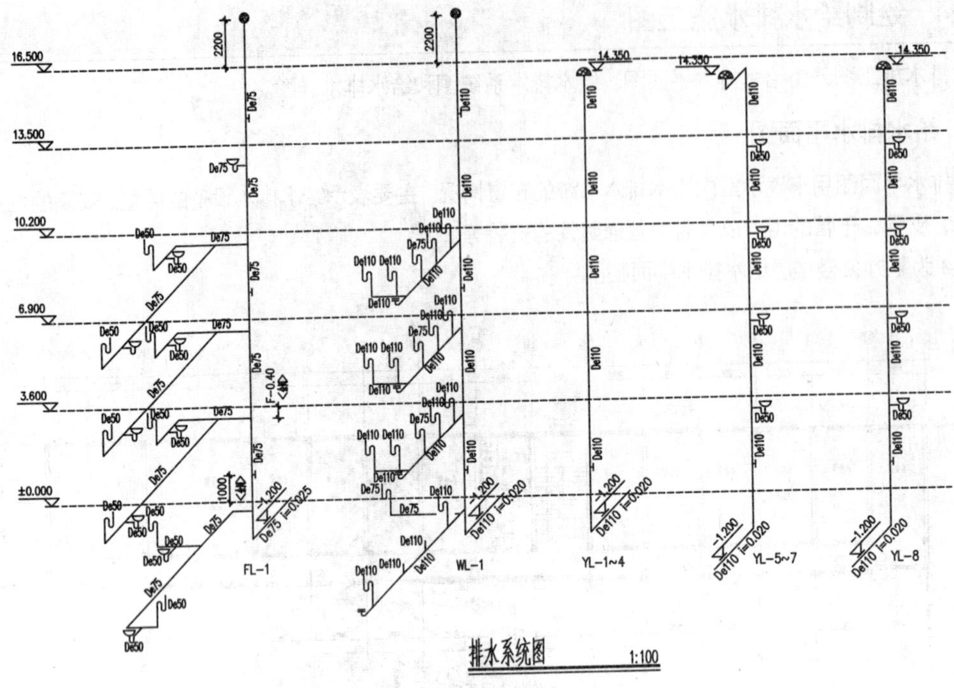

图 7-5 排水系统图

给水排水系统图的图示内容包括：

- 注明建筑的层高、楼层位置、管道及管道附件与建筑层高的关系。
- 注明给水排水管网及用水设备的空间关系，即前后、左右、上下，以及管道的空间走向。
- 注明控水、配水器材、水表、管道变径等的位置，标注管道直径，提示安装方法等，直径用 DN 来表示。
- 绘制图名及比例。

3. 给水排水详图

为了详细地表示给水排水施工中某一部分管道、设备、器材的安装大样图，需要绘制给水排水详图。通常情况下会绘制卫生间的给水排水详图，其他区域的给水排水详图可以根据实际情况来决定是否需要绘制。

图 7-6 所示为绘制完成的某办公楼卫生间给水排水详图。

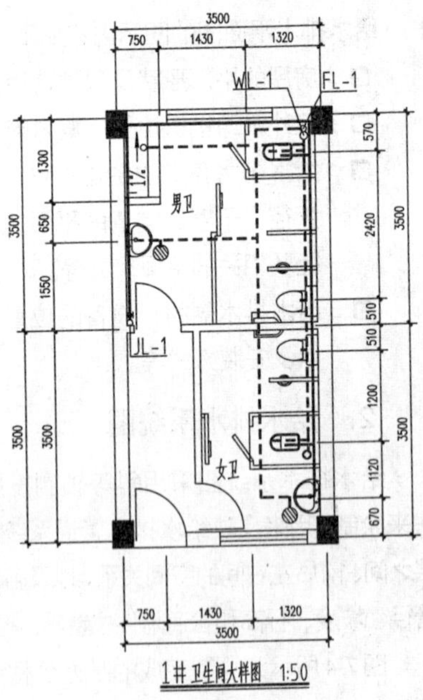

图 7-6 给水排水详图

7.2 绘制别墅一层给水排水平面图

给水排水平面图用于表示建筑物内部各类用水设备的类型，位置、给水排水各支管、立管、干管的平面位置以及各类管道附件的布置方式等。

7.2.1 设置绘图环境

在开始绘制别墅一层给水排水平面图之前，应先设置其绘制环境。

01 启动 AutoCAD 2020，系统可自动创建一个空白文件。

02 创建图层。执行 LA（图层图形管理器）命令，系统弹出如图 7-7 所示的“图层特性管理器”对话框，在其中创建图层。

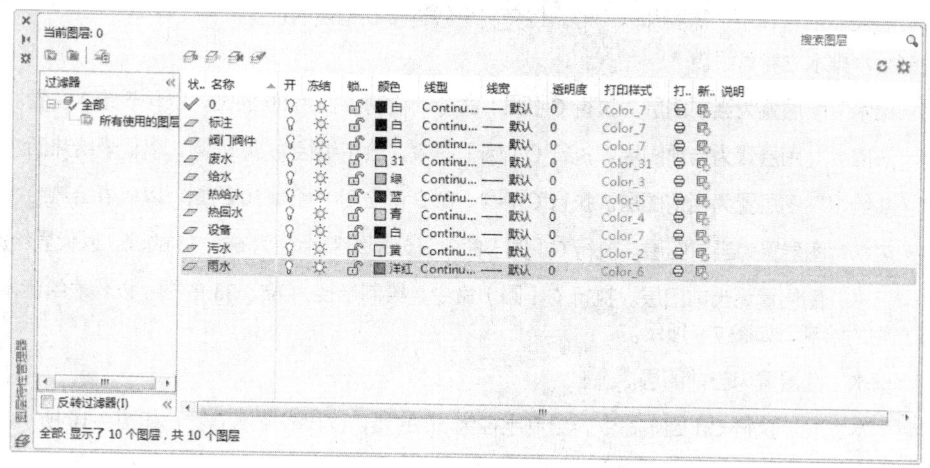

图 7-7　创建图层

03 请读者沿用前面章节所介绍的设置绘图环境的方式，设置文字样式、标注样式等的参数。

7.2.2　整理图形

整体图形的操作方式很简单，主要是在别墅一层平面图的基础上删除其他图形，保留用水、排水设备图形即可。

01 执行 CO（复制）命令，移动复制一份别墅一层平面图。

02 执行 E（删除）命令，删除多余的图形，完成图形的整理，如图 7-8 所示。

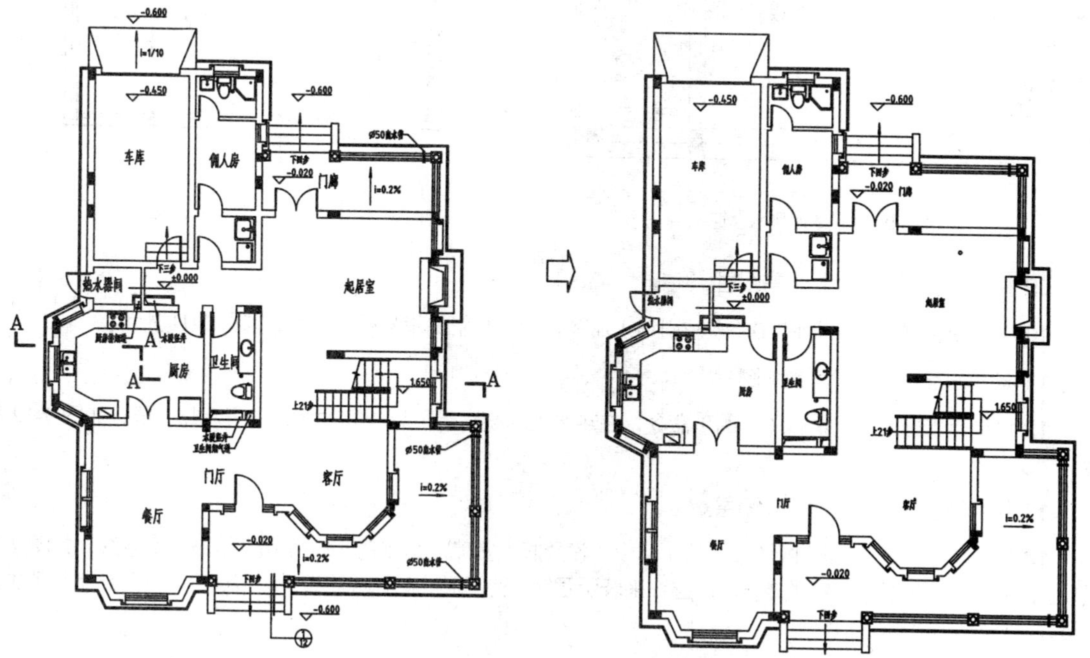

图 7-8　整理图形

7.2.3 绘制给水排水管线

给水排水管线分为好几种类型，如给水、热回水、热给水、废水、污水等。各类管线与立管、用水设备、排水设备相连。在绘制的过程中，需要加以小心，以免将管线连接到错误的位置。

01 绘制给水排水立管管线。

02 将“给水”图层置为当前图层。执行 C（圆）命令，绘制半径为 50 的圆，以代表给水立管。

03 将“热回水”图层置为当前图层。执行 C（圆）命令，绘制半径为 50 的圆，以代表给热回水立管。

04 将“热给水”图层置为当前图层。执行 C（圆）命令，绘制半径为 50 的圆，以代表给热给水立管。

05 将“废水”图层置为当前图层。执行 C（圆）命令，分别绘制半径为 65、33 的圆，以代表给废水立管。

06 将“污水”图层置为当前图层。执行 C（圆）命令，绘制半径为 65、33 的圆，以代表给污水立管。完成给水排水立管的绘制，如图 7-9 所示。

07 将“雨水”图层置为当前图层。

08 绘制雨水立管。执行 C（圆）命令，绘制半径为 50 的圆，以代表雨水立管，如图 7-10 所示。

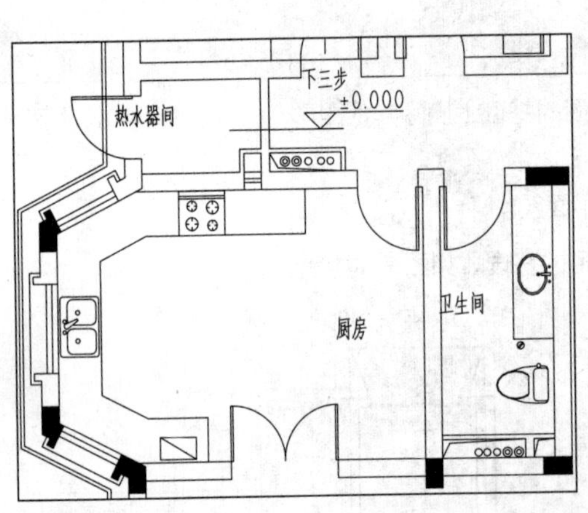

图 7-9 绘制给水排水立管

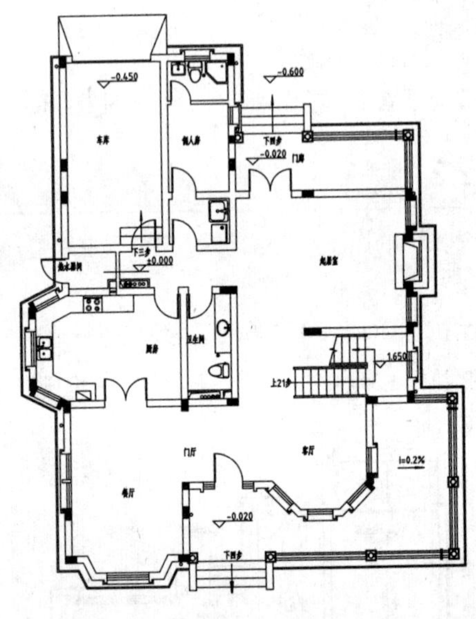

图 7-10 绘制雨水立管

09 将“标注”图层置为当前图层。

10 绘制立管编号。执行 MLD（多重引线）命令，绘制立管的编号标注文字，如图 7-11 所示。

11 将“设备”图层置为当前图层。

12 绘制热水器图例。执行 C（圆）命令，在热水器间绘制半径为 350 的圆，以表示热水器，如图 7-12 所示。

13 将“给水”图层置为当前图层。

14 绘制给水管线。执行 PL（多段线）命令，设置起点宽度、端点宽度均为 10，绘制给水管线，如图 7-13 所示。此处为了清楚显示管线的走向，以虚线来表示管线，待图形绘制完成后统一改成实线，以下绘制其他类型的管线时也都以虚线来显示。

15 将“热回水”图层置为当前图层。

16 绘制热回水管线。执行 PL（多段线）命令，绘制热回水管线，如图 7-14 所示（虚线所示的管线）。

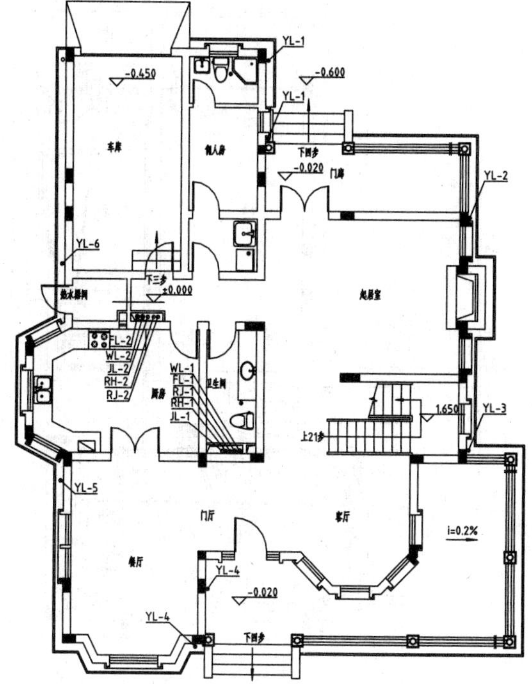

图 7-11　绘制立管编号标注文字

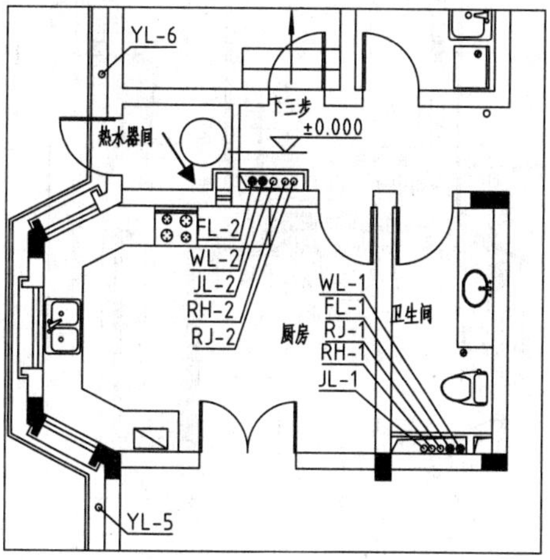

图 7-12　绘制热水器图例

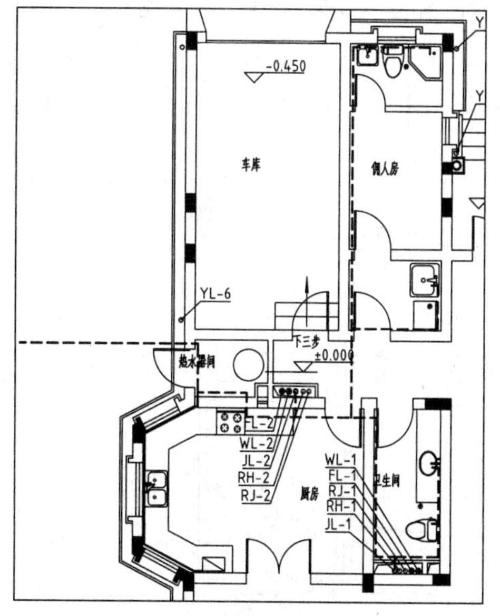

图 7-13　绘制给水管线

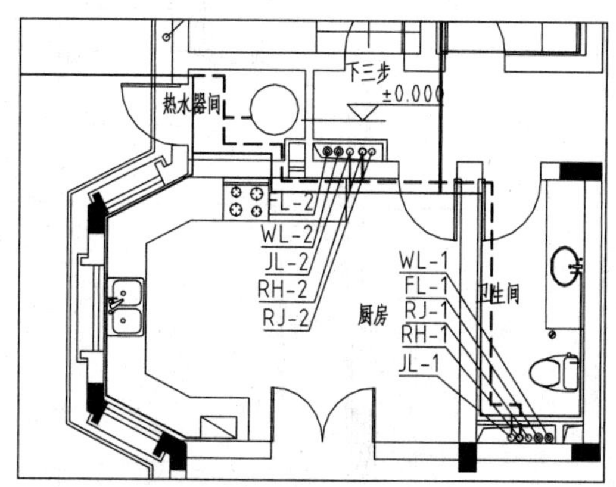

图 7-14　绘制热回水管线

17 将“热给水”图层置为当前图层。

18 绘制热给水管线。执行 PL（多段线）命令，在图中标示热给水管线的走向，如图 7-15 所示（虚线所示的管线）。

19 将“废水”图层置为当前图层。

20 绘制废水管线。执行 PL（多段线）命令，绘制地漏、洁具之间的废水管线，如图 7-16 所示。（虚线所示的管线）

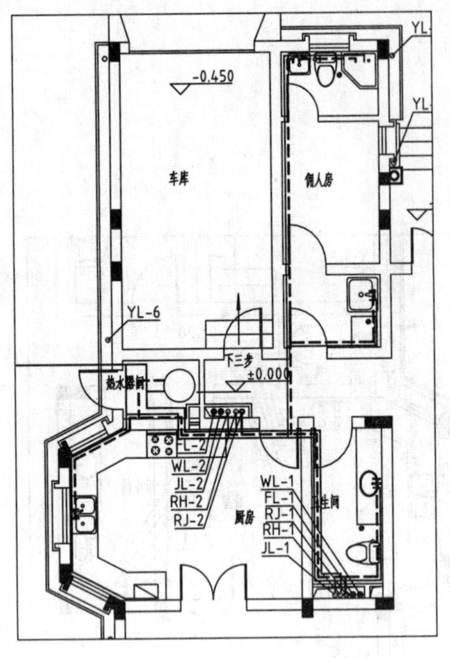

图 7-15　绘制热回水管线

图 7-16　绘制废水管线

21 将“污水”图层置为当前图层。

22 绘制污水管线。执行 PL（多段线）命令，标示污水管线走向，如图 7-17 所示（虚线所示的管线）。

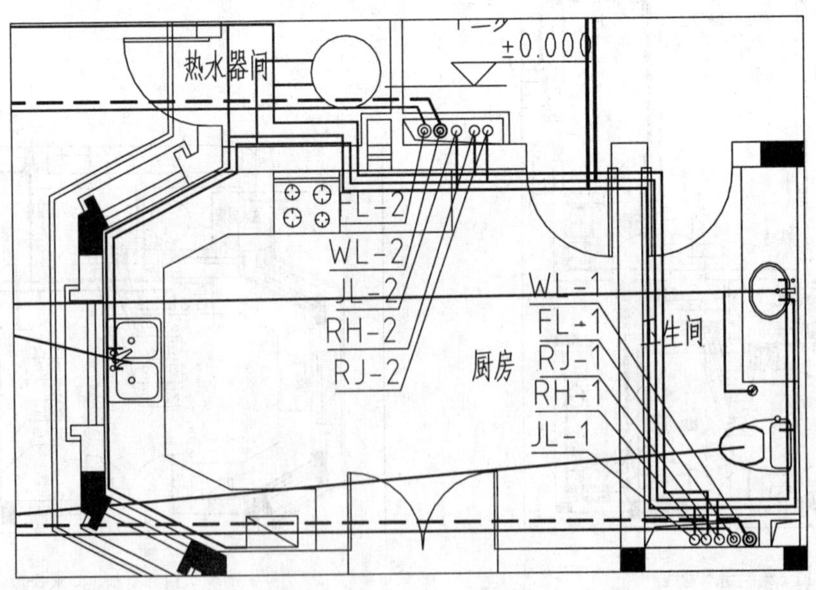

图 7-17　绘制污水管线

23 将“雨水”图层置为当前图层。

24 绘制雨水管线。执行 PL（多段线）命令，从雨水立管中引出雨水管线，以标示其走向，如图 7-18 所示（虚线所示的管线）。

25 绘制立管。分别转换图层，执行 C（圆）命令，在各相应的图层上分别绘制半径为 50 的圆，以表示给水立管、热回水立管、热给水立管，如图 7-19 所示。

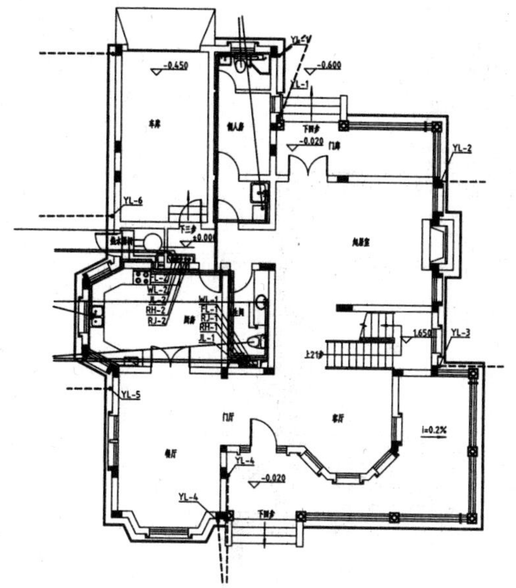

图 7-18　绘制雨水管线

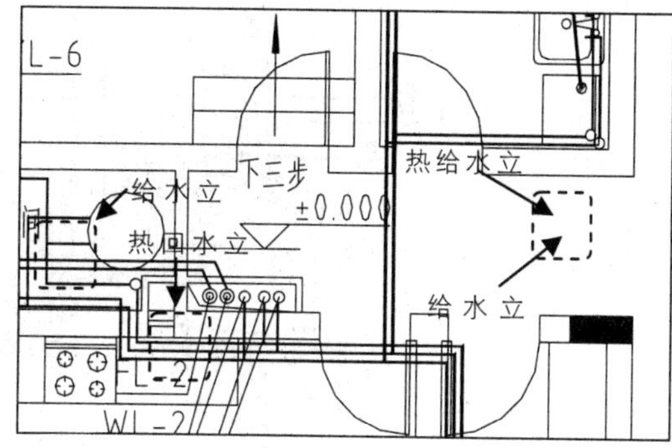

图 7-19　绘制给水、热回水、热给水立管

26 将“阀门阀件”图层置为当前图层。

27 调入阀门阀件图块。打开本书提供的“图例图块.dwg”文件，将其中的阀门阀件图块复制粘贴至当前图形中。

28 执行 TR（修剪）命令，修剪被阀门阀件遮挡的管线，如图 7-20 所示。

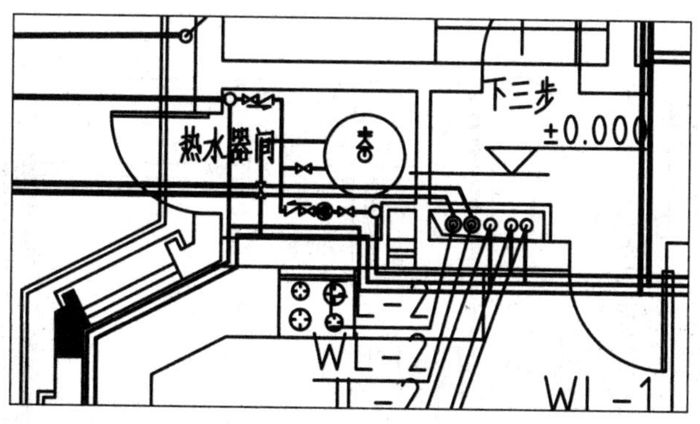

图 7-20　调入阀门阀件图块

7.2.4 绘制标注

绘制文字标注，以表示管线的类型及编号、阀门阀件的名称、给水排水设备的名称等，为读图提供方便。

01 将“标注”图层置为当前图层。

02 绘制管线编号标注。执行 REC（矩形）命令，绘制尺寸为 660×537 的矩形；执行 C（圆）命令，绘制半径为 348 的圆形；执行 L（直线）命令，分别在矩形及圆内绘制直线。

03 执行 MT（多行文字）命令，在矩形及圆内绘制文字标注，如图 7-21 所示。

04 执行 MLD（多重引线）命令，绘制引出标注，如图 7-22 所示。

05 绘制图例表。执行 REC（矩形）命令，绘制尺寸为 3500×4402 的矩形；执行 X（分解）命令，分解矩形。

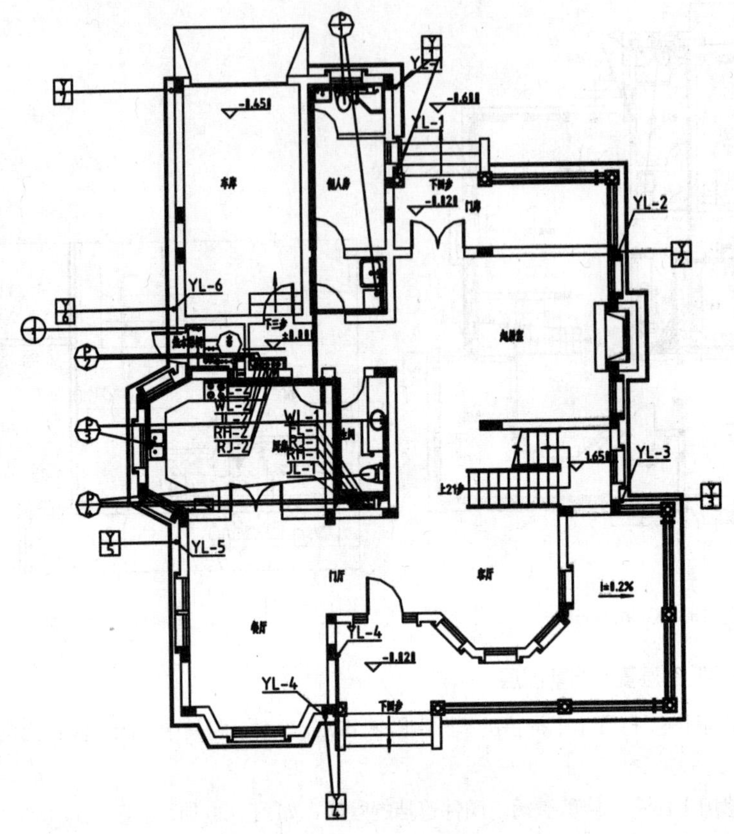

图 7-21　绘制管线编号标注

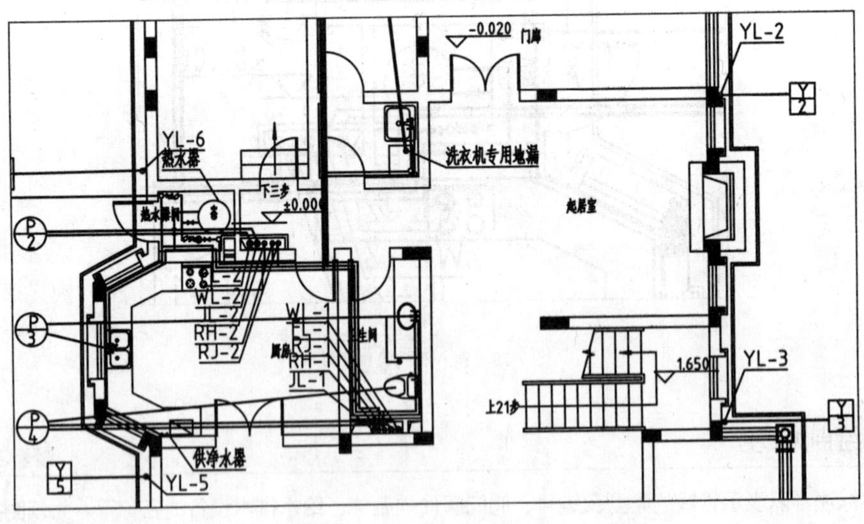

图 7-22　绘制引出标注

06 执行 O（偏移）命令，设置偏移距离为 700，选择水平矩形边向内偏移；设置偏移距离为 1820，选择左侧矩形边向右偏移。

07 执行 CO（复制）命令，从平面图移动阀门图例至表中；执行 MT（多行文字）命令，绘制图例说明文字，如图 7-23 所示。

08 绘制洁具安装说明文字。执行 MT（多行文字）命令，绘制洁具安装说明文字，如图 7-24 所示。

09 绘制图名标注。执行 MT（多行文字）命令、PL（多段线）命令，绘制图名及比例标注，如图 7-25 所示。

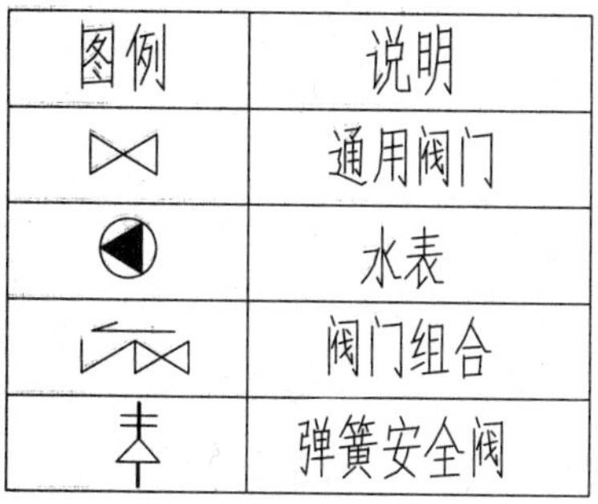

图例
说明
通用阀门
水表
阀门组合
弹簧安全阀

图 7-23　绘制图例表

说明：

1.洗脸盆：离墙160mm，预留Ø100。

2.浴盆离墙50mm，预留Ø100。

3.坐便器：离墙400mm，预留Ø200。

4.净身器：离墙340mm，预留Ø100。

5.地漏：预留Ø150。

6.厨房排水立管：贴墙预留Ø150。

图 7-24　绘制洁具安装说明文字

别墅一层给排水平面图　1:50

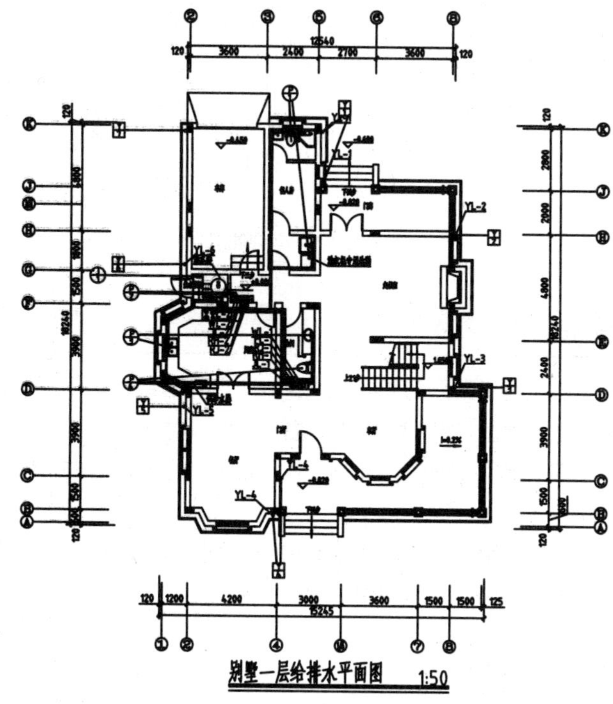

图 7-25　绘制图名及比例标注

7.3　绘制别墅给水系统图

给水系统图用于反映给水管道系统的上下楼层之间、前后左右间的空间关系，以及各管段的管径、坡度及管道附件的位置等。

7.3.1　设置绘图环境

在绘制别墅一层给水系统图之前，应首先设置绘图环境。

01 启动 AutoCAD 2020，执行“文件”→“新建”命令，新建一个空白文件。

02 单击“图层”工具栏上的“图层特性管理器”按钮，如图 7-26 所示。

03 系统弹出“图层特性管理器”对话框。在其中创建绘制给水系统图所需要的图层，如“标注”图层、“给水管线”图层等，如图 7-27 所示。

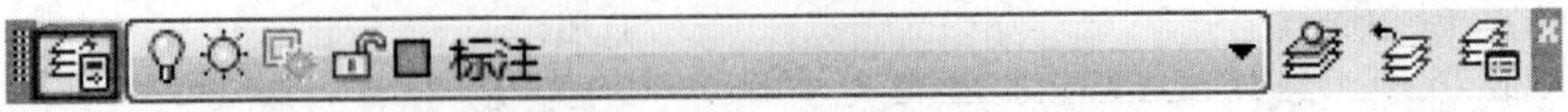

图 7-26 “图层”工具栏

04 将“给水管线”图层置为当前图层，便可以开始绘制给水系统图。

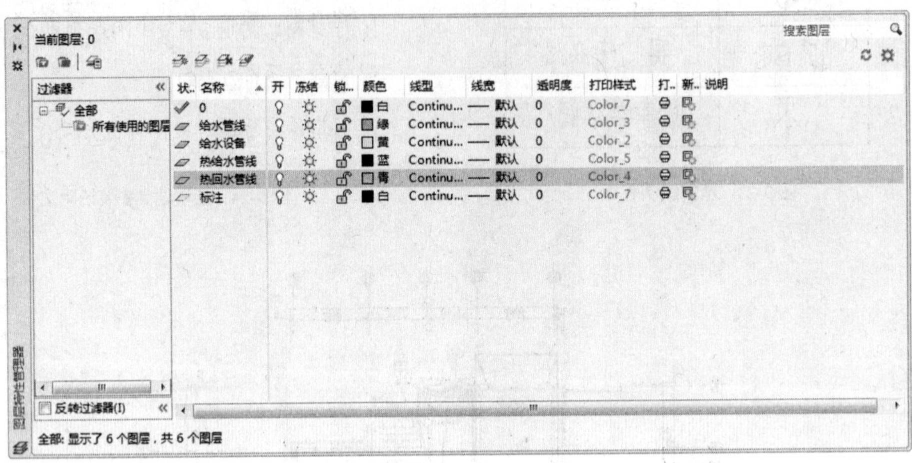

图 7-27 创建图层

7.3.2 绘制管线

给水系统图中所包含的管线有三类，分别是给水管线、热给水管线、热回水管线。在绘制的过程中以线型来区别不同的管线类型，其中管线类型在规划图层时应进行设置。具体请参考上一小节绘图环境的设置。

01 在状态栏上的“对象捕捉”按钮□上单击右键，在弹出的快捷菜单中选择“对象捕捉设置”选项，如图 7-28 所示。

02 系统弹出“草图设置”对话框。选择“极轴追踪”选项卡，在其中勾选“启用极轴追踪”复选框；在“增量角”下拉列表中选择 45，其他的参数设置如图 7-29 所示。

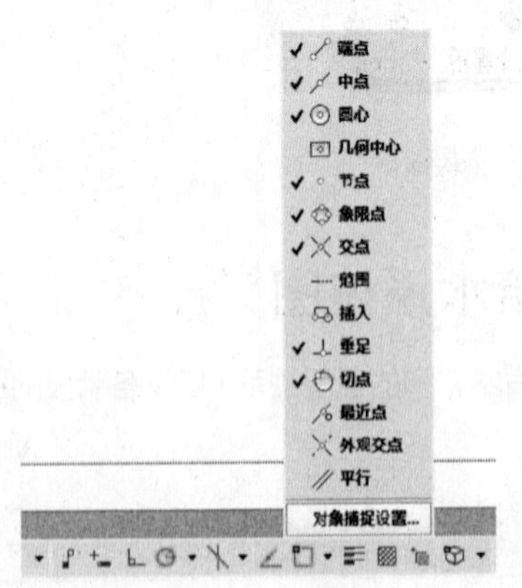

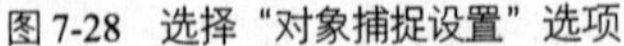

图 7-28 选择“对象捕捉设置”选项

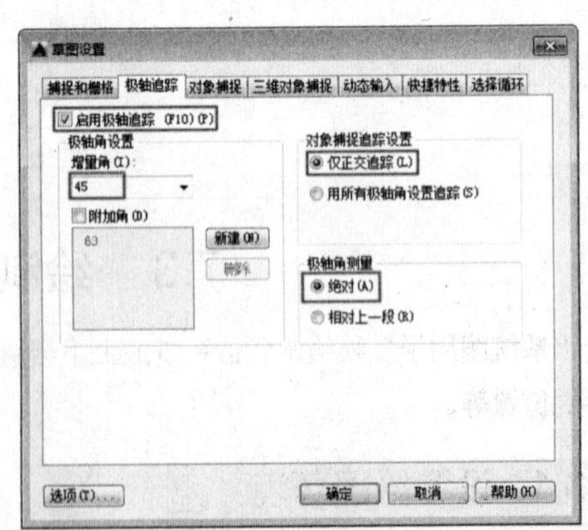

图 7-29 设置参数

03 绘制给水管线。执行 PL（多段线）命令，分别指定多段线的起点、下一点，配合极轴追踪功能绘制给水管线，如图 7-30 所示。

04 将“热给水管线”图层置为当前图层。

05 执行 PL（多段线）命令，绘制热给水管线，如图 7-31 所示。

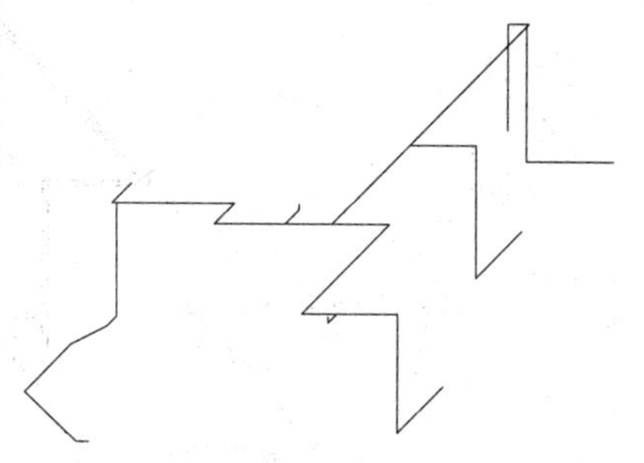

图 7-30　绘制给水管线

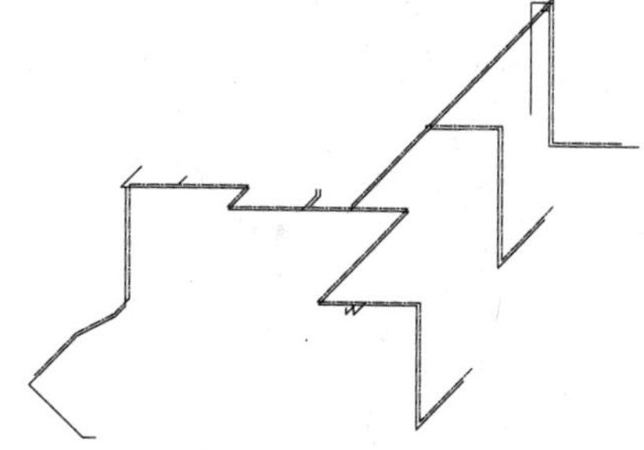

图 7-31　绘制热给水管线

06 将“热回水管线”图层置为当前图层。

07 执行 PL（多段线）命令，绘制热回水主管线及支管线，如图 7-32 所示。

08 重复上述绘制各类管线的操作，绘制连接热水器的给水管线、热回水管线、热给水管线，如图 7-33 所示。

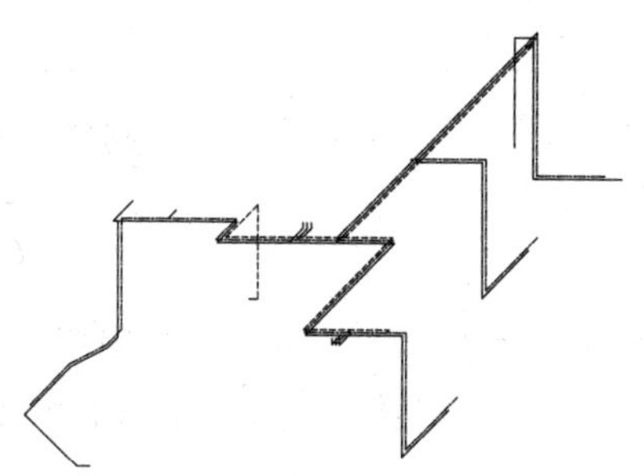

图 7-32　绘制热回水管线

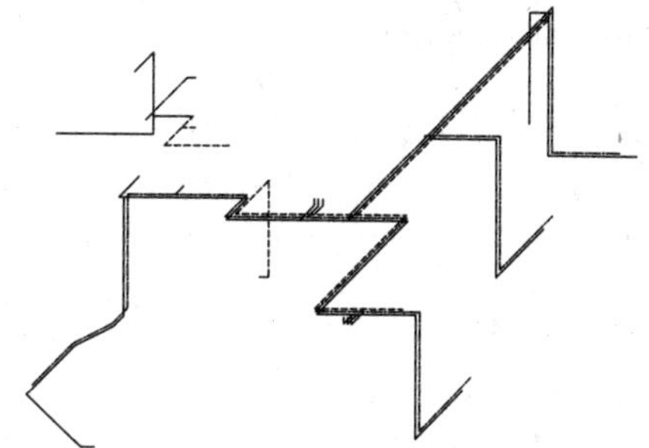

图 7-33　绘制连接热水器的管线

09 执行 L（直线）命令，绘制直线以连接管线，如图 7-34 所示。

10 将“给水设备”图层置为当前图层。调入给水设备图块。打开本书提供的“图例图块.dwg”文件，将其中的给水设备图块复制粘贴至当前图形中，如图 7-35 所示。

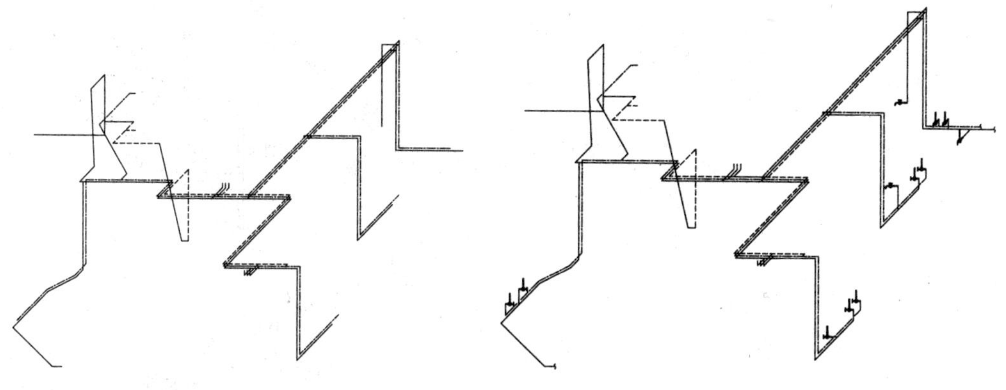

图 7-34　绘制连接管线

图 7-35　调入给水设备图块

11 保持“图例图块.dwg”文件的打开状态，将其中的阀门图块及热水器图块复制粘贴至当前图形中；执行 TR（修剪）命令，修剪被图块遮挡的管线，如图 7-36 所示。

12 执行 L（直线）命令，绘制楼面线及断管符号线，结果如图 7-37 所示。

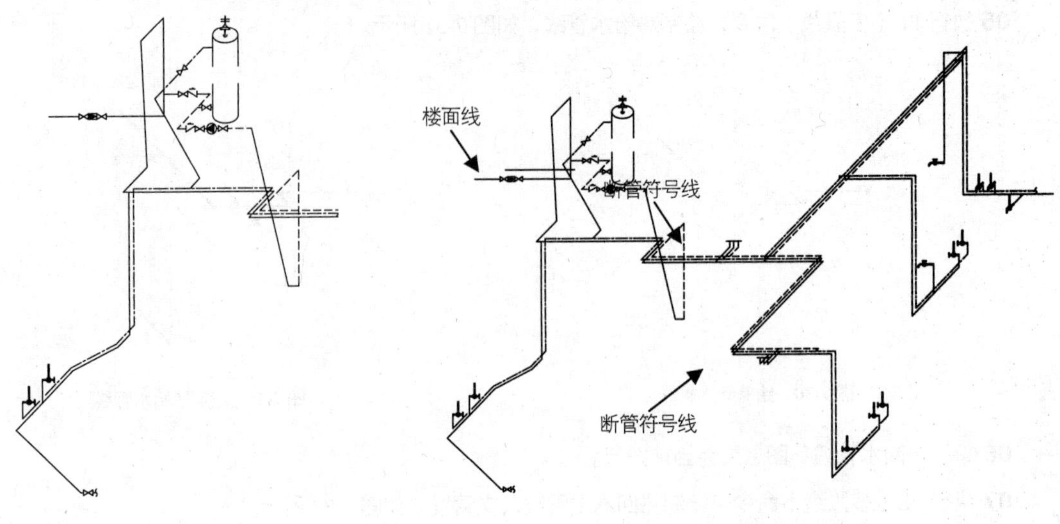

图 7-36　调入阀门及热水器图块　　　　图 7-37　绘制楼面及断管符号线

7.3.3　绘制标注

标注的对象分别有管线、给水设备等，可以使用“多重引线”命令以及“多行文字”命令来绘制。此外，阀门图块的说明可以参考“6.1 绘制别墅一层给水排水平面图”小节中的介绍。

01 将“标注”图层置为当前图层。

02 执行 MLD（多重引线）命令，绘制引出标注，执行 MT（多行文字）命令绘制管径标注。

03 管道标号。执行 C（圆）命令，绘制半径为 555 的圆；执行 L（直线）命令，在圆内过圆心绘制直线；然后再执行 MT（多行文字）命令，在圆内绘制文字标注。

04 标高标注。执行 L（直线）命令，绘制标高基准线；执行 I（插入）命令，插入标高图块；双击标高图块，在“增强属性编辑器”对话框中更改其标高值；执行 CO（复制）命令，移动复制参数相同的标高图块至其他区域，如图 7-38 所示。

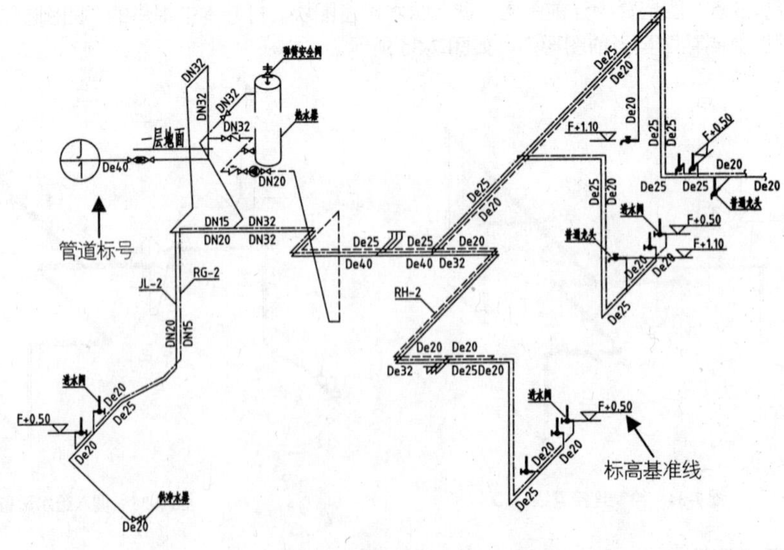

图 7-38　绘制标注

05 绘制图名标注。执行 MT（多行文字）命令、PL（多段线）命令，绘制图名、比例标注以及下划线，如图 7-39 所示。

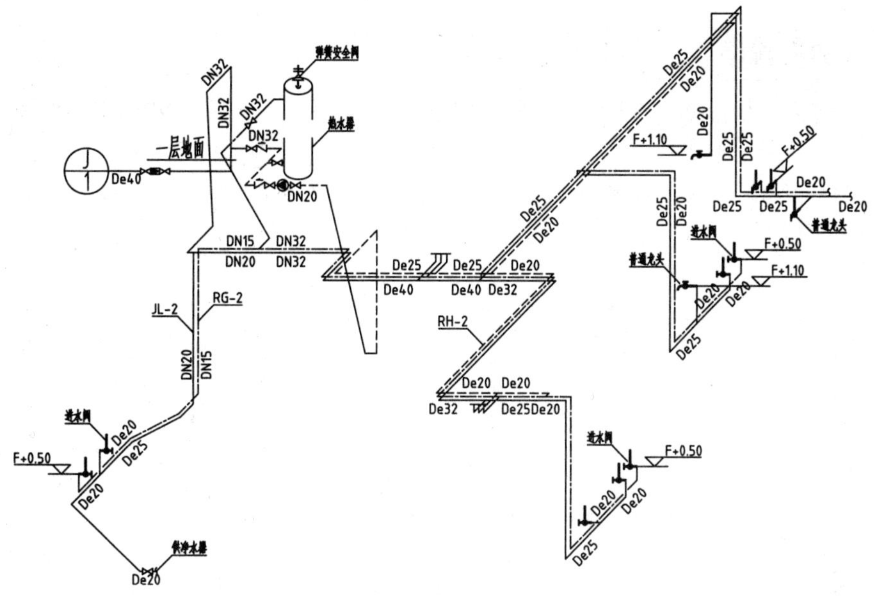

一层给水系统图

图 7-39　绘制图名标注

7.4　绘制别墅排水系统图

排水系统图用于反映排水管道系统的上下楼层之间、前后左右间的空间关系，以及各管段的管径、坡度及管道附件、排水设备的位置等。

7.4.1　设置绘图环境

在绘制别墅排水系统图之前，应按照本小节中所介绍的方式来设置绘图环境。

01 启动 AutoCAD 2020，在新建的空白文件上执行 LA（图层特性管理器）命令，系统可弹出“图层特性管理器”对话框；在其中创建绘制排水系统图所需要的图层，如图 7-40 所示。

02 将“排水管线”图层置为当前正在使用的图层，便可以开始绘制排水系统图。

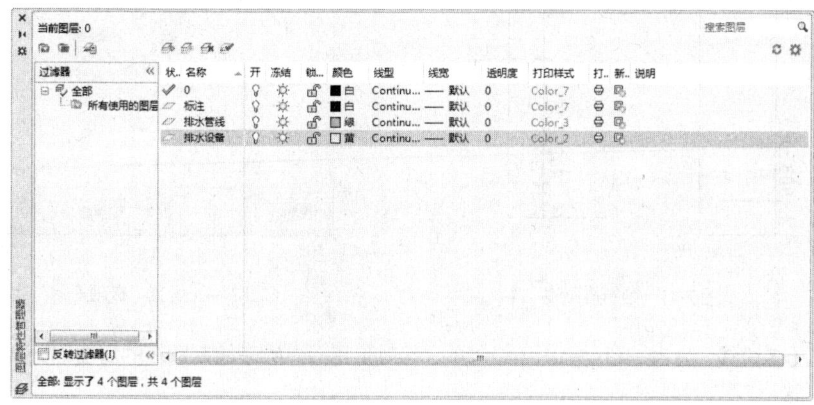

图 7-40　创建图层

7.4.2 绘制主管道

01 绘制排水管线。执行 PL（多段线）命令，根据命令行的提示，分别指定多段线的起点及下一点，绘制水平管及垂直管线，如图 7-41 所示。

02 执行 CHA（倒角）命令，设置第一个、第二个倒角距离均为 40，分别选择垂直管线及水平管线，对其执行倒角操作，如图 7-42 所示。

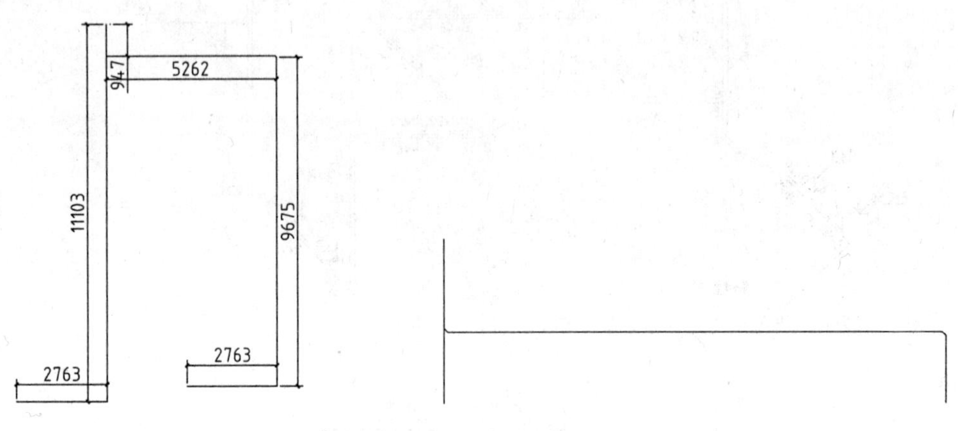

图 7-41 绘制排水管线

图 7-42 倒角操作

03 绘制楼面线。执行 L（直线）命令，绘制楼面线；执行 O（偏移）命令，偏移线段，如图 7-43 所示。

7.4.3 绘制支管

01 设置极轴参数。执行“工具”→“绘图设置”命令，系统弹出【草图设置】对话框；选择“极轴追踪”选项卡，勾选“启用极轴追踪”复选框，在“增量角”下拉列表中选择 45；在“对象捕捉追踪设置”选项组中选择“仅正交追踪”选项，在“极轴角测量”选项组中选择“绝对”选项，如图 7-44 所示。

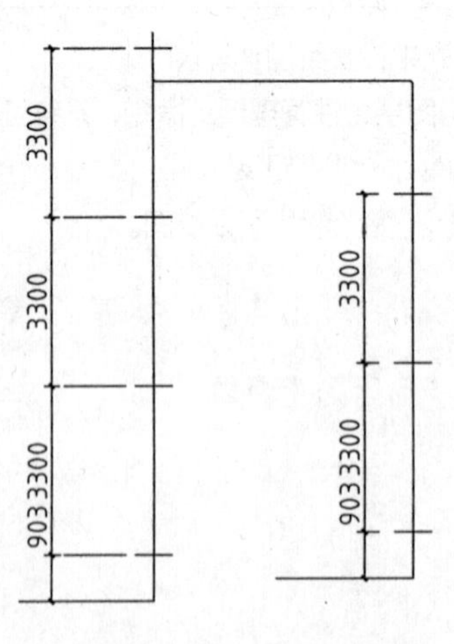

图 7-43 绘制楼面线

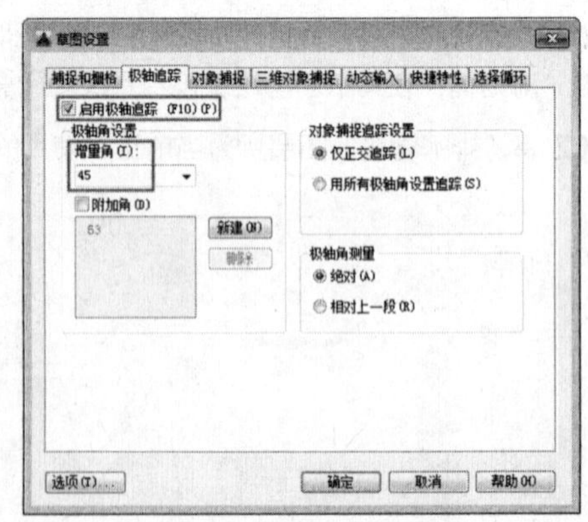

图 7-44 设置“极轴追踪”选项卡

02 执行 PL（多段线）命令，利用前面所设置的“极轴追踪”参数来绘制管道的弯曲部分，如图 7-45 所示。

03 将“排水设备”图层置为当前图层。

04 调入排水设备图块。打开本书提供的“图例图块.dwg”文件，将其中的排水设备图块复制粘贴至当前图形中，如图 7-46 所示。

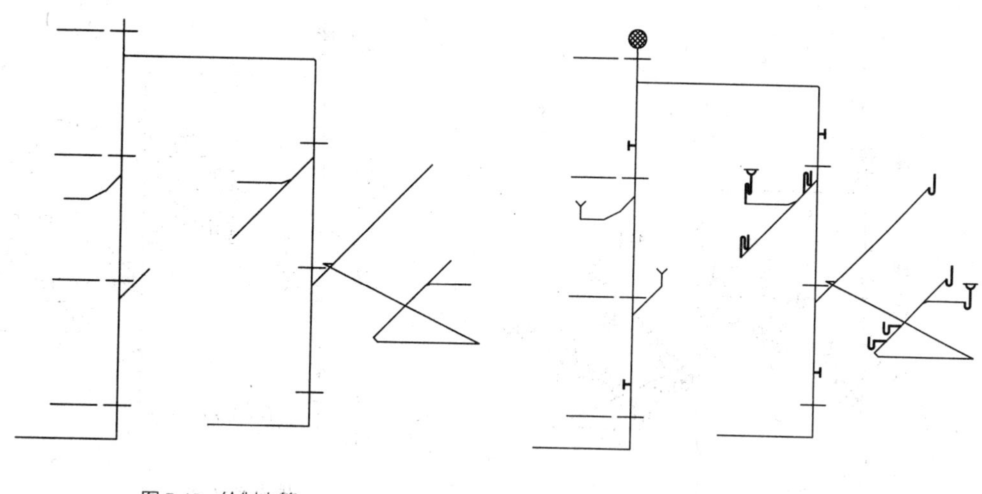

图 7-45　绘制支管　　　　图 7-46　调入排水设备图块

7.4.4　绘制标注

01 将“标注”图层置为当前图层。

02 执行 MT（多行文字）命令，绘制管径标注、各楼层文字标注，如图 7-47 所示。

03 执行 MLD（多重引线）命令，绘制引线标注，如图 7-48 所示。

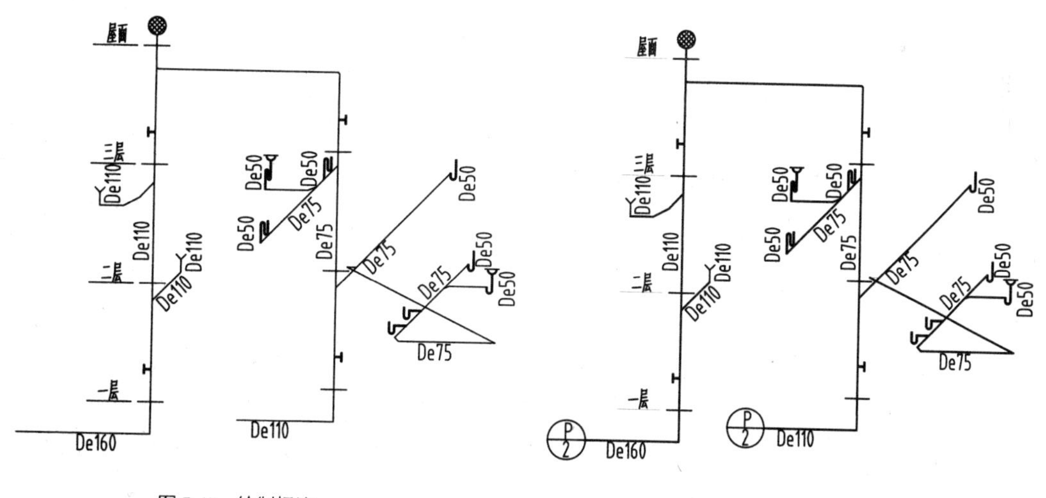

图 7-47　绘制标注　　　　图 7-48　绘制引线标注

04 绘制管道标号。执行 C（圆）命令，绘制半径为 555 的圆；执行 L（直线）命令，过圆心绘制直线；然后再执行 MT（多行文字）命令，在圆内绘制文字标注，如图 7-49 所示。

05 绘制图名标注。执行 MT（多行文字）命令，绘制图名及比例标注；执行 PL（多段线）命令，绘制下划线，如图 7-50 所示。

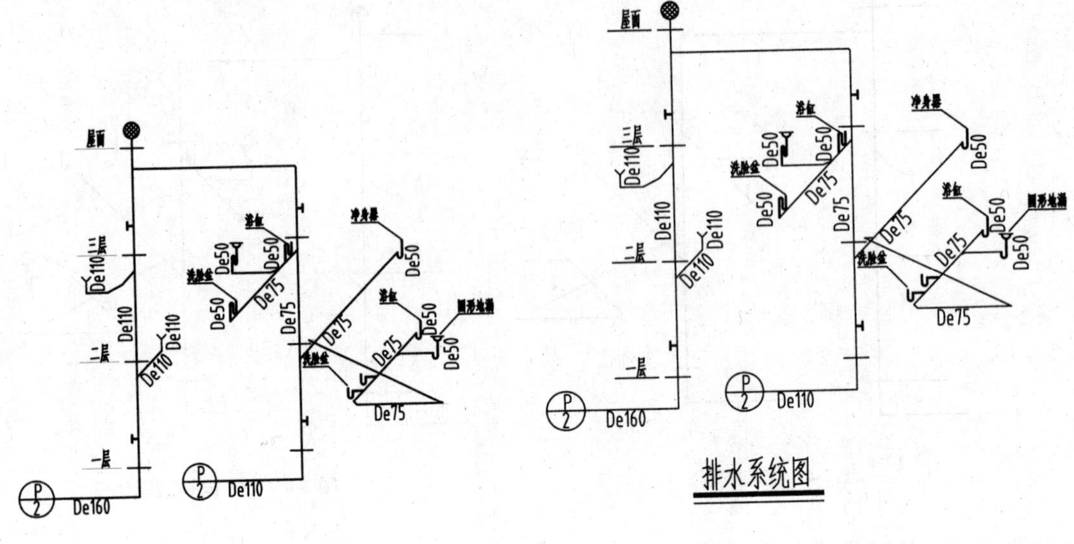

图 7-49 绘制管道标号

图 7-50 绘制图名标注

第8章 别墅电气施工图的绘制

本章导读

别墅电气施工图表示了房屋内部强电系统、弱电系统的布置，其中包括用电设备的安装、管线的走向情况。本章介绍别墅电气施工图的绘制方法。

本章重点

- 了解室内电气施工图的组成和图例
- 了解电气施工图的类型和识读方法
- 掌握照明平面图的绘制方法
- 掌握弱电平面图的绘制方法
- 掌握基础联合接地平面图的绘制方法
- 掌握屋面防雷平面图的绘制方法
- 掌握配电箱系统图的绘制方法
- 掌握弱电系统图的绘制方法

8.1 电气施工图的识读

电气设施在人们生活与生产中必不可少，了解相关的电气知识，对日常的工作生活有一定的帮助。特别是建筑设计制图人员，在绘制建筑设计施工图的过程中，常常涉及电气施工图的绘制或识读，因此具备相关的电气知识更加必不可少。

8.1.1 电气工程

电气工程可分为两类，一类为强电工程，一类为弱电工程。

1. 强电工程

强电工程主要包括：居民用电、动力用电、商业用电，景观照明用电、办公用电等，一般为 380/220V。强电的处理对象是能源（电力），其特点是电压高、电流大、功率大、频率低，主要考虑的问题是减少损耗、提高效率。

2. 弱电工程

弱电是相对于强电而言的。

弱电工程的处理对象主要是信息，即信息的传送和控制。其特点是电压低、电流小、功率小、频率高，主要考虑的是信息传送的效果问题，如信息传送的保真度、速度、广度、可靠性。

一般来说，弱电工程包括电视工程、通信工程、消防工程、保安工程、影像工程等，以及为上述工程服务的综合布线工程。

8.1.2 绘制电气施工图的相关规定

《建筑电气制图标准》GB/T 50786—2012 是目前现行的电气工程制图标准，在绘制电气工程施工图时，应按照其中的规定来绘制电气图样。

1. 图线

《建筑电气制图标准》中规定绘制电气施工图时应选用表 8-1 中所列出的图线，而线宽 *b* 则根据实际的绘图情况，按照现行的国家标准《房屋建筑制图统一标准》GB/T50001 中的规定来选用。

表 8-1 图线

<table>
<tr><th colspan="2">图线名称</th><th>线型</th><th>线宽</th><th>一般用途</th></tr>
<tr><td rowspan="5">实线</td><td>粗</td><td></td><td>b</td><td rowspan="2">本专业设备之间电气通路连接线、本专业设备可见轮廓线、图形符号轮廓线</td></tr>
<tr><td rowspan="2">中粗</td><td rowspan="2"></td><td>0.7b</td></tr>
<tr><td>0.7b</td><td rowspan="2">本专业设备可见轮廓线、图形符号轮廓线、方框线、建筑物可见轮廓</td></tr>
<tr><td>中</td><td></td><td>0.5b</td></tr>
<tr><td>细</td><td></td><td>0.25b</td><td>非本专业设备可见轮廓线、建筑物可见轮廓；尺寸、标高、角度等标注线及引出线</td></tr>
<tr><td rowspan="5">虚线</td><td>粗</td><td></td><td>b</td><td rowspan="2">本专业设备之间电气通路不可见连接线；线路改造中原有线路</td></tr>
<tr><td rowspan="2">中粗</td><td rowspan="2"></td><td>0.7b</td></tr>
<tr><td>0.7b</td><td rowspan="2">本专业设备不可见轮廓线、地下电缆沟、排管区、隧道、屏蔽线、连锁线</td></tr>
<tr><td>中</td><td></td><td>0.5b</td></tr>
<tr><td>细</td><td></td><td>0.25b</td><td>非本专业设备不可见轮廓线及地下管沟、建筑物不可见轮廓线等</td></tr>
</table>

（续）

图线名称		线型	线宽	一般用途
波浪线	粗		b	本专业软管、软护套保护的电气通路连接线、蛇形敷设线缆
	中粗		$0.7b$	
单点长画线			$0.25b$	定位轴线、中心线、对称线；结构、功能、单元相同围框线
双点长画线			$0.25b$	辅助围框线、假想或工艺设备轮廓线
折断线			$0.25b$	断开界线

2. 比例

根据不同类型的电气图样，应该选用不同的比例来绘制。标准中列出了常见的电气图样的制图比例，见表 8-2。

表 8-2 比例

序号	图名	常用比例	可用比例
1	电气总平面图、规划图	1:500、1:1000、1:2000	1:300、1:5000
2	电气平面图	1:50、1:100、1:150	1:200
3	电气竖井、设备间、电信间、变配电室等平、剖面图	1:20、1:50、1:100	1:25、1:150
4	电气详图、电气大样图	10:1、5:1、2:1、1:1、1:2、1:5、1:10、1:20	4:1、1:25、1:50

3. 图形符号

强电工程图与弱电工程图所表示的内容不同，因此也需要不同的图形符号来辅助说明图纸的设计意图。在《建筑电气制图标准》中列出了绘制电气工程图时可选用的图例，见表 8-3～表 8-8。

表 8-3 灯具图形符号

名称	图例	名称	图例
单管荧光灯		二管荧光灯	
三管荧光灯		多管荧光灯	
应急疏散指示标志灯	E	单管格栅灯	
双管格栅灯		三管格栅灯	
自带电源应急照明灯		聚光灯	
普通灯		投光灯	

表 8-4　开关图形符号

名称	图例	名称	图例
单联单控开关		双联单控开关	
三联单控开关		n 联单控开关	n
带指示灯的开关		带指示灯双联单控开关	
带指示灯三联单控开关		带指示灯的 n 联单控开关	N
防止无意操作的按钮		按钮	
单极限时开关	T	单极声光控开关	SL
双控单极开关		单极拉线开关	

表 8-5　通信及综合布线系统图样的常用图形符号

名称	图例	名称	图例
数据插座	TD	电话插座	TP
信息插座	TO	多用户信息插座	MUTO
电视插座	TV	建筑群配线架（柜）	CD
建筑物配线架（柜）	BD	楼层配线架（柜）	FD
集线器	HUB	交换机	SW
集合点	CP	光纤连接盘	LIU
总配线架（柜）	MDF	光纤配线架（柜）	ODF

表 8-6　火灾自动报警系统图样的常用图形符号

名称	图例	名称	图例
感温火灾探测器（点型）		感烟火灾探测器（点型）	
感光火灾探测器（点型）		可燃气体探测器（点型）	
复合式感烟感温探测器（点型）		差定温火灾探测器	
消火栓起泵按钮		火警电话	
手动火灾报警按钮		火灾电铃	
火灾警应急广场扬声器		水流指示器	
压力开关	P	70℃动作的常开防火阀	70℃
加压送风口	Φ	排烟口	Φ SE

表 8-7　广播系统图样的常用图形符号

名称	图例	名称	图例
传声器		扬声器	
嵌入式安装扬声器箱		扬声器箱、音箱、声柱	
号筒式扬声器		调谐器、无线电接收机	
扩大机	A	传声器插座	M

表 8-8　有限电视及卫星电视接收系统图样的常用图形符号

名称	图例	名称	图例
天线		带馈线的抛物面天线	
双向分配放大器		均衡器	
可变均衡器		混合器	

（续）

名称	图例	名称	图例
三路分配器		分支器	
固定衰减器	A	可变衰减器	A

8.1.3 绘制电气工程图

电气工程图主要由电气工程平面图、电气系统图组成。

1. 电气工程平面图

电气工程平面图包括动力、照明、弱电、防雷等各类电气平面布置图。图纸上应标明电源引入线位置、安装高度、电源方向；配电盘、接线盒位置；线路敷设方式、根数；各种设备的平面位置，电气容量、规格、安装方式和高度；开关位置等。

图 8-1 所示为绘制完成的某办公楼照明平面图。

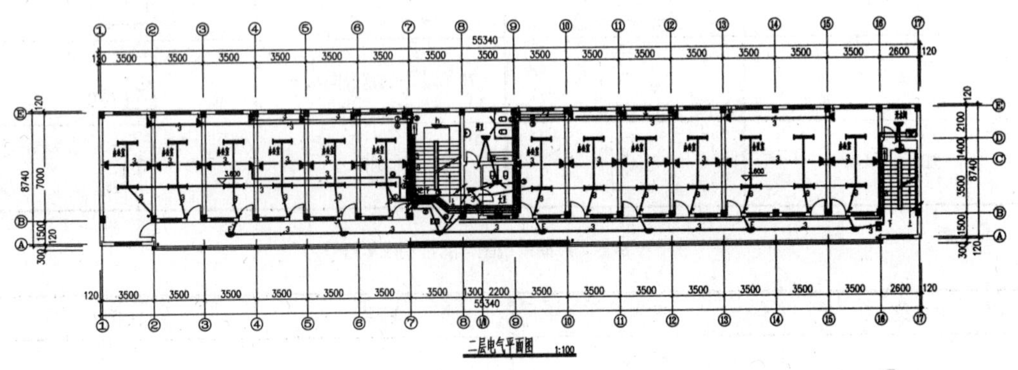

图 8-1 照明平面图

电气工程平面图的图示内容包括：

- 配电线路的方向、相互连接的关系。
- 线路编号、敷设方式及规格型号等。
- 各种电器的位置、安装方式。
- 各种电气设施进口线位置及接地保护点等。

2. 电气系统图

电气系统图用来表示建筑室内外电力、照明及其他日用电器的供电与配电情况。

图 8-2 所示为绘制完成的某办公楼配电系统图。

3. 电气工程图的识读步骤

01 查看图样目录，了解图样内容及张数；

02 查看电气设计说明及规格表，了解设计意图及各种电气符号所代表的意义；

03 按图纸的编排顺序查看图样，了解图样内容，将系统图与平面图结合起来，读懂图纸所表达的意思。在查看平面图时，应按房间的顺序，根据管线的走向来阅读图纸的内容，以了解线路走向、电气设备的安装位置等信息。

M1
N
TIB1-100C63/4
Pe=30KW

断路器	导线	用途	容量/相序	回路
TIB1-63C10	BV2X2.5PVC16	照明	0.96kW A相	①
TIB1-63C10	BV2X2.5PVC16	照明	0.64kW B相	②
TIB1-63C10	BV2X2.5PVC16	照明	1.12kW C相	③
TIB1L-63C16/2 30MA	BV2X2.5+BVR2.5PVC20	插座	0.8kW A相	④
TIB1L-63C16/2 30MA	BV2X2.5+BVR2.5PVC20	插座	1.0kW B相	⑤
TIB1-63D20	BV2X4+BVR4PVC25	空调插座	2.2kW C相	⑥
TIB1-63D20	BV2X4+BVR4PVC25	空调插座	2.2kW A相	⑦
TIB1-63D20	BV2X4+BVR4PVC25	空调插座	2.2kW B相	⑧
TIB1-63D25	BV2X6+BVR6PVC25	空调插座	3.3kW C相	⑨
TIB1-63D20	BV2X4+BVR4PVC25	空调插座	2.2kW A相	⑩
TIB1-63D20	BV2X4+BVR4PVC25	空调插座	2.2kW B相	⑪
TIB1L-32C20/4 30MA	BV4X4+BVR4PVC25	插座箱	6kW 三相	⑫
TIB1-63C10		予留		
TIB1-63C10		予留		
TIB1-63C10		予留		
TIB1-63C10		予留		
TIB1-63C10		予留		

图 8-2　配电系统图

8.2　绘制别墅一层照明平面图

别墅一层照明平面图表示了各类照明设备的安装位置、设备之间导线的走向等信息。

8.2.1　设置绘图环境

在绘制别墅照明平面图之前，应先创建绘制照明平面图所需的各类图层。

01 启动 AutoCAD 2020，同时打开第 5 章绘制的“5.2 别墅一层平面图.dwg”文件。

02 按下 Ctrl+C 组合键，复制“5.2 别墅一层平面图.dwg”文件；同时在 AutoCAD 新建的空白文件中按下 Ctrl+V 组合键，将“5.2 别墅一层平面图.dwg”文件粘贴至空白文件中。

03 按下 Ctrl+S 组合键，设置文件名称为“8.2 别墅一层照明平面图”，对图形执行保存操作。

04 创建图层。执行“格式”→“图层”命令，在弹出的“图层特性管理器”对话框中创建绘制照明平面图所需要的图层，并分别设置图层的颜色、线宽，如图 8-3 所示。

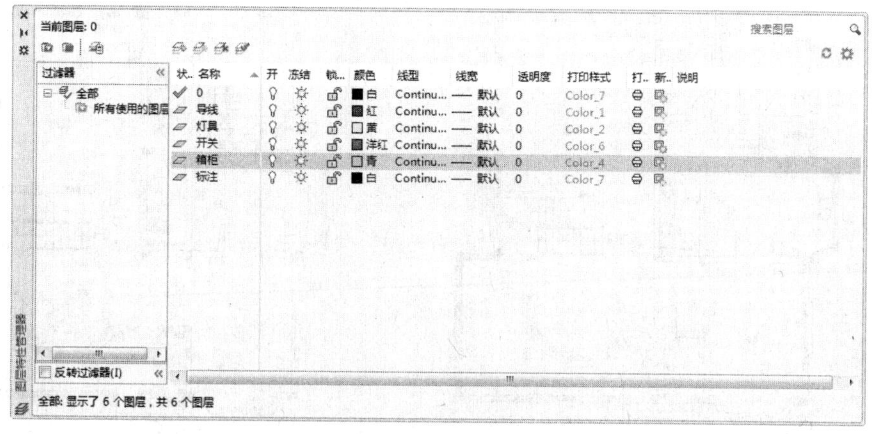

图 8-3　创建图层

8.2.2　绘制照明平面图

首先调入电气图例表，然后调用“复制”命令，将图例表中的电气图例移动复制到照明平面图中，最后再调用“直线”命令，绘制设备间的连接导线，可完成照明平面图的绘制。

01 调入图例表。打开本书配套资源“图例文件.dwg”文件，将电气图例表复制粘贴至当前图形中，如图 8-4 所示。

图 列	设备名称	型号及规格	单位	敷设方式	敷设高度	部 位
M	电业电表箱	ZDBX-(三相)	台	嵌墙	下口离地 1.4m	供电局提供
K	住户配电箱	HFB	台	嵌墙	下口离地 1.4m	车库内
	弱电信息箱	PB6031B	台	嵌墙	下口离地 1.4m	车库内
	吸顶灯	40W灯头	盏	吸(链吊)顶		各室
	壁灯	U型节能灯	盏	沿墙壁明装	下口离地 2.2m (除注明外)	露台等处
	单极暗敷翘板开关	B61-B64 系列	只	暗装	下口离地 1.3m	卧室,客厅,厨房,卫生间等
	双极暗敷翘板开关	B61-B64 系列	只	暗装	下口离地 1.3m	卧室,客厅,厨房,卫生间等
	单极双控暗敷翘板开关	B61-B64 系列	只	暗装	下口离地 1.3m	走道处
	双极防爆开关	B61-B64 系列	只	暗装	下口离地 1.3m	热水器间
	室内空调机		只			暖通专业提供
VEI	可视对讲主机	JB-2000IIIML	只	明装	下口离地 1.4m	出入口处
	排气扇		只			暖通专业提供
	引线					暖通专业提供

图 8-4 调入图例表

02 整理图形。执行 E（删除）命令，删除平面图上的多余图形，如图 8-5 所示。

03 将“灯具”图层置为当前图层。

04 布置灯具。执行 CO（复制）命令，从电气图例表中选择各类灯具图形，将其移动复制到平面图中，如图 8-6 所示。

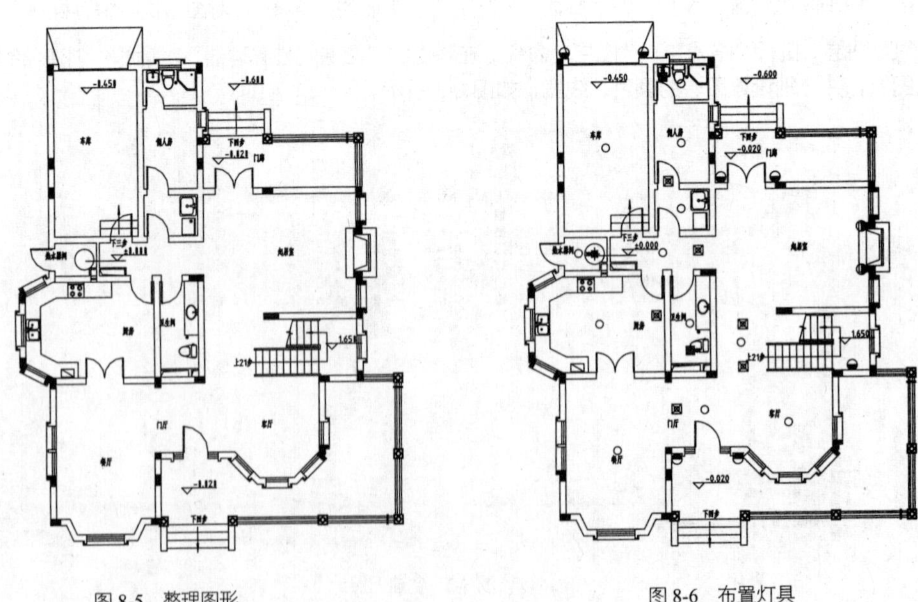

图 8-5 整理图形

图 8-6 布置灯具

05 将“开关”图层置为当前图层。

06 布置开关。执行 CO（复制）命令，从图例表中选择单极开关、双极开关等图例，将它们移动复制到各房间区域的指定位置，如图 8-7 所示。

07 将“导线”图层置为当前图层。

08 绘制导线。执行 L（直线）命令，绘制灯具与开关之间的连接导线，如图 8-8 所示。

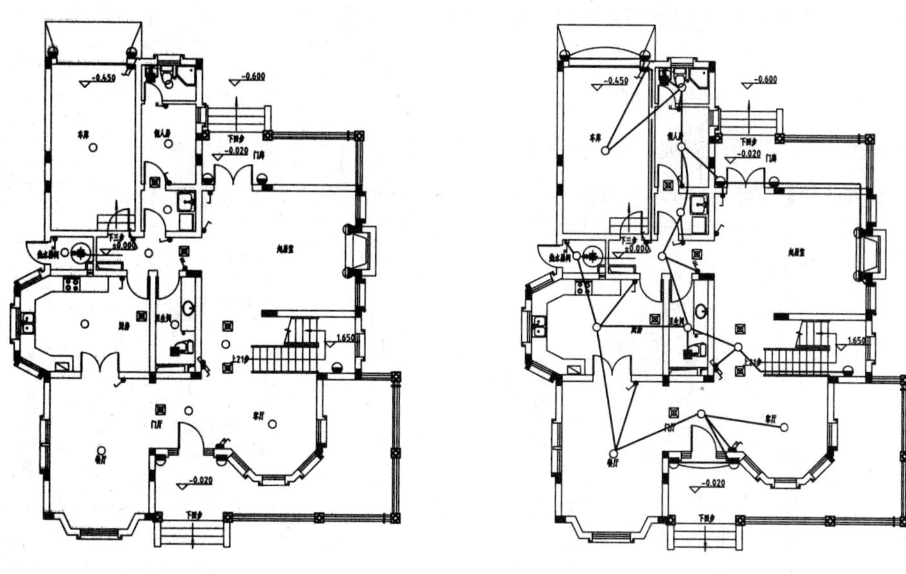

图 8-7　布置开关

图 8-8　绘制连接导线

09 在“特性”工具栏中暂时更改当前线型为 CENTERX2，如图 8-9 所示。

图 8-9　更改线型

10 执行 C（圆）命令，在室内空调机的一侧绘制半径为 19 的圆，以表示接线口；执行 L（直线）命令，绘制各空调机的连接导线，如图 8-10 所示。

11 将“箱柜”图层置为当前图层。

12 布置箱柜及引线。执行 CO（复制）命令，从电气图例表中将电表箱、配电箱等图例移动复制到平面图中，结果如图 8-11 所示。

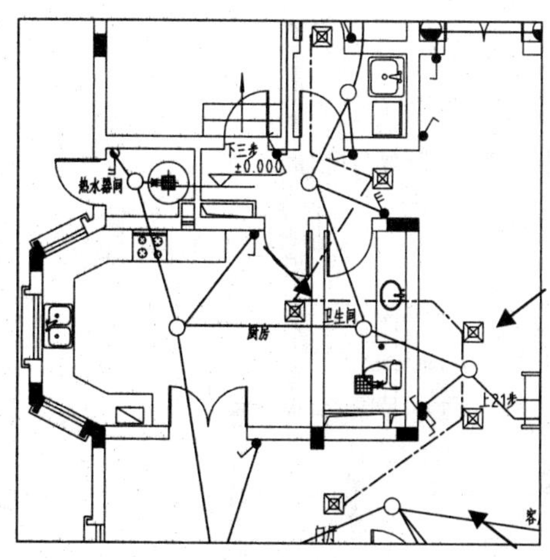

图 8-10　绘制各空调机的连接导线

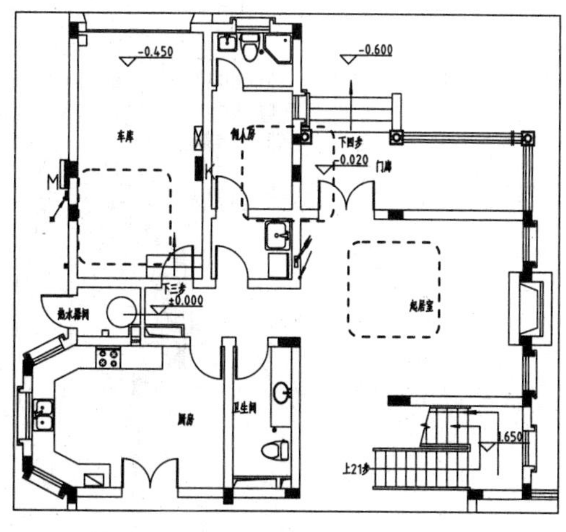

图 8-11　布置箱柜及引线

13 暂时关闭“灯具”图层和“开关”图层，选择绘制完成的导线，单击右键，在快捷菜单中选择“隔离”→“隐藏对象”选项，将导线隐藏。

14 执行 L（直线）命令，绘制箱柜之间的连接导线，如图 8-12 所示。

8.2.3 绘制标注

由于照明平面图中有多根纵横交错的连接导线，因此在绘制标注时应格外小心，避免标注信息或标注位置的错误。

01 将“标注”图层置为当前图层。

02 在绘图区空白处单击右键，在快捷菜单中选择“隔离”→“结束隐藏对象”选项，显示被隐藏的导线。

03 绘制导线根数文字标注。执行 L（直线）命令，在待标注的导线上绘制短斜线；执行 MT（多行文字）命令，绘制文字标注，以表示所包含的导线根数，如图 8-13 所示。

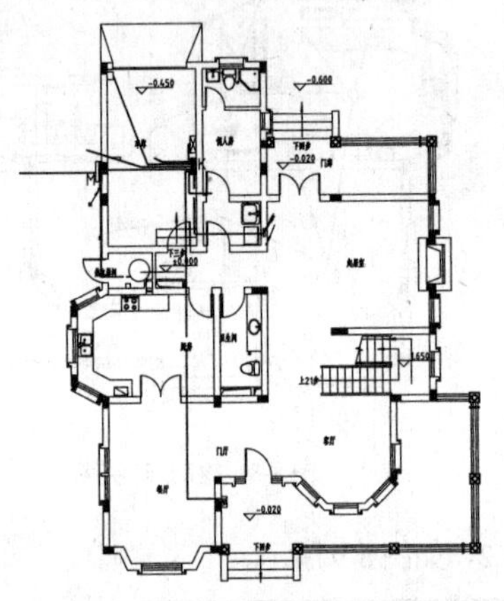

图 8-12 绘制箱柜之间的连接导线

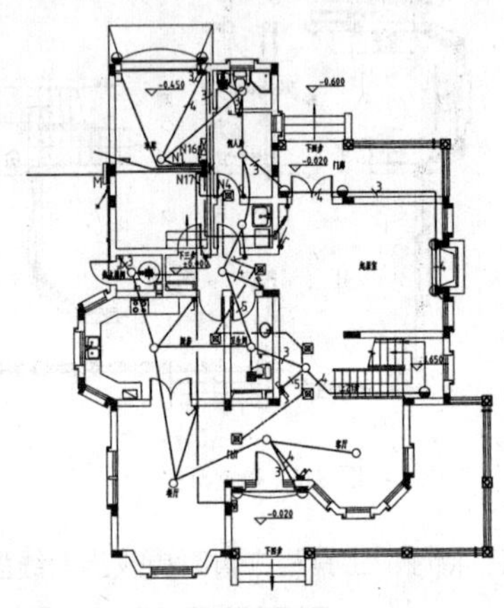

图 8-13 绘制文字标注

04 绘制引线标注。执行 MLD（多重引线）命令，绘制电气图例或导线的文字标注，如图 8-14 所示。

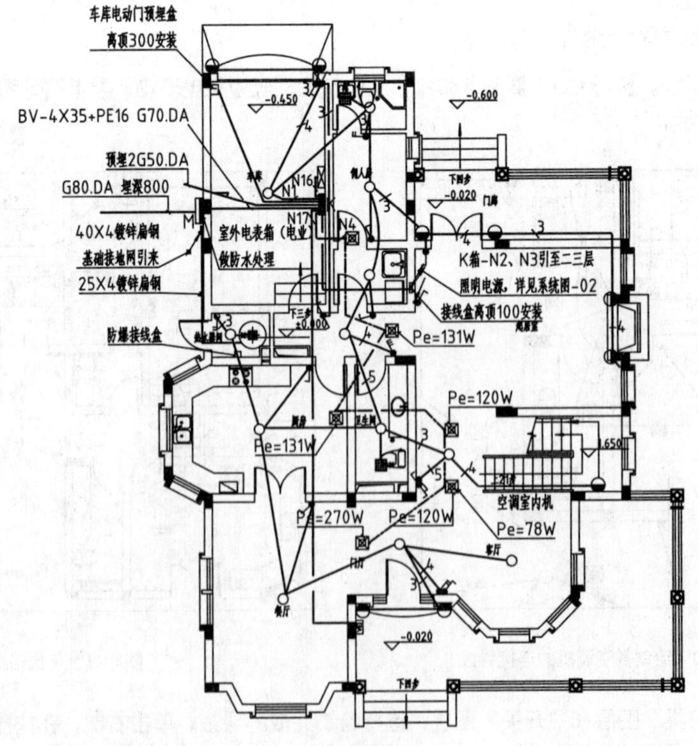

图 8-14 绘制引线标注

05 图名标注。执行 MT（多行文字）命令、PL（多段线）命令，绘制图名标注，如图 8-15 所示。

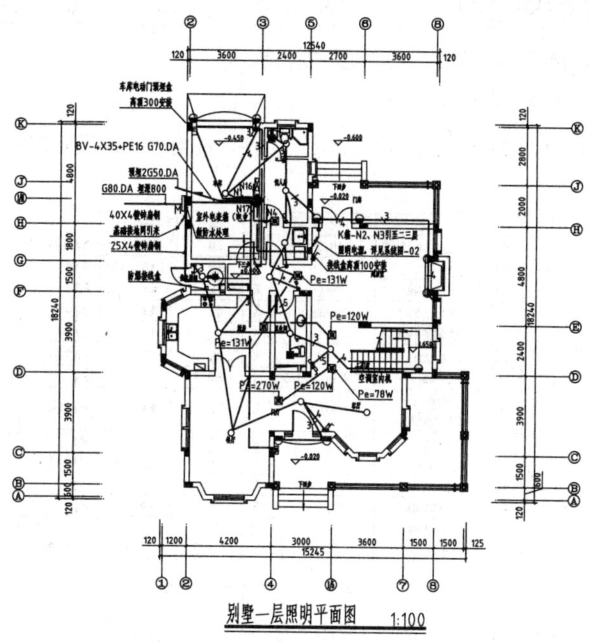

图 8-15 绘制图名标注

8.3 绘制别墅一层弱电平面图

别墅一层弱电平面图表示了室内弱电系统的布置，包括弱电设备的安装、导线的走向情况等。

8.3.1 设置绘图环境

在绘制弱电平面图之前，应先创建所需的各类图层。

01 打开第 5 章绘制的“5.2 别墅一层平面图.dwg”文件，执行“文件”→“另存为”命令，将文件另存为“8.3 别墅一层弱电平面图.dwg”文件。

02 执行 LA（图层特性管理器）命令，在“图层特性管理器”对话框中创建绘制弱电平面图所需要的图层，如图 8-16 所示。

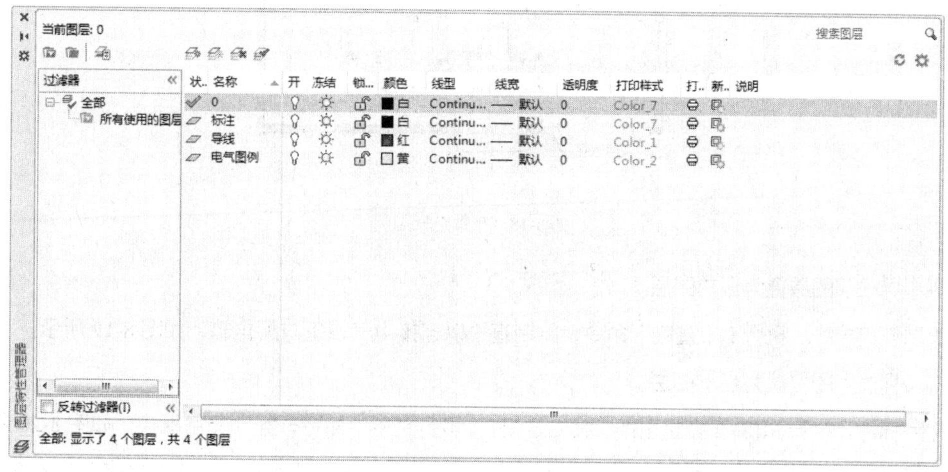

图 8-16 创建图层

8.3.2 绘制弱电平面图

弱电平面图中包括各类弱电设备、导线以及必要的标注。

01 将“电气图例”图层置为当前图层。

02 调入图例表。打开本书配套的“图例文件.dwg”文件，将电气图例表复制粘贴至当前图形中，如图 8-17 所示。

	弱电信息箱	PB6031B	台	嵌墙	下口离地 1.4m	车库内
	RJ45/RJ1型双孔终端	86H60	只	嵌墙	下口离地 0.3m	卧室,起居室,书房
H	电话出线盒	86H60	只	嵌墙	下口离地 0.3m	卧室等
T	有线电视终端盒	86H60	只	嵌墙	下口离地 0.3m	卧室等
VD	可视对讲主机	JB-2000IIIML	只	明装	下口离地 1.4m	出入口处
KP	报警系统控制键盘		只	嵌墙	下口离地 1.3m	出入口处
	紧急求助按钮		只	嵌墙	下口离地 1.3m	主卧室等
W	感温探测器	JTW-BCD-2106	只	吸顶		车库
	可视对讲分机(带紧急报警按钮)	JB-2003V	只	明装	下口离地 1.4m	起居室等处
IR	红外探测器		只	吸顶		厨房
IR	红外探测器		只	明装	下口离地 3m	起居室休息室
	磁控开关		只			卧室等
	红外幕帘探测器		只	明装	下口离地 3m	卧室等
G	气体泄漏探测器		只	吸顶		厨房
	引线					暖通专业提供

图 8-17 调入电气图例表

03 布置电气图例。执行 CO（复制）命令，在电气图例表中选择图例文件，将其移动复制到平面图中，如图 8-18 所示。

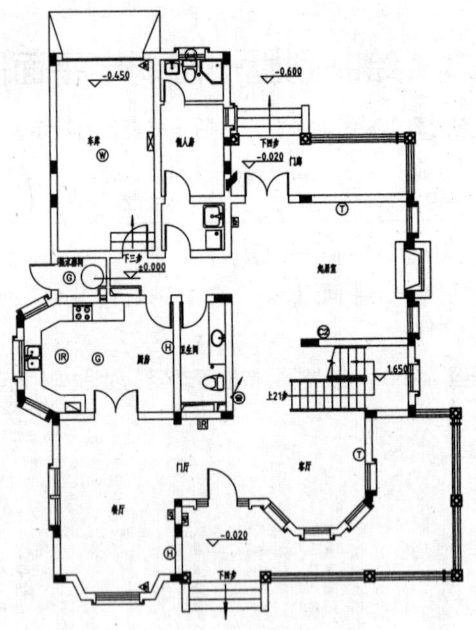

图 8-18 布置电气图例

04 将“导线”图层置为当前图层。

05 绘制连接导线。执行 L（直线）命令，绘制直线以连接电气设备与配电箱，如图 8-19 所示。

06 将“标注”图层置为当前图层。

07 文字标注。执行 MLD（多重引线）命令、MT（多行文字）命令，绘制文字标注，如图 8-20 所示。

08 双击平面图下方的图名及比例标注“别墅一层平面图 1:50”，在弹出的“在位文字”编辑框中将其更改为“别墅一层弱电平面图 1:100”，如图 8-21 所示。

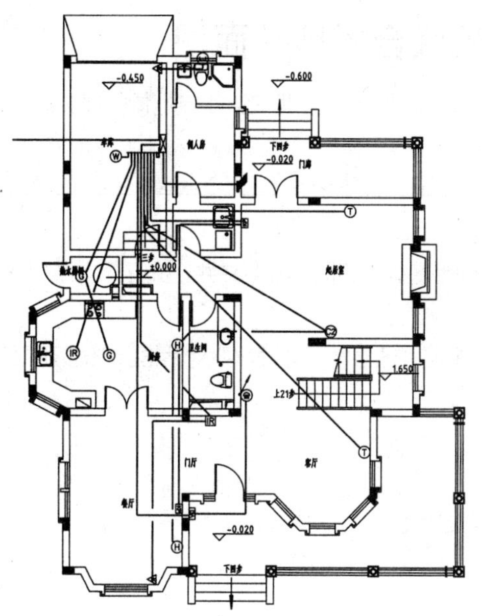

图 8-19　绘制连接导线

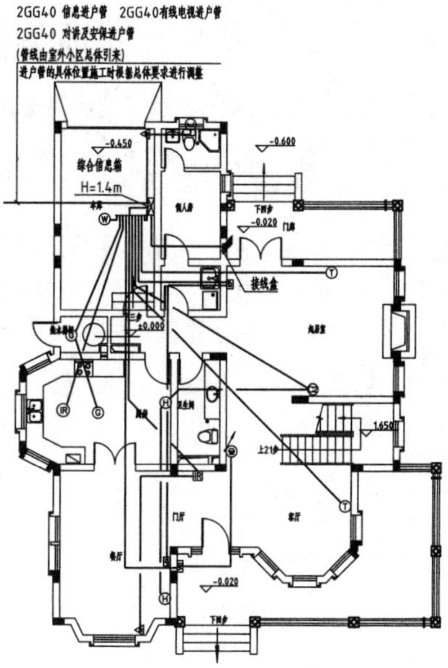

图 8-20　绘制文字标注

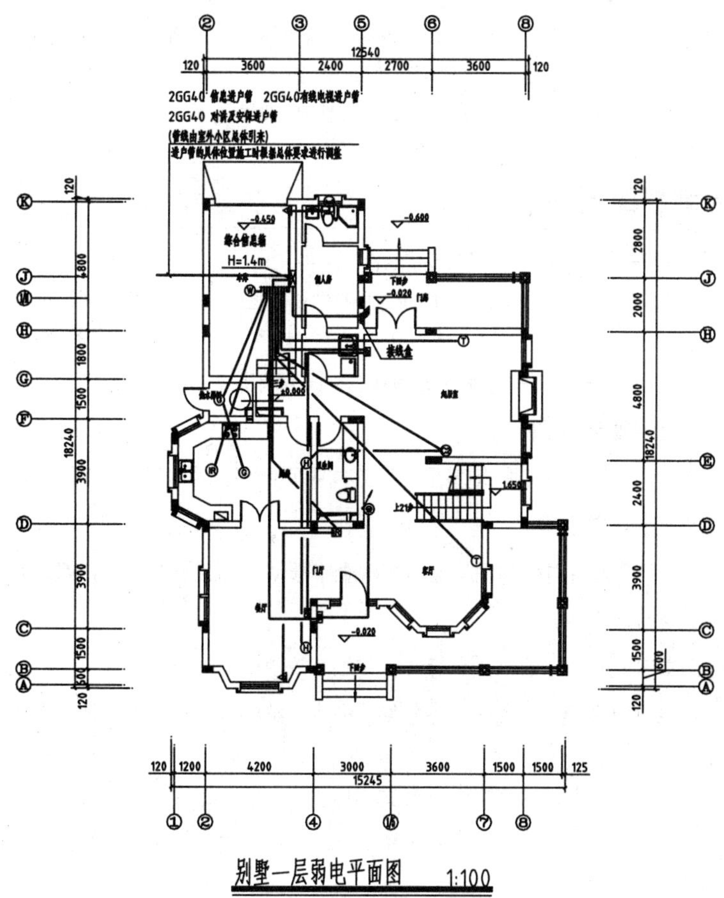

图 8-21　绘制图名标注

8.4 绘制别墅基础联合接地平面图

别墅基础联合接地平面图表示了房屋基础内钢筋作为防雷的引下线，埋设人工接地体的情况。

8.4.1 设置绘图环境

在绘制接地平面图之前，应先创建所需的各类图层。

01 启动 AutoCAD 2020，打开第 5 章绘制的“5.1 别墅基础平面图.dwg”文件，执行“文件”→“另存为”命令，将文件另存为“8.4 别墅基础联合接地平面图.dwg”文件。

02 设置图层。执行“格式”→“图层”命令，系统弹出“图层特性管理器”对话框。创建图层并设置图层属性，如图 8-22 所示。

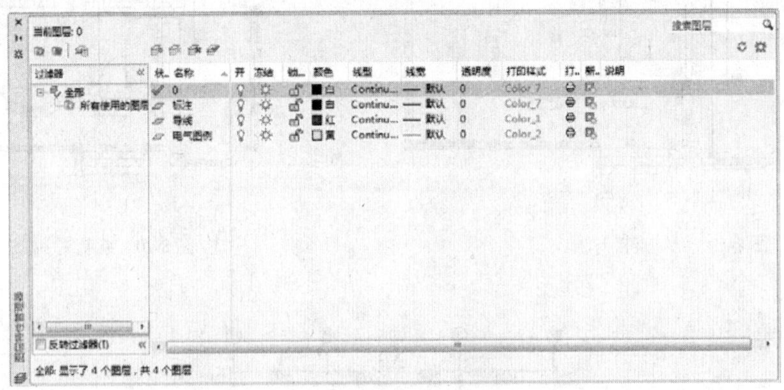

图 8-22 创建并设置图层属性

8.4.2 绘制接地平面图

接地平面图中包括镀锌扁钢、引线以及各类标注。

01 整理图形。执行 E（删除）命令，删除 J 轴线上的地基梁图形；执行 O（偏移）命令，设置偏移距离为 175，分别选择 1/H 轴线、H 轴线向上下偏移；执行 TR（修剪）命令，修剪多余的轴线。

02 执行 O（偏移）命令、TR（修剪）命令，编辑基础翼缘图形，如图 8-23 所示。

03 将“镀锌扁钢”图层置为当前图层。

04 执行 O（偏移）命令，选择一侧的地基梁轮廓线向中间偏移，绘制镀锌扁钢，如图 8-24 所示。

05 将“引线”图层置为当前图层。

06 执行 CO（复制）命令，将引线图例从电气图例表中移动复制至平面图中，如图 8-25 所示。

07 将“标注”图层置为当前图层。

08 执行 MT（多行文字）命令，绘制文字标注，如图 8-26 所示。

09 绘制表格。执行 REC（矩形）命令、X（分解）命令，绘制并分解矩形；执行 O（偏移）命令，偏移矩形边。

10 执行 MT（多行文字）命令，在表格中绘制文字标注，如图 8-27 所示。

11 绘制施工说明文字。按下 Enter 键，重复执行 MT（多行文字）命令，并将上一步骤所绘制的表格移动至文字段落中，如图 8-28 所示。

12 编辑图名标注。双击“别墅基础平面图 1:50”图名标注，将其更改为“基础联合接地平面图 1:100”，修改结果如图 8-29 所示。

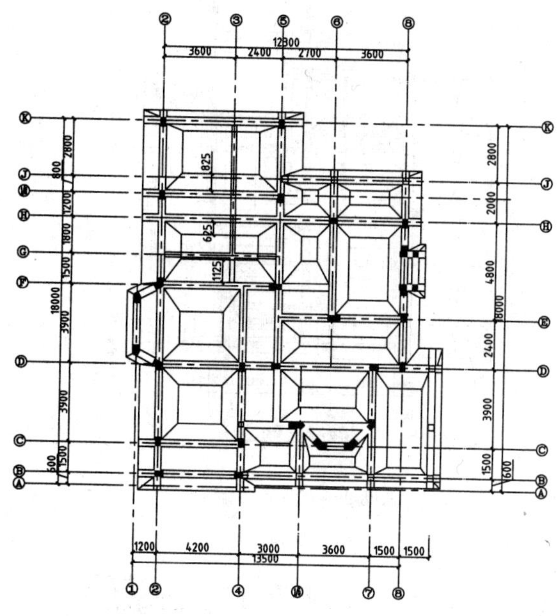

图 8-23　编辑基础翼缘图形

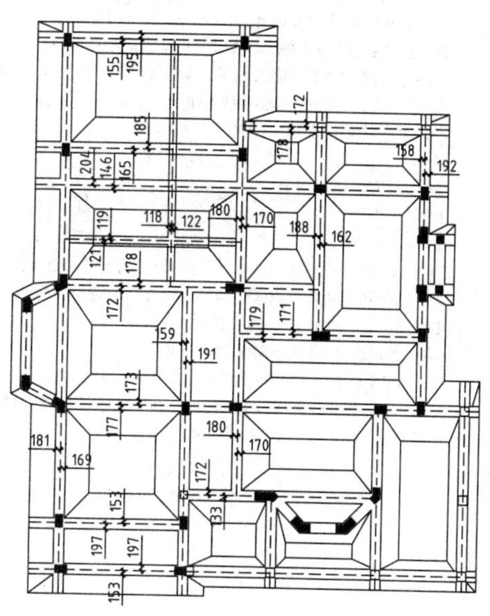

图 8-24　绘制镀锌扁钢

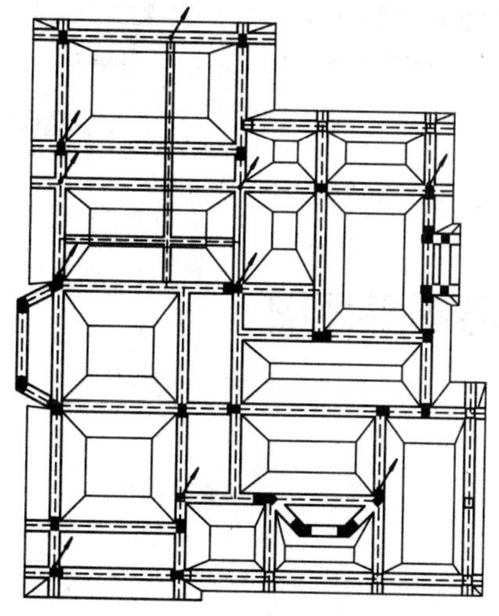

图 8-25　绘制引线

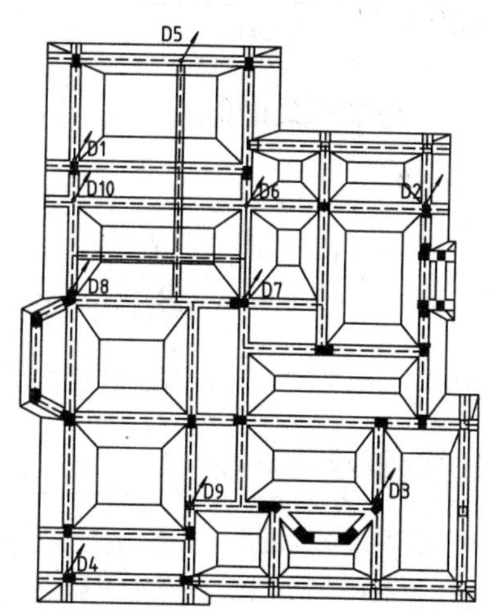

图 8-26　绘制文字标注

代号	用　　途	材料名称及其敷设方式和高度		备注
D1-D4	防雷装置的接地引下线	见本图说明		
D5-D9	卫生间辅助接地点	TD22-R-II 型等电位联接端子箱 180(W)X95(H)X55(D)	QA　下口距地0.3M	各层卫生间 梳洗台板下
D10	配电箱接地点	40X4镀锌扁钢	QA	至一层M箱内

图 8-27　绘制表格

13 在本节结尾附上绘制完成的详图及剖面图，如图 8-30 所示。读者可以配合详图来理解平面图所表示的意义。

施工说明

1. 联合接地体：本工程中的防雷系统、低压配电系统，各专用设备要求的接地体，均采用钢筋混凝土基础内金属构件所组成的联合接地体。即采用▱40x4镀锌扁钢或利用>φ16两根钢筋作连接线，将所需条形基础主筋焊接联通成环形接地网，所有焊接应采用搭接焊，搭接焊有效长度>6-10d，以构成一个满足各类接地要求的共用联合接地体，其接地电阻<1欧姆。

2.为了满足各类接地要求,需在共同接地体上设置下列接地点:

代号	用途	材料名称及其敷设方式和高度		备注
D1-D4	防雷装置的接地引下线	见本图说明		
D5-D9	卫生间辅助接地点	TD22-R-II 型等电位联接端子箱 180(W)X95(H)X55(D)	QA 下口距地0.3M	各层卫生间洗脸台板下
D10	配电箱接地点	40X4镀锌扁钢	QA	至一层M箱内

3.联合接地体制作方法见平面图，图中有╱符号者的(共10处)柱子或剪力墙外侧两根 ≥φ16 主筋底部必须与相对应的联合接地体钢筋网焊接连通，所有焊接必须采用搭接焊，有效焊接长度>6-10d，以符合GB50169-92规范。

4.柱子、条形基础主筋之间焊接连通的施工要求见详图。

5. 上述环形接地网电气连接施工均由安装队电气技术工人完成，请土建配合。

6. ----为40x4镀锌扁钢或>φ16的两根钢筋(充分利用基础中主筋)。若连接导线采用钢筋，请用红丹漆涂上记号，以便于隐蔽工程的验收。

图 8-28　绘制施工说明文字

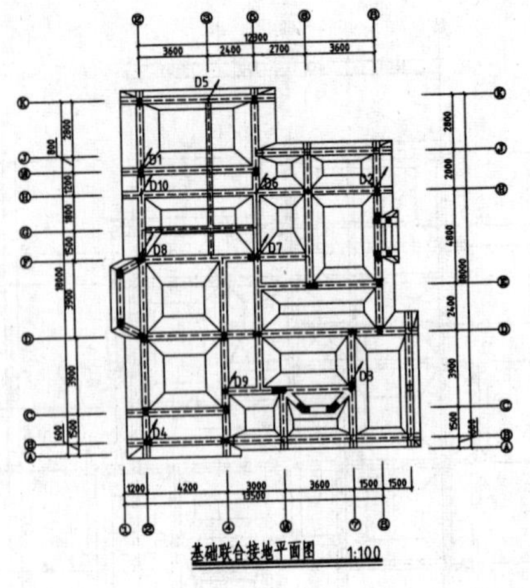

图 8-29　绘制图名标注

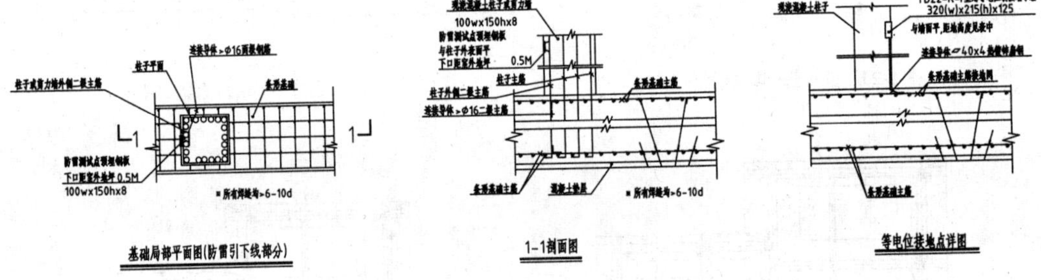

图 8-30　详图及剖面图的绘制结果

8.5　绘制屋面防雷平面图

屋面防雷平面图表示了屋顶避雷带或避雷网的安装效果，本节介绍防雷平面图的绘制。

8.5.1　设置绘图环境

在绘制屋面防雷平面图之前，应先创建各类所需的图层。

01 启动 AutoCAD 2020，打开第 5 章绘制的“5.3 别墅屋面平面图.dwg”文件，执行“文件”→“另存为”命令，将文件另存为“8.5 屋面防雷平面图.dwg”文件。

02 创建图层。单击“图层”工具栏上的“图层特性管理器”按钮，系统弹出“图层特性管理器”对话框，在其中创建绘制屋面防雷平面图所需要的图层，如图 8-31 所示。

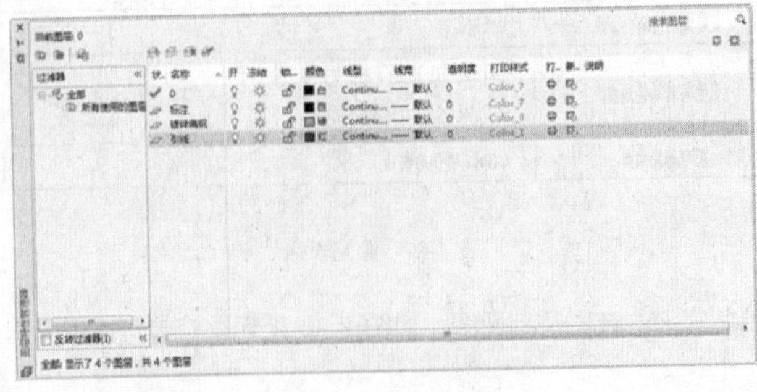

图 8-31　创建图层

8.5.2 绘制屋面防雷平面图

01 整理图形。执行 E（删除）命令、TR（修剪）命令、O（偏移）命令，在“屋顶平面图”的基础上执行编辑操作，整理图形如图 8-32 所示。

02 将“镀锌扁钢”图层置为当前图层。

03 执行 O（偏移）命令，偏移屋顶轮廓线；执行 TR（修剪）命令，修剪线段，绘制镀锌扁钢，如图 8-33 所示。

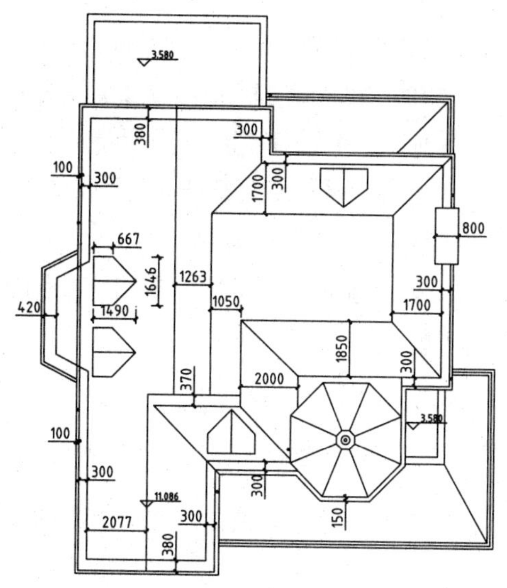

图 8-32 整理图形

图 8-33 绘制镀锌扁钢

04 将“引线”图层置为当前图层。

05 打开书本提供的“图例文件.dwg”文件，从中复制粘贴引线图例至当前图形中，如图 8-34 所示。

06 将“标注”图层置为当前图层。

07 执行 MLD（多重引线）命令，绘制图例说明文字，如图 8-35 所示。

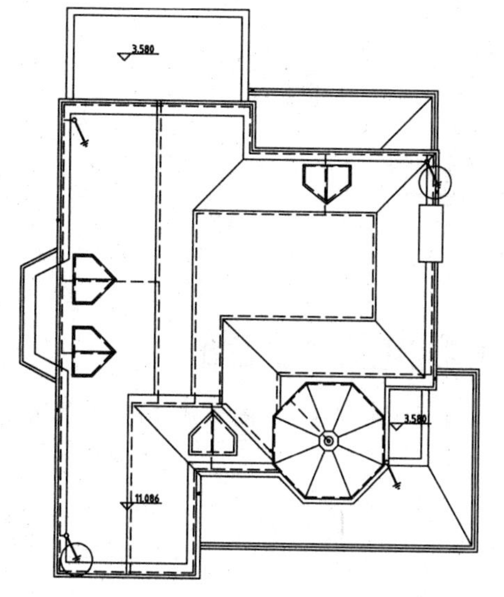

图 8-34 调入引线图例

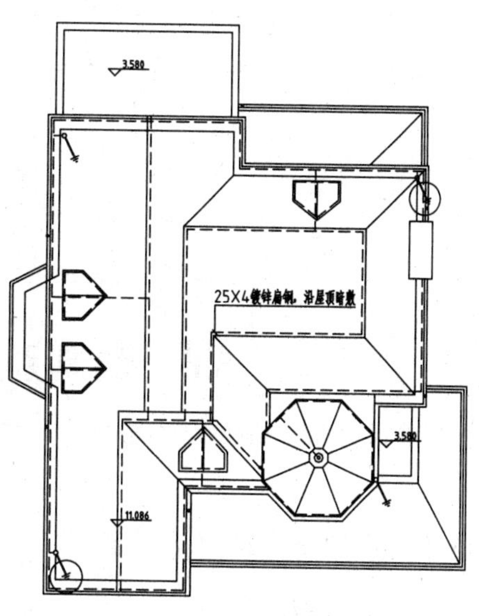

图 8-35 绘制图例说明文字

08 编辑图名标注。双击“别墅屋面平面图 1:50”图名标注，将其更改为“屋顶防雷平面图 1:100”，如图 8-36 所示。

09 绘制施工说明文字。执行 MT（多行文字）命令，绘制施工说明文字，如图 8-37 所示。

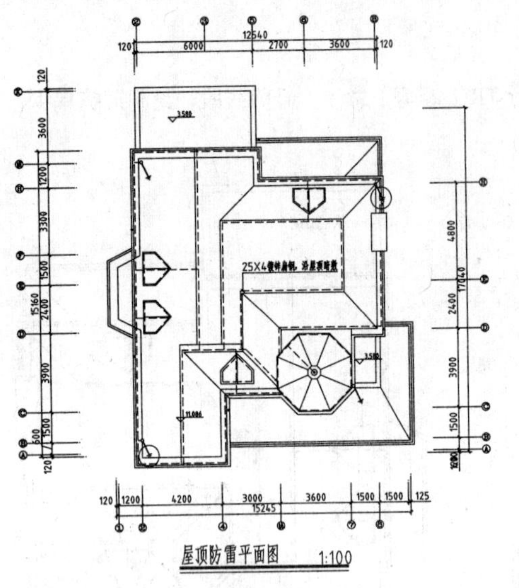

图 8-36 编辑图名标注

说明：

1.本工程按第三类防雷建筑设置防雷措施。

2.标有⏚符号的（共4处）柱子内的外侧二根≥φ16主钢筋作为防雷装置的下引线，其上端与避雷带连接，下端与基桩承台的≥φ10主钢筋（环形接地线）连接。

3.标有⊕符号引下线距室外地坪0.5m处设引出点，见详图。

4.屋面防雷采用25X4镀锌扁钢，避雷带沿屋檐屋脊暗敷。

5.联合接地体接电阻≥1欧姆

图 8-37 绘制施工说明文字

10 绘制完成的接地测试引出点示意图如图 8-38 所示。请读者结合该图来识读屋面防雷平面图。

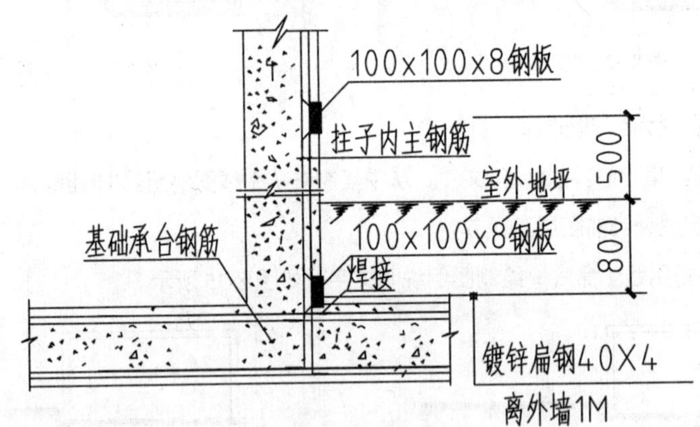

图 8-38 接地测试引出点示意图

8.6 绘制别墅用户配电箱系统图

别墅用户配电箱系统图表示了在垂直方向上配电箱的安装位置及导线的走向情况，本节介绍配电箱系统图的绘制方法。

8.6.1 设置绘图环境

在绘制配电箱系统图之前，应先创建各类所需的图层。

01 在已开启的 AutoCAD 2020 中执行“文件”→“新建”命令，新建一个空白文件。

02 按下 Ctrl+S 组合键，将文件以“8.6　绘制用户配电箱系统图”为名称进行保存。

03 创建图层。单击“图层”工具上的“图层特性管理器”按钮，在“图层特性管理器”对话框中创建绘制配电箱系统图所需要的图层，如图 8-39 所示。

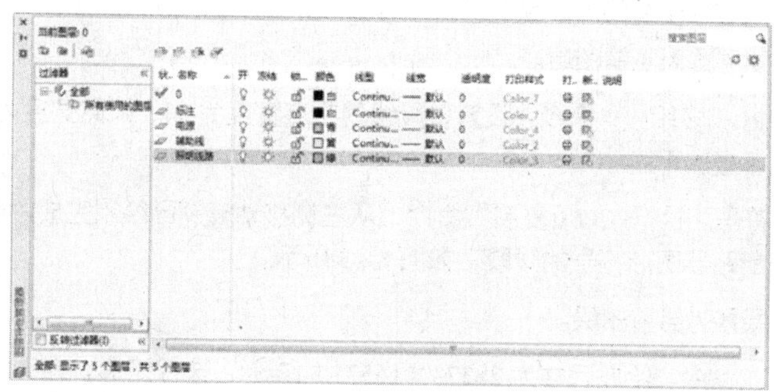

图 8-39　创建图层

8.6.2　绘制电源进户管及配电箱

电源进户管上所安装的电气设备有短路器、电度表，在绘制完成这两类图形后，应绘制文字标注以方便识别。

01 将“照明线路”图层置为当前。

02 绘制电源进户管。执行 PL（多段线）命令，设置多段线的起点宽度为 30、端点宽度为 30，分别指定多段线的起点及下一点以绘制电源进户管。

03 绘制断路器图形符号。执行 L（直线）命令，绘制断路器图形符号，如图 8-40 所示。

图 8-40　绘制断路器图形符号

04 将“电源”图层置为当前图层。

05 绘制电度表。执行 REC（矩形）命令，绘制尺寸为 720×1080 的矩形；执行 X（分解）命令，分解矩形；执行 O（偏移）命令，设置偏移距离为 135，选择上方矩形边向下偏移，以完成电度表的绘制。

06 执行 TR（修剪）命令，将电度表中多余的线段删除。

07 执行 MT（多行文字）命令，在电度表内绘制文字标注，如图 8-41 所示。

图 8-41　绘制电度表

08 将“辅助线”图层置为当前图层。

09 执行 REC（矩形）命令，绘制尺寸为 5328×3421 的矩形；在“特性”工具栏上的“线型控制”选框中选择 DASHED，更改矩形的线型绘制线框，如图 8-42 所示。

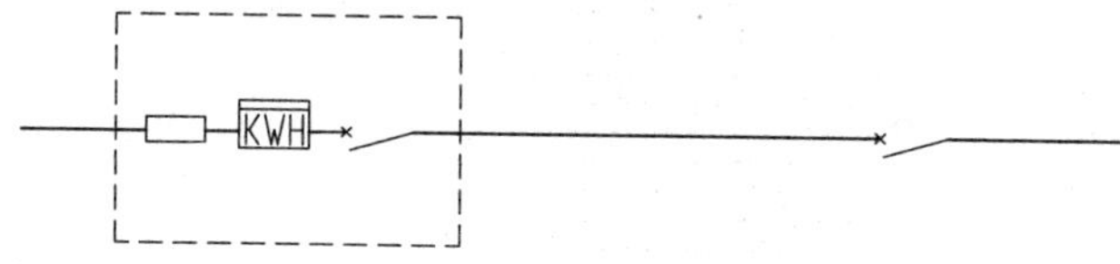

图 8-42　绘制线框

8.6.3 绘制各层干线

在绘制各层干线时，可先执行“直线”命令绘制其中一层的干线，然后再执行“偏移”命令，选择已绘制的干线进行移动复制，以完成其余干线图形的绘制。

01 将“照明线路”图层置为当前图层。

02 绘制干线。执行 PL（多段线）命令，设置多段线的起点宽度为 30、端点宽度为 30，根据线路布局的要求，绘制从电度表引出的各楼层干线。

03 绘制断路器图形符号。执行 CO（复制）命令，从左侧移动复制已绘制完成的断路器图形号；执行 TR（修剪）命令，修剪遮挡断路器图形符号的线段，如图 8-43 所示。

04 将“辅助线”图层置为当前图层。

05 执行 REC（矩形）命令，绘制尺寸为 28373×16531 的矩形；选择矩形，在“特性”工具栏上的“线型控制”选框中选择 DASHED，绘制线框，如图 8-44 所示。

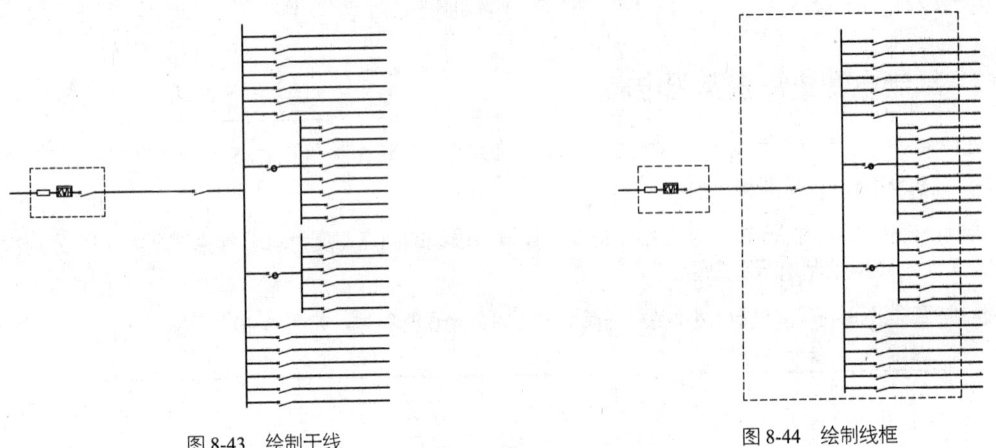

图 8-43　绘制干线　　　　图 8-44　绘制线框

06 将“标注”图层置为当前图层。

07 执行 MT（多行文字）命令，绘制电气文字说明，如图 8-45 所示。

08 执行 MLD（多段线）命令，绘制引线标注，如图 8-46 所示。

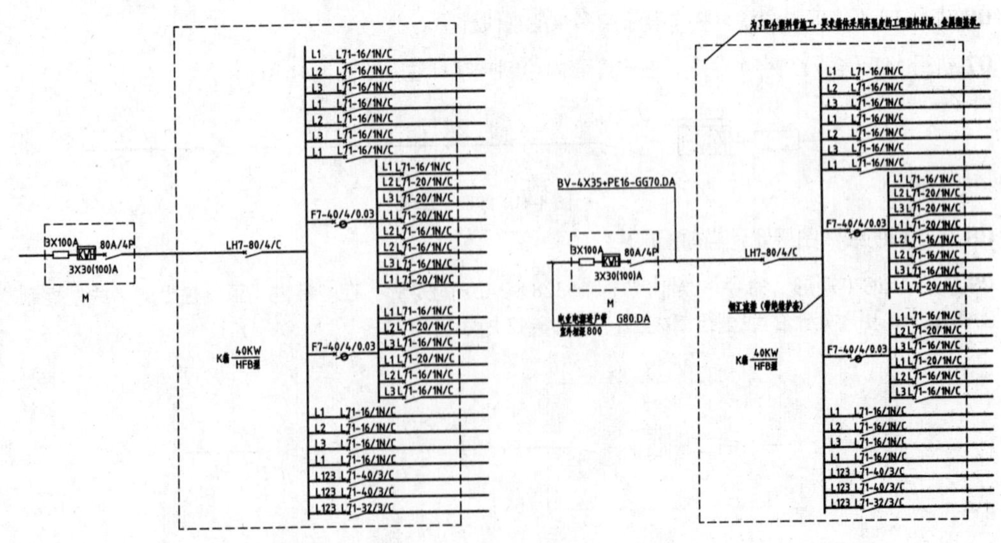

图 8-45　绘制电气文字说明　　　　图 8-46　绘制引线标注

09 将“辅助线”图层置为当前图层。

10 执行 REC（矩形）命令，绘制矩形；执行 X（分解）命令，分解矩形；执行 O（偏移）命令，偏移矩形边，绘制线框，如图 8-47 所示。

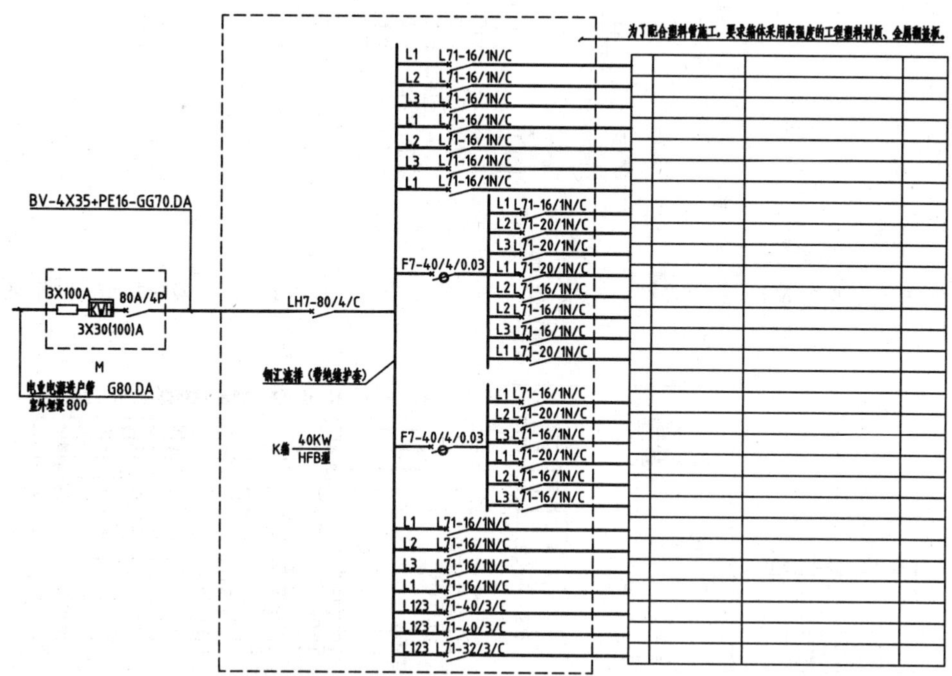

图 8-47 绘制线框

11 将“标注”图层置为当前图层。

12 执行 MT（多行文字）命令，绘制电气说明文字，如图 8-48 所示。

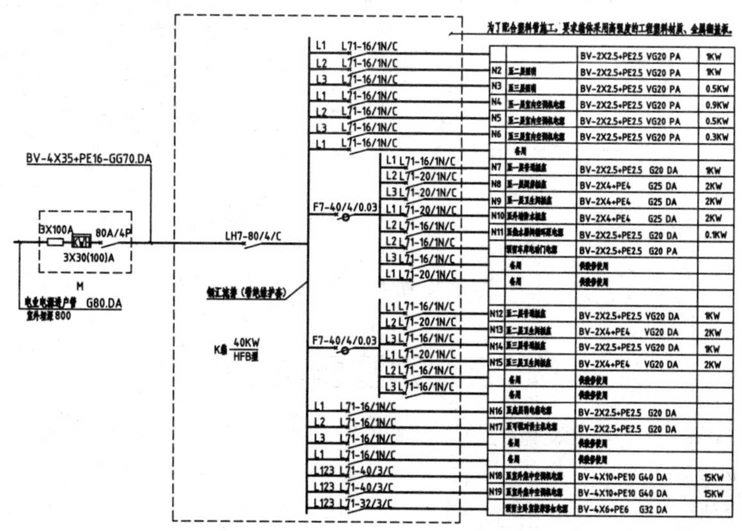

图 8-48 绘制电气说明文字

13 绘制图例。执行 REC（矩形）命令、C（圆形）命令、L（直线）命令，绘制图例图形。

14 执行 MT（多行文字）命令，绘制图例说明文字，如图 8-49 所示。

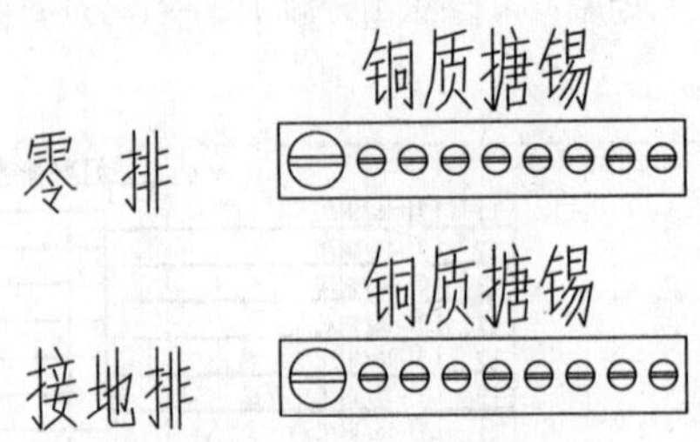

图 8-49　绘制图例说明文字

15 图名标注。执行 MT（多行文字）命令、PL（多段线）命令，在系统图的下方绘制图名标注及下划线，如图 8-50 所示。

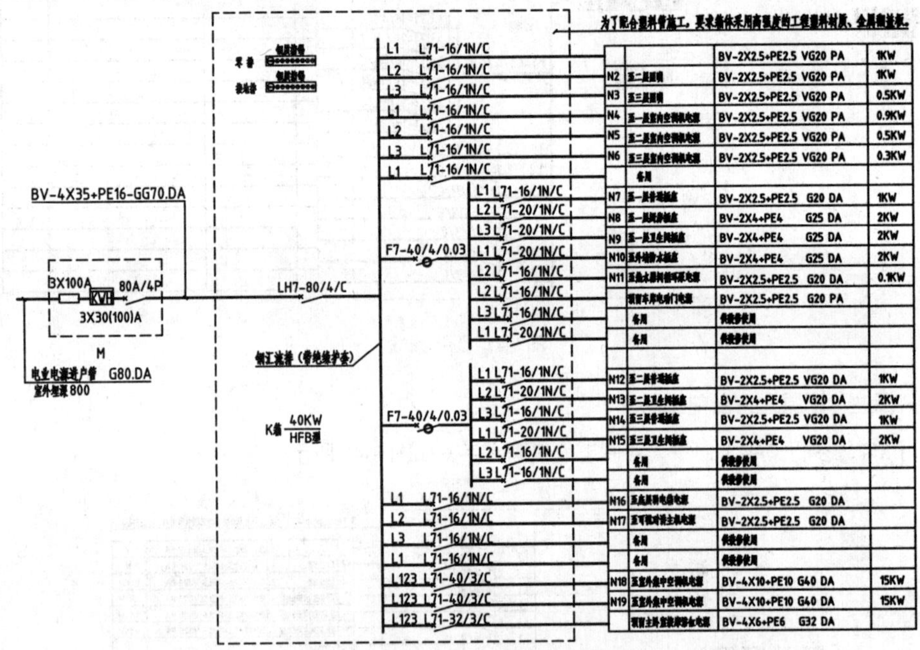

图 8-50　绘制图名标注及下划线

8.7　绘制别墅弱电系统图

别墅的弱电系统图表示了各弱电设备的安装、导线的布置情况，本节介绍弱电系统图的绘制方式。

8.7.1　设置绘图环境

01 在已开启的 AutoCAD 2020 中执行“文件”→“新建”命令，新建一个空白文件。

02 按下 Ctrl+S 组合键，将文件以“8.7　绘制别墅弱电系统图”为名称进行保存。

03 创建图层。执行 LA（图层特性管理器）命令，系统弹出“图层特性管理器”对话框，创建并设置图层属性，如图 8-51 所示。

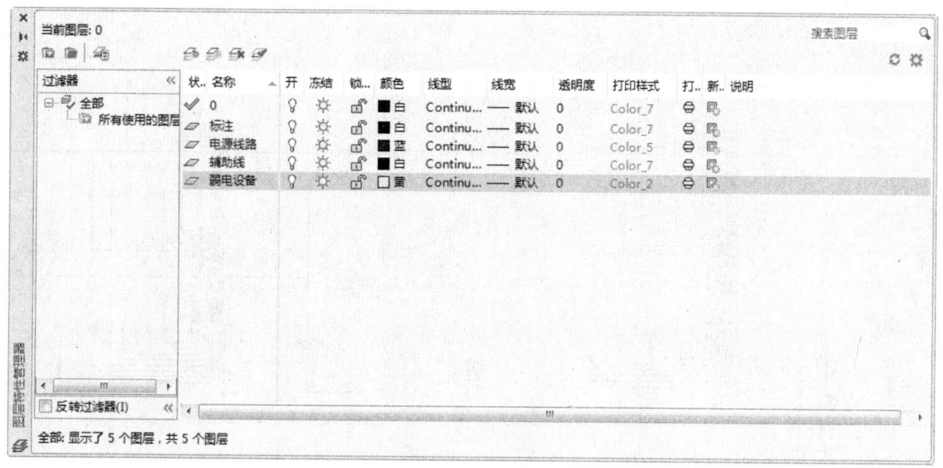

图 8-51　创建图层

8.7.2 绘制线路及布置弱电设备图例

弱电系统图中的两类主要的图形为各种弱电设备、导线，先从图例表中移动复制电气设备至系统图中，再执行“直线”命令、“修剪”命令，绘制设备间的连接导线。

01 将“辅助线”图层置为当前图层。

02 执行 L（直线）命令、O（偏移）命令，绘制并偏移直线，绘制层线的结果如图 8-52 所示。

03 将“电源线路”图层置为当前图层。

04 执行 PL（多段线）命令，设置多段线的起点宽度、端点宽度均为 20，根据命令行的提示，分别指定多段线的起点及下一点来绘制入户管线。

05 将“弱电设备”图层置为当前图层。

06 调入电气图例表。打开本书配套的“图例文件.dwg”文件，将弱电图例表复制粘贴至当前图形中（图例表请参考图 8-17）.

07 执行 CO（复制）命令，在电气图例表中选择弱电信息箱图例，将其移动复制到系统图中，如图 8-53 所示。

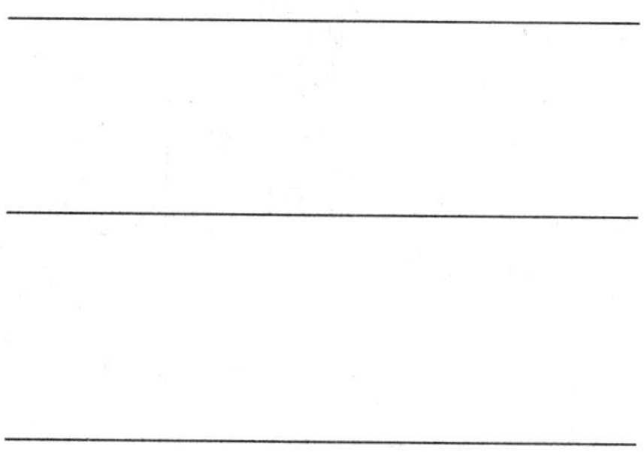

图 8-52　绘制层线

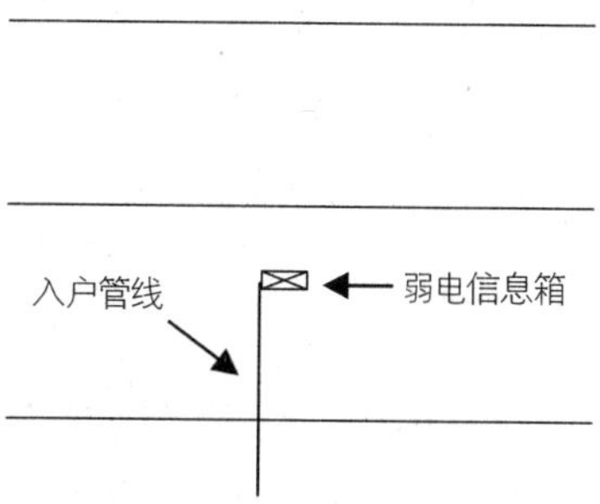

入户管线
弱电信息箱

图 8-53　调人弱电信息箱图例

08 将“电源线路”图层置为当前图层。

09 执行 PL（多段线）命令，设置线段的宽度为 20，从弱电信息箱引出管线，如图 8-54 所示。

10 将“弱电设备”图层置为当前图层。

11 执行 CO（复制）命令，从电气图例表中选择各类弱电设备图例，将其移动复制到系统图中，如图 8-55 所示。

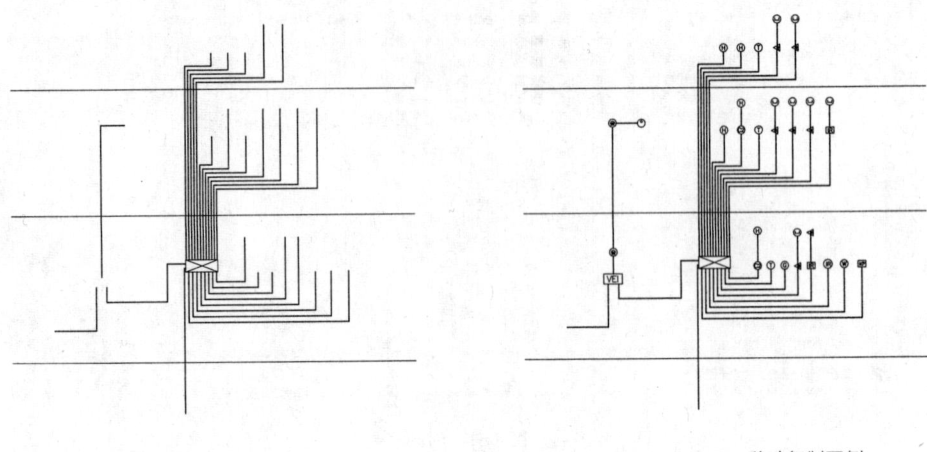

图 8-54　绘制引出管线　　　　图 8-55　移动复制图例

8.7.3　绘制文字标注

系统图中的标注包括电气设备的个数标注、导线的信息标注以及图名标注，本节介绍这些标注的绘制方式。

01 将“标注”图层置为当前图层。

02 执行 MT（多行文字）命令、MLD（多重引线）命令，绘制电气说明文字，如图 8-56 所示。

03 将“辅助线”图层置为当前图层。

04 执行 REC（矩形）命令、L（直线）命令，绘制线框，如图 8-57 所示。

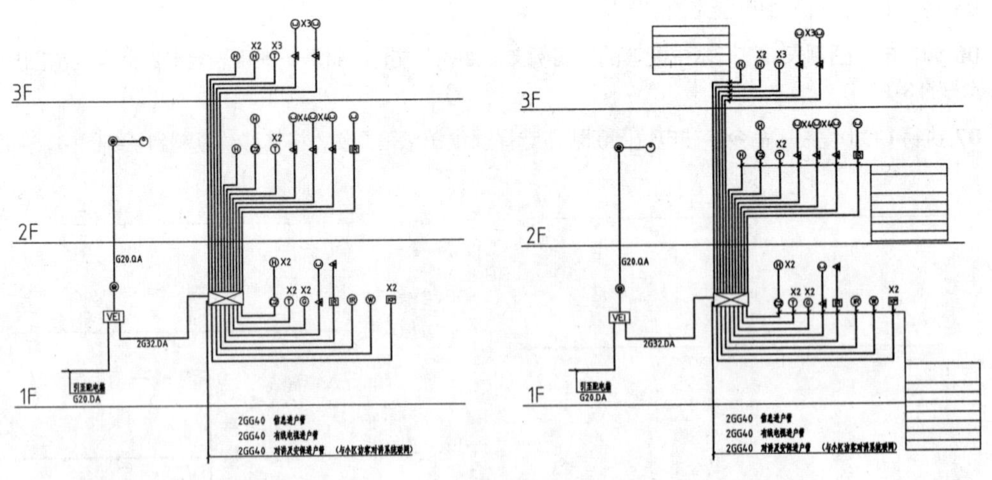

图 8-56　绘制电气说明文字　　　　图 8-57　绘制线框

05 将“标注”图层置为当前图层。

06 执行 MT（多行文字）命令，在线框内绘制电气文字标注，如图 8-58 所示。

07 绘制图名标注。执行 MT（多行文字）命令，绘制图名及比例标注；执行 PL（多段线）命令，绘制下划线，如图 8-59 所示。

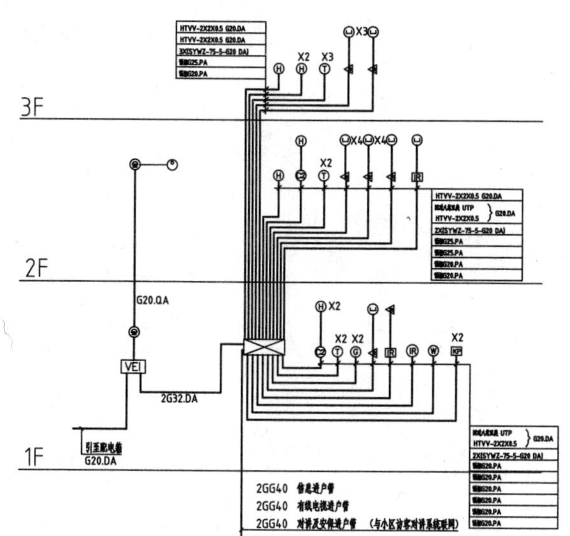

图 8-58　绘制电气说明文字

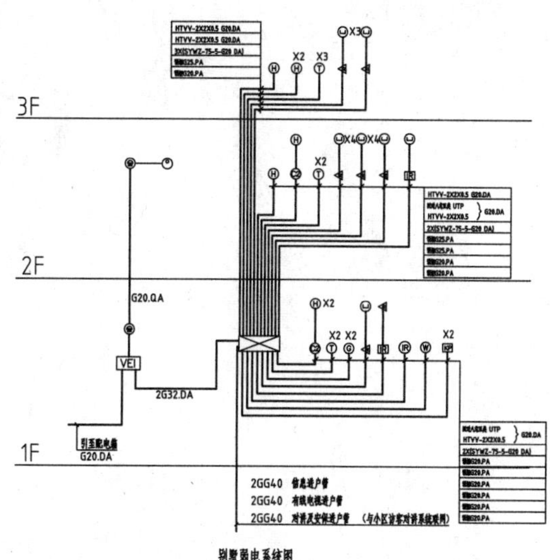

图 8-59　绘制图名标注

第9章 住宅楼建筑施工图的绘制

本章导读

一套完整的建筑施工图应包括建筑平面图、建筑立面图、建筑剖面图、建筑详图以及建筑设备施工图、建筑结构施工图。本章介绍前四种类型的建筑设计图纸的绘制，后两种类型的施工图会在以后的章节中介绍。

本章重点

- 了解住宅楼的类型
- 掌握住宅楼标准层平面图的绘制方法
- 掌握住宅楼屋顶平面图的绘制方法
- 掌握住宅楼立面图的绘制方法
- 掌握住宅楼剖面图的绘制方法
- 掌握住宅楼详图的绘制方法

9.1 住宅楼项目概述

9.1.1 住宅楼的种类

住宅的种类繁多，主要分为高档住宅、普通住宅、公寓式住宅、TOWNHOUSE、别墅等。

➢ 按楼体高度分类，主要分为低层、多层、小高层、高层、超高层等。

➢ 按楼体结构形式分类，主要分为砖木结构、砖混结构、钢混框架结构、钢混剪力墙结构、剪力墙结构、钢结构等。

➢ 按住宅楼建筑形式分类，主要分为低层住宅、多层住宅、中高层住宅、高层住宅、其他形式住宅等。

➢ 按房屋型分类，主要分为普通单元式住宅、公寓式住宅、复式住宅、跃层式住宅、花园洋房式住宅、小户型住宅（超小户型）等。

➢ 按房屋政策属性分类，主要分为廉租房、已购公房（房改房）、经济适用住房、住宅合作社集资建房等。

9.1.2 常见住宅楼简介

1. 低层住宅

低层住宅主要是指（一户）独立式住宅、（二户）联立式住宅和（多户）联排式住宅，如图 9-1 所示。与多层和高层住宅相比，低层住宅最具有自然的亲合性（其往往设有住户专用庭院），适合儿童或老人居住；住户间干扰少，有宜人的居住氛围。

这种住宅虽然为居民所喜爱，但受到土地价格与利用效率、高政及配套设施、规模、位置等客观条件的制约，在供应总量上有限。

2. 多层住宅

多层住宅主要是借助公共楼梯垂直交通，是一种最具有代表性的城市集合住宅，如图 9-2 所示。它与中高层（小高层）和高层住宅相比，有以下优势。

➢

图 9-1 低层住宅

图 9-2 多层住宅

➢ 在建设投资上，多层住宅不需要像中高层和高层住宅那样增加电梯、高压水泵、公共走道等方面的投资。

➢ 在户型设计上，多层住宅户型设计空间比较大，居住舒适度较高。

➢ 在结构施工上，多层住宅通常采用砖混结构，因而多层住宅的建筑造价一般较低。

但多层住宅也有不足之处，主要表现在以下方面。

➢ 底层和顶层的居住条件不算理想，底层住户的安全性、采光性差，厕所易溢粪返味；顶层住户因不设电梯而上下不便。此外，屋顶隔热性、防水性差。

➢ 难以创新。由于设计和建筑工艺定型，使得多层住宅在结构上、建材选择上、空间布局上难以创新，形成“千楼一面、千家一样”的弊端。如果要有所创新，需要加大投资又会失去价格成本方面的优势。

多层住宅的平面类型较多，基本类型有梯间式、走廊式和独立单元式。

3. 小高层住宅

小高层住宅主要指 7~10 层高的集合住宅，如图 9-3 所示。从高度上说具有多层住宅的氛围，但又是较低的高层住宅，故称为小高层。

对于市场推出的这种小高层，似乎是走一条多层与高层的中间之道。与多层住宅相比，这种小高层有它自己的特点。

➢ 建筑容积率高于多层住宅，节约土地，房地产开发商的投资成本较多层住宅有所降低。

➢ 这种小高层住宅的建筑结构大多采用钢筋混凝土结构，从建筑结构的平面布置角度来看，则大多采用板式结构，在户型方面有较大的设计空间。

➢ 由于设计了电梯，楼层又不是很高，增加了居住的舒适感。但由于容积率的限制，与高层相比，小高层的价格一般比同区位的高层住宅高，这就要求开发商在提高品质方面花更大的心思。

图 9-3　小高层住宅

4. 高层住宅

高层住宅是城市化、工业现代化的产物，依据外部形体可将其分为塔楼和板楼，如图 9-4 所示。

高层住宅的特点如下：

➢ 高层住宅土地使用率高，有较大的室外公共空间和设施，眺望性好，建在城区具有良好的生活便利性，对买房人有很大吸引力。

➢ 高层住宅的缺点：高层住宅，尤其是塔楼，在户型设计方面增大了难度，在每层内很难做到每个户型设计的朝向、采光、通风都合理。而且高层住宅投资大，建筑的钢材和混凝土消耗量都高于多层住宅，要配置电梯、高压水泵、增加公共走道和门窗。另外，还要从物业管理收费中为修缮维护这些设备付出经常性费用。

高层住宅内部空间的组合方式主要受住宅内公共交通系统的影响。按住宅内公共交通系统分类，高层住宅可分为单元式和走廊式两大类。

图 9-4　高层住宅

其中单元式又可分为独立单元式和组合单元式，走廊式又分为内廊式、外廊式和跃廊式。

5. 超高层住宅

超高层住宅多为 30 层以上，如图 9-5 所示。超高层住宅的楼地面价最低，但其房价却不低。这是因为随着建筑高度的不断增加，其设计的方法理念和施工工艺较普通高层住宅和中、低层住宅会有很大的变化，需要考虑的因素会大大增加。例如，电梯的数量、消防设施、通风排烟设备和人员安全疏散设施会更加复杂，同时其结构本身的抗震和荷载也会大大加强。

别外，超高层建筑由于高度突出，多受人瞩目，因此在外墙面的装修上档次也较高，造成其成本很高。若建在市中心或景观较好地区，虽然住户可欣赏到美景，但对整个地区来讲却不协调。

因此，许多国家并不提倡多建超高层住宅。

6. 单元式住宅

单元式住宅是以一个楼梯为几户服务的单元组合体，一般为多层、高层住宅所采用，如图 9-6 所示。

图 9-5　超高层住宅

图 9-6　单元式住宅

9.2　绘制住宅楼一层平面图

住宅楼建筑施工图反映了住宅楼的内部布置、墙体的位置、厚度及材料、门窗的位置等信息，是砌墙、安装门窗等的重要依据。

9.2.1　设置绘图环境

01 启动 AutoCAD 2020，系统可自动创建一个空白文件。

02 设置绘图单位。执行“格式”→“单位”命令，系统弹出 “图形单位”对话框。在“类型”下拉列表中选择“小数”选项，在“精度”下拉列表中选择 0，在“用于缩放插入内容的单位” 下拉列表中选择“毫米”选项。

03 设置文字样式。执行“格式”→“文字样式”命令，系统弹出“文字样式”对话框；单击“新建”按钮，在弹出的“新建文字样式”对话框中创建名称为“建筑文字标注”的文字样式。

04 在“字体”下拉列表中选择“gbenor.shx”字体，勾选“使用大字体”复选框，在“大字体”下拉列表中选择“gbcbig.shx”字体，

05 创建名称为“轴号标注”的文字样式，在“字体”下拉列表中选择“romanc.shx”字体，勾选“使用大字体”复选框，在“大字体”下拉列表中选择“gbcbig.shx”字体，如图 9-7 所示。

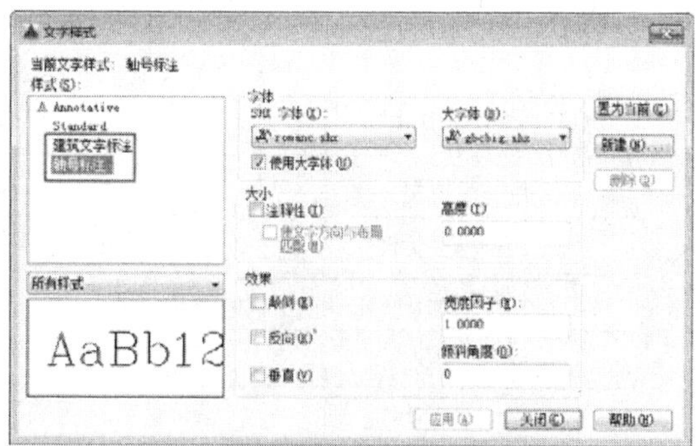

图 9-7　“文字样式”对话框

06 单击“置为当前”按钮，将“建筑文字标注”置为当前正在使用的样式。

07 设置标注样式。执行“格式”→“标注样式”命令，系统弹出“标注样式管理器”对话框。单击右侧的“新建”按钮，在弹出的“创建新标注样式”对话框中创建名称为“建筑标注”的标注样式。

08 单击“继续”按钮，在弹出的“修改标注样式”对话框中设置标注样式的各项参数，见表 9-1。

09 设置多重引线格式。执行“格式”→“多重引线样式”命令，系统弹出“创建新多重引线样式”对话框；在其中创建名称为“箭头引注”的引线样式。

10 单击“继续”按钮，在弹出的“修改多重引线样式”对话框中设置引线样式的各项参数，见表 9-2 所示。

住宅楼一层平面图主要由轴线、门窗、墙体、楼梯、文字标注、尺寸标注等元素组成，因此绘制平面图形时，应建立表 9-3 中的图层。

表 9-1 标注样式参数设置

“线”选项卡	“符号和箭头”选项卡	“文字”选项卡	“主单位”和“调整”选项卡

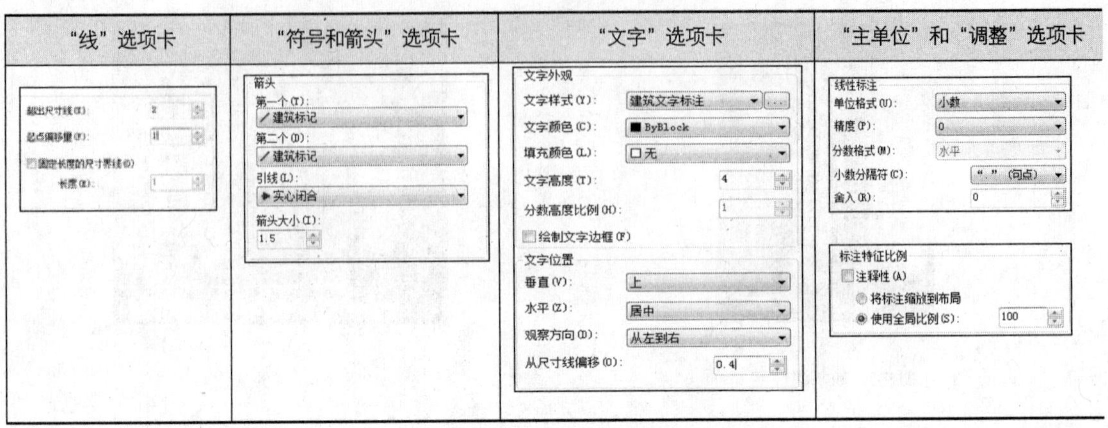

表 9-2 多重引线样式参数设置

“引线格式”选项卡	“内容”选项卡
常规 类型(T): 直线 颜色(C): ByBlock 线型(L): ByBlock 线宽(I): ByBlock 箭头 符号(S): 实心闭合 大小(Z): 100 引线打断 打断大小(B): 0.13	多重引线类型(M): 多行文字 文字选项 默认文字(D): 默认文字 文字样式(S): 建筑文字标注 文字角度(A): 保持水平 文字颜色(C): ByBlock 文字高度(T): 400 始终左对正(L)　文字加框(F) 引线连接 水平连接(O) 垂直连接(V) 连接位置 - 左(E): 最后一行加下划线 连接位置 - 右(R): 最后一行加下划线 基线间隙(G): 0.09 将引线延伸至文字(X)

表 9-3 图层设置

序号	图层名	描述内容	线宽	线型	颜色	打印属性
1	轴线	定位轴线	默认	中心线(CENTER)	红色	不打印
2	文字标注	文字、比例、图名	默认	实线(CONTINUOUS)	绿色	打印
3	室外轮廓线	室外的轮廓	默认	实线(CONTINUOUS)	白色	打印
4	散水	散水	默认	实线(CONTINUOUS)	蓝色	打印
5	墙体	墙体	默认	实线(CONTINUOUS)	洋红色	打印
6	门窗	门窗	默认	实线(CONTINUOUS)	青色	打印
7	楼梯	楼梯间	默认	实线(CONTINUOUS)	黄色	打印
8	空调板	空调板位置	默认	实线(CONTINUOUS)	30 色	打印
9	洁具	洁具	默认	实线(CONTINUOUS)	103 色	打印
10	家具	厨具	默认	实线(CONTINUOUS)	白色	打印
11	管道	室内管道	默认	实线(CONTINUOUS)	白色	打印
12	尺寸标注	尺寸标注	默认	实线(CONTINUOUS)	绿色	打印
13	标准柱	墙柱	默认	实线(CONTINUOUS)	白色	打印

11 创建图层。执行“格式”→“图层”命令，系统弹出【图层特性管理器】对话框。根据表 9-3 创建如图 9-8 所示的图层。

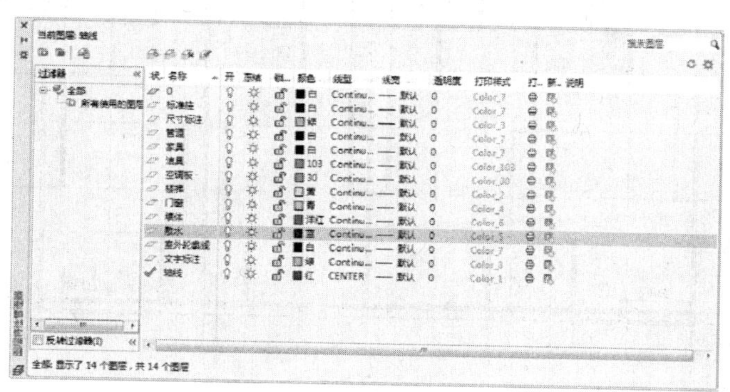

图 9-8　创建图层

9.2.2　绘制轴线、墙柱

在绘制轴网后，可以执行“多线”命令来绘制墙体；双击多线，可以在“多线编辑工具”对话框中选择相应的编辑工具对墙体执行编辑操作。标准柱可通过执行“矩形”命令来绘制外轮廓，执行“填充”命令来对其进行图案填充操作。

01 将“轴线”图层置为当前图层。执行 L（直线）命令，绘制垂直和水平轴线；执行 O（偏移）命令，偏移轴线，绘制轴网，如图 9-9 所示。

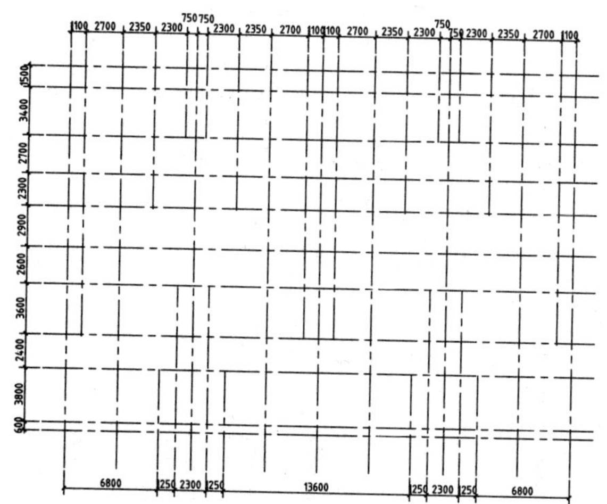

图 9-9　绘制轴网

02 将“墙体”图层置为当前图层。

03 执行 ML（多线）命令，在命令行提示“指定起点或 [对正(J)/比例(S)/样式(ST)]:”时，输入 S，设置比例为 240；输入 J，设置“对正类型”为分别为“无”和“上”。

04 捕捉轴线交点，绘制多线对象；执行 MI（镜像）命令，将绘制的相应墙体进行镜像复制操作，如图 9-10 所示。

05 关闭“轴线”图层。

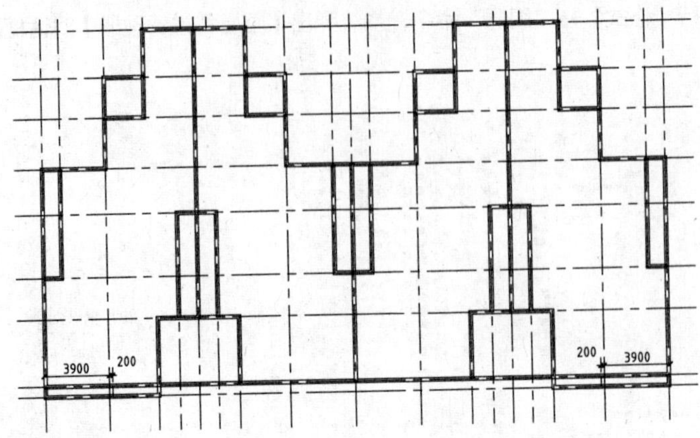

图 9-10　绘制墙体

06 双击多线对象，系统弹出“多线编辑工具”对话框；单击“角点结合”按钮，对拐角点的多线执行角点结合操作；单击“十字打开”按钮，对相互交叉的多线执行打开操作；单击“T 形打开”按钮，对指定的多线执行打开操作，如图 9-11 所示。

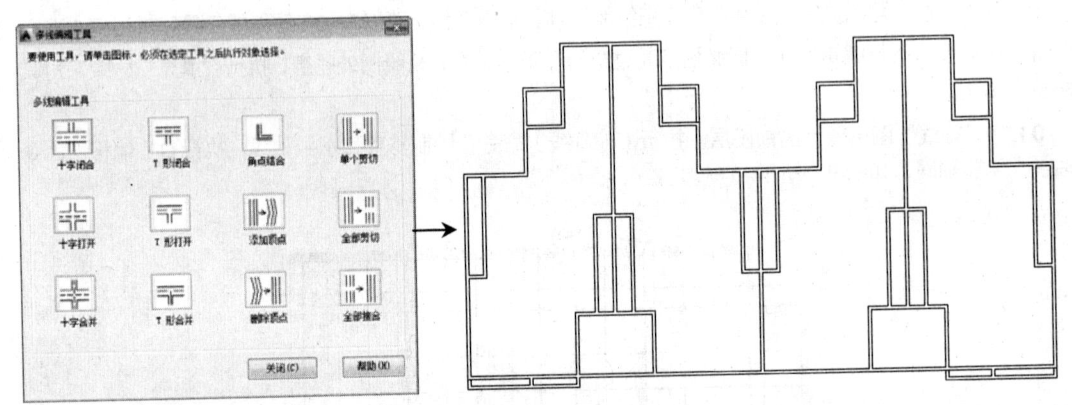

图 9-11　编辑多线

07 绘制隔墙。执行 L（直线）命令，绘制墙线；执行 O（偏移）命令，偏移墙线；执行 TR（修剪）命令，修剪墙线，绘制隔墙，如图 9-12 所示。

08 执行 MI（镜像）命令，镜像复制隔墙图形，如图 9-13 所示。

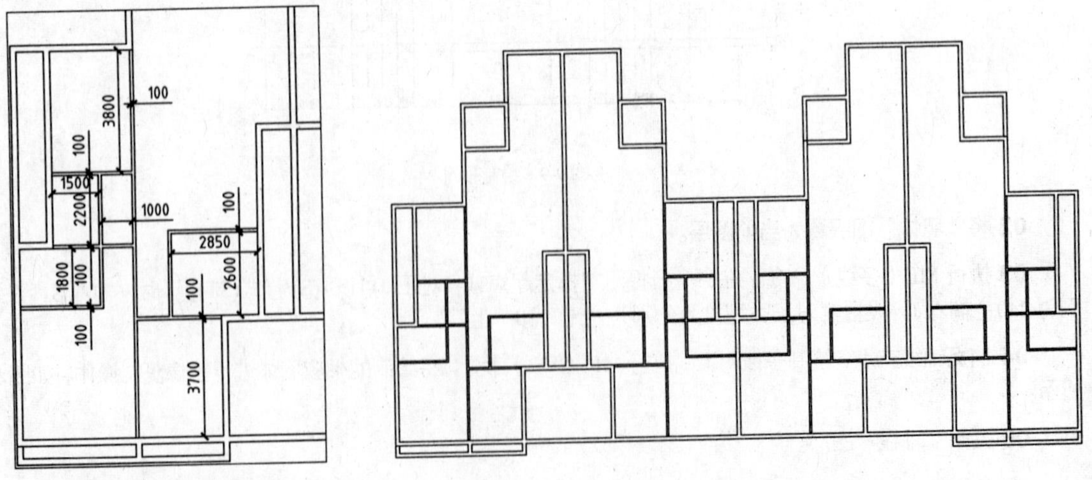

图 9-12　绘制隔墙

图 9-13　镜像复制隔墙图形

09 绘制设备间墙体。执行 L（直线）命令、O（偏移）命令、TR（修剪）命令，绘制设备间墙体，如图 9-14 所示。

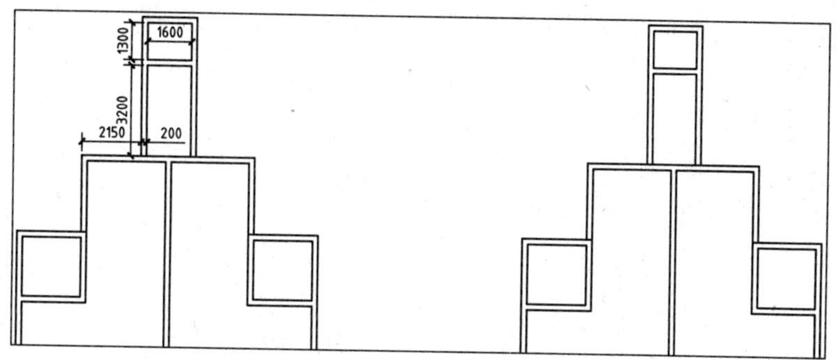

图 9-14　绘制设备间墙体

10 将“标准柱”图层置为当前图层。

11 执行 REC（矩形）命令、L（直线）命令，绘制标准柱的外轮廓，如图 9-15 所示。

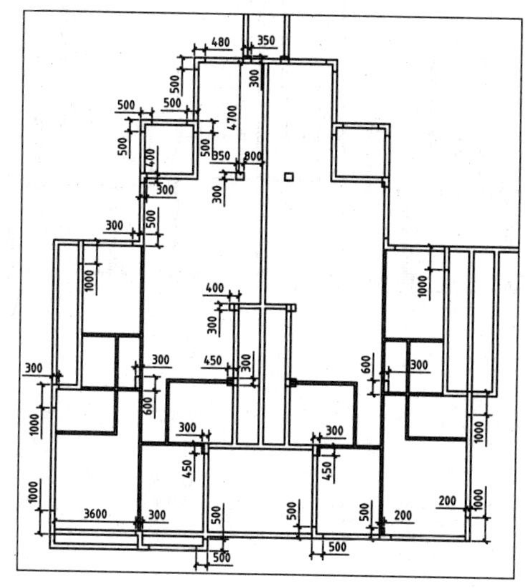

图 9-15　绘制标准柱的外轮廓

12 执行 H（图案填充）命令，在“图案填充和渐变色”对话框中选择 SOLID 图案，对标准柱执行填充操作；执行 MI（镜像）命令，将新绘制的标准柱进行镜像操作，如图 9-16 所示。

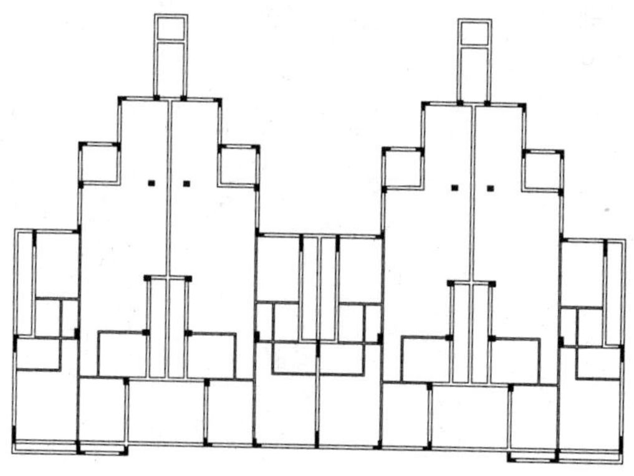

图 9-16　填充并镜像标准柱

9.2.3 绘制门窗

在绘制门窗图形之前应先定义门窗洞口的位置，然后执行“多线”命令绘制平面窗，执行“矩形”命令、“圆弧”命令绘制门窗图形。

01 将“门窗”图层置为当前图层。

02 绘制门窗洞口。执行 L（直线）命令、O（偏移）命令，绘制并偏移直线；执行 TR（修剪）命令，修剪墙线，绘制门窗洞口，如图 9-17 所示。

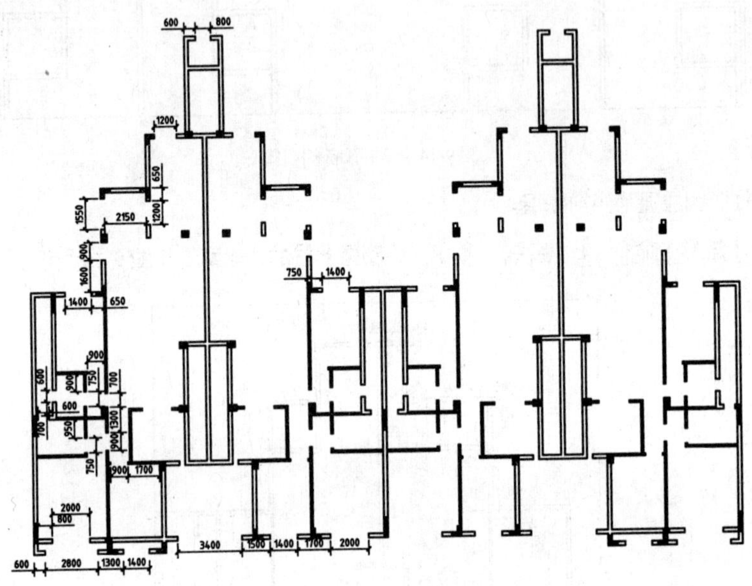

图 9-17 绘制门窗洞口

03 设置多线样式。执行“格式”→“多线样式”命令，系统弹出“多线样式”对话框，新建名称为“平面窗”的多线样式。

04 单击“继续”按钮，弹出“新建多线样式”对话框。在“图元”选项组中单击“添加”按钮，在“偏移”文本框中设置多线的偏移距离，如图 9-18 所示。

05 单击“确定”按钮，返回“多线样式”对话框，单击“置为当前”按钮，将新样式置为当前样式。

06 执行 ML（多线）命令，设置“比例”为 1，“对正类型”为“上”，分别指定多线的起点、下一点，完成平面窗图形的绘制，如图 9-19 所示。

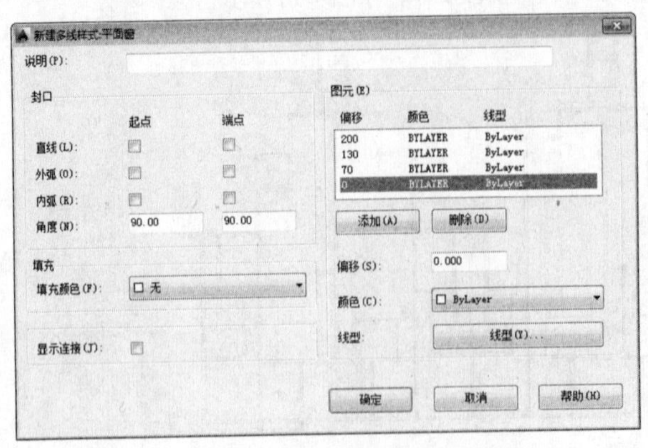

图 9-18 设置多线样式

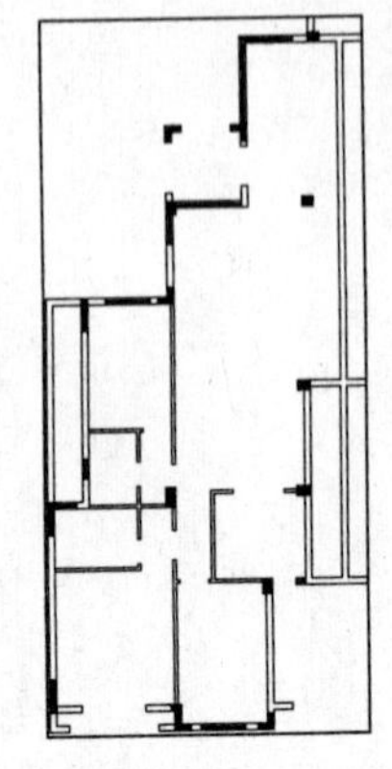

图 9-19 绘制平面窗图形

07 执行 MI（镜像）命令，镜像复制平面窗图形，如图 9-20 所示。

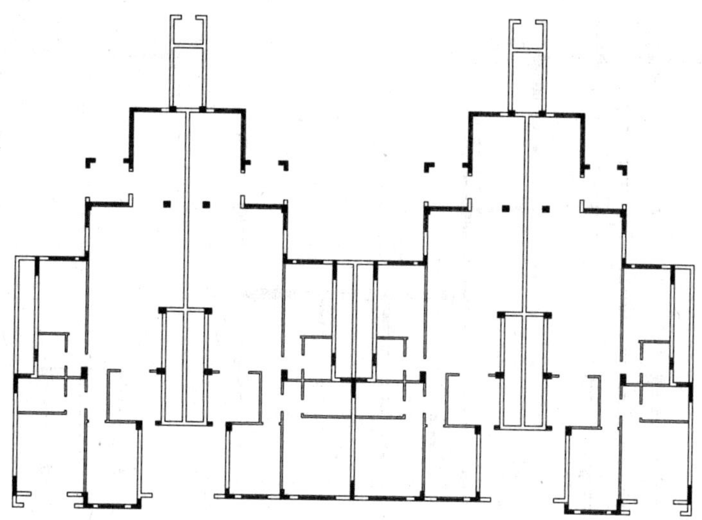

图 9-20　镜像复制平面窗图形

08 执行 L（直线）命令，在窗洞口绘制闭合直线；执行 O（偏移）命令，设置偏移距离为 50，选择直线向内偏移，绘制窗图形，如图 9-21 所示。

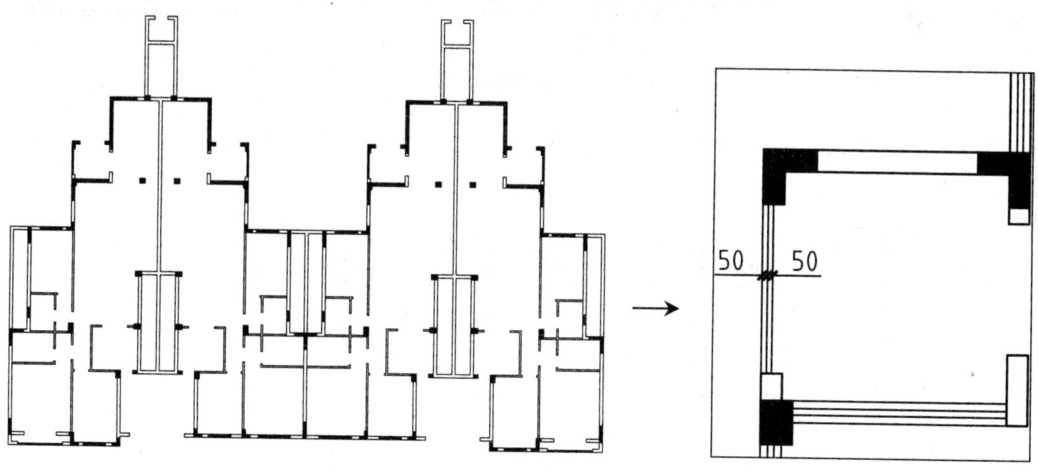

图 9-21　绘制窗图形

09 绘制窗台板。执行 PL（多段线）命令，绘制窗台板轮廓线，如图 9-22 所示。

10 绘制飘窗。执行 PL（多段线）命令，绘制多段线；执行 O（偏移）命令，设置偏移距离为 50，偏移多段线，绘制飘窗，如图 9-23 所示。

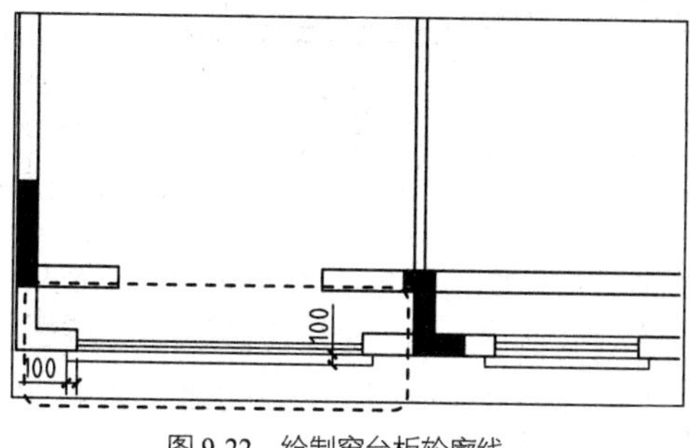

图 9-22　绘制窗台板轮廓线

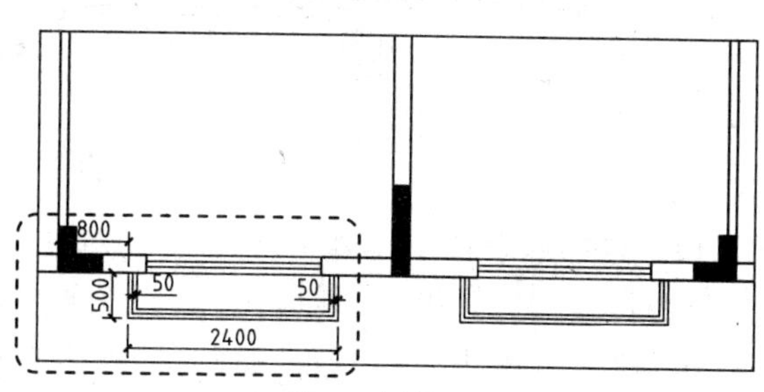

图 9-23　绘制飘窗

11 重复操作，继续绘制其他窗台板轮廓线，如图 9-24 所示。

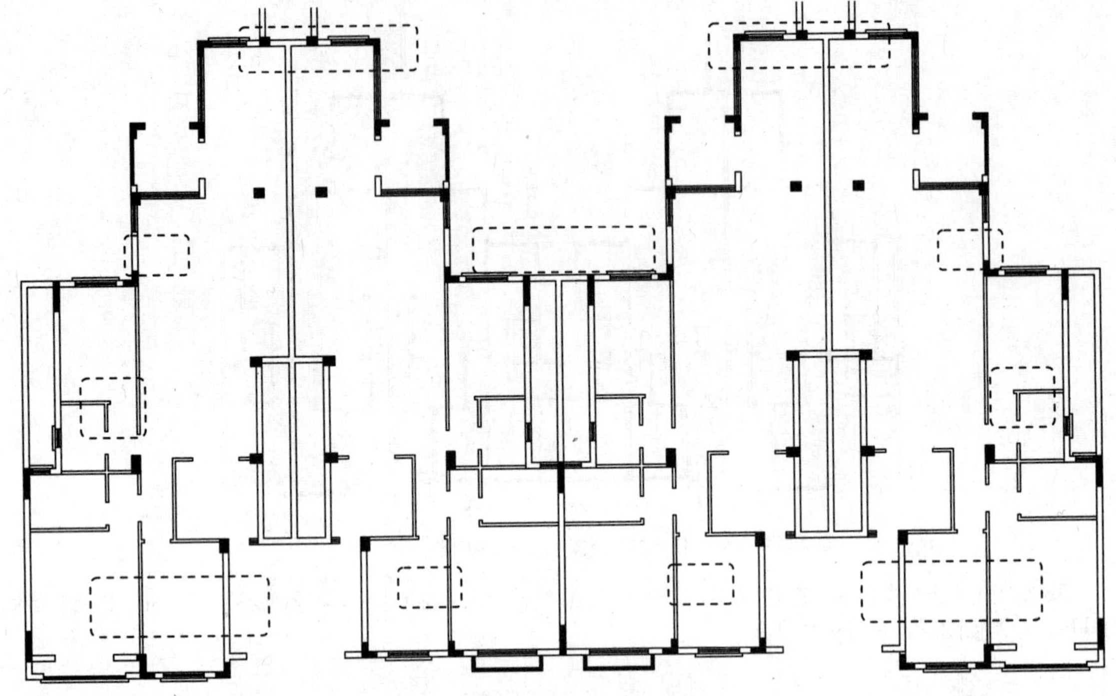

图 9-24　绘制其他窗台板轮廓线

12 绘制平开门。执行 REC（矩形）命令，绘制矩形以代表门扇；执行 A（圆弧）命令，绘制圆弧以表示门的开启方向，如图 9-25 所示。

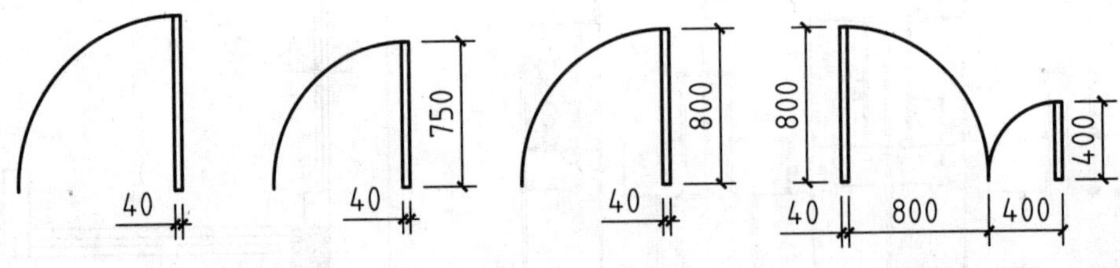

图 9-25　绘制平开门

13 绘制推拉门。执行 REC（矩形）命令，绘制矩形；执行 CO（复制）命令，移动复制矩形，绘制推拉门，如图 9-26 所示。

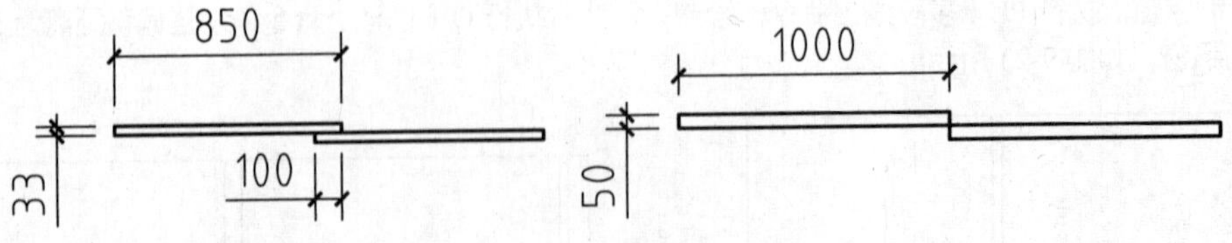

图 9-26　绘制推拉门

14 创建图块。执行 B（创建块）命令，系统弹出“块定义”对话框，在其中分别以“门（900）”“门（750）”“门（800）”“字母门（1200）”“推拉门（2000）”“推拉门（1600）”为块名称，对所绘制的门图形执行写块操作。

15 调入门图块。执行 I（插入）图块，从中选择门图块并将其插入当前图形中；执行 MI（镜像）命令，对插入的门图块进行镜像复制操作，如图 9-27 所示。

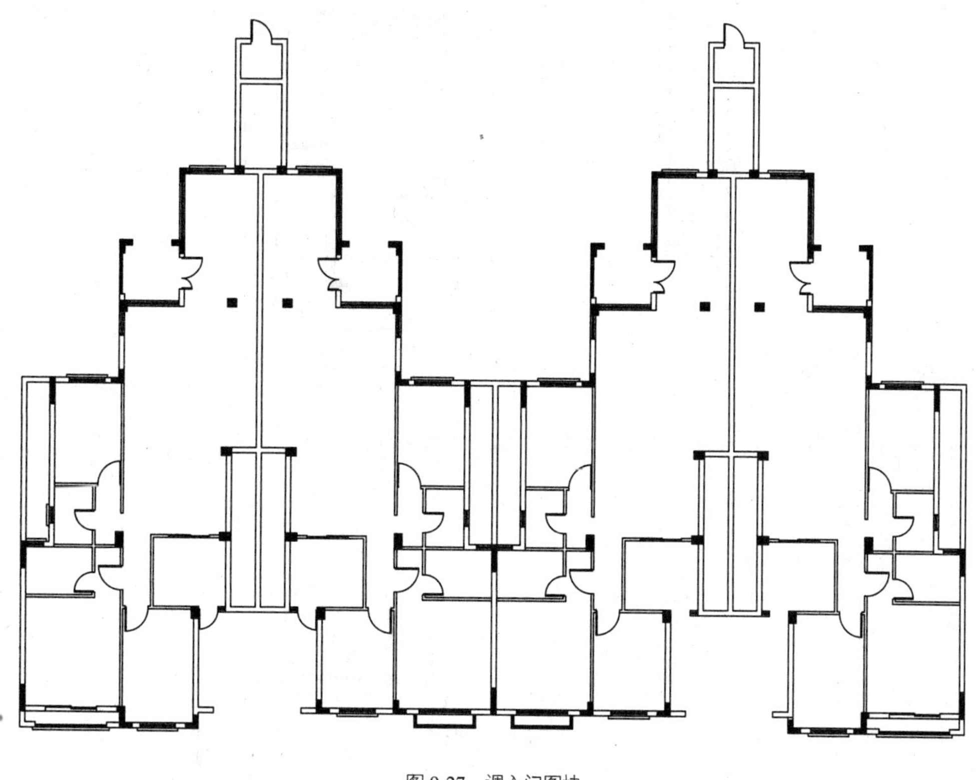

图 9-27 调入门图块

9.2.4 绘制楼梯

在绘制完成楼梯、台阶图形后，应调用"多段线"命令、"多行文字"命令，绘制指示箭头，以表示上楼的方向。

01 将"楼梯"图层置为当前图层。执行 L（直线）命令、O（偏移）命令、TR（修剪）命令，绘制楼梯踏步及扶手轮廓线的结果如图 9-28 所示。

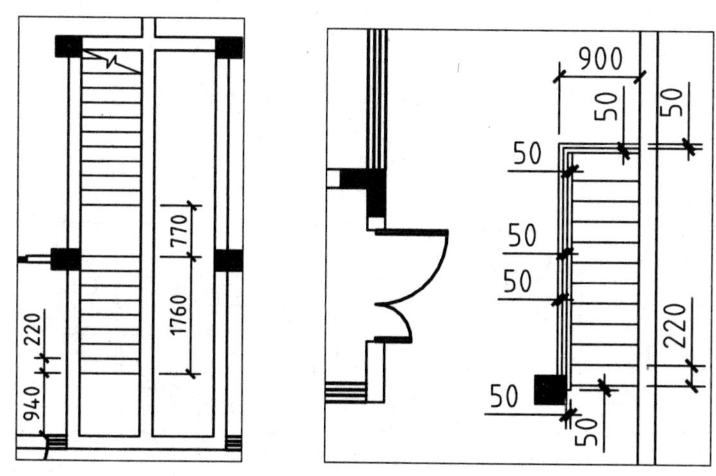

图 9-28 绘制踏步及扶手轮廓线

02 执行 PL（多段线）命令，设置多段线的起点宽度为 60、端点宽度为 0，绘制上、下楼指示箭头；执行 MT（文字标注）命令，绘制文字标注，如图 9-29 所示。

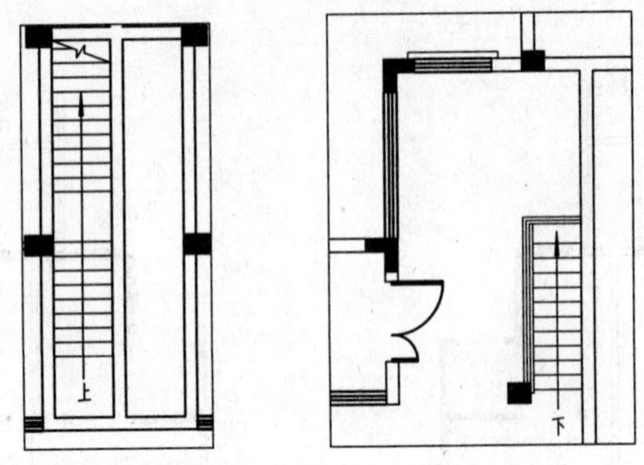

图 9-29　绘制上/下楼指示箭头

03 执行 MI（镜像）命令，镜像复制楼梯图形，如图 9-30 所示。

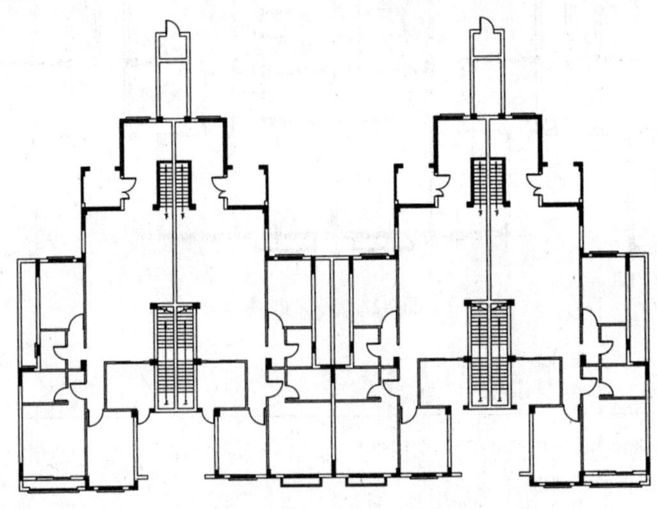

图 9-30　镜像复制楼梯图形

04 绘制台阶踏步。执行 L（直线）命令，绘制直线；执行 O（偏移）命令、TR（修剪）命令，偏移并修剪直线，以完成楼踏步轮廓线的绘制。

05 执行 PL（多段线）命令、MT（多段线）命令，绘制指示箭头，如图 9-31 所示。

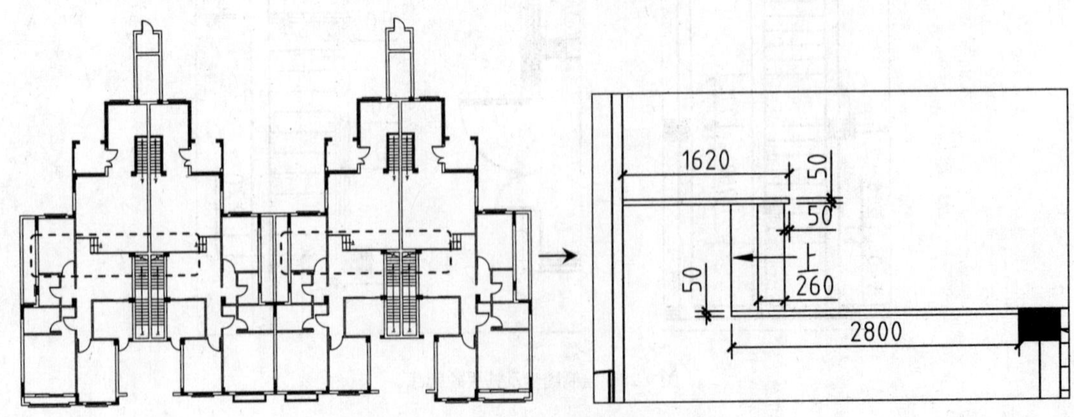

图 9-31　绘制台阶踏步和指示箭头

9.2.5 布置洁具、家具

通过将本书中配套的洁具、家具、管道图块调入至平面图中，可以减少绘图工作量，节约绘图时间，加快绘图速度。

01 将“空调板”图层置为当前图层。

02 执行 REC（矩形）命令，绘制尺寸为 1000×500 的矩形，绘制空调板，如图 9-32 所示。

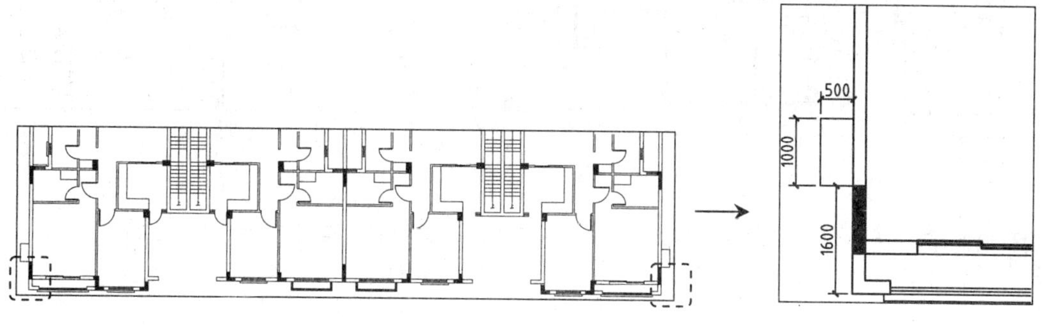

图 9-32 绘制空调板

03 将“家具”图层置为当前图层。

04 调入图块。打开本书提供的“图例图块.dwg”文件，将其中的家具图块复制粘贴至当前图形中，如图 9-33 所示。

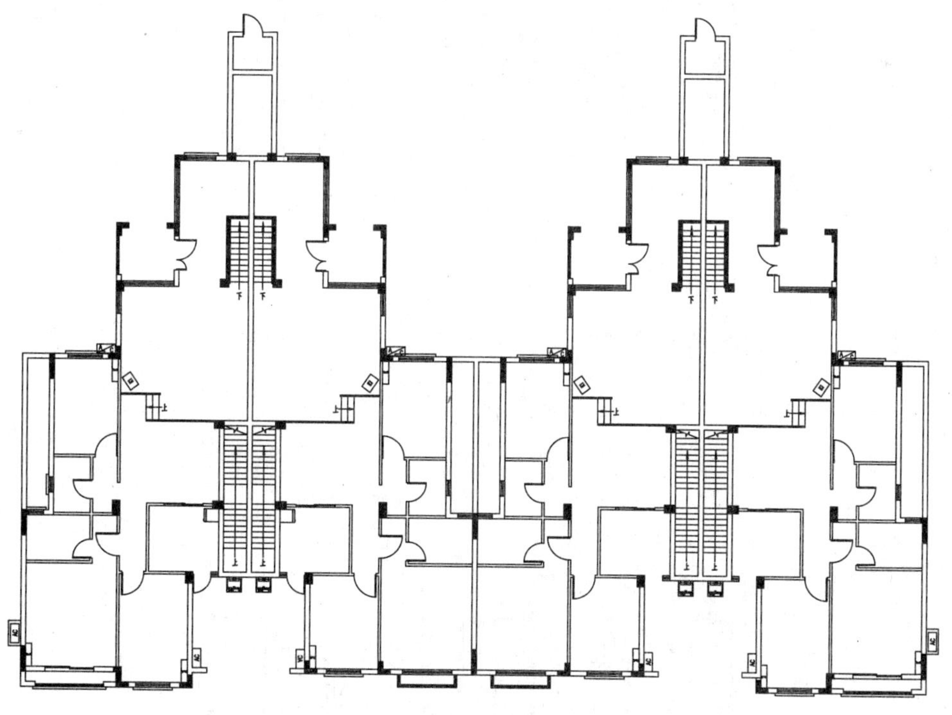

图 9-33 调入图块

05 将“洁具”图层置为当前图层。

06 执行 PL（多段线）命令，绘制洗手台台面线、橱柜台面线，如图 9-34 所示。

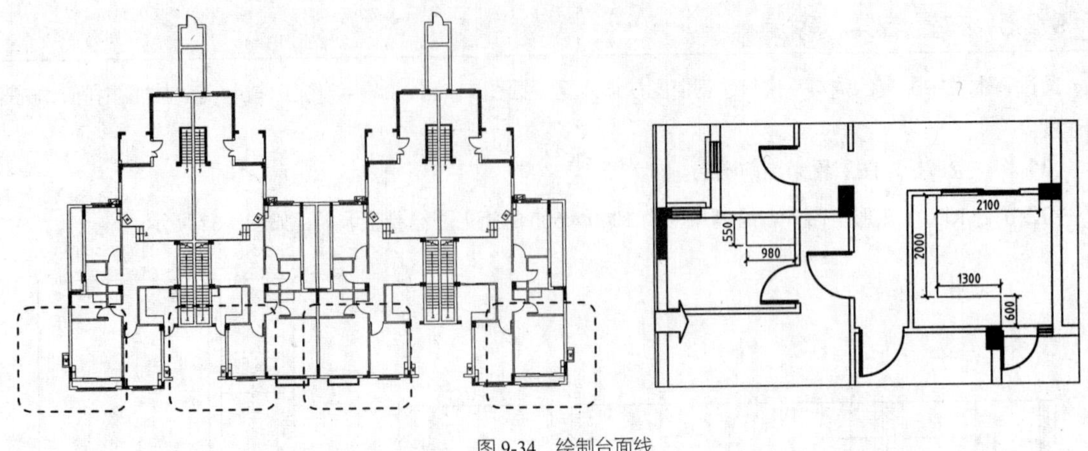

图 9-34　绘制台面线

07 调入图块。打开本书提供的“图例图块.dwg”文件，将其中的洁具图块复制粘贴至当前图形中，如图 9-35 所示。

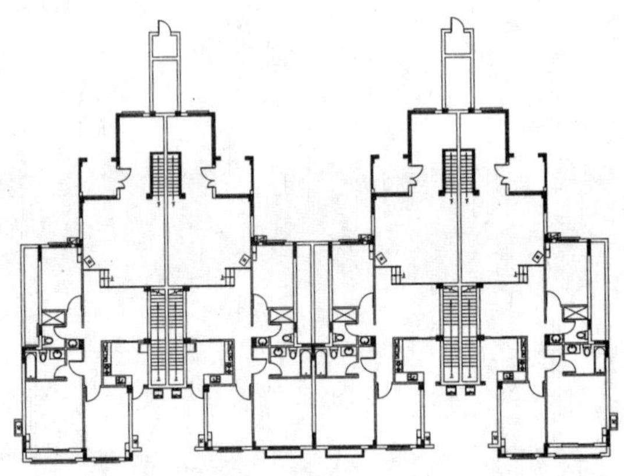

图 9-35　调入洁具图块

08 将“管道”图层置为当前图层。

09 调入图块。打开本书提供的“图例图块.dwg”文件，将其中的管道图块复制粘贴至当前图形中，如图 9-36 所示。

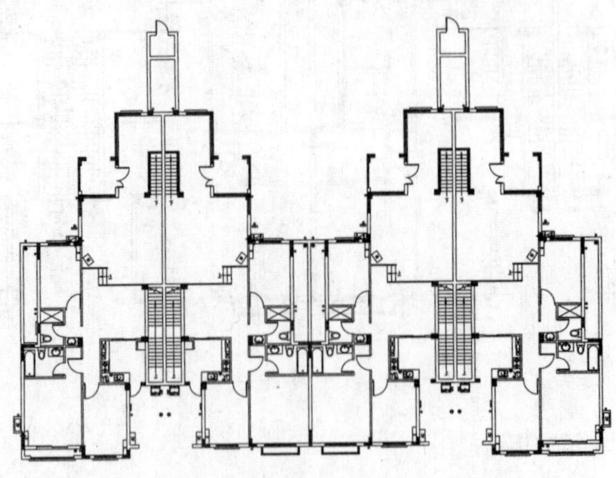

图 9-36　调入管道图块

9.2.6 绘制其他图形

平面图的其他图形包括阳台轮廓线、车库入口轮廓线、散水图形等，通过执行相应的绘图/编辑命令可以完成图形的绘制。

01 将“室外轮廓线”图层置为当前图层。

02 绘制室外平台及装饰矮柱轮廓线。执行 REC（矩形）命令、L（直线）命令、O（偏移）命令、TR（修剪）命令，绘制室外平台及装饰矮柱轮廓线，如图 9-37 所示。

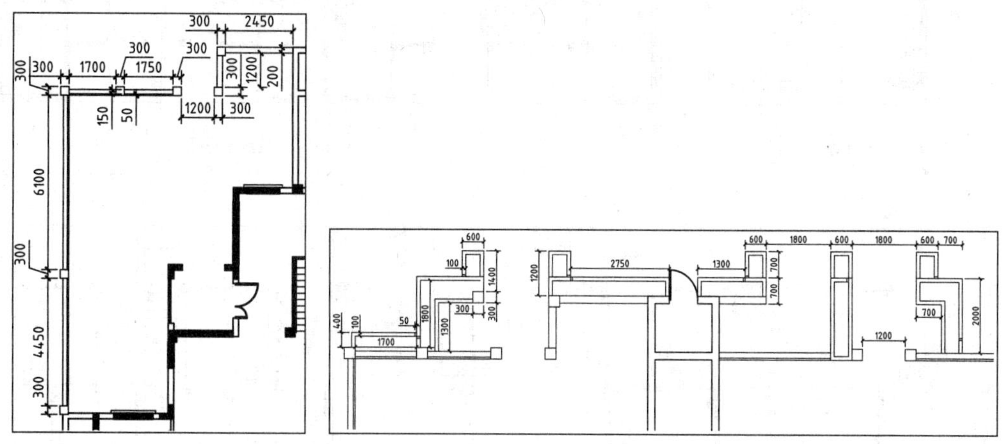

图 9-37 绘制室外平台及装饰矮柱轮廓线

03 绘制台阶踏步。执行 L（直线）命令、O（偏移）命令，绘制踏步轮廓线；执行 PL（多段线）命令、MT（多行文字）命令，绘制指示箭头，如图 9-38 所示。

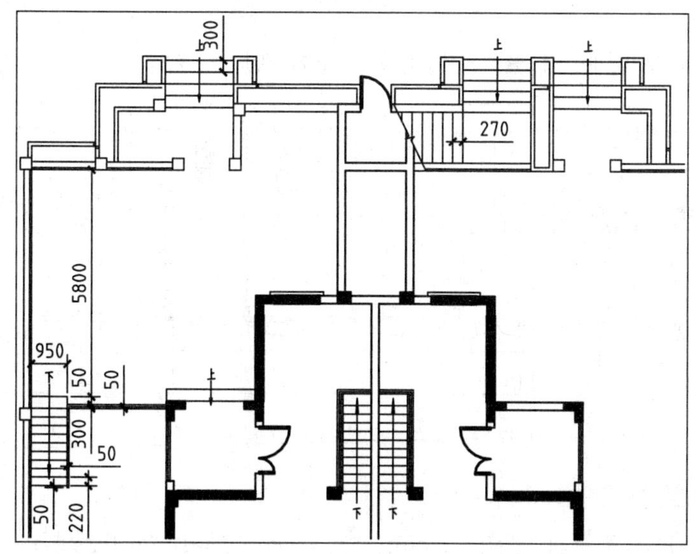

图 9-38 绘制台阶踏步

04 执行 L（直线）命令、O（偏移）命令、TR（修剪）命令，绘制轮廓线，如图 9-39 所示。

05 执行 MI（镜像）命令，镜像复制前面所绘制的图形，如图 9-40 所示。

06 绘制阳台间的轮廓线。执行 L（直线）命令、执行 O（偏移）命令、TR（修剪）命令，偏移并修剪线段，如图 9-41 所示。

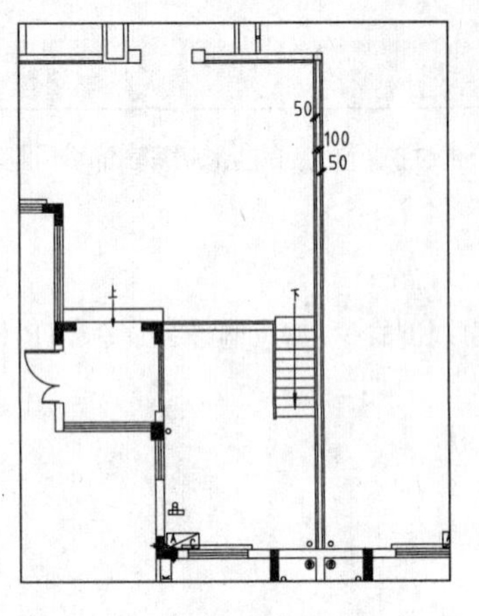

图 9-39　绘制轮廓线

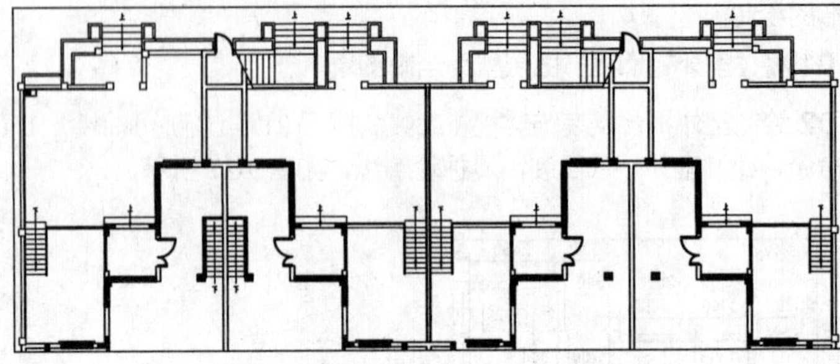

图 9-40　镜像复制图形

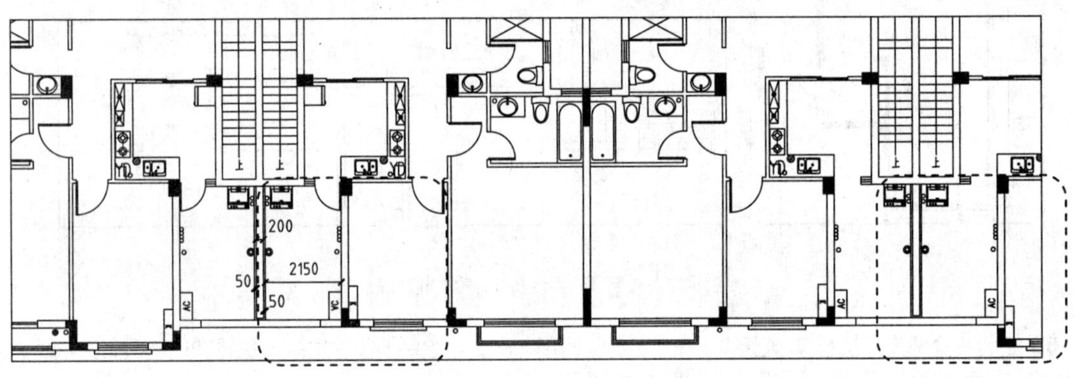

图 9-41　绘制阳台间的轮廓线

07 绘制车库入口轮廓线、防火挑檐轮廓线。执行 PL（多段线）命令，绘制相应的轮廓线，如图 9-42 所示。

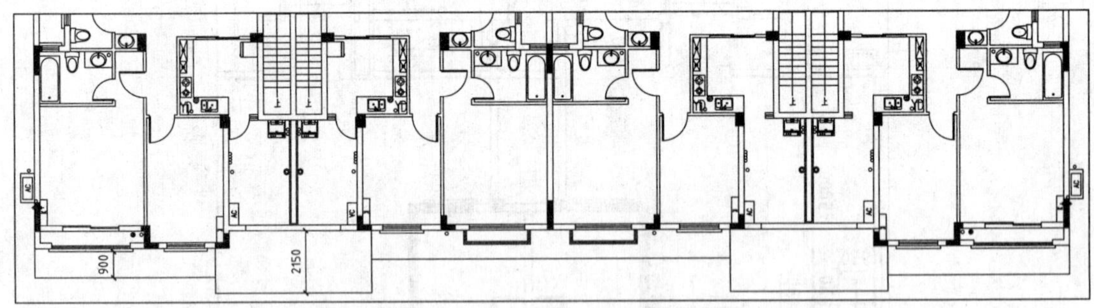

图 9-42　绘制车库入口轮廓线、防火挑檐轮廓线

08 将“管道”图层置为当前图层。

09 调入图块。打开本书提供的“图例图块.dwg”文件，将其中的雨水口图块复制粘贴至当前图形中，如图 9-43 所示。

10 将“门窗”图层置为当前图层。

11 执行 I（插入）命令，在弹出的“插入”对话框中选择“子母门（1200）“图块，将其调入当前图形，如图 9-44 所示。

12 将“室外轮廓线”图层置为当前图层。

13 执行 L（直线）命令，绘制找坡轮廓线，如图 9-45 所示。

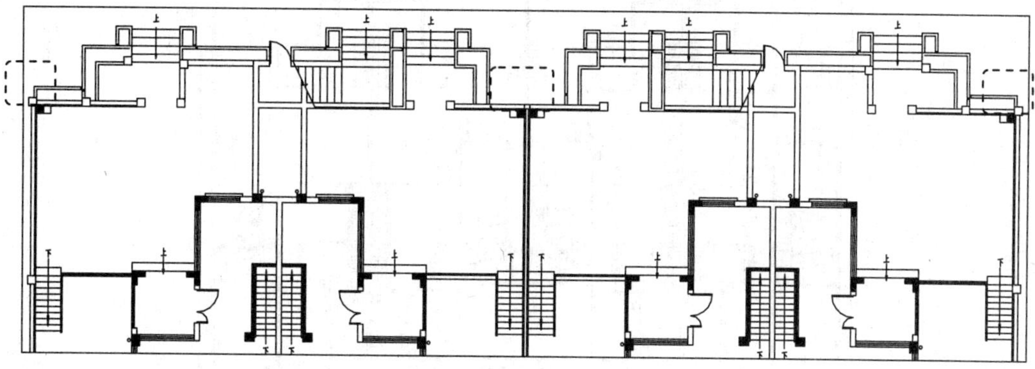

图 9-43　调入雨水口图块

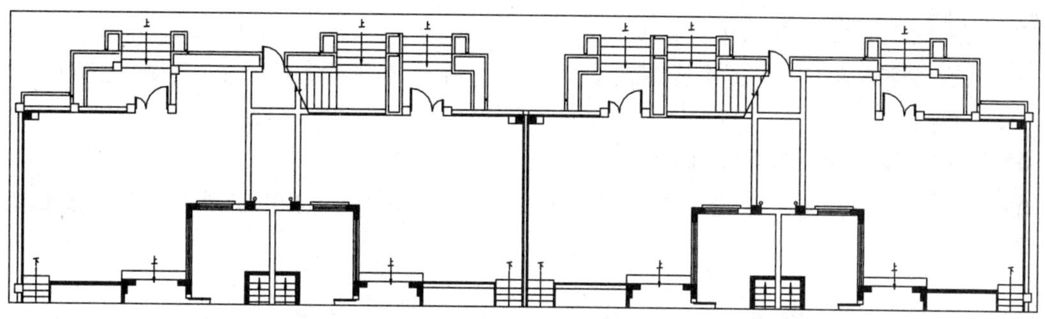

图 9-44　插入子母门图块

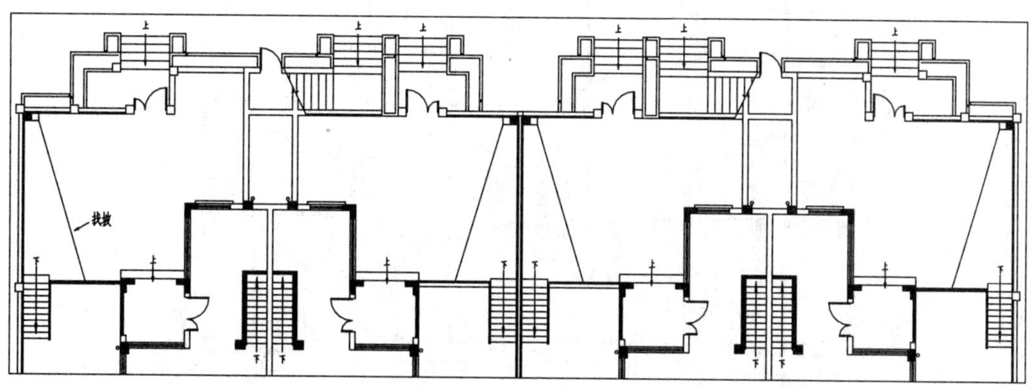

图 9-45　绘制找坡轮廓线

14 将“散水”图层置为当前图层。

15 执行 L（直线）命令，绘制散水轮廓线，如图 9-46 所示。

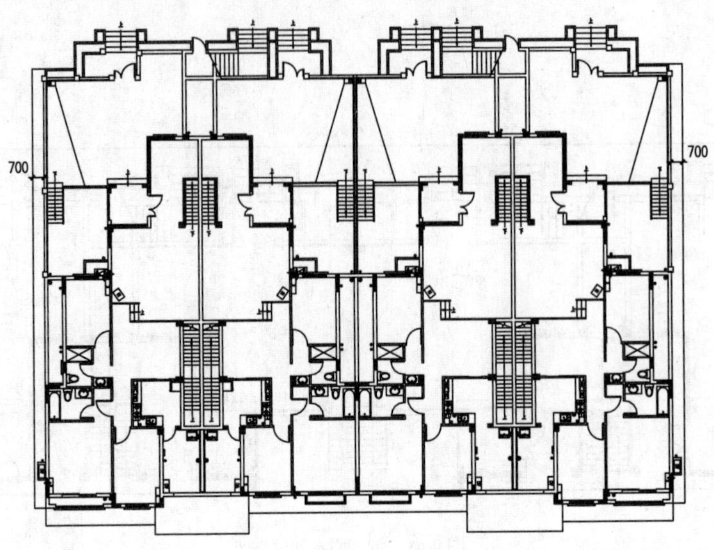

图 9-46　绘制散水轮廓线

9.2.7　绘制标注

建筑平面图的标注包括各个区域的名称标注、标高标注，指定部位的引线标注，以及开间、进深标注和门窗细部尺寸标注等。

01 将“文字标注”图层置为当前图层。

02 执行 MT（多行文字）命令，绘制各区域名称标注；执行 MLD（多重引线）命令，绘制引线标注，如图 9-47 所示。

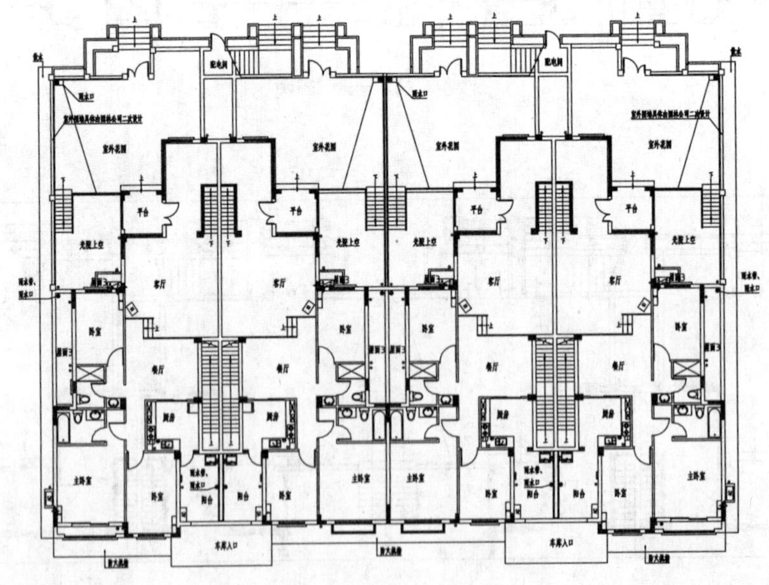

图 9-47　绘制文字标注

03 请参照 5.2.3 节介绍的标高图块的方法，在当前图形中执行创建标高图块的操作。

04 完成创建标高图块的操作后，执行 I（插入）命令，在“插入”对话框中选择标高图块，在绘图区中选择插入点，即可完成插入图块的操作。

05 双击标高图块，在弹出的“增强属性编辑器”对话框中更改标高值；执行 CO（复制）命令，移动复制标高图块，再次双击更改其标高值，完成标高标注的操作，如图 9-48 所示。

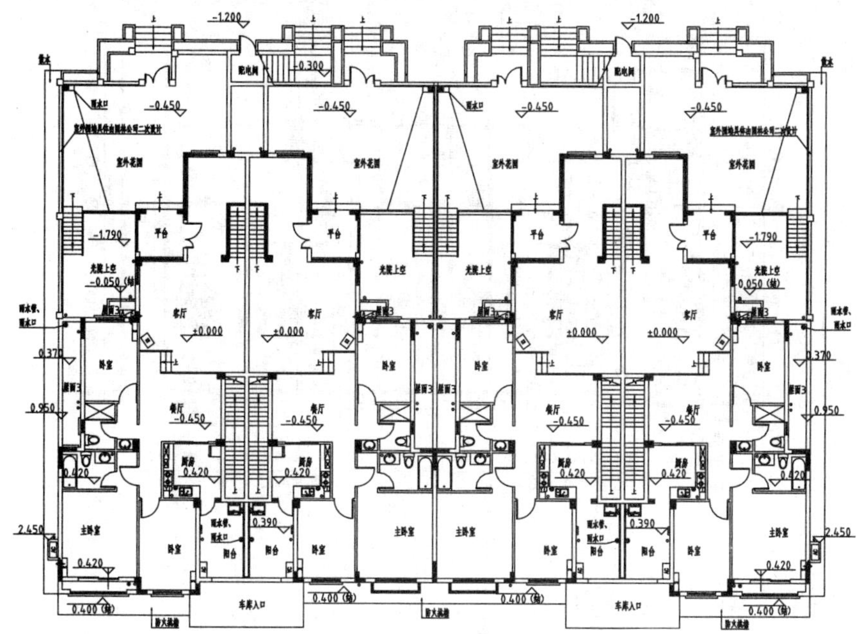

图 9-48　绘制标高标注

06 打开“轴线”图层。

07 将“尺寸标注”图层置为当前图层。

08 绘制尺寸标注。执行 DLI（线性标注）命令，绘制开间、进深以及门窗细部尺寸，如图 9-49 所示。

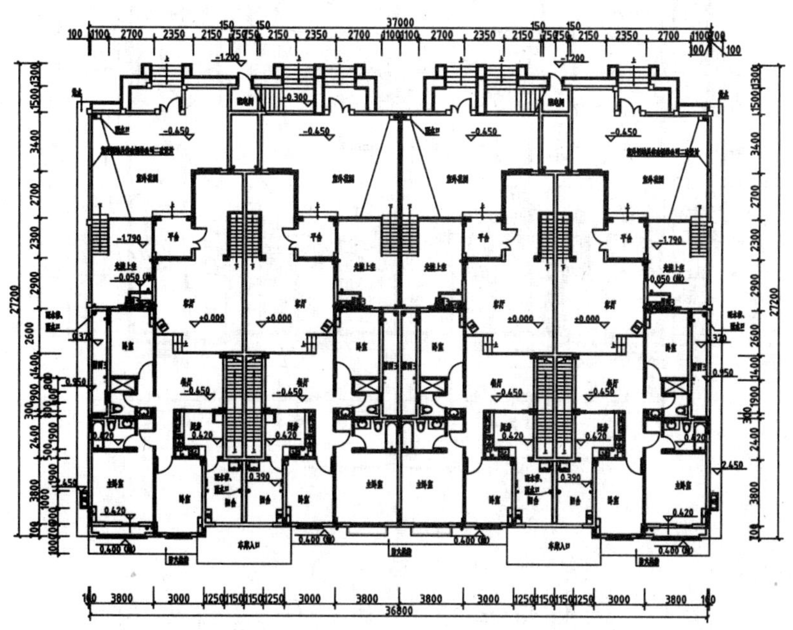

图 9-49　绘制尺寸标注

09 绘制轴号标注。执行 L（直线）命令，绘制轴号引线；执行 C（圆）命令，绘制半径为 400 的圆；执行 MT（多行文字）命令，在圆内绘制轴号标注，如图 9-50 所示。

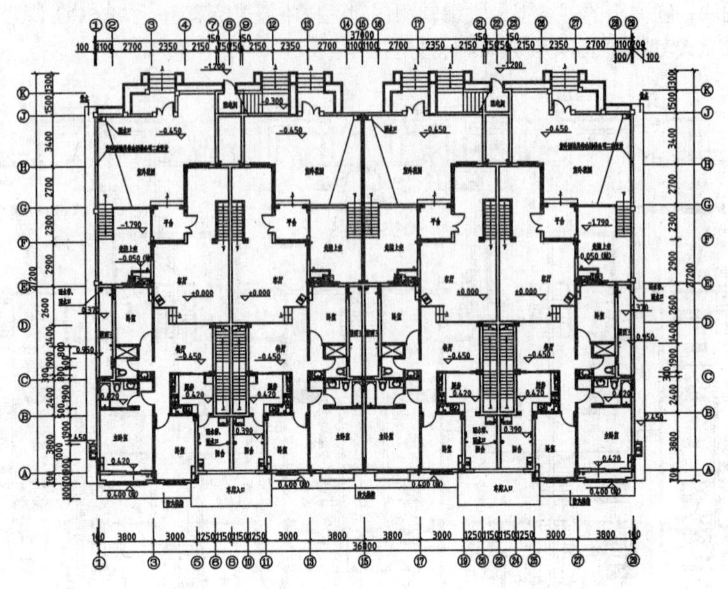

图 9-50　绘制轴号标注

10 将“文字标注”图层置为当前图层。

11 执行 MT（多行文字）命令，绘制图名及比例标注；执行 PL（多段线）命令，绘制宽度为 150 以及宽度为 0 的下划线，如图 9-51 所示。

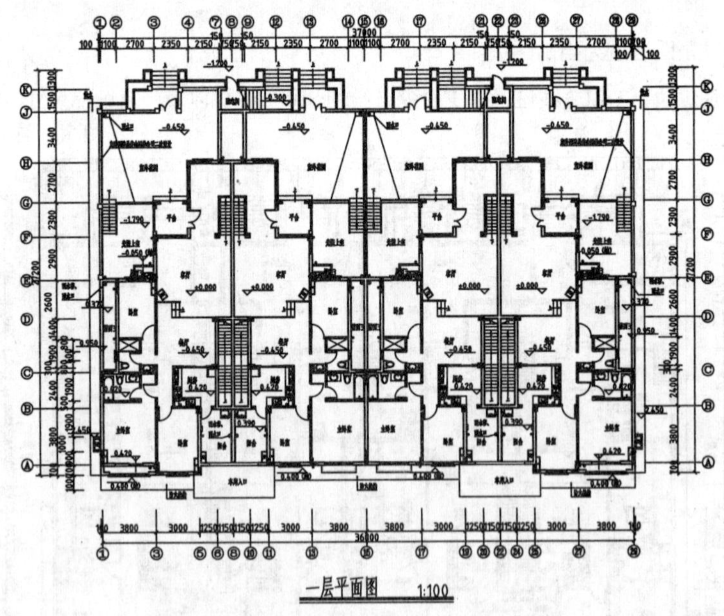

图 9-51　绘制图名标注

9.3　绘制住宅楼其他各层建筑平面图

住宅楼其他楼层的建筑平面图可以在一层平面图的基础上绘制，通过执行各类绘制命令、编辑命令，可以得到各层平面图。

请读者以本书配套资源中所提供的各层平面图为参考，参照前面小节所介绍的绘图方法来绘制各层平面图。

如图 9-52 所示的绘制完成的住宅楼半地下室平面图。

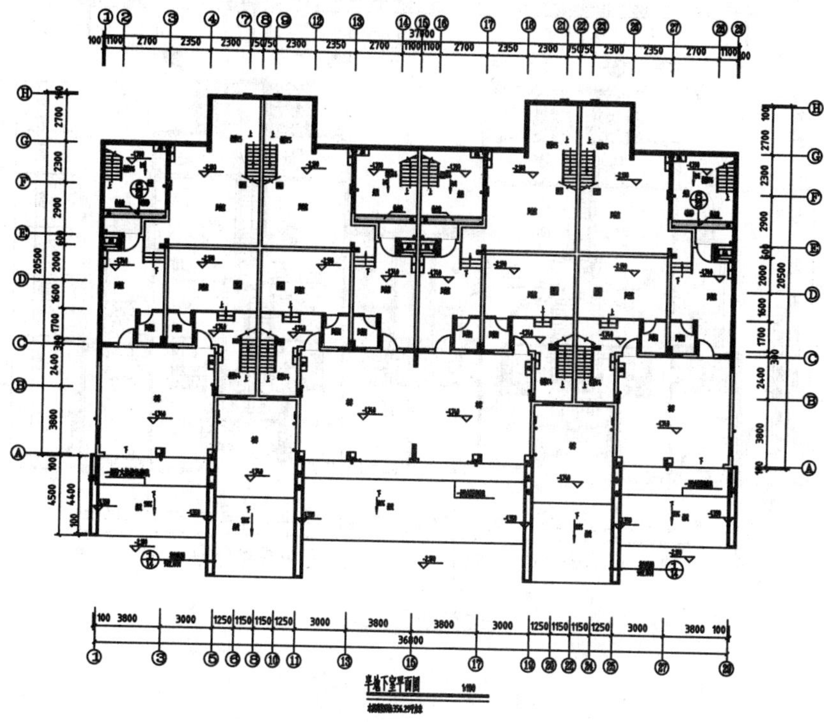

图 9-52　住宅楼半地下室平面图

图 9-53 所示为绘制完成的住宅楼二层平面图。

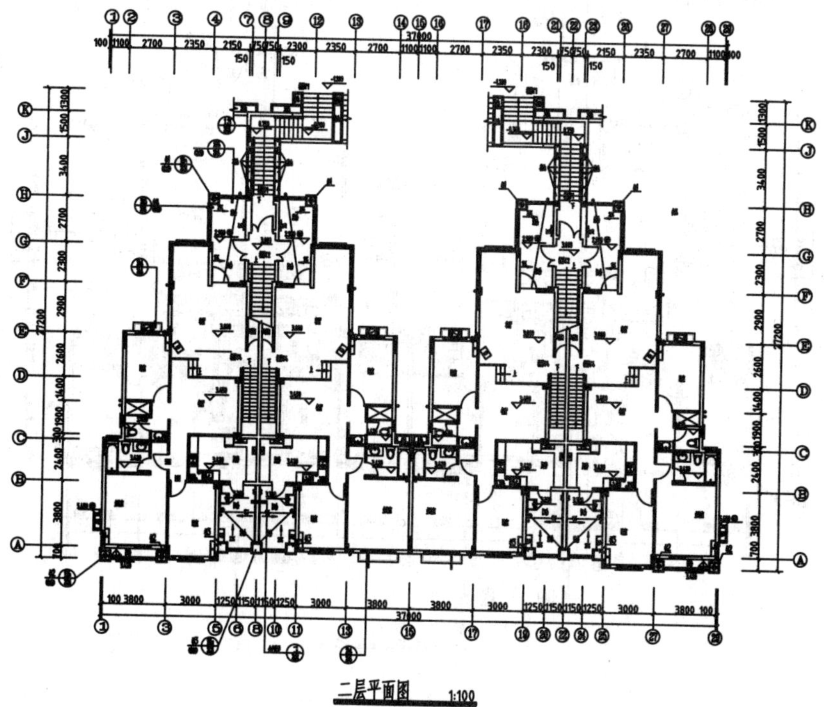

图 9-53　住宅楼二层平面图

图 9-54 所示为绘制完成的住宅楼三层平面图。

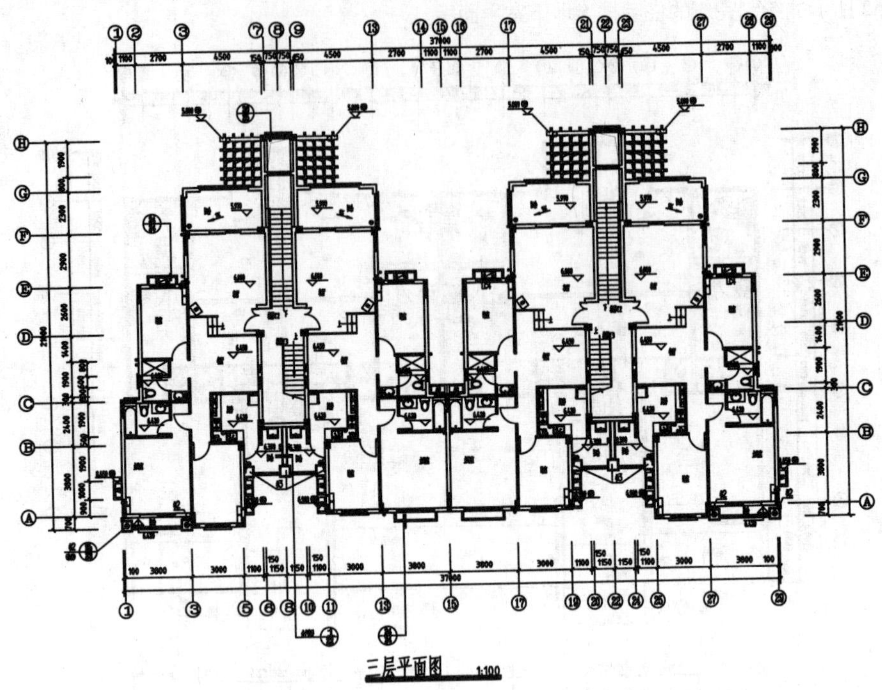

图 9-54 住宅楼三层平面图

图 9-55 所示为绘制完成的住宅楼四层平面图。

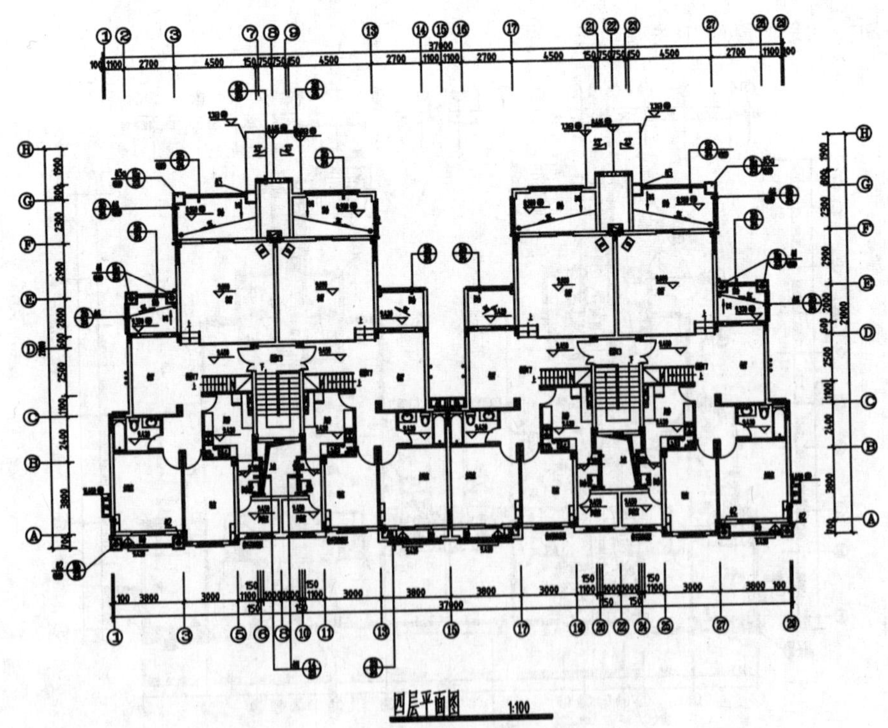

图 9-55 住宅楼四层平面图

图 9-56 所示为绘制完成的住宅楼五层平面图。

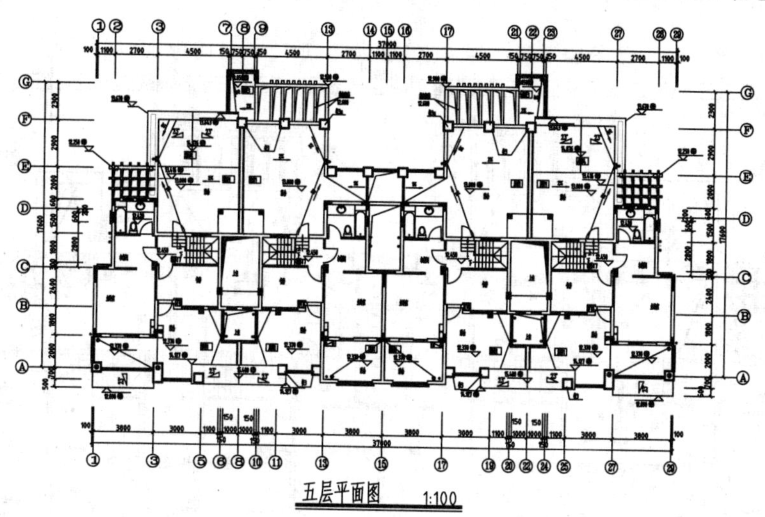

图 9-56　住宅楼五层平面图

9.4　绘制住宅楼屋顶平面图

住宅楼屋顶平面图表示了屋面各部位制作完成的情况，如屋面排水的方向、坡度、雨水管的位置等，本节介绍住宅楼屋顶平面图的绘制方法。

9.4.1　绘制屋顶轮廓线

在绘制屋顶平面图之前，应先创建绘制平面图所需的各类图层。屋顶平面图可在建筑平面图的基础上绘制，复制一个平面图的副本，执行编辑命令整理图形后，便可以开始屋顶平面图的绘制。

01 启动 AutoCAD 2020，新建一个空白文件。

02 参照 9.2.1 节中所介绍的方法，依次设置文字样式、尺寸标注样式、绘图单位等样式的参数。

03 创建图层。执行 LA（图层特性管理器）命令，在弹出的“图层特性管理器”对话框中创建绘制屋顶平面图所需要的图层，如图 9-57 所示。

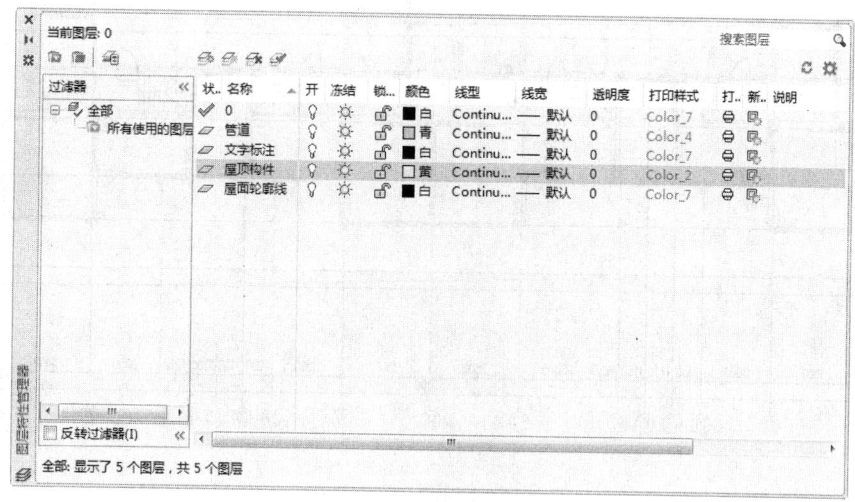

图 9-57　创建图层

04 打开本书提供的“五层平面图.dwg”文件，如图 9-58 所示。

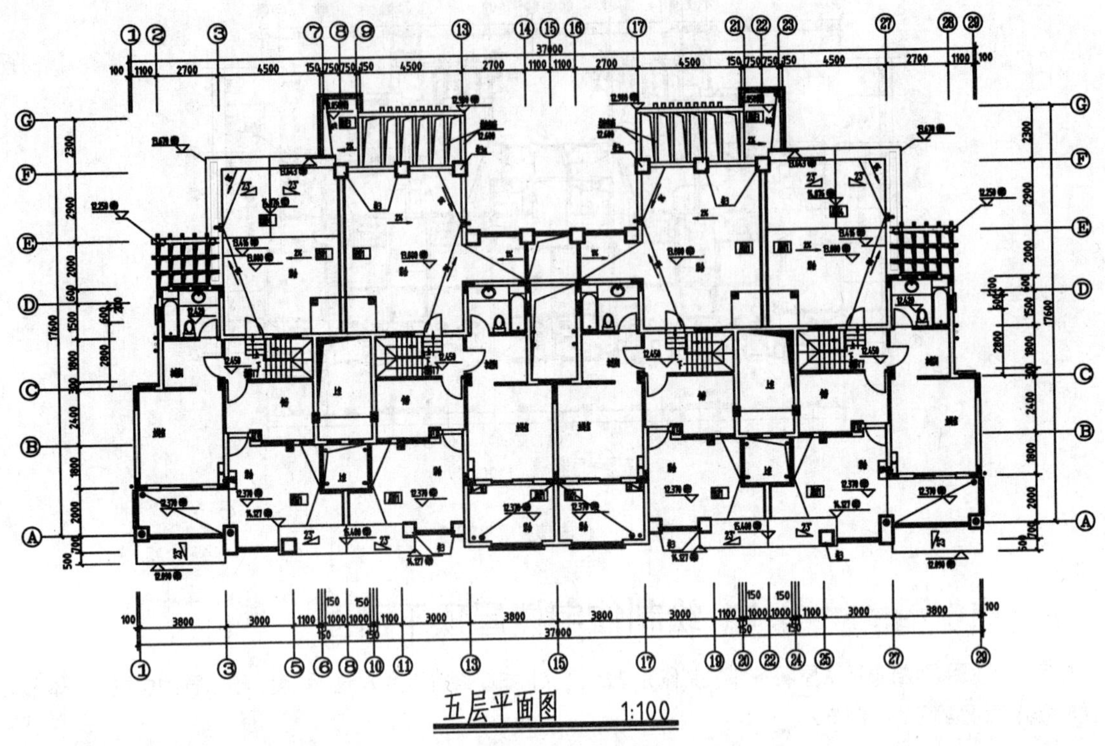

图 9-58　住宅楼五层平面图

05 执行 TR（修剪）命令、E（删除）命令，在五层平面图的基础上执行编辑修改操作，如图 9-59 所示。

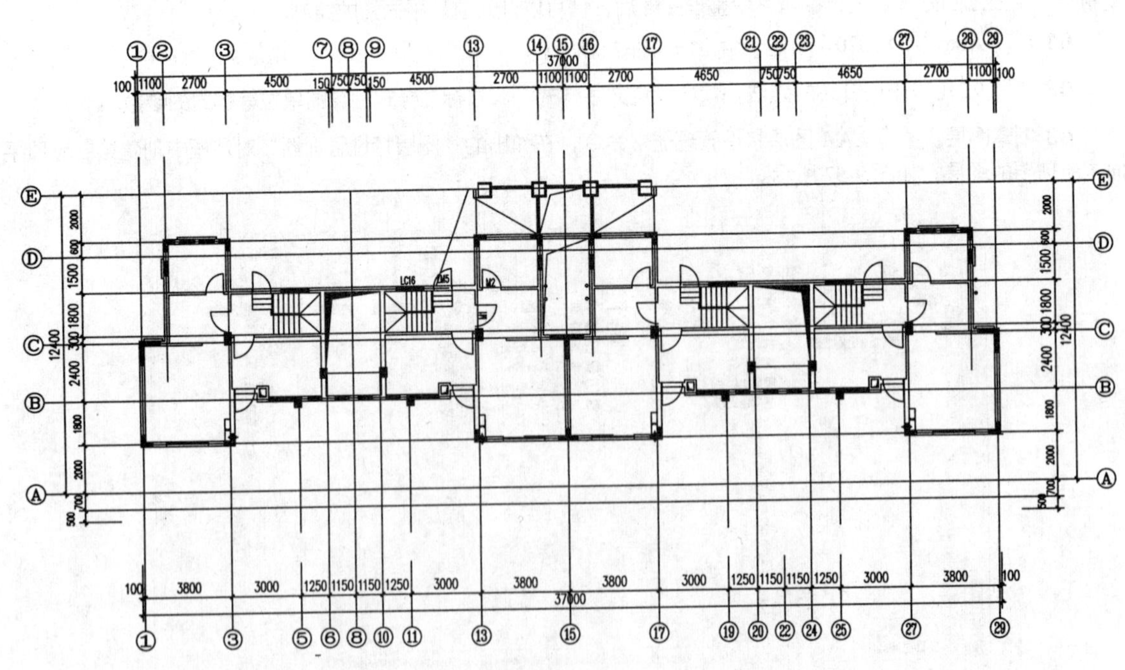

图 9-59　编辑修改五层平面图

06 执行 O（偏移）命令、F（圆角）命令、L（直线）命令，绘制屋顶轮廓线，如图 9-60 所示。

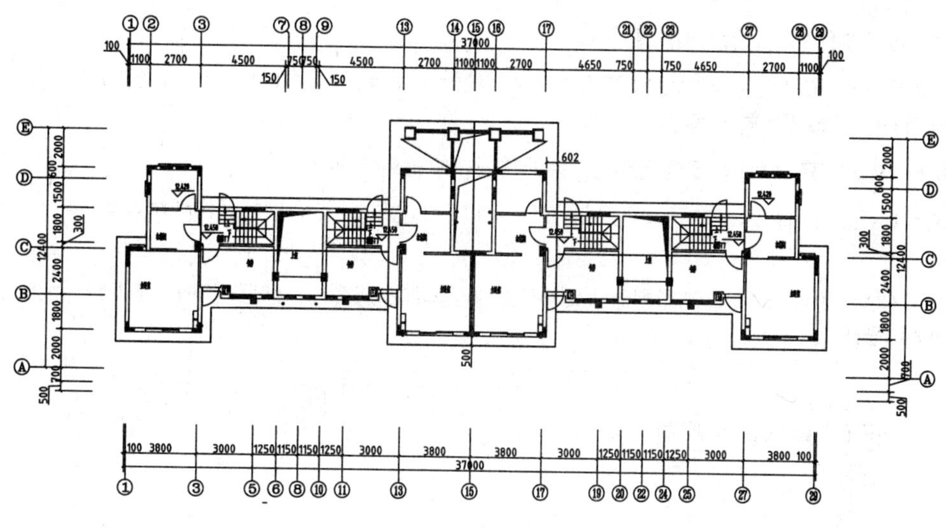

图 9-60　绘制屋顶轮廓线

07 执行 E（删除）命令，删除除了轮廓线外的其他的图形，如图 9-61 所示。

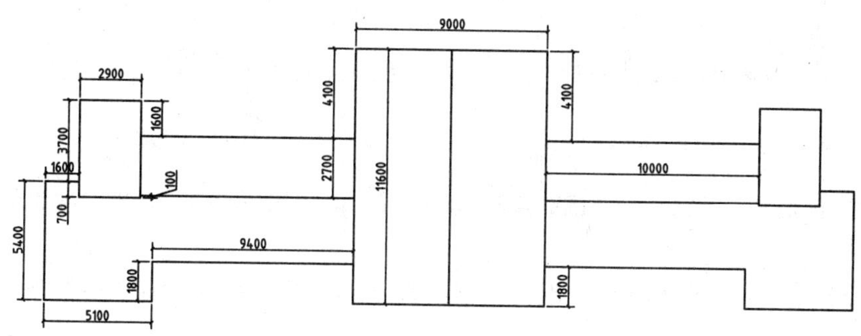

图 9-61　删除图形

9.4.2 绘制屋顶图形

屋顶图形包括屋面构架、管道、栏杆等，这些图形可以使用常规的绘图/编辑命令来绘制，也可通过调入相应的图块来绘制。

01 执行 O（偏移）命令，偏移屋顶轮廓线；执行 REC（矩形）命令，绘制尺寸为 11000×300 的矩形；执行 L（直线）命令，绘制短斜线，如图 9-62 所示。

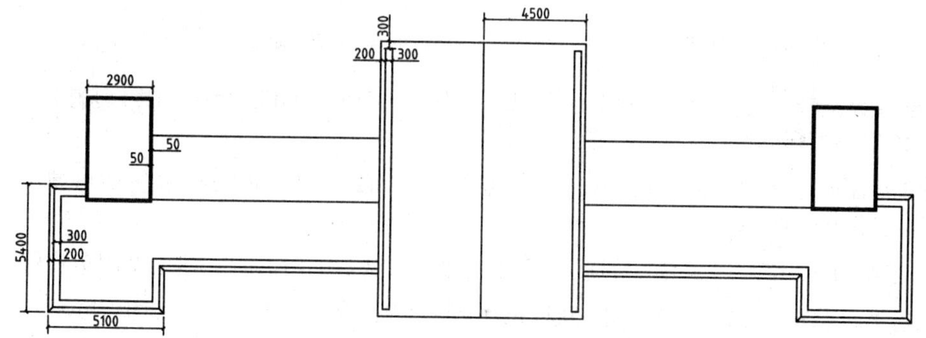

图 9-62　绘制轮廓线

02 将“屋顶构件”图层置为当前图层。

03 绘制屋顶柱子轮廓。执行 REC（矩形）命令，绘制尺寸为 620×620 的矩形；执行 O（偏移）命令，设置偏移距离为 60，选择矩形向内偏移。

04 执行 TR（修剪）命令，修剪矩形内多余的线段，如图 9-63 所示。

05 执行 L（直线）命令，在矩形内绘制对角线；执行 C（圆）命令，以对角线的中点为圆心，绘制半径为 125 的圆。

06 执行 CO（复制）命令，选择圆形将其移动复制至其他的矩形内；然后执行 E（删除）命令，删除对角线，如图 9-64 所示。

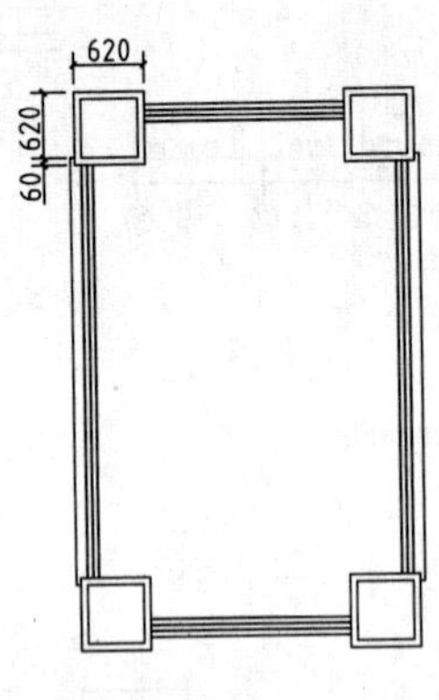

图 9-63　绘制并偏移矩形

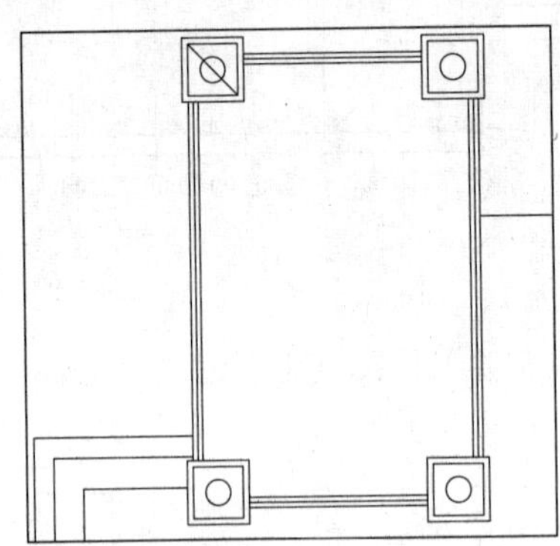

图 9-64　绘制圆形

07 执行 H（图案填充）命令，在【图案填充和渐变色】对话框中选择 SOLID 图案，对圆形执行图案填充操作，如图 9-65 所示。

08 绘制栏杆。执行 O（偏移）命令、PL（多段线）命令，绘制栏杆轮廓线的结果如图 9-66 所示。

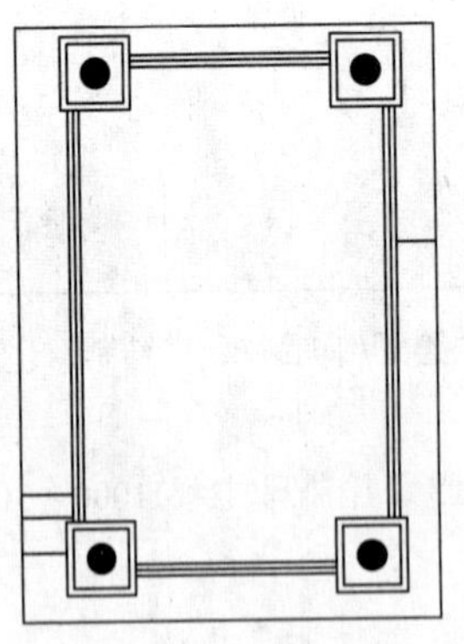

图 9-65　图案填充圆

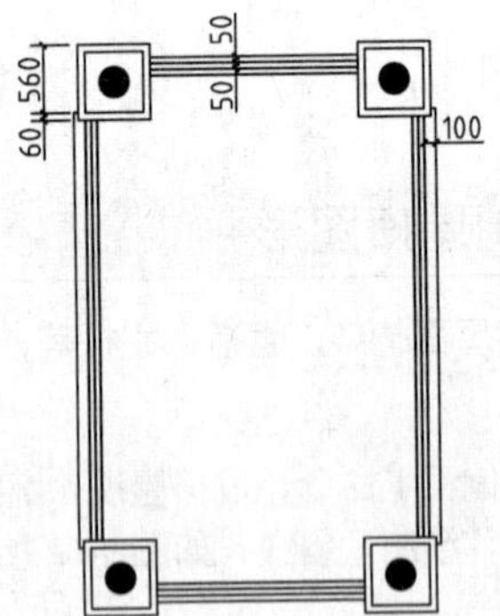

图 9-66　绘制栏杆轮廓线

09 绘制屋面轮廓线。执行 L（直线）命令，绘制直线；执行 O（偏移）命令、TR（修剪）命令，偏移并修剪直线，如图 9-67 所示。

10 绘制屋面构架 1。执行 REC（矩形）命令，绘制尺寸为 120×1350 的矩形；执行 CO（复制）命令，移动复制矩形，如图 9-68 所示。

11 重复执行 REC（矩形）命令，分别绘制尺寸为 2899×200、100×300 的矩形，如图 9-69 所示。

12 执行 TR（修剪）命令，修剪矩形；执行 PL（多段线）命令，绘制多段线，如图 9-70 所示。

13 执行 L（直线）命令、O（偏移）命令，绘制并偏移直线；执行 C（圆）命令，绘制半径为 125 的圆，如图 9-71 所示。

14 执行 TR（修剪）命令，修剪线段；执行 PL（多段线）命令，绘制多段线，如图 9-72 所示。

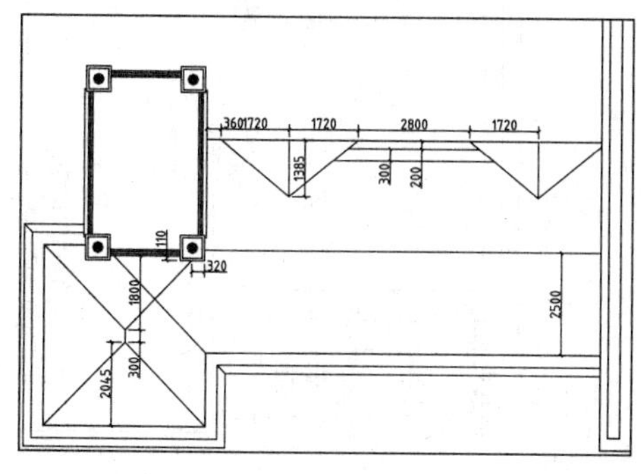

图 9-67 绘制屋面轮廓线

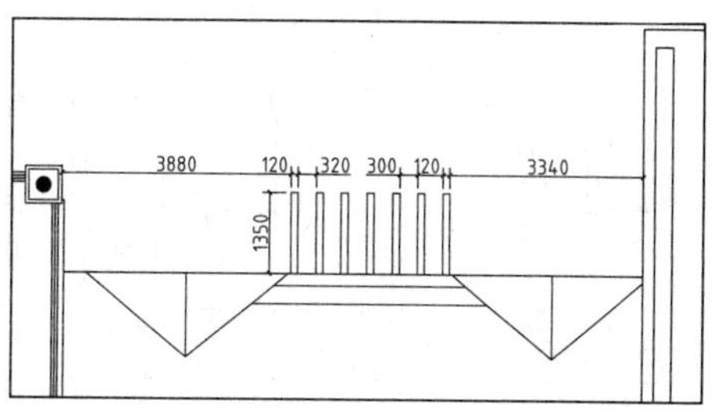

图 9-68 绘制屋面构架 1

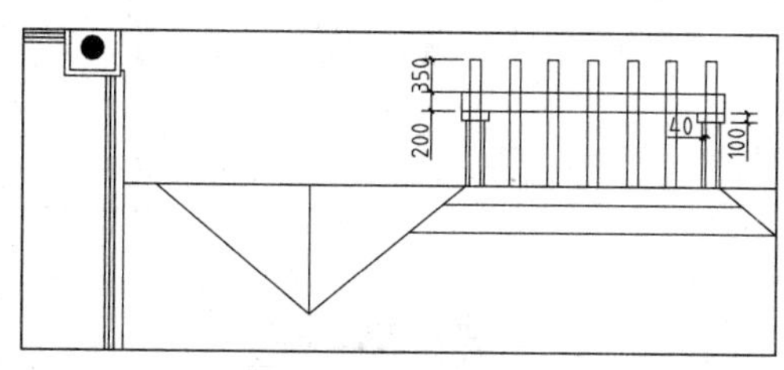

图 9-69 绘制矩形

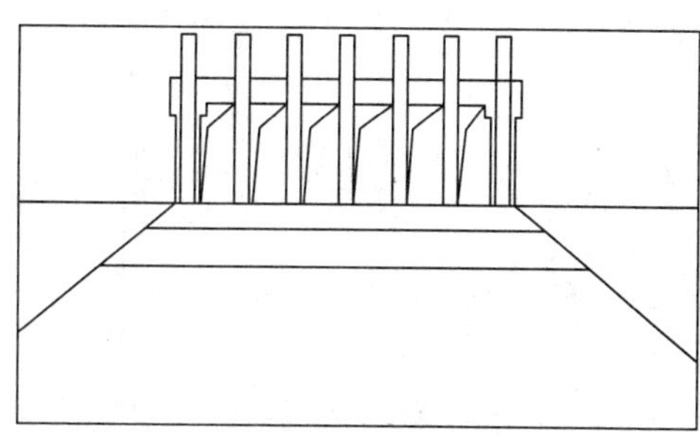

图 9-70 修剪矩形并绘制多段线

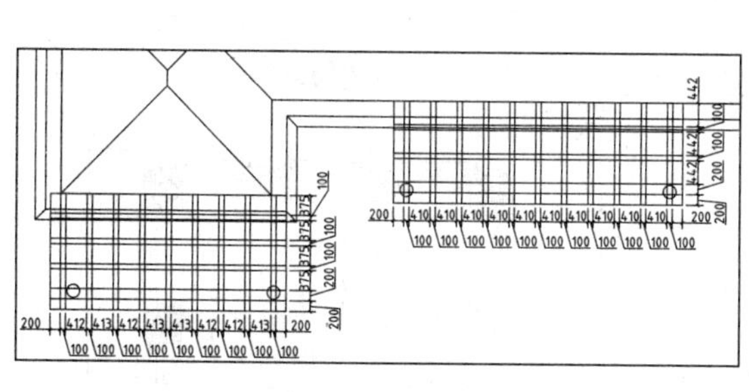

图 9-71 绘制并偏移直线

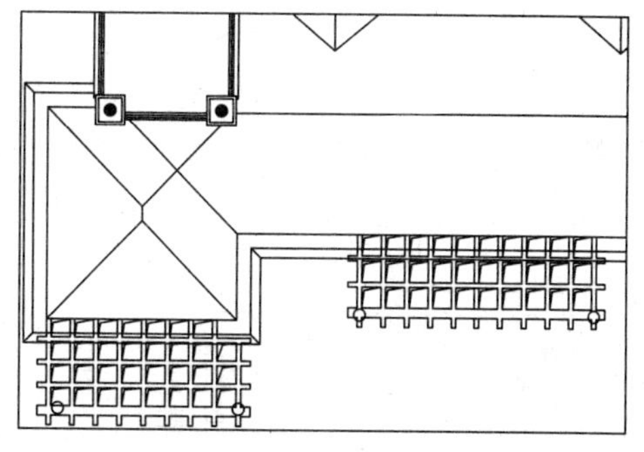

图 9-72 操作结果

15 采用上述绘制方法，绘制如图 9-73 所示的屋面构架 2。

16 将“管道”图层置为当前图层。

17 绘制烟道图形。执行 REC（矩形）命令，绘制尺寸为 650×600 的矩形；执行 O（偏移）命令，设置偏移距离为 50、100，选择矩形向内偏移。

18 执行 PL（多段线）命令，绘制折线；执行 H（图案填充）命令，在“图案填充和渐变色”对话框中选择 SOLID 图案，对图形执行填充操作，如图 9-74 所示。

19 执行 MI（镜像）命令，将左侧的屋面图形镜像复制到右侧，如图 9-75 所示。

20 将“屋顶构件”图层置为当前图层。

21 绘制柱子及栏杆轮廓线。执行 REC（矩形）命令，绘制柱子轮廓线；执行 PL（多段线）命令，绘制栏杆轮廓线，如图 9-76 所示。

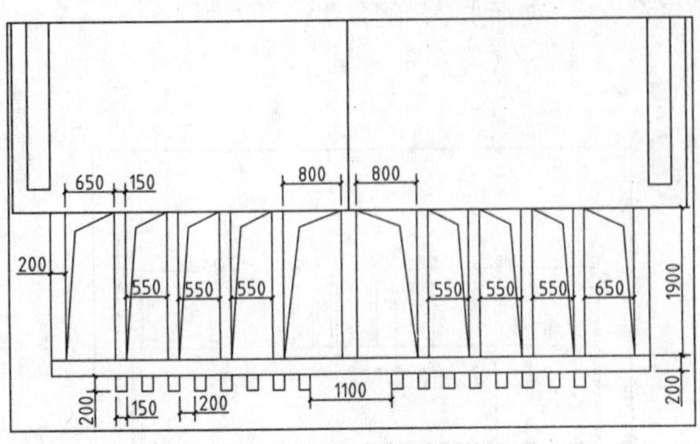

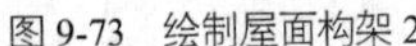
图 9-73　绘制屋面构架 2

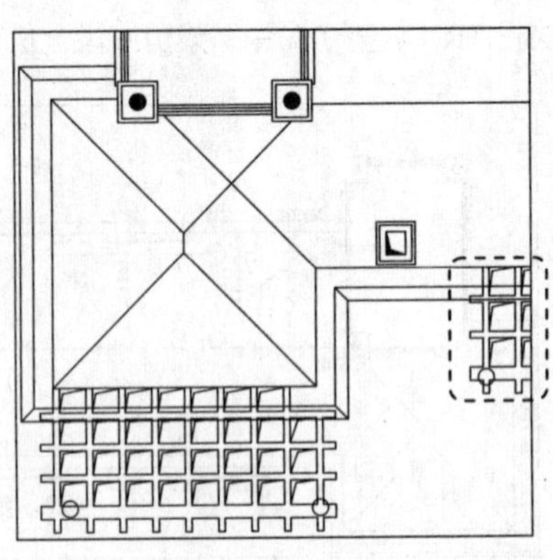
图 9-74　绘制烟道图形

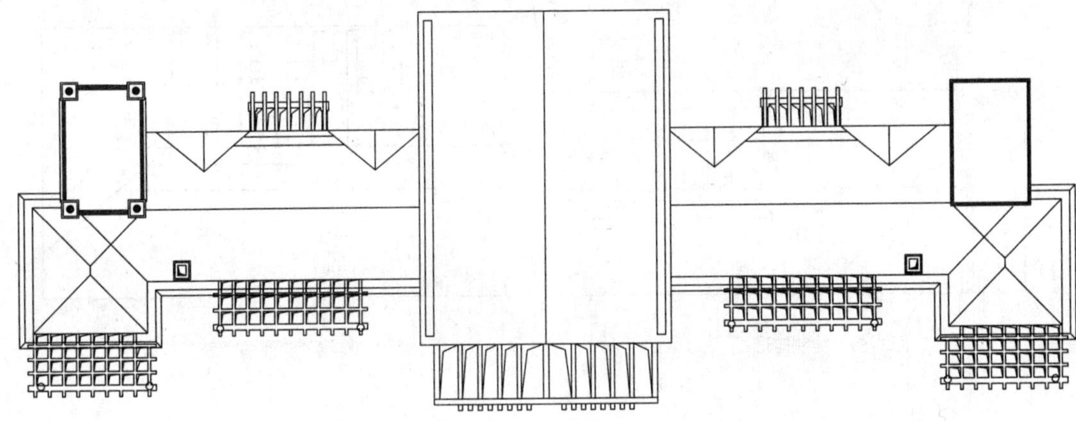
图 9-75　镜像复制屋顶图形

22 执行 H（填充）命令，选择 SOLID 图案，对矩形执行图案填充操作，如图 9-77 所示。

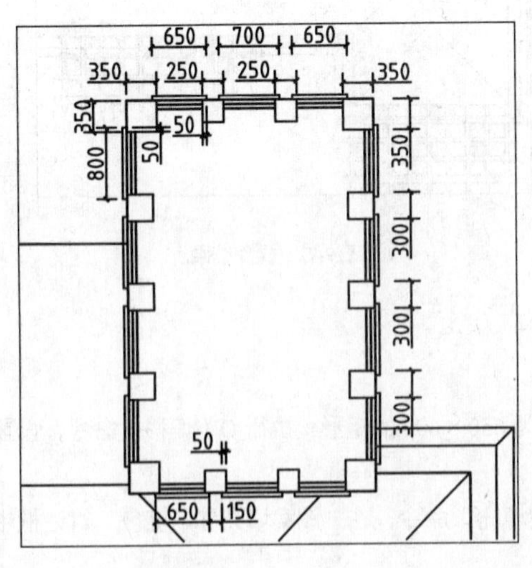

图 9-76　绘制柱子及栏杆轮廓线

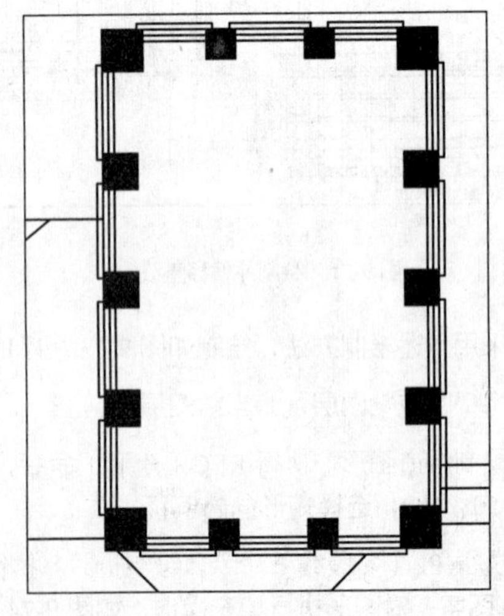
图 9-77　图案填充矩形

23 将“管道”图层置为当前图层。

24 调入图块。打开本书提供的“图例图块.dwg”文件，将其中的雨水管、雨水口图块复制粘贴至当前图形中，如图 9-78 所示。

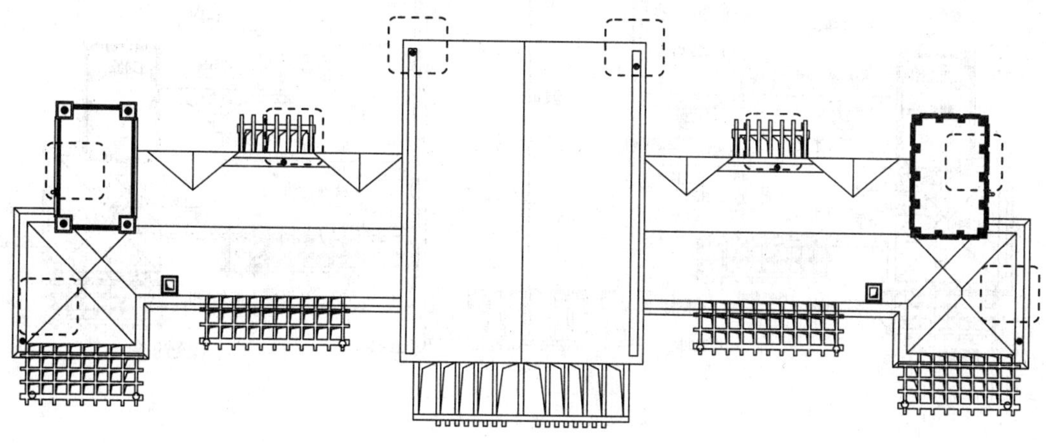

图 9-78 调入图块

9.4.3 绘制标注

屋面的坡度标注由引线及文字标注组成，可以执行“多段线”命令绘制引线，执行“多行文字”命令，绘制坡度标注，也可执行“多重引线”命令，绘制坡度标注。本节介绍使用“多段线”命令及“多行文字”命令，绘制坡度标注的操作方法。

此外，屋顶平面图中的标注还有文字标注、标高标注、图名标注。

01 将“文字标注”图层置为当前图层。

02 绘制文字标注。执行 MT（多行文字）命令，绘制屋面文字标注。

03 绘制坡度标注。执行 PL（多段线）命令，绘制起点宽度为 60、端点宽度为 0 的指示箭头；执行 MT（多行文字）命令，绘制坡度标注文字。

04 绘制引线标注。执行 MLD（多重引线）命令，绘制引线标注，如图 9-79 所示。

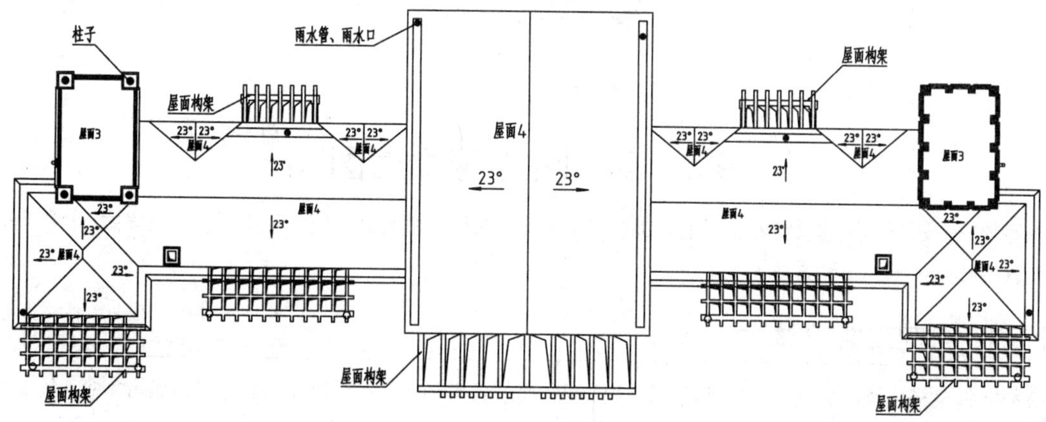

图 9-79 绘制文字标注

05 绘制标高标注。执行 I（插入）命令，在“插入”对话框中选择“标高”图块。

06 双击插入的标高图块，在“增强属性编辑器”对话框中更改其标高值；执行 CO（复制）命令，移动复制标高图块至平面图的其他区域；双击标高图块以修改其标高值，如图 9-80 所示。

07 绘制图名标注。执行 MT（多行文字）命令、PL（多段线）命令，绘制图名标注以及下划线，如图 9-81 所示。

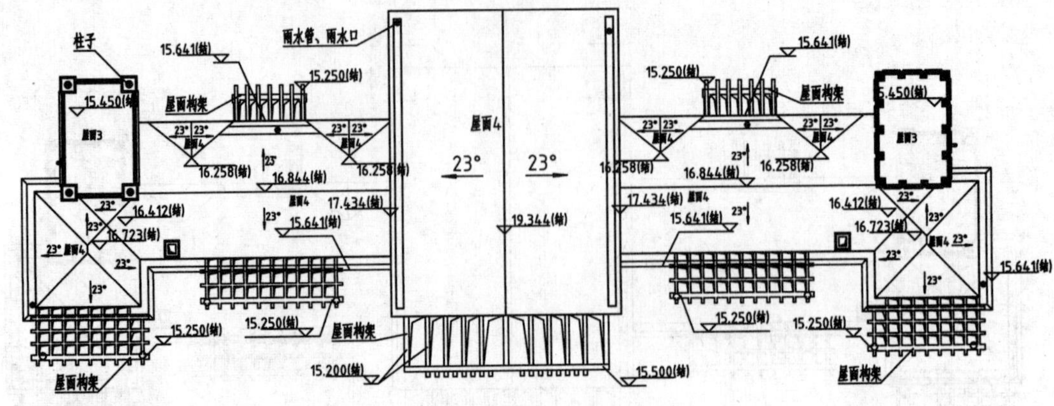

图 9-80　绘制标高标注

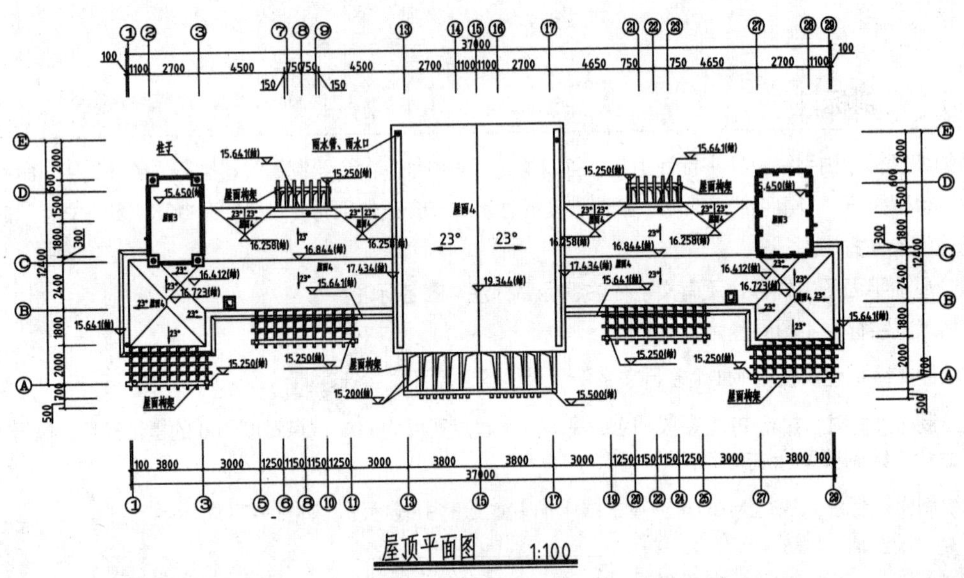

图 9-81　绘制图名标注

9.5　绘制住宅楼立面图

住宅楼立面图表示了建筑物外立面的装饰装修情况，包括门窗的样式、尺寸及墙面的装饰样式、材料等，本节介绍住宅楼立面图的绘制方法。

9.5.1　绘制立面轮廓

在绘制住宅楼立面图之前，应先创建绘制立面图所需的各类图层；然后执行各类绘图、编辑命令，绘制立面轮廓，以便在此基础上绘制其他立面图形。

01 启动 AutoCAD 2020，新建一个空白文件。

02 参照 9.2.1 节中所介绍的方法，依次设置文字样式、尺寸标注样式、绘图单位等样式的参数。

03 创建图层。执行 LA（图层特性管理器）命令，在弹出的"图层特性管理器"对话框中创建绘制立面图所需要的图层，如图 9-82 所示。

04 绘制立面图轮廓线。执行 L（直线）命令、O（偏移）命令、TR（修剪）命令，绘制立面图轮廓线，如图 9-83 所示。

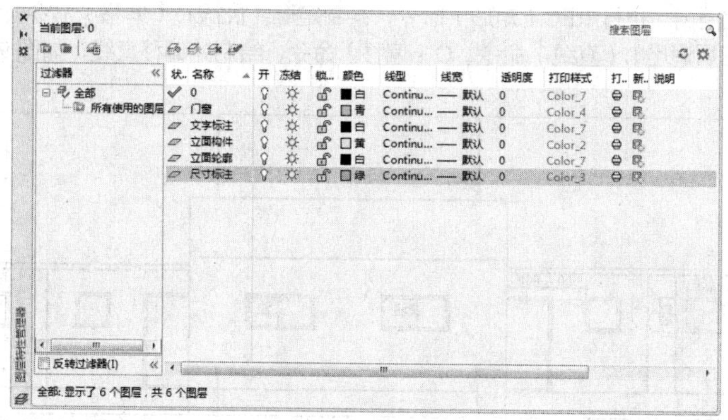

图 9-82 创建图层

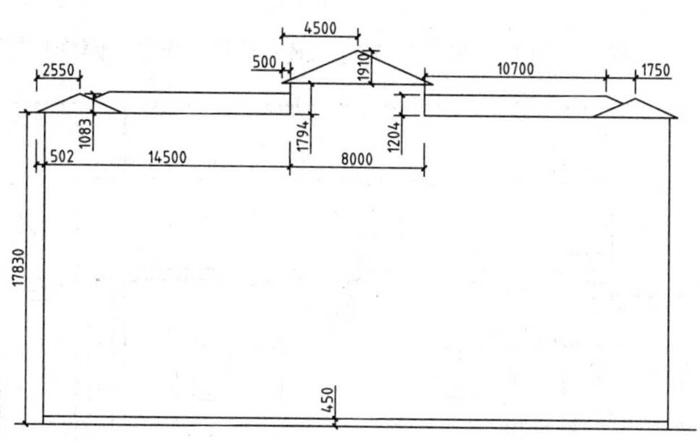

图 9-83 绘制立面图轮廓线

05 绘制立面造型线。执行 O（偏移）命令，偏移立面轮廓线；执行 TR（修剪）命令，修剪轮廓线，如图 9-84 所示。

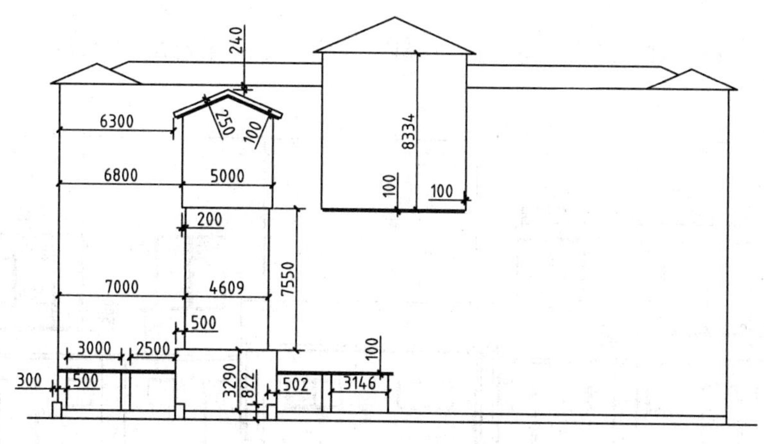

图 9-84 绘制立面造型线

9.5.2 绘制立面门窗

门窗是立面图不可缺少的图形，门窗图形可以通过调用绘图/编辑命令来绘制，然后执行“阵列”命令来得到多个副本。

01 将“门窗”图层置为当前图层。

02 绘制半地下室门窗。执行 REC（矩形）命令，绘制矩形；执行 O（偏移）命令，设置偏移距离为 50，选择矩形向内偏移；然后调用 L（直线）命令、O（偏移）命令，绘制并偏移直线，如图 9-85 所示。

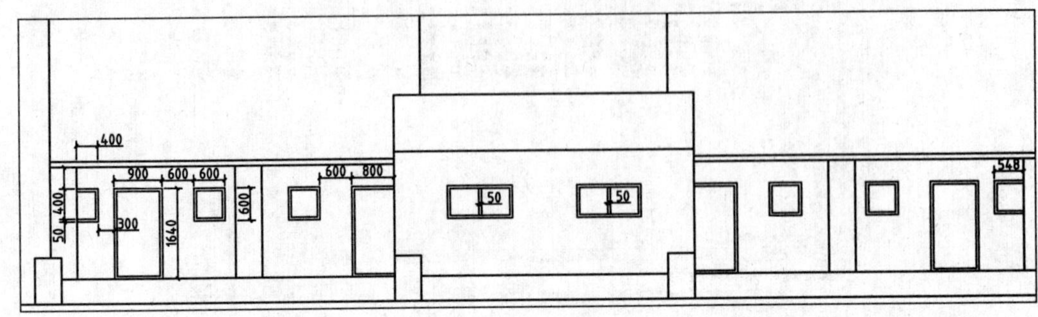

图 9-85　绘制半地下室门窗

03 绘制地下车库入口装饰柱。执行 O（偏移）命令、TR（修剪）命令，偏移并修剪线段，如图 9-86 所示。

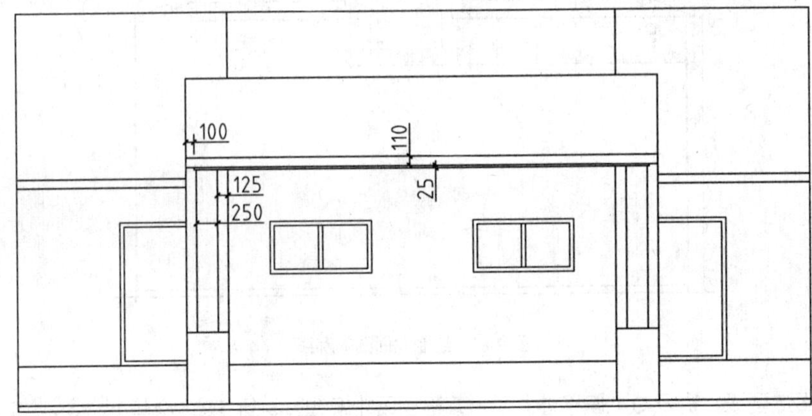

图 9-86　绘制地下车库入口装饰柱

04 绘制立面窗。执行 REC（矩形）命令、O（偏移）命令，绘制并偏移矩形；执行 L（直线）命令，绘制直线，如图 9-87 所示。

图 9-87　绘制立面窗

05 执行“修改”→“阵列”→“矩形阵列”命令，选择上一步骤所绘制的 4 个立面窗；设置列数为 1，行数为 5，行距为 3000，如图 9-88 所示。

06 选择阵列得到的立面窗，执行 X（分解）命令，对其进行分解；执行 E（删除）命令，删除多余的立面窗，如图 9-89 所示。

图 9-88　矩形阵列立面窗

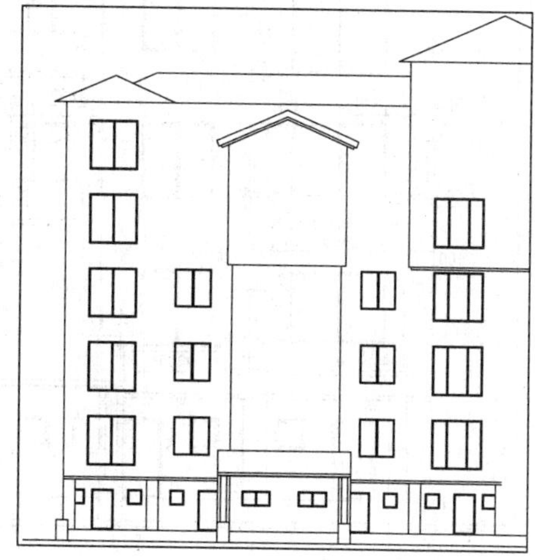
图 9-89　删除图形多余的立面窗

07 绘制弧形窗。执行 REC（矩形）命令、O（偏移）命令、A（圆弧）命令、L（直线）命令，绘制弧形窗，如图 9-90 所示。

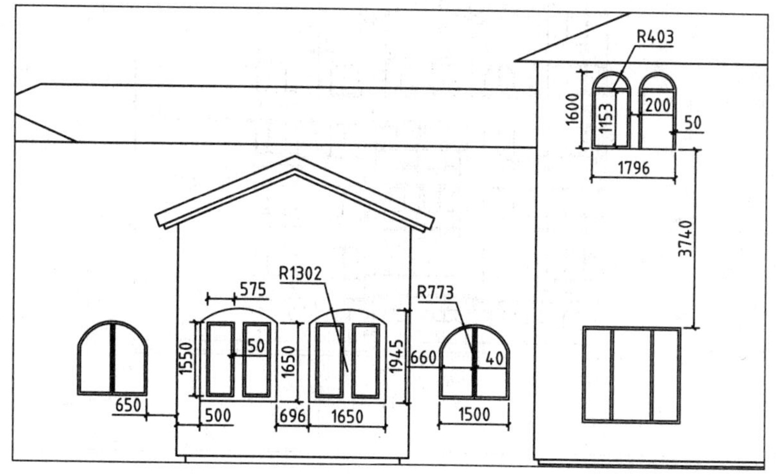

图 9-90　绘制弧形窗

9.5.3　绘制其他立面构件

其他的立面构件主要包括一些辅助设施及立面装饰图形。辅助设施有阳台栏杆、装饰柱等，这些构件在提供一定使用便利的同时也具备观赏功能。

01 将“立面构件”图层置为当前图层。

02 绘制立面窗装饰及阳台栏杆。执行 REC（矩形）命令，绘制矩形；执行 L（直线）命令、O（偏移）命令、TR（修剪）命令、F（圆角）命令，绘制如图 9-91 所示的立面窗装饰及阳台栏杆 1。

03 执行 CO（复制）命令，移动复制 02 步骤所绘制的图形至立面图中的各个位置；执行 TR（修剪）命令，修剪多余的线段，如图 9-92 所示。

04 重复操作，继续绘制如图 9-93 所示的立面窗装饰及阳台栏杆 2。

05 执行 L（直线）命令，绘制直线；执行 O（偏移）命令、TR（修剪）命令，偏移并修剪直线，绘制立面窗，如图 9-94 所示。

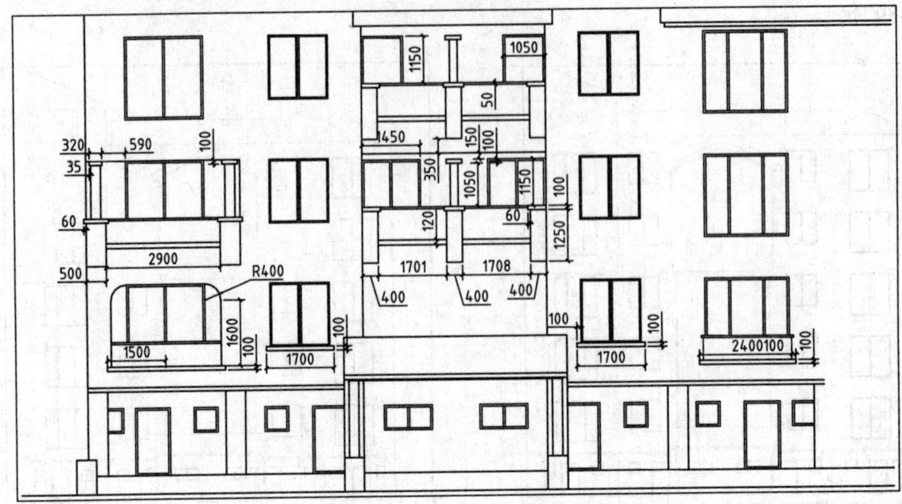

图 9-91　绘制立面窗装饰及阳台栏杆 1

图 9-92　移动复制图形

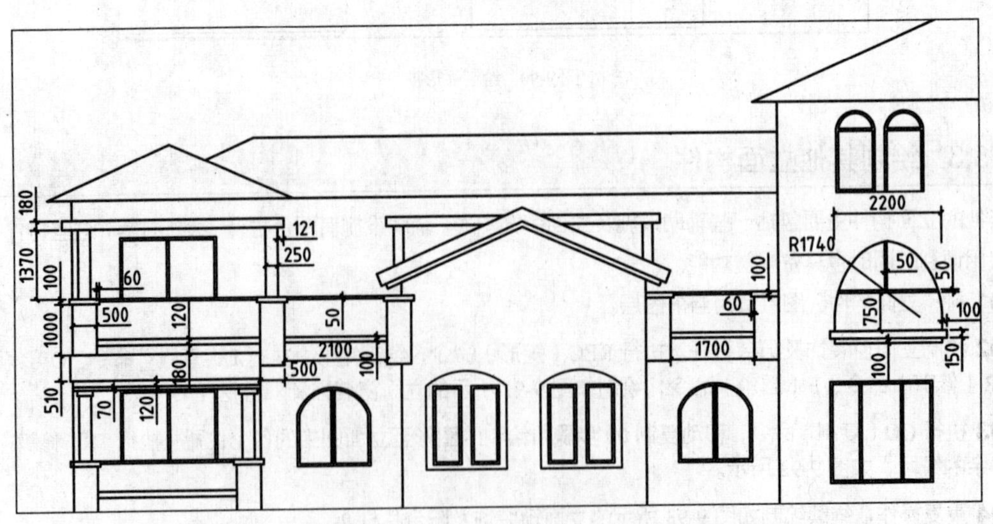

图 9-93　绘制立面窗装饰及阳台栏杆 2

06 采用前面介绍的方法，继续绘制其他立面装饰图形，如图 9-95 所示。

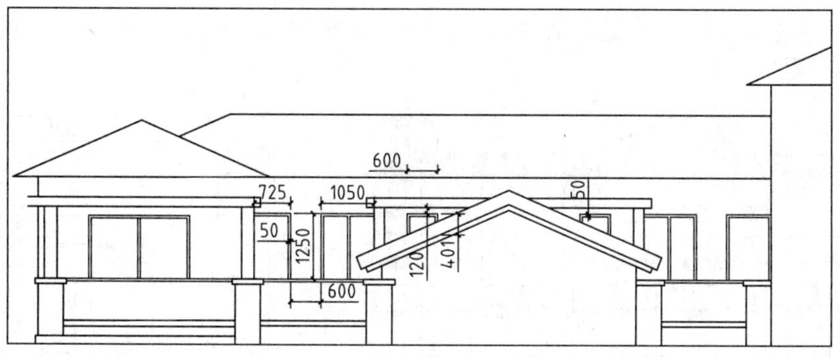

图 9-94　绘制立面窗

图 9-95　绘制其他立面装饰图形

07 绘制屋顶装饰线。执行 O（偏移）命令、L（直线）命令、TR（修剪）命令，绘制屋顶装饰线，如图 9-96 所示。

08 绘制屋顶装饰柱及烟囱。执行 REC（矩形）命令，绘制矩形；执行 L（直线）命令、O（偏移）命令，绘制并偏移直线，如图 9-97 所示。

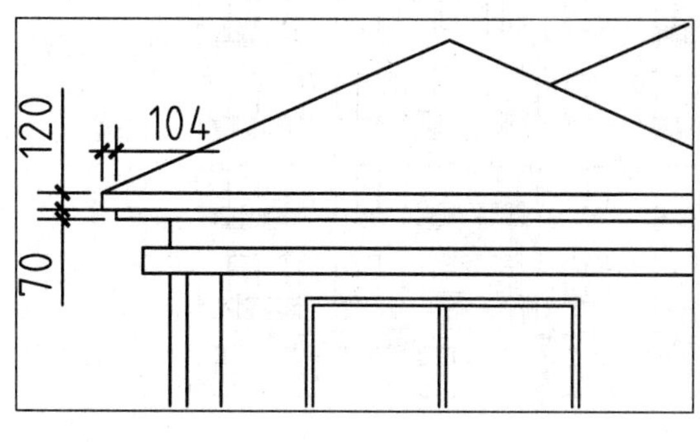

图 9-96　绘制屋顶装饰线

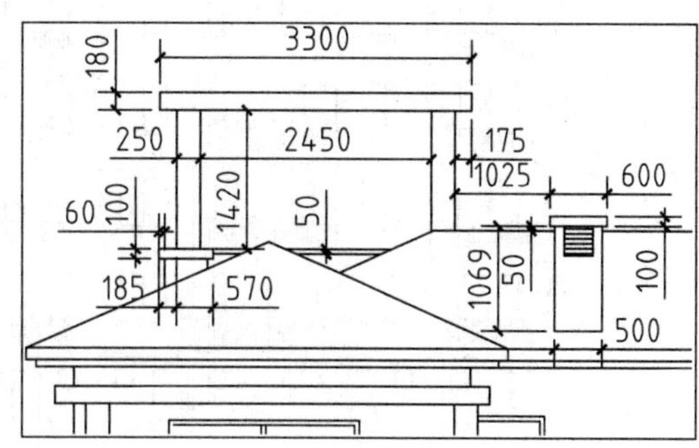

图 9-97　绘制屋顶装饰柱及烟囱

09 选择前面所绘制的各类图形，包括立面装饰图形、立面窗等；执行 MI（镜像）命令，将图形镜像复制至右侧，如图 9-98 所示。

10 执行 L（直线）命令、A（圆弧）命令、PL（多段线）等命令，绘制如图 9-99 所示的屋面装饰图形（具体尺寸请参考本节素材文件）。

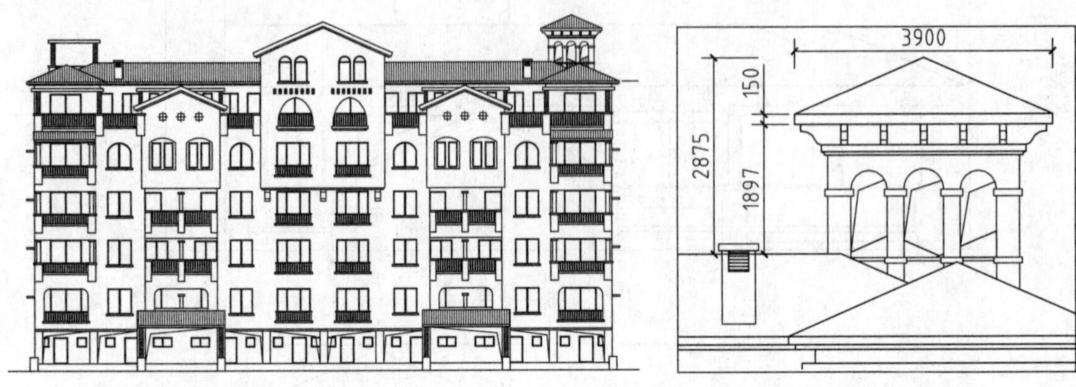

图 9-98　镜像复制图形　　　　图 9-99　绘制屋面装饰图形

11 填充立面图案。执行 H（图案填充）命令，在"图案填充和渐变色"对话框中设置如图 9-100 所示的参数。

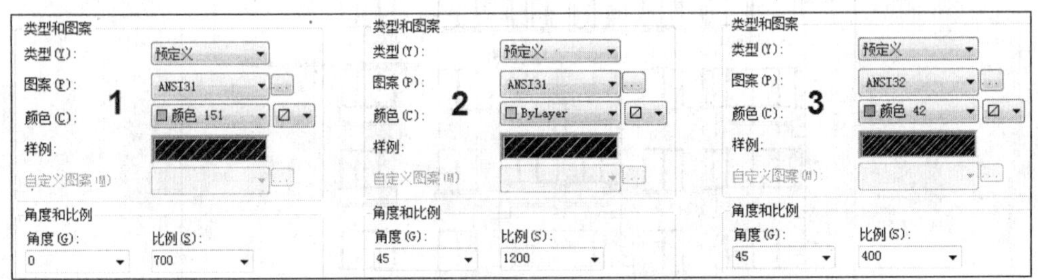

图 9-100　设置图案填充参数

12 根据所设置的填充图案参数，对立面图执行图案填充的操作，如图 9-101 所示。

图 9-101　图案填充立面图

9.5.4 绘制标注

住宅楼立面图的材料标注通过调用“多重引线”命令来绘制，表示指定部位的材料种类或工艺做法。标高标注表示地面的标高、以及指定部位与地面的相对标高。

01 将“文字标注”图层置为当前图层，绘制材料标注。执行 MLD（多重引线）命令，绘制引线标注，如图 9-102 所示。

图 9-102 绘制引线标注

02 将“尺寸标注”图层置为当前图层，绘制轴号标注。执行 C（圆）命令，绘制半径为 400 的圆；执行 MT（多行文字）命令，绘制轴号标注。

03 执行 DLI（线性标注）命令、DCO（连续标注）命令，绘制尺寸标注，如图 9-103 所示。

图 9-103 绘制尺寸标注

04 执行 L（直线）命令，绘制标高标注引出线。

05 将“文字标注”图层置为当前图层。执行 MT（多行文字）命令，绘制楼层文字标注，如图 9-104 所示。

图 9-104 绘制楼层文字标注

06 绘制标高标注。执行 I（插入）命令，在“插入”对话框中选择“标高”图块，并将其插入立面图中；双击标高图块，更改其标高值，绘制标高标注，如图 9-105 所示。

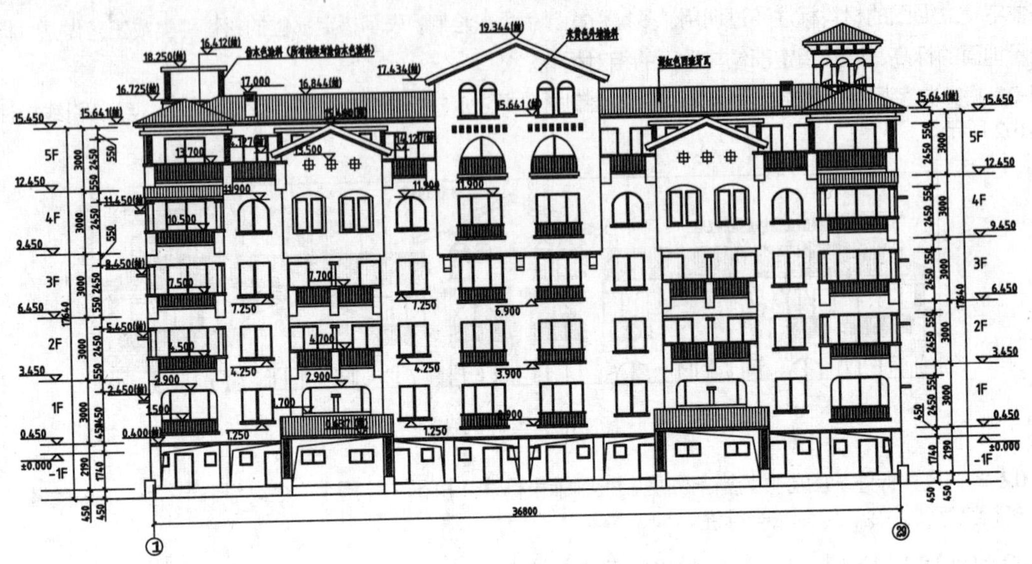

图 9-105　绘制标高标注

07 绘制图名标注。执行 MT（多行文字）命令、PL（多段线）命令，绘制图名标注，如图 9-106 所示。

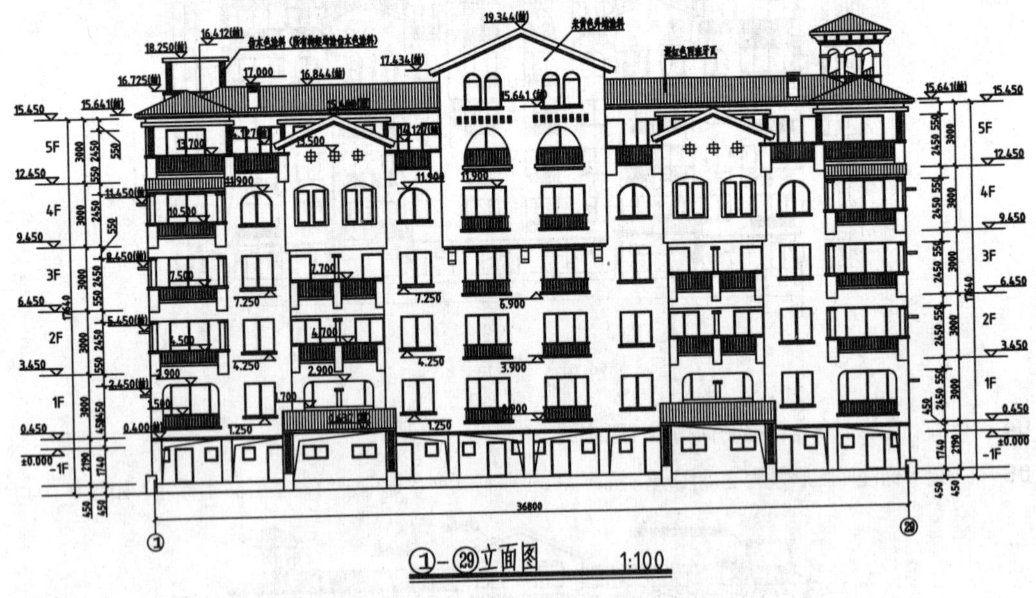

图 9-106　绘制图名标注

9.6　绘制住宅楼剖面图

住宅楼剖面图表示了建筑物内部墙身、楼板、屋面板、楼梯段等被剖切到的构件的情况，是建筑施工图的重要图样。

9.6.1　绘制剖面轮廓线

在绘制住宅楼剖面图之前，应先创建绘制住宅楼剖面图所需的各类图层。住宅楼剖面图的轮廓线由轴线、地坪线、层线组成，由于本例剖面图较为繁杂，因此逐层介绍其步骤及所需的参数。

01 启动 AutoCAD 2020，新建一个空白文件。

02 参照 9.2.1 节中所介绍的方法，依次设置文字样式、尺寸标注样式、绘图单位等样式的参数。

03 创建图层。执行 LA（图层特性管理器）命令，在弹出的“图层特性管理器”对话框中创建绘制剖面图所需的图层，如图 9-107 所示。

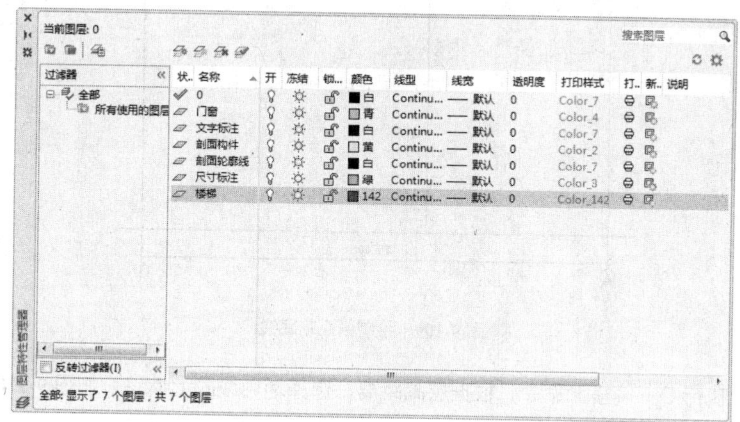

图 9-107　创建图层

04 执行“文件”→“打开”命令，打开在前面章节中绘制的“住宅楼建筑平面图.dwg”文件。

05 执行 PL（多段线）命令，绘制宽度为 60 的多段线以表示剖切符号；执行 MT（多行文字）命令，绘制剖面剖切编号，如图 9-108 所示。

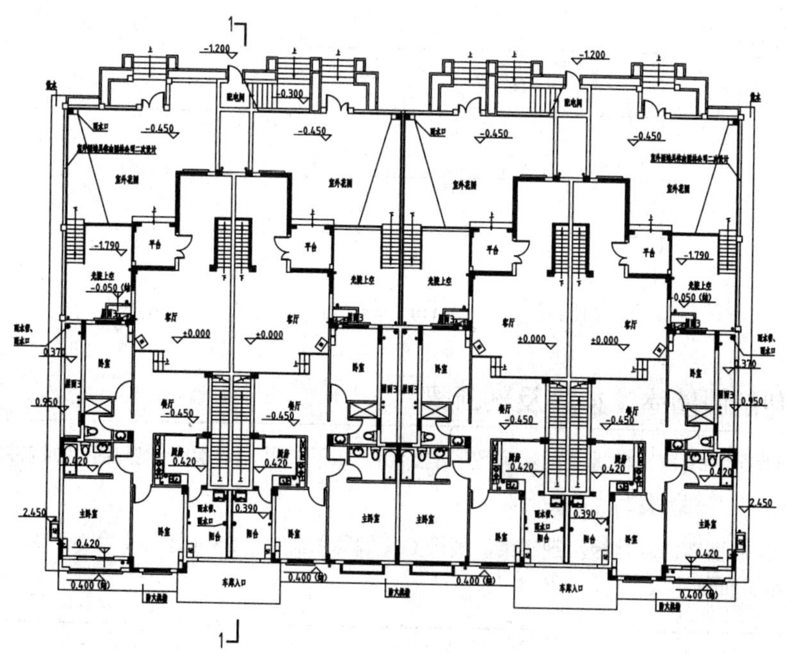

图 9-108　绘制剖切符号

06 将“剖面轮廓线”图层置为当前图层。

07 执行 CO（复制）命令，从绘制完成的“住宅楼一层平面图”中选择 A 轴线及 K 轴线，将其移动复制到一旁；执行 RO（旋转）命令，设置旋转角度为 90°，对轴线执行旋转操作。

08 执行 L（直线）命令，绘制地坪线；执行 O（偏移）命令，选择地坪线向上偏移，结果如图 9-109 所示。

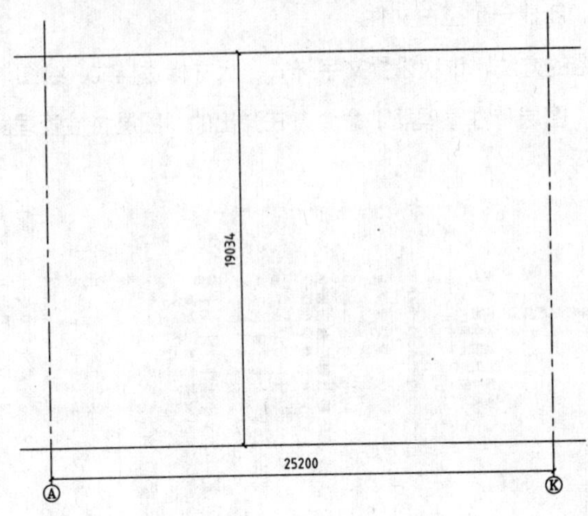

图 9-109　绘制剖面轮廓线

09 绘制层线。执行 O（偏移）命令，根据层高距离，选择地坪线向上偏移，如图 9-110 所示。

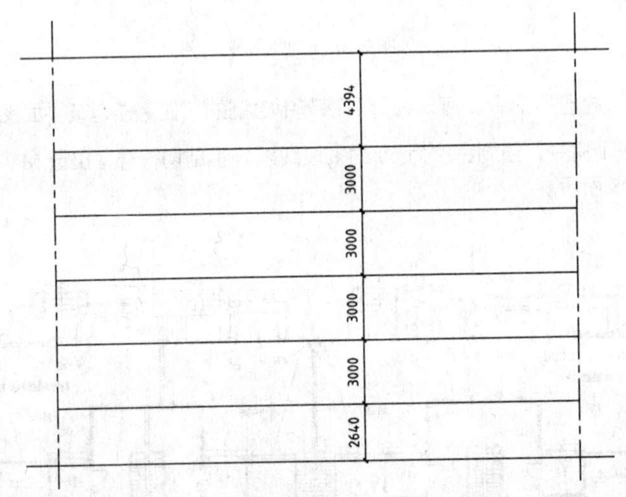

图 9-110　绘制层线

9.6.2　绘制剖面墙体、楼板及剖断梁

本节介绍被剖切到的墙身、楼板及剖断梁图形的绘制，从下向上，依次介绍各层剖面构件图形的绘制。

01 将“剖面构件”图层置为当前图层。

02 绘制负一层剖面墙体、楼板及剖断梁。执行 O（偏移）命令、EX（延伸）命令、TR（修剪）命令，绘制如图 9-111 所示的剖面构件。

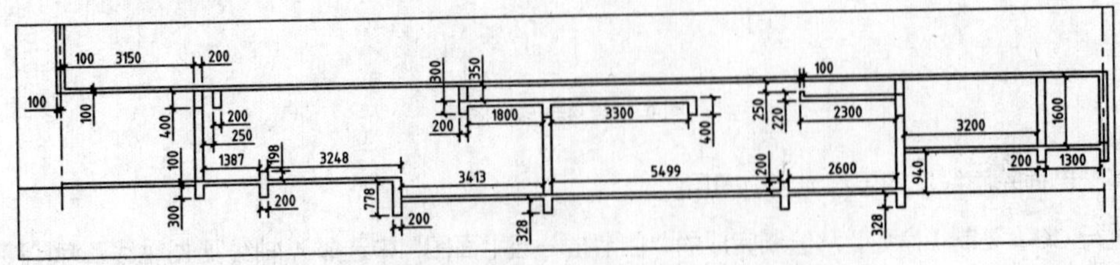

图 9-111　绘制负一层剖面墙体、楼板及剖断梁

03 重复上述操作，继续绘制一层剖面墙体、楼板及剖断梁，如图 9-112 所示。

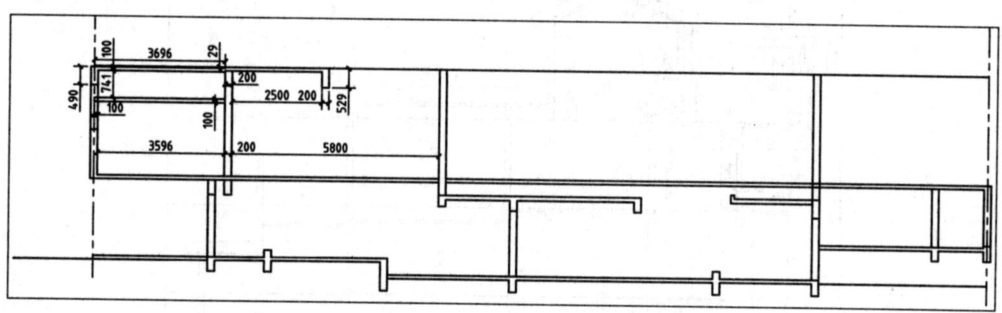

图 9-112　绘制一层剖面墙体、楼板及剖断梁

04 绘制二层剖面墙体、楼板及剖断梁。执行 L（直线）命令，绘制剖面墙及剖断梁的外轮廓；继续执行 O（偏移）命令、TR（修剪）命令，完成图形的绘制，如图 9-113 所示。

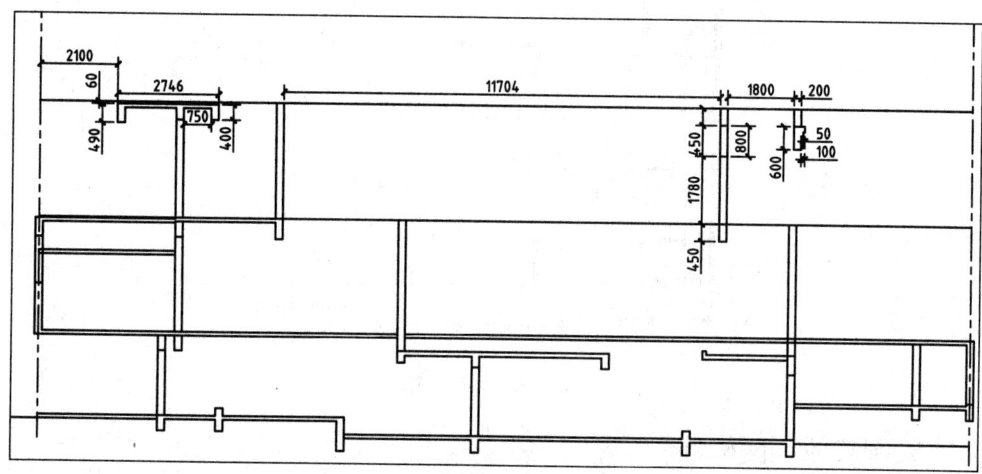

图 9-113　绘制二层剖面墙体、楼板及剖断梁

05 绘制三层剖面墙体、楼板及剖断梁。执行 O（偏移）命令，偏移线段；执行 TR（修剪）命令、EX（延伸）命令，绘制图形，如图 9-114 所示。

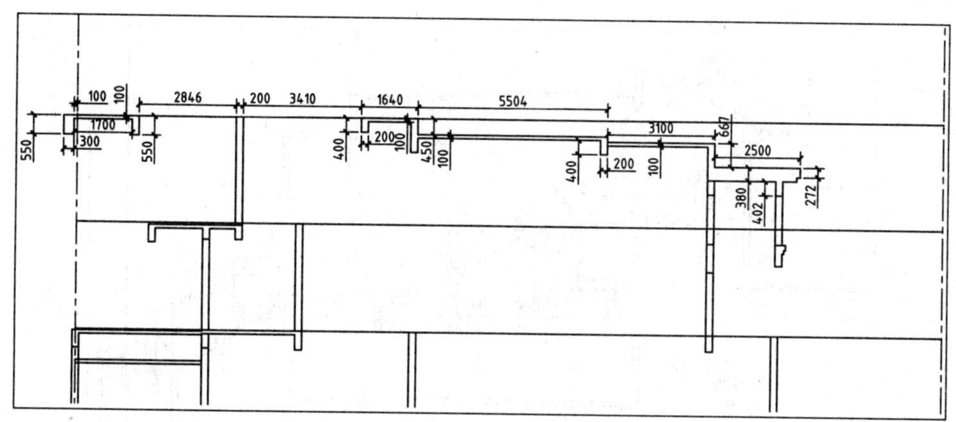

图 9-114　绘制三层剖面墙体、楼板及剖断梁

06 绘制四层、五层剖面墙体、楼板及剖断梁。重复上述操作，继续绘制剖面构件图形，如图 9-115 所示。

07 执行 E（删除）命令，删除层线，完成剖面墙体、楼板及剖断梁的绘制，效果如图 9-116 所示。

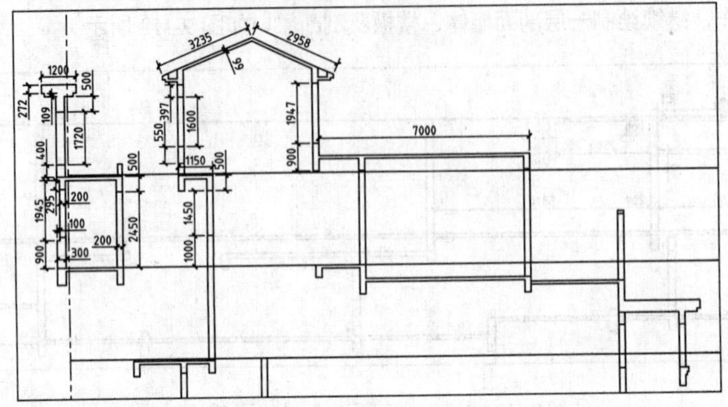

图 9-115　绘制四层、五层剖面墙体、楼板及剖断梁

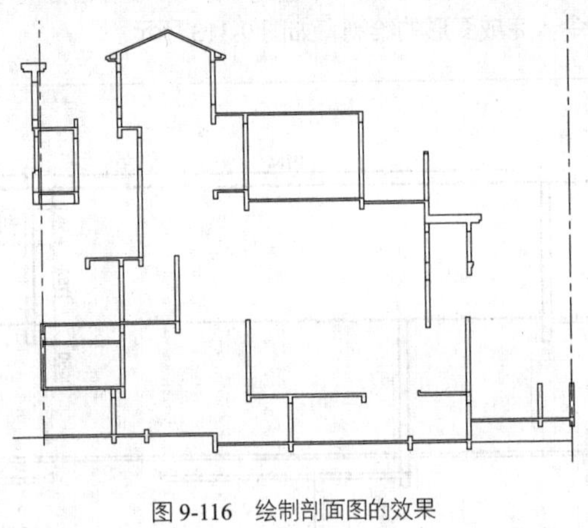

图 9-116　绘制剖面图的效果

9.6.3　绘制其他剖面构件

其他剖面构件，如楼梯、阳台、屋面构架等也是住宅楼剖面图所不可缺少的重要部分，对这些部分的图形可以简略绘制，突出其主要轮廓即可。

01 将“楼梯”图层置为当前图层，绘制剖面楼梯。执行 L（直线）命令，绘制楼梯踏步图形；执行 O（偏移）命令、TR（修剪）命令，绘制剖面楼梯，如图 9-117 所示。

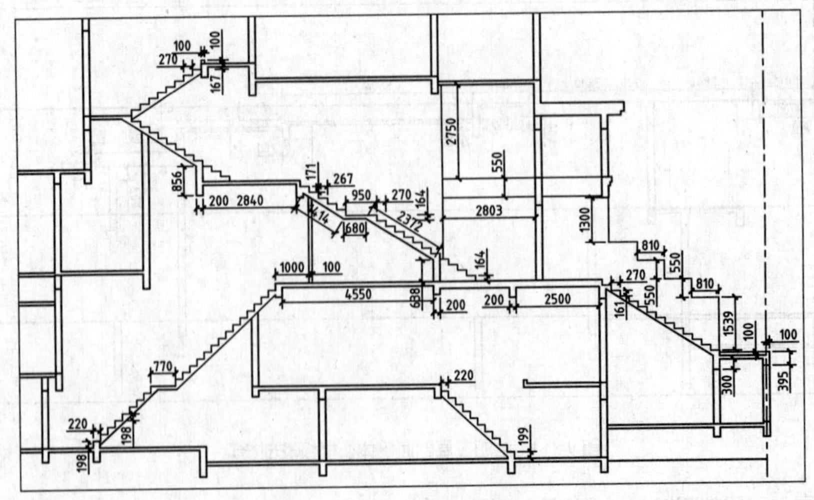

图 9-117　绘制剖面楼梯

02 绘制楼梯扶手。执行 L（直线）命令，绘制扶手轮廓线；执行 F（圆角）命令，设置圆角半径为 25，对线段执行圆角操作，如图 9-118 所示。

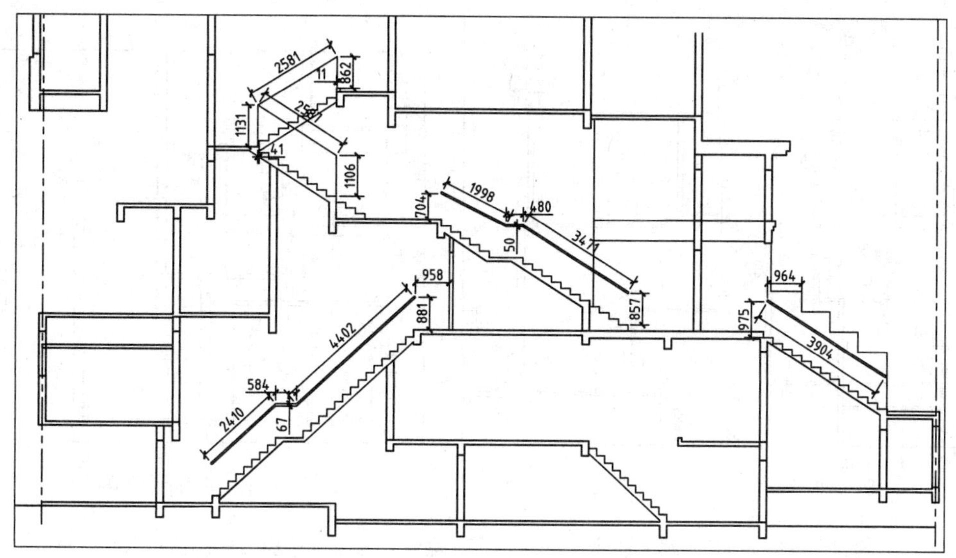

图 9-118　绘制楼梯扶手

03 将“剖面构件”图层置为当前图层。

04 执行 L（直线）命令，绘制如图 9-119 所示的墙体。

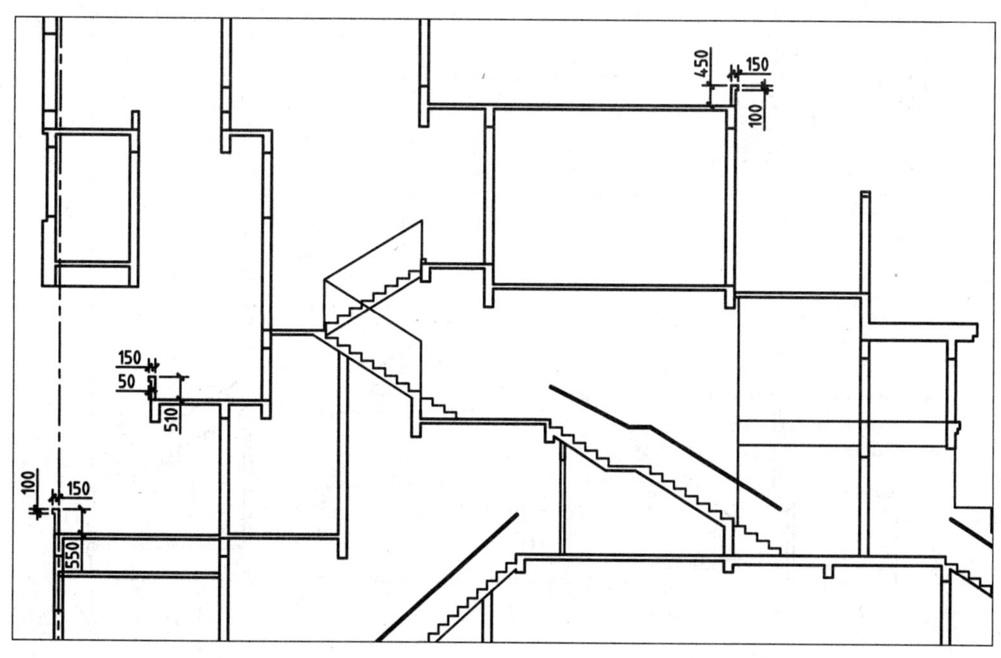

图 9-119　绘制墙体

05 绘制阳台装饰图形。执行 REC（矩形）命令，绘制矩形；执行 L（直线）命令，绘制直线，如图 9-120 所示。

06 绘制阳台顶棚。执行 O（偏移）命令，选择楼板线向上偏移；执行 L（直线）命令、TR（修剪）命令，绘制并修剪直线，如图 9-121 所示。

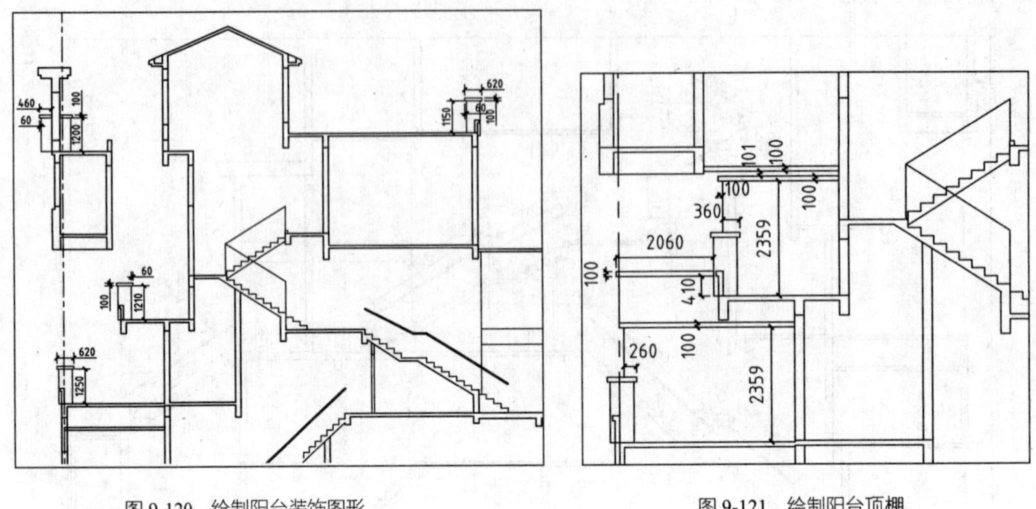

图 9-120　绘制阳台装饰图形　　　　图 9-121　绘制阳台顶棚

07 绘制阳台栏杆。执行 O（偏移）命令、TR（修剪）命令，偏移并修剪线段；执行 REC（矩形）命令、L（直线）命令，绘制矩形及直线，如图 9-122 所示。

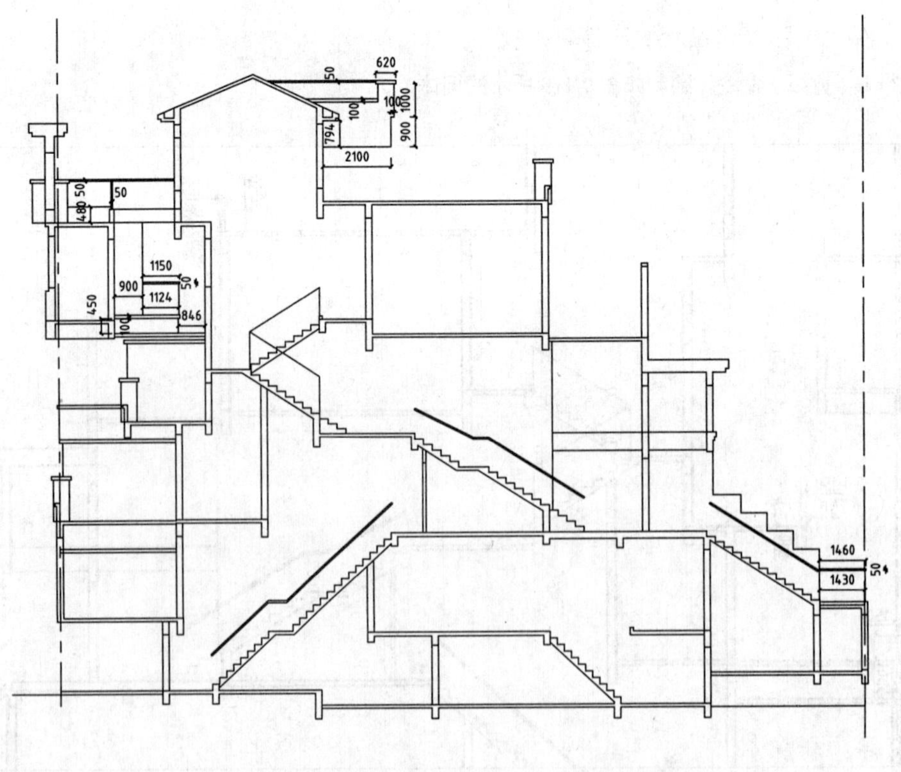

图 9-122　绘制阳台栏杆

08 绘制屋面构架图形。执行 REC（矩形）命令，绘制矩形；执行 L（直线）命令、PL（多段线）命令，绘制直线及多段线，如图 9-123 所示。

09 将“门窗”图层置为当前图层。

10 调入图块。打开本书提供的“图例图块.dwg”文件，将其中的门窗图块复制粘贴至当前图形中，如图 9-124 所示。

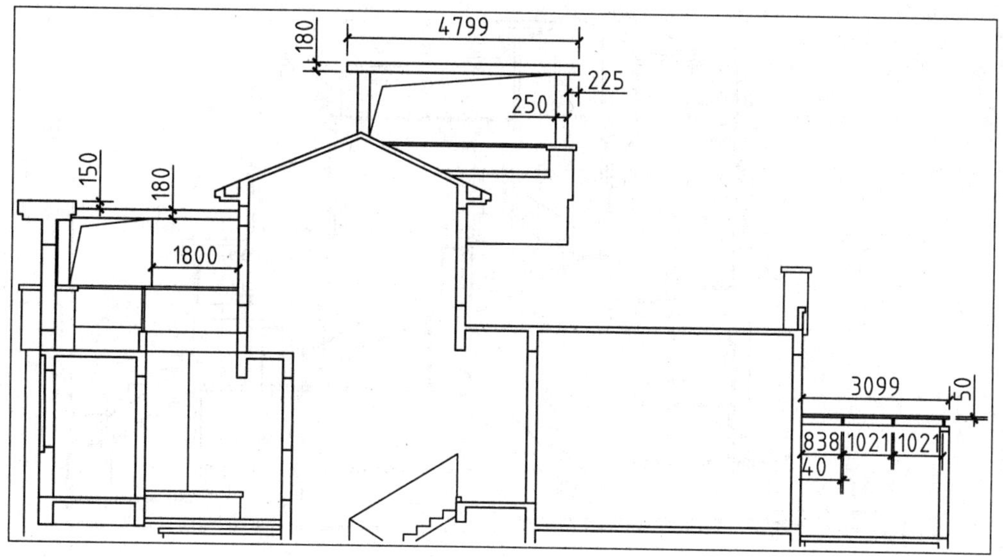

图 9-123　绘制屋面构架图形

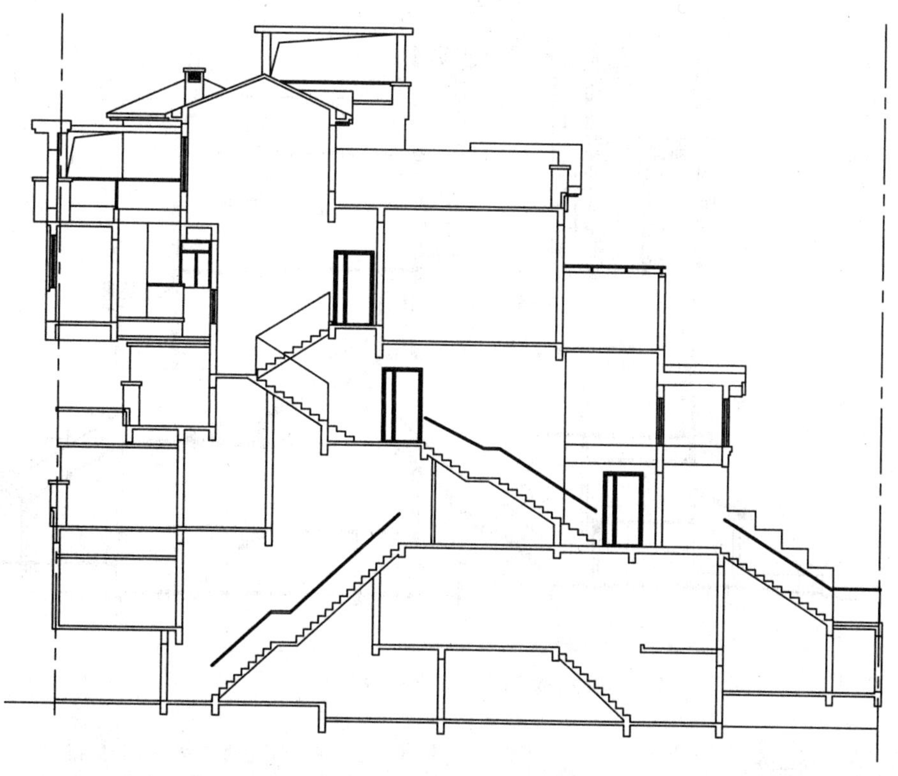

图 9-124　调入门窗图块

11 绘制其他剖面构件图形，如图 9-125 所示。

12 将“剖面构件”图层置为当前图层。

13 执行 H（图案填充）命令，屋面填充图案、栏杆填充图案可参照 9.5 节中的介绍.另外，剖面楼板及剖断梁的填充图案为 SOLID，如图 9-126 所示。

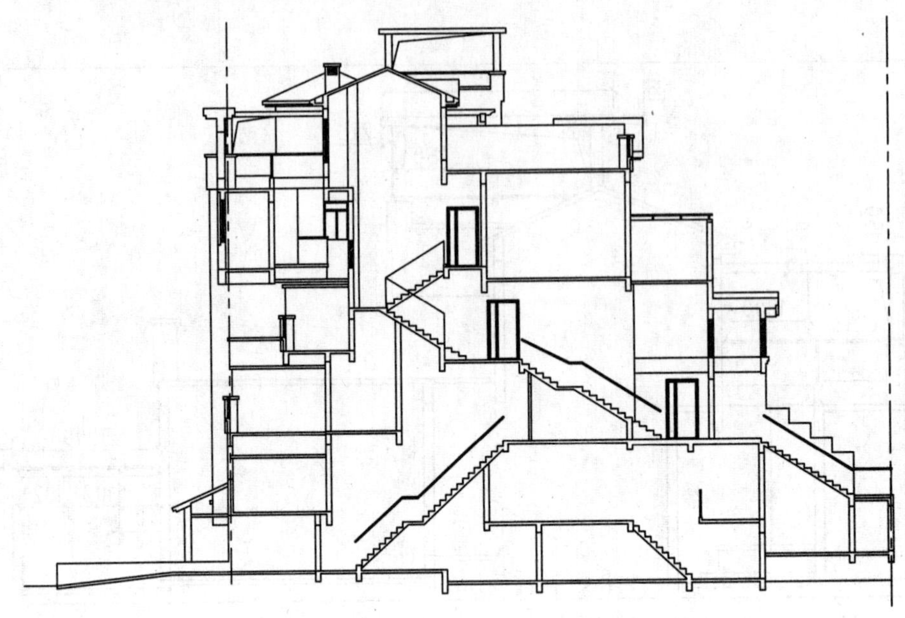

图 9-125　绘制其他剖面构件图形

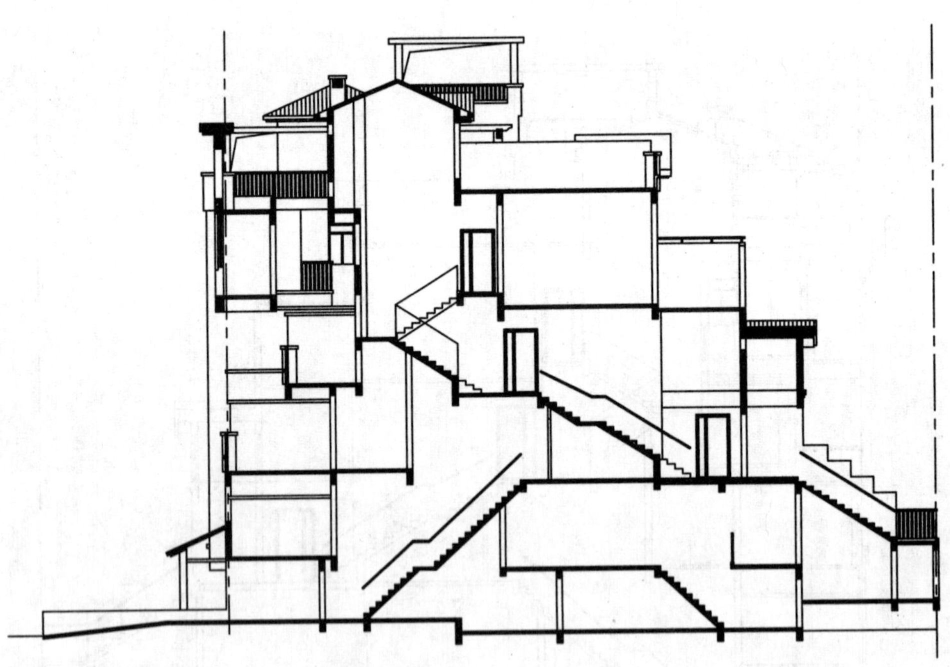

图 9-126　图案填充剖面楼板及剖断梁

9.6.4　绘制标注

在剖面图中应详细标注各部位的标高，以便清楚地了解其具体的高度值。标高标注可以通过调用“插入”命令来绘制，还可以执行“复制”命令，移动复制已调入的标高图块，双击修改其标高值来得到另一参数的标高图块。

01 将“文字标注”图层置为当前图层。

02 执行 MT（多行文字）命令，绘制各区域名称标注，如图 9-127 所示。

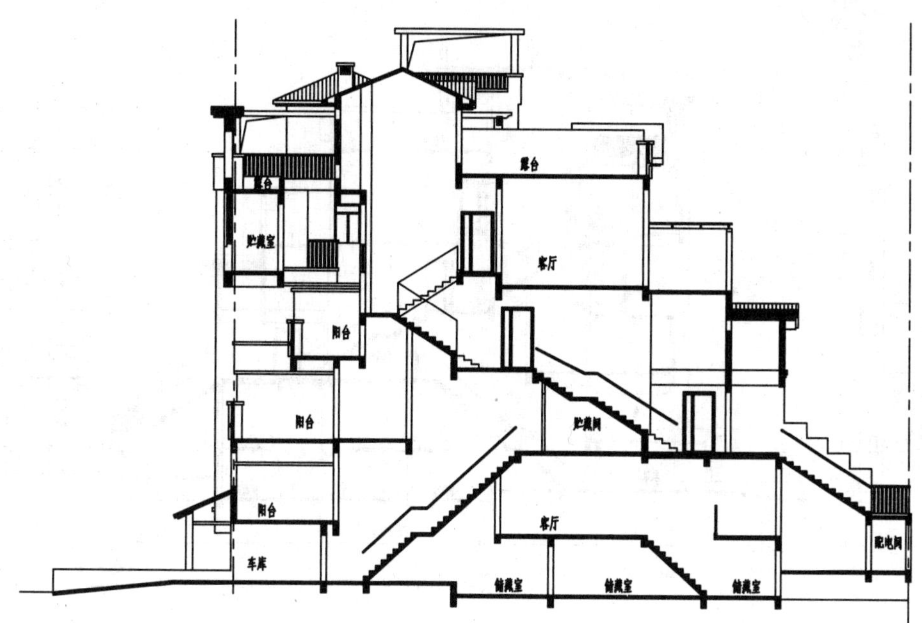

图 9-127　绘制各区域名称标注

03 将“尺寸标注”图层置为当前图层。

04 执行 DLI（线性标注）命令、DCO（连续标注）命令，绘制尺寸标注；执行 TR（修剪）命令，修剪轴线，如图 9-128 所示。

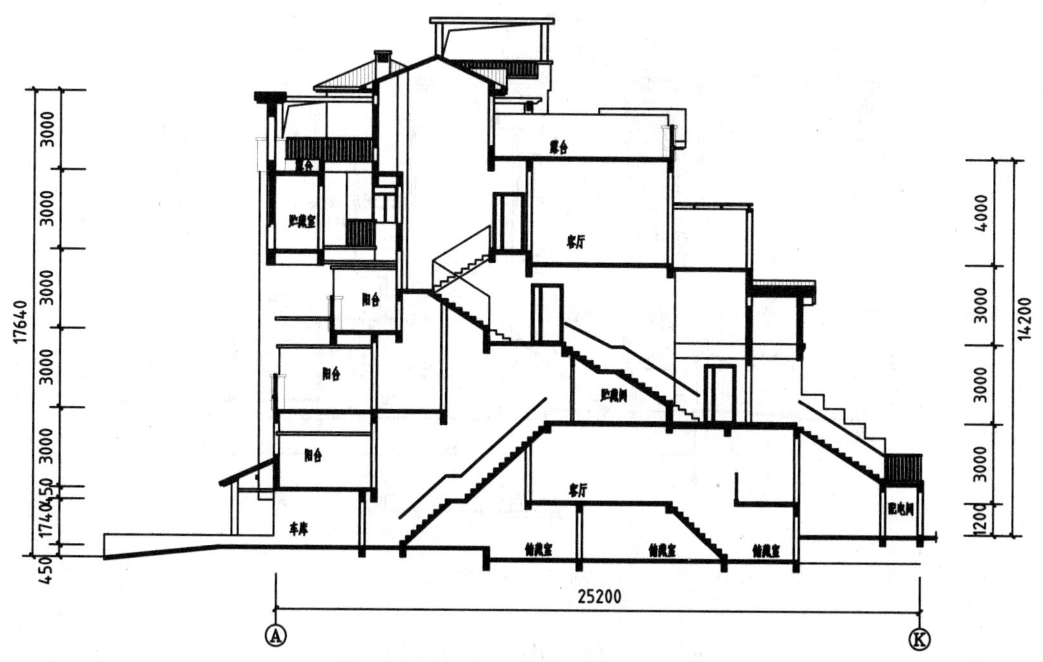

图 9-128　绘制尺寸标注

05 将“文字标注”图层置为当前图层。

06 执行 L（直线）命令，绘制标高基准线；执行 MT（多行文字）命令，绘制楼层文字标注，如图 9-129 所示。

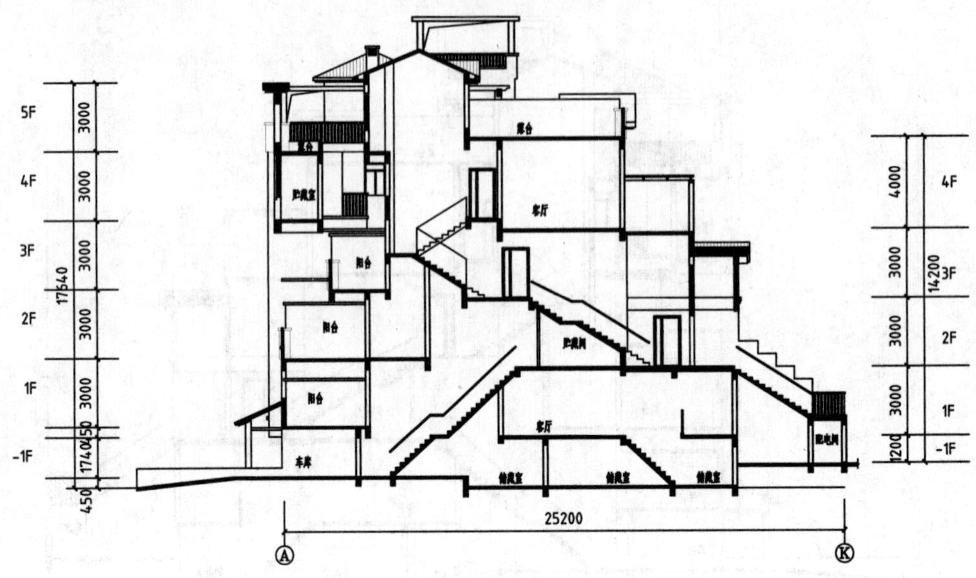

图 9-129　绘制楼层文字标注

07 绘制标高标注。执行 I（插入）命令，在“插入”对话框中选择标高图块并将其插入当前图形中；双击标高图块，可以更改其标高参数值。

08 绘制图名标注。执行 MT（多行文字）命令，绘制图名及比例标注；执行 PL（多段线）命令，绘制下划线，如图 9-130 所示。

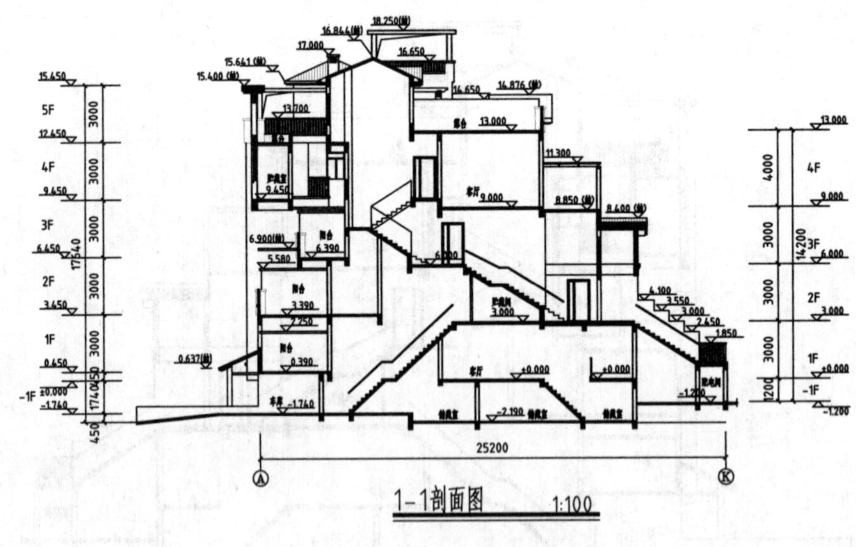

图 9-130　1—1 剖面图

9.7　绘制住宅楼详图

住宅楼详图表示了檐口的形状、尺寸、材料及做法等，本节介绍详图的绘制方法。

9.7.1　绘制详图图形

在绘制住宅楼详图之前，应首先创建绘制详图所需的各类图层。檐口详图中包括钢筋混凝土屋面板、檐沟、瓦片等图形，本节介绍这些图形的绘制方式。

01 启动 AutoCAD 2020，新建一个空白文件。

02 参照 9.2.1 节中所介绍的方法，依次设置文字样式、尺寸标注样式、绘图单位等样式的参数。

03 创建图层。执行 LA（图层特性管理器）命令，在弹出的“图层特性管理器”对话框中创建绘制详图所需的图层，如图 9-131 所示。

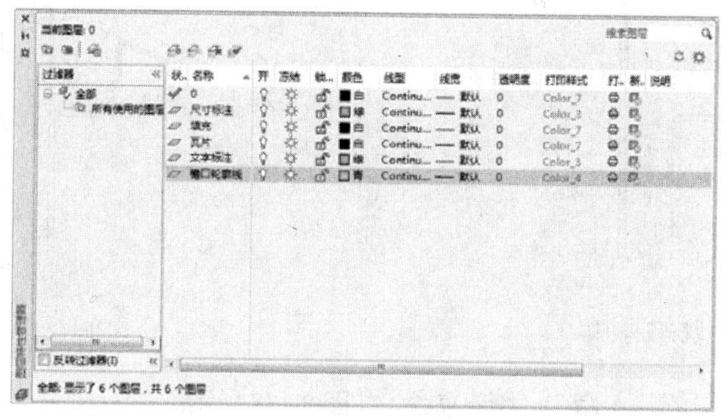

图 9-131 【图层特性管理器】对话框

04 将“檐口轮廓线”图层置为当前图层。

05 绘制檐口轮廓线。执行 L（直线）命令、O（偏移）命令、TR（修剪）命令、PL（多段线）命令，绘制如图 9-132 所示的轮廓线。

06 执行 O（偏移）命令，选择轮廓线向外偏移；执行 TR（修剪）命令，修剪多余线段，如图 9-133 所示。

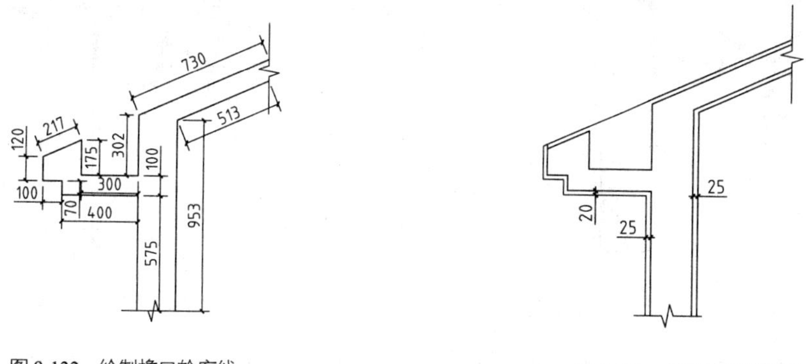

图 9-132 绘制檐口轮廓线　　图 9-133 偏移并修剪线段

07 绘制滴水。执行 O（偏移）命令，偏移轮廓线；执行 TR（修剪）命令，修剪线段，绘制滴水，如图 9-134 所示。

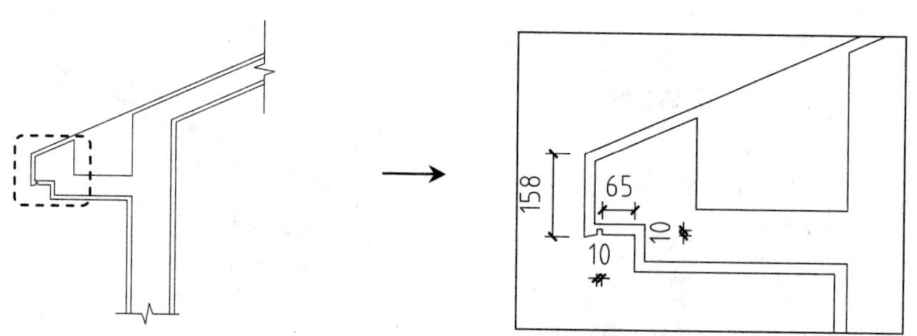

图 9-134 绘制滴水

08 执行 O（偏移）命令，设置偏移距离为 20，选择轮廓线进行偏移；执行 F（圆角）命令，设置圆角半径为 20，对线段执行圆角处理，如图 9-135 所示。

09 执行 O（偏移）命令，设置偏移距离为 10，偏移轮廓线，并将偏移得到的轮廓线的线宽更改为 0.3mm，如图 9-136 所示。

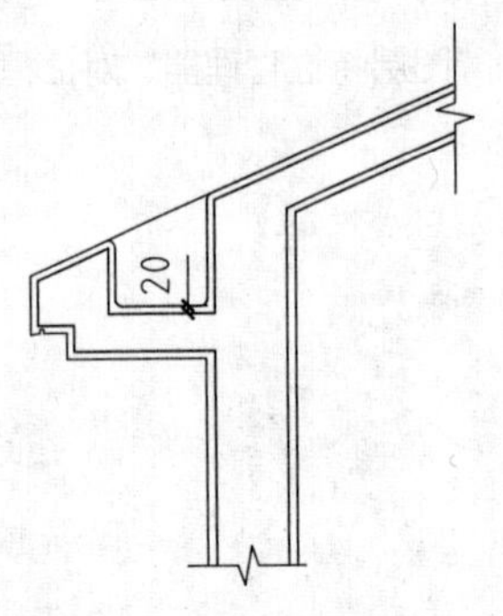

图 9-135　执行圆角处理

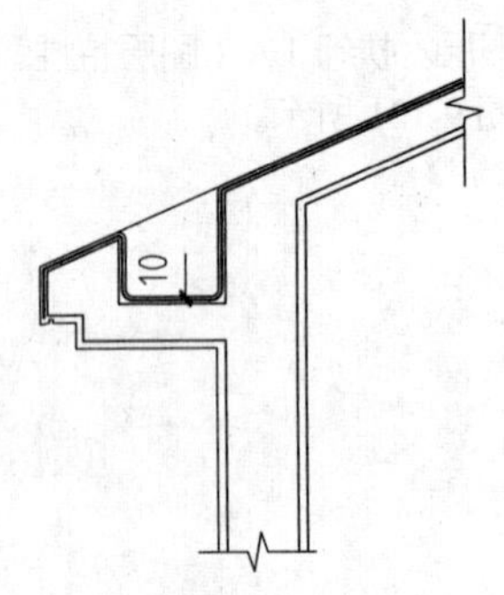

图 9-136　更改线宽

10 绘制檐沟。执行 L（直线）命令，绘制直线，如图 9-137 所示。

11 将“瓦片”图层置为当前图层。

12 绘制瓦片。执行 O（偏移）命令，偏移线段；执行 L（直线）命令，绘制执行；执行 TR（修剪）命令，修剪线段，如图 9-138 所示。

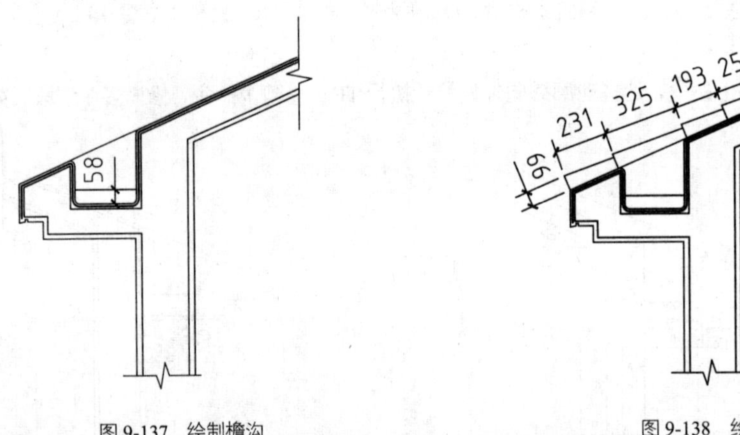

图 9-137　绘制檐沟

图 9-138　绘制瓦片

13 将“填充”图层置为当前图层。执行 H（图案填充）命令，在弹出的“图案填充和渐变色”对话框中设置填充参数；在绘图区中选择填充区域以执行填充操作，如图 9-139 所示。

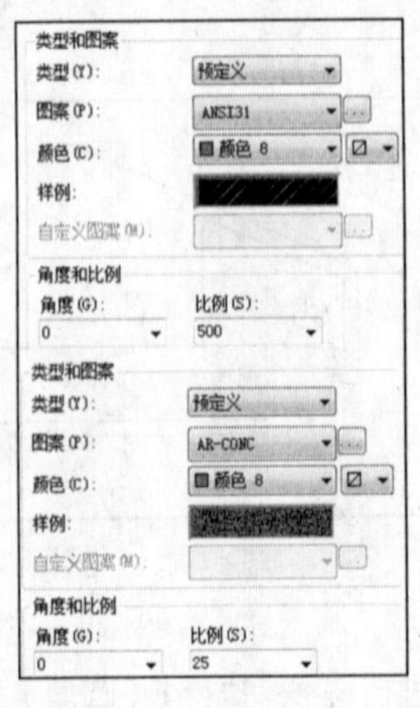

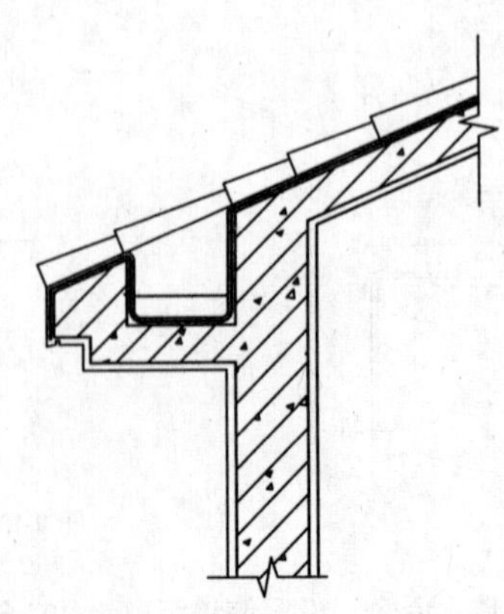

图 9-139　绘制图案填充

9.7.2 绘制标注

详图的标注类型有标高标注、文字标注以及尺寸标注。标高标注表示了指定部位相对于地面的相对标高，文字标注表示详图各部位的名称或做法，尺寸标注则表示了细部尺寸。

01 将“尺寸标注”图层置为当前图层。执行 L（直线）命令，绘制轴线，并将线型更改为 CENTER2。

02 执行 DLI（线性标注）命令、DCO（连续标注）命令，为详图绘制尺寸标注，如图 9-140 所示。

03 将“文字标注”图层置为当前图层。

04 执行 MLD（多重引线）命令，绘制引线标注，如图 9-141 所示。

300
200
120
70
100

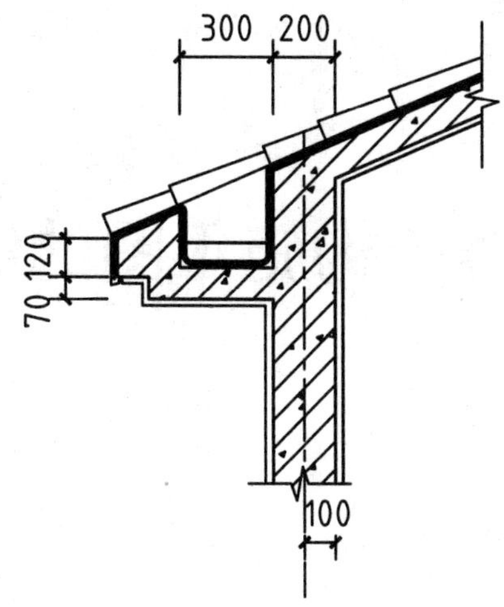

图 9-140　绘制尺寸标注

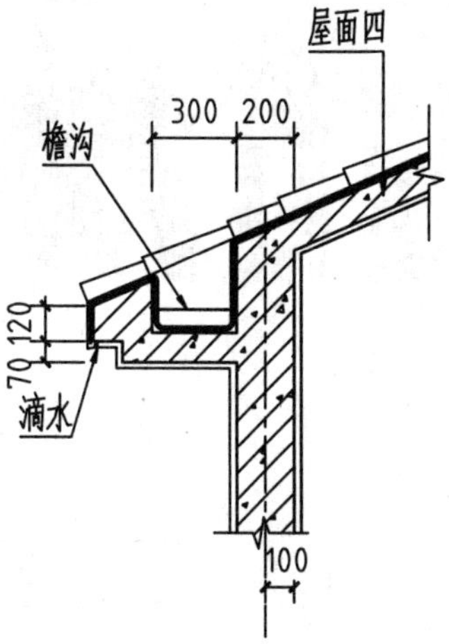

屋面四
檐沟
300
200
120
70
滴水
100

图 9-141　绘制引线标注

05 绘制标高标注。执行 PL（多段线）命令，绘制标高符号；执行 MT（多行文字）命令，绘制标注文字，如图 9-142 所示。

06 执行 C（圆）命令，绘制半径为 100 的圆形以表示轴号。

07 绘制图名标注。执行 C（圆）命令，绘制半径为 175 的圆，并将圆的线宽更改为 0.3mm；执行 MT（多行文字）命令，绘制图名及比例标注，如图 9-143 所示。

屋面四
檐沟
300
200
17.434 (结)—19.344 (结)
15.641 (结)—16.723 (结)
15.641 (结)—16.844 (结)
120
70
滴水
100

图 9-142　绘制标高标注

屋面四
檐沟
300
200
17.434 (结)—19.344 (结)
15.641 (结)—16.723 (结)
15.641 (结)—16.844 (结)
120
70
滴水
100
29
1:25

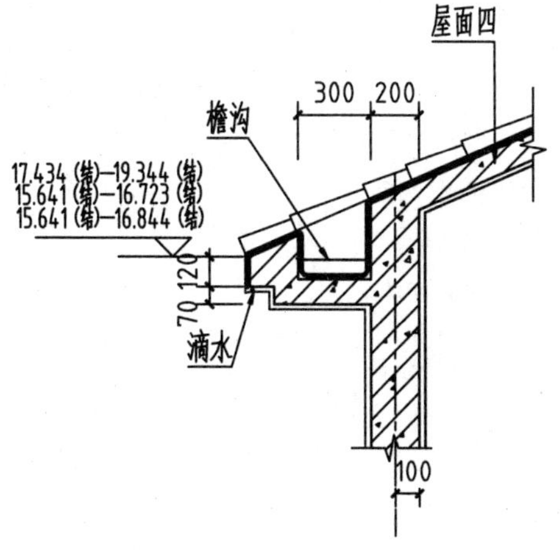

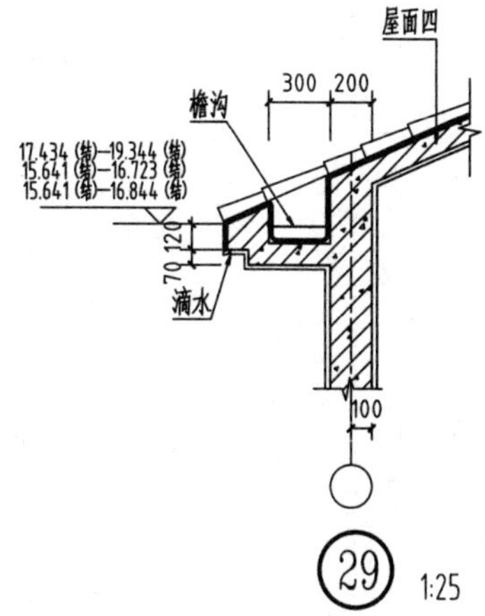

图 9-143　绘制图名标注及比例标注

第10章 住宅楼结构施工图的绘制

本章导读

建筑结构施工图是建筑设计施工图中非常重要的一类图，表示了各承重构件的平面布置、大小等信息，是构件安装、编制预算等的重要依据。

本章介绍住宅楼结构施工图的绘制方法。

本章重点

- 掌握住宅楼板配筋平面图的绘制方法
- 掌握住宅楼基础平面图的绘制方法
- 掌握住宅楼基础梁平面图的绘制方法

10.1 绘制住宅楼板配筋平面图

住宅楼板配筋平面图表示了房屋配筋的位置、类型等信息，是地基施工不可或缺的重要参考图样。

10.1.1 绘制配筋平面图

在绘制配筋平面图之前，应先创建绘制平面图所需的各类图形。配筋平面图中所包含的图形有配筋、配筋引线，其中可以直接调用“多段线”命令，绘制带宽度的多段线来表示配筋图形。

01 启动 AutoCAD 2020，执行“文件”→“打开”命令，打开在第 9 章绘制的“住宅楼一层平面图.dwg”文件。

02 执行“文件”→“另存为”命令，将文件另存为“住宅楼板配筋平面图.dwg”文件。

03 创建图层。执行 LA（图层特性管理器）命令，在弹出的“图层特性管理器”对话框中创建绘制配筋平面图所需要的图层，如图 10-1 所示。

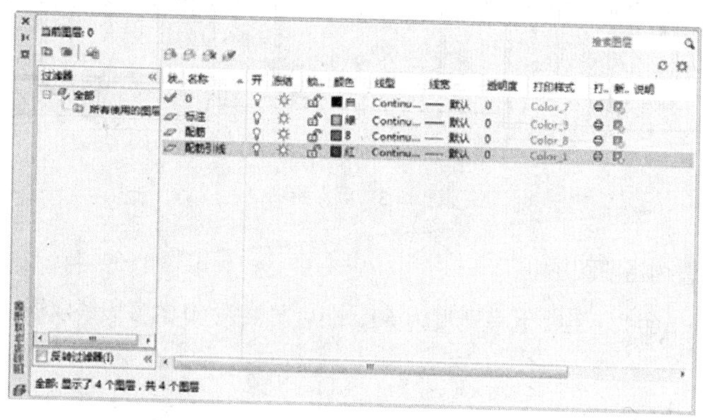

图 10-1　创建图层

04 整理图形。执行 E（删除）命令，删除住宅楼一层平面图上多余的图形。

05 执行 O（偏移）命令、TR（修剪）命令、L（直线）命令，编辑整理平面图，如图 10-2 所示。

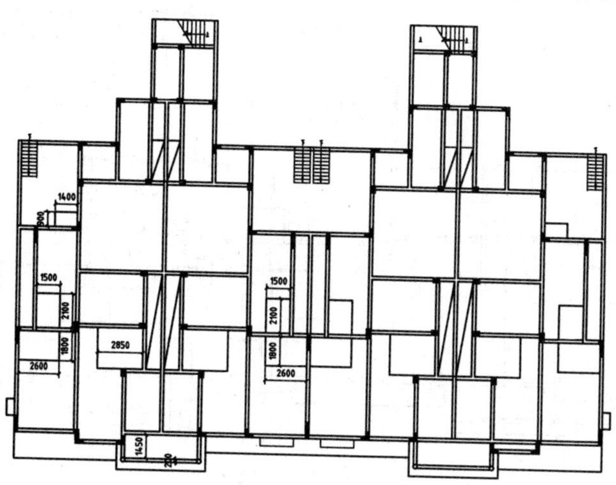

图 10-2　整理图形

06 将“配筋引线”图层置为当前图层。

07 调入图块。打开本书提供的“图例图块.dwg”文件，将其中的配筋引线图块复制粘贴至当前图形中，如图 10-3 所示。

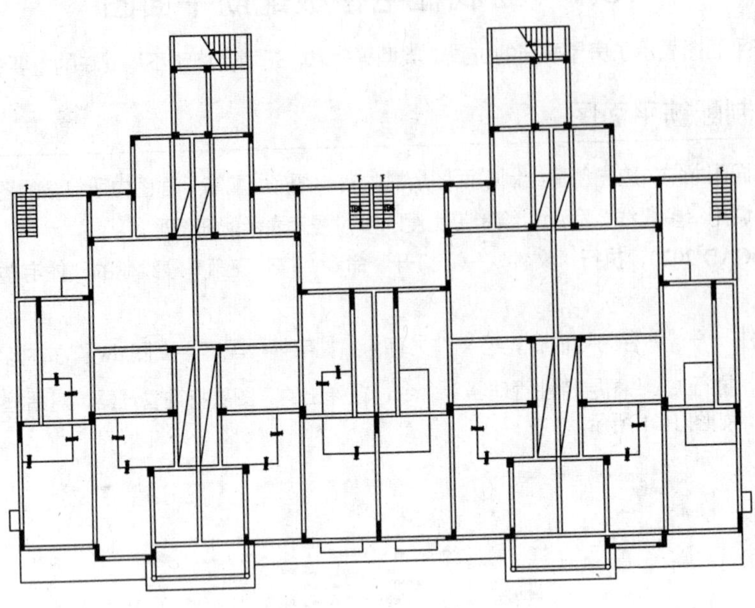

图 10-3　调入图块

08 将“配筋”图层置为当前图层。

09 执行 PL（多段线）命令，绘制起点宽度为 60、端点宽度为 60 的多段线以表示配筋图形，如图 10-4 所示。

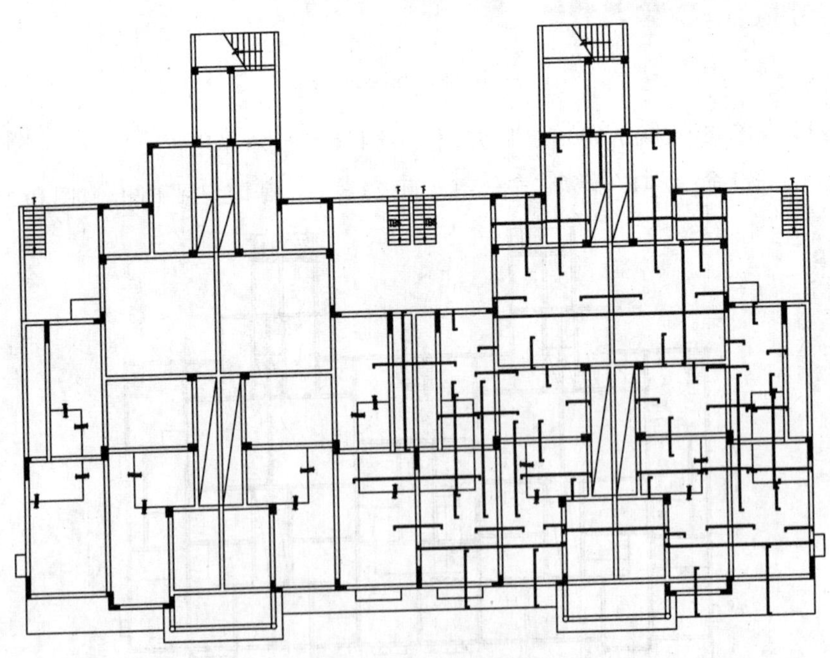

图 10-4　绘制配筋图形

10.1.2　绘制标注

配筋平面图中最重要的标注是配筋的标注，以 ϕ6@200 为例，ϕ 表示钢筋类别、直径符号，6 表示钢筋直径（6mm），@表示等距符号，200 表示相邻钢筋的中心距（200mm）。

01 将“标注”图层置为当前图层。

02 执行 L（直线）命令，绘制标注引线；执行 MT（多行文字）命令，绘制配筋标注文字，如图 10-5 所示。

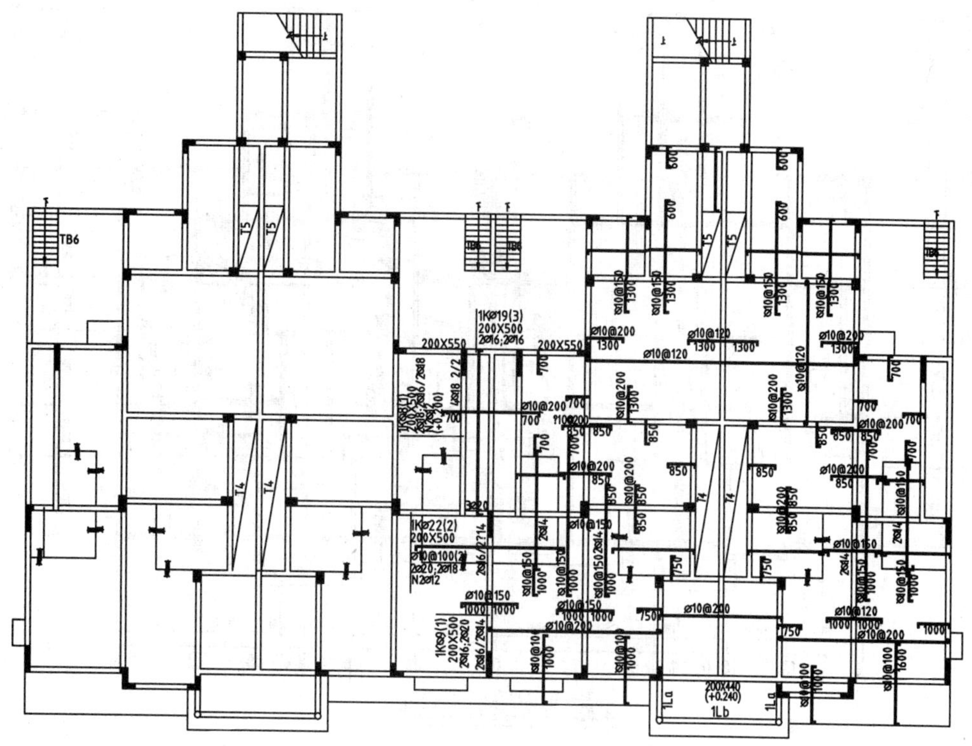

图 10-5 绘制配筋标注文字

03 执行 MT（多行文字）命令，绘制施工说明文字，如图 10-6 所示。

说明：

1.未注明板厚h=100。

2.未标出的板面钢筋和板底钢筋均为Ø8@150双向布置（悬挑板除外），短跨钢筋置于长跨钢筋之下，相邻板块板底钢筋相同时拉通。

3.未定位的梁均为轴线居中或梁边与墙、柱边平齐。

4.除注明外，当梁两侧板顶标高不同时，梁顶标高与较高板顶标高相同。

5.所有主次梁交接处，主梁上次梁两侧附加三个箍筋@50，直径及肢数相同主梁箍筋。未注明吊筋2 16，对梁托柱的梁于柱下附加吊筋2Ø16。

6.箍筋除注明外，200宽框架梁（KL、WKL）箍筋均为Ø8@100/200（2）200宽非框架梁（L）箍筋均为Ø8@200（2）；200宽悬挑梁（XL、L及KL悬挑端）均为Ø8@100（2）。

图 10-6 绘制施工说明文字

04 执行 E（删除）命令，删除多余的尺寸标注，如门窗的细部尺寸标注，保留轴线间的尺寸标注以及总尺寸标注。

05 双击图名“住宅楼一层平面图”，将其更改为“一层楼板配筋平面图”，如图 10-7 所示。

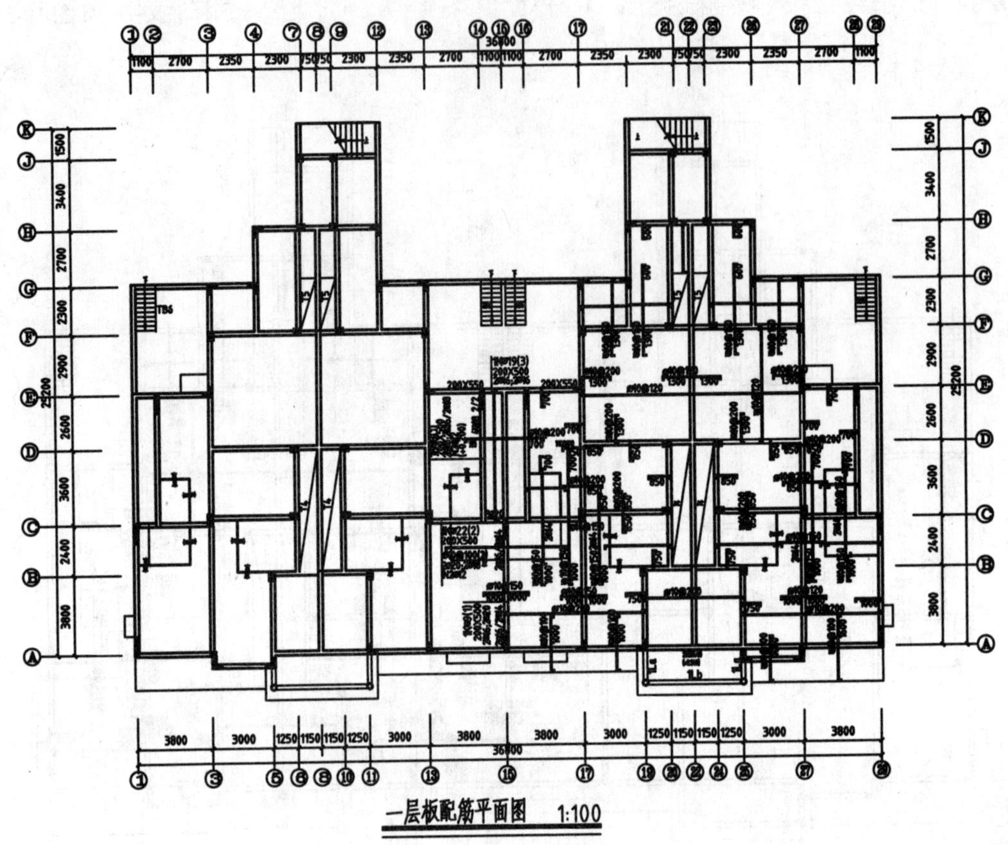

图 10-7　绘制图名标注

10.2　绘制住宅楼基础平面图

住宅楼基础平面图表示了建筑物在相对标高 ± 0.000 以下基础部分的平面布置及详细构造。

10.2.1　绘制基础平面图

在绘制基础平面图之前，应先创建绘制基础平面图所需的各类图层。基础平面图中所包含的图形包括基础柱轮廓线、基础底部轮廓线，可以通过执行“矩形”命令或“直线”命令来绘制。

01 启动 AutoCAD 2020，执行“文件”→“打开”命令，打开在第 9 章绘制的“住宅楼一层平面图.dwg”文件。

02 执行“文件”→“另存为”命令，将文件另存为“住宅楼基础平面图.dwg”文件。

03 创建图层。执行 LA（图层特性管理器）命令，在弹出的“图层特性管理器”对话框中创建绘制基础平面图所需要的图层，如图 10-8 所示。

04 整理图形。执行 E（删除）命令，删除平面图上的多余图形，仅保留轴线、尺寸标注、轴号标注、标准柱图形。

05 执行 O（偏移）命令，选择标准柱的轮廓线向外偏移；执行 H（图案填充）命令，选择 SOLID 图案，对标准柱图形执行图案填充。

06 执行 REC（矩形）命令、C（圆）命令，绘制新增标准柱轮廓线；执行 H（填充）命令，对标准柱图形执行填充操作。

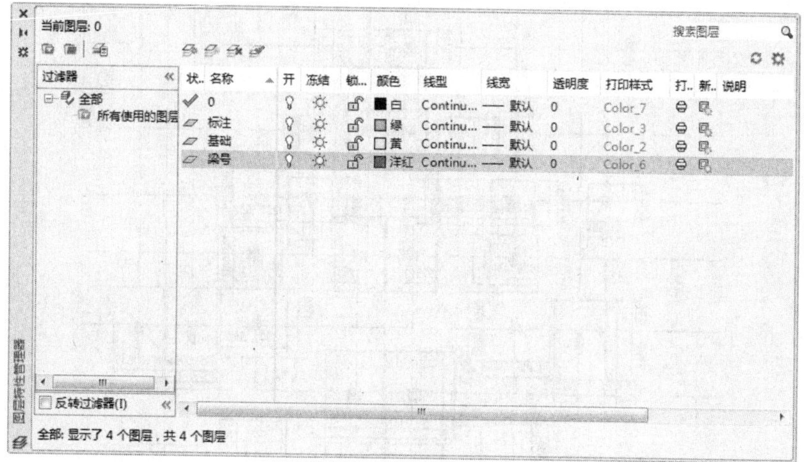

图 10-8　创建图层

07 执行 E（删除）命令，删除 K 轴线及轴号、轴线间尺寸标注；执行 O（偏移）命令，选择 A 轴线向下偏移；执行 DLI（尺寸标注）命令，绘制轴线间尺寸标注。

08 图形整理效果如图 10-9 所示（其中所涉及的具体尺寸参数请参考本节的素材文件）。

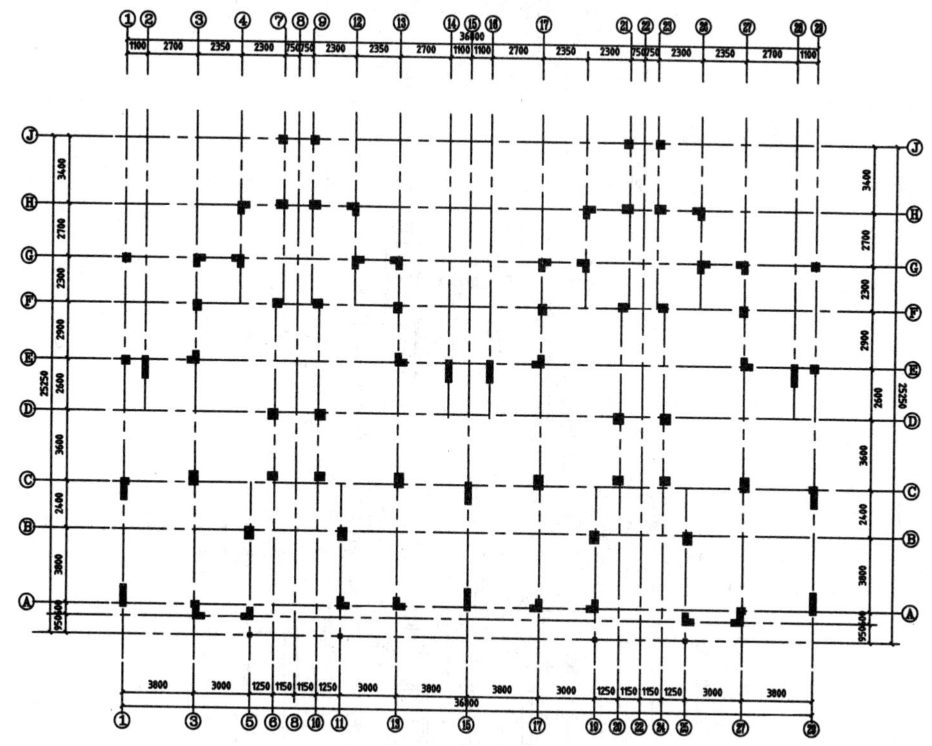

图 10-9　绘制标准柱及整理图形效果

09 将“基础”图层置为当前图层。

10 执行 O（偏移）命令，偏移轴线；执行 TR（修剪）命令，修剪轴线；选择编辑得到的基础轮廓线，将其转换至“基础”图层。

11 将“标注”图层置为当前图层。

12 执行 DLI（线性标注）命令，绘制基础图形的尺寸标注，如图 10-10 所示。

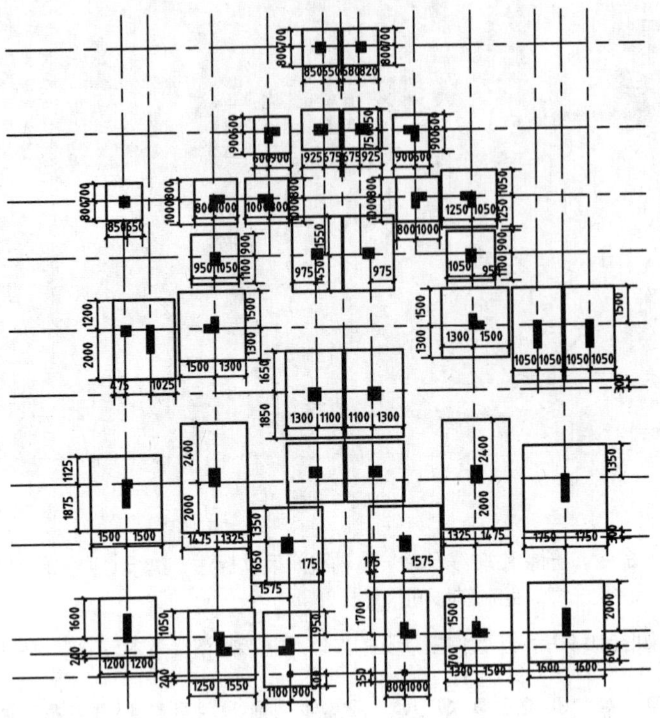

图 10-10　绘制基础图形

13 将“梁号”图层置为当前图层。

14 执行 PL（多段线）命令，绘制引线；执行 MT（多行文字）命令，绘制梁号标注，如图 10-11 所示。

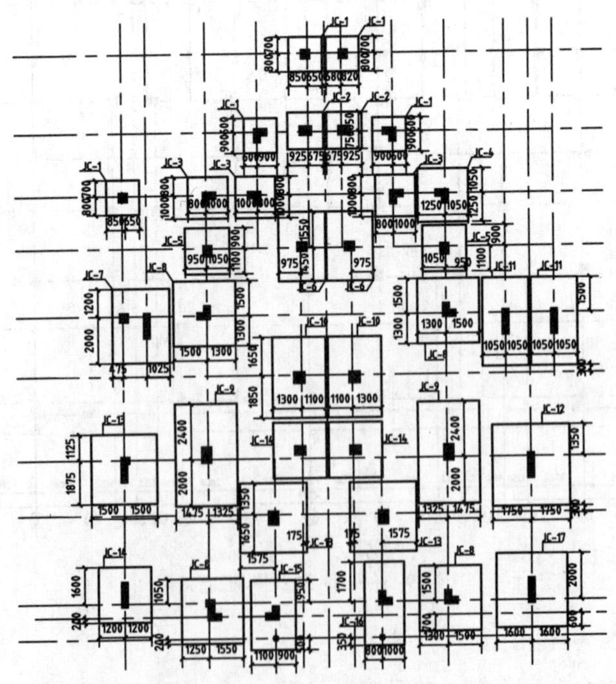

图 10-11　绘制梁号标注

15 绘制对称符号。执行 PL（多段线）命令，在 15 号轴线上绘制起点宽度、端点宽度均为 60 的短斜线，如图 10-12 所示。

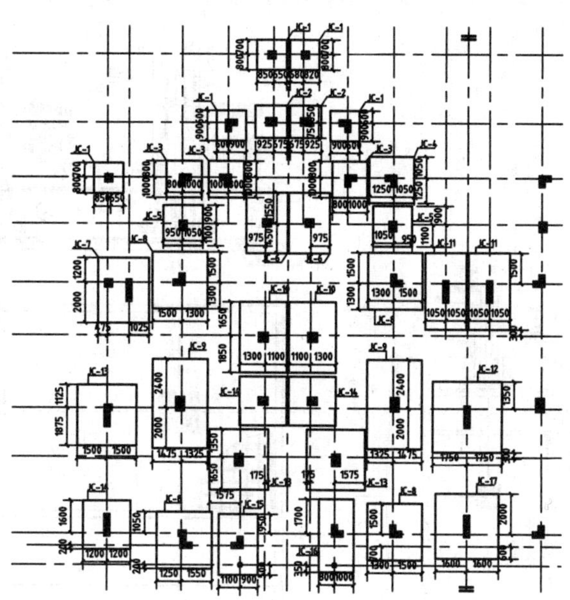

图 10-12　绘制对称符号

10.2.2　绘制标注

住宅楼基础平面图中的标注主要有梁号标注、图名标注，其中梁号标注表示了梁的名称，通过梁的名称可以在详图图集中寻找相应的详图来查看指定梁的详细构造。

01 双击图名“一层平面图”，将其更改为“住宅楼基础平面布置图”，如图 10-13 所示。

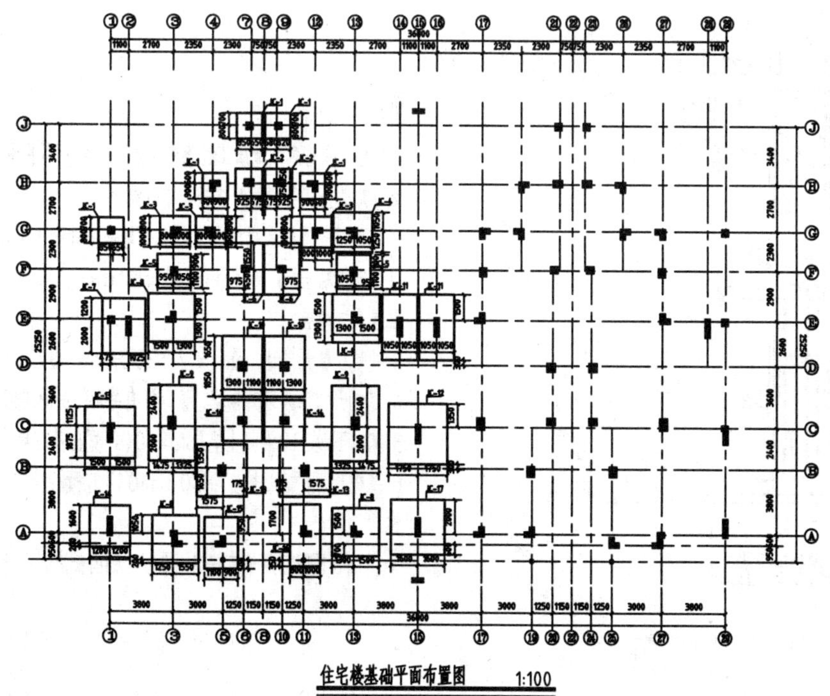

图 10-13　绘制图名标注

02 绘制完成的独立基础示意图 A、B、C 如图 10-14 所示。

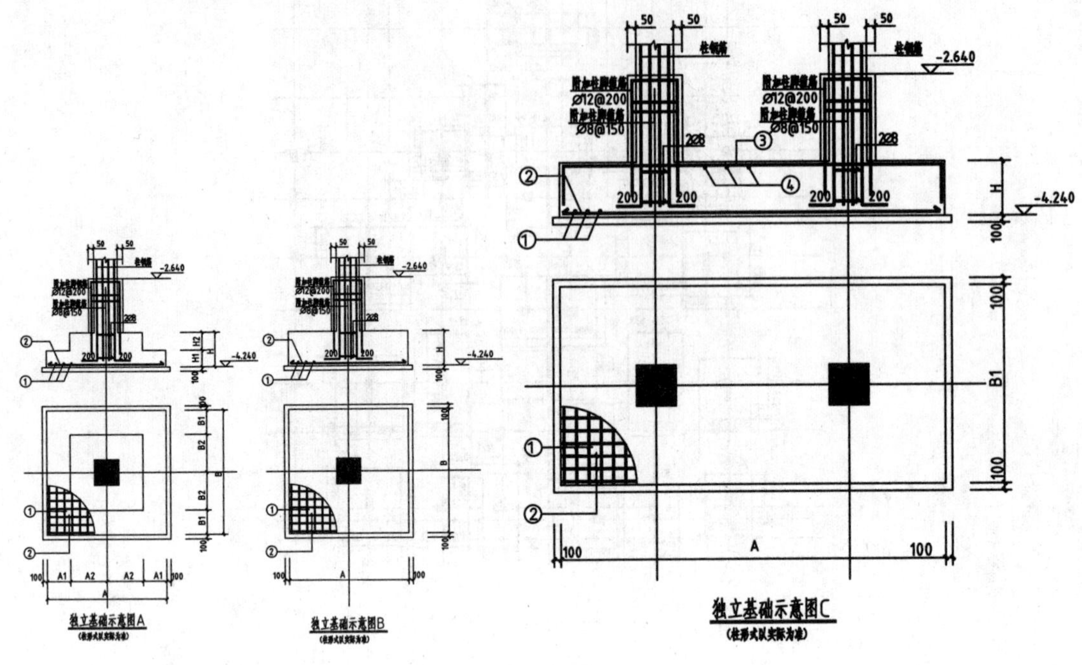

图 10-14　独立基础示意图

03 绘制完成的柱脚加强大样图如图 10-15 所示。

04 将“标注”图层置为当前图层。

05 执行 MT（多行文字）命令，绘制施工说明文字，如图 10-16 所示。

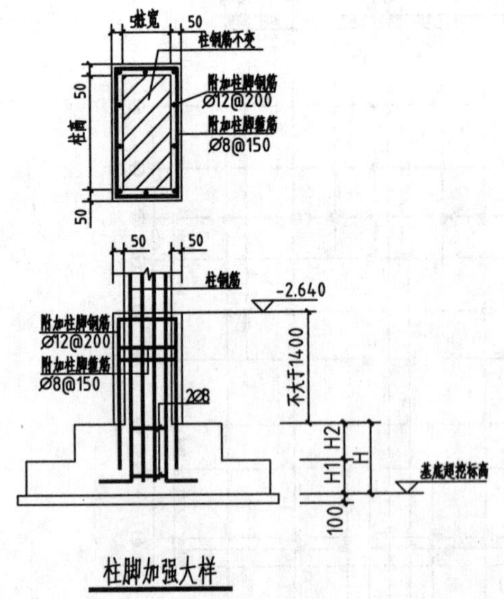

图 10-15　柱脚加强大样图

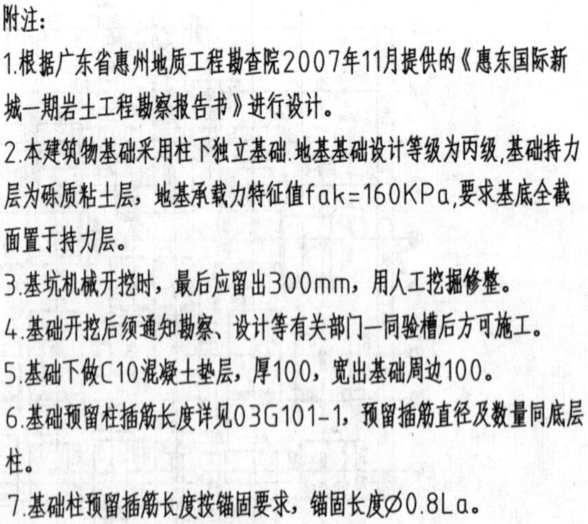

附注：

1.根据广东省惠州地质工程勘查院2007年11月提供的《惠东国际新城一期岩土工程勘察报告书》进行设计。

2.本建筑物基础采用柱下独立基础.地基基础设计等级为丙级,基础持力层为砾质粘土层，地基承载力特征值fak=160KPa,要求基底全截面置于持力层。

3.基坑机械开挖时，最后应留出300mm，用人工挖掘修整。

4.基础开挖后须通知勘察、设计等有关部门一同验槽后方可施工。

5.基础下做C10混凝土垫层，厚100，宽出基础周边100。

6.基础预留柱插筋长度详见03G101-1，预留插筋直径及数量同底层柱。

7.基础柱预留插筋长度按锚固要求，锚固长度Ø0.8La。

图 10-16　绘制施工说明文字

06 执行 REC（矩形）命令、X（分解）命令，绘制并分解矩形；执行 O（偏移）命令、TR（修剪）命令，偏移并修剪矩形边。

07 执行 MT（多行文字）命令，绘制标注文字，如图 10-17 所示。

独立基础配筋表：

基础编号	类　型	基础宽 A (mm)	基础长 B (mm)	基础高 H (mm)	A1	A2	B1	B2	H1	H2	①	②	③	④	基底标高	备　注
J-1	独立基础示意图B	1500	1500	400							Ø12@150	Ø12@150			-4.240	视开挖时基底情况 基底标高可降低 基础厚度不变 柱纵筋插筋图示大样参照 持力层深度低过设计标高1.5米时 需特殊处理
J-2	独立基础示意图B	1600	1600	400							Ø12@150	Ø12@150				
J-3	独立基础示意图B	1800	1800	400							Ø12@150	Ø12@150				
J-4	独立基础示意图B	2300	2300	500							Ø12@150	Ø12@150				
J-5	独立基础示意图B	2000	2000	450							Ø12@150	Ø12@150				
J-6	独立基础示意图B	2100	3000	550							Ø14@150	Ø14@150				
J-7	独立基础示意图C	2600	3200	600							Ø16@150	Ø16@150	Ø14@150	Ø14@150		
J-8	独立基础示意图A	2800	2800	600	750	750	750	750	300	300	Ø14@150	Ø14@150				
J-9	独立基础示意图A	2800	4400	800	1000	1000	1600	1600	400	400	Ø16@150	Ø16@150				
J-10	独立基础示意图B	2400	3500	600							Ø16@150	Ø16@150				
J-11	独立基础示意图B	2100	3800	700							Ø16@150	Ø16@150				
J-12	独立基础示意图A	3500	3500	700	1000	1000	1000	1000	350	350	Ø16@150	Ø16@150				
J-13	独立基础示意图A	3000	3000	600	800	800	800	800	300	300	Ø16@150	Ø16@150				
J-14	独立基础示意图B	2400	2400	500							Ø14@150	Ø14@150				
J-15	独立基础示意图C	2000	3000	500							Ø14@150	Ø14@150	Ø14@200	Ø14@200		
J-16	独立基础示意图C	1800	3600	650							Ø14@150	Ø14@150	Ø14@200	Ø14@200		
J-17	独立基础示意图A	3200	3200	700	1000	1000	1000	1000	350	350	Ø16@150	Ø16@150	Ø16@200	Ø16@200		

图 10-17　绘制独立基础配筋表

10.3　绘制住宅楼基础梁平面图

住宅楼基础梁平面图表示了房屋中梁的位置、尺寸等信息，是施工时在地基上放线、确定基础结构位置等的重要依据。

10.3.1　绘制梁平面图

基础梁平面图可以通过偏移墙线、修剪墙线得到，其中配筋图形在绘制完成之后可以调用“镜像”命令来进行复制。

01 启动 AutoCAD 2020，执行“文件”→“打开”命令，打开在第 9 章绘制的“住宅楼一层平面图.dwg”文件。

02 执行“文件”→“另存为”命令，将文件另存为“基础梁平面图.dwg”文件。

03 创建图层。执行 LA（图层特性管理器）命令，在弹出的“图层特性管理器”对话框中创建绘制基础梁平面图所需要的图层，如图 10-18 所示。

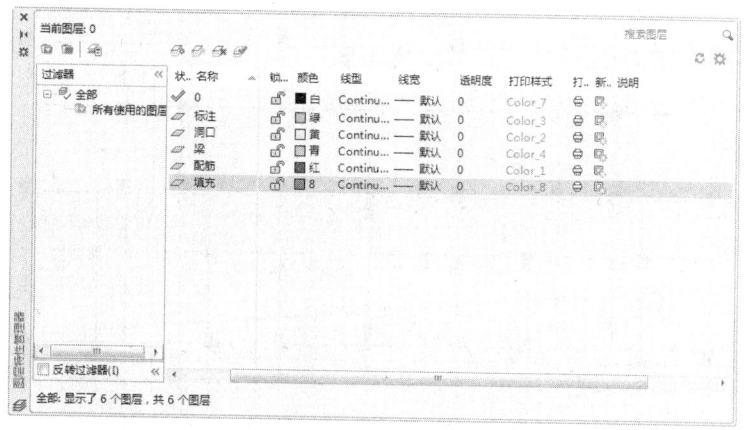

图 10-18　创建图层

04 整理图形。执行 E（删除）命令，删除平面图上的图形，保留标准柱、轴线、尺寸标注等图形。

05 执行 REC（矩形）命令、C（圆）命令，绘制新增标准柱轮廓线；执行 H（填充）命令，选择 SOLID 图案，对标准柱图形执行填充操作。

06 执行 O（偏移）命令，设置偏移距离为 50，选择标准柱的轮廓线向外偏移，并将偏移得到的轮廓线的线型更改为虚线。

07 执行 L（直线）命令，绘制直线；执行 O（偏移）命令，偏移直线，绘制柱子轮廓线，如图 10-19 所示。

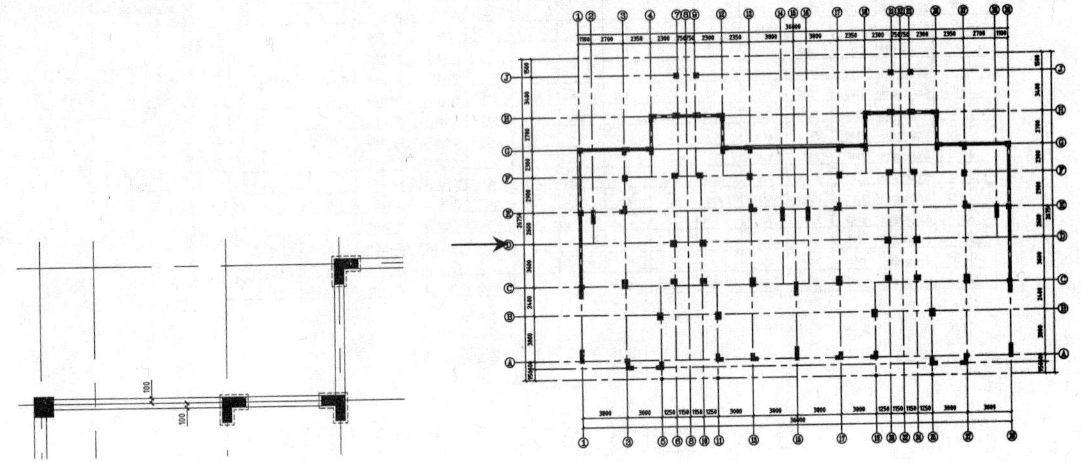

图 10-19　绘制柱子轮廓线

08 将“填充”图层置为当前图层。

09 执行 H（填充）命令，在“图案填充和渐变色”对话框中选择 SOLID 图案，对柱子执行填充操作，如图 10-20 所示。

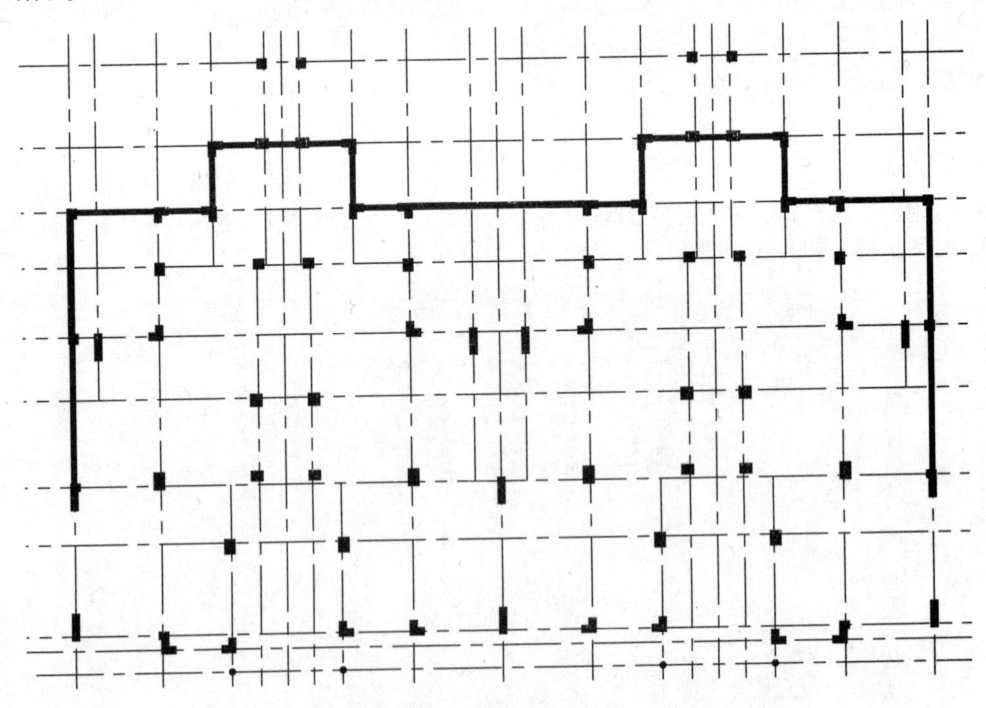

图 10-20　图案填充柱子

10 将“梁”图层置为当前图层。

11 执行 L（直线）命令、O（偏移）命令，绘制并偏移直线，以完成宽度为 300 的梁的图形绘制，如图 10-21 所示。

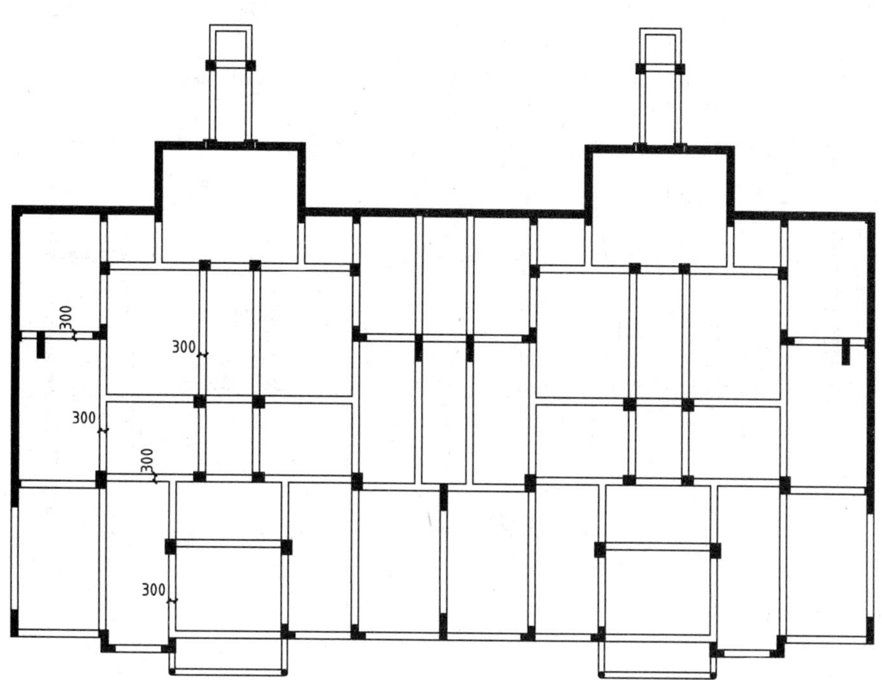

图 10-21　绘制梁图形

12 将“洞口”图层置为当前图层。

13 执行 PL（多段线）命令，绘制折断线以表示洞口，如图 10-22 所示。

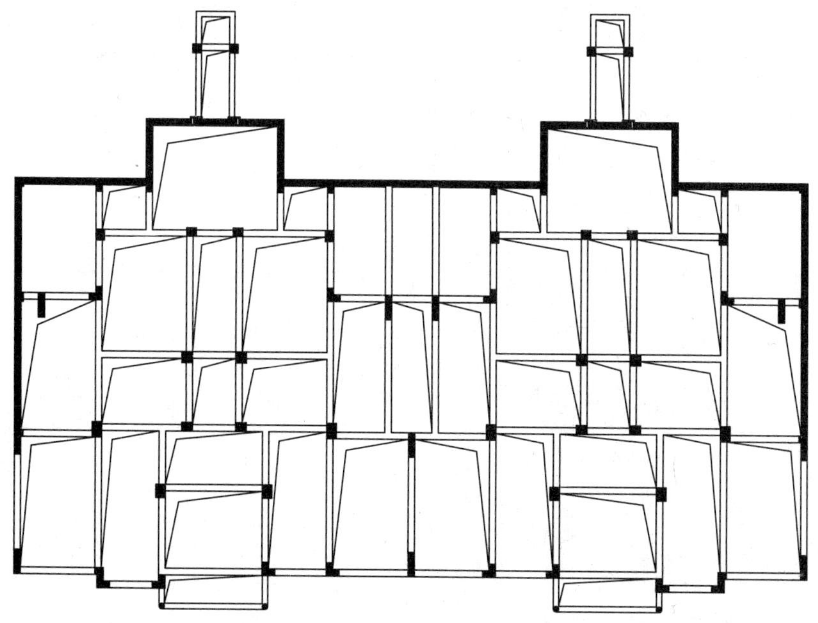

图 10-22　绘制折断线

14 将“填充”图层置为当前图层。

15 执行 H（填充）命令，选择 SOLID 图案，对图形执行填充操作，如图 10-23 所示。

图 10-23　绘制图案填充

16 将“板筋”图层置为当前图层。

17 执行 PL（多段线）命令，设置多段线的起点宽度、端点宽度均为 60，绘制配筋图形，如图 10-24 所示。

图 10-24　绘制配筋图形

10.3.2　绘制标注

基础梁平面图形绘制完成之后，应绘制引线标注以标注梁号信息。本节提供了梁的详图以及配筋详图，供读者将其与平面图对照以进行识图。

01 将“标注”图层置为当前图层。

02 执行 PL（多段线）命令，绘制标注引线；执行 MT（多行文字）命令，绘制标注文字，完成梁号、板筋标注，如图 10-25 所示。

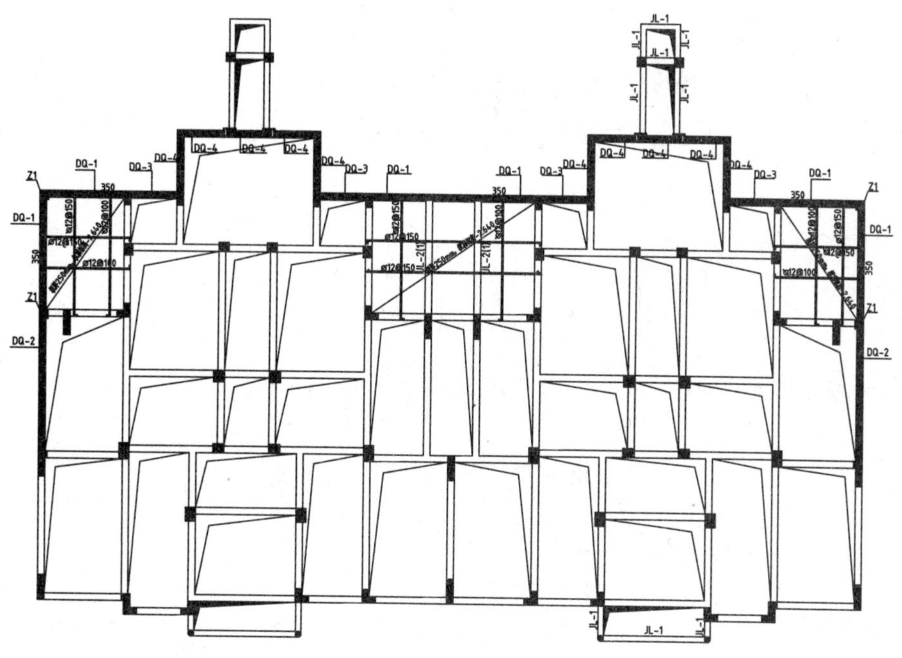

图 10-25　绘制文字标注

03 绘制对称符号。执行 PL（多段线）命令，在 15 号轴线上绘制宽度为 60 的多段线，完成对称符号的绘制。

04 双击图名“一层平面图”，将其更改为“基础梁平面图”，如图 10-26 所示。

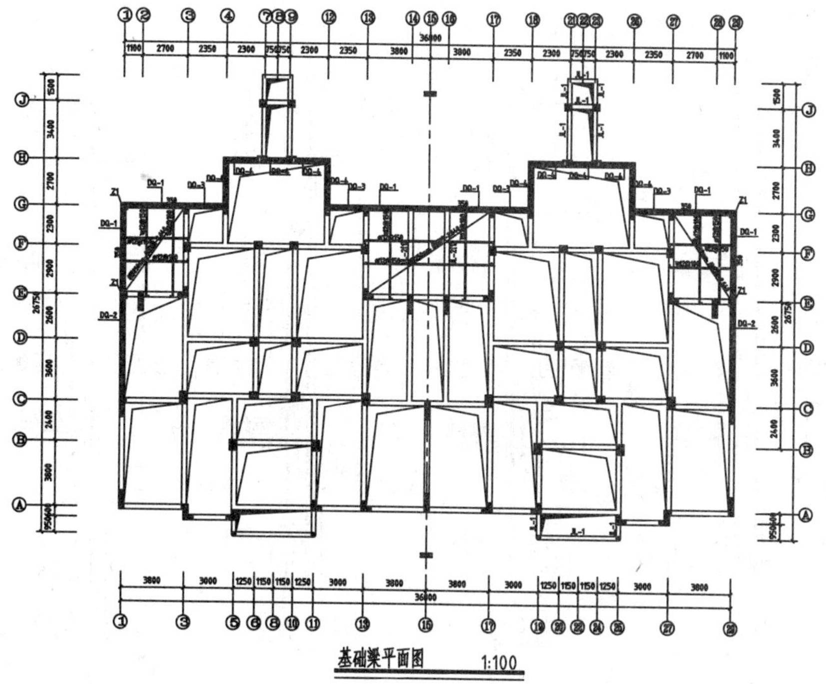

图 10-26　编辑图名标注

05 执行 MT（多行文字）命令，绘制如图 10-27 所示的说明文字。

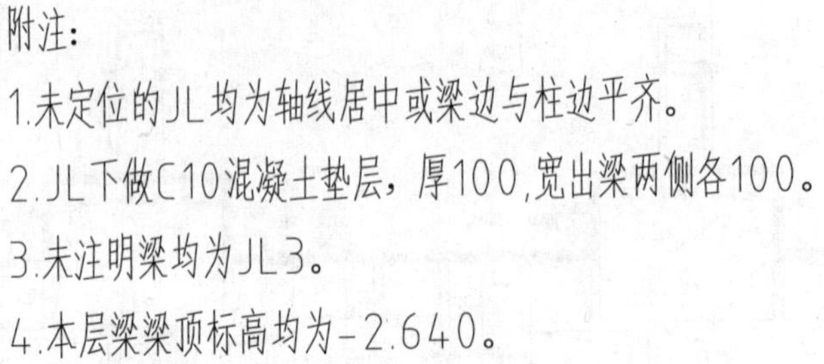

附注:

1.未定位的JL均为轴线居中或梁边与柱边平齐。

2.JL下做C10混凝土垫层，厚100,宽出梁两侧各100。

3.未注明梁均为JL3。

4.本层梁梁顶标高均为-2.640。

图 10-27　绘制说明文字

06 绘制完成的建筑地坪做法示意与梁与基础连结示意如图 10-28 所示。

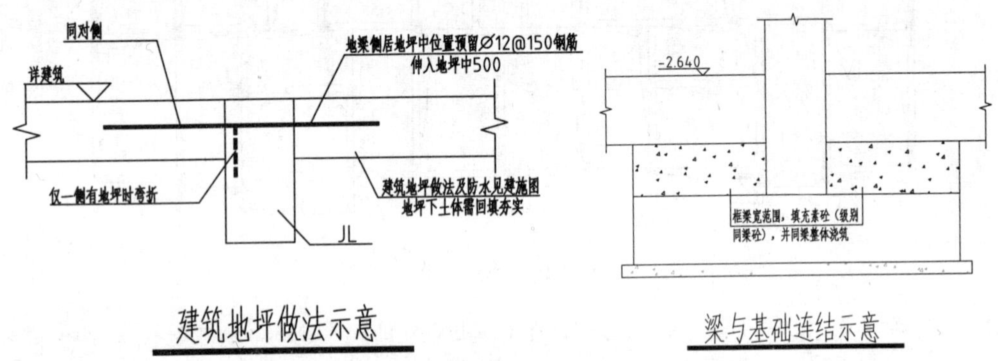

图 10-28　绘制完成的详图

07 挡土墙配筋示意如图 10-29 所示。

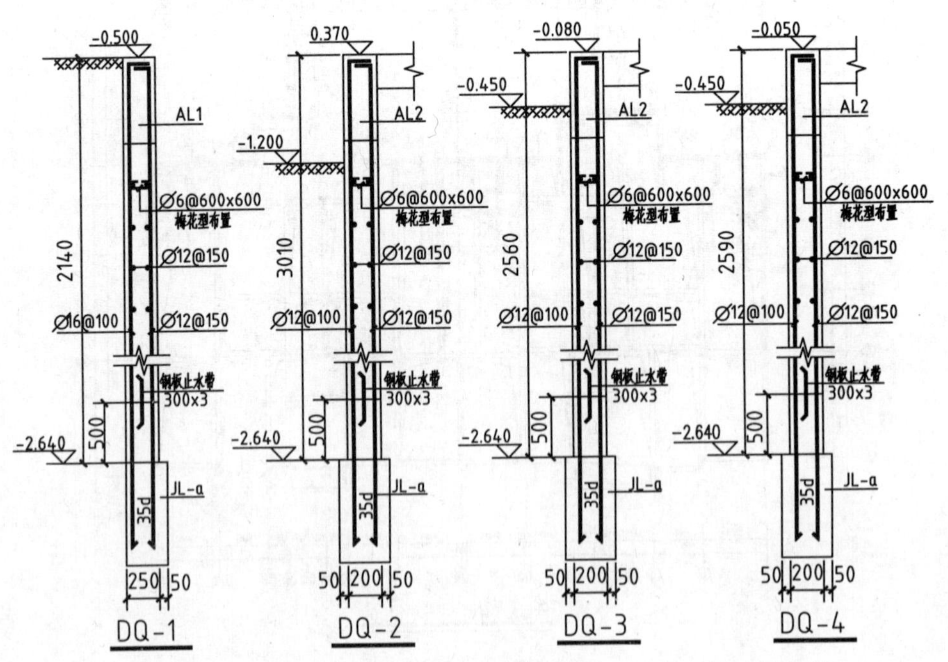

图 10-29　挡土墙配筋示意图

08 梁的配筋示意如图 10-30 所示。

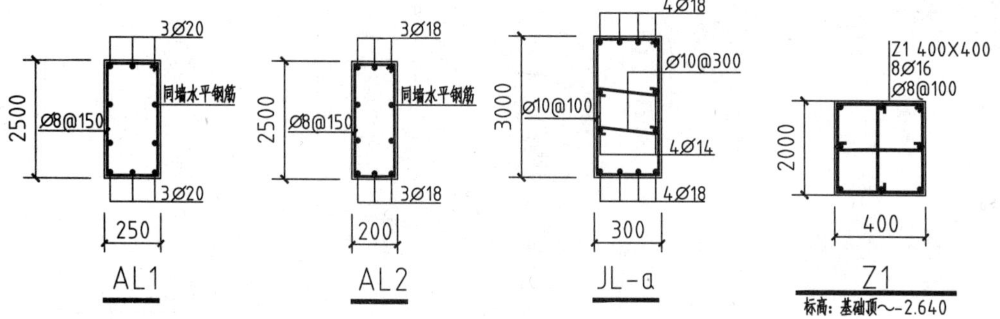

图 10-30　梁的配筋示意

09 基础梁的配筋图的绘制结果如图 10-31 所示。

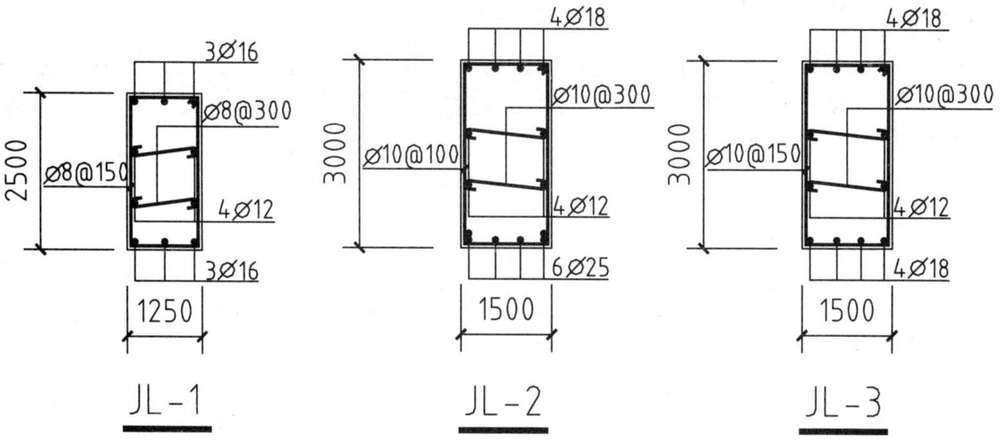

图 10-31　基础梁的配筋示意

第11章 住宅楼给水排水施工图的绘制

本章导读

给水排水施工图表示了房屋内部用水器具、给水排水管道的布置情况，是重要的工程施工图之一。本章介绍住宅楼给水排水施工图及系统图的绘制。

本章重点

- 掌握住宅楼给水排水平面图的绘制方法
- 掌握住宅楼给水系统图的绘制方法
- 掌握住宅楼排水系统图的绘制方法

11.1 绘制住宅楼给水排水平面图

住宅楼给水排水平面图表示了建筑物内部卫生洁具、给水排水管道、管道附件类型及大小的安装位置及安装方式。

11.1.1 设置绘图环境

01 启动 AutoCAD 2020，执行“文件”→“打开”命令，打开在第 9 章绘制的“住宅楼一层平面图.dwg”文件。

02 执行“文件”→“另存为”命令，将文件另存为“住宅楼给水排水平面图.dwg”文件。

03 创建图层。执行 LA（图层特性管理器）命令，在弹出的“图层特性管理器”对话框中创建绘制给水排水平面图所需要的图层，如图 11-1 所示。

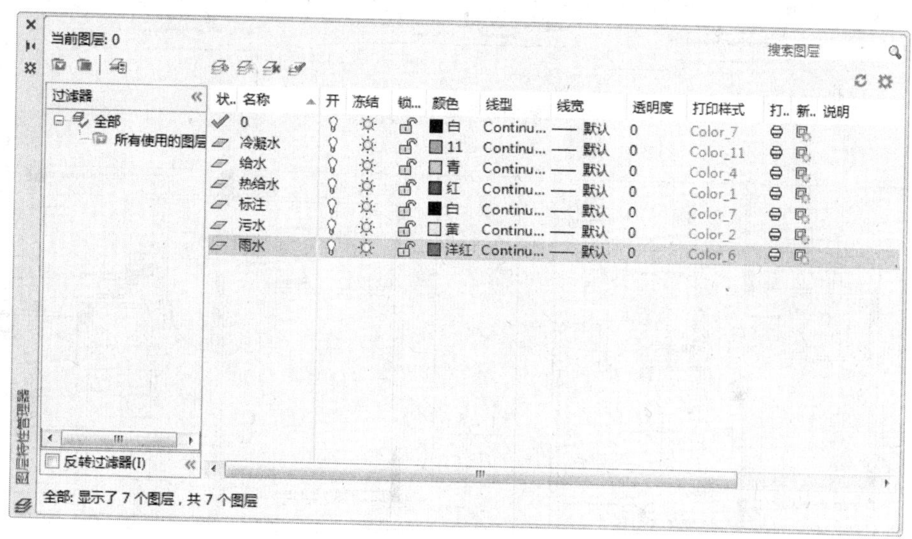

图 11-1 创建图层

11.1.2 绘制给水排水平面图

给水排水平面图上的图形包括给水排水管线、给水排水立管及各类管道附件。调用“圆”命令，绘制立管管线，调用“直线”命令，绘制管线平面图形，而管道附件则可从图例表中移动复制。

01 整理图形。执行 E（删除）命令，删除平面图上多余的图形，如图 11-2 所示。

02 将“冷凝水”图层置为当前图层。

03 执行 C（圆）命令，绘制半径为 50 的圆以表示冷凝水立管。

04 将“标注”图层置为当前图层。

05 执行 L（直线）命令，绘制标注引线；执行 MT（多行文字）命令，绘制冷凝水立管标注，如图 11-3 所示。

06 将“给水”图层置为当前图层。

07 执行 PL（多段线）命令，设置起点宽度、端点宽度为 12，绘制给水管线。

08 将“热给水”图层置为当前图层。

09 执行 PL（多段线）命令，绘制宽度为 12 的多段线以表示热给水管线，如图 11-4 所示。

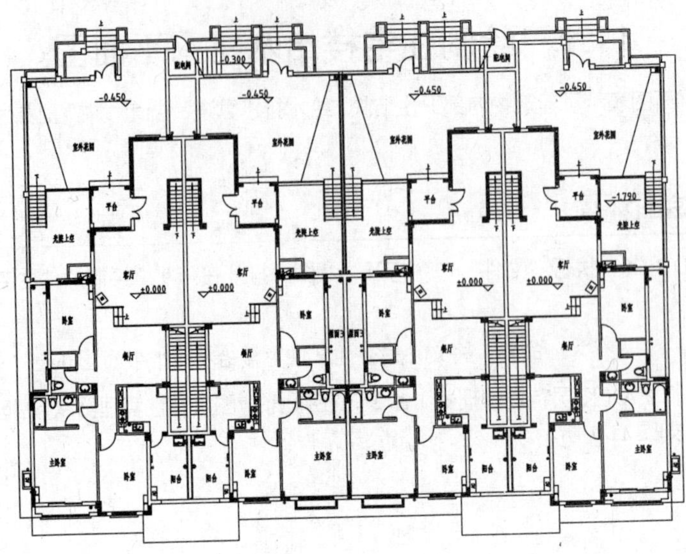

图 11-2 整理图形

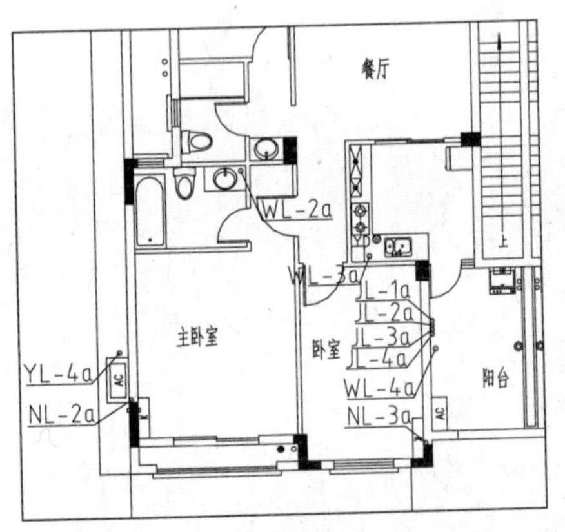

图 11-3 绘制管线及文字标注

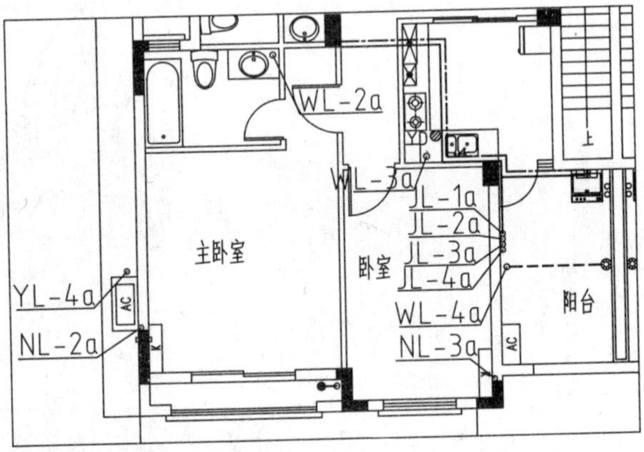

图 11-4 绘制管线

10 执行 MI（镜像）命令，将绘制完成的管线及管线标注图形镜像复制至右侧，双击管线标注文字，更改其编号，如图 11-5 所示。

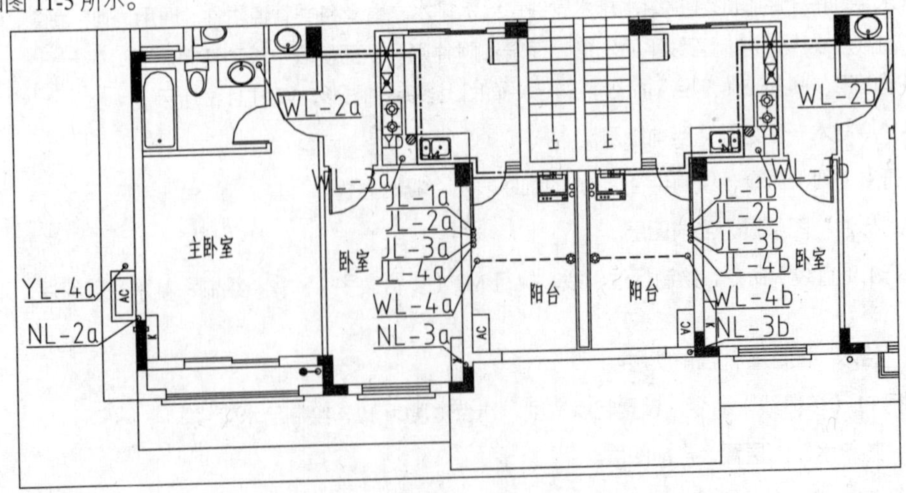

图 11-5 镜像复制图形并更改管线编号 1

11 执行 C（圆）命令，分别在“雨水”图层、“冷凝水”图层上绘制立管管线。

12 执行 L（直线）命令、MT（多行文字）命令，在“标注”图层上绘制立管管线文字标注，如图 11-6 所示。

13 执行 PL（多段线）命令，在“污水”图层、“雨水”图层上绘制管线，如图 11-7 所示。

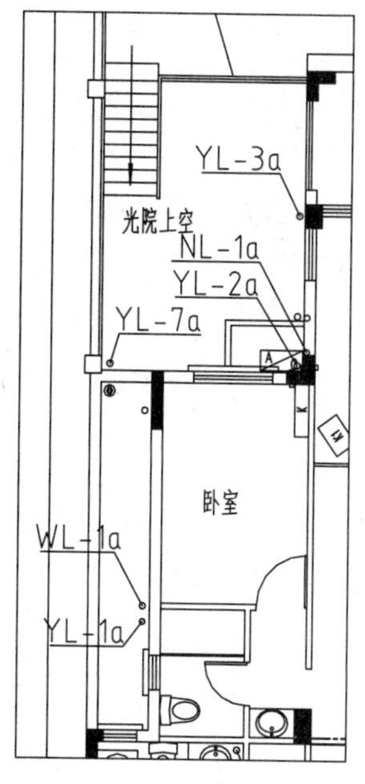

图 11-6 操作结果

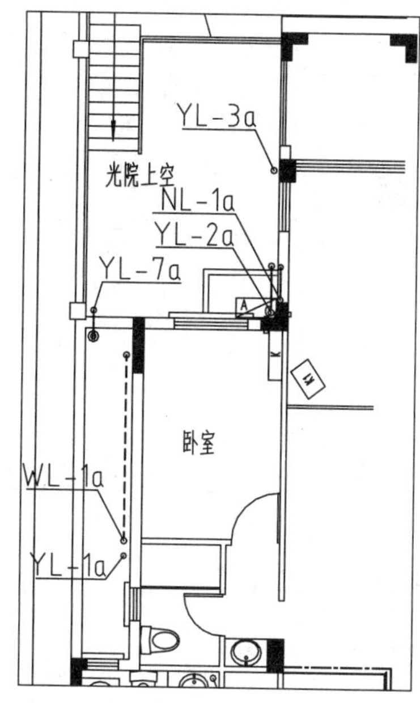

图 11-7 绘制管线

14 执行 MI（镜像）命令，选择左边的管线及标注文字，将其镜像复制至右侧，双击管线文字标注，更改管线编号，如图 11-8 所示。

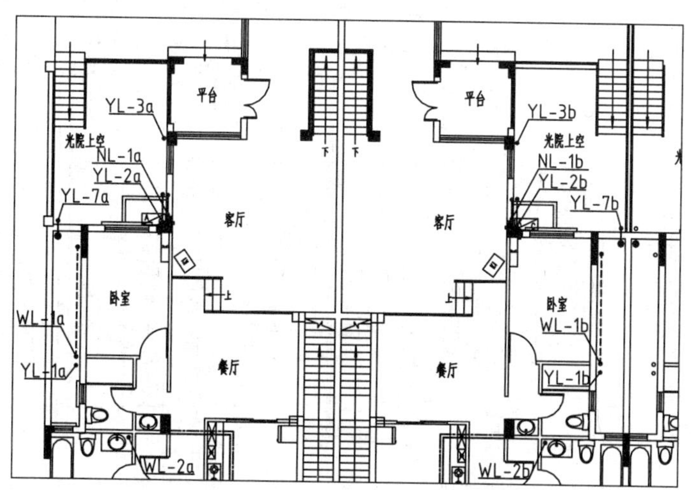

图 11-8 镜像复制图形并更改管线编号 2

15 将“雨水”图层置为当前图层。

16 执行 C（圆）命令，绘制半径为 50 的圆以表示雨水立管。

17 将“标注”图层置为当前图层。

18 执行 L（直线）命令、MT（多行文字）命令，绘制引线及管线文字标注，如图 11-9 所示。

19 执行 PL（多段线）命令，在“雨水”图层上绘制雨水管线，如图 11-10 所示。

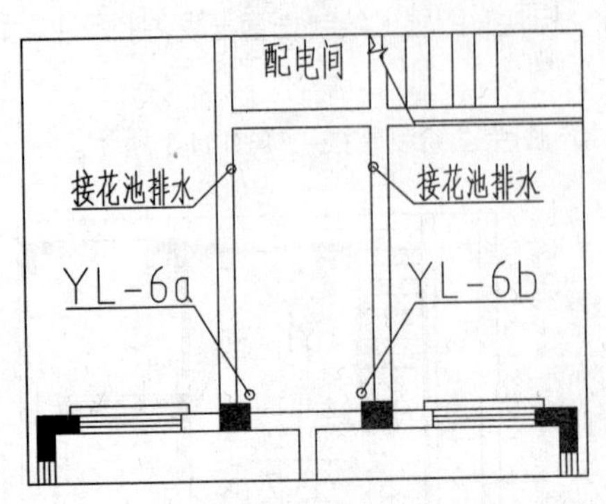

图 11-9 绘制雨水立管及文字标注

图 11-10 绘制雨水管线

20 执行 MI（镜像）命令，镜像复制左侧的雨水管线、文字标注图形至右侧，同时更改管线编号，如图 11-11 所示。

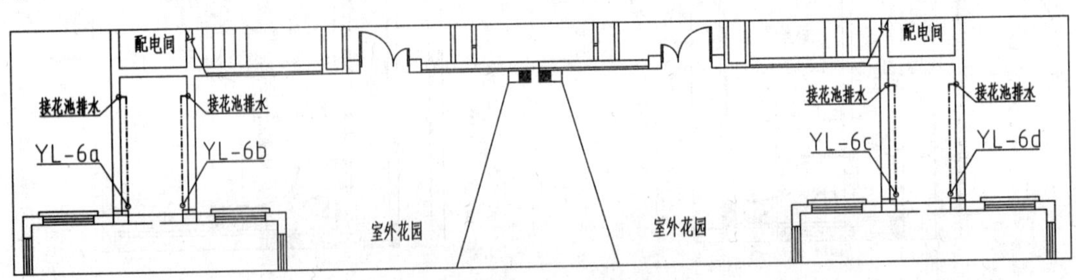

图 11-11 镜像复制雨水管线并更改管线编号

21 双击图名“一层平面图”，将其更改为“一层给水排水平面图”，如图 11-12 所示。

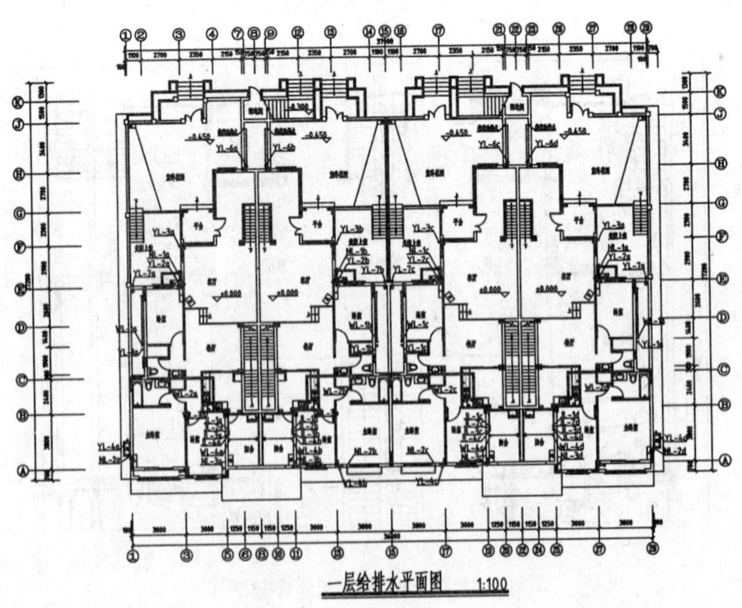

图 11-12 编辑图名

11.2 绘制住宅楼给水系统图

住宅楼给水系统图表示了在垂直方向上给水管线的走向以及管道附件的安装位置。

11.2.1 设置绘图环境

01 启动 AutoCAD 2020 应用程序，新建一个空白文件。

02 执行“文件”→“保存”命令，将其保存为“住宅楼给水系统图.dwg”文件。

03 创建图层。执行 LA（图层特性管理器）命令，在弹出的“图层特性管理器”对话框中创建绘制给水系统图所需要的图层，如图 11-13 所示。

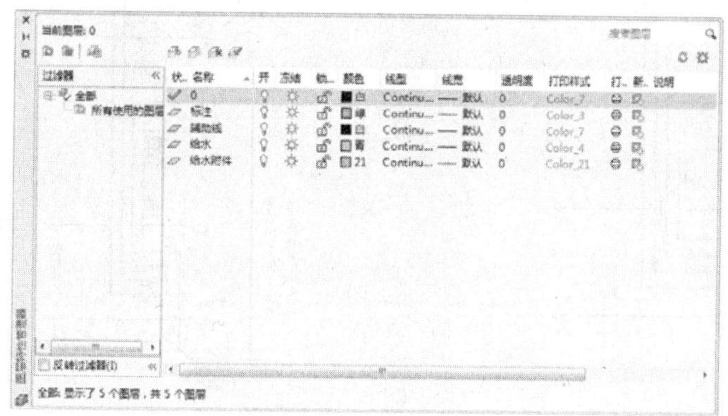

图 11-13　创建图层

11.2.2 绘制给水系统图

给水系统图中的图形包括给水管线、管道附件以及管径标注、文字标注等。

01 将“辅助线”图层置为当前图层。

02 执行 L（直线）命令，绘制层线；执行 O（偏移）命令，偏移层线，如图 11-14 所示。

03 将“给水”图层置为当前图层。

04 执行 PL（多段线）命令，设置起点宽度、端点宽度均为 60，绘制给水管线，如图 11-15 所示。

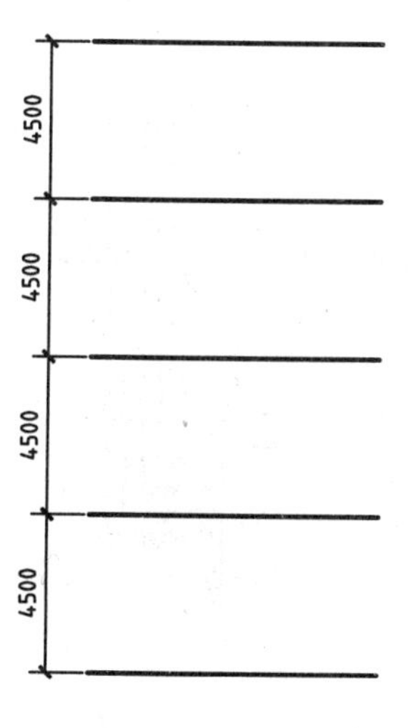

图 11-14　绘制层线

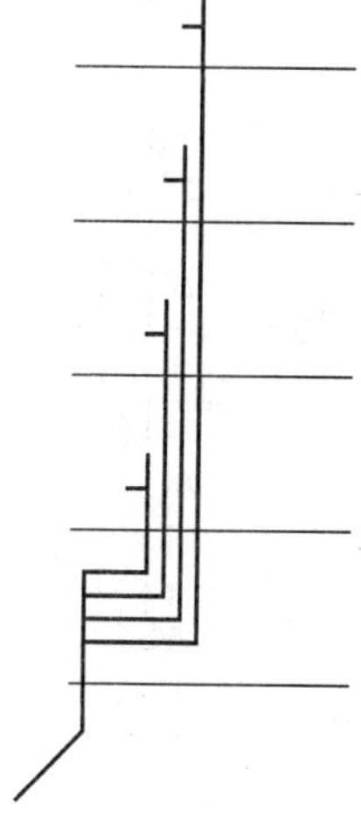

图 11-15　绘制给水管线

05 将“给水附件”图层置为当前图层。

06 调入图块。打开本书提供的“图例图块.dwg”文件，将其中的给水阀门图块复制粘贴至当前图形中，如图 11-16 所示。

07 将“标注”图层置为当前图层。执行 L（直线）命令，绘制标注引线；执行 MT（多行文字）命令，绘制管线编号、管径标注文字，如图 11-17 所示。

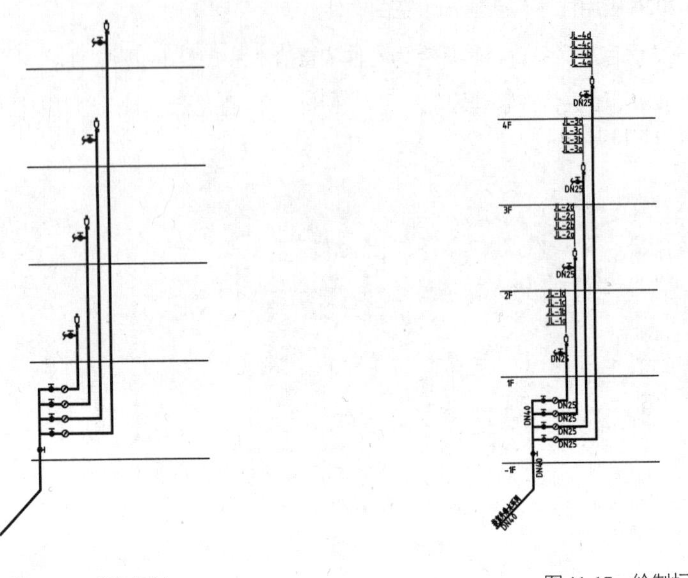

图 11-16　调入图块　　　　图 11-17　绘制标注文字

08 标高标注。执行 I（插入）命令，通过“插入”对话框将标高图块插入当前图形中，双击标高图块以更改其标高值，如图 11-18 所示。

09 图名标注。执行 MT（多行文字）命令，绘制图名标注；执行 PL（多段线）命令，绘制宽度为 60 的下划线，如图 11-19 所示。

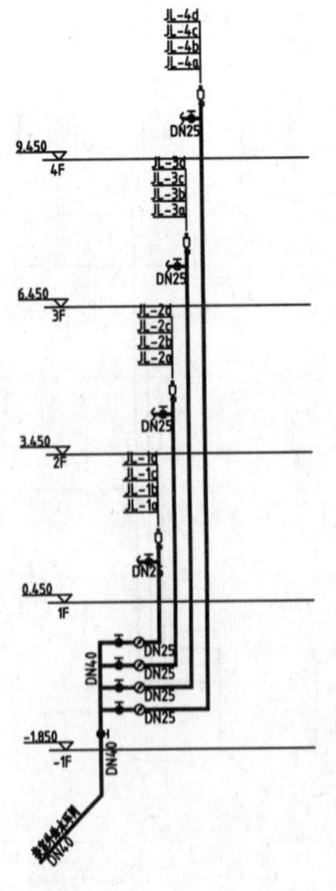

图 11-18　绘制标高标注

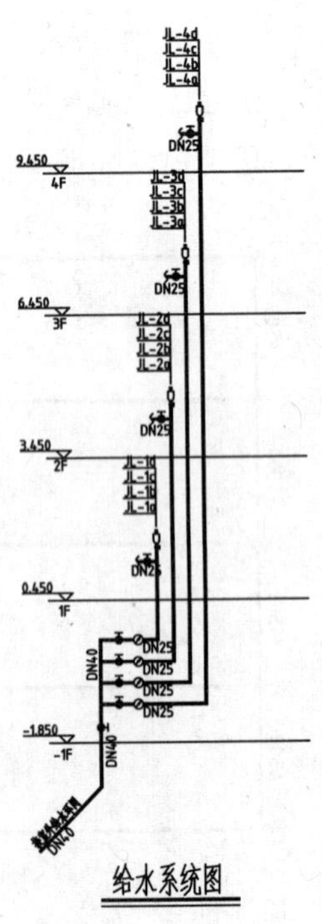

图 11-19　绘制图名标注

11.3 绘制住宅楼排水系统图

住宅楼排水系统图表示了排水管线和管道附件在垂直方向上的走向及安装位置。

11.3.1 设置绘图环境

01 启动 AutoCAD 2020，新建一个空白文件。

02 执行“文件”→“保存”命令，将其保存为“住宅楼排水系统图.dwg”文件。

03 创建图层。执行 LA（图层特性管理器）命令，在弹出的“图层特性管理器”对话框中创建绘制排水系统图所需要的图层，如图 11-20 所示。

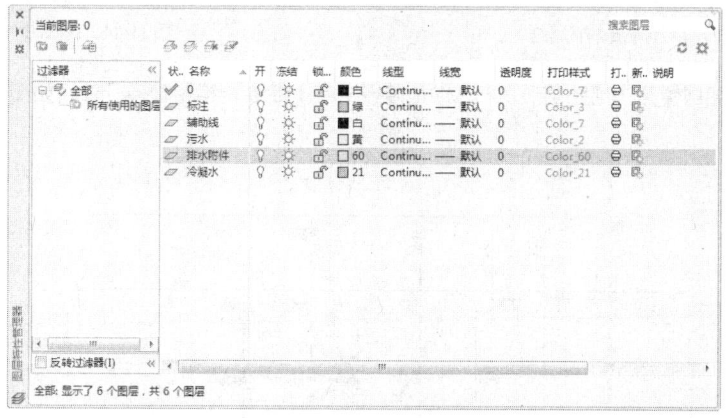

图 11-20　创建图层

11.3.2 绘制排水系统图

排水系统图中的图形主要有排水管线、管道附件及各类标注。其中，不同类型的管线应使用不同的线型来表示，以对管线进行区分。

01 将“辅助线”图层置为当前图层。

02 执行 L（直线）命令、O（偏移）命令，绘制并偏移直线，完成层线的绘制，如图 11-21 所示。

03 将“污水”图层置为当前图层。

04 执行 PL（多段线）命令，绘制宽度为 60 的多段线以代表污水管线，如图 11-22 所示。

图 11-21　绘制层线

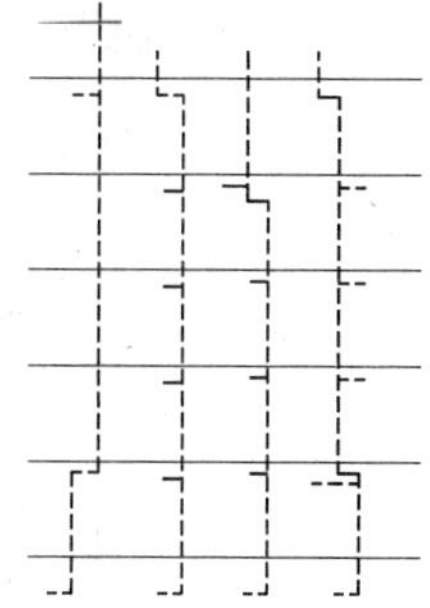

图 11-22　绘制污水管线

05 将“冷凝水”图层置为当前图层。执行 PL（多段线）命令，绘制冷凝水管管线，如图 11-23 所示。

06 将“排水附件”图层置为当前图层，调入图块。打开本书提供的“图例图块.dwg”文件，将其中的排水阀门图块复制粘贴至当前图形中，如图 11-24 所示。

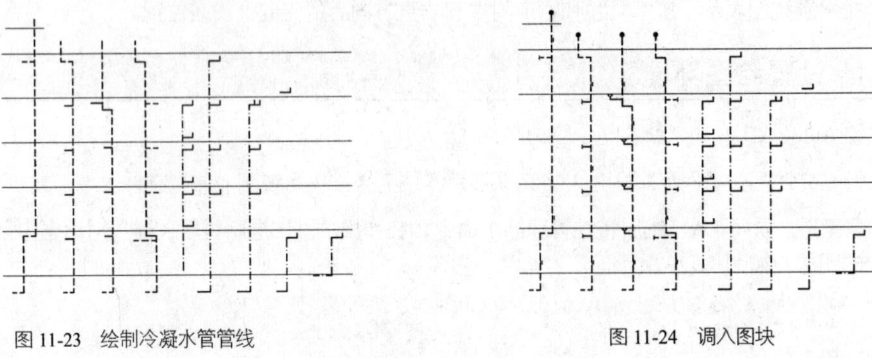

图 11-23　绘制冷凝水管管线　　　　图 11-24　调入图块

07 将“标注”图层置为当前图层。执行 MT（多行文字）命令，绘制管径标注，如图 11-25 所示。

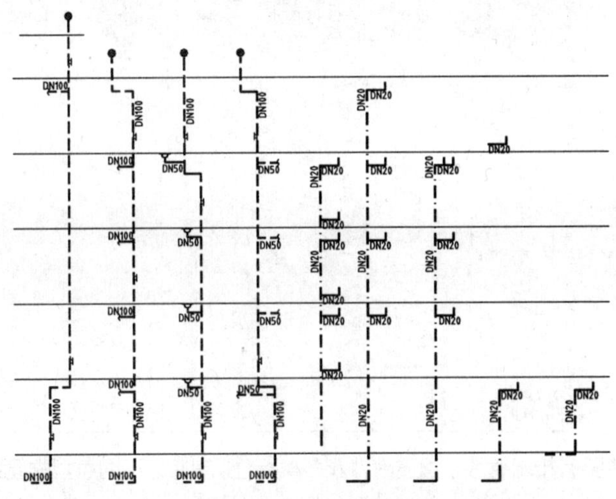

图 11-25　绘制管径标注

08 执行 L（直线）命令，绘制标注引线；执行 MT（多行文字）命令，绘制多行文字，如图 11-26 所示。

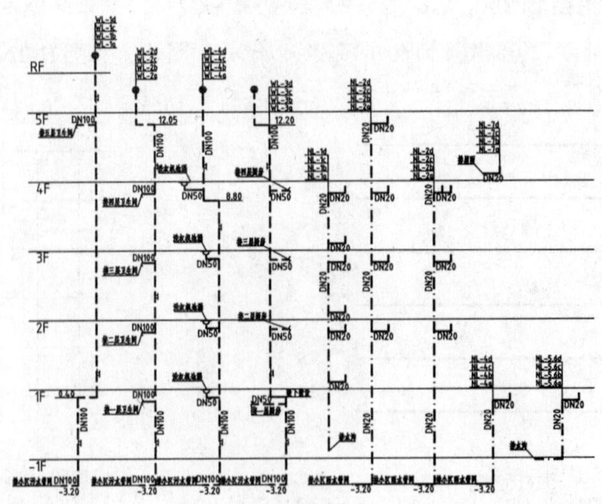

图 11-26　绘制引线和文字标注

09 执行 I（插入）命令，在“插入”对话框中选择标高图块，单击“插入”按钮，将其调入当前图形中；双击标高图块，更改标高值。

10 执行 CO（复制）命令，移动复制标高图块，然后再双击更改参数，完成标高标注的绘制，如图 11-27 所示。

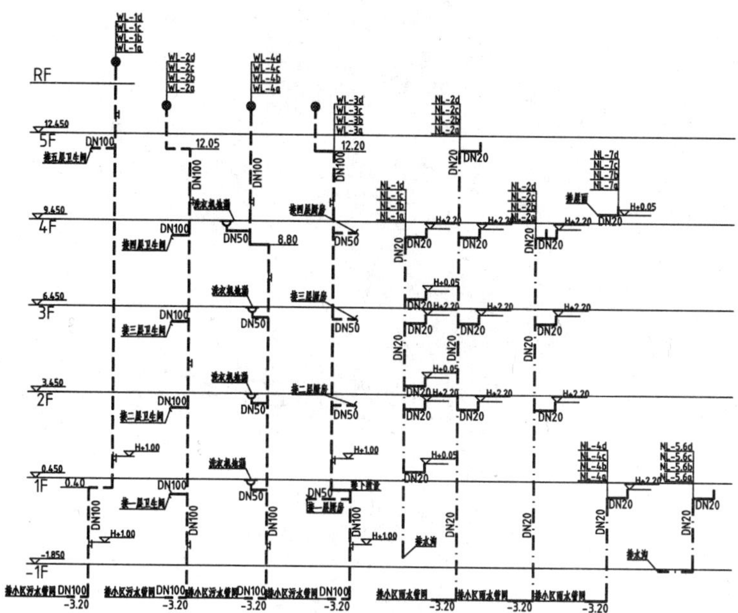

图 11-27　绘制标高标注

11 执行 MT（多行文字）命令、PL（多段线）命令，绘制图名标注，如图 11-28 所示。

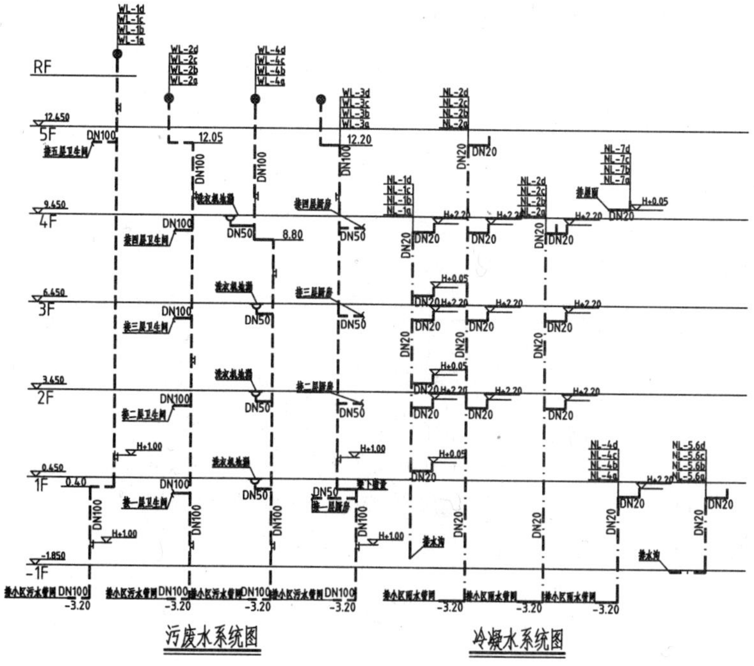

图 11-28　绘制图名标注

第12章 住宅楼电气施工图的绘制

本章导读

建筑电气施工图表示了整个建筑物入户电源的情况、室内照明情况及布置、各弱电系统的安装和分布等情况，是不可缺少的建筑设计施工图之一。

本节介绍住宅楼各类电气施工图的绘制。

本章重点

- 住宅楼掌握住宅楼照明平面图的绘制方法
- 掌握屋顶防雷平面图的绘制方法
- 掌握住宅楼弱电平面图的绘制方法
- 掌握住宅楼配电系统图的绘制方法

12.1 绘制住宅楼照明平面图

住宅楼照明平面图表示了室内各区域照明设施的安装情况，如灯具、开关、插座这些电气设备的位置，以及设备之间导线的连接情况等。

12.1.1 设置绘图环境

01 启动 AutoCAD 2020，执行“文件”→“打开”命令，打开在第 9 章绘制的“住宅楼一层平面图.dwg”文件。

02 执行“文件”→“另存为”命令，将文件另存为“住宅楼照明平面图.dwg”文件。

03 创建图层。执行 LA（图层特性管理器）命令，在弹出的“图层特性管理器”对话框中创建绘制照明平面图所需要的图层，如图 12-1 所示。

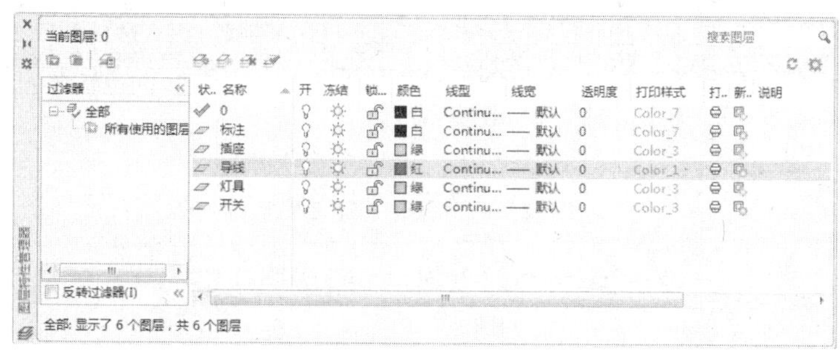

图 12-1　创建图层

12.1.2 绘制照明平面图

照明平面图中包括灯具、插座、箱柜、开关、导线等，其中灯具、插座等图形，可以通过调入图例来得到，但是导线需要调用“直线”命令来绘制。

01 整理图形。执行 E（删除）命令，删除平面图上多余的图形以及尺寸标注，如图 12-2 所示。

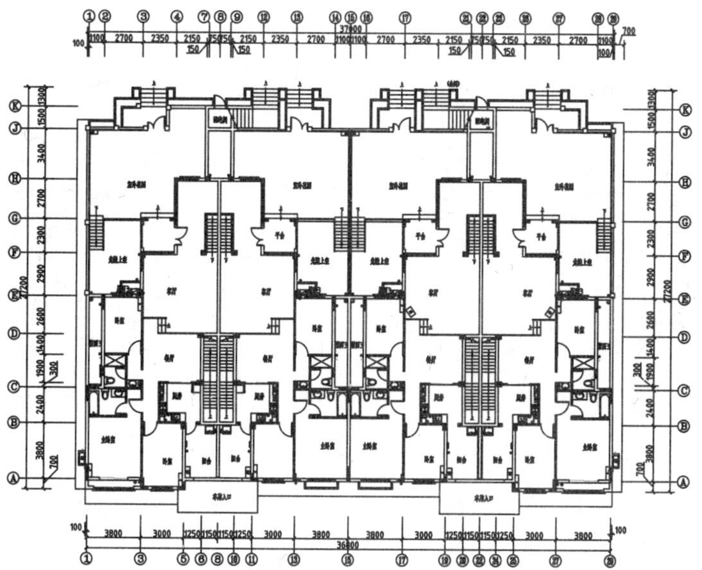

图 12-2　整理图形

02 调入图例表。打开本书配套的“图例文件.dwg”文件，将强电主要设备表复制粘贴至当前图形中，如图 12-3 所示。

强 电 主 要 设 备 表

序号	图例	材料名称	型号及规格	单位	安装方式	安装高度（距地）	数量	附注	序号 (2)	图例 (2)	材料名称 (2)	型号及规格 (2)	单位 (2)	安装方式 (2)	安装高度（距地） (2)	数量 (2)	附注 (2)
1		电表箱	非标	台	暗装	0.8m	1	详见系统图	17		单相单（二）极双控跷板开关	-250V 10A	套	暗装	1.4m	实计	型号由甲方确定
2		照明配电箱	非标	台	暗装	1.8m	16	详见系统图									
3		单相二极,三极插座	-250V 10A	套	暗装	0.3m	实计	一般用途	18		沿时开关	-250V 10A	套	暗装	1.4m	实计	型号由甲方确定
4	KK	单相三极暗插座	-250V 16A	套	暗装	0.5m	实计	落地式分体空调	19		声光控开关	-250V 10A	套	吸顶	—	实计	型号由甲方确定
5	K	单相三极暗插座	-250V 16A	套	暗装	2.0m	实计	壁挂式分体空调	20		吸顶灯（节能型）	-220V 1X18W	套	吸顶	—	实计	型号由甲方确定
6	B	带开关单相三极暗插座	-250V 10A	套	暗装	1.5m	实计	电冰箱	21		瓷质灯座（节能型）	-220V	套	吸顶	—	实计	型号由甲方确定
7	X	带开关单相三极暗插座	-250V 10A	套	暗装	1.5m	实计	洗衣机/防溅型	22		普通灯座（节能型）	-220V	套	吸顶	—	实计	型号由甲方确定
8	Y	单相三极暗插座	-250V 10A	套	暗装	2.1m	实计	厨房抽油烟机	23		壁灯（节能型）	-220V 1X18W	套	壁装	2.2m	实计	型号由甲方确定
9	C	单相三极暗插座	-250V 10A	套	暗装	1.5m	实计	厨房电炊具	24		客厅花灯（节能型）	-220V 9X18W	套	吸顶	—	实计	型号由甲方确定
10	R	带开关单相三极暗插座	-250V 10A	套	暗装	2.3m	实计	热水器	25		镜上灯(预留86底盒)	-220V 1X18W	套	暗装	2.0m	实计	型号由甲方确定
11	P	单相三极暗插座	-250V 10A	套	吸顶	—	实计	排气扇	26		单管日光灯（节能型）	-220V 1X18W	套	吸顶	—	实计	型号由甲方确定
12	T	单相三极多用型插座（带隔离变压器）	-250V 10A	套	暗装	1.4m	实计	美容小电器	27	LEB	局部等电位箱		套	暗装	0.3m	实计	型号由甲方确定
									28	MEB	总等电位箱		套	暗装	0.3m	实计	型号由甲方确定
13		单相四极跷板暗装开关	-250V 10A	套	暗装	1.4m	实计	型号由甲方确定	29	F	单相二极,三极插座	-250V 10A	套	暗装	0.3m	实计	防水处理
14		单相三极跷板暗装开关	-250V 10A	套	暗装	1.4m	实计	型号由甲方确定	30	F	单相单极跷板暗装开关	-250V 10A	套	暗装	1.4m	实计	防水处理
15		单相二极跷板暗装开关	-250V 10A	套	暗装	1.4m	实计	型号由甲方确定	31	F	壁灯（节能型）	-220V 1X18W	套	壁装	2.2m	实计	防水处理
16		单相单极跷板暗装开关	-250V 10A	套	暗装	1.4m	实计	型号由甲方确定									

当设备表设备数量与平面图不一致时，以平面图为准。
本工程所有插座均采用安全型。

图 12-3 调入强电主要设备表

03 将“灯具”图层置为当前图层。执行 CO（复制）命令，从强电主要设备表中选择灯具图例，将其移动复制至平面图中，如图 12-4 所示。

04 将“插座”图层置为当前图层。执行 CO（复制）命令，从强电主要设备表中移动复制插座图例至平面图中，如图 12-5 所示。

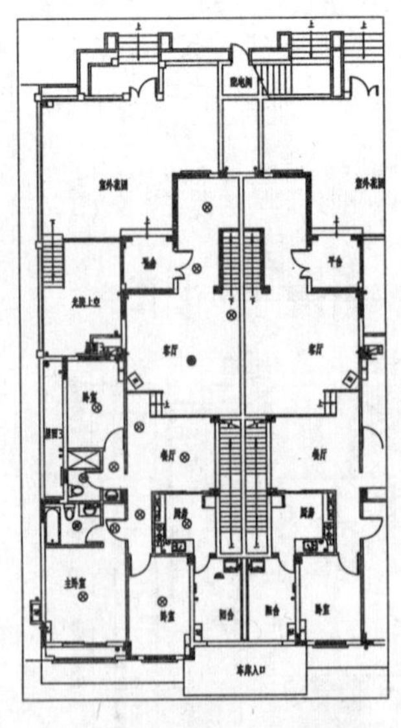

图 12-4 移动复制灯具图例

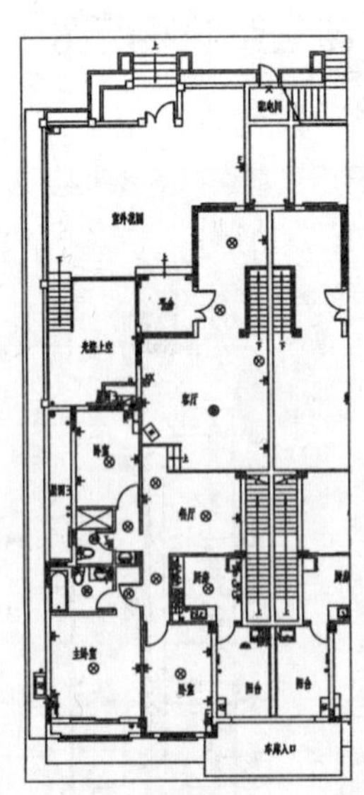

图 12-5 移动复制插座图例

05 将“开关”图层置为当前图层。

06 执行 CO（复制）命令，从表中选择开关、箱柜等图例，将其移动复制至照明平面图中，如图 12-6 所示。

07 将“导线”图层置为当前图层。

08 执行 L（直线）命令，绘制开关、灯具、插座之间的连接导线，如图 12-7 所示。

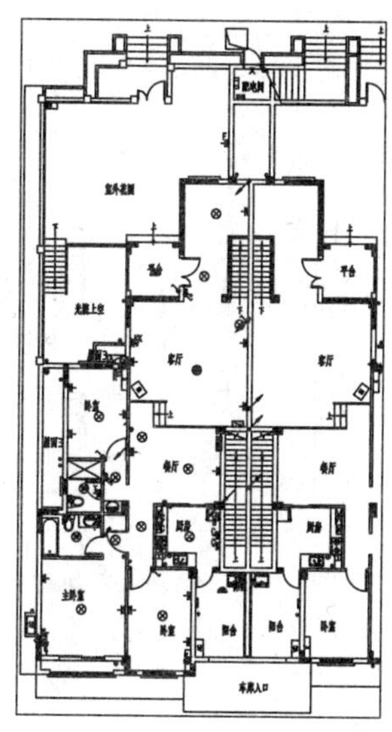

图 12-6　移动复制开关、箱柜等图例

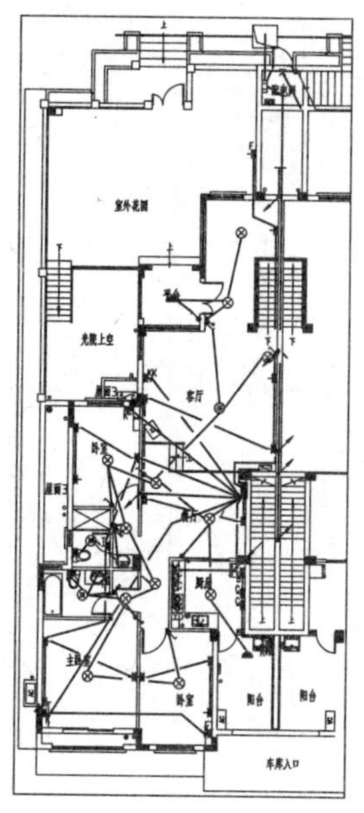

图 12-7　绘制导线

12.1.3　绘制标注

照明平面图的标注包括导线标注、引线标注，其中导线标注文字用来表示导线的根数，通常标注在导线的附近。

01 将“标注”图层置为当前图层。

02 绘制导线根数标注。执行 L（直线）命令，在导线上绘制短斜线；执行 MT（多行文字）命令，绘制根数标注。

03 绘制引线标注。执行 MLD（多重引线）命令，绘制引线标注，如图 12-8 所示。

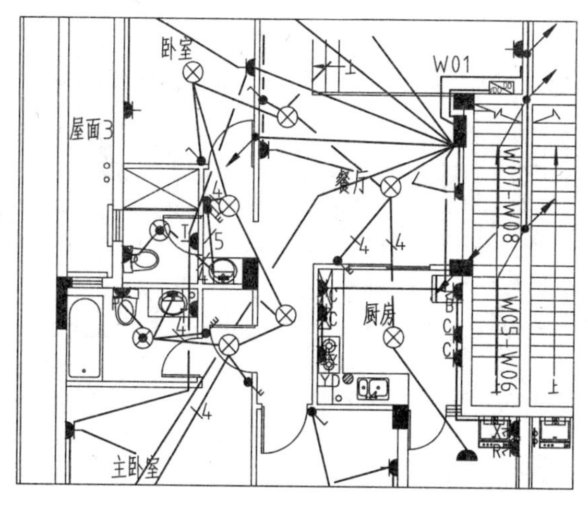

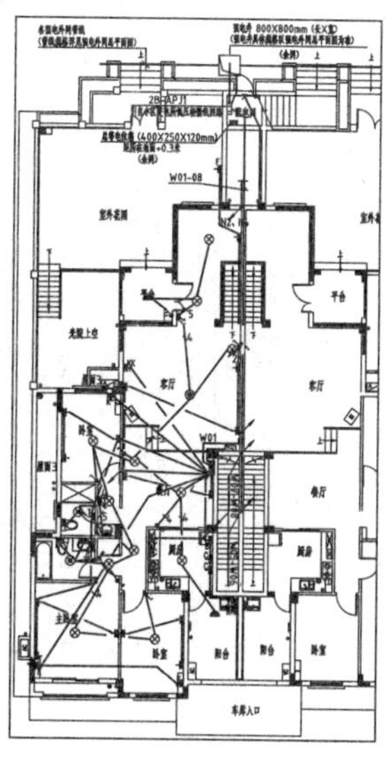

图 12-8　绘制标注

04 执行 MI（镜像）命令，选择以上所绘制的图形，将其镜像复制至右侧，如图 12-9 所示。

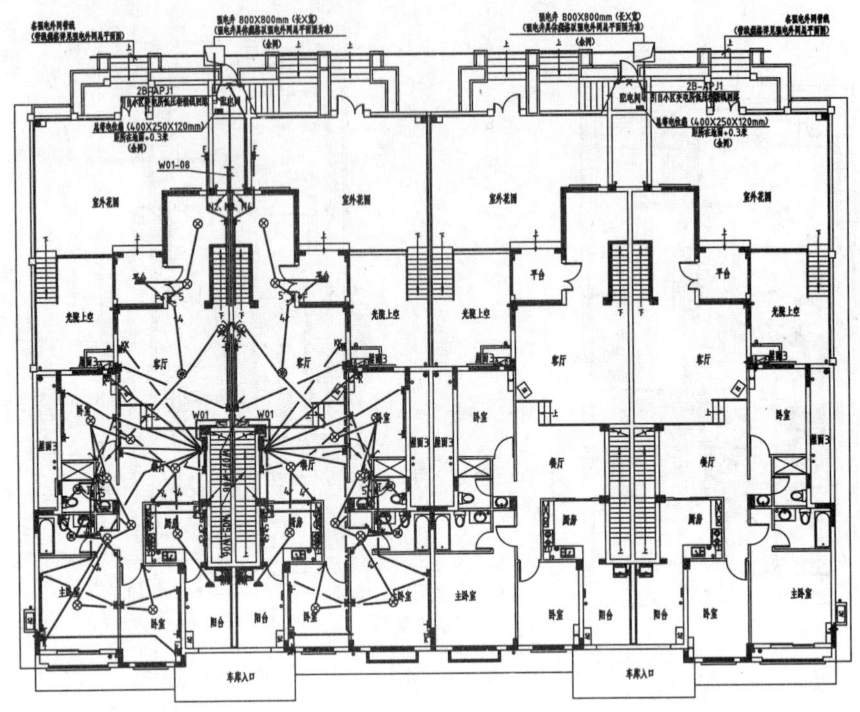

图 12-9　镜像复制图形

05 在平面图下方双击图名“一层平面图”，将其更改为“一层照明平面图”，如图 12-10 所示。

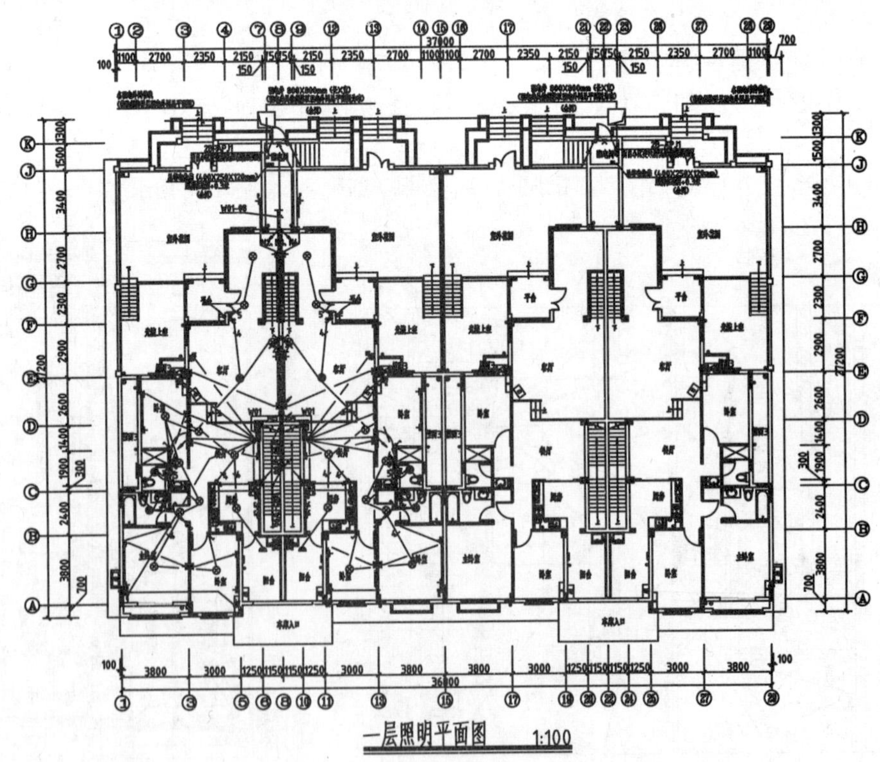

图 12-10　绘制图名标注

06 执行 MT（多行文字）命令，绘制施工说明文字，如图 12-11 所示。

说明：

1. 照明支线采用BV-450/750V2.5mm^2导线。

2.插座回路穿三根导线。单极跷板开关回路穿两根导线，双极跷板开关回路穿三根导线。其他未注明的照明回路均为三根导线。

3.住户内未注明的照明插座回路穿PVC管暗敷。住户内照明导线根数五根及以下穿PC20硬塑料管；六-八根穿PC25硬塑料管。

4.住户内各卫生间做局部等电位联结，局部等电位箱（160X80X80mm）布置在卫生间洗手盆正下方，箱底距所在地面+0.3米处，图中不再表示出局部等电位箱，其做法及联结参见标准图《D501-2》。

5.同一墙体安装的电气设备之间，管线为沿墙暗设。

6.设在露台、阳台及室外的插座和浴室距地2.25m以下插座做防水处理。

7.设在露台及室外的灯具做防水处理。

8.相同户型对照施工。

9.管线标注参见相应配电箱系统图。

10.为防止潮湿环境发生电击事故,卫生间电器均应设置于2区之外。

11.所有进出户的管线外皮均与外网总等电位箱相连。

12.住户内照明箱、家具配线箱留洞尺寸如下：

住户照明箱留洞尺寸：600X350X120（长X高X深），洞底距所在地面+1.8米。

家具配线箱留洞尺寸：300X200X120（长X高X深），洞底距所在地面+0.3米。

图 12-11　绘制施工说明文字

12.2　绘制住宅楼屋顶防雷平面图

屋顶防雷平面图表示了避雷带的敷设情况、避雷针的安装位置、数量，以及其他避雷设施的信息等。

12.2.1　设置绘图环境

01 启动 AutoCAD 2020，执行“文件”→“打开”命令，打开在第 9 章绘制的“住宅楼屋顶平面图.dwg”文件。

02 执行“文件”→“另存为”命令，将文件另存为“住宅楼屋顶防雷平面图.dwg”文件。

03 创建图层。执行 LA（图层特性管理器）命令，在弹出的“图层特性管理器”对话框中创建绘制防雷平面图所需要的图层，如图 12-12 所示。

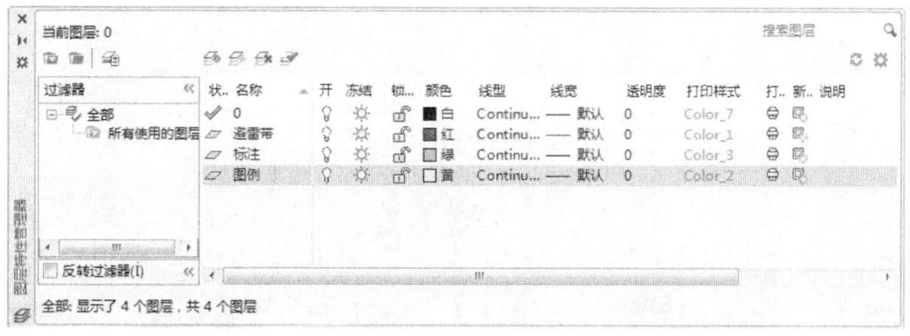

图 12-12　创建图层

12.2.2　绘制屋顶防雷平面图

屋顶防雷平面图中的图形包括避雷带、避雷针等图形，在绘制避雷带时，可以调用“直线”命令来绘制；此时所绘的直线可继承“避雷带”图层的线型属性来显示。

01 整理图形。执行 E（删除）命令、TR（修剪）命令，在住宅楼屋顶平面图上删除、修剪多余的图形，如图 12-13 所示。

02 将“避雷带”图层置为当前图层。

03 执行 L（直线）命令，绘制避雷带，如图 12-14 所示。

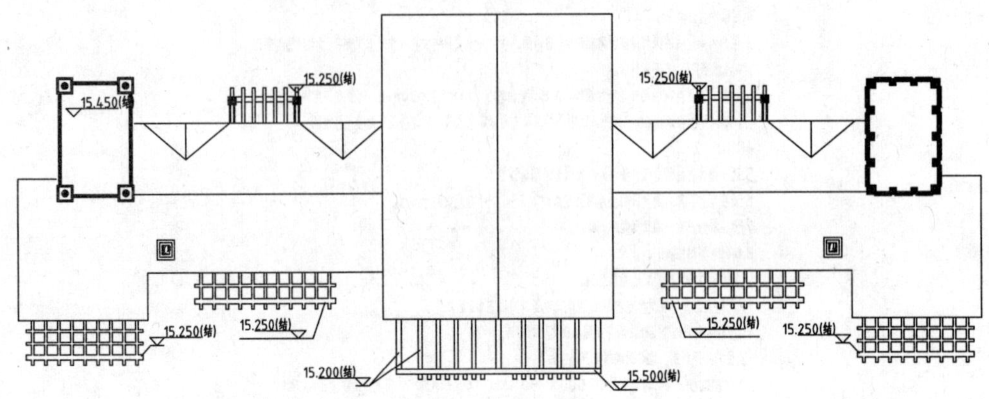

图 12-13　整理图形

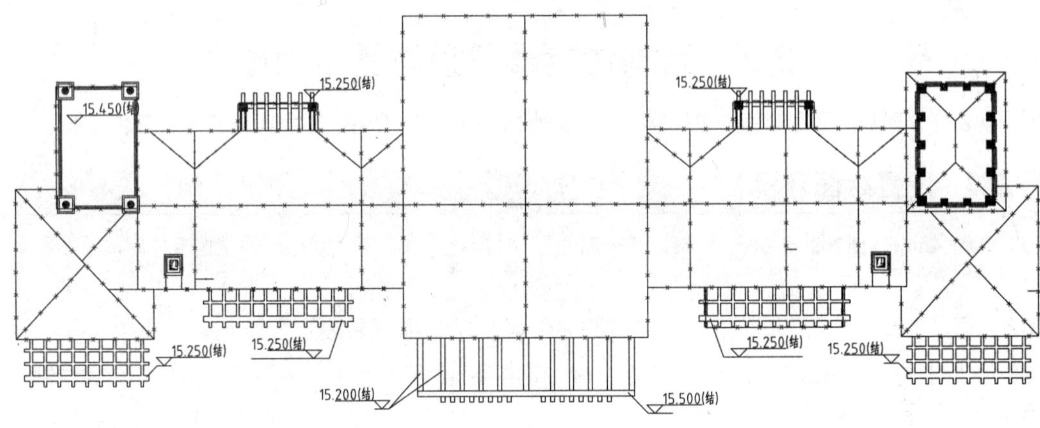

图 12-14　绘制避雷带

04 将“图例”图层置为当前图层。

05 调入图块。打开本书配套资源中的“图例图块.dwg”文件，将其中的图块复制粘贴至当前图形中，如图 12-15 所示。

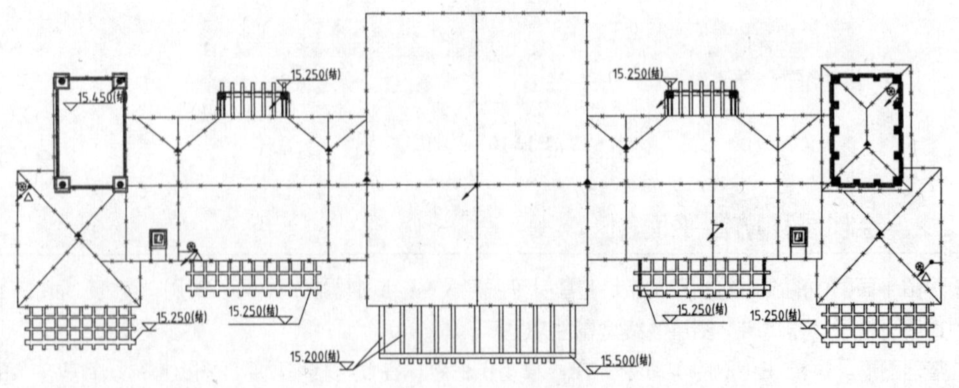

图 12-15　调入图块

06 将“标注”图层置为当前图层。

07 执行 MT（多行文字）命令，绘制文字标注，如图 12-16 所示。

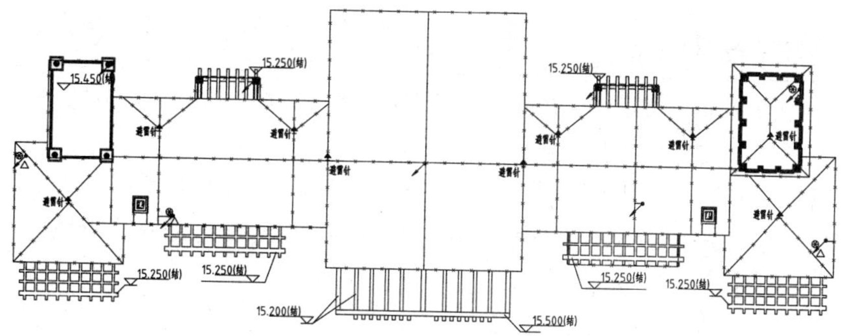

图 12-16　绘制文字标注

08 按下 Enter 键，重新执行 MT（多行文字）命令，绘制施工说明文字，如图 12-17 所示。

说明：

1. 本工程防雷等级按民用建筑三类防雷设计。
2. 为防直击雷,在住宅楼屋面四周及屋脊暗敷设φ12镀锌圆钢，并在屋脊装设避雷针(φ12镀锌圆钢，长0.3米)作为接闪器。
3. 图例：——— 明敷避雷带（采用φ12镀锌圆钢）

   ⊛ 测试点设置位置（室外地坪上0.5m处）

   ↗ 防雷引下线（利用柱内两根φ>16mm的钢筋绑扎或焊接）

   △ 外甩钢筋处（室外地坪下0.8–1m处）
4. 凡是突出屋面的金属构件均应与防雷接地系统可靠连接。
5. 在室外埋深0.8~1.0m处，由防雷引下线上焊出一根φ=12mm镀锌外甩钢筋.此导体伸向室外，距外墙皮的距离不宜小于1m。
6. 利用基础内的钢筋网作为接地装置，要求所有基础钢筋连接成整体，要求所有基础钢筋连接成整体，并与防雷引下线连接。
7. 三层露台金属栏杆与避雷带可靠焊接。
8. 避雷带均应热镀锌。

图 12-17　绘制施工说明文字

09 在平面图下方双击图名“屋顶平面图”，将其更改为“屋顶防雷平面图”，如图 12-18 所示。

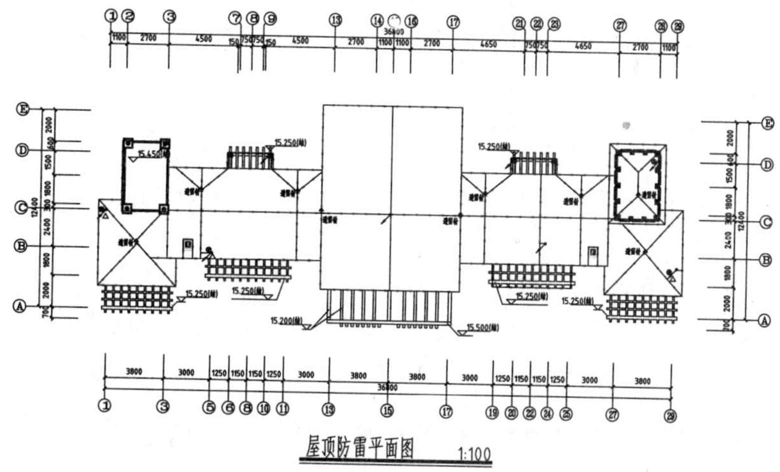

图 12-18　编辑图名标注

12.3　绘制住宅楼弱电平面图

住宅楼弱电平面图表示了房屋弱电系统的走向，弱电系统包括电视电话系统、有线电视系统、网络系统等。

12.3.1 设置绘图环境

01 启动 AutoCAD 2020，执行“文件”→“打开”命令，打开在第 9 章绘制的“住宅楼一层平面图.dwg”文件。

02 执行“文件”→“另存为”命令，将文件另存为“住宅楼弱电平面图.dwg”文件。

03 创建图层。执行 LA（图层特性管理器）命令，在弹出的“图层特性管理器”对话框中创建绘制弱电平面图所需要的图层，如图 12-19 所示。

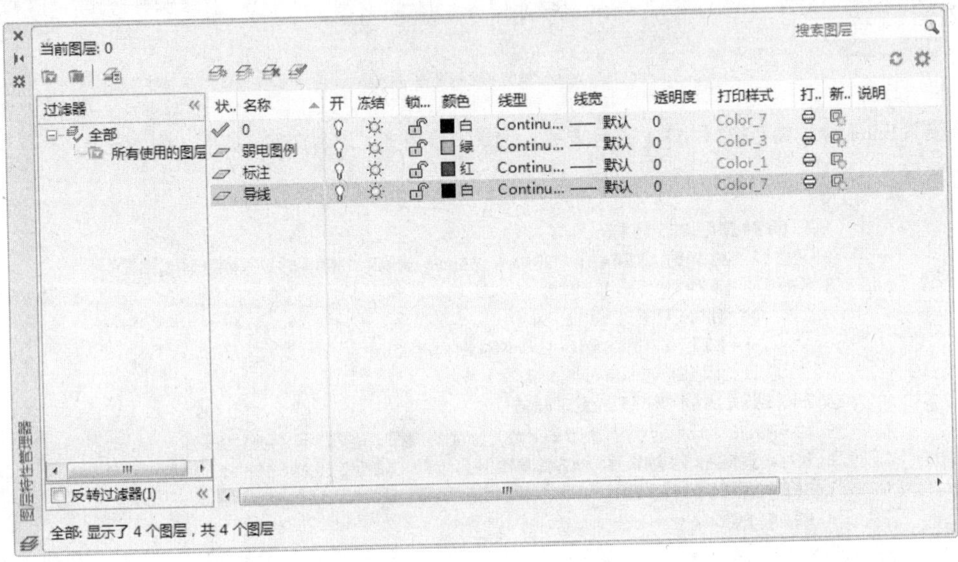

图 12-19 创建图层

12.3.2 绘制弱电平面图

弱电平面图中的图形包括各类插座、按钮，执行“复制”命令，从图例表中移动复制这些图例至平面图中，可减少绘制工作，提高效率。

01 整理图形。执行 E（删除）命令，删除平面图上多余的图形；执行 TR（修剪）命令，修剪多余线段，图形的整理结果可以参照 12.1 节绘制的照明平面图。

02 调入图例表。打开本书配套的“图例文件.dwg”文件，将电气图例表复制粘贴至当前图形中，如图 12-20 所示。

03 将“弱电图例”图层置为当前图层。

04 执行 CO（复制）命令，从图例表中选择图例，将其移动复制至弱电平面图中，如图 12-21 所示。

05 将“导线”图层置为当前图层。

06 执行 L（直线）命令，绘制导线以连接弱电设备，如图 12-22 所示。

07 将“标注”图层置为当前图层。

08 执行 L（直线）命令，绘制引线；执行 MT（多行文字）命令，绘制导线根数标注以及图例说明文字，如图 12-23 所示。

09 执行 MI（镜像）命令，将导线及弱电设备图形从左侧镜像复制至右侧，如图 12-24 所示

10 执行 MT（多行文字）命令，绘制弱电设计说明文字，如图 12-25 所示。

序号	图例	材料名称	型号及规格	单位	安装方式	安装高度（距地）	数量	附注
1		家居配线盒	非标	台	暗装	0.3	实计	
2	EL	楼宇对讲门栋主机		台	暗装	1.4m	实计	型号由甲方确定
3		电控锁		台	暗装	门框上	实计	型号由甲方确定
4		室内对讲分机		套	明装	1.4m	实计	型号由甲方确定
5	BM	读卡器		套	暗装	1.4m	实计	型号由甲方确定
6		燃气泄漏报警器		套	吸顶	_	实计	型号由甲方确定
7		门铃按钮		套	暗装	1.4m	实计	型号由甲方确定
8	TV	电视插座		套	暗装	0.3m	实计	
9	TO	单孔语音插座		套	暗装	0.3m	实计	
10	DO	单孔数据插座		套	暗装	0.3m	实计	
11		开锁按钮		台	暗装	1.6m	实计	
12	RDX	弱电过线箱（600X250X120）		台	暗装	1.8m	实计	

图 12-20 调入图例表

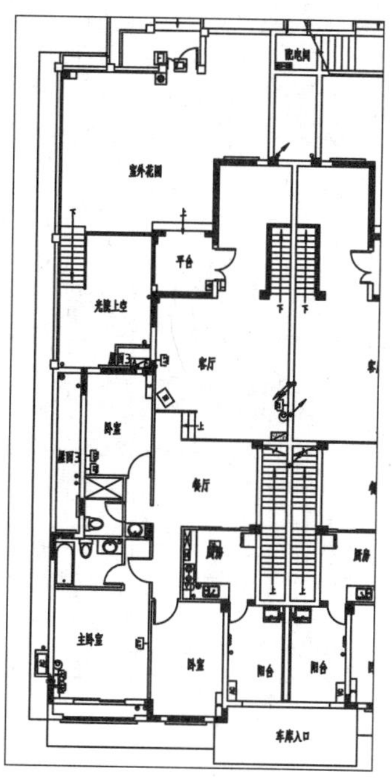

图 12-21 移动复制图例

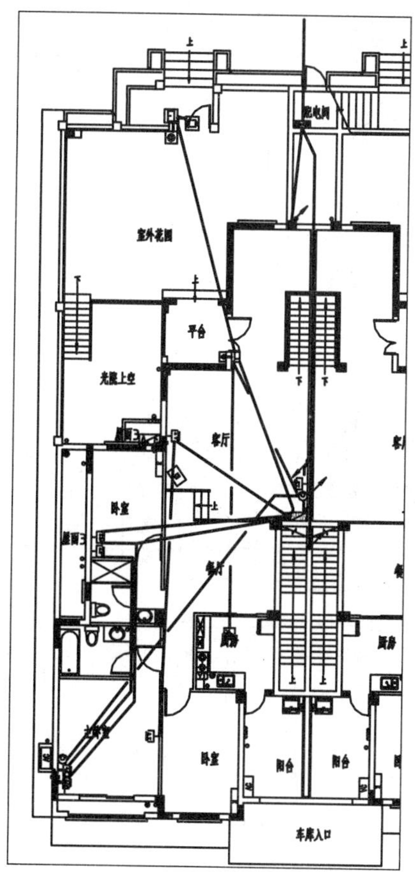

图 12-22 绘制导线

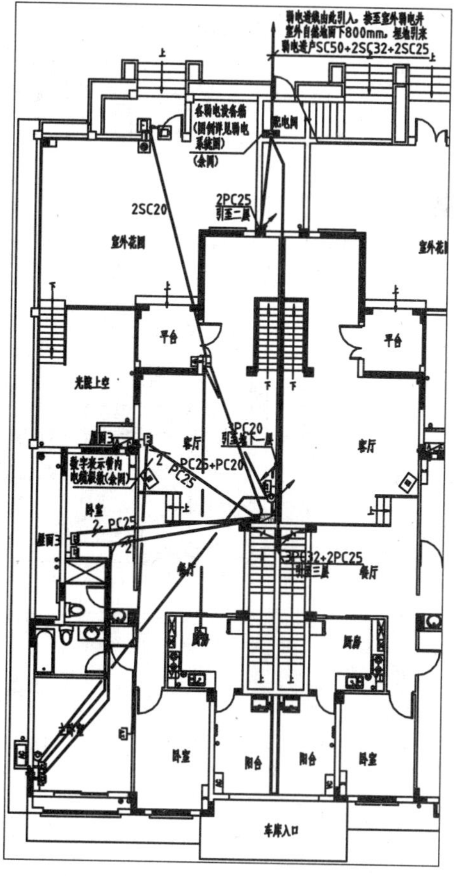

图 12-23 绘制文字标注

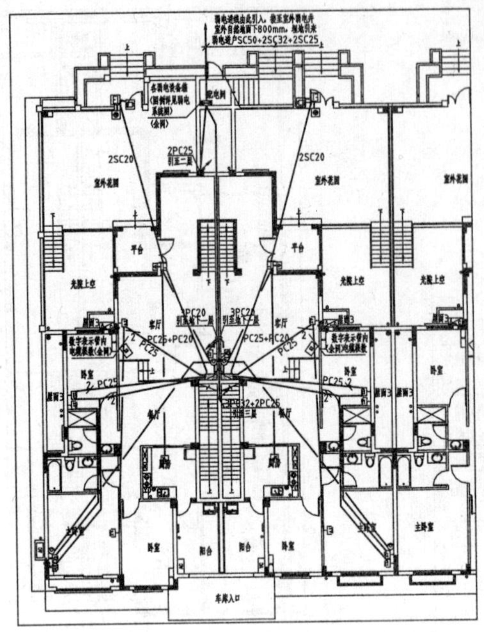

图 12-24　镜像复制图形

说明：

1.此说明仅适用于本图，未详尽处见弱电设计总说明。

2.同一墙体安装的电气设备之间，管线为沿墙暗设。

3.图中没有标注的管线均为PC20。

4.除标注或特别说明外，图中管线均为沿地板暗敷。

5.管线具体规格参见弱电系统图。

6.图中相同户型弱电对照施工。

图 12-25　绘制弱电设计说明文字

11 双击平面图下方的“一层平面图”，将其更改为“一层弱电平面图”，如图 12-26 所示。

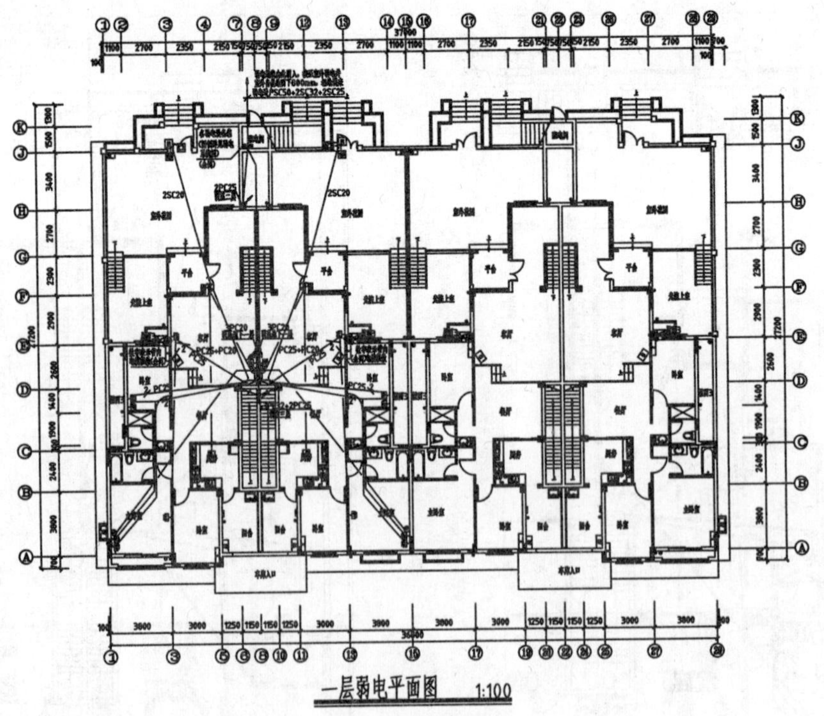

图 12-26　绘制图名标注

12.4　绘制住宅楼配电系统图

住宅楼配电系统图表示的是垂直方向上住宅楼配电箱的布置以及管线的走向，本节介绍住宅楼配电系统图的绘制方法。

12.4.1 设置绘图环境

01 启动 AutoCAD 2020，新建一个空白文件。

02 执行“文件”→“保存”命令，将其保存为“住宅楼配电系统图.dwg”文件。

03 创建图层。执行 LA（图层特性管理器）命令，在弹出的“图层特性管理器”对话框中创建绘制配电系统图所需要的图层，如图 12-27 所示。

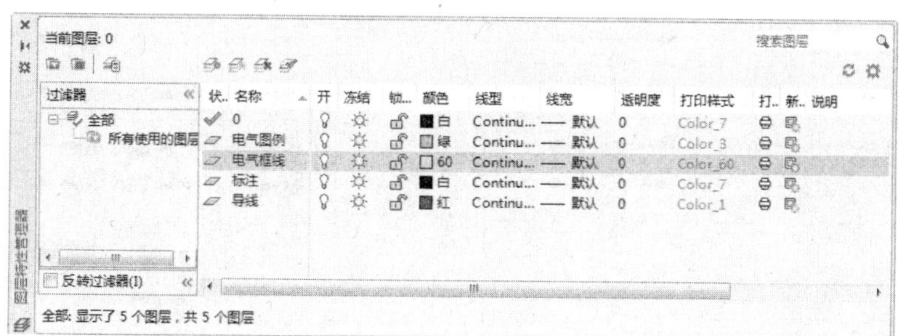

图 12-27 创建图层

12.4.2 绘制配电系统图

配电系统图中包含的图形主要是配电箱及导线，在绘制完成系统图的各类图形后，还需要绘制文字标注，以表示系统图中各图形的含义。

01 将“电气框线”图层置为当前图层。

02 执行 REC（矩形）命令，绘制矩形；执行 X（分解）命令，分解矩形。

03 执行 O（偏移）命令、TR（修剪）命令，偏移并修剪矩形边，绘制边框，如图 12-28 所示。

04 将“电气图例”图层置为当前图层。

05 调入图例表。打开本书配套的“图例文件.dwg”文件，将电气图例表复制粘贴至当前图形中（见图 12-3）。

06 执行 CO（复制）命令，在电气图例表中选择电表箱、照明配电箱图形，将其移动复制至系统图中，如图 12-29 所示。

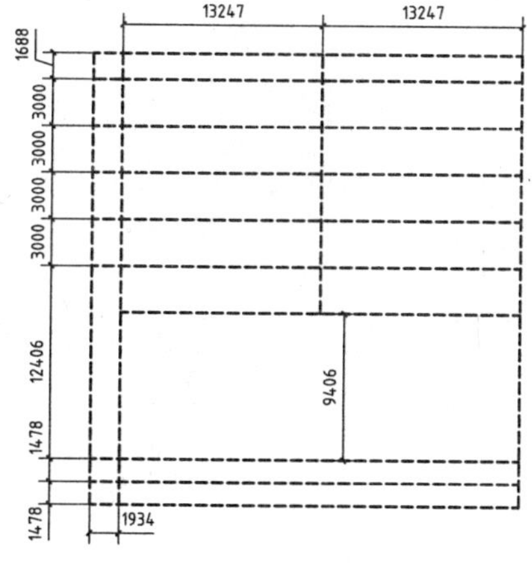

图 12-28 绘制边框

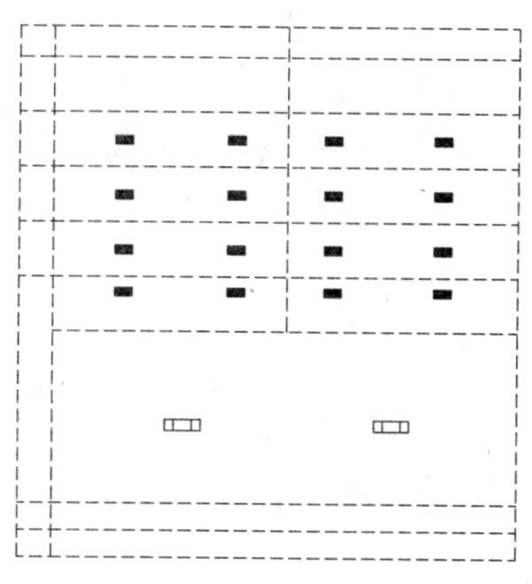

图 12-29 移动复制电气图例

07 将“导线”图层置为当前图层。

08 执行 L（直线）命令，绘制导线以连接电气设备，如图 12-30 所示。

09 将“标注”图层置为当前图层。

10 执行 L（直线）命令、MT（多行文字）命令，绘制引线以及文字标注，完成引线标注的绘制，如图 12-31 所示。

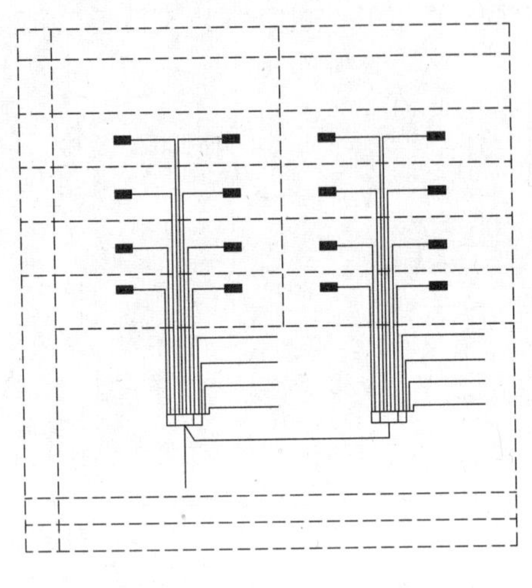

图 12-30　绘制导线

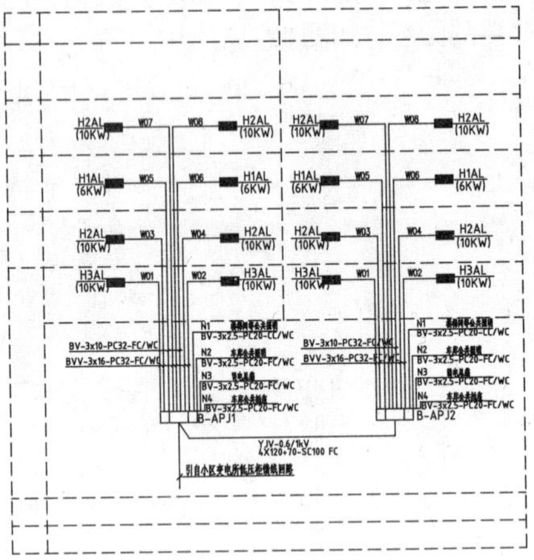

图 12-31　绘制引线标注

11 重复执行 MT（多行文字）命令，绘制文字标注；执行 PL（多段线）命令，绘制起点宽度为 120，端点宽度为 0 的指示箭头，如图 12-32 所示。

12 执行 PL（多段线）命令，绘制宽度为 160、0 的下划线；执行 MT（多行文字）命令，绘制图名标注，如图 12-33 所示。

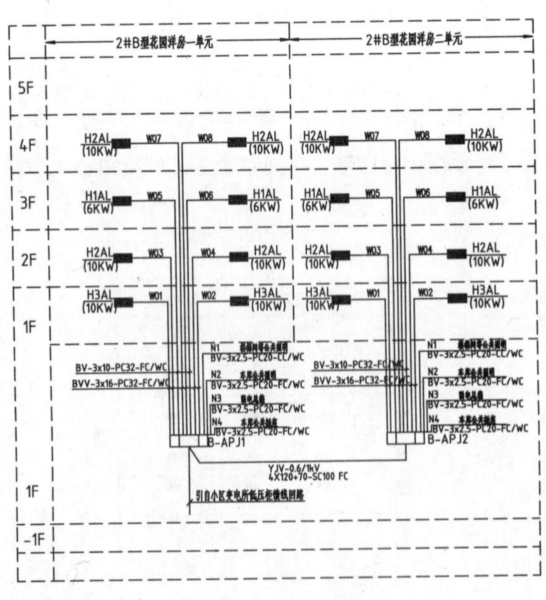

图 12-32　绘制文字标注

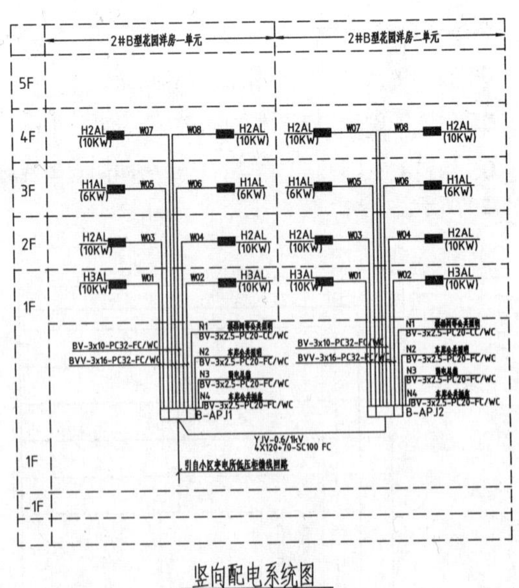

图 12-33　绘制图名标注

第3篇 公共建筑篇

第13章 商场建筑平面图的绘制

本章导读

商场建筑平面图也就是商场的水平剖面图，表示商场的平面形状、大小、内部布置以及各区域之间的相互关系。

本章介绍商场底层平面图及屋面平面图的绘制方法。

本章重点

- 了解商场建筑的分类
- 掌握商场底层平面图的绘制方法
- 掌握商场屋面平面图的绘制方法
- 掌握商场其他楼层平面图的绘制方法

13.1 商场项目概述

商场是我们经常都可以见到的建筑物之一，本节介绍商场的基本知识，为下面章节开始学习的商场建筑设计施工图的绘制打下基础。

商场的类型有百货商城、商业步行街、购物中心、超级市场、自选商场、专卖店等。以下对其中常见的百货商城、专卖店进行简单的介绍。

13.1.1 百货商城

百货商城是指在同一商店销售空间内，同时经营多种商品，主要以售货员介绍商品的销售形式为主。

百货商城可以根据经营面积和经营规模分为小型百货店、中型百货店、大型百货商场和巨型综合性购物中心。

1. 小型百货店

小型百货店如图 13-1 所示，其自身特点如下。

- 营业面积：10 ~ 1000m^2 以下的百货店。
- 经营项目：日常生活中不可缺少的小物品。
- 装饰特点：简洁大方整齐，能充分利用有限面积，重点装饰在门头招牌处。

2. 中型百货店

中型百货店如图 13-2 所示，其自身特点如下。

- 营业面积：1000 ~ 5000 m^2 的百货店。
- 经营项目：日常生活必需品及其他稍微大件的物品，如服饰、电器等。
- 装饰特点：整体空间排列紧凑，柜台以沿墙式和立柱岛式居多；设置商品展示台；使用的装饰材料较为高档；设计风格注重个性及装饰效应。

图 13-1 小型百货店

图 13-2 中型百货店

3. 大型百货店

大型百货店如图 13-3 所示，其自身特点如下。

- 营业面积：5000 m^2 以上、具有单层或多层销售空间的百货零售商店。
- 经营项目：商品种类齐全，注重品牌销售和品牌宣传。
- 装饰特点：讲究设计的整体性；根据不同的经营项目安排空间布局和规划；界面处理在衬托商品的前提下和整体相协调；注重细小环节的装饰处理。

4. 巨型综合购物中心

巨型购物中心如图 13-4 所示，其自身特点如下。

➢ 营业面积：数万 m^2。

➢ 经营项目：集购物、餐饮、娱乐和多种销售模式为一体的综合性购物中心。

➢ 装饰特点：注重整体性，装饰档次高；讲究人文环境设计；界面要求更加富有艺术感、个性感。

图 13-3　大型百货店

图 13-4　巨型购物中心

13.1.2　专卖店

专卖店指专门销售某一类型商品或某一品牌商品的专营店。根据格局、经营规模或销售模式，专营店分为三类。

1.　商场型专卖店

商场型专卖店如图 13-5 所示，其特点如下。

➢ 经营特点和规模：规模较大，面积通常在数千平米以上，分单层或多层销售空间进行某一类商品的销售。商品时尚性强，档次齐全。

➢ 装饰特点：强调该类商品的特点或特征。室内装修的档次较高，注重商品陈列形象和品牌效应。

2.　专业型专卖店

专业型专卖店如图 13-6 所示，其特点如下。

➢ 经营特点和规模：经营面积大大小于商场型专卖店，经营某一种特定商品，专业性较强，具有一定的时尚代表性，但仍属于面向大众消费型的商店。

➢ 装饰特点：装修档次属于中等，装饰的重点一般为店面的艺术造型，注重造型的独特性和招揽功能。

图 13-5　商场型专卖店

图 13-6　专业型专卖店

3. 品牌型专卖店

品牌型专卖店如图 13-7 所示，其特点如下。

➢ 经营特点和规模：专营某一品牌或某一知名公司生产的系列商品，通常以连锁店的形式出现。

➢ 装饰特点：其室内装饰小而精，特别注重突出商品或公司的商标及品牌名称，店面的设计有潮流感且富有个性。

图 13-7 品牌型专卖店

13.2 绘制商场底层平面图

商场底层平面图表示了墙体的位置、厚度及门窗的尺寸等信息。

13.2.1 设置绘图环境

01 启动 AutoCAD 2020，创建一个空白文件；执行“文件”→“保存”命令，将其保存为“商场底层平面图.dwg”文件。

02 设置绘图单位。执行“格式”→“单位”命令，在“图形单位”对话框中设置相关参数，如图 13-8 所示。

03 设置文字样式。执行“格式”→“文字样式”命令，在“文字样式”对话框中新建名称为“建筑标注文字”和“轴号标注”的新样式，并设置相应参数，如图 13-9 所示。

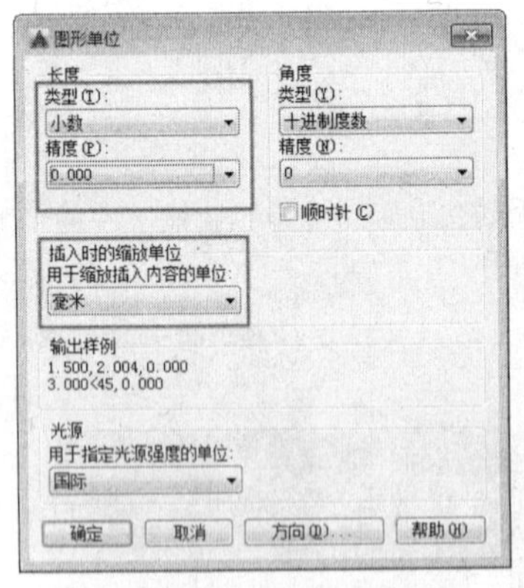

图 13-8 设置图形单位

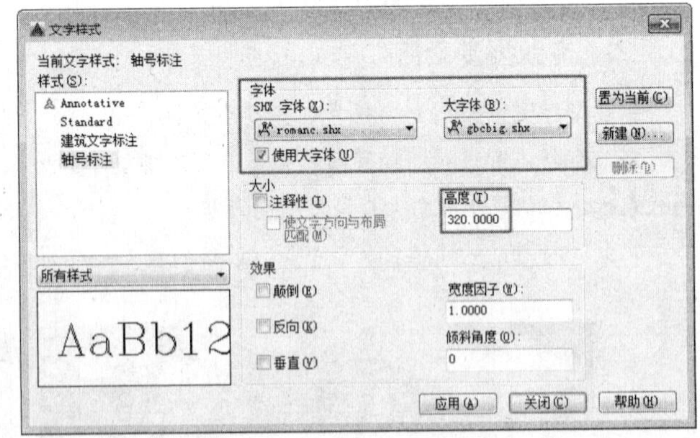

图 13-9 设置文字样式

04 设置引线样式。执行“格式”→“多重引线样式”命令，在“多重引线样式管理器”对话框中新建名称为“引线标注”的新样式，单击“继续”按钮，对样式参数进行设置。

05 在“修改多重引线样式”对话框中分别选择“引线格式”选项卡、“内容”选项卡，设置相应参数，如图 13-10 所示。

06 设置尺寸标注样式。尺寸标注样式的设置请参考 9.2.1 节中的介绍，本节就不再赘述。

07 样式设置完成后，均将其置为当前正在使用的样式，以便在绘图的过程中调用；可以在“样式”工具栏中显示当前各类样式，如图 13-11 所示。

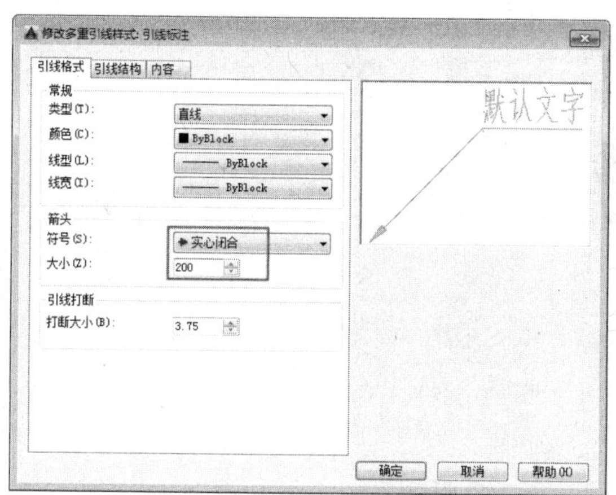
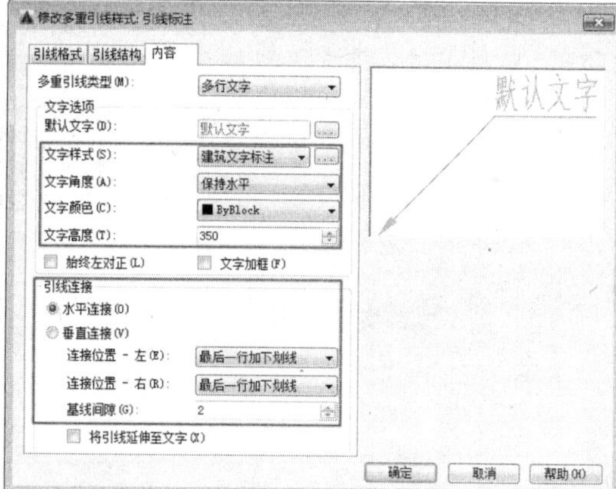

图 13-10　设置引线样式参数

图 13-11　“样式”工具栏

商场底层平面图主要由轴线、门窗、墙体、楼梯、文字标注、尺寸标注等元素组成，因此绘制平面图形时，应建立图 13-1 中所列的图层。

表 13-1　图层设置

序号	图层名	描述内容	线宽	线型	颜色	打印属性
1	文字标注	文字、比例、图名	默认	实线(CONTINUOUS)	白色	打印
2	轴线	定位轴线	默认	中心线(CENTER)	红色	不打印
3	台阶	室外台阶	默认	实线(CONTINUOUS)	白色	打印
4	散水	散水	默认	实线(CONTINUOUS)	白色	打印
5	墙体	墙体	默认	实线(CONTINUOUS)	洋红色	打印
6	坡道	坡道	默认	实线(CONTINUOUS)	白色	打印
7	门窗	门窗	默认	实线(CONTINUOUS)	青色	打印
8	楼梯	楼梯间	默认	实线(CONTINUOUS)	黄色	打印
9	盥洗池	空调板位置	默认	实线(CONTINUOUS)	23 色	打印
10	尺寸标注	尺寸标注	默认	实线(CONTINUOUS)	绿色	打印
11	标准柱	墙柱	默认	实线(CONTINUOUS)	黄色	打印

08 创建图层。执行“格式”→“图层特性管理器”命令，在弹出的“图层特性管理器”对话框中创建如表 12-1 中的图层，如图 13-12 所示。

09 参照 5.2.3 中介绍的绘制标高图块的方式，绘制并创建标高图块，方便在对图形执行标注操作时运用。

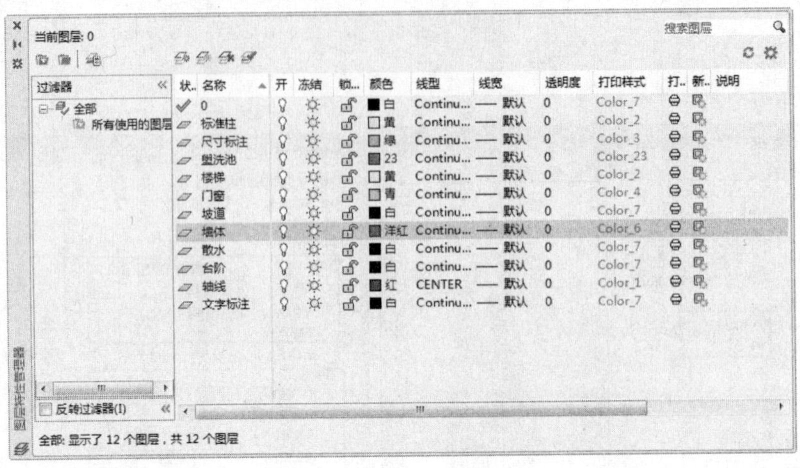

图 13-12 创建图层

13.2.2 绘制轴线/墙体

轴网由水平轴线、垂直轴线组成，为绘制墙体、门窗图形提供定位作用。因此，在绘制墙体等其他图形前，应首先绘制轴网。

01 将“轴线”图层置为当前图层。

02 执行 L（直线）命令，分别绘制水平轴线和垂直轴线；执行 O（偏移）命令，在水平方向及垂直方向上偏移轴线；执行 TR（修剪）命令，修剪轴线，完成轴网的绘制，如图 13-13 所示。

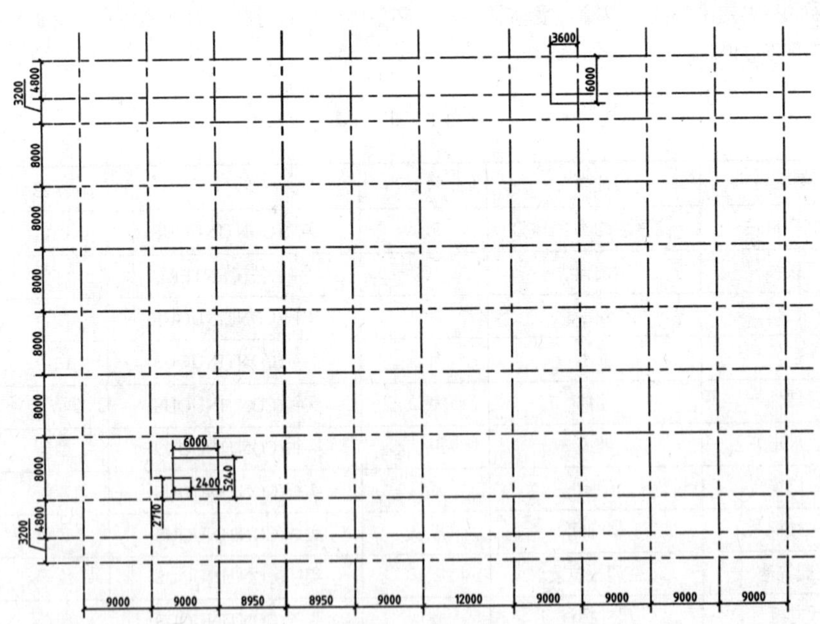

图 13-13 绘制轴网

03 将“墙体”图层置为当前图层。

04 执行 ML（多线）命令，在命令行提示“指定起点或 [对正(J)/比例(S)/样式(ST)]:”时，设置比例为 200，对正方式为“无（Z）”，以轴线的交点为起点来绘制墙线。

05 继续执行 ML（多线）命令，绘制宽度为 240 的墙体以及宽度为 400 的女儿墙，如图 13-14 所示。

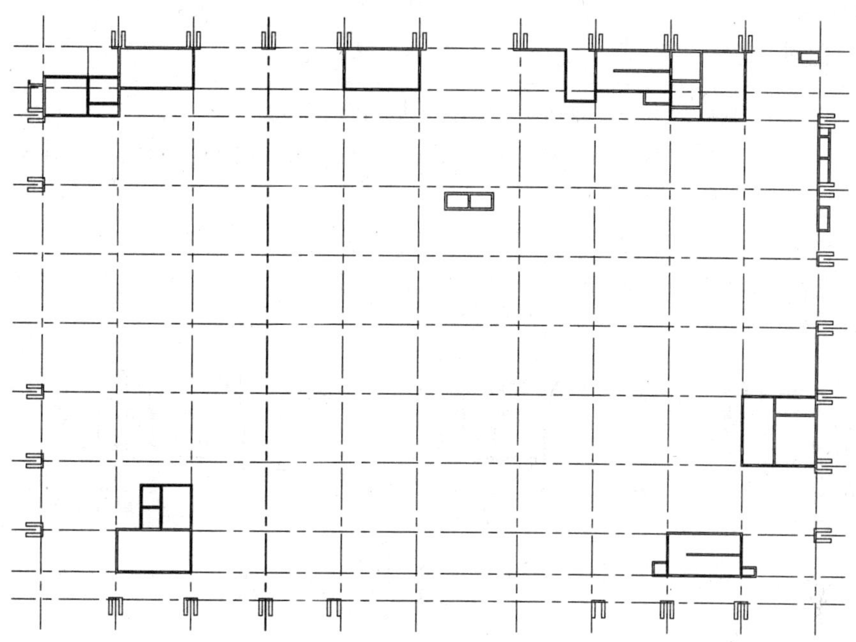

图 13-14　绘制墙体

06 将“标准柱”图层置为当前图层。

07 执行 REC（矩形）命令，分别绘制尺寸为 700×700、400×400、400×300 的矩形作为标准柱的外轮廓。

08 执行 H（图案填充）命令，在“图案填充和渐变色”对话框中选择 SOLID 图案，选择矩形为填充区域，绘制图案填充，如图 13-15 所示。

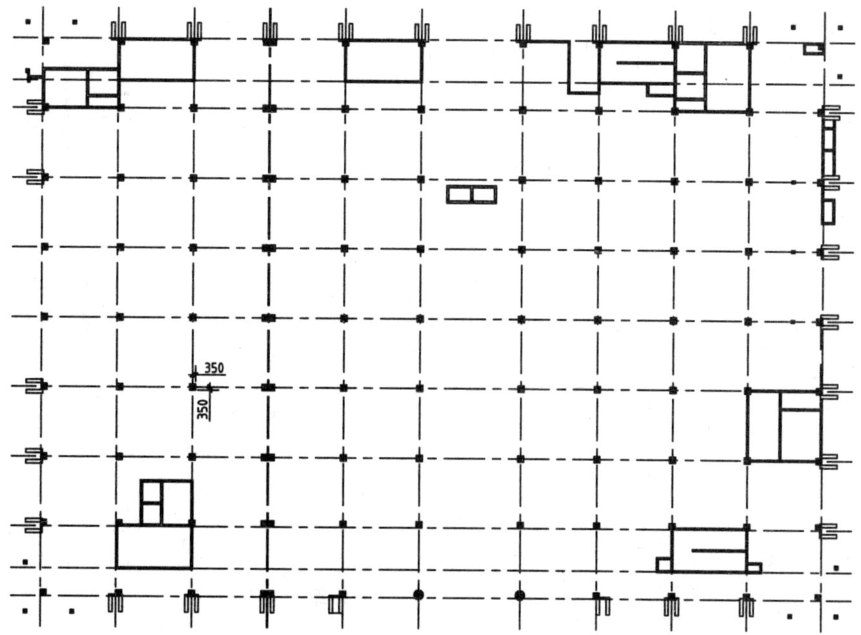

图 13-15　绘制标准柱并填充图案

13.2.3 绘制门窗

门窗是建筑物不可或缺的构件，在绘制平面门窗时可以通过设置多线样式、执行“多线”命令来绘制，如此可节约绘图时间。将绘制完成的门窗图形创建成块，通过执行“插入”命令来调入图块，可随时调整图块的大小、角度，是简化绘图工作的一个有效方法。

01 关闭“轴线”图层。将“门窗”图层置为当前图层。

02 执行 L（直线）命令，绘制门窗洞口线；执行 TR（修剪）命令，修剪墙线，完成门窗洞口的绘制，如图 13-16 所示。

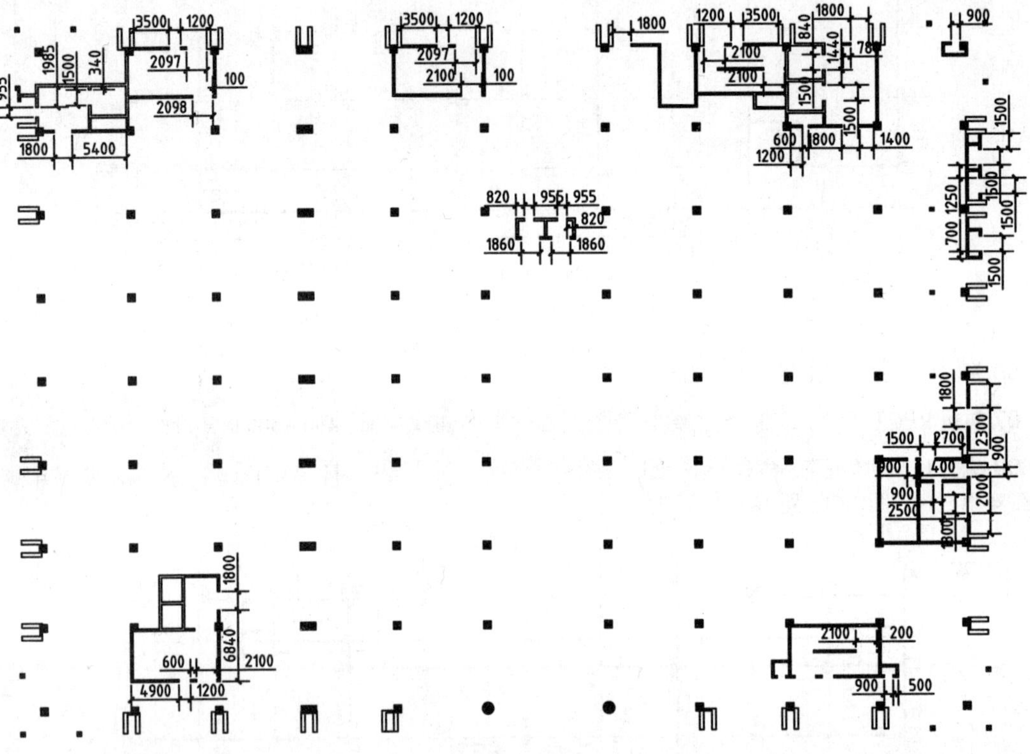

图 13-16　绘制门窗洞口

03 设置多线样式。执行“格式”→“多线样式”命令，在弹出的“多线样式”对话框中分别创建名称为“窗1”“窗 2”“窗 3”的新样式；单击“继续”按钮，在“新建多线样式”对话框中分别设置多线样式参数，如图 13-17 所示。

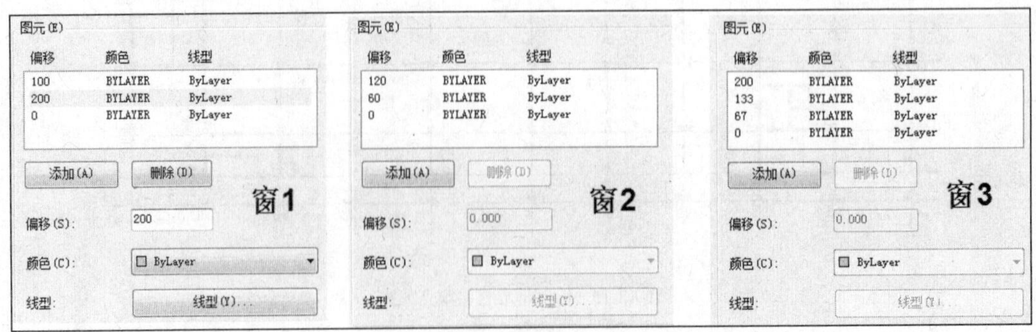

图 13-17　设置多线样式参数

04 执行 ML（多线）命令，依次选择上一步骤所创建的多线样式，设置比例为 1，在窗洞中分别指定起点、端点，以完成平面窗图形的绘制，如图 13-18 所示。

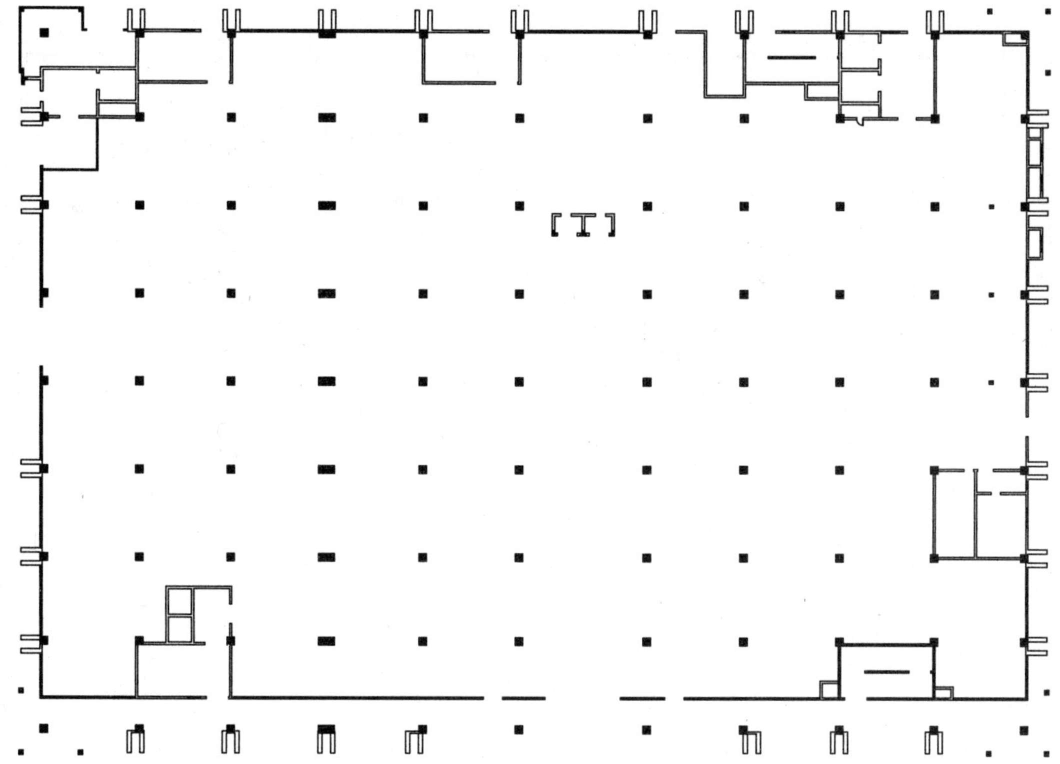

图 13-18　绘制平面窗图形

05 绘制门图形。执行 REC（矩形）命令，绘制门扇；执行 A（圆弧）命令，绘制圆弧以表示门的开启方向，如图 13-19 所示。

06 分别选择门图形，执行 B（创建块）命令，在弹出的“块定义”对话框中将选择的图形创建成块，以方便在绘图过程中调用。

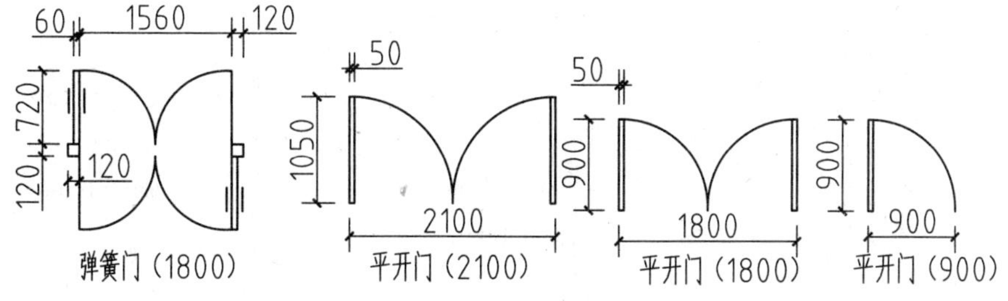

图 13-19　绘制门图形

07 执行 I（插入）命令，在“插入”对话框中选择门图形将其插入平面图中，如图 13-20 所示。

13.2.4　绘制楼梯

楼梯作为垂直方向上的交通构件，是在建筑平面图中必须表现的图形。商场平面图中的楼梯有三种类型，分别是常见的矩形双跑楼梯、电梯、自动扶梯。前两种楼梯图形可以通过绘图/编辑命令来得到，自动扶梯图形可以直接调用本书配套资源提供的图块。

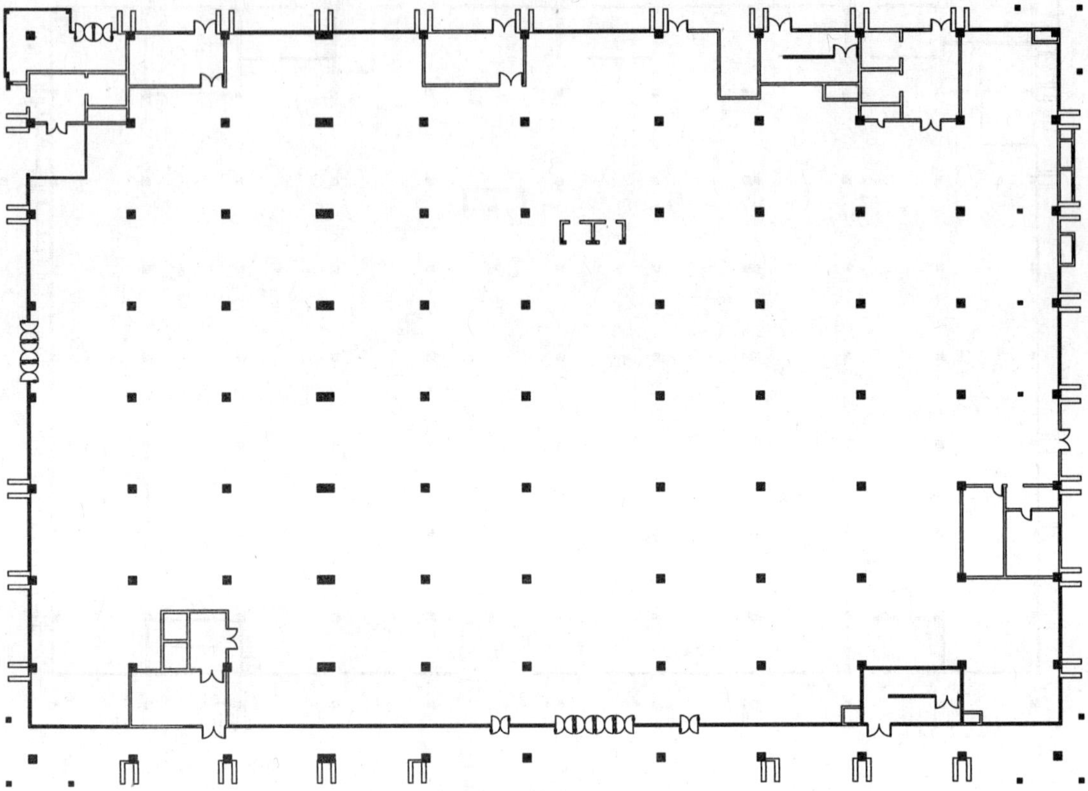

图 13-20　插入门图形

01 将“楼梯”图层置为当前图层。

02 执行 L（直线）命令、O（偏移）命令、TR（修剪）命令，绘制楼梯平面图形；执行 PL（多段线）命令，绘制起点宽度为 100、端点宽度为 0 的指示箭头；执行 MT（多行文字）命令，绘制文字标注，如图 13-21 所示。

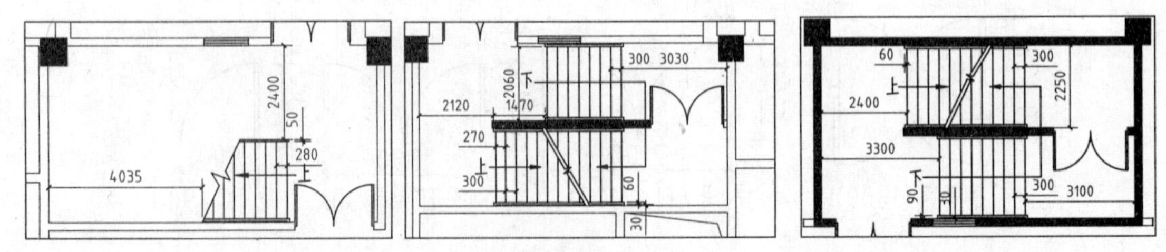

图 13-21　绘制楼梯平面图形

03 重复上述操作，继续绘制其他区域的楼梯平面图形，如图 13-22 所示。

04 绘制电梯平面图形。执行 REC（矩形）命令、L（直线）命令、A（圆弧）命令、TR（修剪）命令，绘制如图 13-23 所示的电梯平面图形。

05 重复上述操作，继续绘制其他区域的电梯平面图形，如图 13-24 所示。

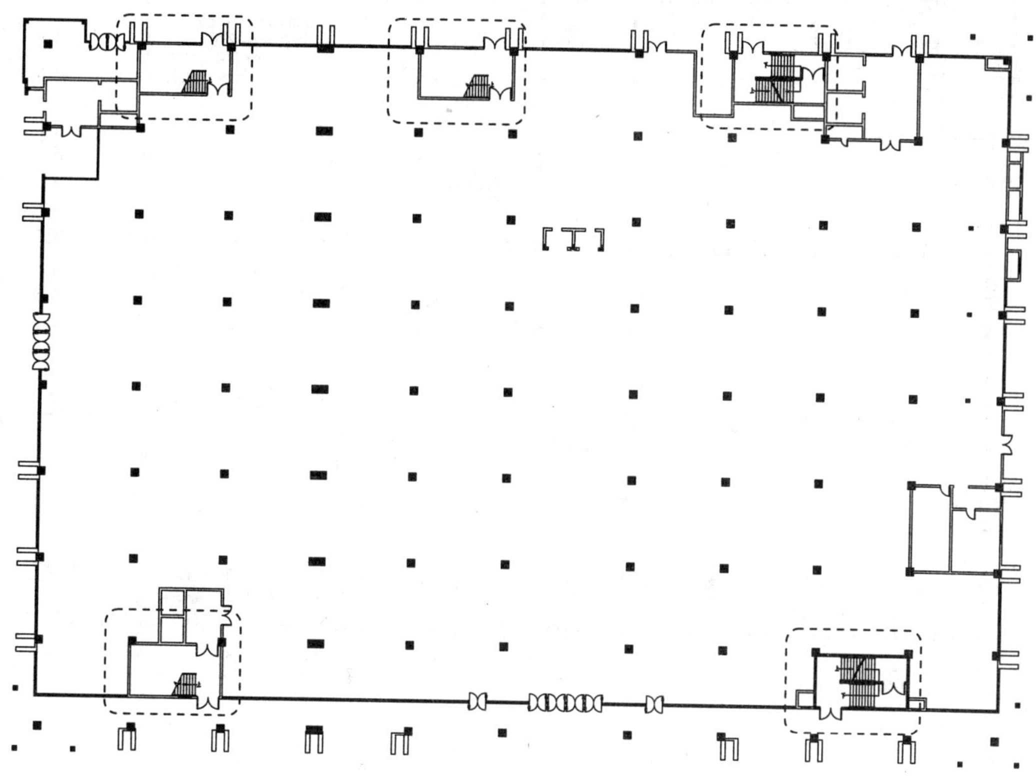

图 13-22　绘制其他区域的电梯平面图形

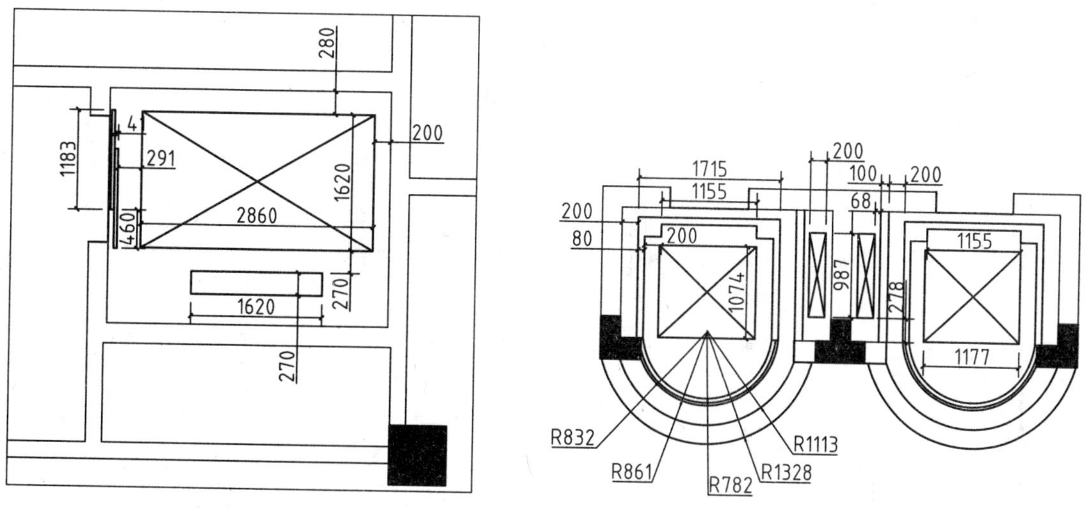

图 13-23　绘制电梯平面图形

06 调入图块。打开本书提供的“图例图块.dwg”文件，将其中的自动扶梯图块复制粘贴至当前图形中，如图 13-25 所示。

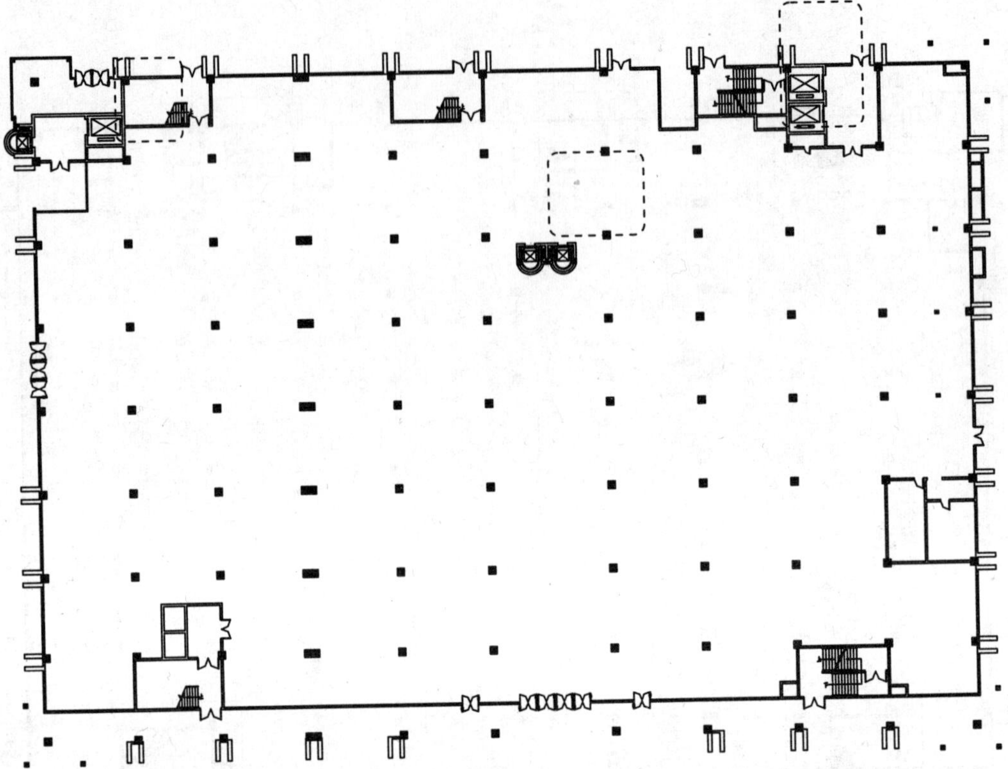

图 13-24　操作其他区域的电梯平面图形

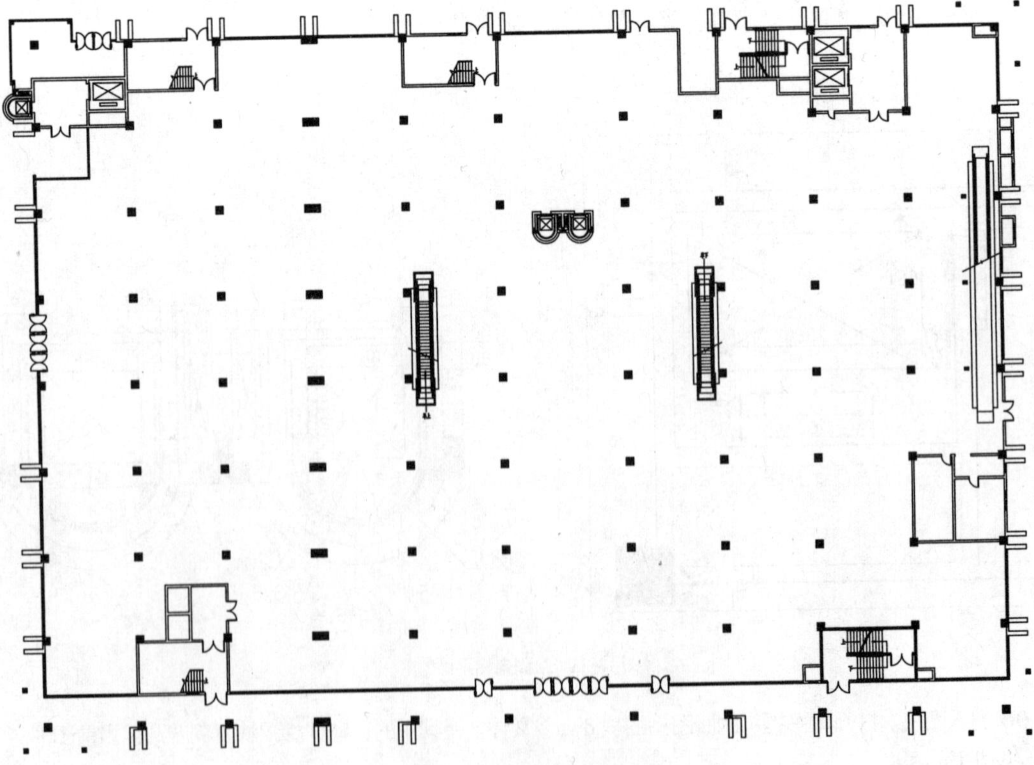

图 13-25　调入自动扶梯图块

13.2.5 绘制盥洗室

盥洗室是商场一个重要的附属设施空间，为人们提供便利。盥洗室位于商场大门的右侧，既靠近楼梯，也方便识别。

01 将“盥洗室”图层置为当前图层。

02 绘制隔断及洗手台。执行 L（直线）命令、O（偏移）命令、TR（修剪）命令，绘制隔断及洗手台轮廓线，如图 13-26 所示。

03 绘制隔断门。执行 REC（矩形）命令，绘制尺寸为 450×20 的矩形；执行 RO（旋转）命令，设置旋转角度为 60°，旋转矩形；执行 A（圆弧）命令，绘制圆弧，完成隔断门的绘制，如图 13-27 所示。

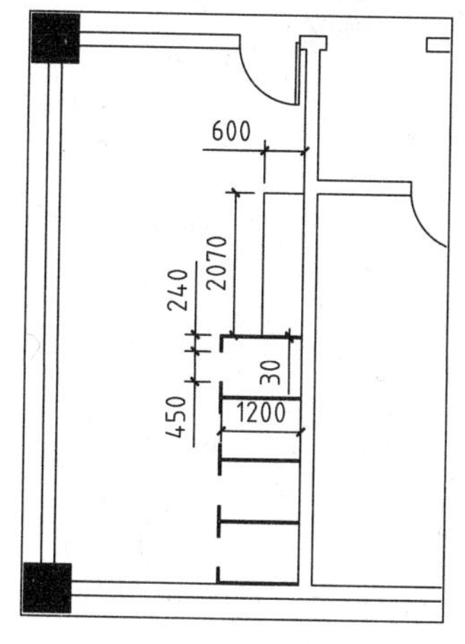

图 13-26　绘制隔断及洗手台轮廓线

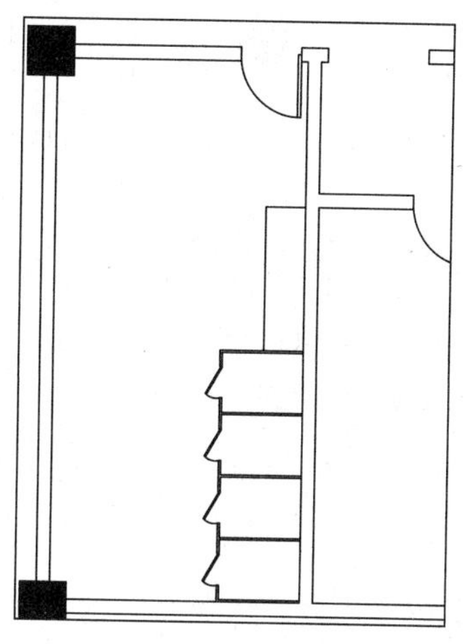

图 13-27　绘制隔断门

04 执行 MI（镜像）命令，将左侧的隔断及洗手台图形镜像复制至右侧，如图 13-28 所示。

05 执行 REC（矩形）命令、CO（复制）命令、A（圆弧）命令，绘制隔板及无障碍卫生间，如图 13-29 所示。

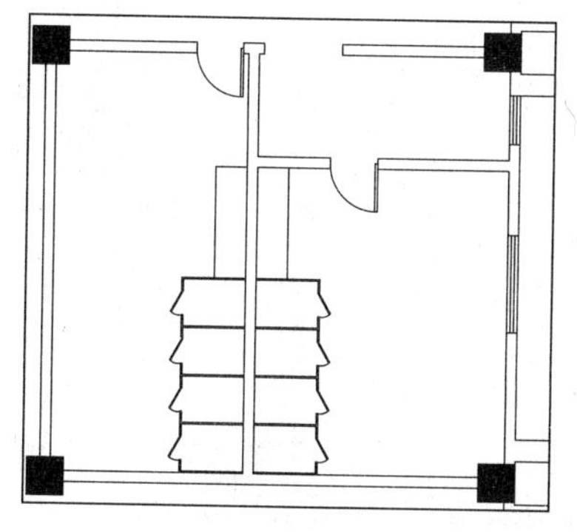

图 13-28　镜像复制图形

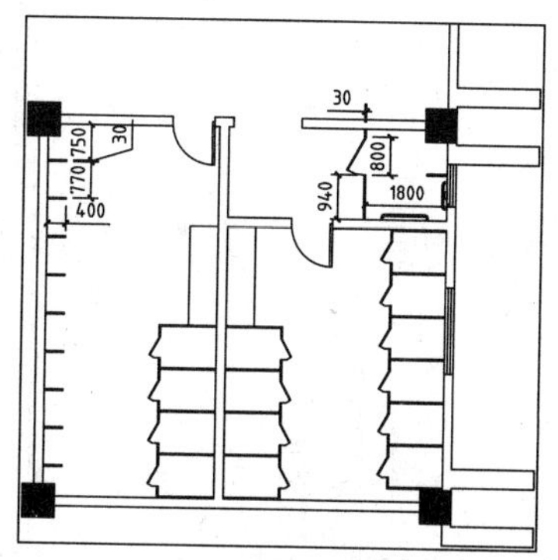

图 13-29　绘制隔板及无障碍卫生间

06 调入图块。打开本书提供的“图例图块.dwg”文件，将其中的洁具图块复制粘贴至当前图形中，如图 13-30 所示。

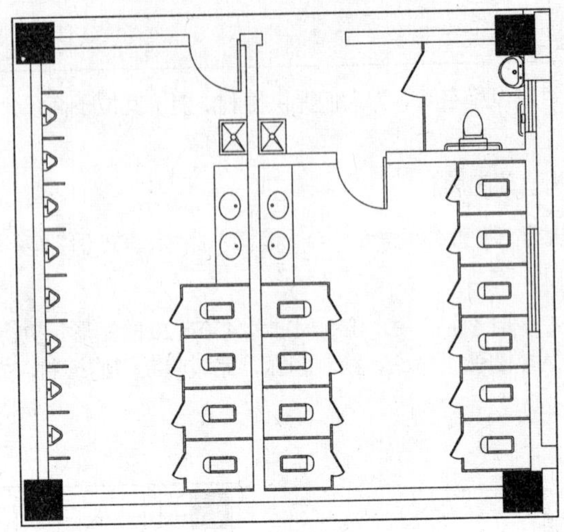

图 13-30　调入洁具图块

13.2.6　绘制其他图形

平面图的其他图形包括防火分区轮廓线、坡道、台阶等，本节分别介绍其绘制方式。

01 将“墙体”图层置为当前图层。

02 执行 L（直线）命令、O（偏移）命令，绘制并偏移直线，完成防火分区轮廓线的绘制，如图 13-31 所示。

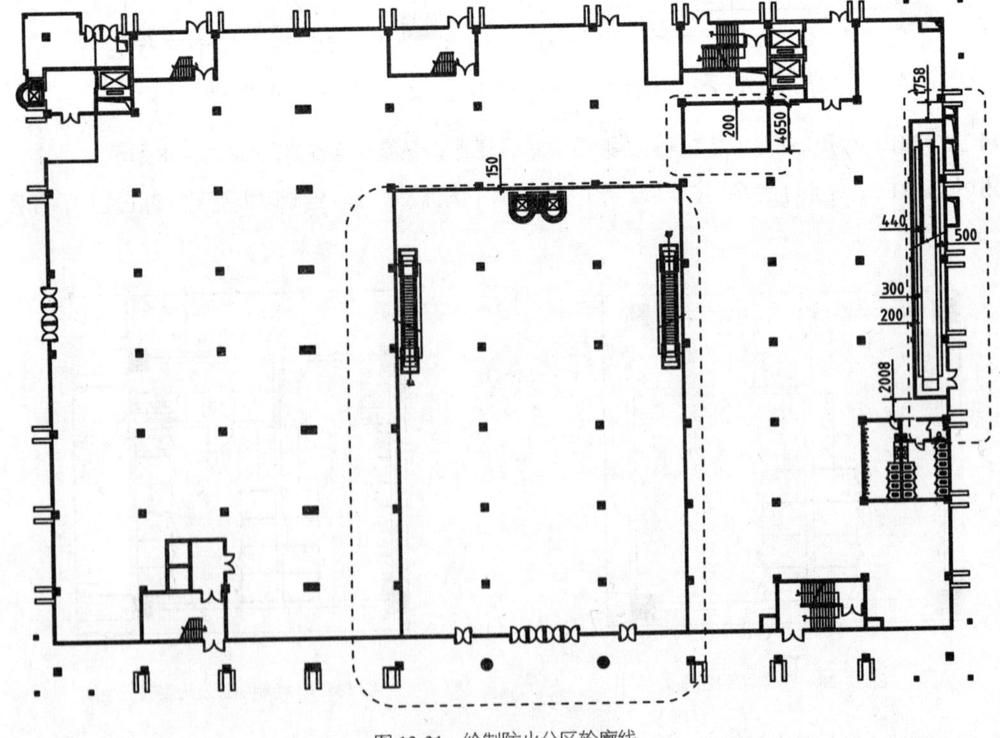

图 13-31　绘制防火分区轮廓线

03 将“坡道”图层置为当前图层。

04 执行 L（直线）命令、O（偏移）命令，绘制坡道图形，如图 13-32 所示。

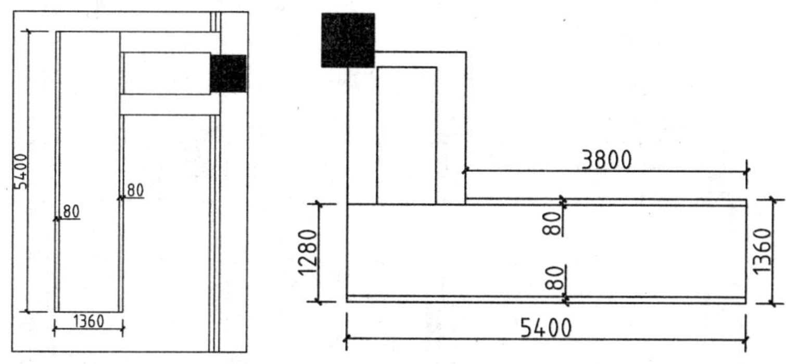

图 13-32　绘制坡道图形

05 将坡道图形移动至平面图中，如图 13-33 所示。

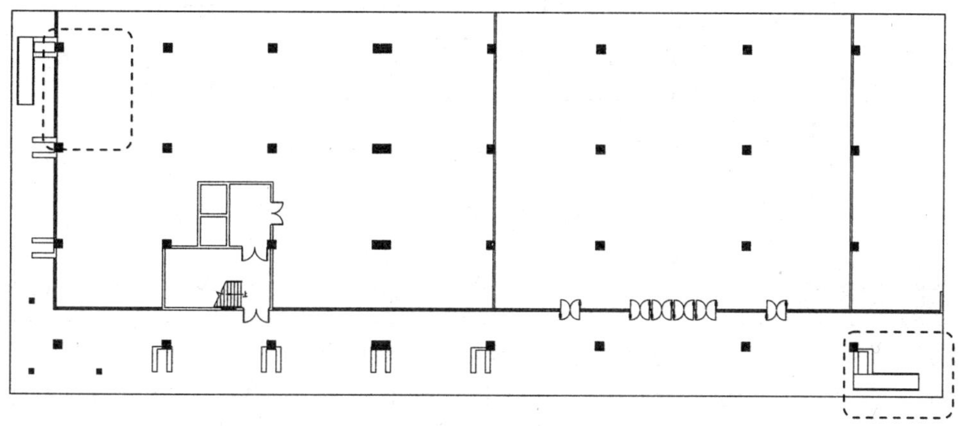

图 13-33　移动坡道图形

06 将“台阶”图层置为当前图层。执行 L（直线）命令、O（偏移）命令、A（圆弧）命令，绘制宽度为 300、350 的台阶，如图 13-34 所示。

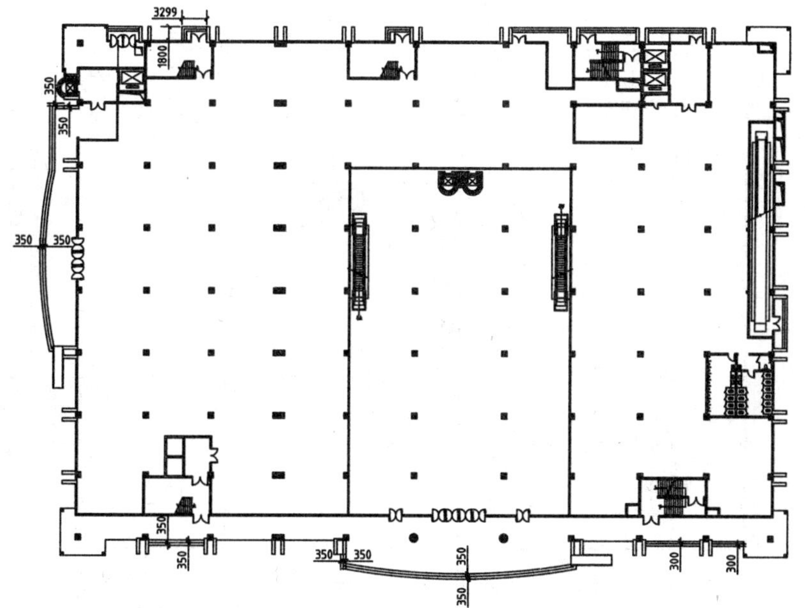

图 13-34　绘制台阶

07 将“散水”图层置为当前图层。

执行 L（直线）命令、O（偏移）命令、TR（修剪）命令，绘制宽度为 1000 的散水图形，如图 13-35 所示。

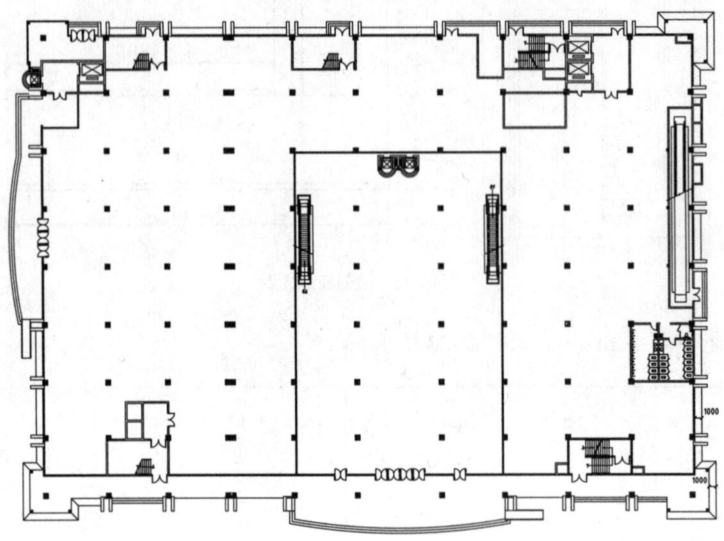

图 13-35　绘制散水图形

13.2.7　绘制标注

在绘制平面图的标注之前，应先将相应的图层置为当前正在使用的图层。例如，在绘制尺寸标注之前，应先将“尺寸标注”图层置为当前图层，这样就可以通过修改“尺寸标注”图层的属性来达到控制尺寸标注的显示效果。

01 将“文字标注”图层置为当前图层。

02 执行 MLD（多重引线）命令，绘制引线标注；执行 MT（多行文字）命令，绘制各区域名称标注，如图 13-36 所示。

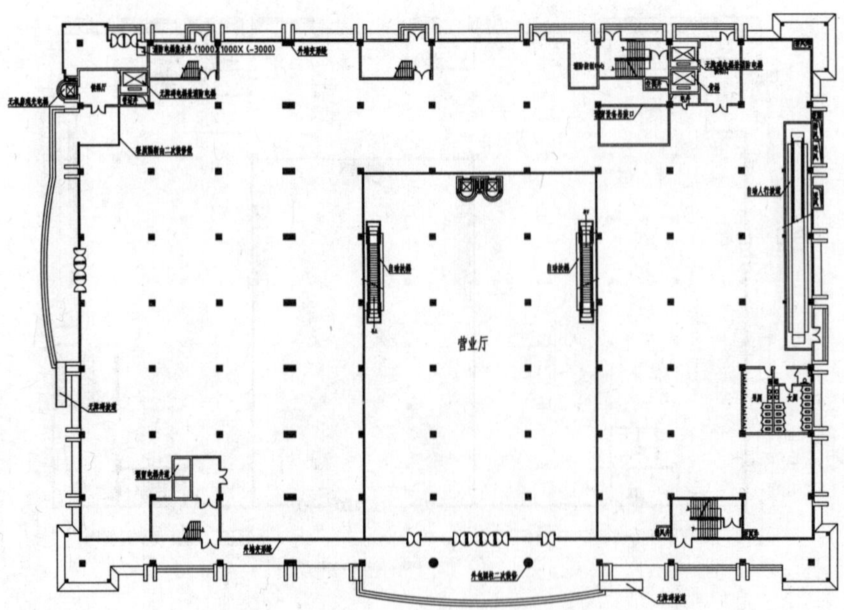

图 13-36　绘制文字标注

03 绘制标高标注。执行 I（插入）命令，在 “插入” 对话框中选择 “标高” 图块，根据命令行的提示，指定插入点以完成图块的插入。

04 双击标高图块，系统弹出 “增强属性编辑器” 对话框，在其中更改标高参数值以完成指定区域标高标注的操作。重复上述操作，绘制各区域的标高标注，如图 13-37 所示。

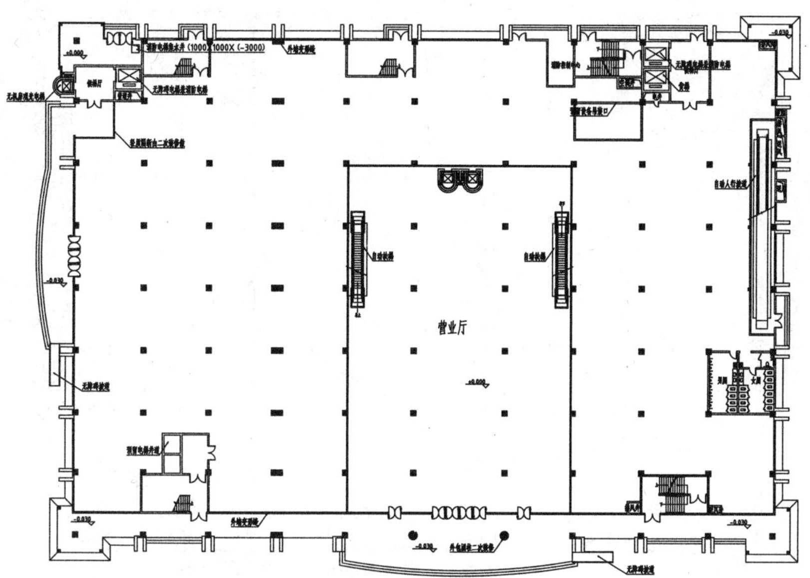

图 13-37　绘制标高标注

05 将 “尺寸标注” 图层置为当前图层并将 “轴线” 图层打开。

06 绘制尺寸标注。执行 DLI（线性标注）命令、DCO（连续标注）命令，绘制门窗细部尺寸、轴线间尺寸及外墙总长、总宽尺寸。

07 绘制轴号标注。执行 L（直线）命令，绘制轴号引线；执行 C（圆）命令，绘制半径为 600 的圆；执行 MT（多行文字）命令，在圆形内绘制轴号标注，如图 13-38 所示。

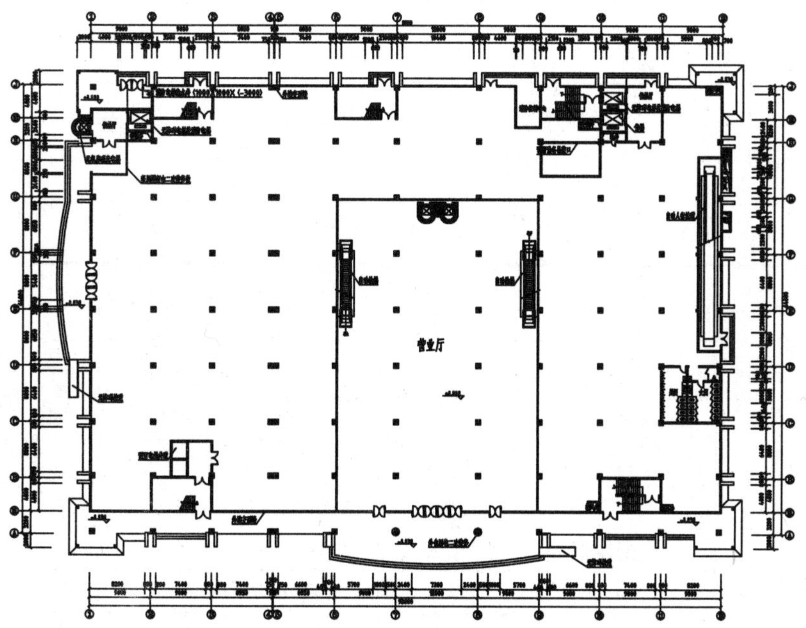

图 13-38　绘制尺寸及轴号标注

08 绘制图名标注。执行 MT（多行文字）命令，绘制图名以及比例标注；执行 PL（多段线）命令，绘制宽度为 200、0 的下划线，如图 13-39 所示。

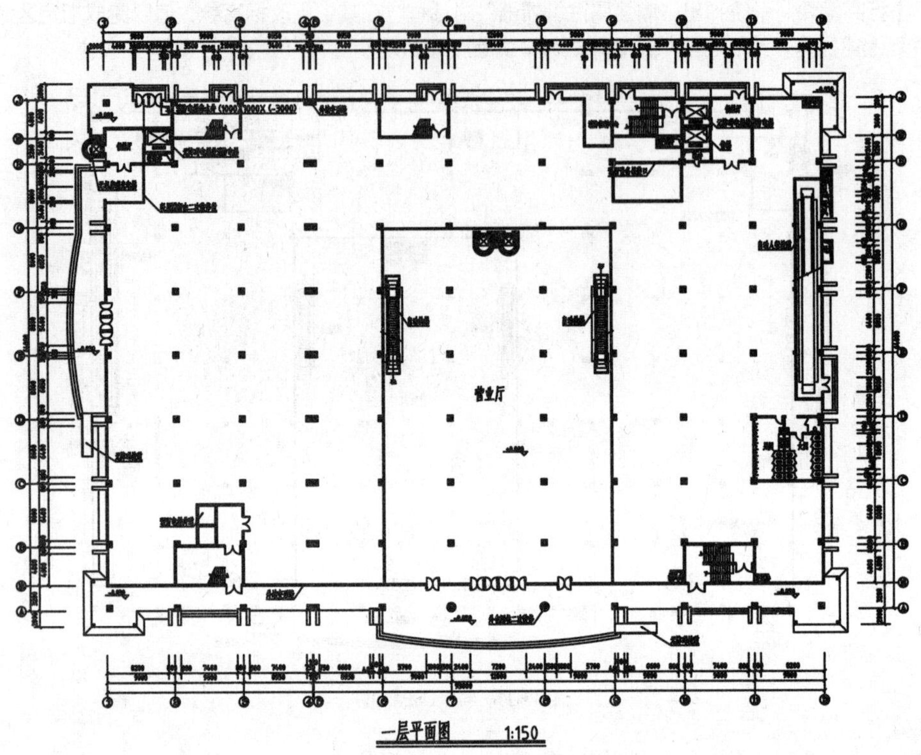

图 13-39 绘制图名标注

13.3 绘制商场屋面平面图

商场屋面平面图表示了屋面各建筑构件的组合效果，包括构件的类型、尺寸、位置等。

13.3.1 设置绘图环境

商场屋面平面图主要由雨水线、屋面构架、台阶、门窗和楼梯等元素组成，因此绘制屋面平面图形时，应建立表 13-2 中所列的图层。

表 13-2 图层设置

序号	图层名	描述内容	线宽	线型	颜色	打印属性
1	雨水线	雨水线	默认	实线(CONTINUOUS)	135 色	打印
2	屋面构架	屋面构架	默认	实线(CONTINUOUS)	23 色	打印
3	文字标注	文字标注	默认	实线(CONTINUOUS)	绿色	打印
4	台阶	台阶	默认	实线(CONTINUOUS)	白色	打印
5	伸缩线	伸缩线	默认	实线(CONTINUOUS)	白色	打印
6	墙体	墙体	默认	实线(CONTINUOUS)	洋红	打印
7	女儿墙	女儿墙	默认	实线(CONTINUOUS)	白色	打印
8	门窗	门窗	默认	实线(CONTINUOUS)	绿色	打印
9	楼梯	楼梯	默认	实线(CONTINUOUS)	黄色	打印

（续）

序号	图层名	描述内容	线宽	线型	颜色	打印属性
10	空调线	空调线	默认	实线(CONTINUOUS)	8 色	打印
11	尺寸标注	尺寸标注	默认	实线(CONTINUOUS)	绿色	打印

01 启动 AutoCAD 2020，执行“文件”→“打开”命令，打开 13.2 节绘制的“商场底层平面图.dwg”文件。

02 执行“文件”→“另存为”命令，将文件另存为“商场屋面平面图.dwg”文件。

03 创建图层。执行 LA（图层特性管理器）命令，在弹出的“图层特性管理器”对话框中创建绘制屋面平面图所需要的图层，如图 13-40 所示。

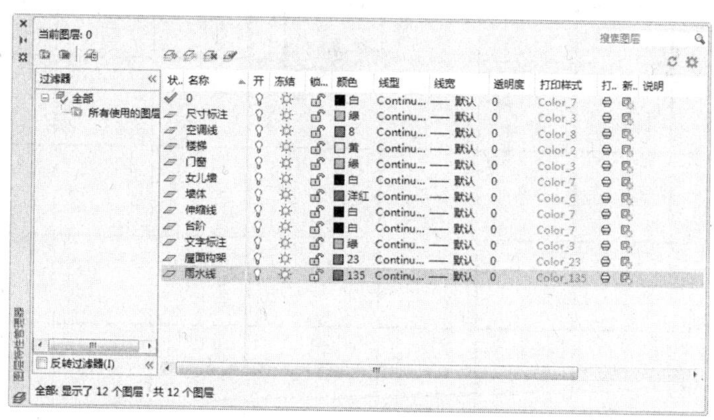

图 13-40　创建图层

13.3.2 整理图形

屋面平面图可以在底层平面图的基础上绘制。在打开底层平面图并对其执行“另存为”操作后，执行编辑命令整理图形，便可以在此基础上绘制屋面图形。

01 执行 E（删除）命令，删除屋面平面图上多余的图形，包括墙体、标准柱、门窗图形等，如图 13-41 所示。

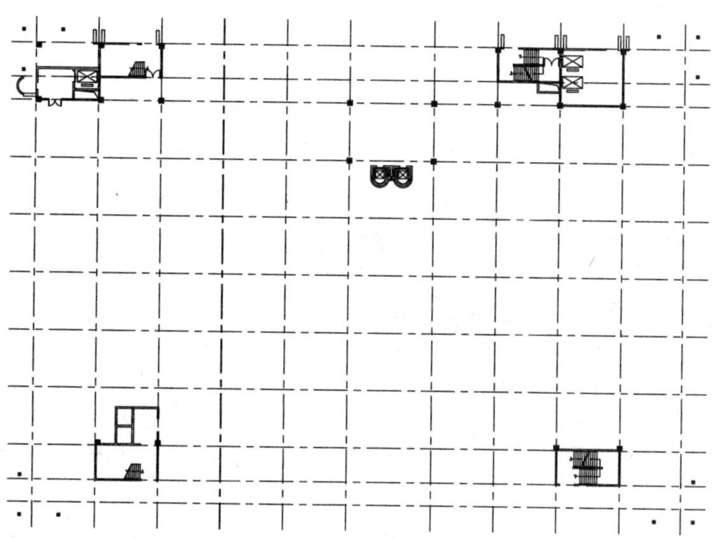

图 13-41　删除图形

02 将“墙体”图层置为当前图层。

03 执行 O（偏移）命令、TR（修剪）命令、L（直线）命令，对墙体执行编辑修改操作，如图 13-42 所示。

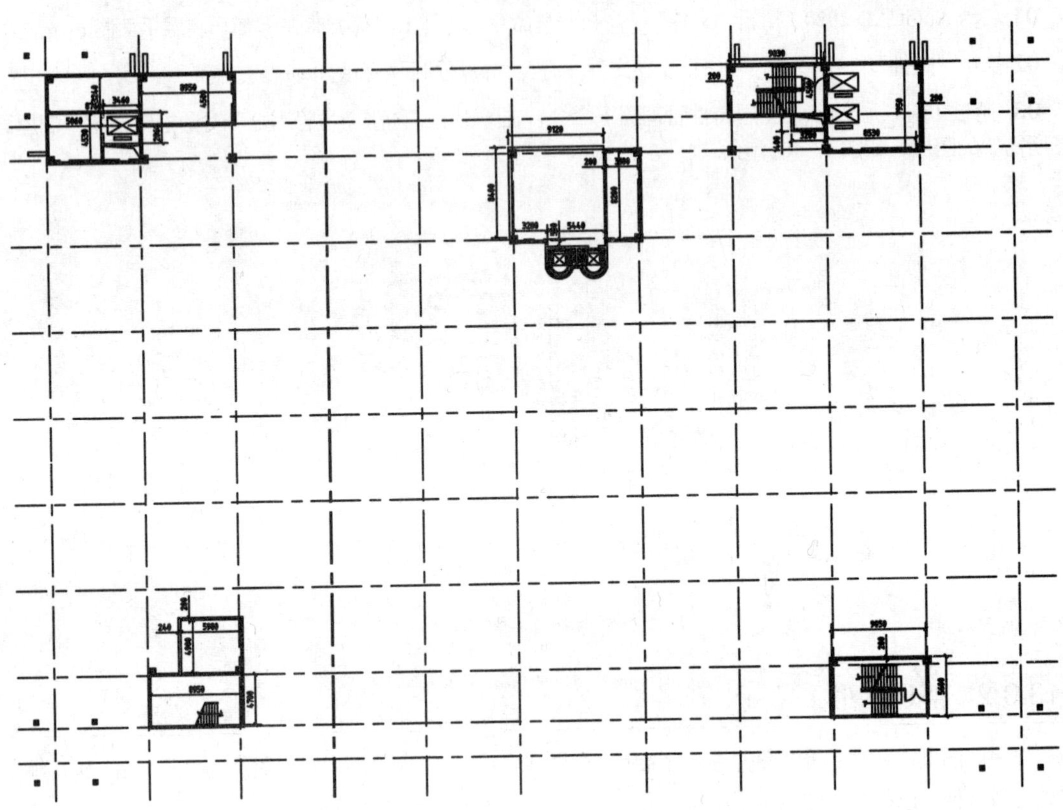

图 13-42　编辑墙体

04 将“楼梯”图层置为当前图层。

05 执行 O（偏移）命令、TR（修剪）命令，编辑楼梯图形，将楼梯样式更改为顶层样式，如图 13-43 所示。

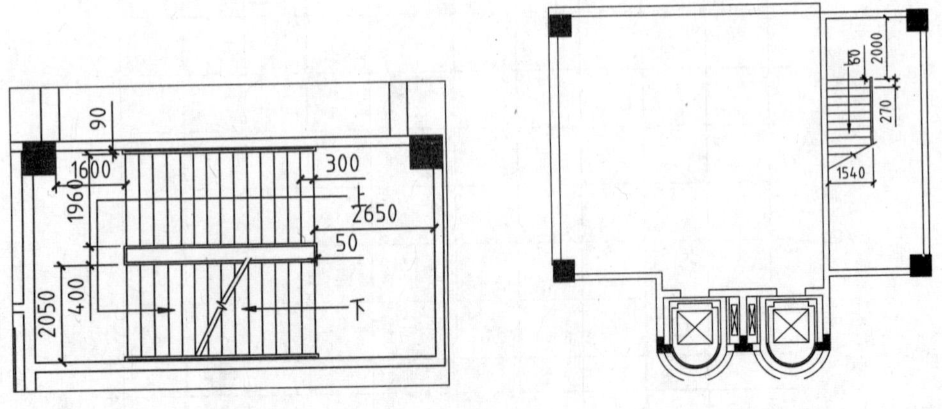

图 13-43　编辑楼梯图形

06 重复操作，继续更改其他楼梯间的楼梯样式，如图 13-44 所示。

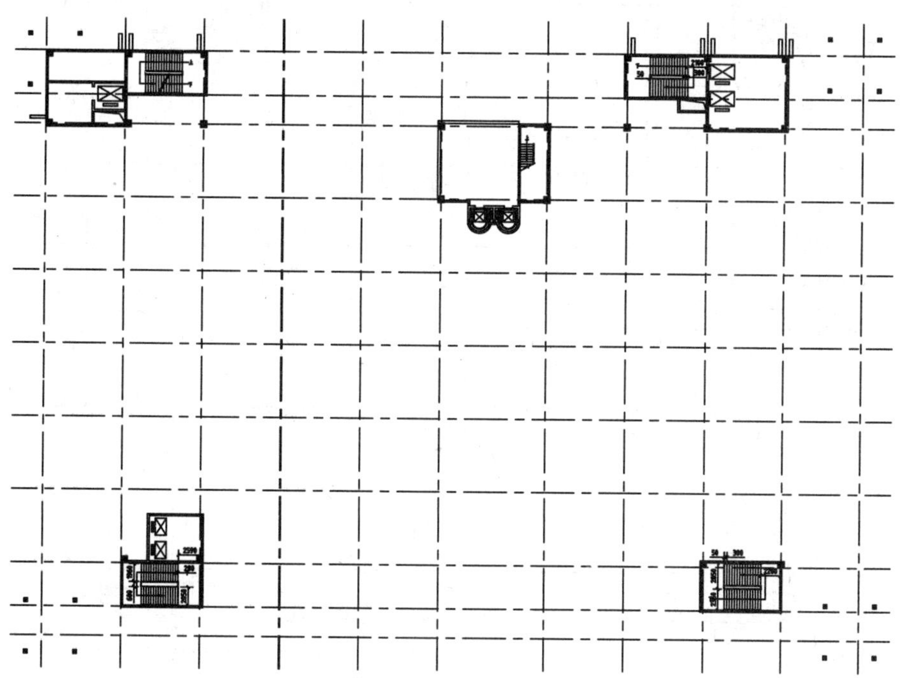

图 13-44　修改其他楼梯样式

07 将“门窗”图层置为当前图层。

08 执行 L（直线）命令、TR（修剪）命令，绘制门窗洞口。

09 执行 I（插入）命令，从“插入”对话框中调入门图形；执行 ML（多线）命令，绘制平面窗图形，如图 13-45 所示。

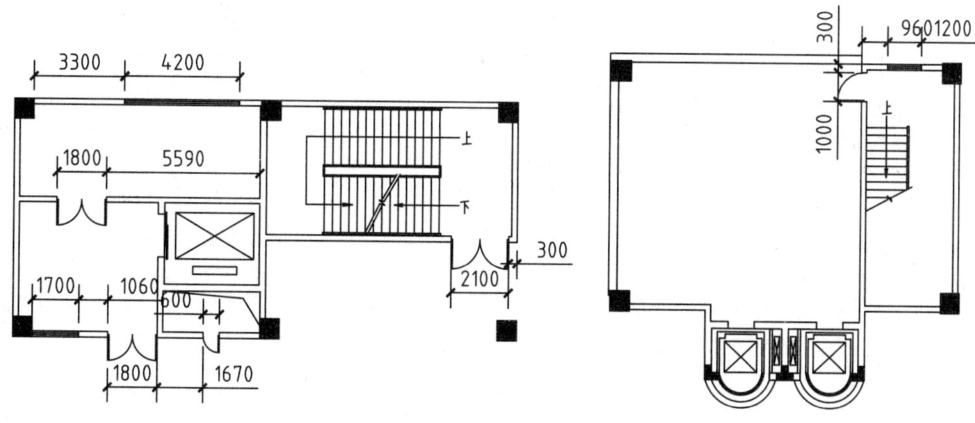

图 13-45　绘制门窗图形

10 重复操作，继续绘制其他区域的门窗图形，如图 13-46 所示。

11 将“台阶”图层置为当前图层。

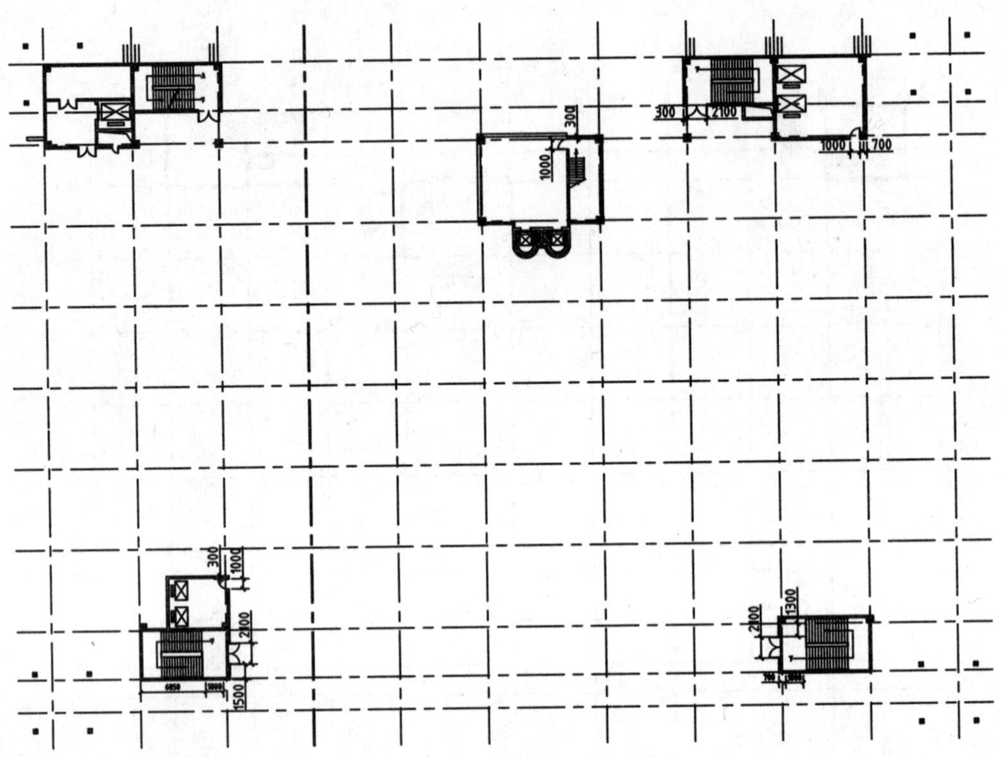

图 13-46　绘制其他区域的门窗图形

12 执行 L（直线）命令、O（偏移）命令，绘制并偏移直线，绘制台阶的结果如图 13-47 所示。

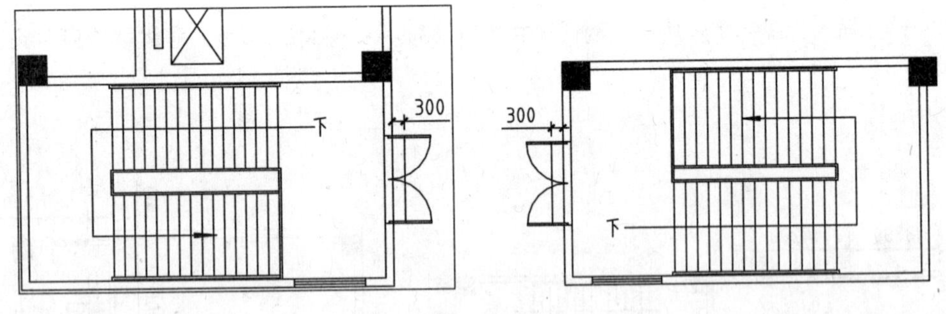

图 13-47　绘制台阶

13.3.3　绘制屋面构件图形

商场屋面的构件图形有屋面构架、雨水管、冷却塔等，本节介绍绘制各类屋面构件图形的操作方法。

01 将“墙体”图层置为当前图层。

02 执行 L（直线）命令、A（圆弧）命令，绘制墙线；执行 O（偏移）命令、TR（修剪）命令，偏移并修剪墙线。

03 将“门窗”图层置为当前图层。

04 执行 O（偏移）命令、TR（修剪）命令，绘制平面窗图形，如图 13-48 所示。

05 绘制弧形窗。执行 C（圆）命令，分别绘制半径为 2100、2200、2150 的圆。

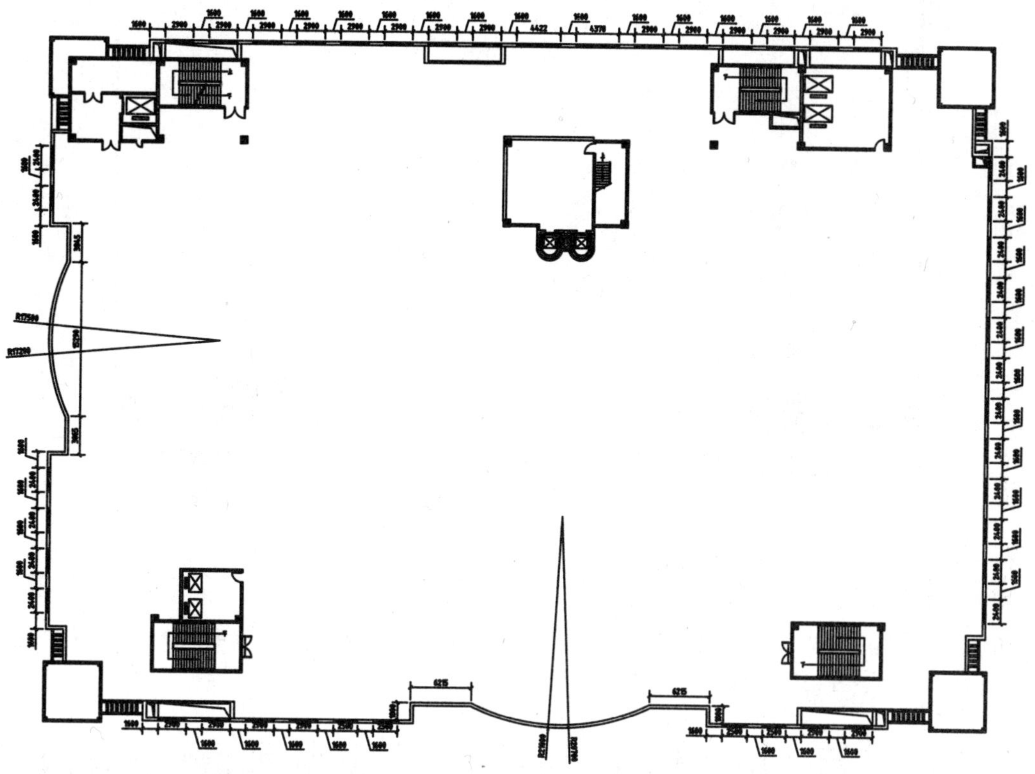

图 13-48　绘制平面窗图形

06 执行 REC（矩形）命令，绘制底边长度为 126，顶边长度为 100，高度为 150 的矩形；执行 H（图案填充）命令，在"图案填充和渐变色"对话框中选择 SOLID 图案，对矩形执行图案填充操作。

07 执行"修改"→"阵列"→"环形阵列"命令，选择上一步骤绘制完成的矩形，以圆心为阵列中心，设定阵列项目数为 11，绘制弧形窗图形，如图 13-49 所示。

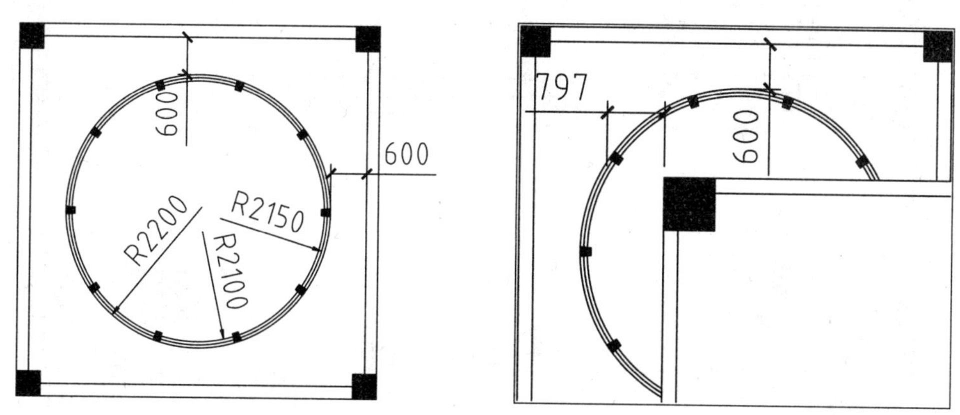

图 13-49　绘制弧形窗图形

08 重复上述操作，继续绘制其他区域的弧形窗图形，如图 13-50 所示。

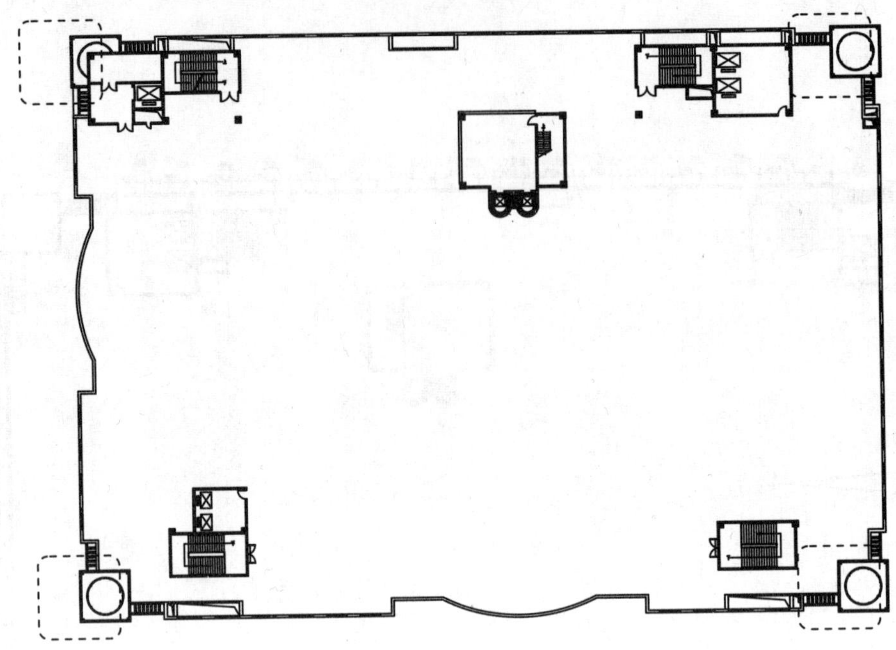

图 13-50　绘制其他区域的弧形窗图形

09 将“屋面构架”图层置为当前图层。

10 执行 REC（矩形）命令、A（圆弧）命令、O（偏移）命令、TR（修剪）命令，绘制屋面构架图形，如图 13-51 所示（细部尺寸请参考本节素材文件）。

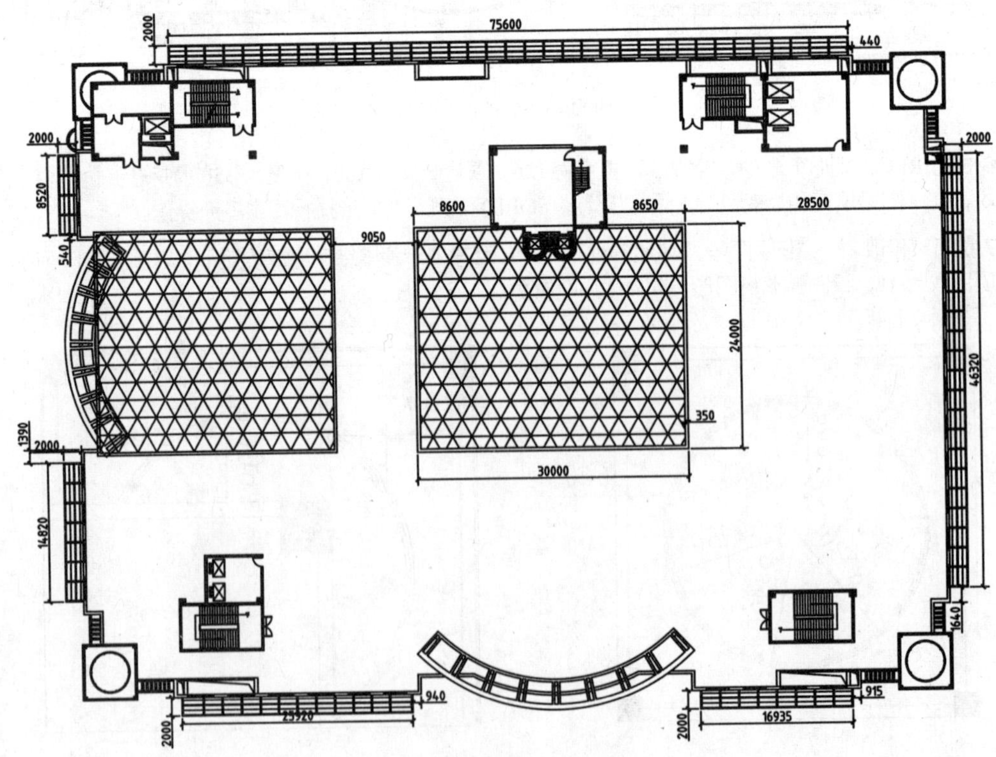

图 13-51　绘制屋面构架图形

11 绘制伸缩线。执行 O（偏移）命令，选择内墙线向内偏移；执行 EX（延伸）命令，延伸墙线，如图 13-52 所示。

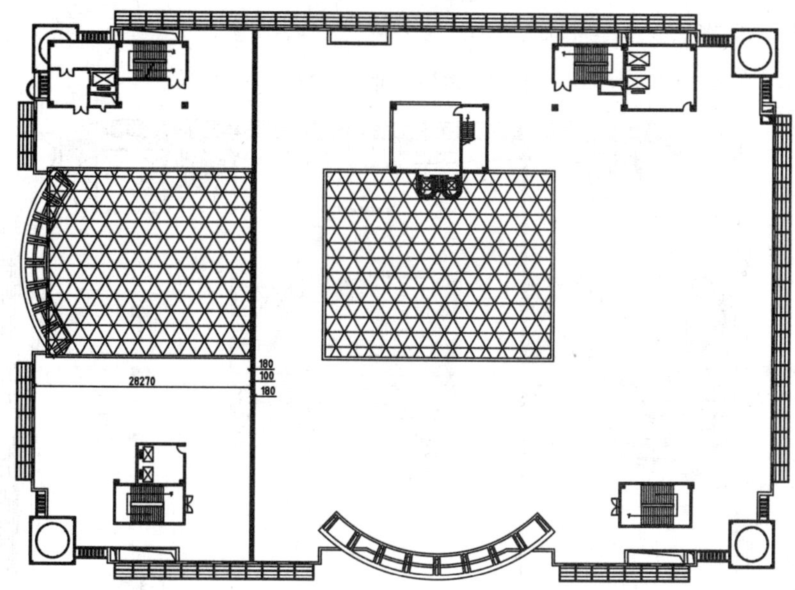

图 13-52　绘制伸缩线

12 选择延伸后的墙线，在“图层”工具栏中选择“伸缩线”图层，将其转换至该图层中。

13 将“雨水线”图层置为当前图层。

14 执行 C（圆）命令，绘制半径为 150 的圆以表示雨水立管；执行 L（直线）命令，绘制雨水线。

15 执行 REC（矩形）命令、L（直线）命令，绘制冷却塔图形，如图 13-53 所示。

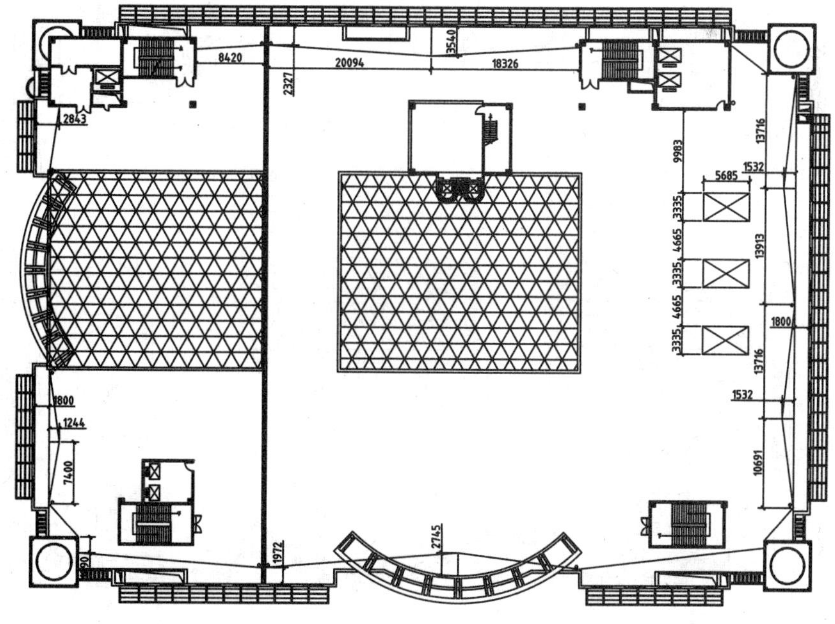

图 13-53　绘制冷却塔图形

13.3.4　绘制标注

应该在屋面平面图上绘制引线标注以表示构件的信息、雨水线的坡度值等。此外，尺寸标注、标高标注也不可缺少。

01 将“文字标注”图层置为当前图层。

02 执行 MLD（多重引线）命令，绘制引线标注，如图 13-54 所示。

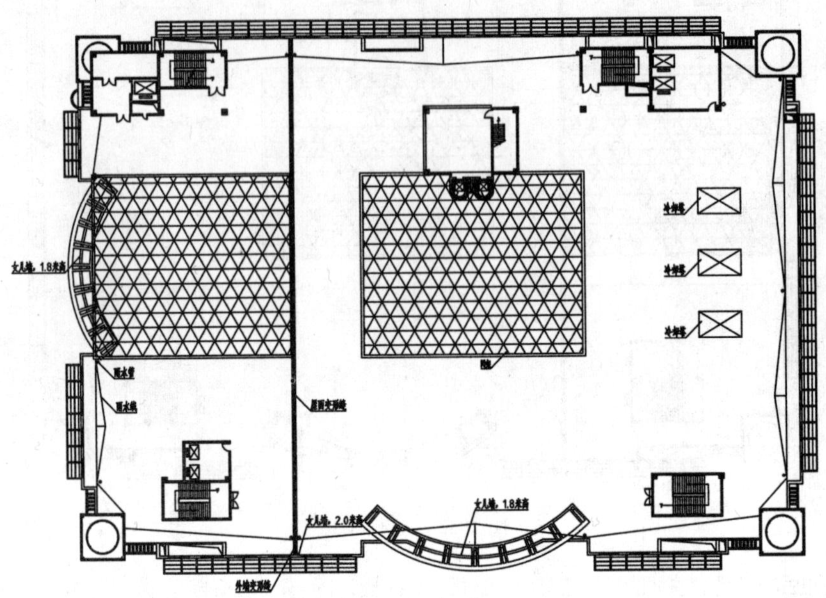

图 13-54　绘制引线标注

03 绘制坡度标注。执行 PL（多段线）命令，绘制起点宽度为 300，端点宽度为 0 的指示箭头；执行 MT（多行文字）命令，绘制标注文字，如图 13-55 所示。

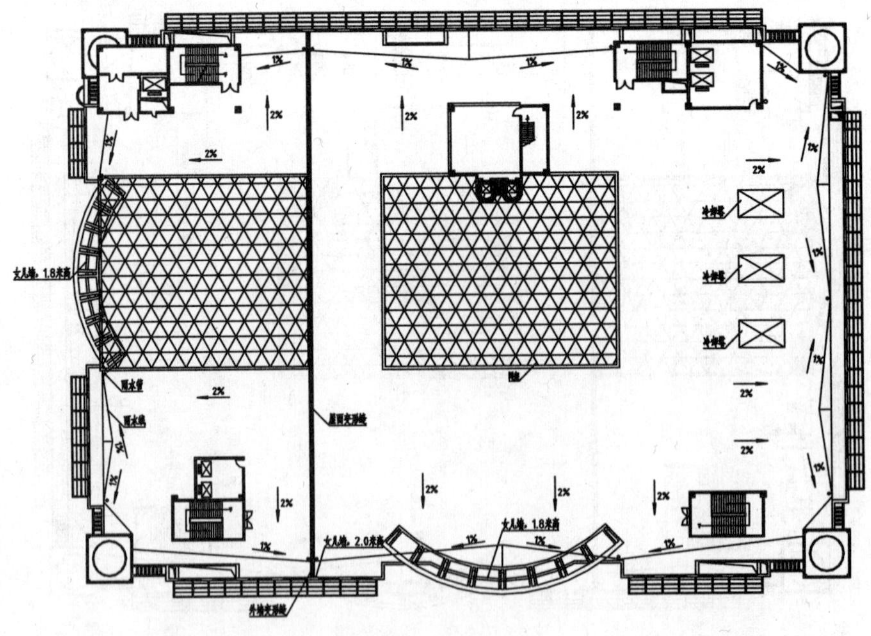

图 13-55　绘制坡度标注

04 将“尺寸标注”图层置为当前图层。

05 绘制标高标注。执行 I（插入）命令，通过“插入”对话框中将“标高”图块调入平面图中；双击更改标高值，即可完成绘制标高标注的操作。

06 执行 E（删除）命令，删除底层平面图上多余的尺寸标注；执行 DLI（线性标注）命令，绘制尺寸标注，如图 13-56 所示。

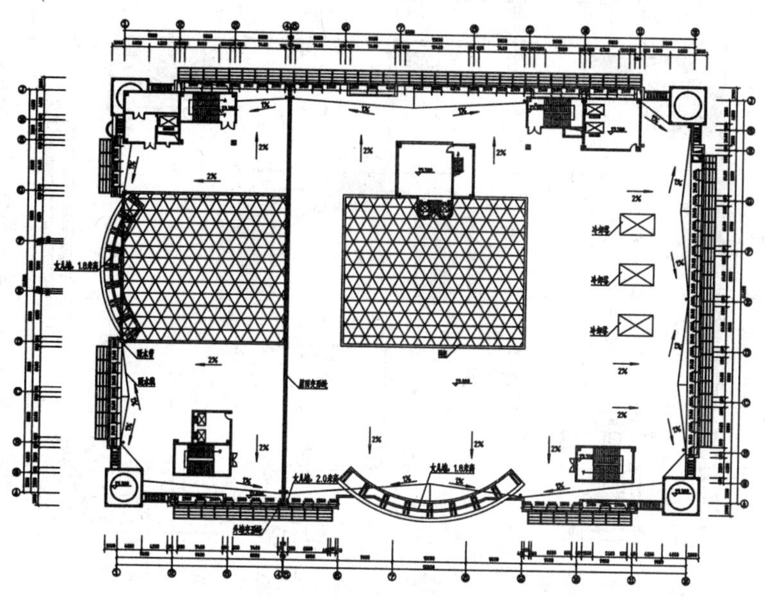

图 13-56　绘制尺寸标注

07 图名标注。执行 MT（多行文字）命令、PL（多段线）命令，绘制图名、比例标注以及下划线，如图 13-57 所示。

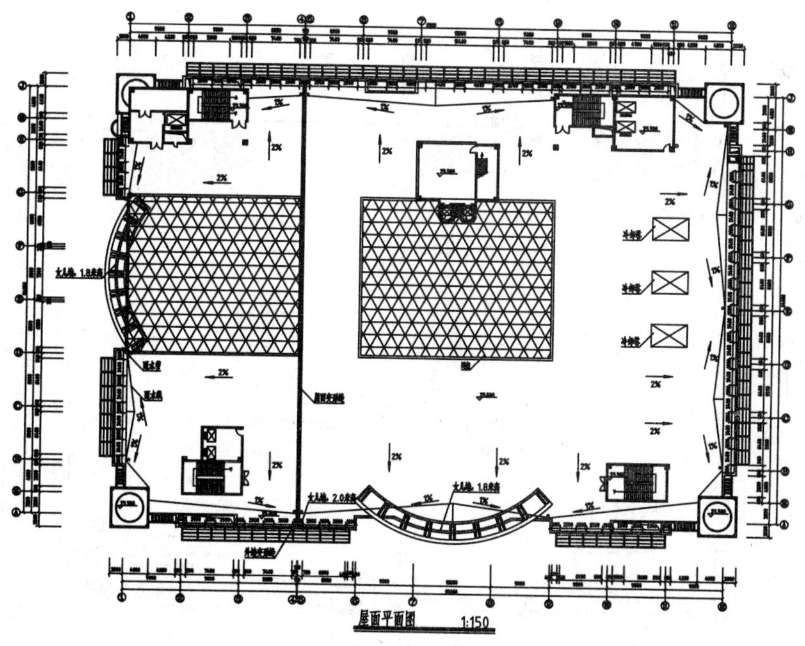

图 13-57　绘制图名标注

13.4　绘制商场其他楼层平面图

请读者参考本章介绍的绘图方法，继续绘制商场其他楼层的平面图。

图 13-58 所示为商场二层平面图的绘制结果。

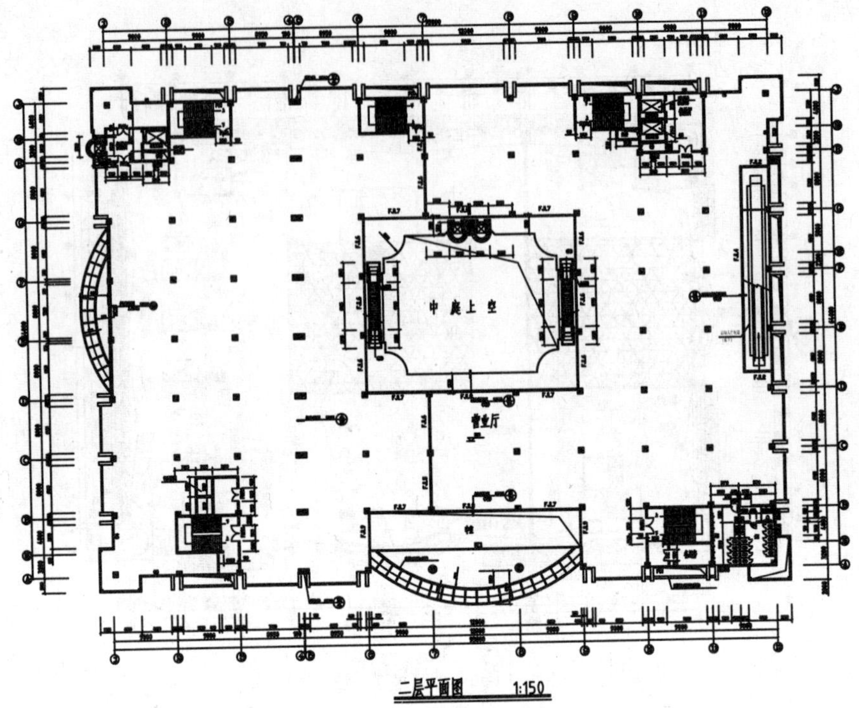

图 13-58 商场二层平面图

图 13-59 所示为商场三至四层平面图的绘制结果。

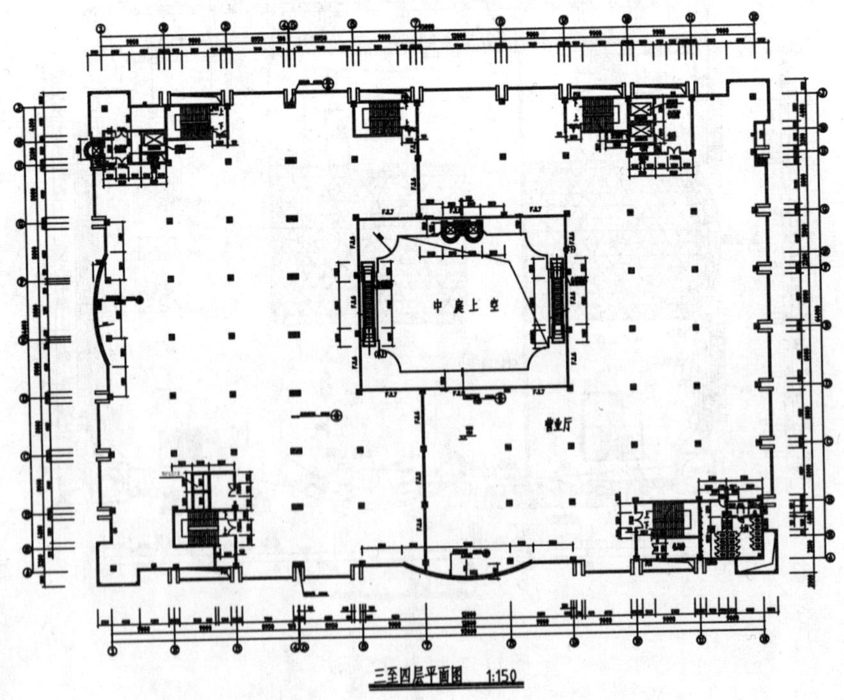

图 13-59 商场三至四层平面图

图 13-60 所示为商场五层平面图的绘制结果。

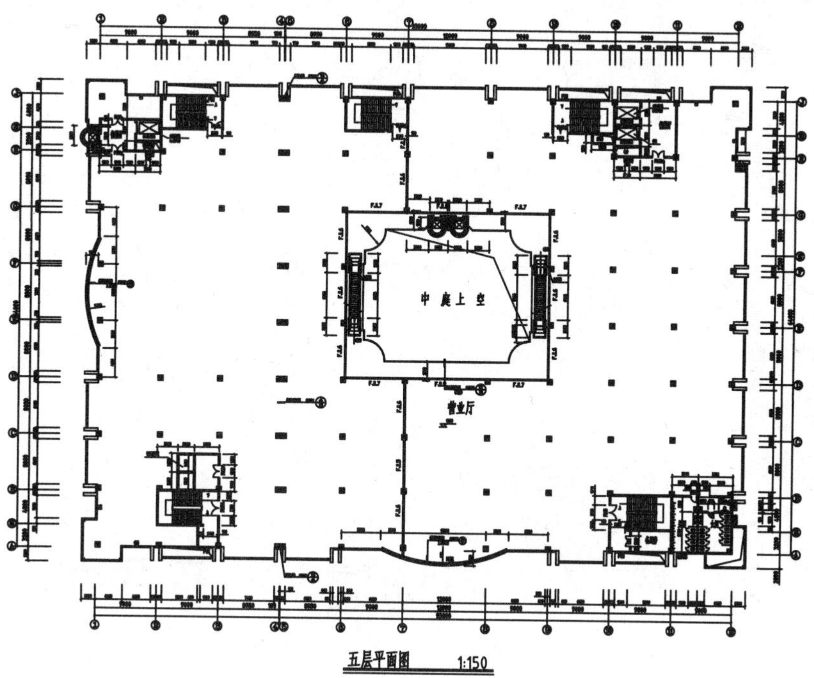

图 13-60 商场五层平面图

图 13-61 所示为商场电梯机房、水池平面图的绘制结果。

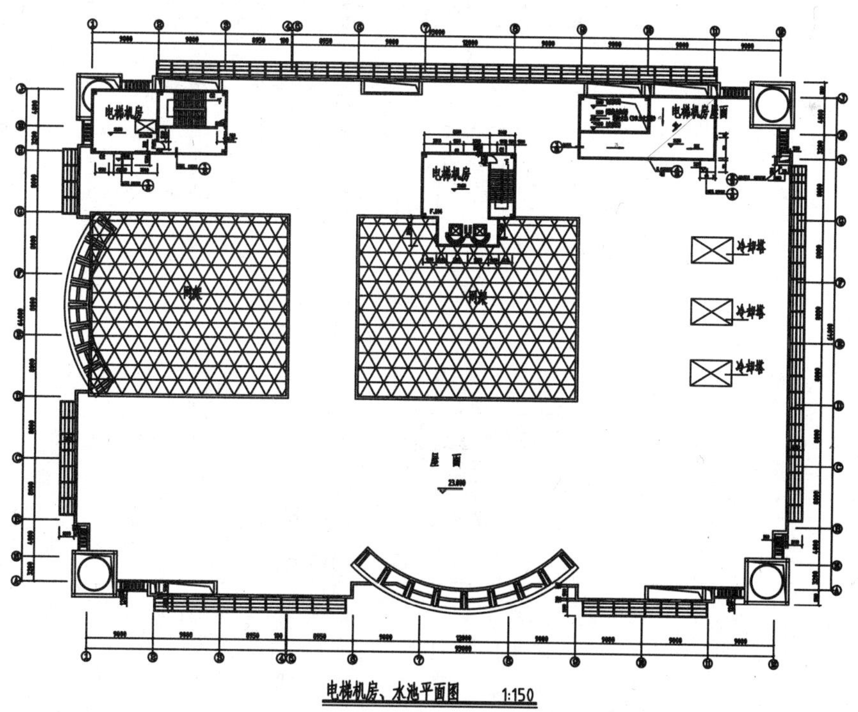

图 13-61 商场电梯机房、水池平面图

第14章 商场建筑立面图的绘制

本章导读

商场的立面图是在与商场平行的投影面上所做的正投影图，表示商场的外貌、立面装修做法等信息。本章介绍商场正立面图、侧立面图的绘制方式。

本章重点

- 掌握商场正立面图的绘制方法
- 掌握商场侧立面图的绘制方法

14.1 绘制商场正立面图

商场的正立面图表示的是商场入口处立面装饰装修的效果。正立面图中表示的信息主要包括广告牌的位置、玻璃幕墙的范围、立面门窗、雨篷、台阶、坡道等图形的尺寸及位置等。

14.1.1 设置绘图环境

01 启动 AutoCAD 2020，新建一个空白文件。

02 执行“文件”→“保存”命令，将其保存为“商场正立面图.dwg”文件。

商场正立面图主要由屋面构架、台阶、色线和铝塑材等元素组成，因此绘制平面图形时，应建立表 14-1 所列的图层。

表 14-1 图层设置

序号	图层名	描述内容	线宽	线型	颜色	打印属性
1	屋面构架	屋面构架	默认	实线(CONTINUOUS)	23 色	打印
2	文字标注	文字标注	默认	实线(CONTINUOUS)	白色	打印
3	台阶	台阶	默认	实线(CONTINUOUS)	白色	打印
4	色线	色线	默认	实线(CONTINUOUS)	136 色	打印
5	铝塑材	铝塑材	默认	实线(CONTINUOUS)	9 色	打印
6	墙体	墙体	默认	实线(CONTINUOUS)	青色	打印
7	立面门窗	立面门窗	默认	实线(CONTINUOUS)	黄色	打印
8	尺寸标注	尺寸标注	默认	实线(CONTINUOUS)	绿色	打印
9	辅助线	辅助线	默认	实线(CONTINUOUS)	8 色	打印

03 创建图层。执行 LA（图层特性管理器）命令，在弹出的“图层特性管理器”对话框中创建表 14-1 所列的图层，如图 14-1 所示。

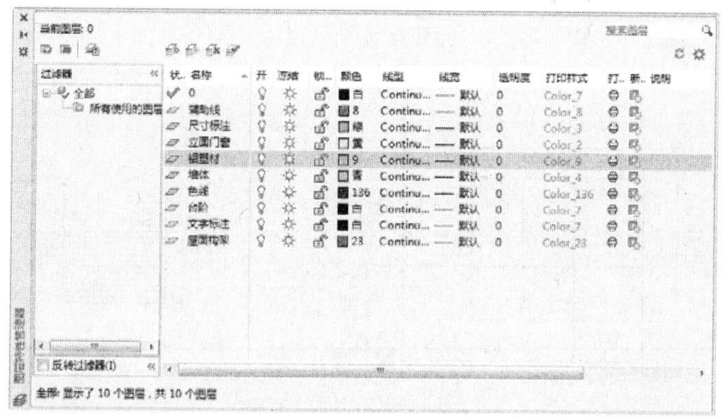

图 14-1 创建图层

14.1.2 绘制立面墙体/门窗

商场立面的门窗在提供了交通、采光功能之外，还具有装饰功能，在绘制门窗时可以通过执行“矩形阵列”命令来得到相同尺寸图形，节省绘图之间，提高作图效率。此外，本节还介绍了立面墙线、雨篷、圆柱装饰线的绘制。

01 将“墙体”图层置为当前图层。

02 执行 L（直线）命令，绘制直线；执行 O（偏移）命令、TR（修剪）命令，修剪线段，完成立面轮廓线的绘制，如图 14-2 所示。

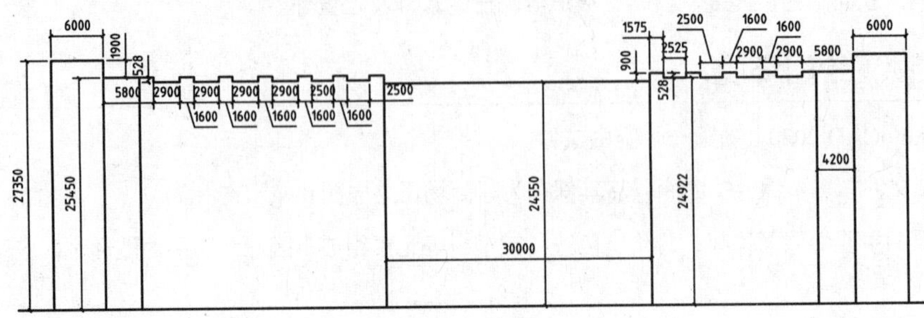

图 14-2　绘制立面轮廓线

03 执行 O（偏移）命令，偏移立面轮廓线；执行 TR（修剪）命令，修剪线段，绘制广告位，如图 14-3 所示。

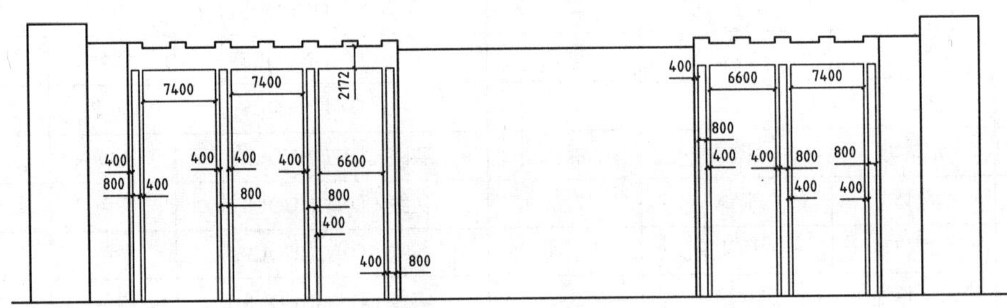

图 14-3　绘制广告位

04 将“立面门窗”图层置为当前图层。

05 绘制立面窗。执行 REC（矩形）命令，绘制矩形；执行 X（分解）命令，分解矩形；执行 O（偏移）命令、TR（修剪）命令，偏移并修剪矩形边，如图 14-4 所示。

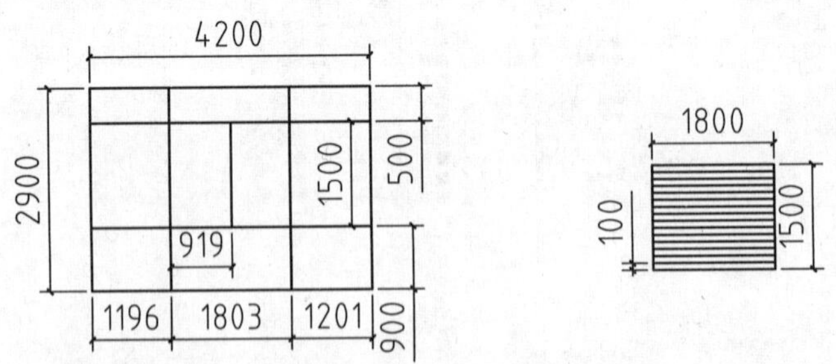

图 14-4　绘制立面窗

06 执行 M（移动）命令，将立面窗移动至立面图中，如图 14-5 所示。

07 执行“修改”→“阵列”→“矩形阵列”命令，选择左侧的立面窗，设置列数为 1，行数为 4，行距为 4050，对立面窗执行阵列复制操作。

08 按下 Enter 键重复执行矩形阵列操作。选择右侧的立面窗，设置列数为 1，行数为 4，行距为 4500，对立面窗图形执行阵列复制操作，如图 14-6 所示。

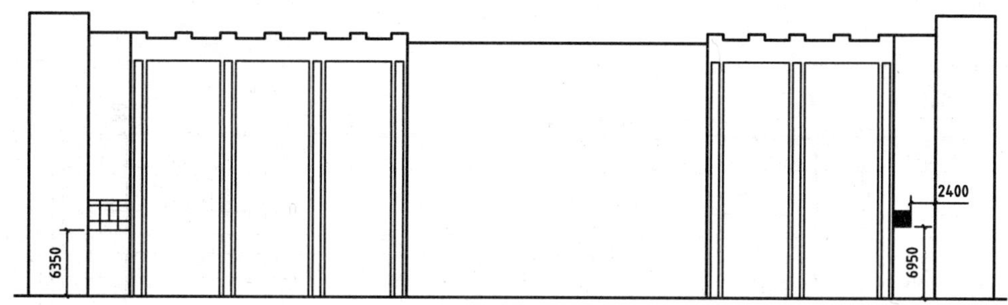

图 14-5　移动立面窗

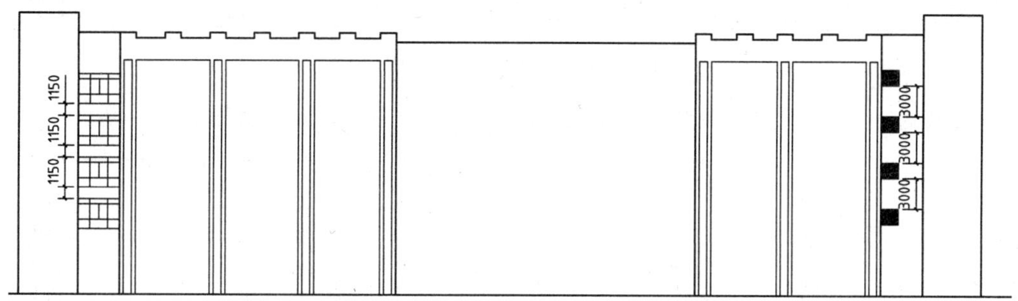

图 14-6　矩形阵列复制立面窗

09 绘制立面门。执行 O（偏移）命令、TR（修剪）命令，绘制如图 14-7 所示的立面门。

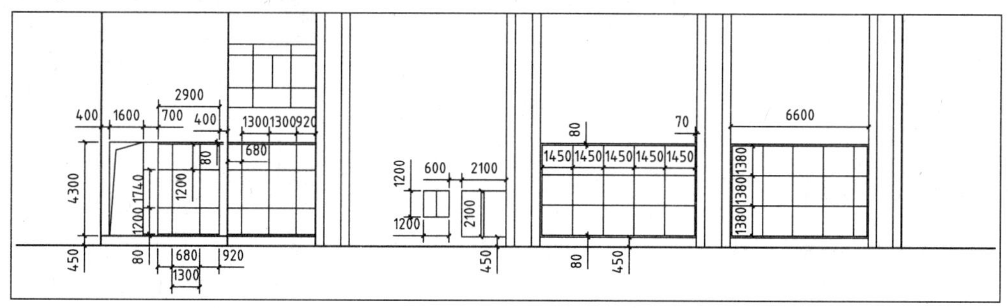

图 14-7　绘制立面门

10 重复上述操作，继续绘制右侧立面门，如图 14-8 所示。

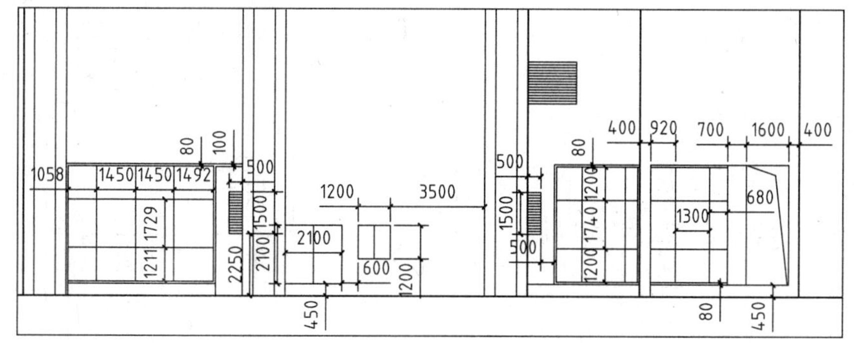

图 14-8　绘制右侧的立面门

11 执行 O（偏移）命令，偏移立面轮廓线；执行 TR（修剪）命令，修剪线段，完成玻璃幕墙及立面门图形的绘制，效果如图 14-9 所示。

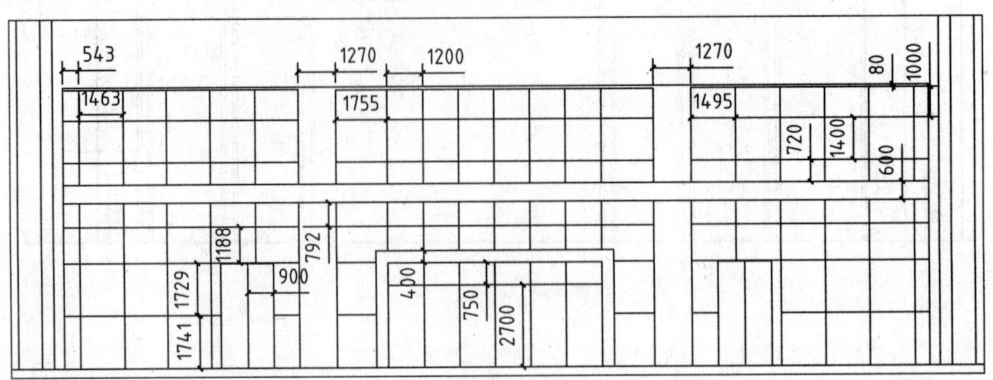

图 14-9　绘制玻璃幕墙及立面门效果

12 执行 L（直线）命令、O（偏移）命令，绘制玻璃雨篷以及圆柱装饰线，如图 14-10 所示。

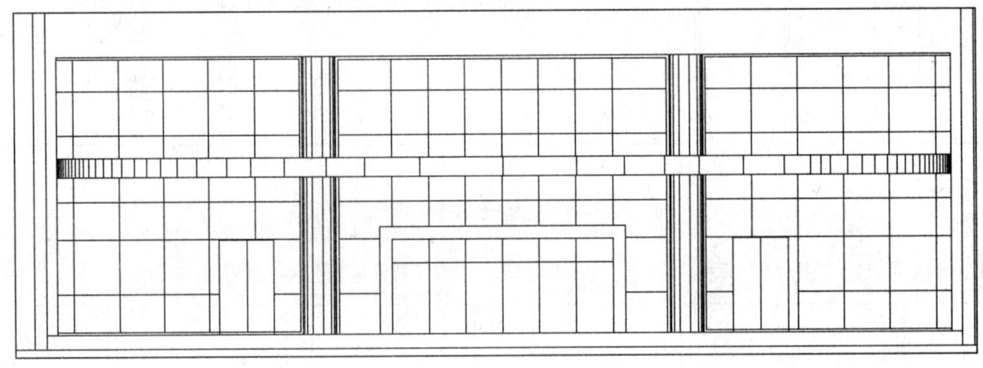

图 14-10　绘制玻璃雨篷及圆柱装饰线

14.1.3　绘制立面装饰

商场的立面装饰主要为广告牌，在绘制广告牌轮廓线时，可以调用“矩形”命令、“图案填充”命令及“直线”命令等。其他的装饰图形还有轻钢构架、玻璃筒体等，本小节分别对其绘制方式进行讲解。

01 将“铝塑材”图层置为当前图层。执行 O（偏移）命令、TR（修剪）命令，绘制铝塑材轮廓线，如图 14-11 所示。执行 L（直线）命令，绘制直线，如图 14-12 所示。

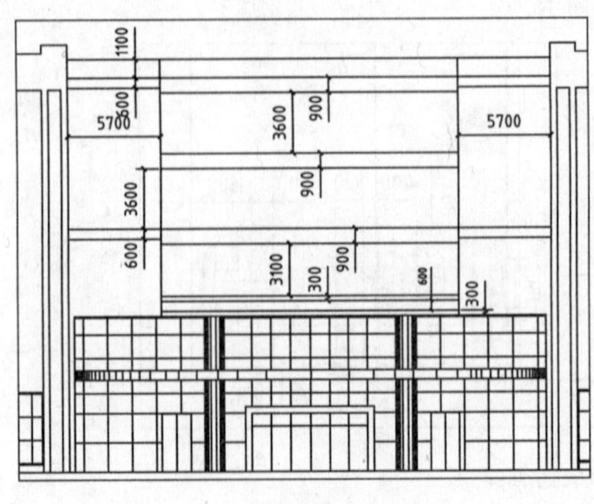

图 14-11　绘制铝塑材轮廓线

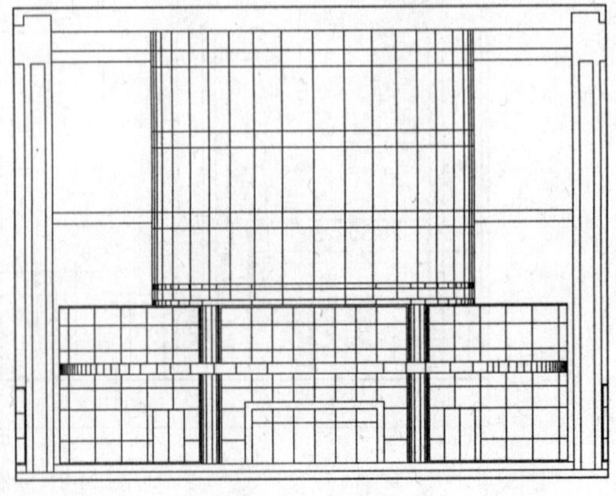

图 14-12　绘制直线

02 执行 H（图案填充）命令，在 “图案填充和渐变色”对话框中设置填充参数；在立面图中拾取填充区域，绘制图案填充，如图 14-13 所示。

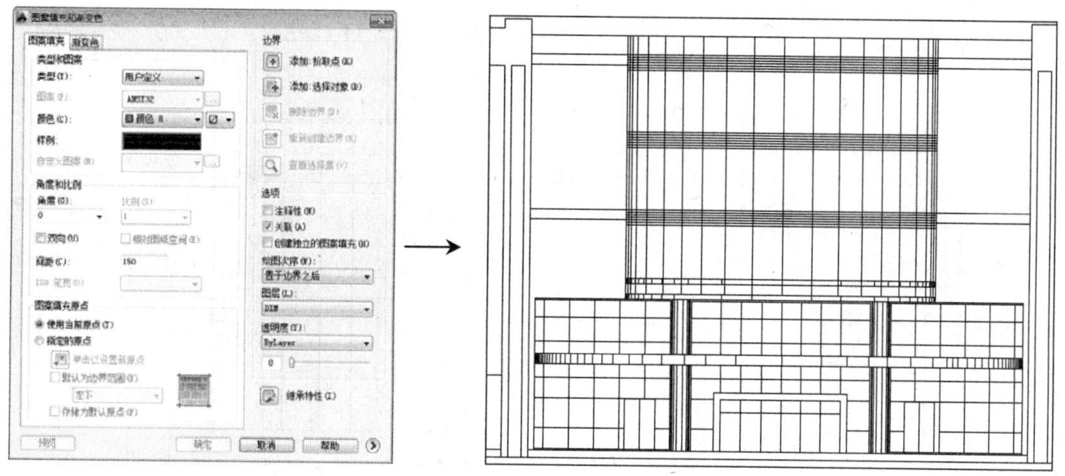

图 14-13　绘制图案填充

03 执行 O（偏移）命令，选择广告位轮廓线向内偏移；执行 TR（修剪）命令，修剪线段，如图 14-14 所示。

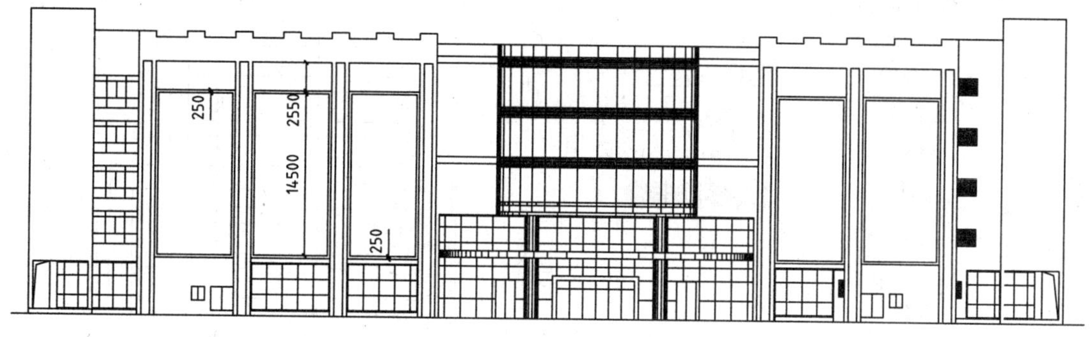

图 14-14　修剪线段

04 执行 H（图案填充）命令，绘制广告位立面装饰，如图 14-15 所示。

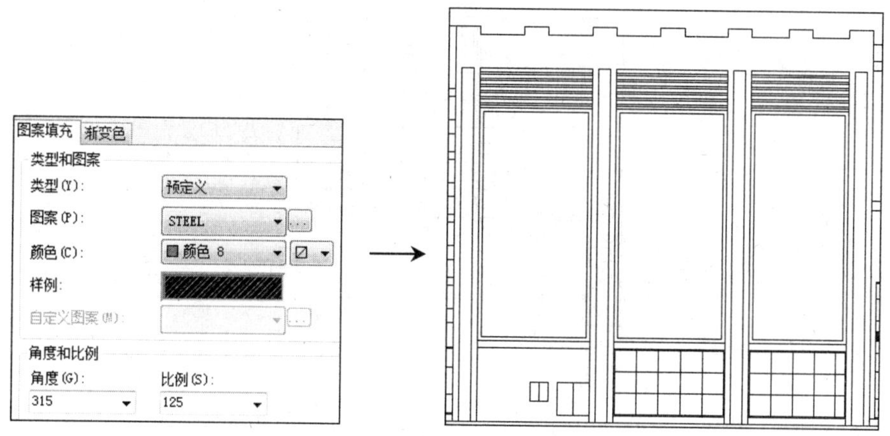

图 14-15　绘制广告位立面装饰

05 将“铝塑材”图层置为当前图层。

06 执行 REC（矩形）命令、L（直线）命令，绘制如图 14-16 所示的图形。

07 执行 L（直线）命令、O（偏移）命令，绘制并偏移直线，如图 14-17 所示。

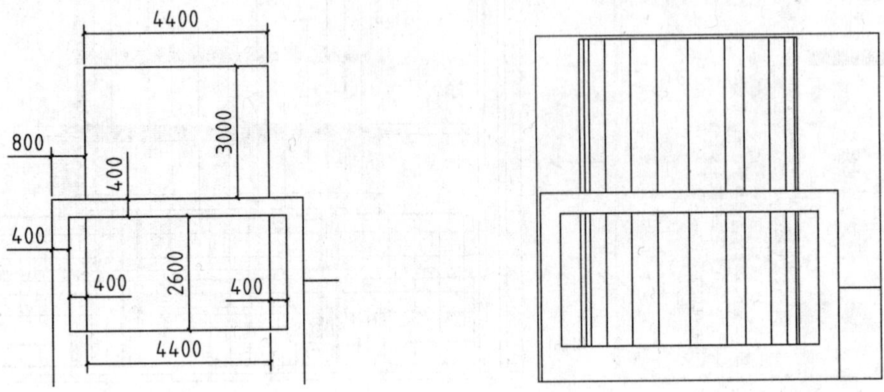

图 14-16　绘制图形　　图 14-17　绘制并偏移直线

08 执行 H（图案填充）命令，绘制装饰图案，如图 14-18 所示。

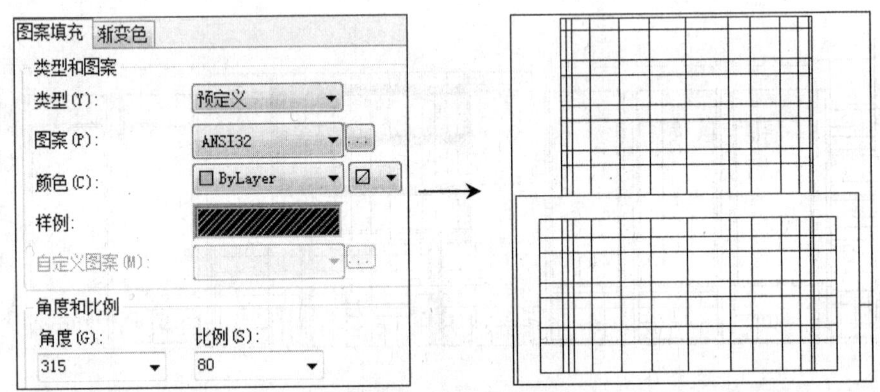

图 14-18　绘制装饰图案

09 执行 L（直线）命令、TR（修剪）命令，绘制轻钢遮阳架及广告位，如图 14-19 所示。

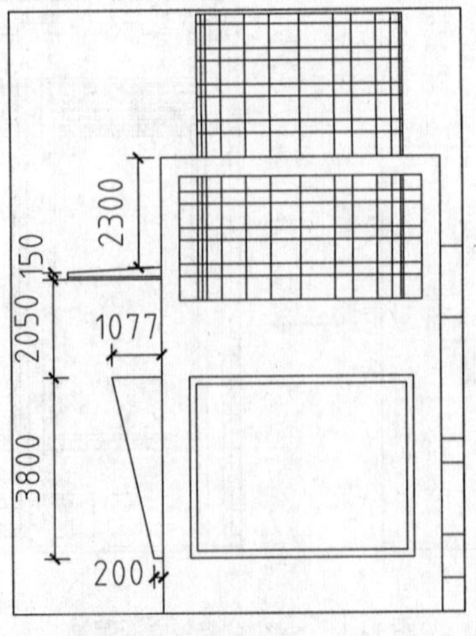

图 14-19　绘制轻钢遮阳架及广告位

10 执行 MI（镜像）命令，对图形执行镜像复制操作，如图 14-20 所示。

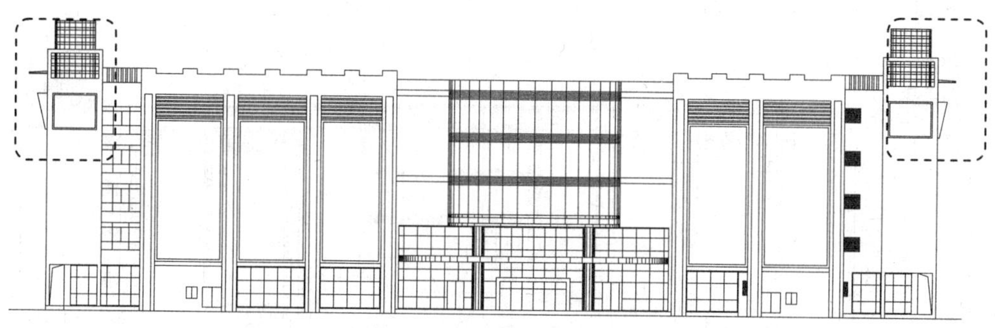

图 14-20　镜像复制图形

11 执行 L（直线）命令、O（偏移）命令，绘制屋顶轻钢构架，如图 14-21 所示。

12 将“立面门窗”图层置为当前图层。

13 执行 O（偏移）命令、TR（修剪）命令，偏移并修剪立面轮廓线，完成玻璃幕墙及雨篷的绘制，如图 14-22 所示。

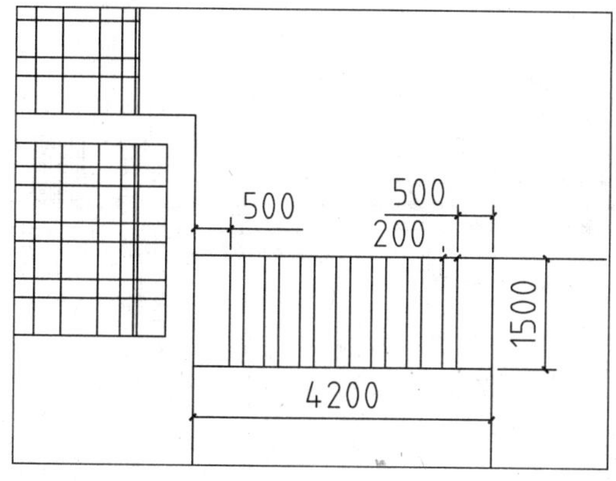

图 14-21　绘制屋顶轻钢构架

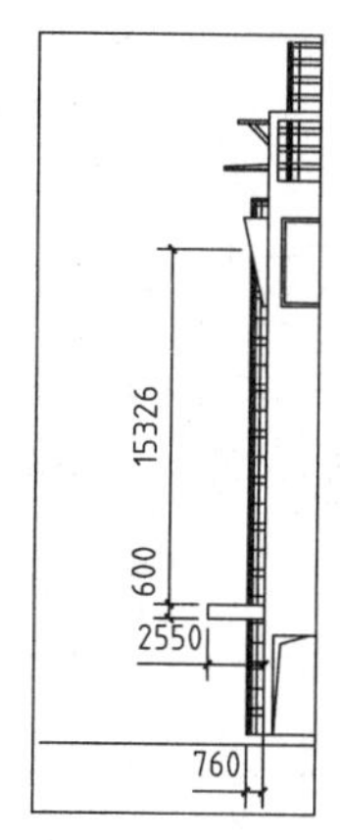

图 14-22　绘制玻璃幕墙及雨篷

14 将“墙体”图层置为当前图层。

15 执行 L(直线)命令，绘制如所示的线段，如图 14-23 所示。

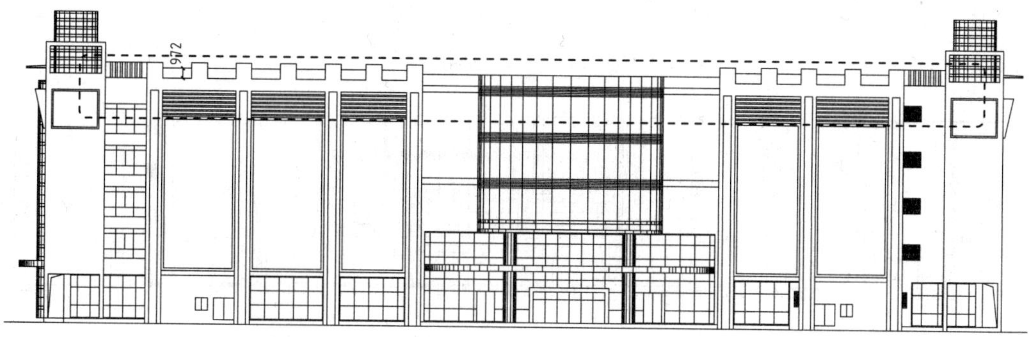

图 14-23　绘制线段

16 将“铝塑材”图层置为当前图层。

17 执行 L（直线）命令、O（偏移）命令，绘制并偏移直线；执行 TR（修剪）命令，修剪线段，完成轻钢遮阳架的绘制，如图 14-24 所示。

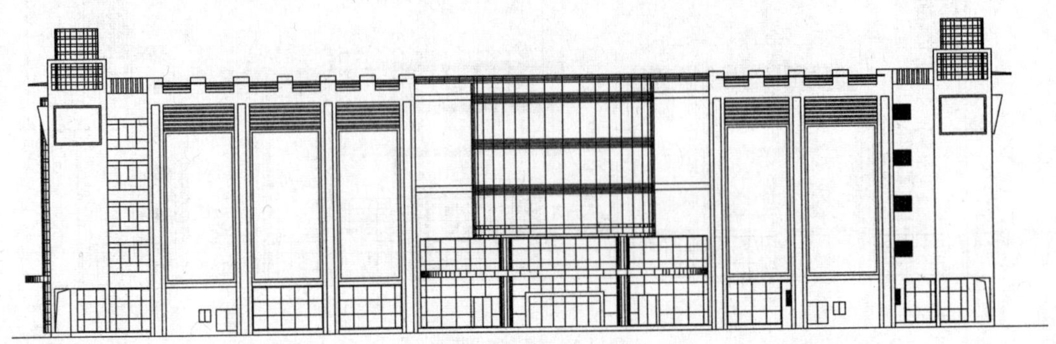

图 14-24　绘制轻钢遮阳架

18 将“屋面构架”图层置为当前图层。

19 执行 O（偏移）命令、TR（修剪）命令，绘制并偏移立面轮廓线，以完成屋面构架的绘制。

20 将“辅助线”图层置为当前图层。

21 执行 REC（矩形）命令、L（直线）命令，绘制屋顶其他结构图形，如图 14-25 所示。

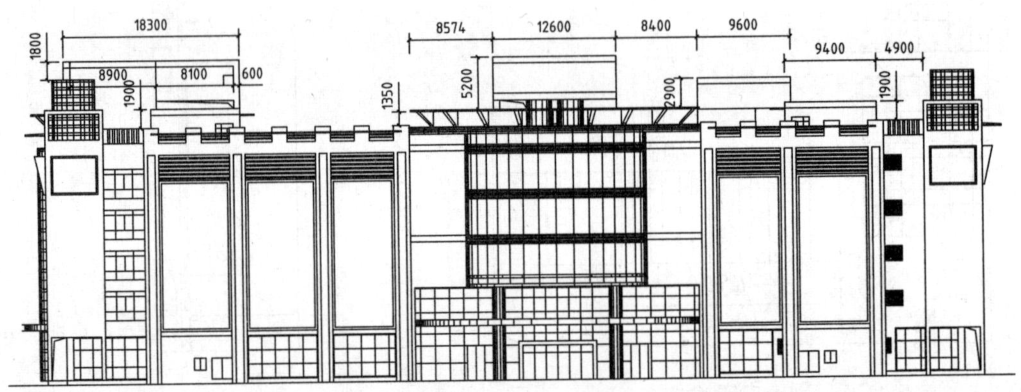

图 14-25　绘制屋顶其他结构图形

22 将“台阶”图层置为当前图层。

23 执行 O（偏移）命令、TR（修剪）命令，绘制高度为 150 的台阶。

24 执行 L（直线）命令，绘制台阶装饰线，如图 14-26 所示。

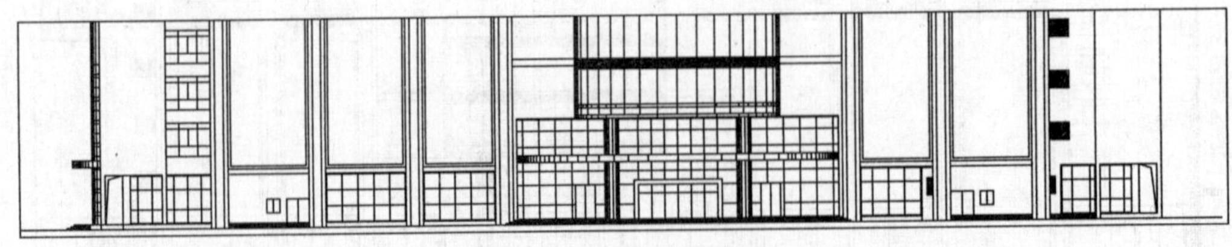

图 14-26　绘制台阶

25 执行 L（直线）命令、O（偏移）命令，绘制并偏移直线；执行 TR（修剪）命令，修剪线段，绘制坡道扶手，如图 14-27 所示。

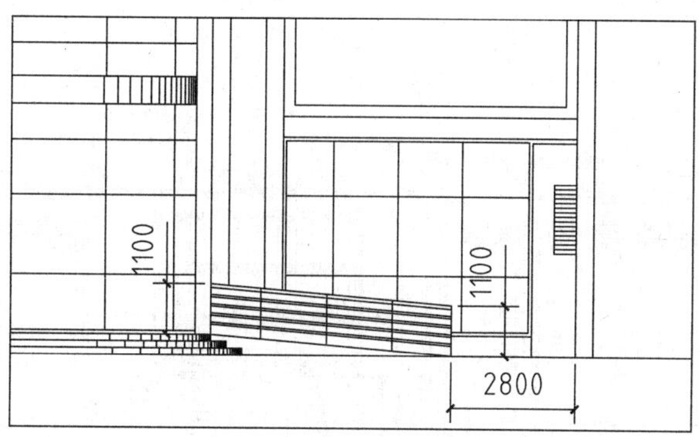

图 14-27 绘制坡道扶手

14.1.4 绘制标注

立面图的标注又可分为多行文字标注、引线标注、尺寸标注等。其中多行文字标注表示了所在区域的名称信息，引线标注则表示了所指图形的信息。

01 将“文字标注”图层置为当前图层。

02 执行 MT（多行文字）命令，绘制立面文字标注，其中商场名称的字体为“黑体”，如图 14-28 所示。

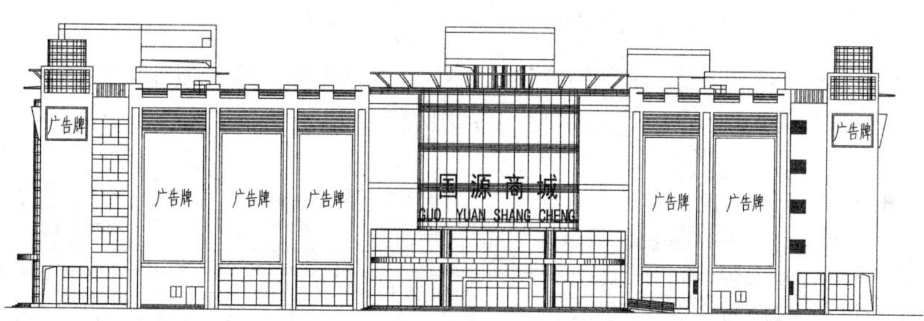

图 14-28 绘制立面文字标注

03 执行 MLD（多重引线）命令，绘制引线标注，如图 14-29 所示。

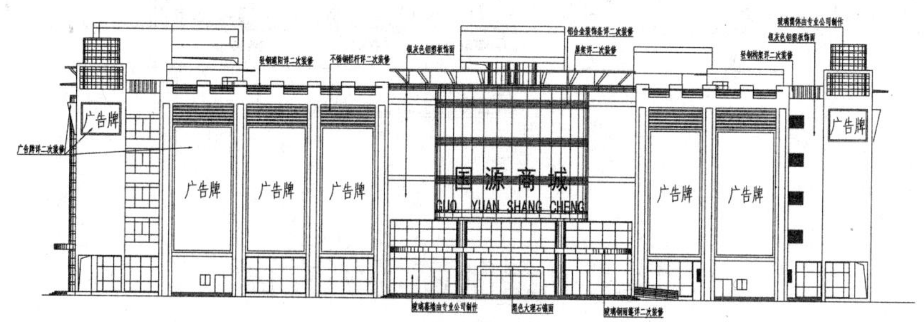

图 14-29 绘制引线标注

04 将“尺寸标注”图层置为当前图层。

05 执行 C（圆）命令，绘制半径为 600 的圆；执行 MT（多行文字）命令，绘制轴号标注。

06 执行 DLI（线性标注）命令、DCO（连续标注）命令，绘制立面尺寸标注，如图 14-30 所示。

07 执行 L（直线）命令，绘制标高基准线。

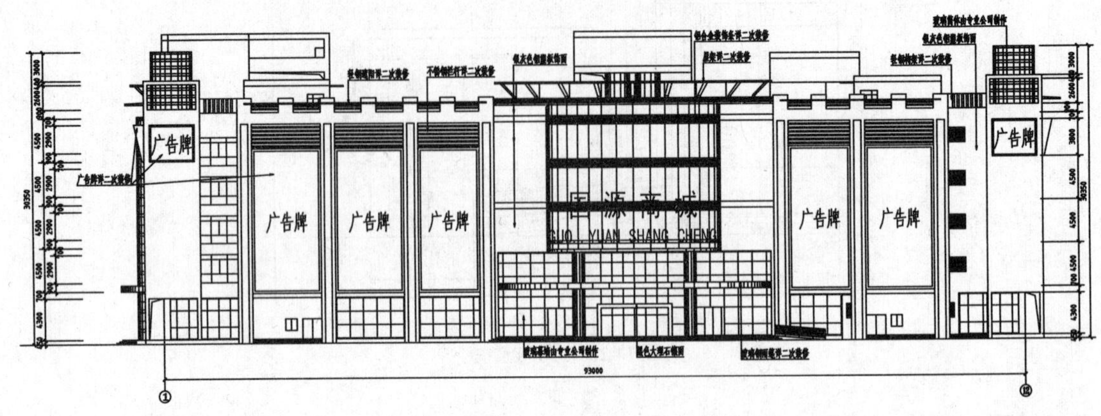

图 14-30　绘制尺寸标注

08 执行 I（插入）命令，在“插入”对话框中选择标高图块，根据命令行的提示，指定插入点以完成标高图块的调入。

09 双击标高图块，系统弹出“增强属性编辑器”对话框。在其中可以更改标高值，单击“确定”按钮，关闭对话框，可以完成标高标注。

10 执行 MT（多行文字）命令，绘制层号标注。

11 绘制图名标注。按下 Enter 键，重复执行 MT（多行文字）命令，绘制图名及比例标注；执行 PL（多段线）命令，分别绘制宽度为 200、0 的下划线，如图 14-31 所示。

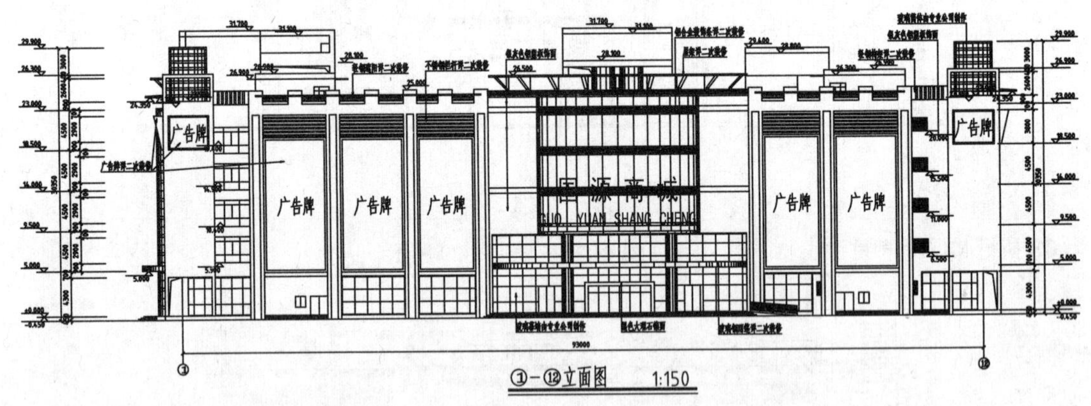

图 14-31　1-12 立面图

14.2　绘制商场侧立面图

商场的侧立面图同样包含与正立面图相同的信息，如门窗、广告牌等。但是，在不同立面上这些图形的尺寸不尽相同，因此在绘制的过程中应注意与正立面图相对照来画。

01 将“墙体”图层置为当前图层。

02 执行 L（直线）命令，绘制直线；执行 O（偏移）命令，偏移直线；执行 TR（修剪）命令，修剪线段，完成立面墙线的绘制，如图 14-32 所示。

03 将“铝塑材”图层置为当前图层。

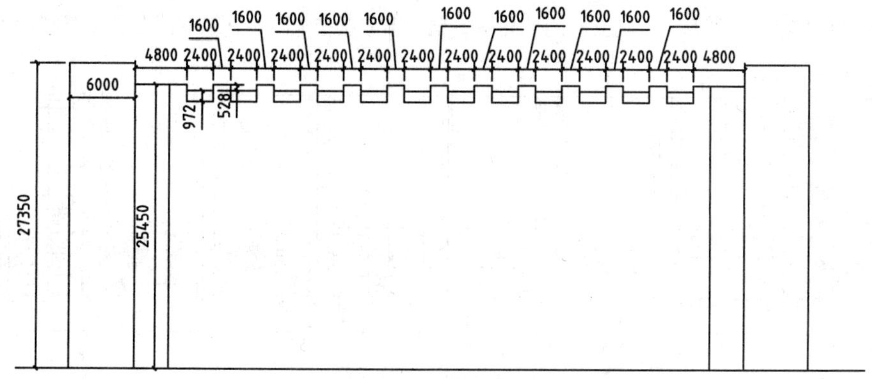

图 14-32　绘制立面墙线

04 执行 REC（矩形）命令、X（分解）命令，绘制并分解矩形；执行 O（偏移）命令、TR（修剪）命令，偏移并修剪矩形边，绘制广告牌，如图 14-33 所示。

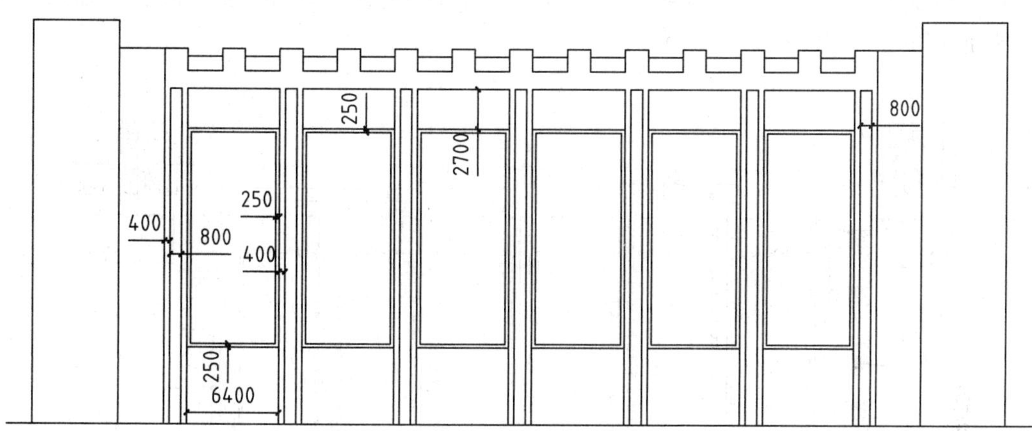

图 14-33　绘制广告牌

05 将“立面门窗”图层置为当前图层。

06 执行 REC（矩形）命令、L（直线）命令，绘制立面窗（详细尺寸请参照“14.1 绘制商场正立面图”中的介绍）。

07 执行“修改”→“阵列”→“矩形阵列”命令，选择绘制完成的立面窗，设置列数为 1，行数为 4，行距为 4500，完成阵列复制操作，如图 14-34 所示。

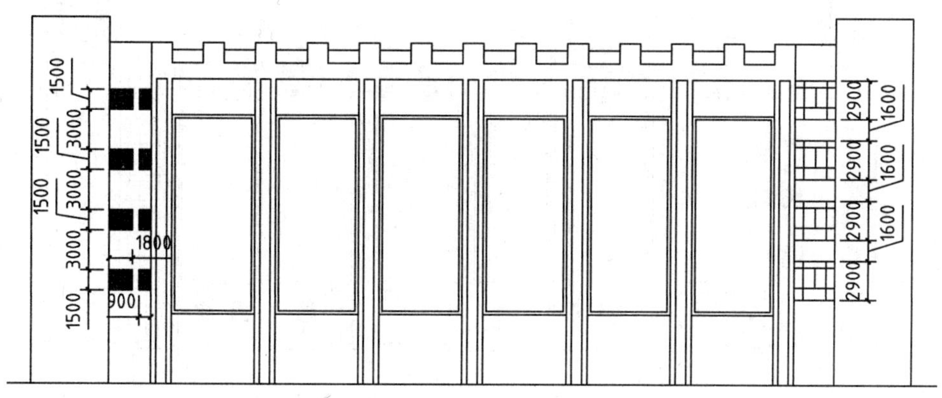

图 14-34　阵列复制立面窗

08 执行 REC（矩形）命令，绘制立面门外轮廓；执行 L（直线）命令，绘制门立面装饰线，如图 14-35 所示。

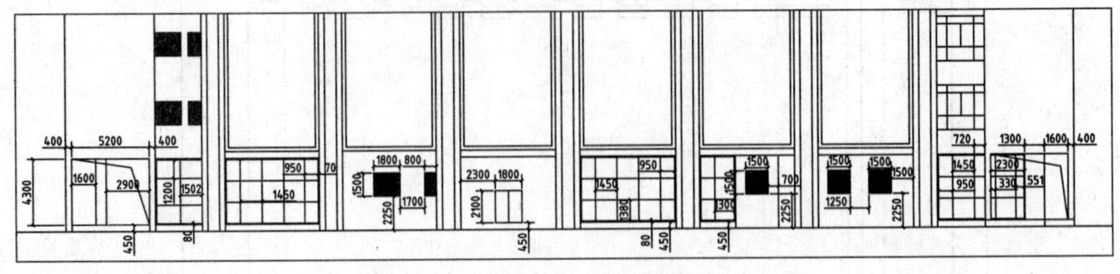

图 14-35　绘制门立面装饰线

09 将“铝塑材”图层置为当前图层

10 执行 O（偏移）命令、L（直线）命令、TR（修剪）命令，绘制广告牌图形。

11 执行 REC（矩形）命令、L（直线）命令，绘制玻璃筒体外轮廓；执行 H（图案填充）命令，对图形执行填充操作，如图 14-36 所示。

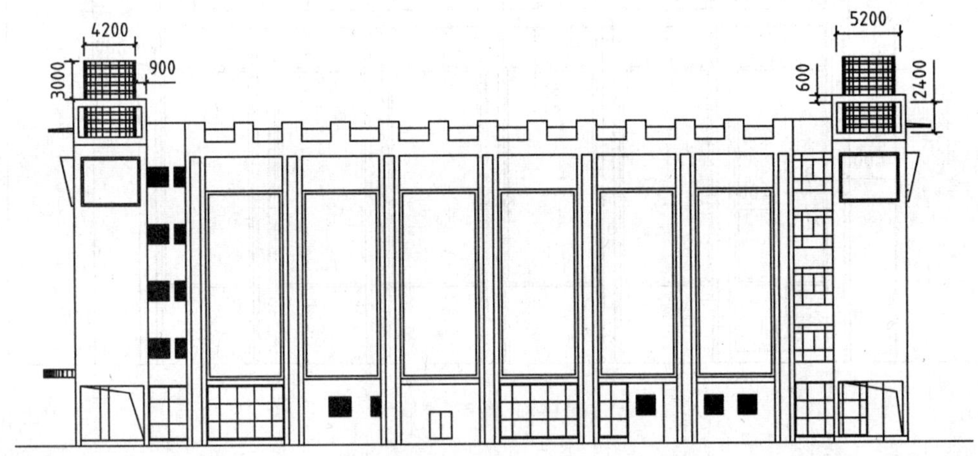

图 14-36　绘制玻璃筒体

12 执行 H（图案填充）命令，在“图案填充和渐变色”对话框中选择 STEEL 图案，设置填充角度为 315°，填充比例为 125，绘制不锈钢栏杆，如图 14-37 所示。

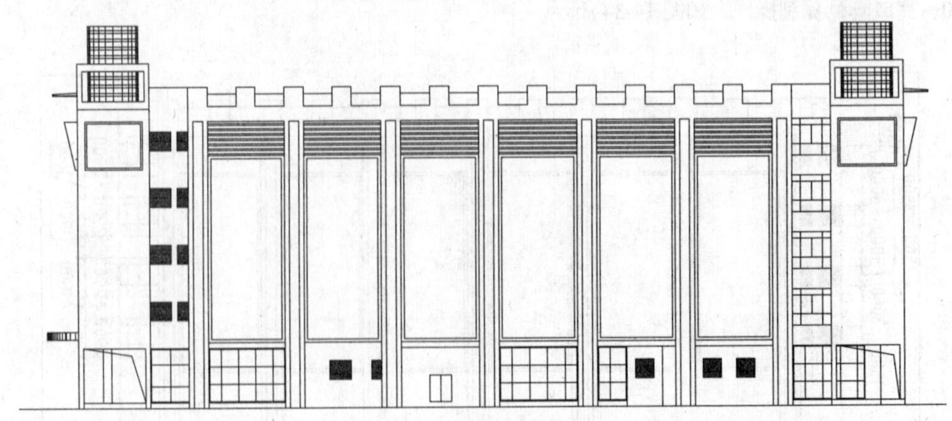

图 14-37　绘制不锈钢栏杆

13 将“屋面构架”图层置为当前图层。

14 执行 O（偏移）命令、TR（修剪）命令、L（直线）命令，绘制如图 14-38 所示的屋面结构图形。

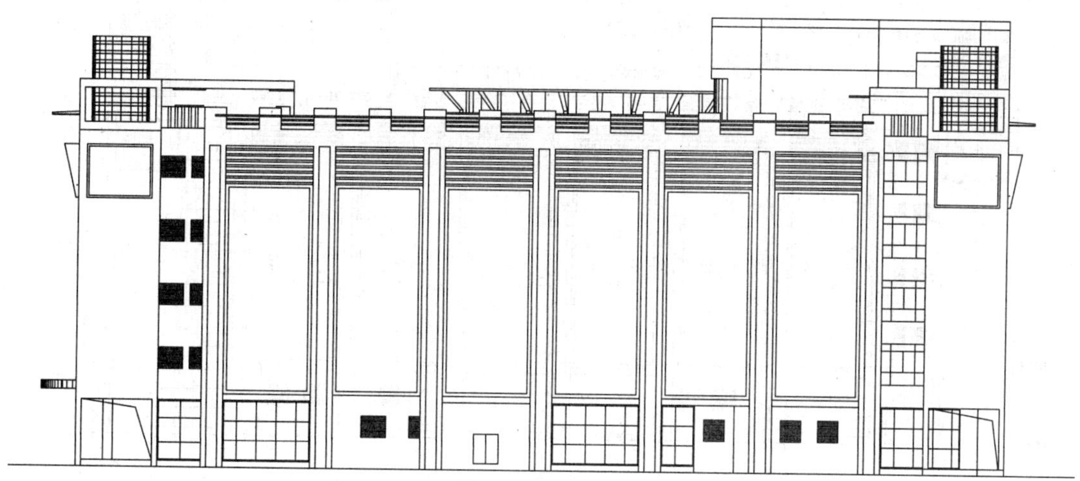

图 14-38 绘制屋面结构图形

15 将“台阶”图层置为当前图层。

16 执行 O（偏移）命令、TR（修剪）命令，偏移并修剪立面墙线；执行 L（直线）命令，绘制台阶立面装饰线，如图 14-39 所示。

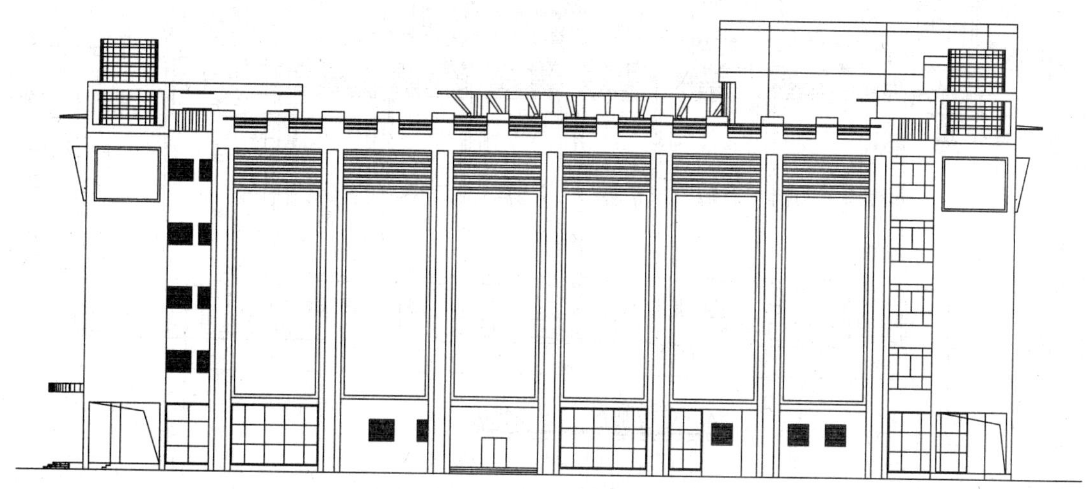

图 14-39 绘制台阶立面装饰线

17 将“文字标注”图层置为当前图层。

18 执行 MT（多行文字）命令，绘制侧立面文字标注；执行 MLD（多重引线）命令，绘制引线标注，如图 14-40 所示。

19 将“尺寸标注”图层置为当前图层。

20 执行 DLI（线性标注）命令、DCO（连续标注）命令，绘制侧立面图尺寸标注。

21 执行 L（直线）命令，绘制标高基准线；执行 I（插入）命令，调入标高图块，双击更改标高参数以完成标高标注。

22 执行 C（圆）命令、MT（多行文字）命令，绘制轴号标注。

23 将"文字标注"图层置为当前图层。

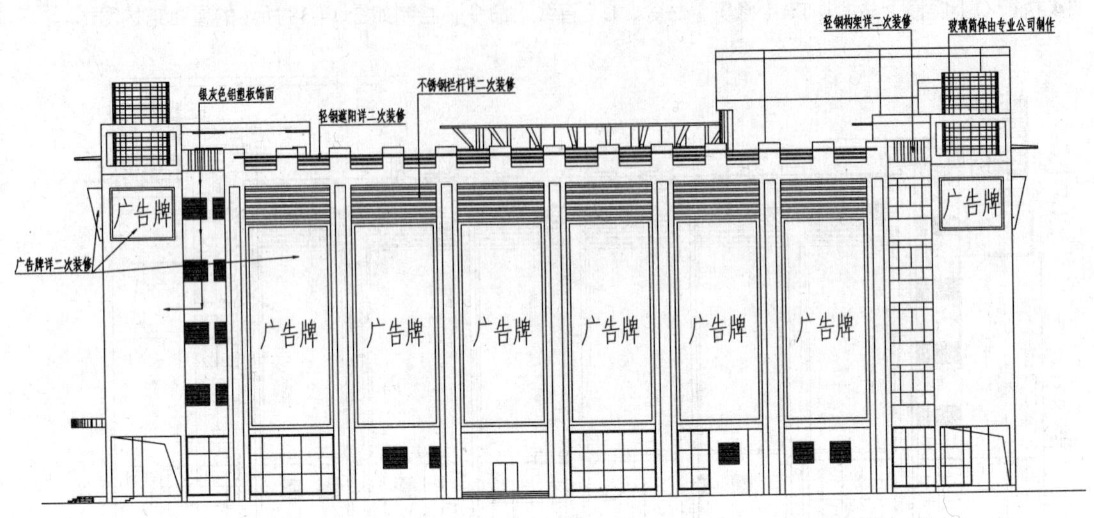

图 14-40　绘制文字标注

24 执行 MT（多行文字）命令，绘制层号标注以及图名、比例标注；执行 PL（多段线）命令，绘制下划线，如图 14-41 所示。

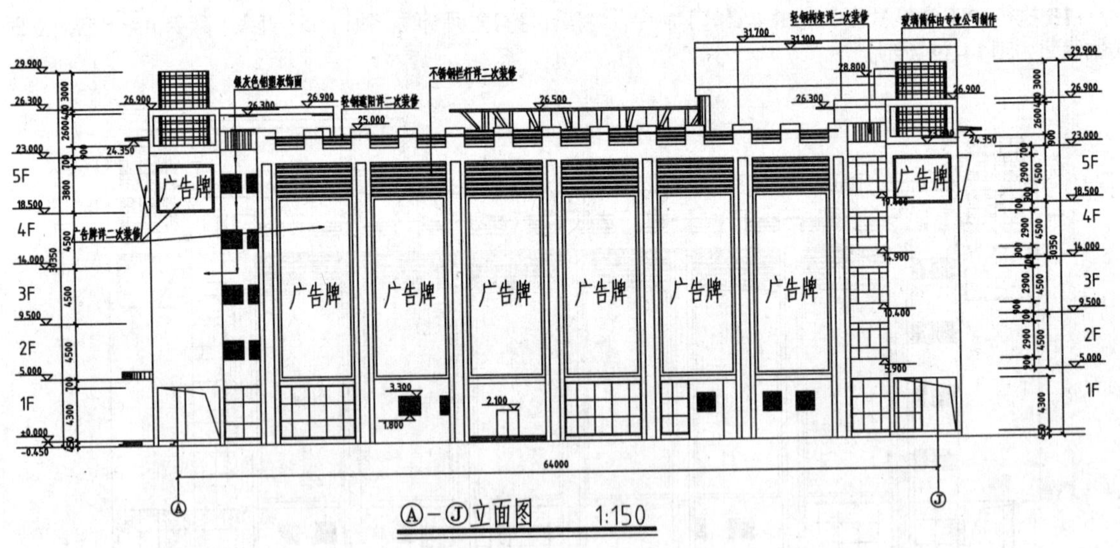

图 14-41　A—J 立面图

第15章 商场建筑剖面图、详图的绘制

本章导读

商场剖面图是假想使用一个或一个以上的垂直于外墙轴线的铅垂剖切平面将商场剖开，移去靠近观察者的那部分，对剩下部分所做的正投影图，表明了商场内部各建筑构件在垂直方向上的相互关系。

商场详图表明了女儿墙各部位的详细构造、材料做法以及细部尺寸。

本章介绍商场剖面图及详图的绘制方式。

本章重点

- 掌握商场剖面图的绘制方法
- 掌握商场详图的绘制方法

15.1 绘制商场剖面图

在绘制商场剖面图之前，应在商场平面图中绘制剖切符号，以明确表示剖面图所表示的区域。剖切符号可以通过调用“多段线”命令、“多行文字”命令来绘制。

15.1.1 设置绘图环境

创建图层有利于管理各类图形，通过控制图层的颜色、线型、线宽等，借以控制位于图层上的各类图形的属性。

01 启动 AutoCAD 2020，新建一个空白文件。

02 执行“文件”→“保存”命令，将其保存为“商场剖面图.dwg”文件。

商场剖面图主要由表 15-1 所列的元素组成，因此绘制平面图形时应建立表 15-1 所列的图层。

表 15-1 图层设置

序号	图层名	描述内容	线宽	线型	颜色	打印属性
1	柱子	柱子	默认	实线(CONTINUOUS)	白色	打印
2	屋面构架	屋面构架	默认	实线(CONTINUOUS)	23 色	打印
3	网架	网架	默认	实线(CONTINUOUS)	青色	打印
4	墙体	墙体	默认	实线(CONTINUOUS)	青色	打印
5	门窗	门窗	默认	实线(CONTINUOUS)	黄色	打印
6	铝塑材	铝塑材	默认	实线(CONTINUOUS)	9 色	打印
7	楼梯	楼梯	默认	实线(CONTINUOUS)	洋红色	打印
8	楼板	楼板	默认	实线(CONTINUOUS)	黄色	打印
9	梁	梁	默认	实线(CONTINUOUS)	白色	打印

03 创建图层。执行 LA（图层特性管理器）命令，在弹出的“图层特性管理器”对话框中创建表 15-1 所列的图层，如图 15-1 所示。

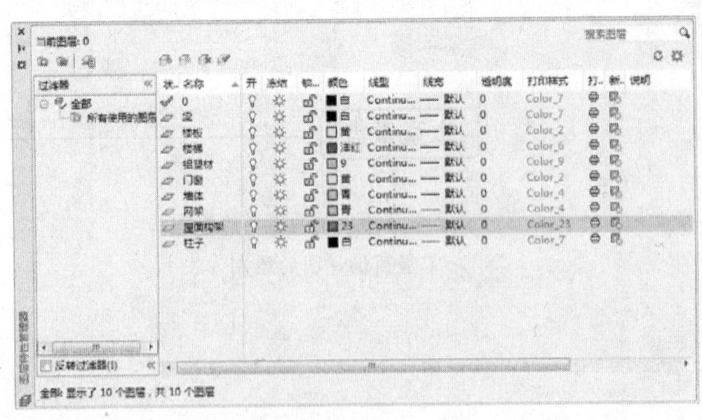

图 15-1 创建图层

04 执行“文件”→“打开”命令，打开在第 13 章中绘制的“商场底层平面图.dwg”文件。

05 绘制剖切符号。执行 PL（多段线）命令，绘制宽度为 200 的多段线以表示剖切符号；执行 MT（多行文字）命令，绘制剖切编号，如图 15-2 所示。

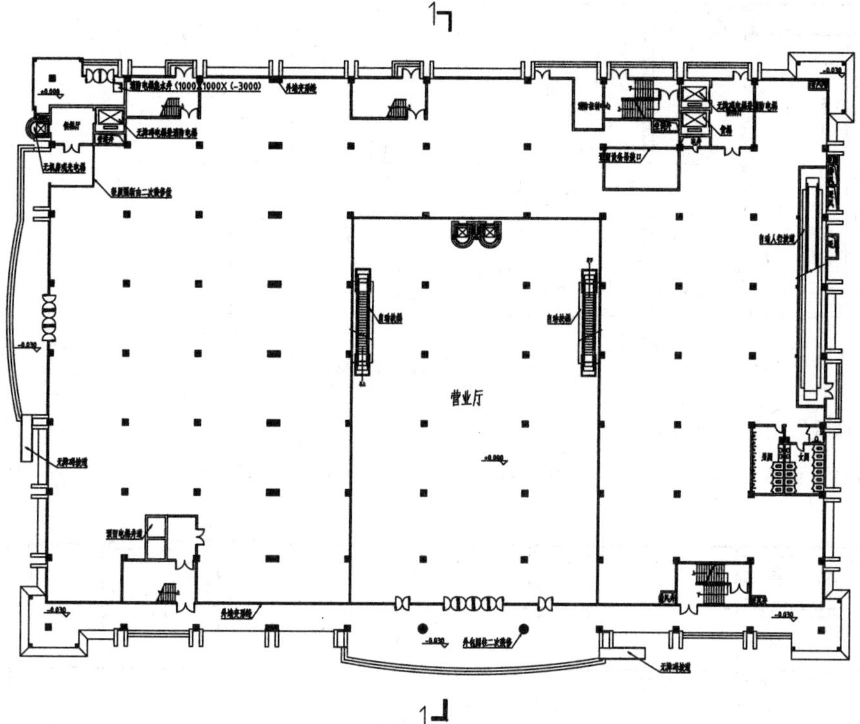

图 15-2　绘制剖切符号

15.1.2　绘制剖面墙体、梁图形

剖面图上的基本建筑构件图形主要有墙体、楼板、剖断梁，应首先绘制这几类构件，然后再在此基础上绘制其他剖面图形，如门窗图形。

01 将“墙体”图层置为当前图层。

02 执行 L（直线）命令、O（偏移）命令，绘制并偏移直线；执行 TR（修剪）命令，修剪线段，如图 15-3 所示。

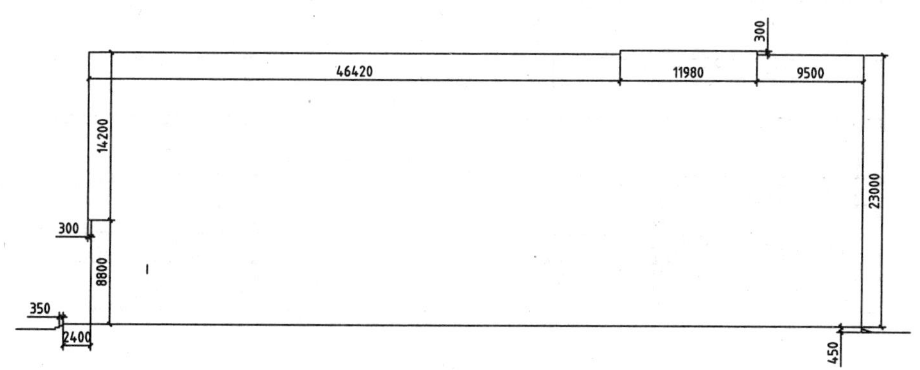

图 15-3　修剪线段

03 将“柱子”图层置为当前图层。

04 执行 L（直线）命令，绘制直线；执行 O（偏移）命令，偏移线段以完成柱子轮廓线的绘制，如图 15-4 所示。

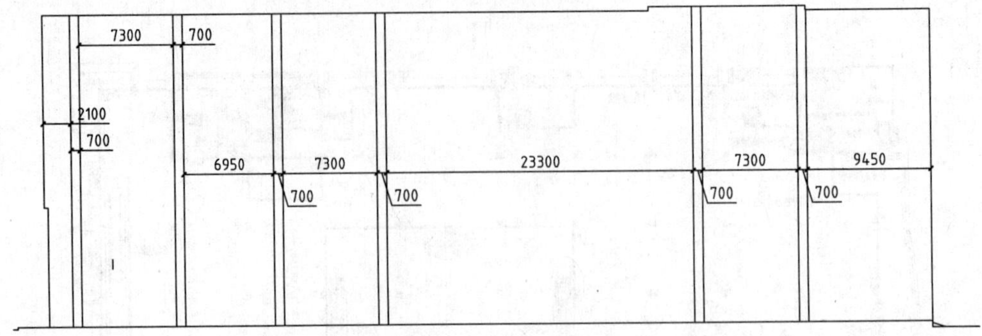

图 15-4 绘制柱子轮廓线

05 将“楼板”图层置为当前图层。

06 执行 O（偏移）命令，偏移线段；执行 TR（修剪）命令，修剪线段，完成楼板的绘制，如图 15-5 所示。

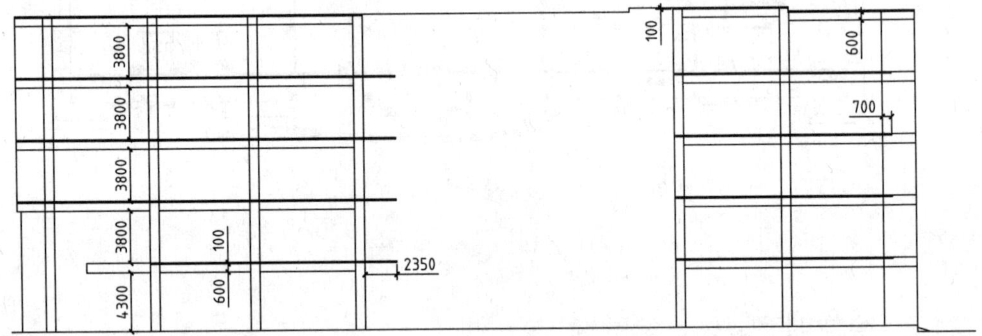

图 15-5 绘制楼板

07 将“梁”图层置为当前图层。

08 执行 REC（矩形）命令，绘制尺寸为 300×700、200×700 的矩形以表示剖断梁，如图 15-6 所示。

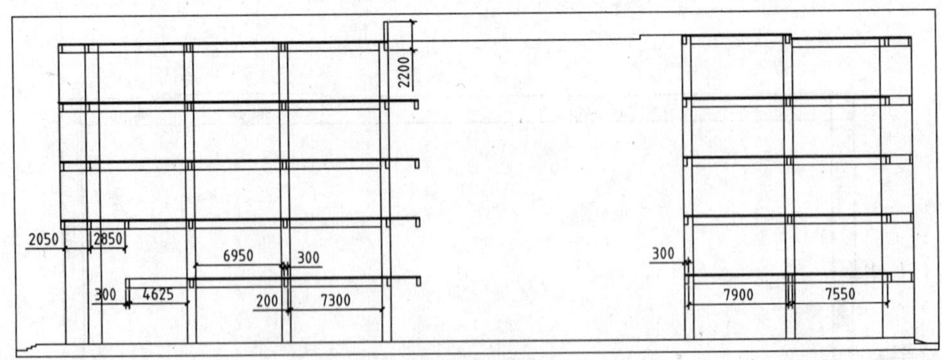

图 15-6 绘制剖断梁

15.1.3 绘制门窗图形

门窗图形可以调用相应的绘图命令及编辑命令来绘制，相同尺寸的门窗图形在绘制完成后，可以调用“复制”命令来移动复制，以省去重复绘制的时间。

01 将“门窗”图层置为当前图层。

02 执行 REC（矩形）命令、L（直线）命令，绘制立面窗图形；执行 REC（矩形）命令、O（偏移）命令、TR（修剪）命令，绘制立面门窗图形 1，如图 15-7 所示。

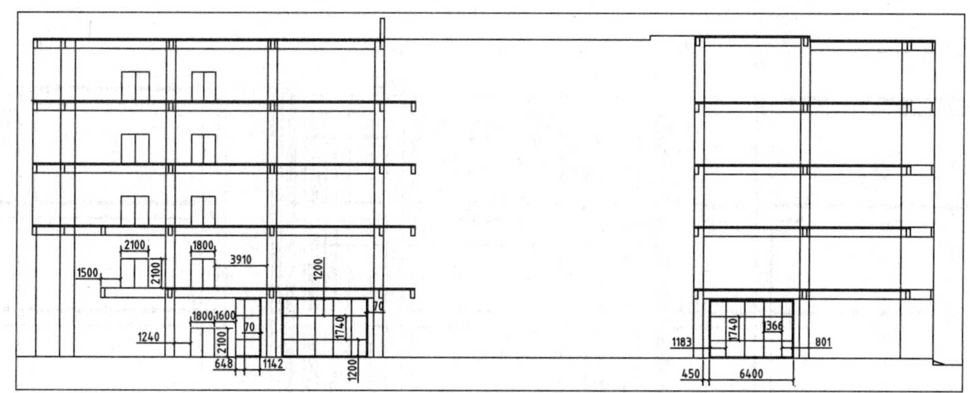

图 15-7　立面门窗图形 1

03 将“墙体”图层置为当前图层。

04 执行 L（直线）命令、TR（修剪）命令，绘制并修剪直线，如图 15-8 所示。

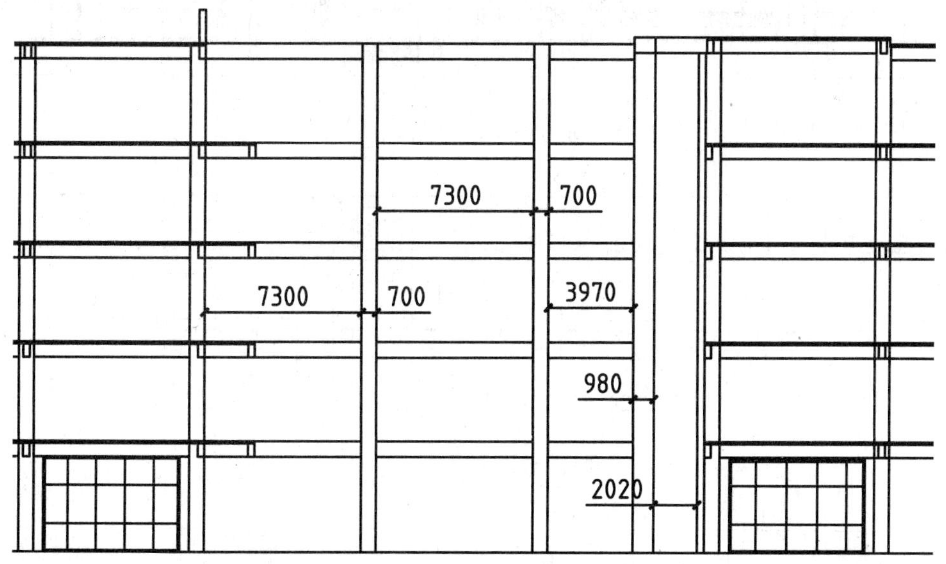

图 15-8　绘制并修剪直线

05 将“门窗”图层置为当前图层。

06 执行 O（偏移）命令、L（直线）命令、TR（修剪）命令，绘制立面门窗图形 2，如图 15-9 所示。

07 执行 L（直线）命令，绘制直线；执行 O（偏移）命令，设置偏移距离为 100，选择直线执行偏移操作，绘制剖面窗，如图 15-10 所示。

08 绘制柱子。执行 O（偏移）命令，选择柱子轮廓线向内偏移；执行 TR（修剪）命令，修剪线段，绘制立柱，如图 15-11 所示。

09 将“铝塑材”图层置为当前图层。

10 绘制雨篷。执行 REC（矩形）命令，绘制矩形；执行 L（直线）命令，在矩形内绘制直线，如图 15-12 所示。

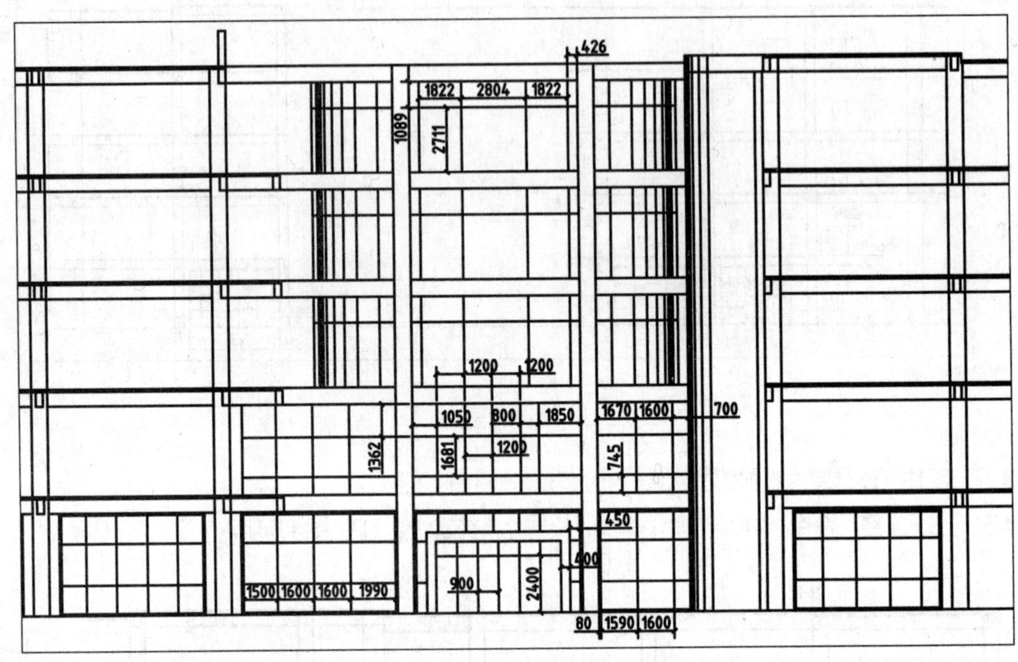

图 15-9　绘制立面门窗图形 2

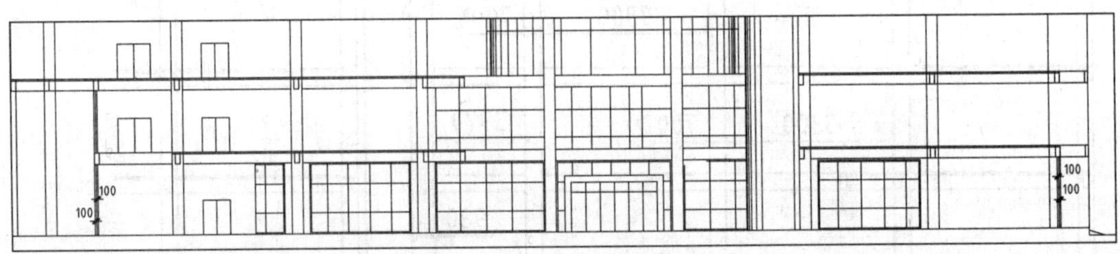

图 15-10　绘制剖面窗

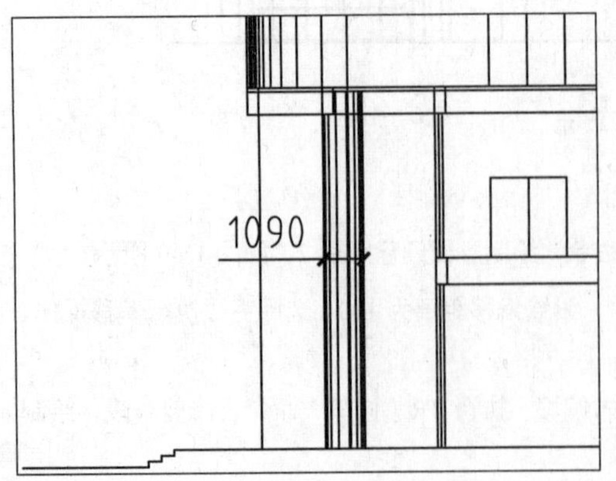

图 15-11　绘制立柱

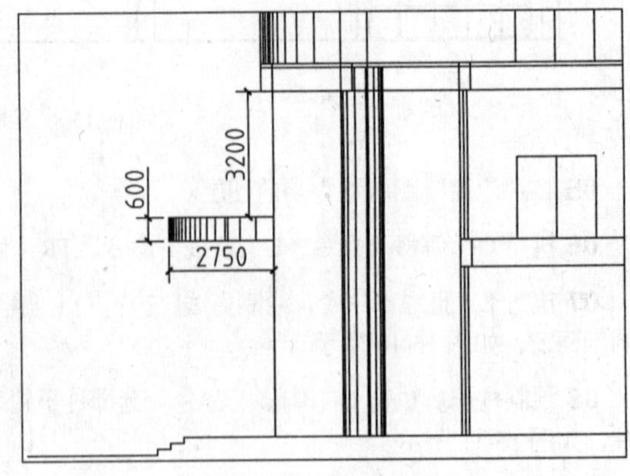

图 15-12　绘制雨篷

11 将“门窗”图层置为当前图层。

12 执行 L（直线）命令、O（偏移）命令，绘制并偏移直线；执行 TR（修剪）命令，修剪线段，绘制如图 15-13 所示的玻璃幕墙。

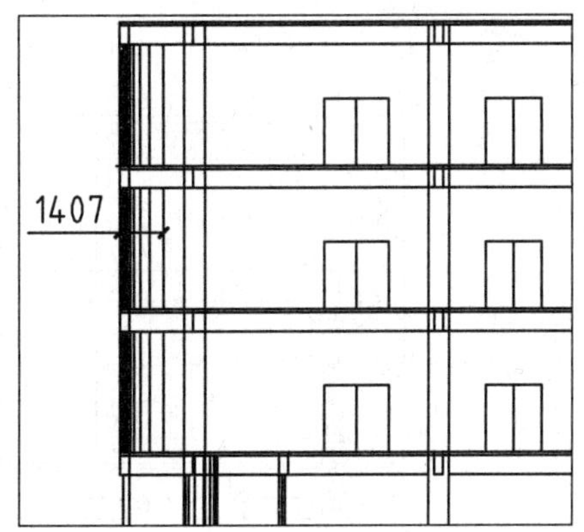

图 15-13　绘制玻璃幕墙

15.1.4　绘制屋顶构件图形

商场屋顶的构件图形包括玻璃筒体、广告牌、遮阳构架等，这些构件除了本身所具备的功能外，还可以为商场的外立面提供装饰功能。

01 将“墙体”图层置为当前图层。

02 执行 L（直线）命令、O（偏移）命令、TR（修剪）命令，绘制女儿墙及屋顶其他结构的外轮廓线，如图 15-14 所示。

03 执行 EX（延伸）命令，延伸线段；执行 TR（修剪）命令，修剪线段，如图 15-15 所示。

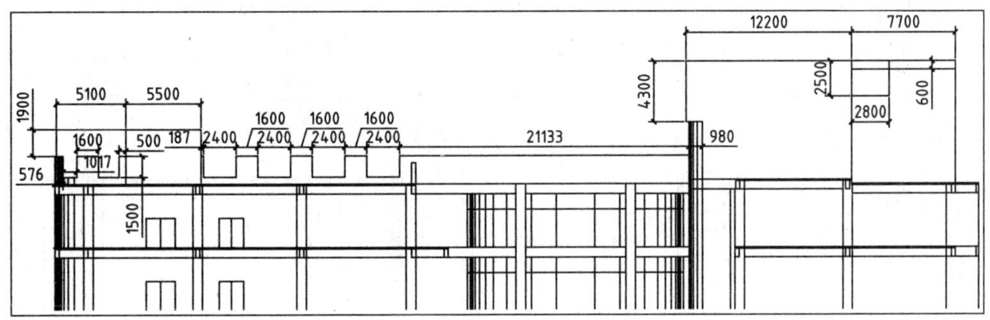

图 15-14　绘制女儿墙及屋顶其他结构的外轮廓线

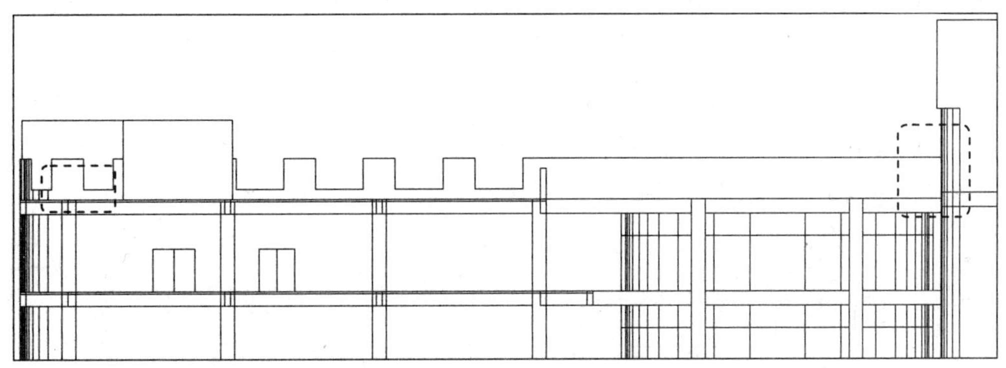

图 15-15　修剪线段

04 执行 O（偏移）命令、TR（修剪）命令，绘制玻璃筒体外轮廓线，如图 15-16 所示。

05 执行 L（直线）命令，绘制直线，如图 15-17 所示。

06 将“铝塑材”图层置为当前图层。

07 执行 H（图案填充）命令，在“图案填充和渐变色”对话框中选择 ANSI32 图形，设置填充比例为 315°，填充比例为 80，对玻璃筒体图形执行填充操作，如图 15-18 所示。

08 执行 L（直线）命令、REC（矩形）命令、O（偏移）命令、TR（修剪）命令，绘制不锈钢遮阳构架及广告牌图形，如图 15-19 所示。

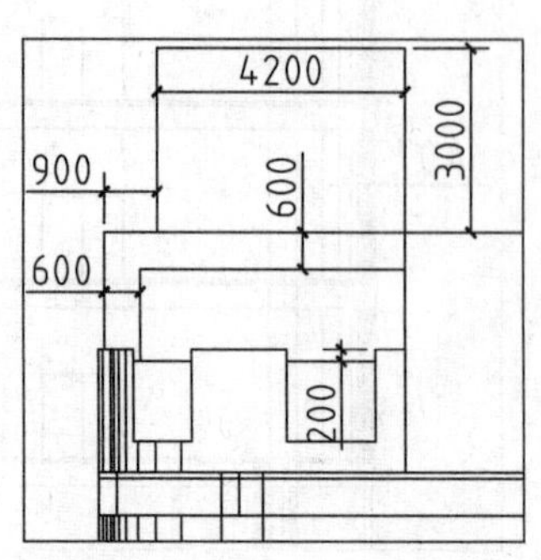

图 15-16　绘制玻璃筒体外轮廓线

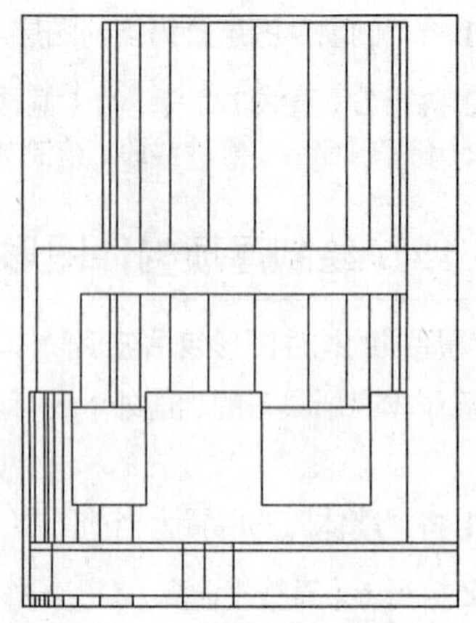

图 15-17　绘制直线

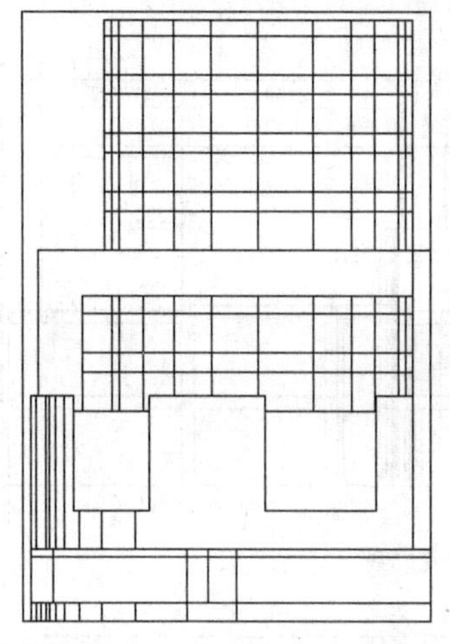

图 15-18　图案填充玻璃筒体

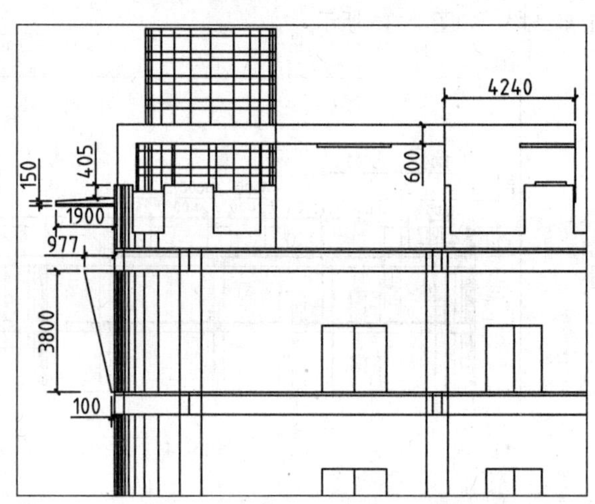

图 15-19　绘制不锈钢遮阳构架及广告牌图形

09 将“屋面构架”图层置为当前图层。

10 执行 O（偏移）命令、L（直线）命令、TR（修剪）命令，绘制屋面构架图形，如图 15-20 所示。

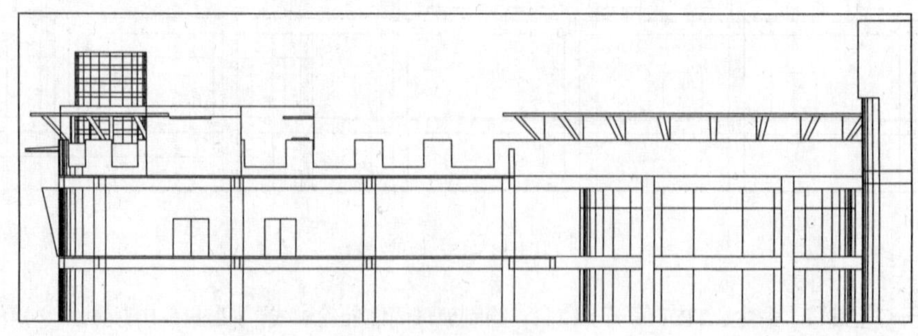

图 15-20　绘制屋面构架图形

11 将“铝塑材”图层置为当前图层。

12 执行 L（直线）命令，绘制直线；执行 O（偏移）命令，偏移直线，绘制不锈钢遮阳构架，如图 15-21 所示。

13 将“网架”图层置为当前图层。

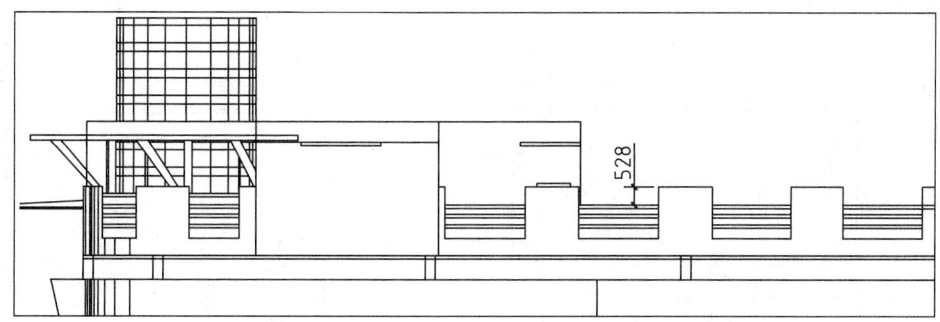

图 15-21　绘制不锈钢遮阳构架

14 执行 C（圆）命令，绘制半径为 75 的圆；执行 L（直线）命令，绘制直线，完成屋顶网格图形的绘制，如图 15-22 所示。

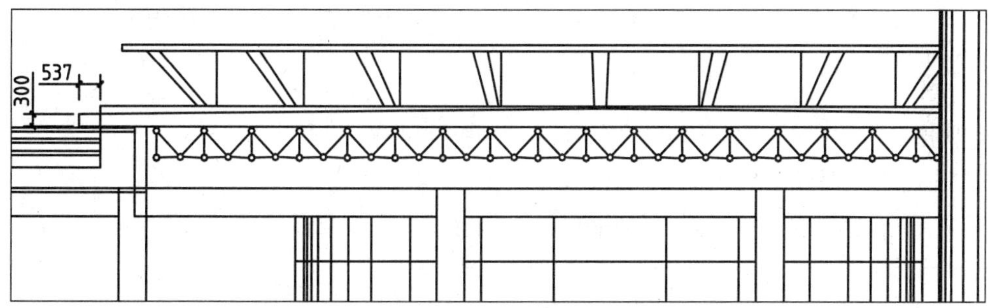

图 15-22　绘制屋顶网格图形

15 将“墙体”图层置为当前图层。

16 执行 L（直线）命令、O（偏移）命令，绘制并偏移直线，绘制楼梯间墙体的结果如图 15-23 所示。

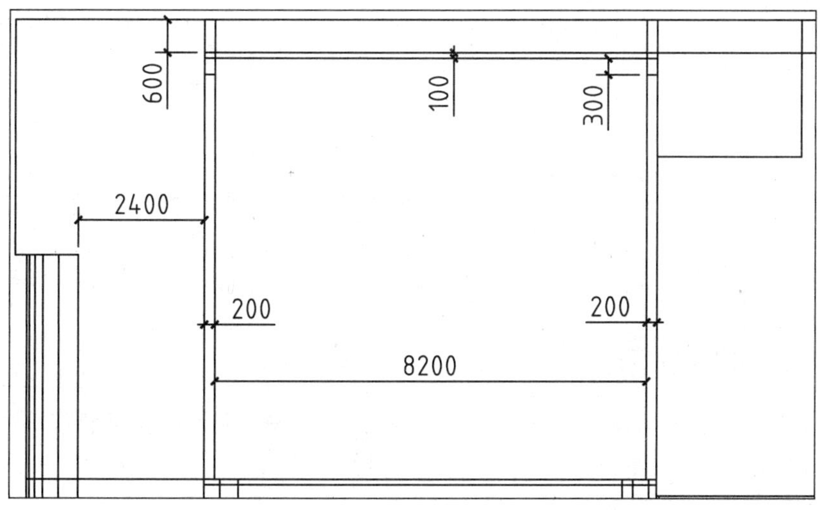

图 15-23　绘制楼梯间墙体

17 将“楼梯”图层置为当前图层。

18 执行 L（直线）命令、O（偏移）命令，绘制楼梯踏步及休息平台，如图 15-24 所示。

19 执行 L（直线）命令，绘制楼梯扶手，如图 15-25 所示。

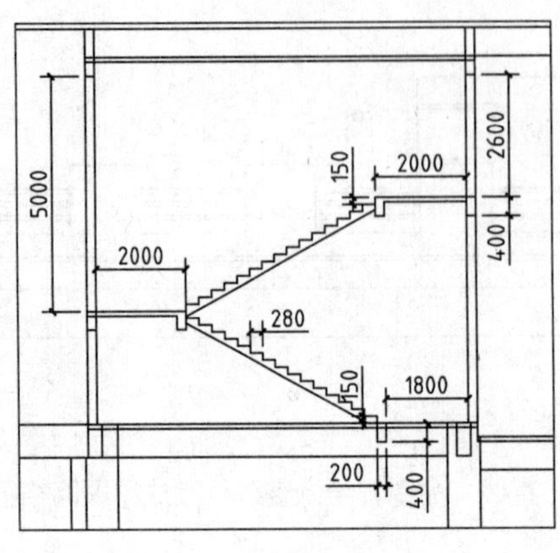

图 15-24　绘制楼梯踏步及休息平台

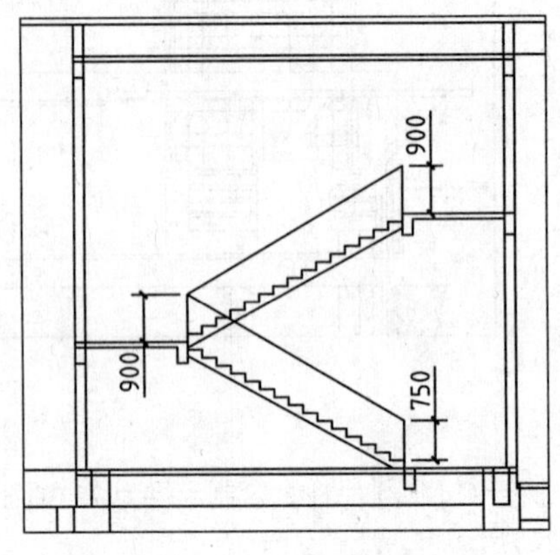

图 15-25　绘制楼梯扶手

20 将“门窗”图层置为当前图层。

21 执行 REC（矩形）命令、PL（多段线）命令，绘制如图 15-26 所示的门图形。

22 将“铝塑板”图层置为当前图层。

23 参照前面所讲述的绘图方法，绘制玻璃筒体、遮阳构架、广告牌图形，如图 15-27 所示。

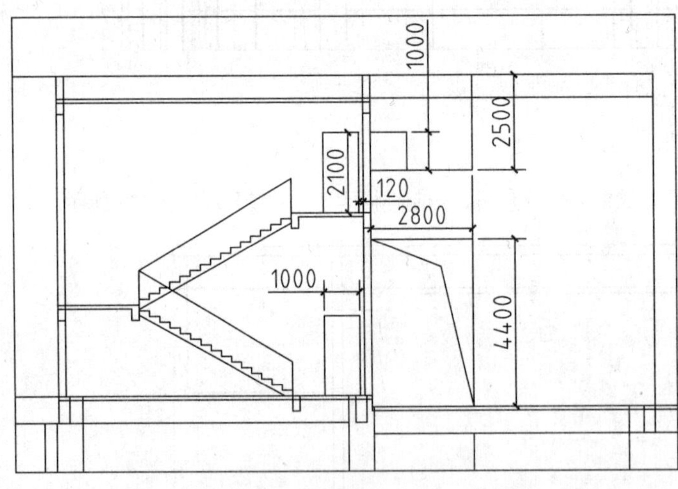

图 15-26　绘制门图形

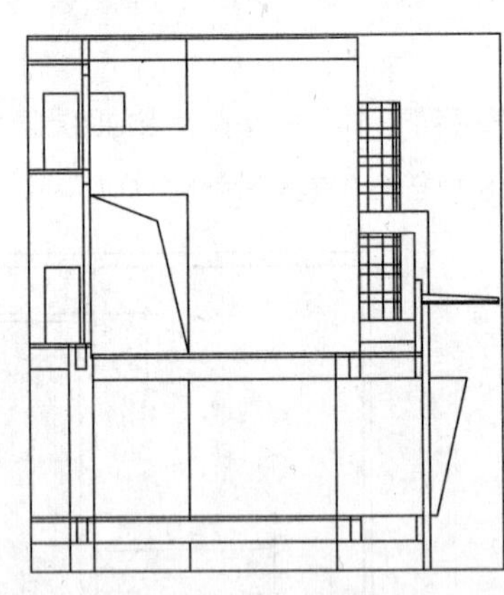
图 15-27　绘制结果

15.1.5　绘制其他剖面图

商场内部的栏杆、自动扶梯等图形可以通过调入本书提供的图块来得到，在调入图块后，需要修剪遮挡其的多余线段，如门窗、墙体的线段等。

01 将“墙体”图层置为当前图层。

02 执行 L（直线）命令，绘制虚线框内的线段；执行 O（偏移）命令，设置偏移距离为 200，选择地坪线向下偏移；执行 TR（修剪）命令，修剪线段，如图 15-28 所示。

03 调入栏杆图块。打开本书提供的“图例图块.dwg”文件，将其中的栏杆图块复制粘贴至当前图形中；执行 TR（修剪）命令，修剪多余线段，如图 15-29 所示。

04 调入自动扶梯图块。打开本书提供的“图例图块.dwg”文件，将其中的自动扶梯图块复制粘贴至当前图形中；执行 TR（修剪）命令，修剪多余线段，如图 15-30 所示。

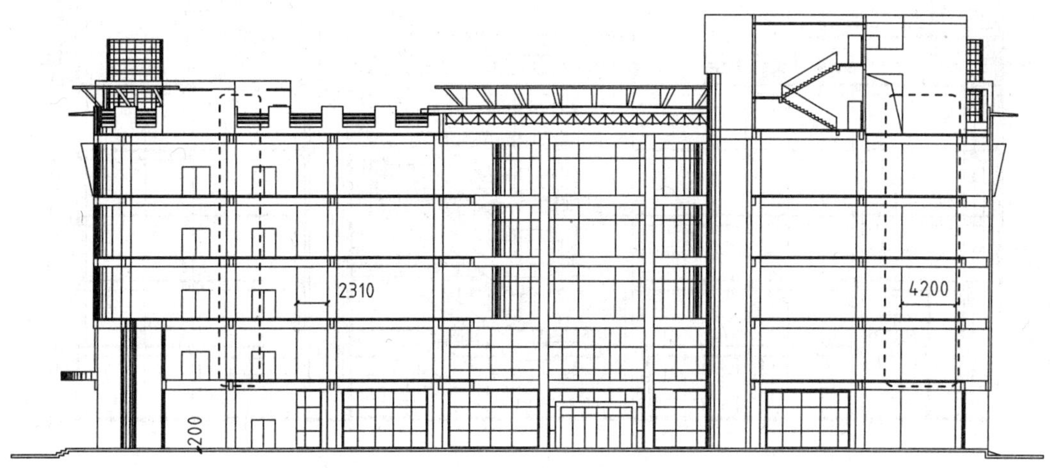

图 15-28　修剪线段

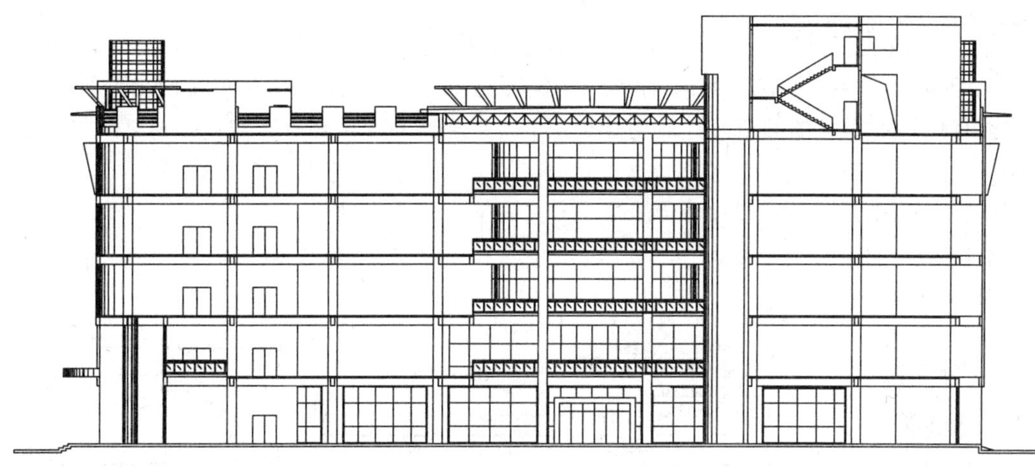

图 15-29　调入栏杆图块

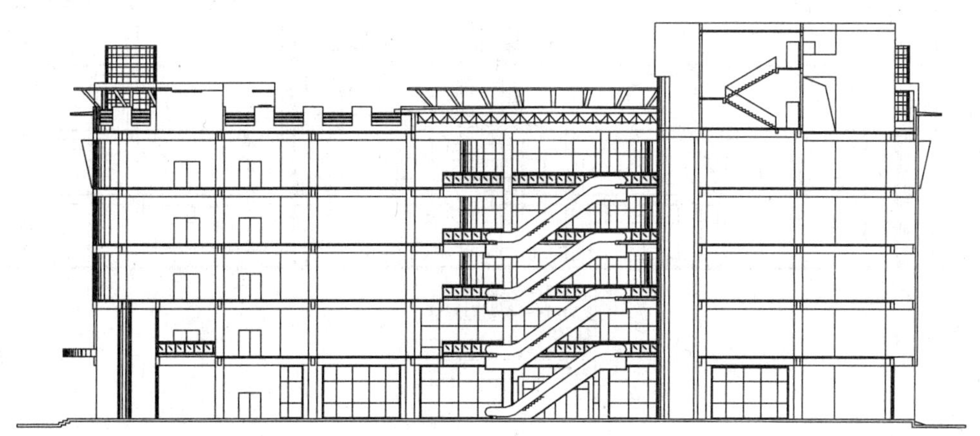

图 15-30　调入自动扶梯图块

05 执行 H（图案填充）命令，在“图案填充和渐变色”对话框中选择 SOLID 图案，对楼板及剖断梁执行图案填充操作，如图 15-31 所示。

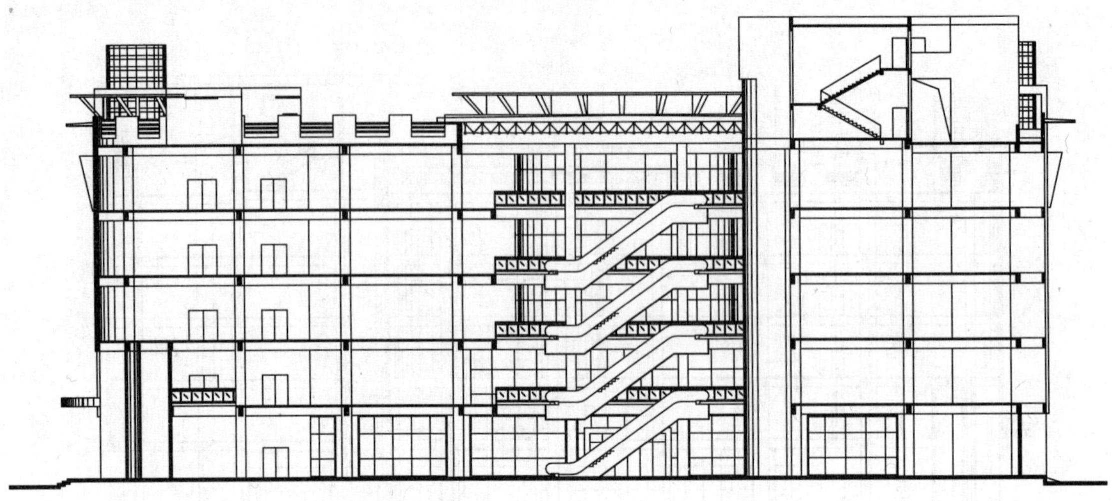

图 15-31　图案填充楼板及剖断梁

15.1.6　绘制标注

剖面图中一些构件的名称都可以通过查看商场立面图来知晓，所以在剖面图中可以不赘述，但是可以标注剖面图中的楼板及底层地面的工艺做法、使用材料。同时，剖面图中的标注还有尺寸标注、标高标注等，应一一进行绘制。

01 将“文字标注”图层置为当前图层。

02 执行 L（直线）命令、MT（多行文字）命令，绘制做法标注；执行 MLD（多重引线）命令，绘制引线标注，如图 15-32 所示。

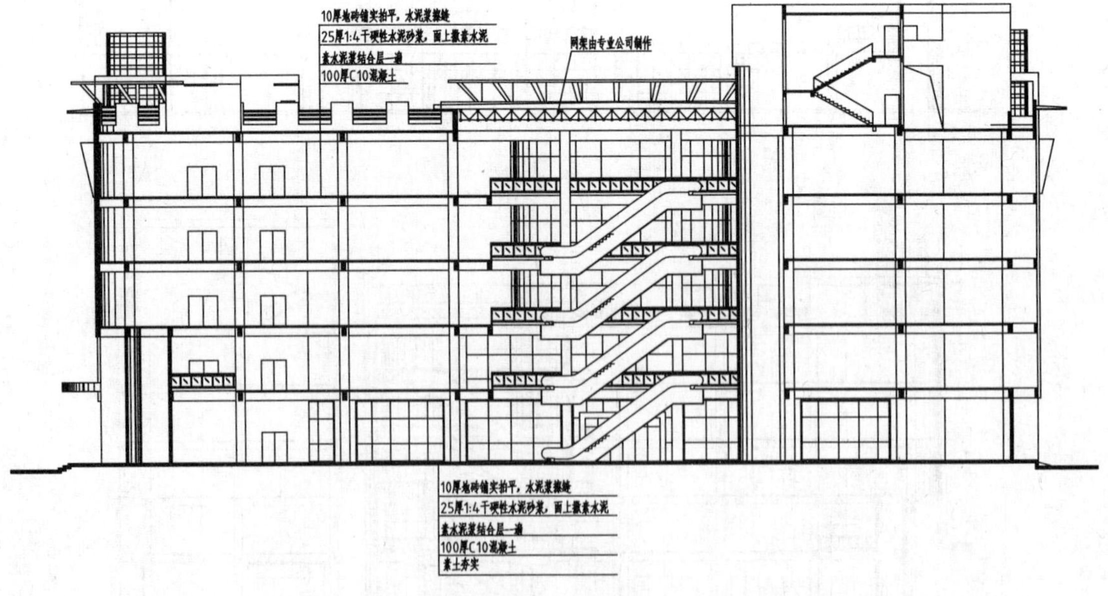

图 15-32　文字标注

03 将“尺寸标注”图层置为当前图层。

04 执行 DLI（线性标注）命令、DCO（连续标注）命令，绘制剖面图标注；执行 C（圆）命令，绘制半径为 600 的圆；执行 MT（多行文字）命令，绘制轴号标注，如图 15-33 所示。

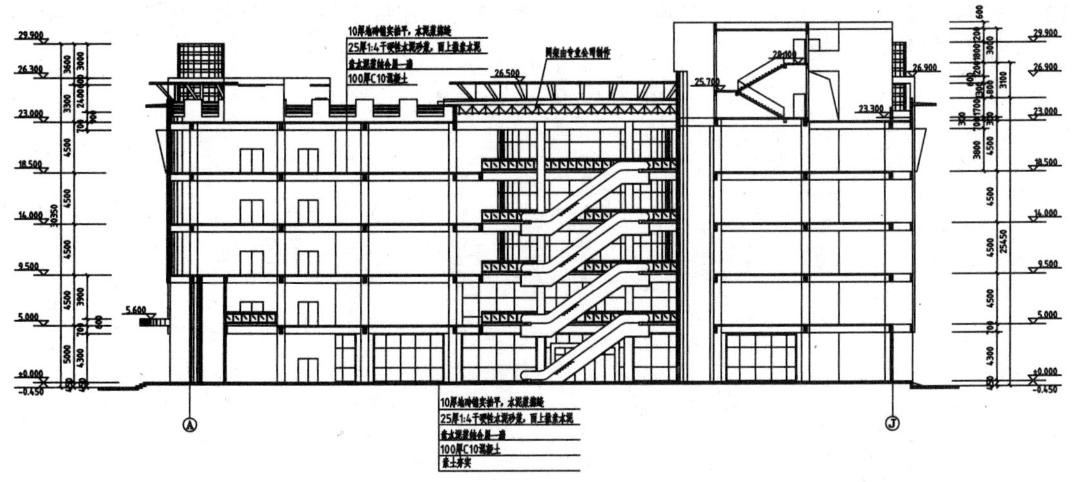

图 15-33　绘制尺寸标注

05 执行 L（直线）命令，绘制标高基准线；执行 I（插入）命令，调入标高图块，双击标高图块，更改标高值以完成标高标注。

06 执行 MT（多行文字）命令，绘制图名以及比例标注；执行 PL（多段线）命令，分别绘制宽度为 200、0 的下划线，如图 15-34 所示。

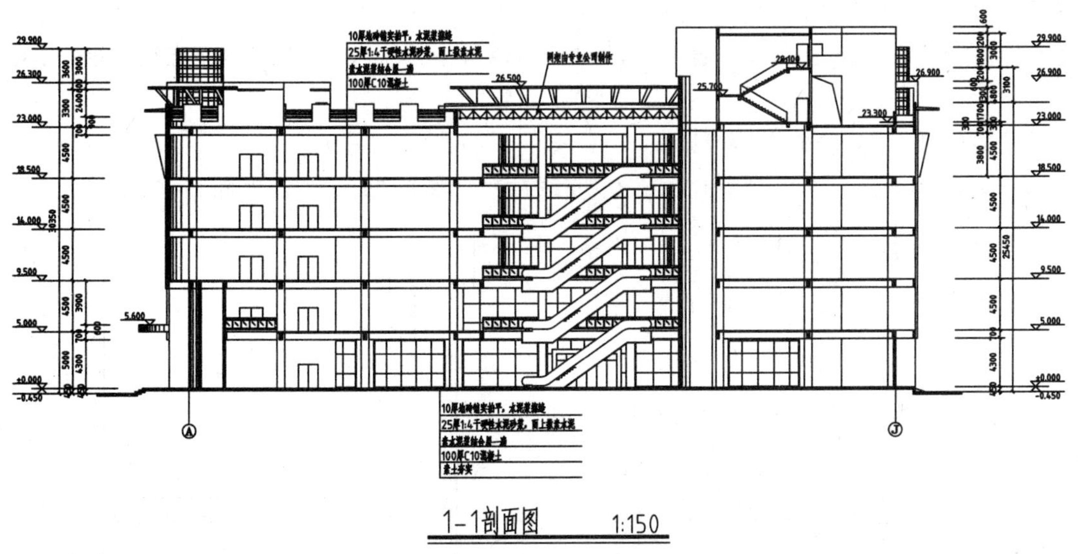

图 15-34　1-1 剖面图

15.2　绘制商场详图

商场详图表示了女儿墙的详细构造，与平面图相互配合，是砌墙、室内外装修、编制施工预算等的重要依据。

15.2.1　设置绘图环境

01 启动 AutoCAD2020，新建一个空白文件。

02 执行“文件”→“保存”命令，将其保存为“商场详图.dwg”文件。

03 创建图层。执行 LA（图层特性管理器）命令，在弹出的“图层特性管理器”对话框中创建绘制商场详图所需要的图层，如图 15-35 所示。

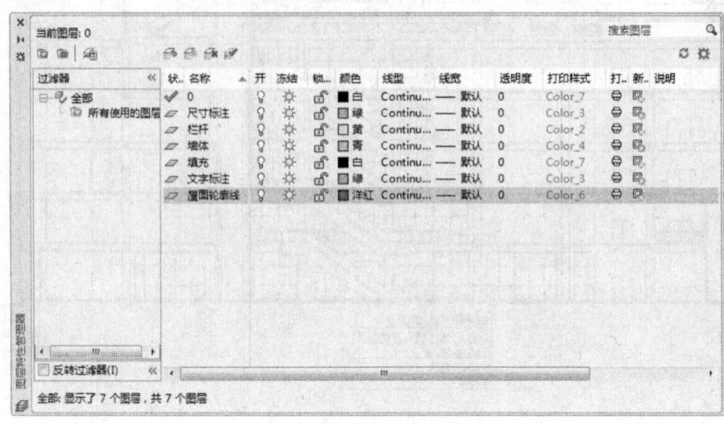

图 15-35　创建图层

15.2.2　绘制详图

女儿墙详图中包括墙体、其他建筑构件等。其中需要绘制各构件图形的详细构造、材料种类、做法等，材料的种类可以通过各类填充图案来进行区别。

01 将“墙体”图层置为当前图层。

02 执行 L（直线）命令、O（偏移）命令，绘制墙线；执行 PL（多段线）命令，绘制折断线，如图 15-36 所示。

03 将“屋面轮廓线”图层置为当前图层。

04 执行 O（偏移）命令、TR（修剪）命令、L（直线）命令，绘制屋面轮廓线，如图 15-37 所示。

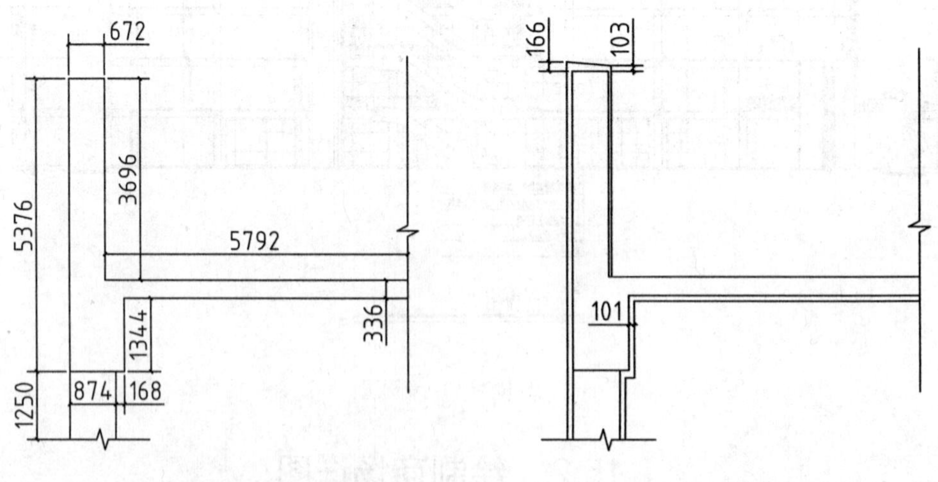

图 15-36　绘制墙线　　图 15-37　绘制屋面轮廓线

05 执行 L（直线）命令、TR（修剪）命令，绘制屋面构造层轮廓线，如图 15-38 所示。

06 将“栏杆”图层置为当前图层。

07 执行 L（直线）命令、O（偏移）命令，绘制并偏移直线；执行 C（圆）命令，绘制圆，完成栏杆图形的绘制，如图 15-39 所示。

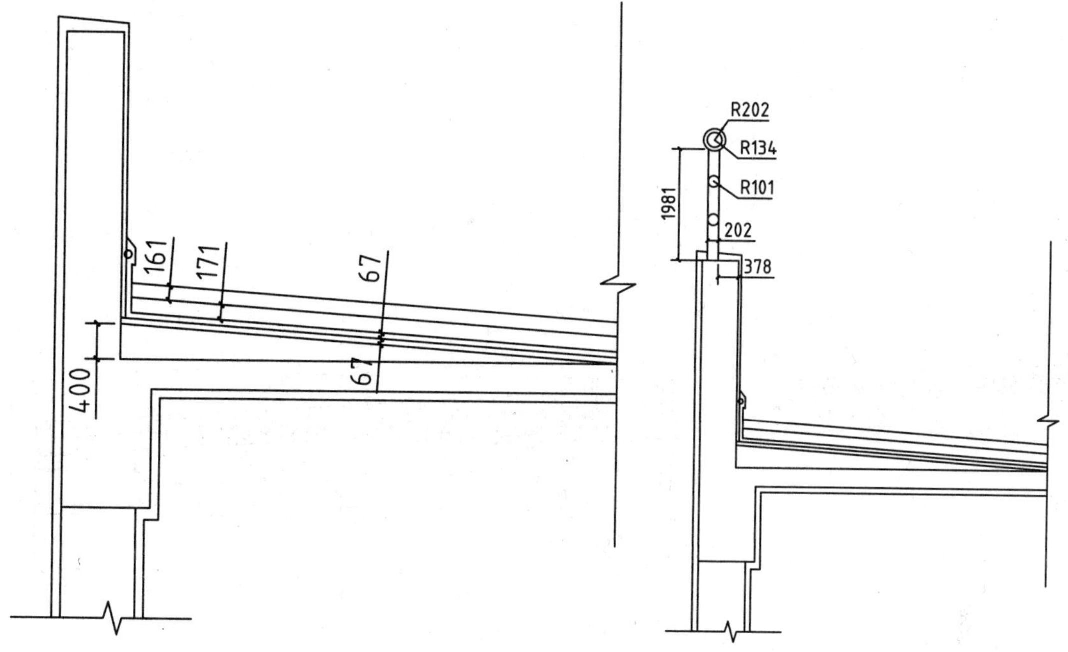

图 15-38　绘制屋面构造层轮廓线

图 15-39　绘制栏杆图形

08 将“填充”图层置为当前图层。

09 执行 H（图案填充）命令，在【图案填充和渐变色】对话框中设置参数，如图 15-40 所示。

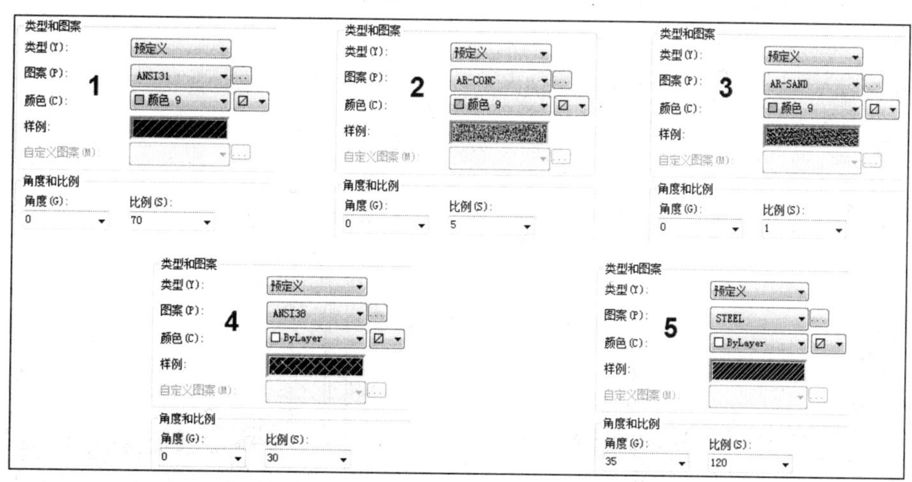

图 15-40　设置参数

10 对详图执行图案填充操作，如图 15-41 所示。

11 执行 L（直线）命令，绘制图案填充轮廓线，如图 15-42 所示。

12 执行 H（图案填充）命令，在“图案填充和渐变色”对话框中选择 SOLID 图案，对图形执行填充操作，效果如图 15-43 所示。

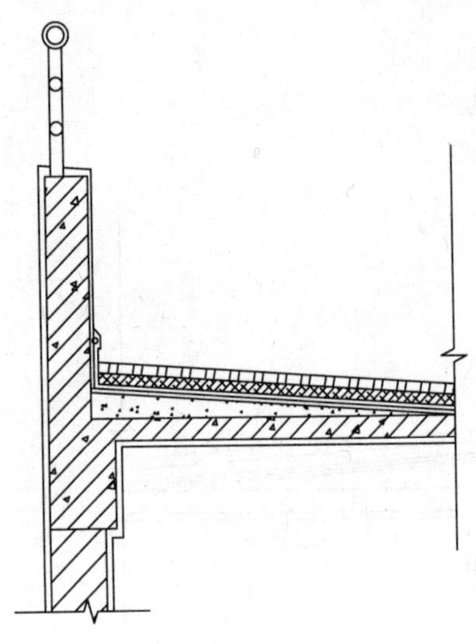

图 15-41　图案填充

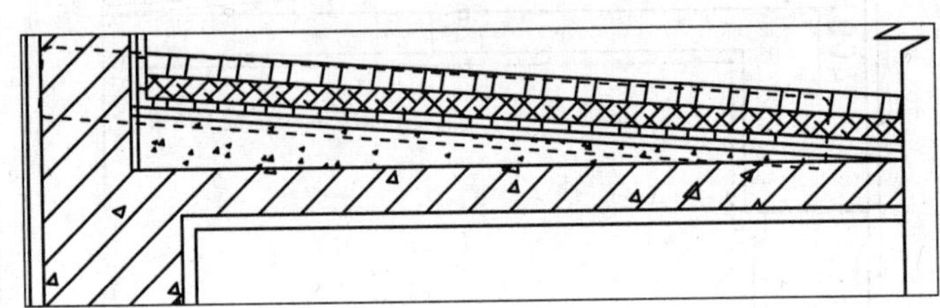

图 15-42　绘制图案填充轮廓线

15.2.3　绘制标注

详图中的材料做法需要绘制引线标注来进行说明，引线标注由水平引线、垂直引线及文字标注组成。此外，还应绘制标高标注、尺寸标注，以便与平面图、立面图相对照。

01 将“尺寸标注”图层置为当前图层。

02 执行 DLI（线性标注）命令，绘制详图尺寸标注，如图 15-44 所示。

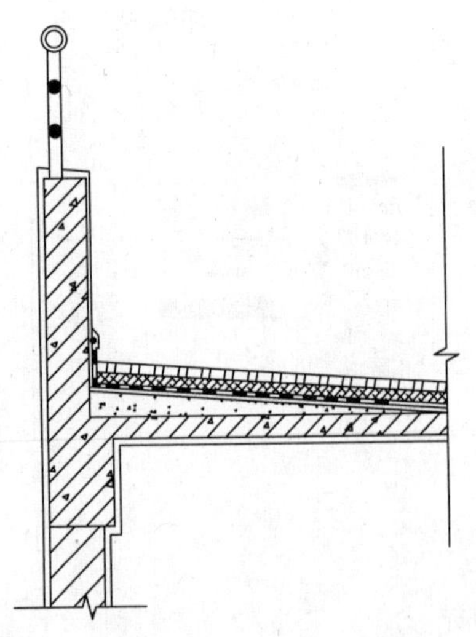

图 15-43　填充操作结果

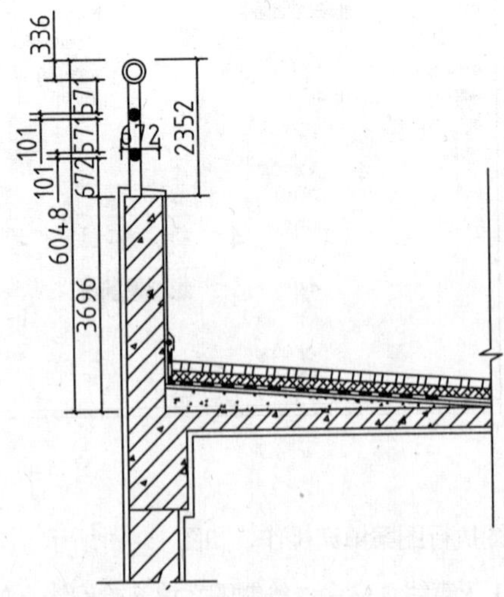

图 15-44　绘制详图尺寸标注

03 双击尺寸标注文字，弹出“文字格式”对话框，在在位文字编辑器中更改标注文字，单击“确定”按钮关闭对话框，即可完成修改操作，如图 15-45 所示。

04 执行 L（直线）命令，绘制标高基准线；执行 I（插入）命令，调入标高图块，双击图块更改标高值以完成标高标注，如图 15-46 所示。

05 将“文字标注”图层置为当前图层。

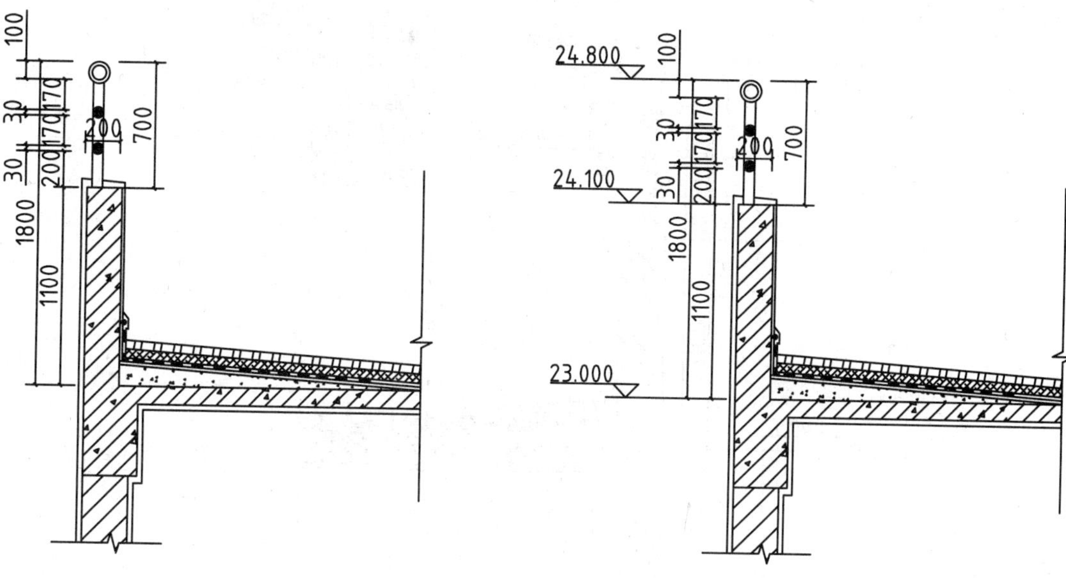

图 15-45　更改标注文字

图 15-46　绘制标高标注

06 绘制材料标注。执行 MLD（多重引线）命令，绘制引线标注；执行 L（直线）命令，绘制标注引线；执行 MT（多行文字）命令，绘制标注文字，完成做法标注，如图 15-47 所示。

07 绘制轴号。执行 L（直线）命令，绘制轴号引线；执行 C（圆）命令，绘制半径为 672 的圆以表示轴号，如 图 15-48 所示。

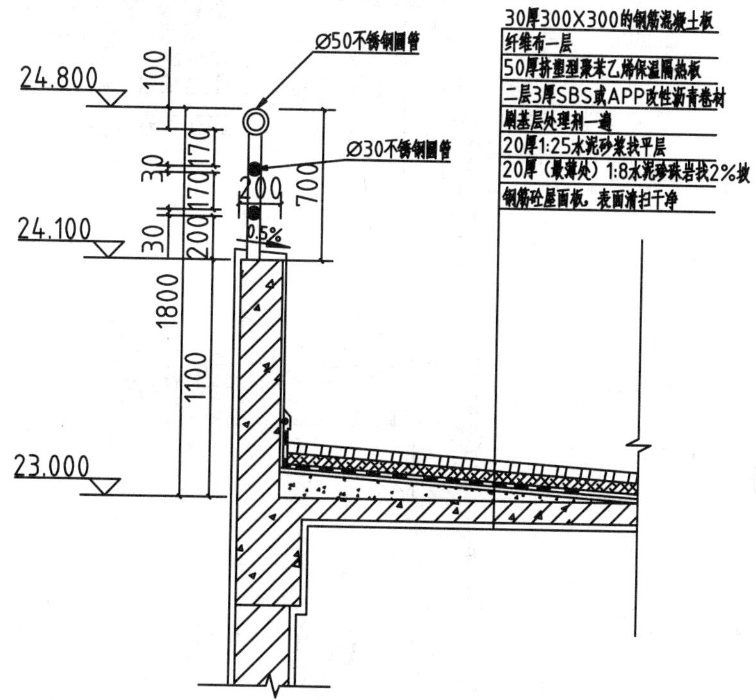

图 15-47　绘制材料做法标注

08 绘制图名标注。执行 C（圆）命令，绘制半径为 525 的圆，并将圆的线宽更改为 0.3mm；执行 MT（多行文字）命令，绘制轴号标注、图名及比例标注，如图 15-49 所示。

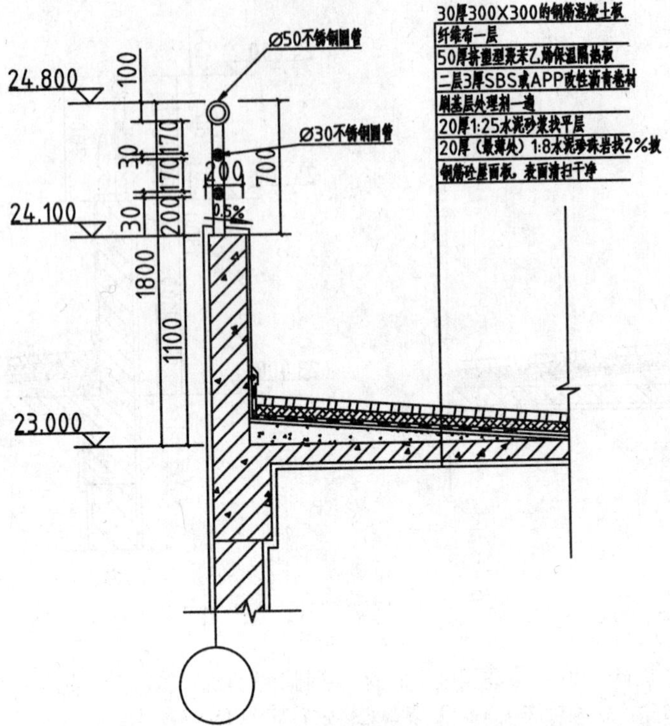

图 15-48　绘制轴号

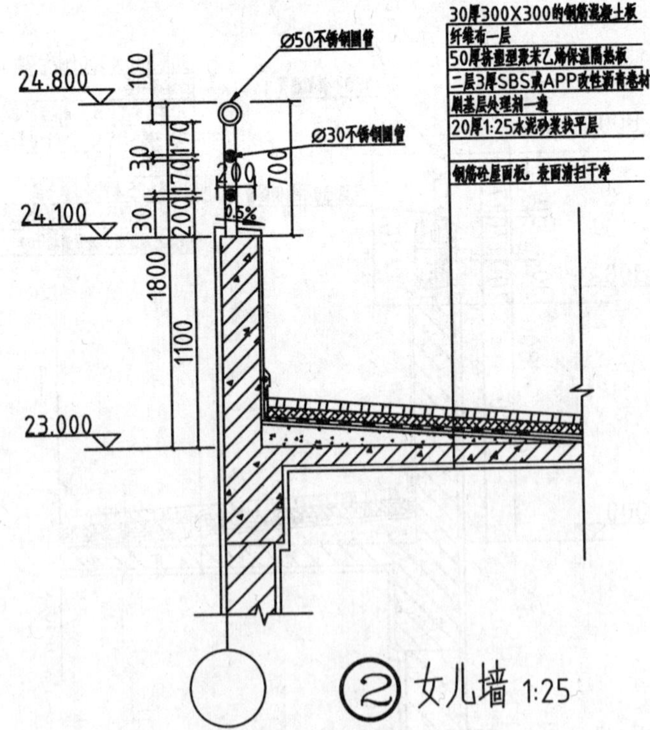

图 15-49　绘制图名标注

第16章 办公楼建筑平面图的绘制

本章导读

本章介绍办公楼八至十六建筑平面图的绘制，表现了建筑物的平面形状、大小及房间的相互关系等信息。

屋顶设备层平面图表示了各设备间的位置、屋面排水方向、坡度及其他建筑构件的信息。

本章介绍这两类图形的绘制。

本章重点

- 了解办公楼建筑的类型
- 掌握办公楼平面图的绘制方法
- 掌握屋顶设备层平面图的绘制方法

16.1　办公楼项目概述

办公楼概念：建筑物内供办公人员经常办公的房间称为办公室，以此为单位集合成一定数量的建筑物称之为办公建筑。

16.1.1　办公楼的分类

1.　行政办公楼

各级党政机关、人民团体、事业单位和工矿企业的行政办公楼，如图 16-1 所示。

2.　专业性办公楼

为专业的单位办公使用的办公楼，如科学研究办公楼（实验楼除外），设计机构办公楼，商业、贸易、信托、投资等行业的办公楼，如图 16-2 所示。

图 16-1　行政办公楼

图 16-2　银行办公楼

3.　出租写字楼

指分层或分区出租的办公楼，如图 16-3 所示。

4.　综合性办公楼

指以办公为主的，包含公寓、旅馆、商店、商场、展览厅、对外营业性餐厅、咖啡厅、娱乐厅等公共设施的建筑物，如图 16-4 所示。

图 16-3　出租写字楼

图 16-4　综合性办公楼

16.1.2　设计的要点

➢ 办公楼应该根据使用性质。建筑规模与标准的不同确定各类用房，一般由办公用房、公共用房、服务用房和其他附属设施等组成。

➢ 办公楼内各种房间的具体位置、层次和位置，应该根据使用要求和具体条件来确定。一般应将对外联系多的部门，布置在主要出入口附近；机要部门应该相对集中，与其他部门宜适当分隔。而其他部门按工作性质和相互关系分区布置。

➢ 办公建筑应根据使用要求、基地面积、结构选型等条件，按建筑模数确定开间和进深，并为今后改造和灵活分隔创造条件。

➢ 楼梯设计应符合规范规定。六层及六层以上办公楼应设电梯，建筑高度超过 75m 的办公楼应分区或分层使用。主要楼梯及电梯应该设于入口附近，且位置要明显。

➢ 办公楼与公寓、旅馆合建时，应该在平面功能、垂直交通、防火疏散、建筑设备等方面综合考虑相互关系，进行合理安排。综合办公楼应根据使用功能的不同分设出入口，组织好内外交通路线。

➢ 门厅的大小应根据办公楼的性质及规模来确定，小型办公楼可以不设置门厅。

➢ 办公室宜设计成单间式或大空间式，使用上有特殊要求的，可以设计成带有专用卫生间的单元式或公寓式。

➢ 设计绘图室宜设计成大房间或大空间，或者用不到顶的灵活隔断将大空间进行分隔。

➢ 办公室净高应根据使用性质和面积大小来决定，一般净高不低于 2.6m，设有空调的办公室可不低于 2.4m。

➢ 会议室根据需要可分设大、中、小会议室，可以分散布置。会议厅所在层数和安全出口的设置等，应该符合防火规范的要求，并应该根据语言清晰度要求进行设计。多功能厅会议室宜有电声、放映、遮光等设施。有电话、电视会议要求的会议室，应该考虑隔声、吸声、遮光措施。

16.1.3 设计的规范要求

➢ 总平面布置宜进行绿化设计。

➢ 办公室的门洞口宽度应⩾1.0m，高度应⩾2.0m。

➢ 门厅一般可设传达室、收发室、会客室等。根据使用需要也可设门廊、警卫室、衣帽间及电话间等。

➢ 采光：设计绘图室窗地比⩾1:5，其余的区域，如办公室、研究工作室、接待室、打字室、陈列室、复印机室等，其窗地比应⩾1:6。

➢ 办公用房宜有良好的朝向和自然通风，应不宜布置在地下室。

➢ 普通办公室每人使用面积⩾3.0m^2，设计绘图室每人使用面积应⩾5.0m^2，研究工作室每人使用面积应⩾4.0m^2。

➢ 公共用房一般包括会议室、接待室、陈列室、卫生间、开水间等。会议室根据需要可分设大、中、小会议室。小会议室 30 m^2 左右，中会议室 60 m^2 左右。中小会议室每人使用的面积：有会议桌的应⩾1.8m^2，无会议桌的应⩾0.8m^2。

➢ 服务用房，指一般性服务用房和技术性服务用房。一般性服务用房包括打字室、档案室、资料室、图书阅览室、贮藏室、汽车停车房、自行车停车房、车库卫生管理间等。技术性服务用房包括电话总机房、计算机房、电传室、复印室、晒图室、设备机房等。

16.2 绘制办公楼中间层平面图

办公楼中间层平面图表现了房屋中间各层及最上一层的布置情况，本节以八至十六层为例，为读者介绍中间层平面图的绘制方法。

16.2.1 设置绘图环境

绘图环境的设置包括文字样式、标注样式、多重引线样式等的创建。此外，还应该参照前面章节中所介绍的方法，绘制并创建标高图块，以方便在绘制图形标注时调用。

01 启动 AutoCAD 2020，创建一个空白文件；执行“文件”→“保存”命令，将其保存为“办公楼平面图.dwg”文件。

02 设置绘图单位。执行“格式”→“单位”命令，系统弹出“图形单位”对话框，在其中设置绘制建筑平面图的单位，如图 16-5 所示。

03 设置文字样式。执行“格式”→“文字样式”命令，系统弹出 “文字样式”对话框。单击右侧的“新建”按钮，创建名称为“建筑文字标注”的新样式，在“字体”下拉列表中选择“gbenor.shx”字体，勾选“使用大字体”复选框；在“大字体”下拉列表中选择“gbcbig.shx”字体。创建名称为“轴号标注”的文字样式，在“字体”下拉列表中选择“romanc.shx”字体，勾选“使用大字体”复选框；在“大字体”下拉列表中选择“gbcbig.shx”字体，如图 16-6 所示。

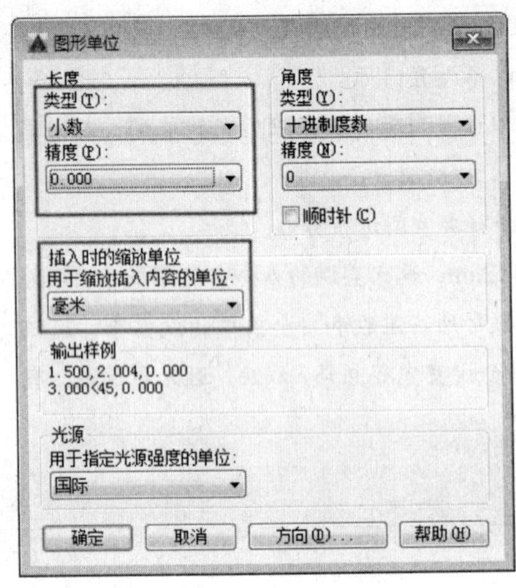

图 16-5 设置图形单位

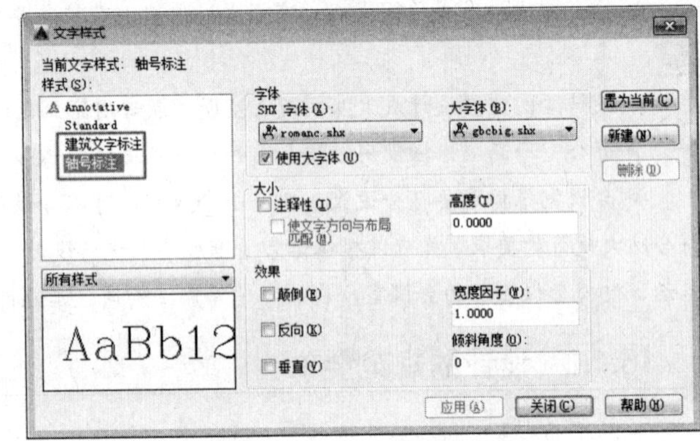

图 16-6 设置文字样式

04 设置标注样式。执行“格式”→“标注样式”命令，系统弹出“标注样式管理器”对话框；单击右侧的“新建”按钮，在弹出的“创建新标注样式”对话框中创建名称为“建筑标注”的标注样式。

05 单击“继续”按钮，在弹出的“修改标注样式”对话框中设置标注样式的各项参数，见表 16-1。

06 办公楼中间层平面图主要由柱子、轴线、文字标注、墙线等元素组成，因此绘制平面图时，应建立表 16-2 所列的图层。

表 16-1 标注样式参数设置

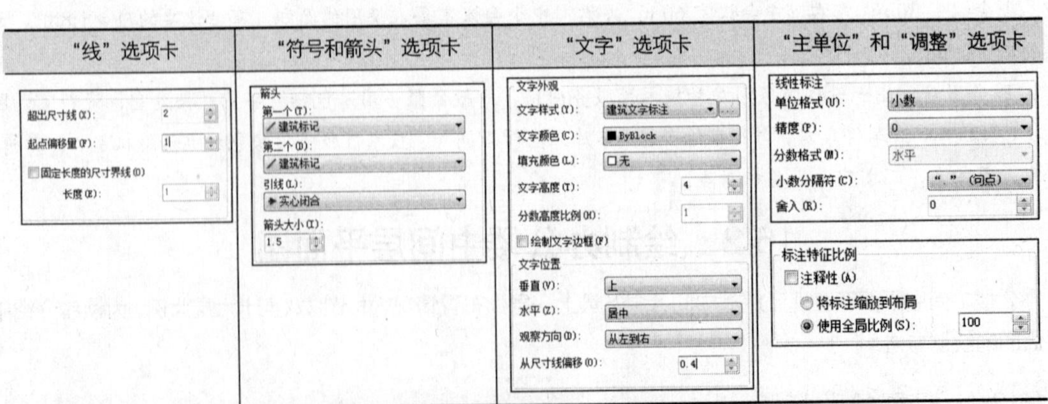

“线”选项卡	“符号和箭头”选项卡	“文字”选项卡	“主单位”和“调整”选项卡
超出尺寸线(X): 2 起点偏移量(F): 1 固定长度的尺寸界线(O) 长度(E): 1	箭头 第一个(T): 建筑标记 第二个(D): 建筑标记 引线(L): 实心闭合 箭头大小(I): 1.5	文字外观 文字样式(Y): 建筑文字标注 文字颜色(C): ByBlock 填充颜色(L): 无 文字高度(T): 4 分数高度比例(H): 1 绘制文字边框(F) 文字位置 垂直(V): 上 水平(Z): 居中 观察方向(D): 从左到右 从尺寸线偏移(O): 0.4	线性标注 单位格式(U): 小数 精度(P): 0 分数格式(M): 水平 小数分隔符(C): “.”(句点) 舍入(R): 0 标注特征比例 注释性(A) 将标注缩放到布局 使用全局比例(S): 100

07 创建图层。执行“格式”→“图层特性管理器”命令，在弹出的“图层特性管理器”对话框中创建表 16-2 所列的图层，如图 16-7 所示。

表 16-2　图层设置

序号	图层名	描述内容	线宽	线型	颜色	打印属性
1	柱子	墙柱	默认	实线(CONTINUOUS)	绿色	打印
2	轴线	定位轴线	默认	中心线(CENTER)	红色	不打印
3	文字标注	文字、比例、图名	默认	实线(CONTINUOUS)	绿色	打印
4	墙线	墙线	默认	实线(CONTINUOUS)	洋红色	打印
5	门窗	门窗	默认	实线(CONTINUOUS)	青色	打印
6	楼梯	楼梯间	默认	实线(CONTINUOUS)	52 色	打印
7	洁具	洁具	默认	实线(CONTINUOUS)	白色	打印
8	辅助线	辅助线	默认	实线(CONTINUOUS)	白色	打印
9	电梯	电梯间	默认	实线(CONTINUOUS)	52 色	打印
10	尺寸标注	尺寸标注	默认	实线(CONTINUOUS)	绿色	打印

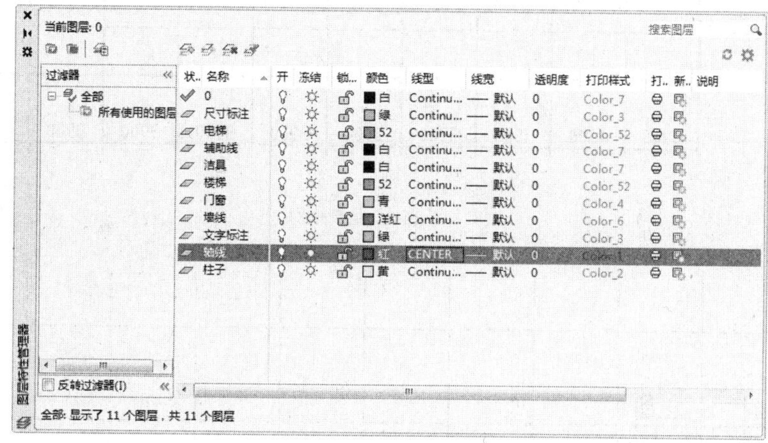

图 16-7　创建图层

08 设置引线样式。执行“格式”→“多重引线样式”命令，在“多重引线样式管理器”对话框中新建名称为“引线标注”的新样式，单击“继续”按钮，可以对样式参数进行设置，具体的参数内容请参考前面章节的介绍。

16.2.2　绘制墙柱图形

墙柱是建筑物重要的承重及围护构件，在绘制平面图的其他图形之前，应首先确定墙柱的位置，本节介绍墙柱图形的绘制。

01 将“轴线”图层置为当前图层。

02 执行 L（直线）命令，绘制水平轴线及垂直轴线；执行 O（偏移）命令，在水平方向及垂直方向上偏移轴线，绘制轴网，如图 16-8 所示。

03 执行 O（偏移）命令、TR（修剪）命令，绘制隔墙的轴线，如图 16-9 所示。

04 将“墙线”图层置为当前图层。执行 ML（多线）命令，设置比例参数分别为 400、200、150，然后依次捕捉轴线的交点来绘制墙线；双击绘制完成的双线墙线，弹出【多线编辑工具】对话框，在其中选择“十字打开”、“T 形打开”、“角点结合”选项，对墙线执行编辑修改操作，如图 16-10 所示。

05 关闭“轴线”图层。将“柱子”图层置为当前图层。

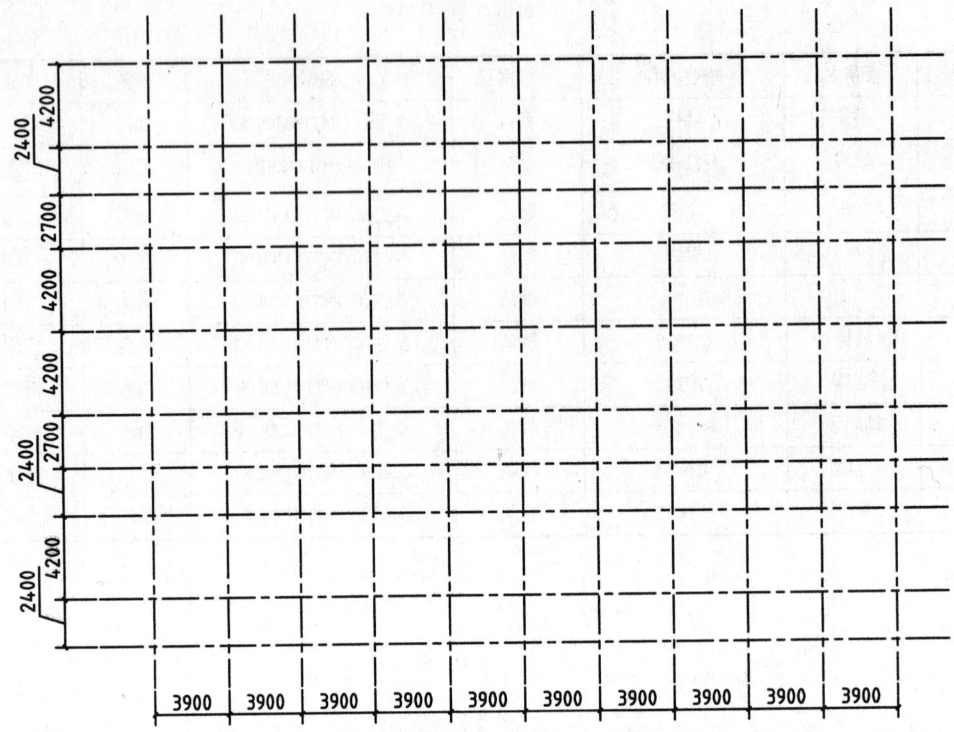

图 16-8　绘制轴网

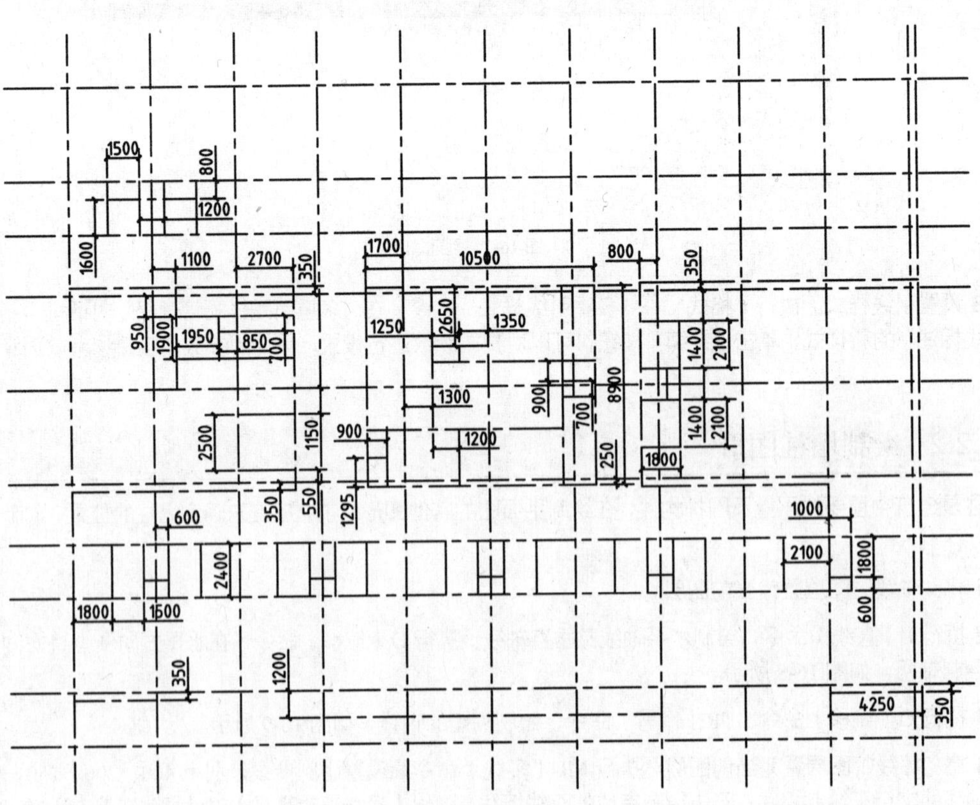

图 16-9　绘制隔墙的轴线

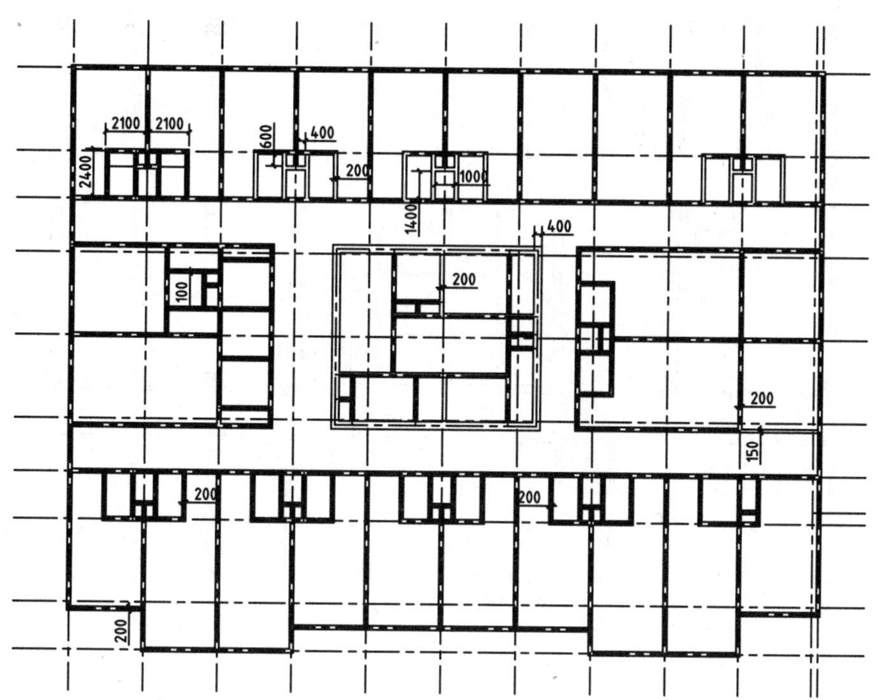

图 16-10　编辑墙线

06 执行 REC（矩形）命令、L（直线）命令，绘制柱子外轮廓图形，如图 16-11 所示。

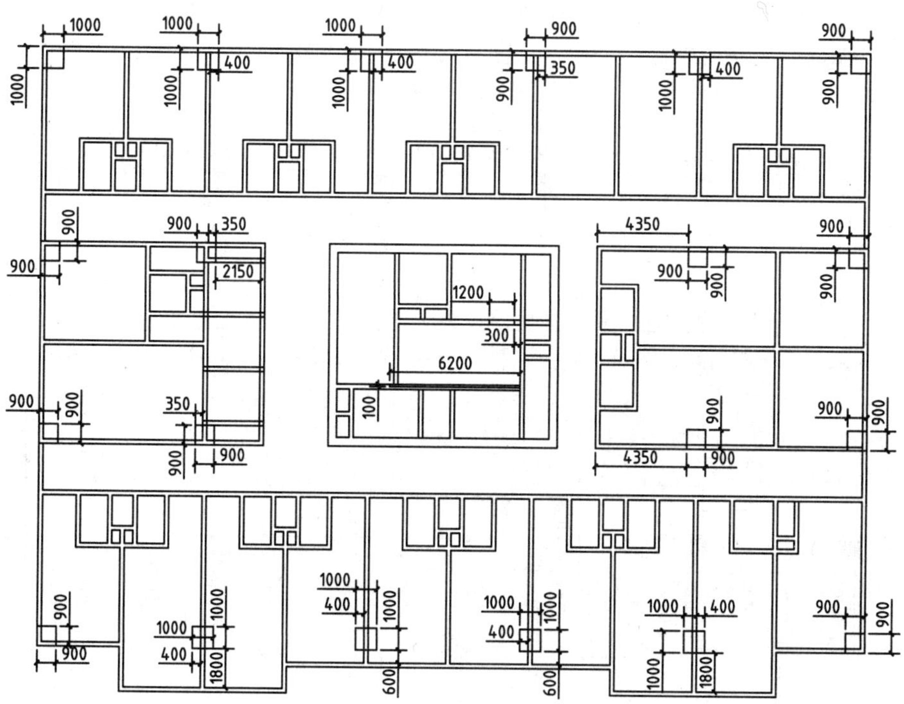

图 16-11　绘制柱子外轮廓图形

07 执行 H（图案填充）命令，在“图案填充和渐变色”对话框中选择 SOLID 图案，对柱子外轮廓图形执行填充操作，完成墙柱图形的绘制，如图 16-12 所示。

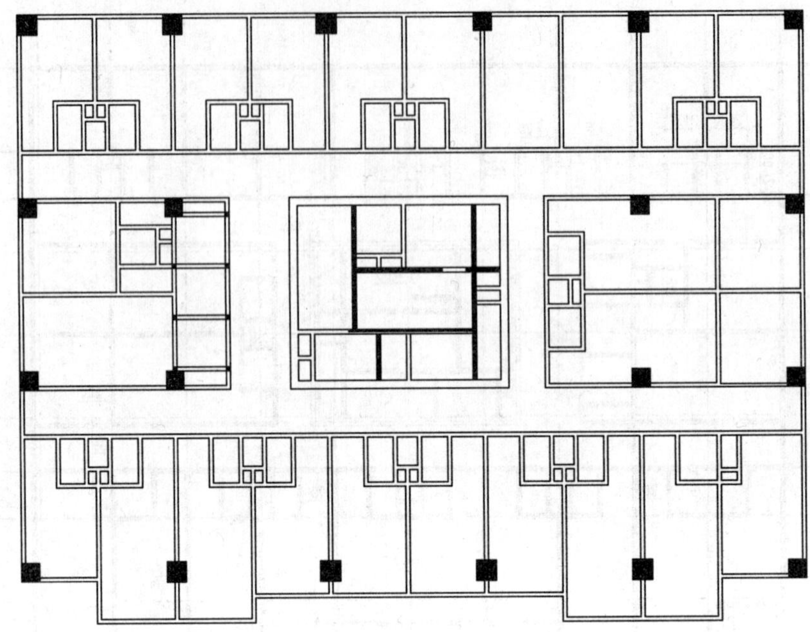

图 16-12 绘制墙柱图形

16.2.3 绘制门窗图形

平面窗图形的绘制可以通过设置多线样式、调用“多线”命令来绘制。平面门图形的绘制稍显复杂，需要先绘制各类门图形，再将图形创建成图块，然后再通过“插入”命令，调入图块，才得以完成平面门的布置。

01 将“门窗”图层置为当前图层。执行 L（直线）命令，绘制门窗洞口线；执行 TR（修剪）命令，修剪墙线，绘制门窗洞口，如图 16-13 所示。

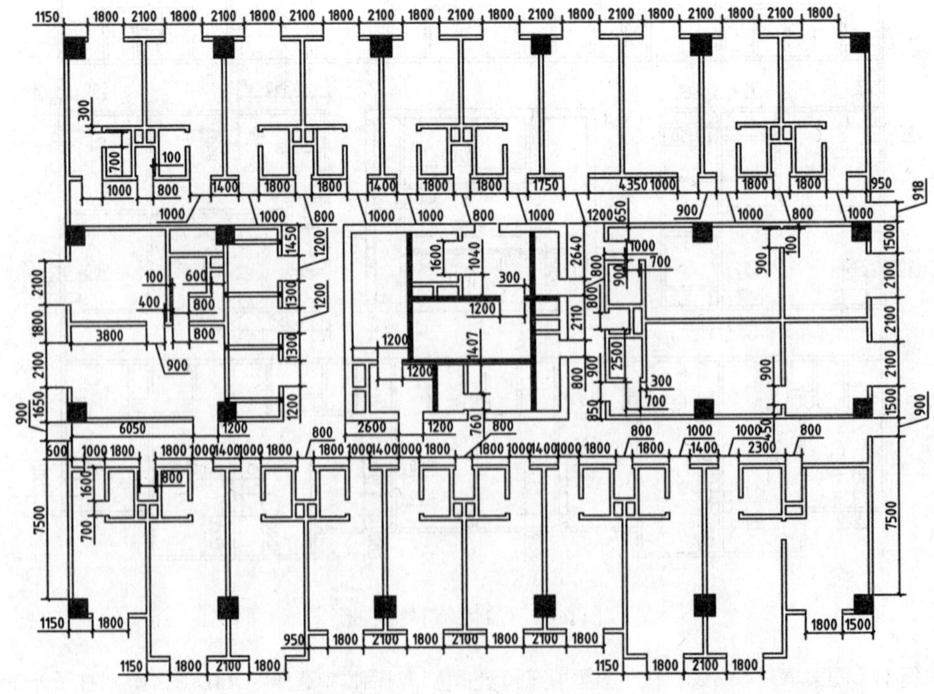

图 16-13 绘制门窗洞口

02 执行“格式”→“多线样式”命令，在“多线样式”对话框中新建一个名称为“窗”的新多线样式；在“新建多线样式”对话框中设置样式参数，如图 16-14 所示。

03 在“多线样式”对话框中选择新建的多线样式，单击“置为当前”按钮，将新样式置为当前正在使用的多线样式。

04 执行 ML（多线）命令，设置比例为 1，根据命令行的提示，分别指定多线的起点及下一点，按下 Enter 键，即可完成平面窗图形的绘制，如图 16-15 所示。

偏移	颜色	线型
200	BYLAYER	ByLayer
133	BYLAYER	ByLayer
67	BYLAYER	ByLayer
0	BYLAYER	ByLayer

图 16-14　设置样式参数

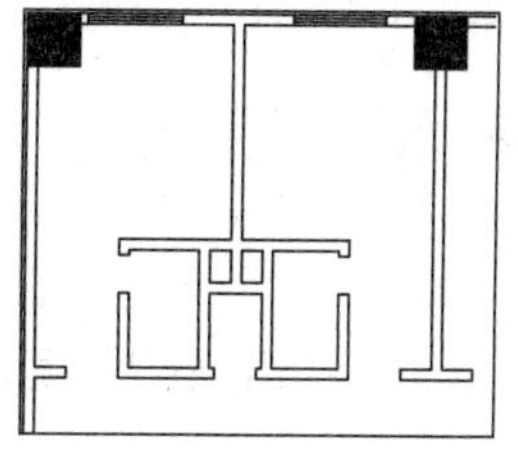

图 16-15　绘制平面窗图形

05 重复操作，继续绘制其他平面窗图形，如图 16-16 所示。

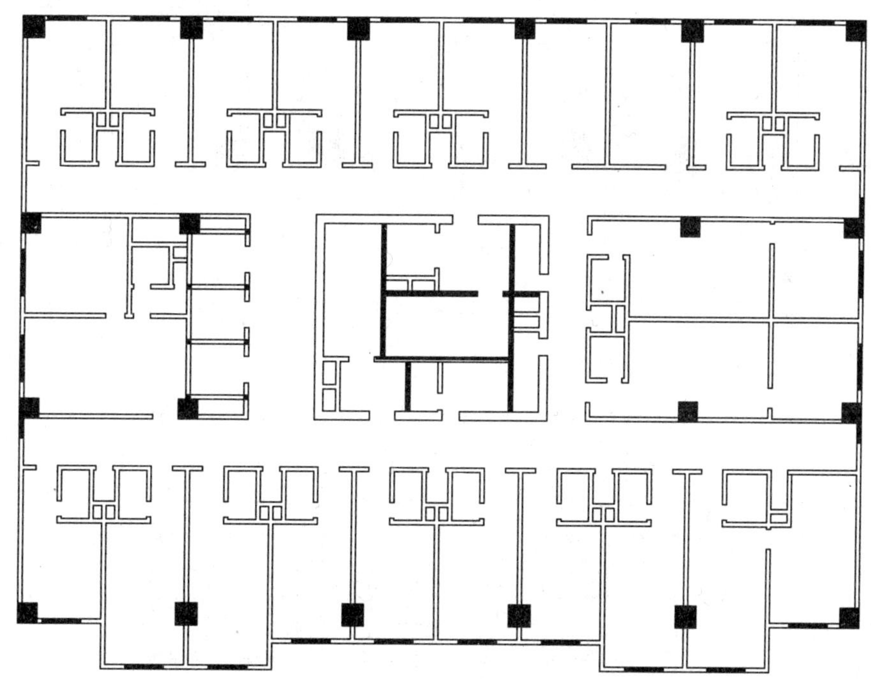

图 16-16　绘制其他平面窗图形

06 执行 REC（矩形）命令，绘制矩形以代表门扇；执行 A（圆弧）命令，绘制圆弧表示门的开启方向，如图 16-17 所示。

07 执行 B（创建块）命令，在“块定义”对话框中分别以“平开门（1000）”“子母门（1200）”“平开门（1200）”为图块名称，对绘制完成的门图形执行写块操作。

08 执行 I（插入）命令，在“块”选项板中选择“平开门（1000）”图块，单击“确定”按钮，在平面图中选择插入点，可以完成插入门图块的操作，如图 16-18 所示。

09 按下 Enter 键，重新调出“块”选项板；继续选择“平开门（1000）”图块，在“比例”选项组的 X 文本框中输入 0.7，在“旋转”选项组的“角度”文本框中输入 90，插入另一个门图块，如图 16-19 所示。

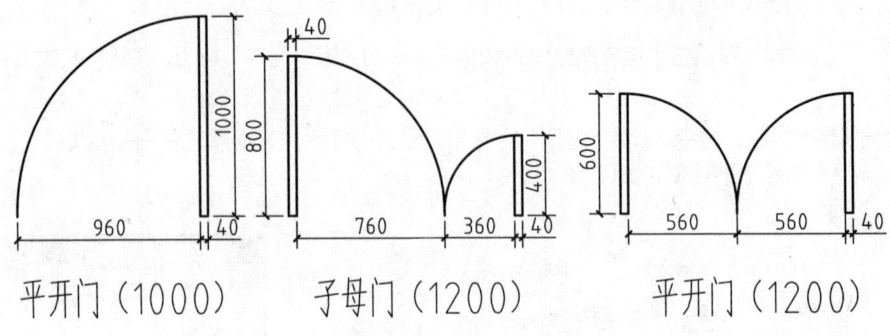

图 16-17　绘制平面门图形

10 在“块”选项板中“比例”选项组的 X 文本框中输入 0.8，插入宽度为 800 的门图形，如图 16-20 所示。

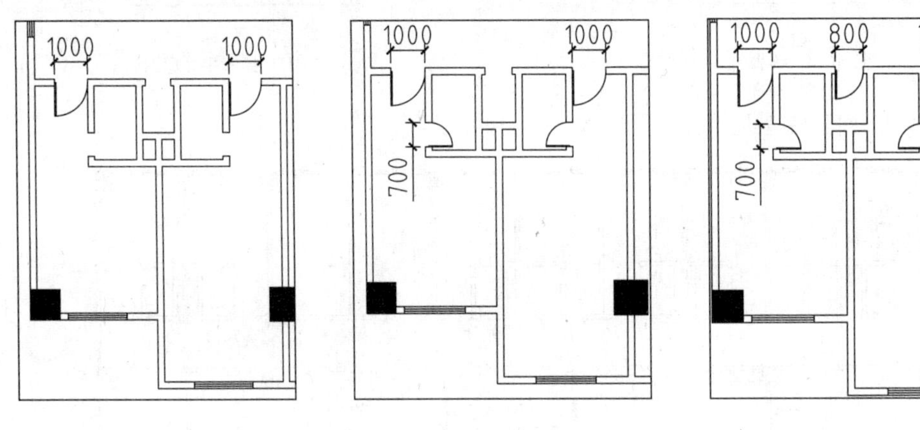

图 16-18　插入门图块　　图 16-19　插入另一个门图块　　图 16-20　插入宽度为 800 的门图形

11 重复上述操作，继续执行调入门图块的操作，如图 16-21 所示。

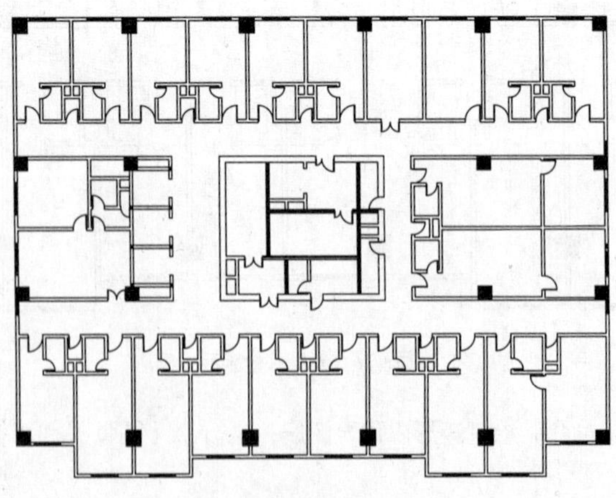

图 16-21　调入其他图块

16.2.4　绘制其他图形

其他图形包括楼梯、电梯、洁具，其中楼梯、电梯可通过绘图命令、编辑命令来绘制，而洁具可以调用本书配套的图块，省去绘制的时间。

01 将“楼梯”图层置为当前图层。

02 执行 L（直线）命令，绘制踏步轮廓线；执行 REC（矩形）命令，绘制扶手图形；执行 PL（多段线）命令，绘制折断线，如图 16-22 所示。

03 执行 PL（多段线）命令，绘制起点宽度为 60、端点宽度为 0 的上下楼指示方向箭头，如图 16-23 所示。

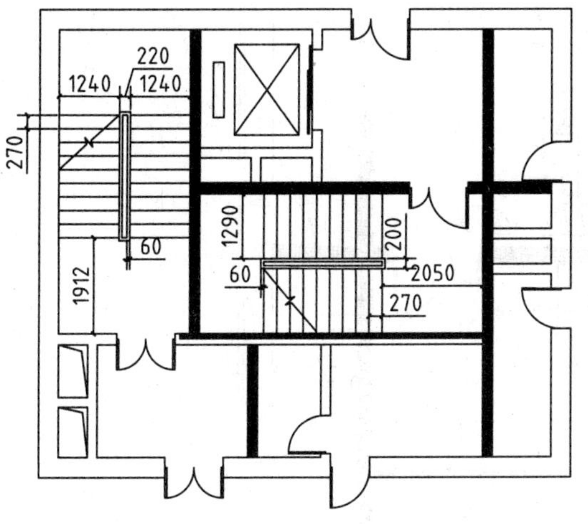

图 16-22 绘制楼梯图形

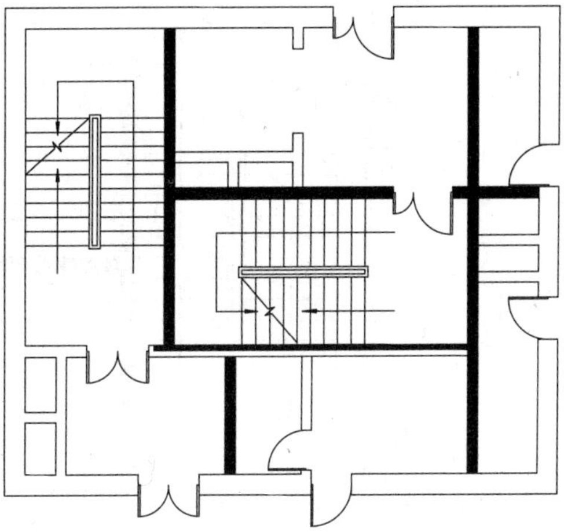

图 16-23 绘制指示方向箭头

04 执行 MT（多行文字）命令，绘制文字标注，如图 16-24 所示。

05 将“电梯”图层置为当前图层。

06 执行 REC（矩形）命令、L（直线）命令、CO（复制）命令，绘制电梯图形的结果如图 16-25 所示。

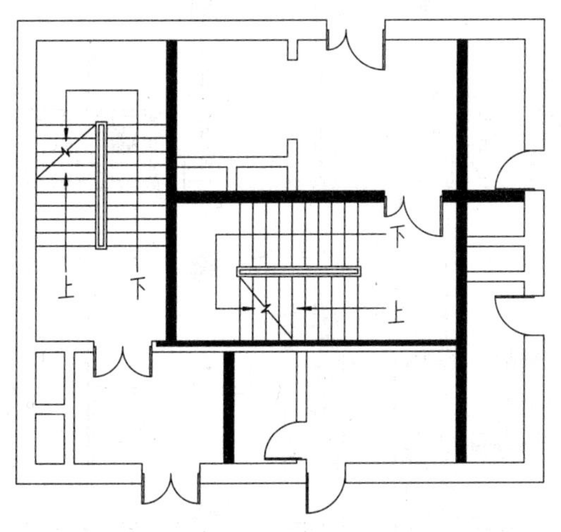

图 16-24 绘制文字标注

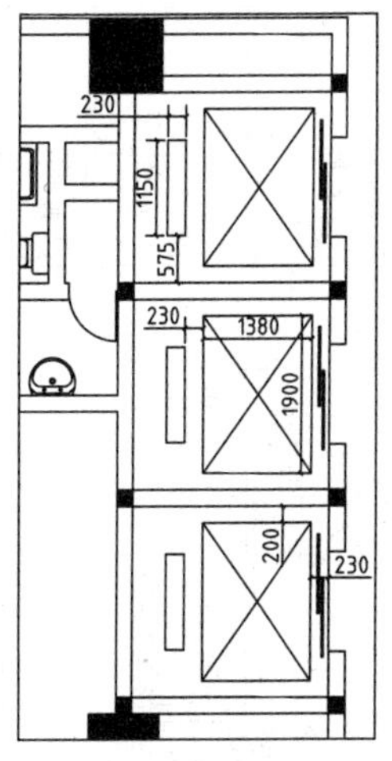

图 16-25 绘制电梯

07 重复操作，继续绘制另一电梯图形，如图 16-26 所示。

08 将“洁具”图层置为当前图层。

09 调入图块。打开本书提供的“图例图块.dwg”文件，将其中的洁具图块复制粘贴至当前图形中，如图 16-27 所示。

10 将“辅助线”图层置为当前图层。

11 执行 PL（多段线）命令，在管道间绘制折断线，如图 16-28 所示。

12 执行 H（图案填充）命令，在“图案填充和渐变色”对话框中选择 SOLID 图案，对图形执行图案填充操作，如图 16-29 所示。

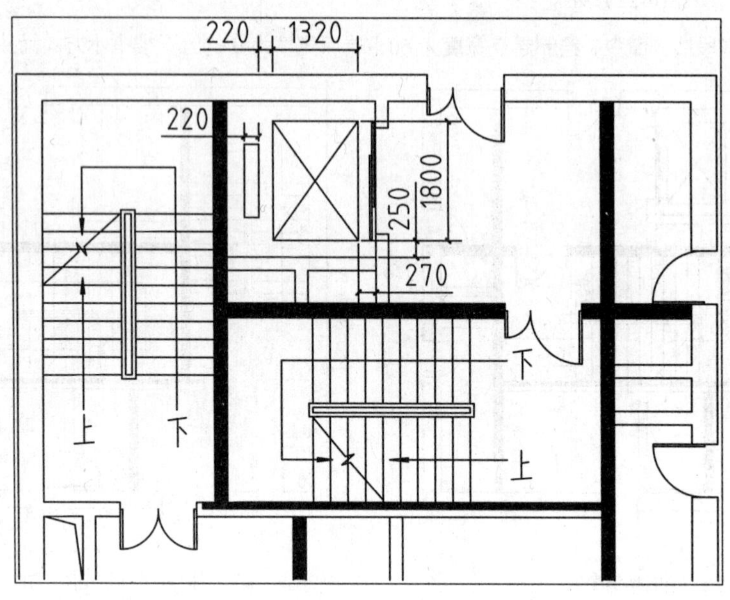

图 16-26　绘制另一电梯图形

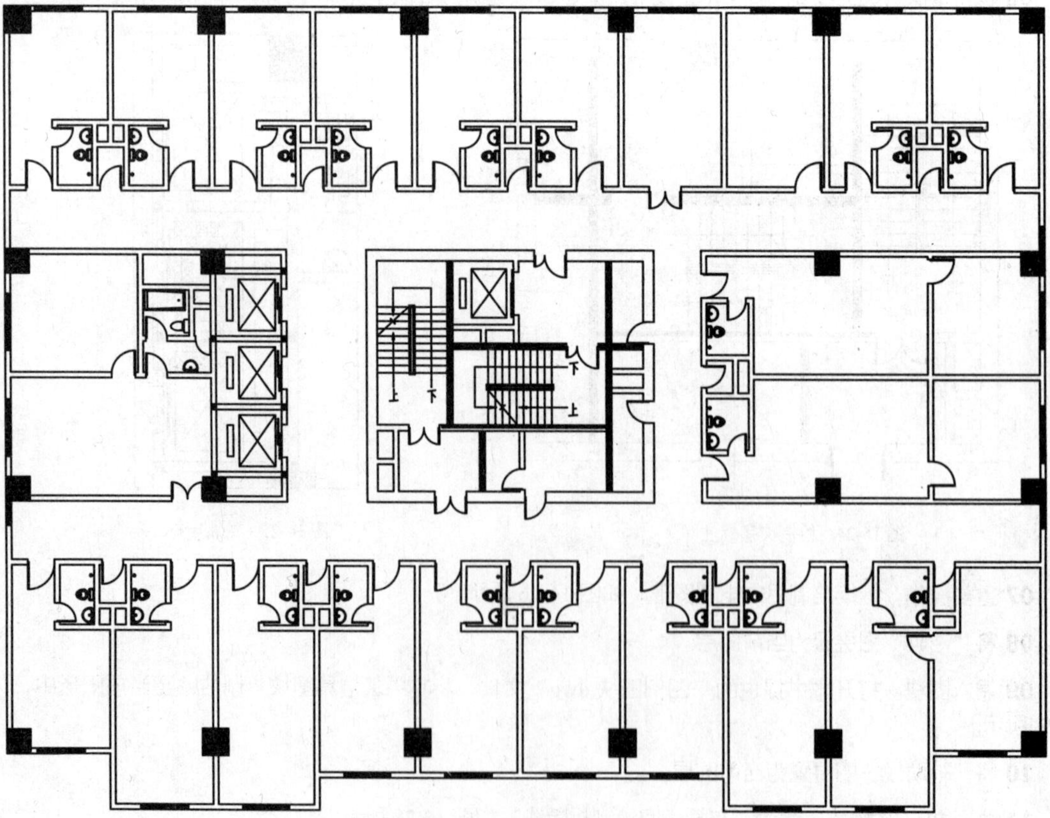

图 16-27　调入洁具图块

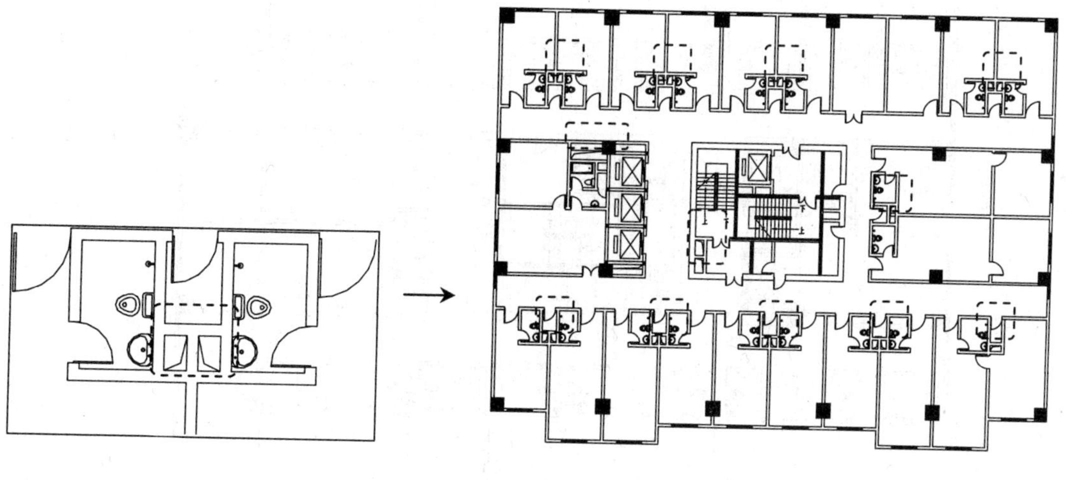

图 16-28　绘制折断线

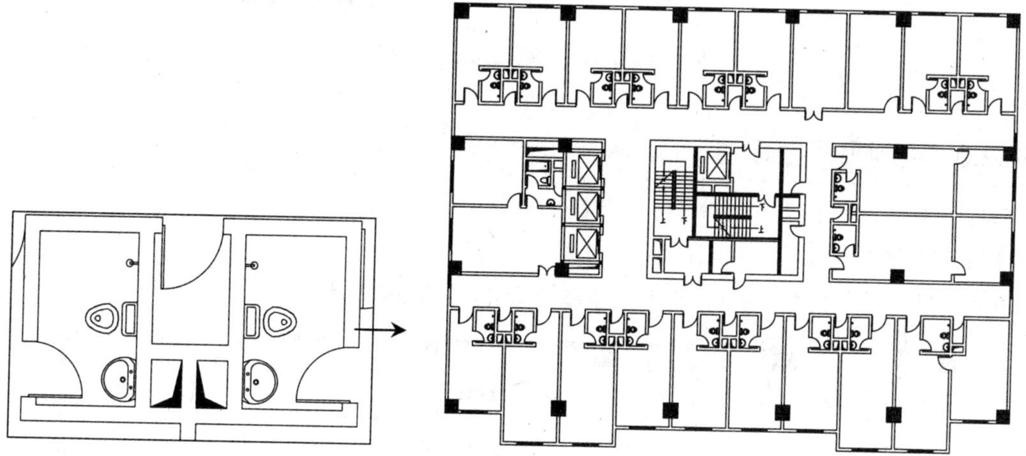

图 16-29　图案填充操作

13 执行 L（直线）命令，绘制文件柜图形，如图 16-30 所示。

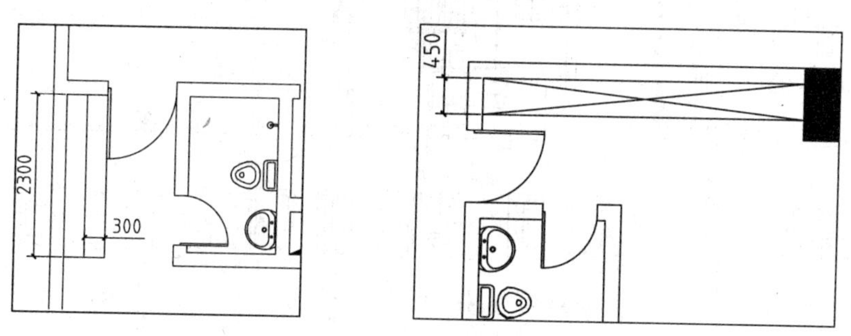

图 16-30　绘制文件柜图形

14 执行 CO（复制）命令，将绘制完成的文件柜图形移动复制至平面图的其他区域，如图 16-31 所示。

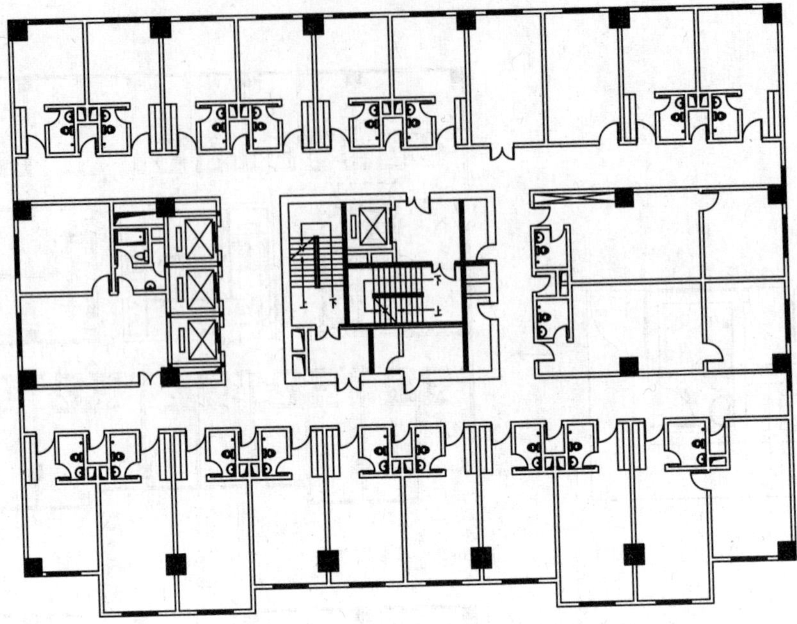

图 16-31　移动复制文件柜图形

16.2.5　绘制平面图标注

平面图的标注有文字标注、尺寸标注、轴号标注。

01 将“文字标注”图层置为当前图层。

02 执行 MT（多行文字）命令，绘制各区域文字标注，如图 16-32 所示。

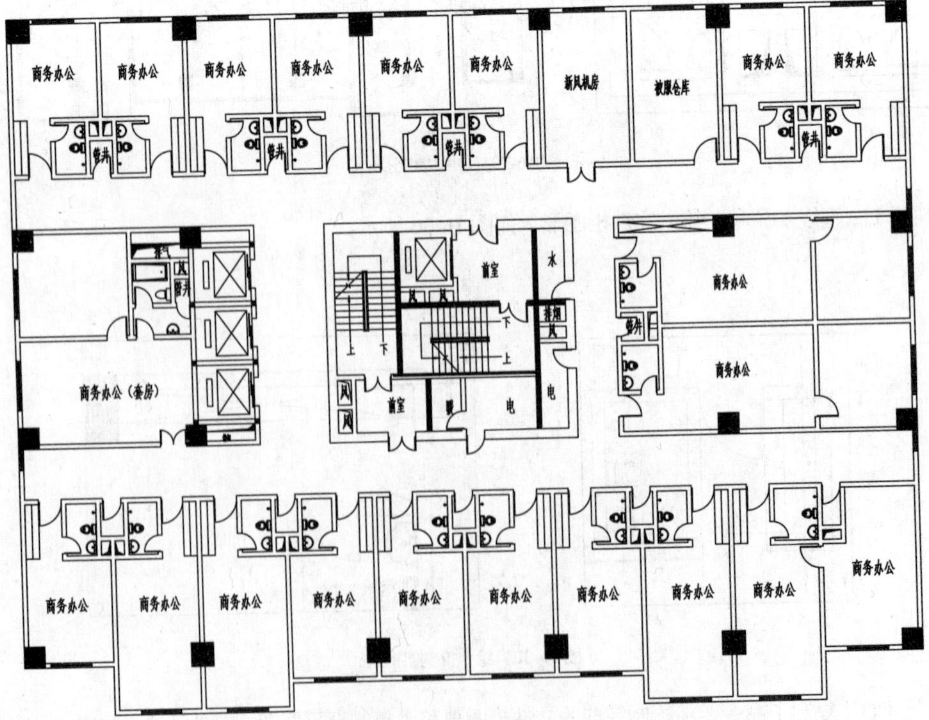

图 16-32　绘制各区域文字标注

03 开启“轴线”图层。

04 将“尺寸标注”图层置为当前层。

05 执行 DLI（线性标注）命令、DCO（连续标注）命令，绘制轴线开间、进深尺寸标注及外包总尺寸标注，如图 16-33 所示。

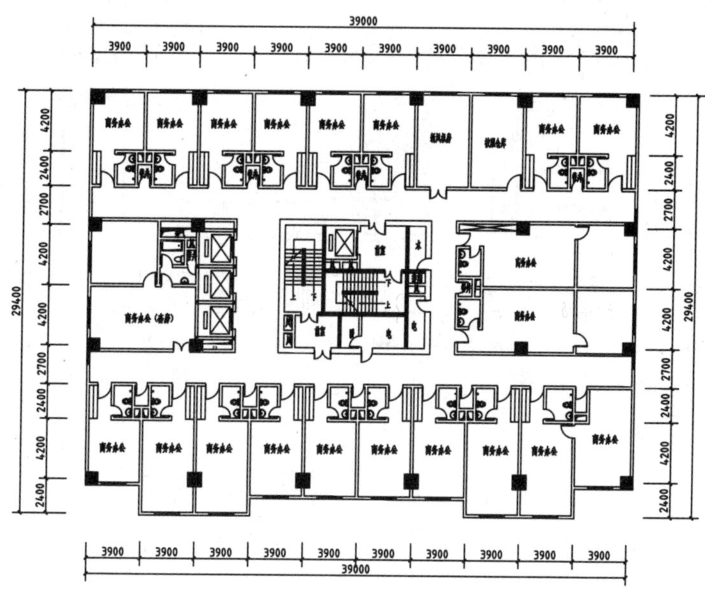

图 16-33　绘制尺寸标注

06 执行 L（直线）命令，绘制轴号引线，如图 16-34 所示。

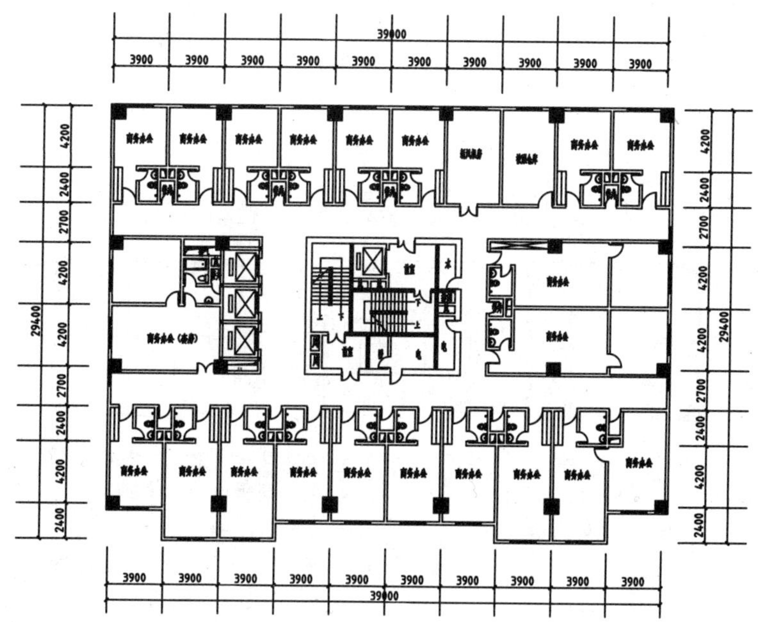

图 16-34　绘制轴号引线

07 关闭“轴线”图层。

08 执行 C（圆）命令，绘制半径为 600 的圆；执行 MT（多行文字）命令，在圆内绘制文字标注，绘制轴号标注如图 16-35 所示。

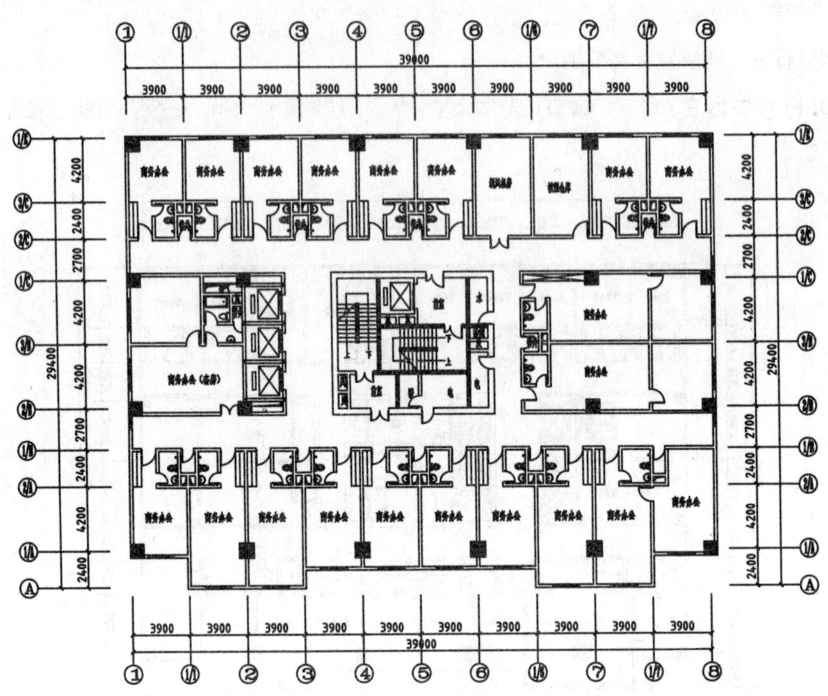

图 16-35　绘制轴号标注

09 执行 MT（多行文字）命令，绘制图名及比例标注；执行 PL（多段线）命令，在图名标注下方绘制下划线，如图 16-36 所示。

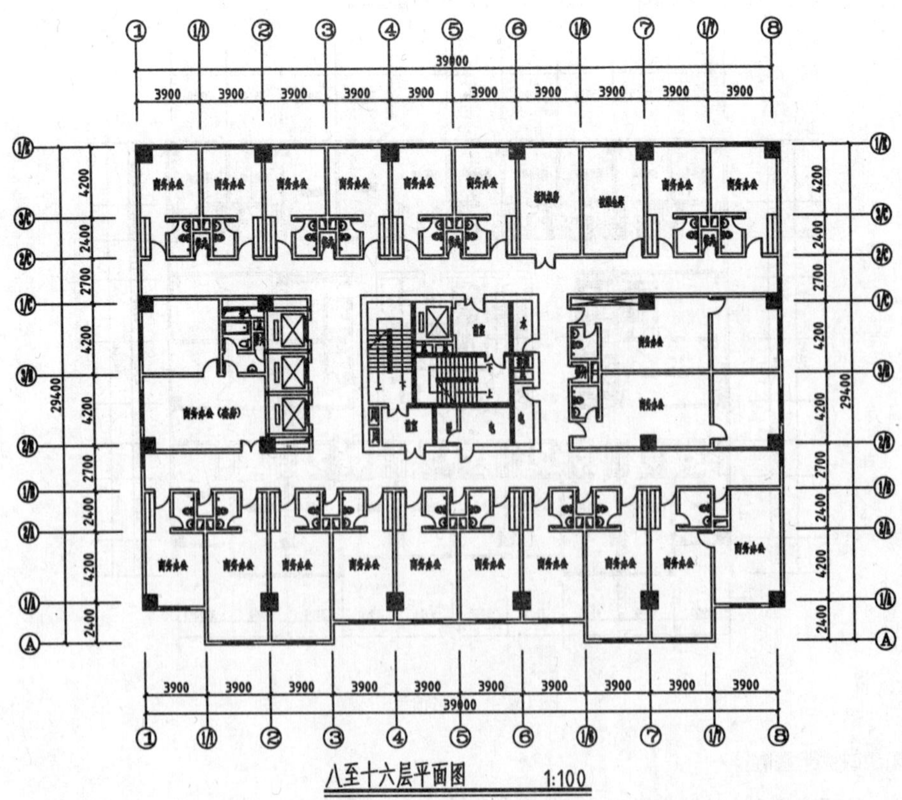

图 16-36　绘制图名标注

16.3 绘制屋顶设备层平面图

屋顶设备层平面图表现了设备间的位置、屋面构件的位置等，是进行施工放线、安装各构件图形的重要依据。

16.3.1 设置绘图环境

屋顶设备层平面图可以在办公楼十七、十八层平面图的基础上绘制。首先打开已绘制完成的十七、十八层平面图，然后执行编辑命令整理图形，最后执行绘图命令即可绘制设备层平面图。

01 启动 AutoCAD 2020，执行“文件”→“打开”命令，打开本书提供的“十七、十八层平面图.dwg”文件，如图 16-37 所示。

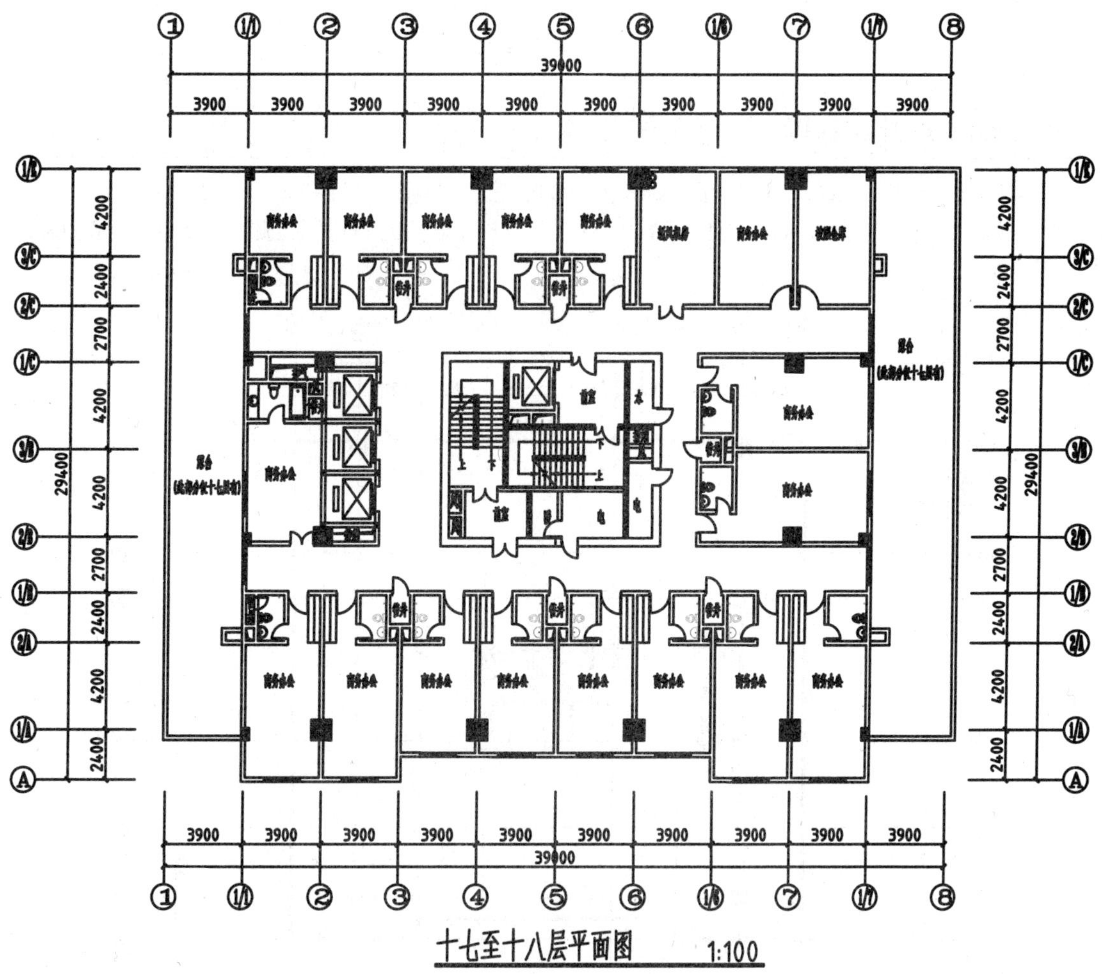

图 16-37 十七、十八层平面图

02 执行“文件”→“另存为”命令，将文件另存为“屋顶设备层平面图.dwg”文件。

03 创建图层。执行 LA（图层特性管理器）命令，在弹出的“图层特性管理器”对话框中创建绘制屋顶设备层平面图所需要的图层，如图 16-38 所示。

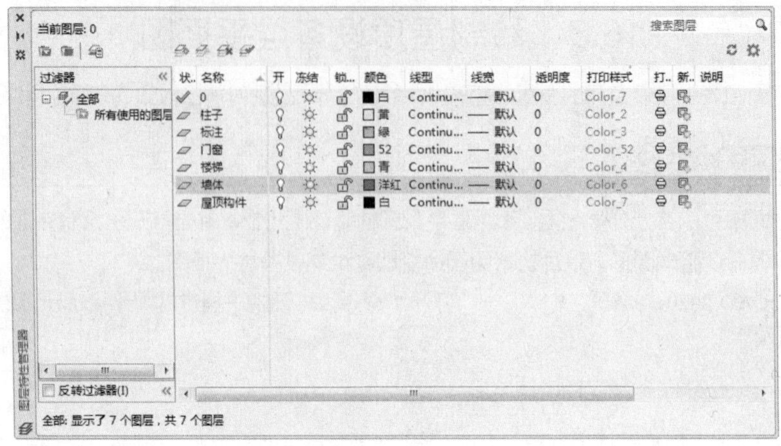

状..	名称	开	冻结	锁...	颜色	线型	线宽	透明度	打印样式	打..	新..	说明
✓	0				白	Continu...	—— 默认	0	Color_7			
	柱子				黄	Continu...	—— 默认	0	Color_2			
	标注				绿	Continu...	—— 默认	0	Color_3			
	门窗				52	Continu...	—— 默认	0	Color_52			
	楼梯				青	Continu...	—— 默认	0	Color_4			
	墙体				洋红	Continu...	—— 默认	0	Color_6			
	屋顶构件				白	Continu...	—— 默认	0	Color_7			

图 16-38　创建图层

16.3.2　整理并绘制墙体、门窗图形

待整理图形的操作完成后，可以开始建筑构件图形的绘制，包括墙体、门窗等。

01 执行 E（删除）命令、TR（修剪）命令，在十七、十八层平面图的基础上删除并修剪多余的图形，如图 16-39 所示。

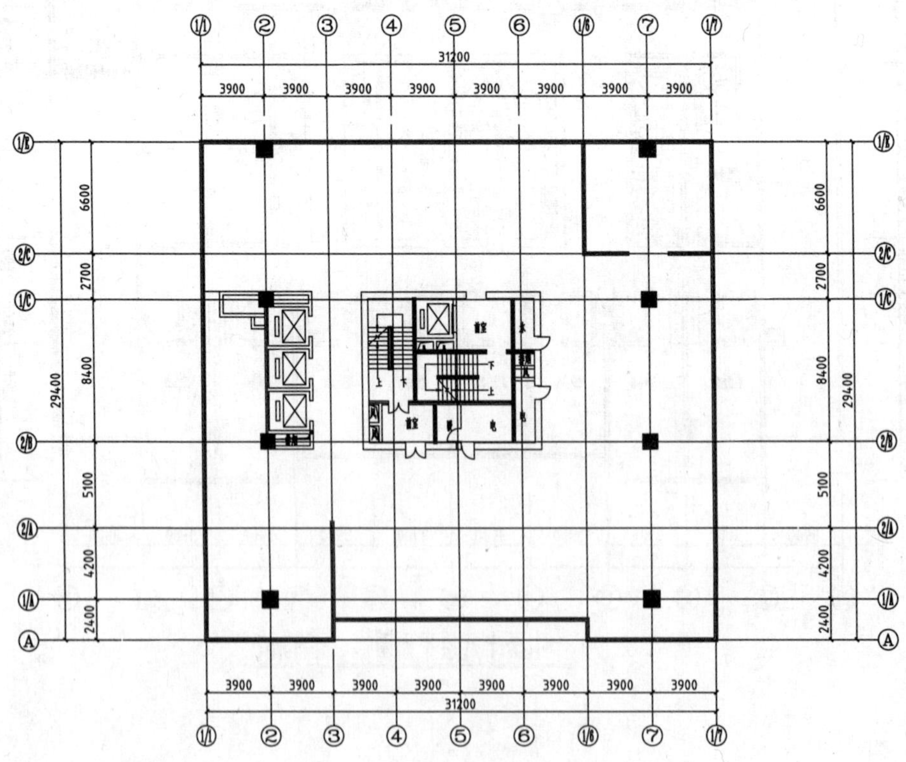

图 16-39　整理图形

02 将“墙线”图层置为当前图层。

03 执行 L（直线）命令、O（偏移）命令、TR（修剪）命令，绘制墙体，如图 16-40 所示。

04 将“柱子”图层置为当前图层。

05 执行 REC（矩形）命令，绘制柱子外轮廓；执行 H（图案填充）命令，在“图案填充和渐变色”对话框中选择 SOLID 图案，对柱子外轮廓图形执行图案填充操作，如图 16-41 所示。

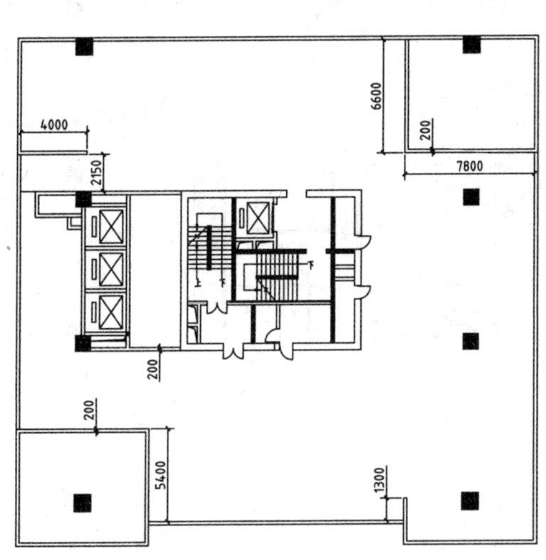

图 16-40　绘制墙体

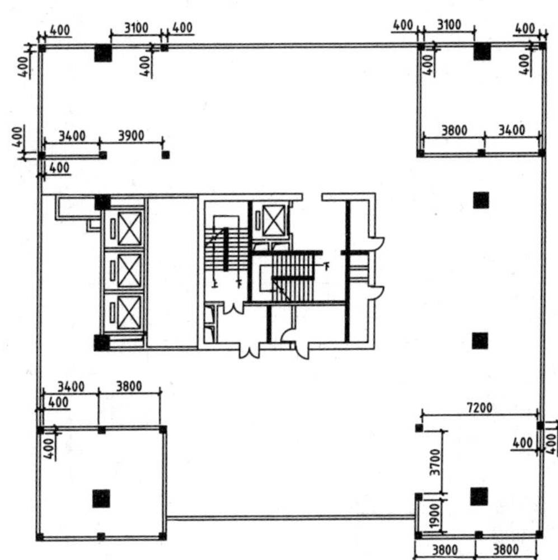

图 16-41　绘制柱子

06 将“门窗”图层置为当前图层。

07 执行 L（直线）命令、TR（修剪）命令，绘制门窗洞口，如图 16-42 所示。

08 执行 REC（矩形）命令、A（圆弧）命令，绘制平开门图形，如图 16-43 所示。

09 执行 B（创建块）命令，在“块定义”对话框中以“平开门（1500）”为名称将其创建成块。

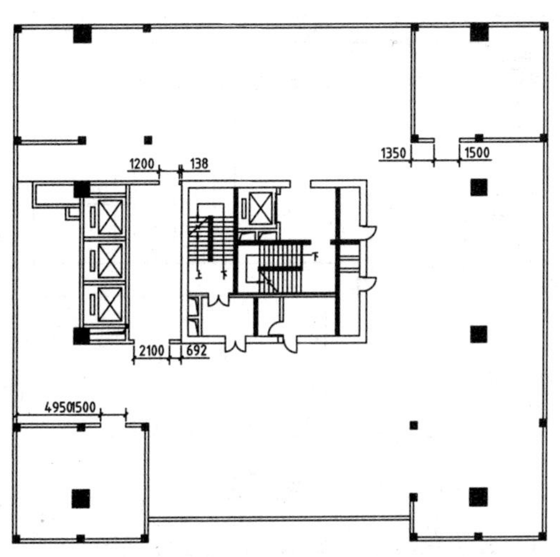

图 16-42　绘制门窗洞口

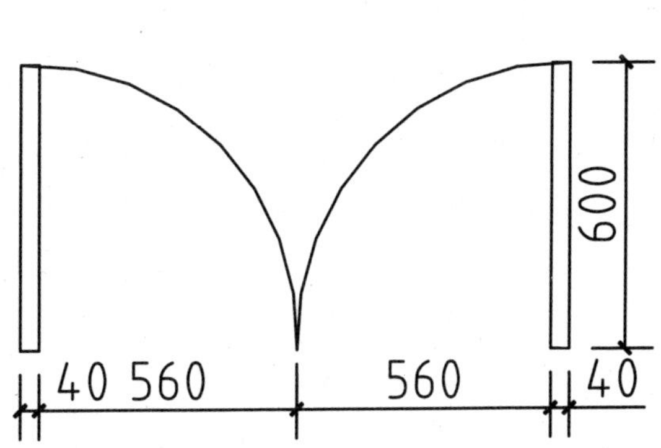

图 16-43　绘制平开门图形

10 执行 L（直线）命令，在窗洞处绘制闭合直线；执行 O（偏移）命令，设置偏移距离为 67，选择直线向内偏移，完成平面窗图形的绘制，如图 16-44 所示。

11 执行 I（插入）命令，沿用前面小节所介绍的方式，在“块”选项板中选择门图块并将其调入当前图形中，如图 16-45 所示。

12 将“楼梯”图层置为当前图层。

13 执行 L（直线）命令，绘制直线，将楼梯的样式更改为顶层样式；执行 E（删除）命令，删除多余的指示箭头以及文字标注，如图 16-46 所示。

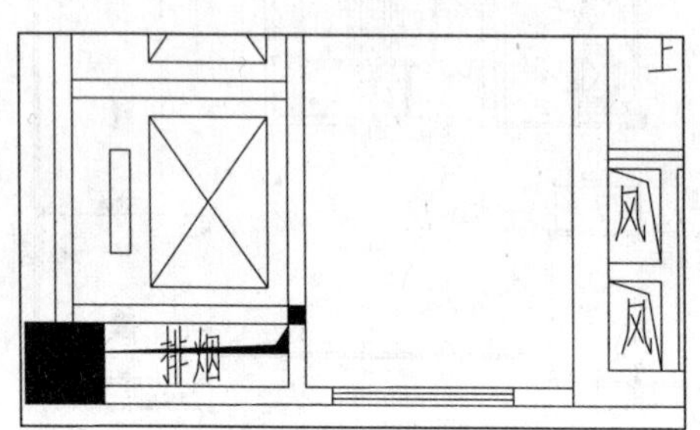

图 16-44　绘制平面窗图形

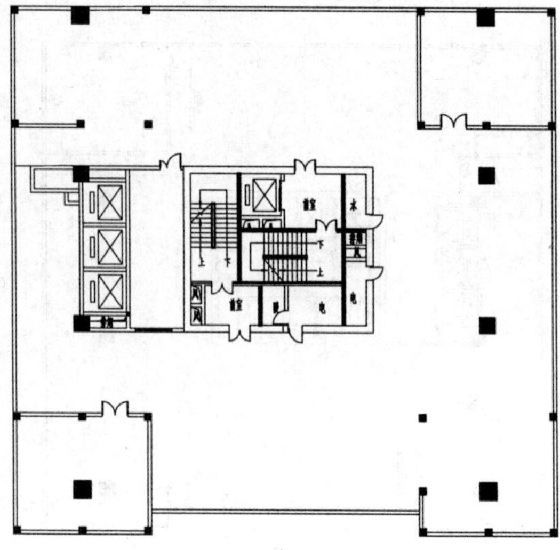

图 16-45　调入门图块

14 执行 L（直线）命令、O（偏移）命令、TR（修剪）命令，绘制如图 16-47 所示的踏步图形。

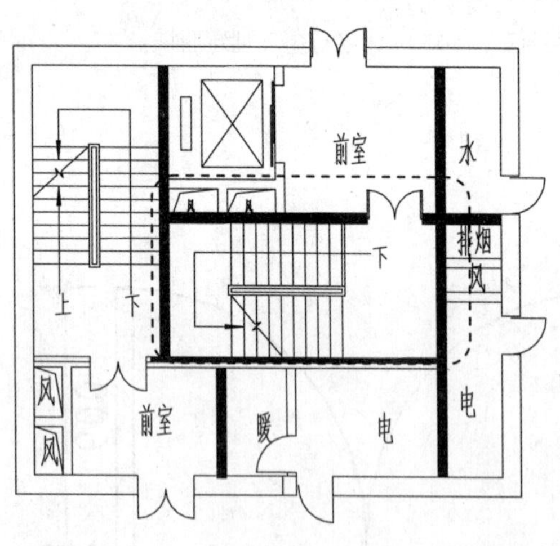

图 16-46　更改楼梯样式

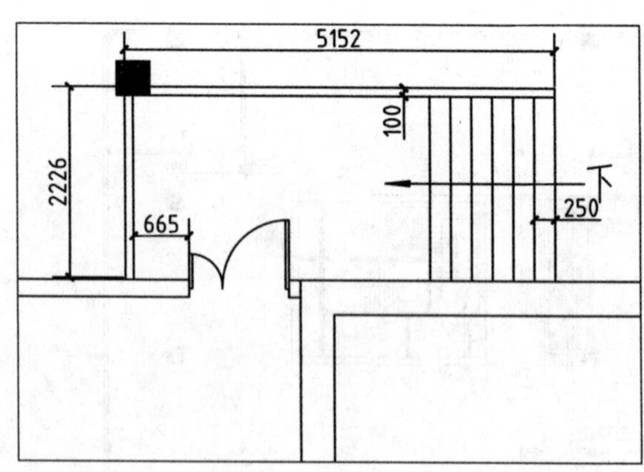

图 16-47　绘制踏步图形

15 执行 PL（多段线）命令、MT（多行文字）命令，绘制指示箭头及文字标注，如图 16-48 所示。

16.3.3　绘制屋顶构件图形

屋顶构件图形有冷却塔、风机、卫星天线，本节介绍这些图形的绘制。

01 将“屋顶构件”图层置为当前图层。

02 执行 L（直线）命令，绘制屋面线，如图 16-49 所示。

03 执行 REC（矩形）命令、L（直线）命令、TR（修剪）命令，绘制屋顶装饰构件图形；执行 CO（复制）命令，移动复制构件图形，如图 16-50 所示。

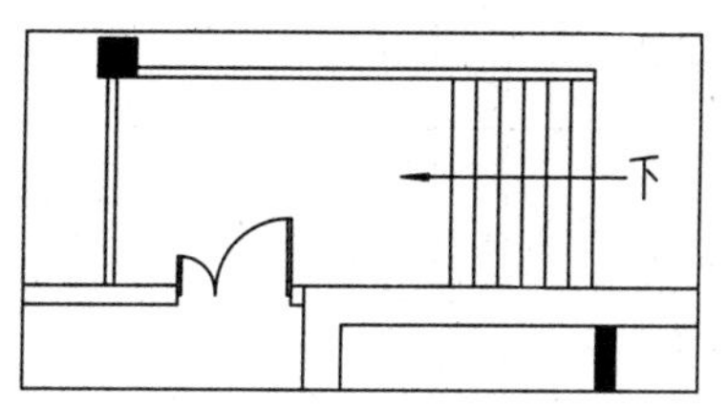

图 16-48　绘制指示箭头及文字标注

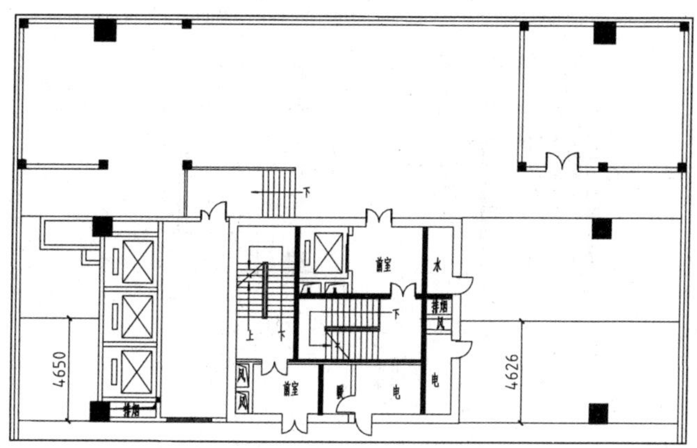

图 16-49　绘制屋面线

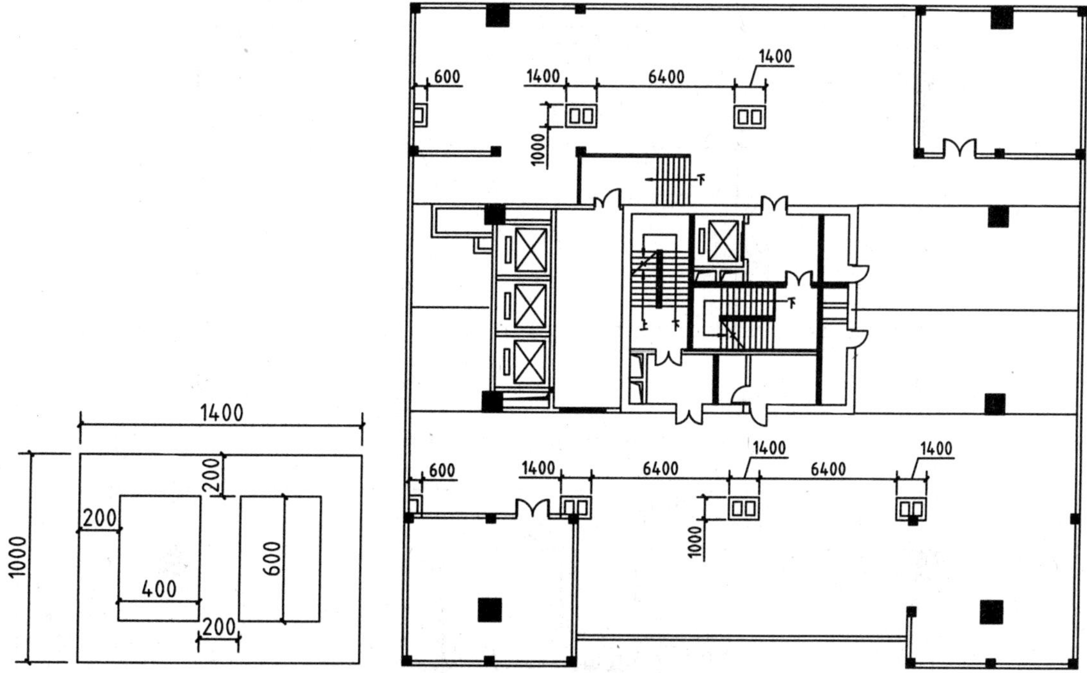

图 16-50　绘制并移动复制屋顶装饰构件图形

04 执行 REC（矩形）命令、C（圆形）命令，绘制冷却塔图形，如图 16-51 所示。

05 执行 REC（矩形）命令、L（直线）命令、A（圆弧）命令，绘制卫星天线图形，如图 16-52 所示。

06 执行 CO（复制）命令，移动复制绘制完成的卫星天线图形，如图 16-53 所示。

07 执行 C（圆）命令，绘制半径为 75 的圆以表示雨水管，如图 16-54 所示。

08 执行 REC（矩形）命令，绘制尺寸为 714×1124 的矩形以表示风机图形，如图 16-55 所示。

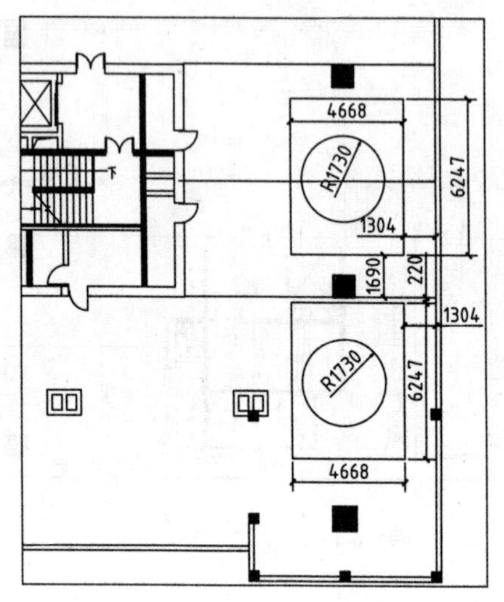

图 16-51 绘制冷却塔图形

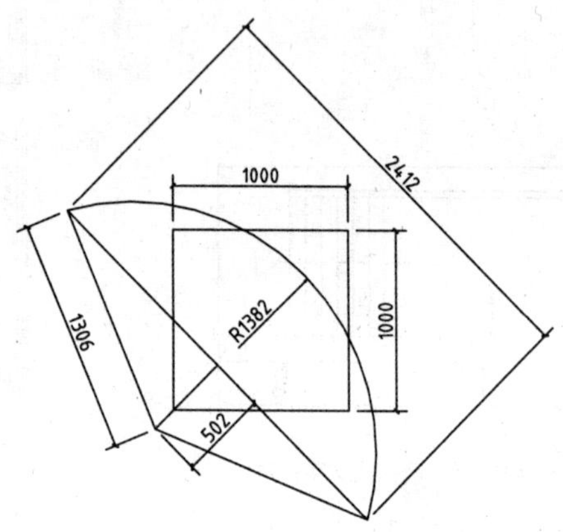

图 16-52 绘制卫星天线图形

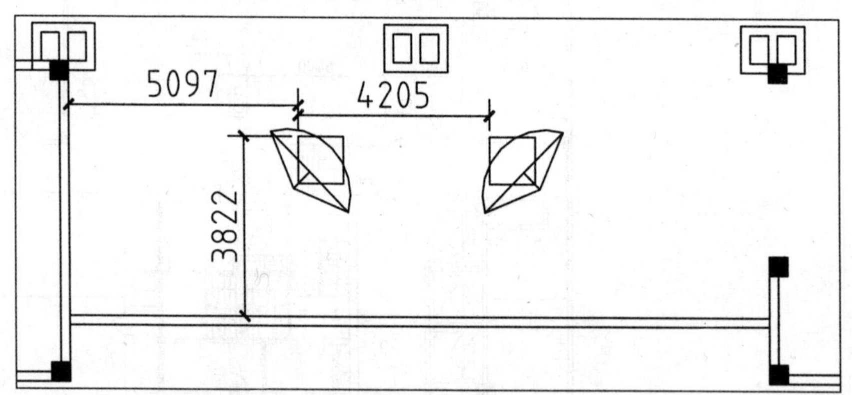

图 16-53 移动复制卫星天线图形

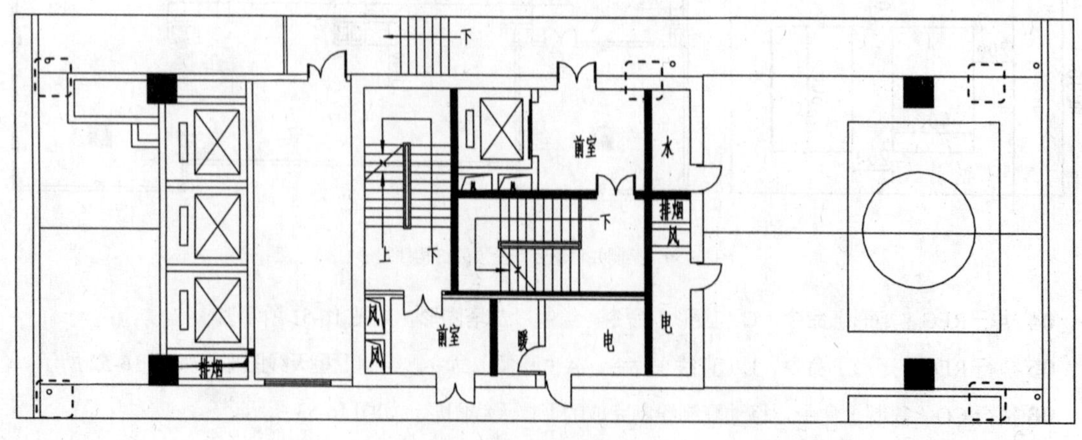

图 16-54 绘制雨水管

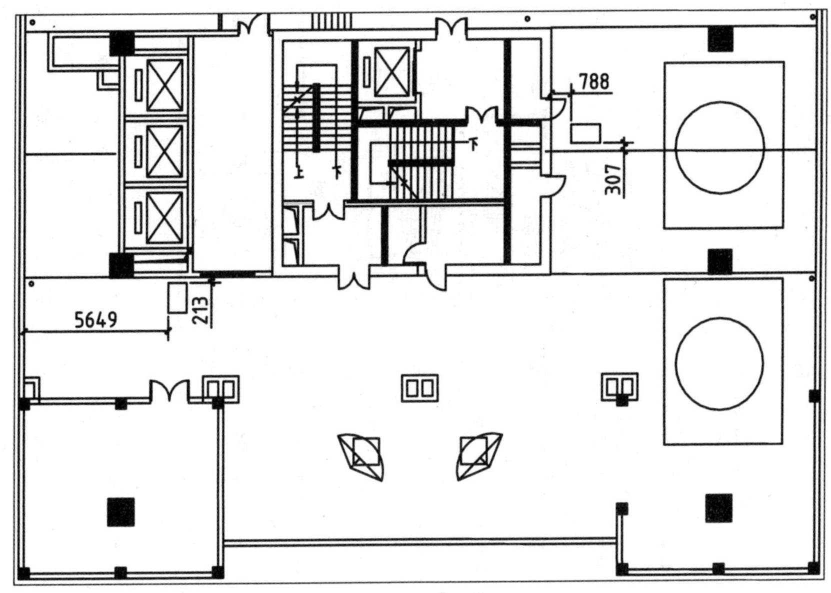

图 16-55　绘制风机图形

09 执行 PL（多段线）命令，绘制起点宽度为 150，端点宽度为 0 的指示箭头，以表示屋顶的坡向，如图 16-56 所示。

16.3.4　绘制标注

01 将“标注”图层置为当前图层。

02 执行 MT（多行文字）命令、MLD（多重引线）命令，绘制文字标注及引线标注，如图 16-57 所示。

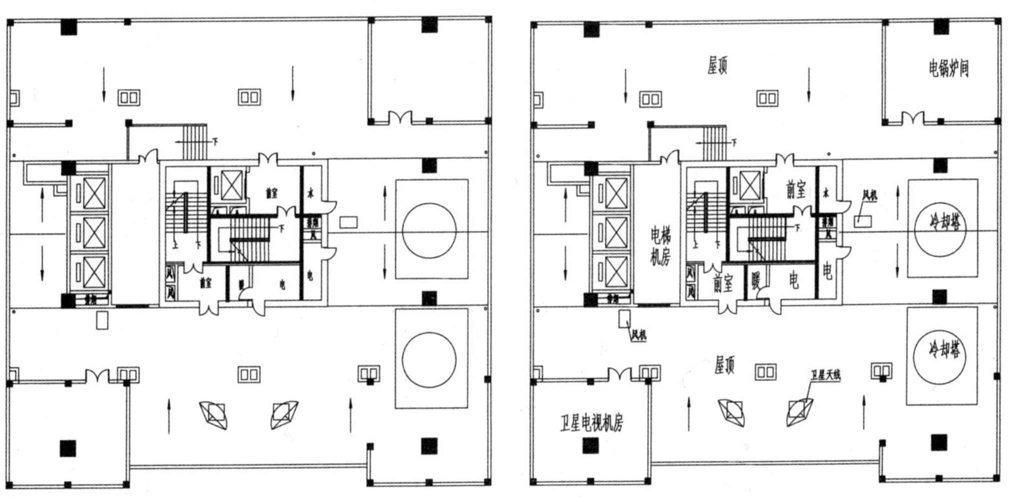

图 16-56　绘制指示箭头

图 16-57　绘制文字标注及引线标注

03 执行 MT（多行文字）命令、PL（多段线）命令，绘制图名标注及下划线，如图 16-58 所示。

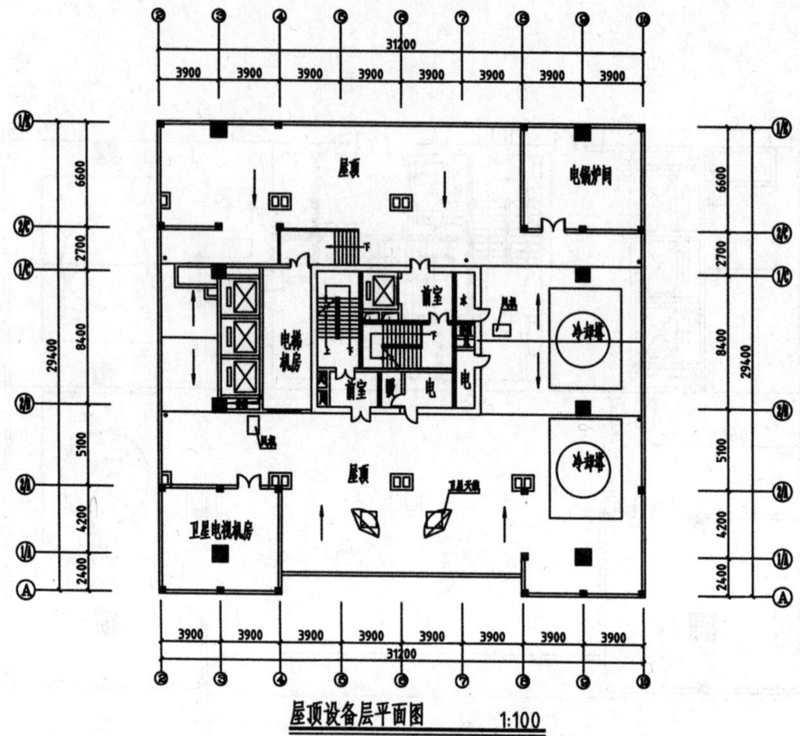

图 16-58　绘制图名标注及下划线

第17章 办公楼建筑立面图的绘制

本章导读

办公楼建筑立面图表示了建筑的外立面装饰效果，以及各门窗构件的位置、尺寸、样式等。本章介绍办公楼立面图的绘制方法。

本章重点

- 掌握建筑立面图的绘制方法
- 掌握建筑立面图的标注方法

17.1　绘制建筑立面图图形

办公楼建筑立面图中所包含的图形有幕墙、门窗、装饰造型线以及其他图形。

17.1.1　设置绘图环境

在绘制办公楼立面图之前，应先创建相应的图层，以便管理各类图形。

01 启动 AutoCAD 2020 应用程序，打开本书提供的“一层平面图.dwg”文件，如图 17-1 所示。

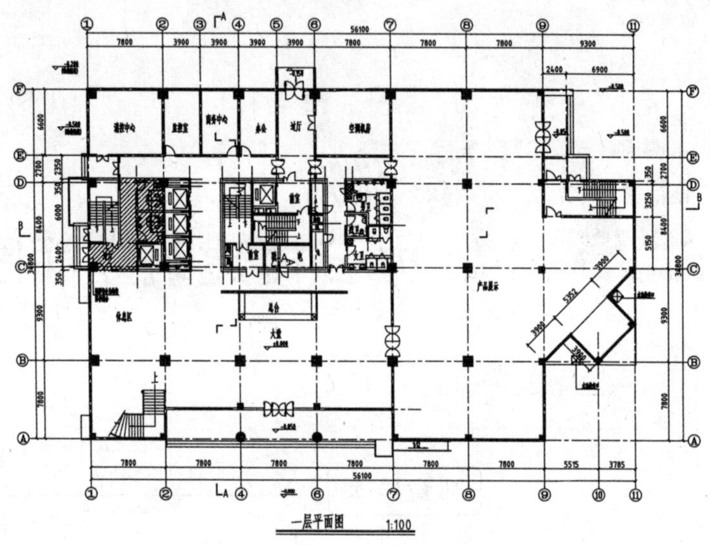

图 17-1　一层平面图

02 执行“文件”→“另存为”命令，将其另存为“办公楼立面图.dwg”文件。

03 创建图层。执行 LA（图层特性管理器）命令，在弹出的“图层特性管理器”对话框中创建绘制办公楼立面图所需要的图层，如图 17-2 所示。

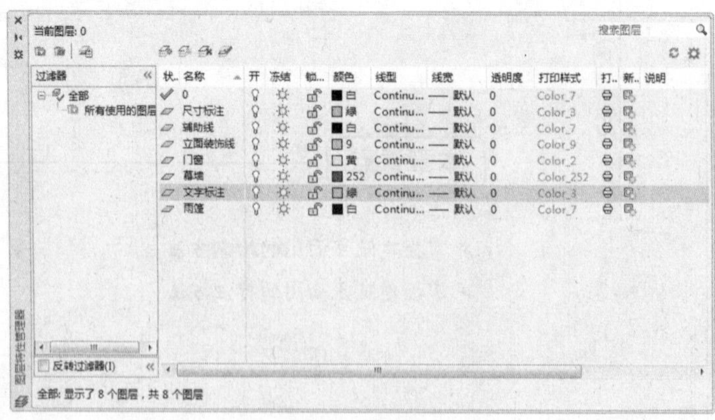

图 17-2　创建图层

17.1.2　绘制幕墙

幕墙是高层建筑物不可缺少的建筑构件，起到采光、围护等作用。幕墙可以通过执行“图案填充”命令来绘制，设置不同的参数即可绘制不同样式的幕墙。

01 执行 CO（复制）命令，选择 1 号轴线至 11 号轴线，将其移动复制至一旁，如图 17-3 所示。

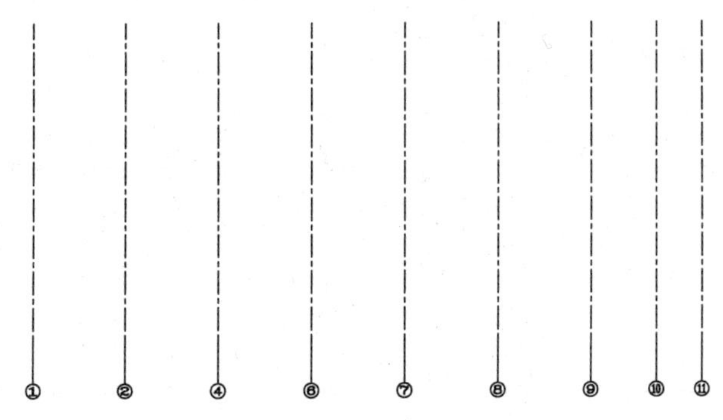

图 17-3　复制轴线

02 将“辅助线”图层置为当前图层。

03 绘制立面轮廓线。执行 PL（多段线）命令，绘制宽度为 50 的多段线以表示地坪线；执行 O（偏移）命令、TR（修剪）命令，偏移并修剪轴线，并将修剪得到的线段的线型改为细实线。

04 执行 L（直线）命令、O（偏移）命令，继续执行绘制操作，完成立面轮廓线的绘制，如图 17-4 所示。

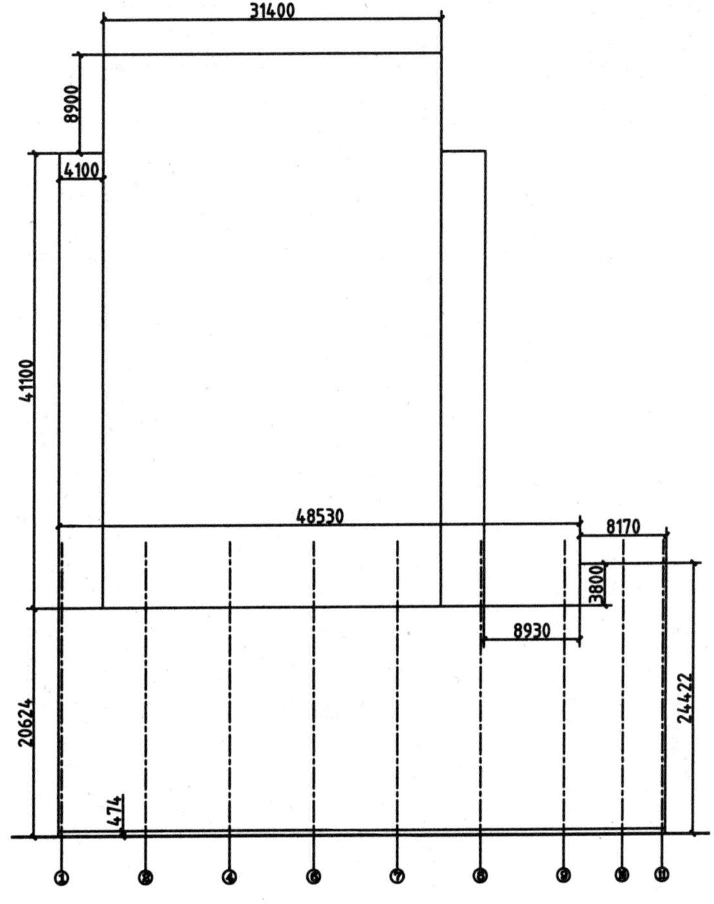

图 17-4　绘制立面轮廓线

05 绘制立面柱轮廓线。执行 O（偏移）命令，偏移线段；执行 TR（修剪）命令，修剪线段，如图 17-5 所示。

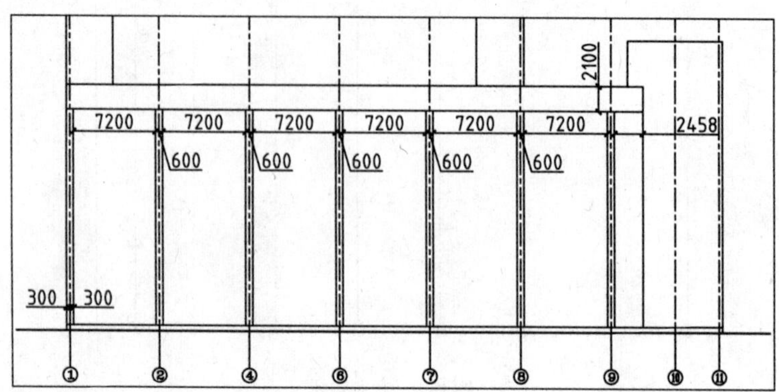

图 17-5　绘制立面柱轮廓线

06 将“立面装饰线”图层置为当前图层。

07 执行 O（偏移）命令、TR（修剪）命令，绘制如图 17-6 所示的线段。

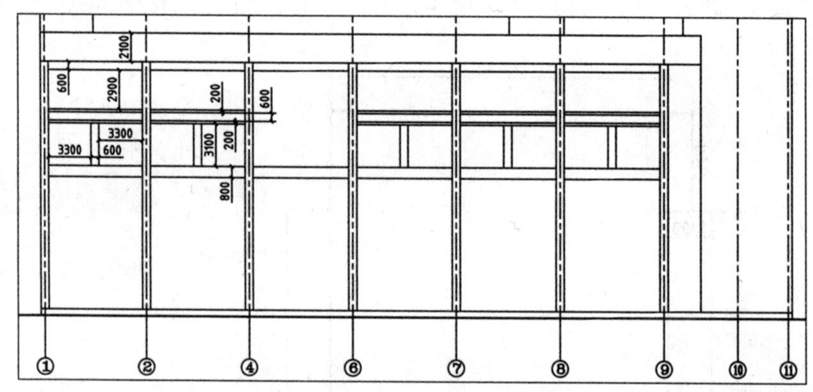

图 17-6　绘制线段

08 将“门窗”图层置为当前图层。执行 REC（矩形）命令，绘制立面门轮廓，如图 17-7 所示。

09 将“幕墙”图层置为当前图层。执行 H（图案填充）命令，在弹出的“图案填充和渐变色”对话框中设置图案填充参数，如图 17-8 所示。

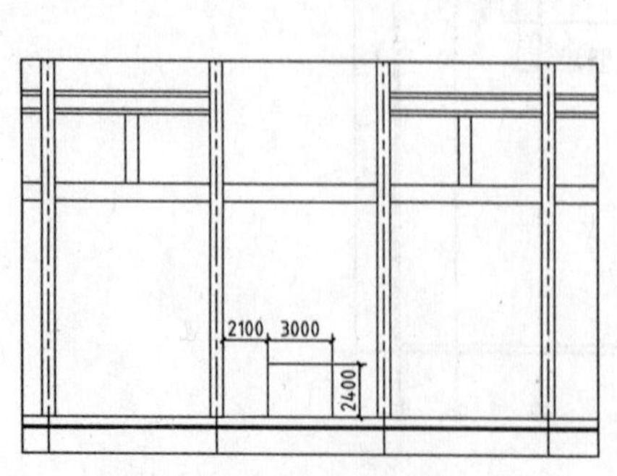

图 17-7　绘制立面门轮廓

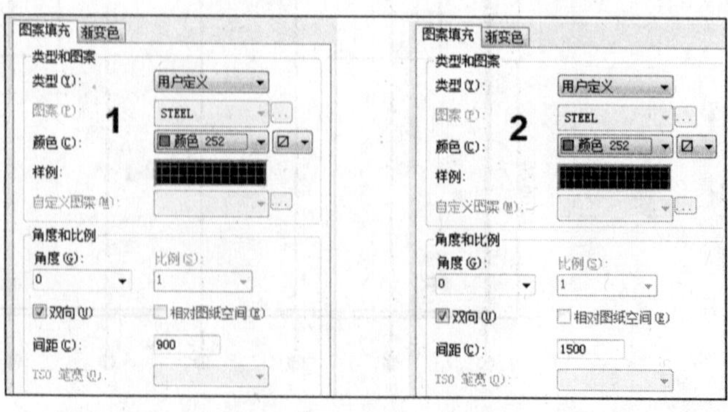

图 17-8　设置图案填充参数

10 在立面图中选择幕墙的填充区域，绘制图案填充，如图 17-9 所示。

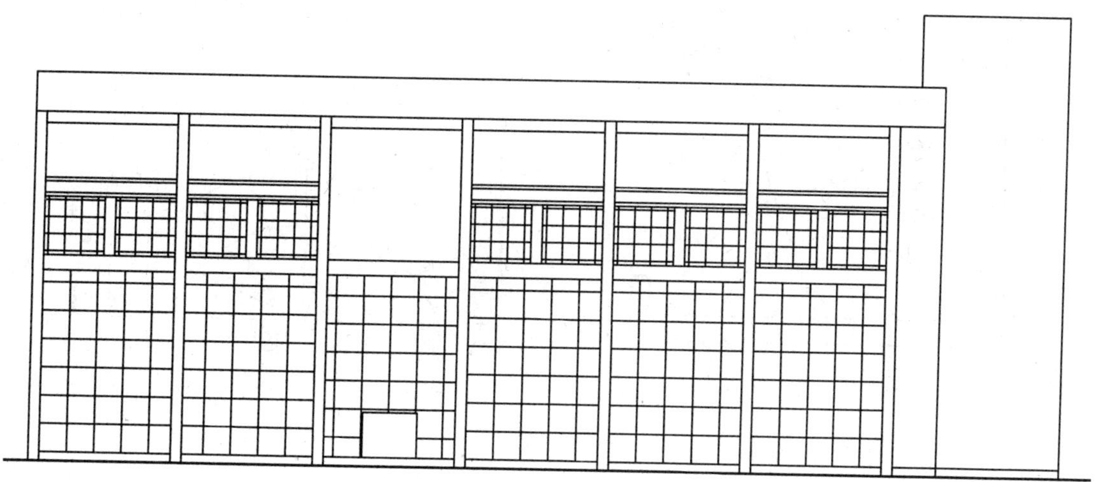

图 17-9　绘制图案填充

11 将“立面装饰线”图层置为当前图层。

12 执行 O（偏移）命令、TR（修剪）命令，偏移并修剪线段，绘制幕墙轮廓线，如图 17-10 所示。

13 将“幕墙”图层置为当前图层。

14 执行 H（图案填充）命令，在“图案填充和渐变色”对话框中设置幕墙的图案填充参数，在立面图中选择上一步骤所绘制的幕墙轮廓，完成图案填充操作，如图 17-11 所示。

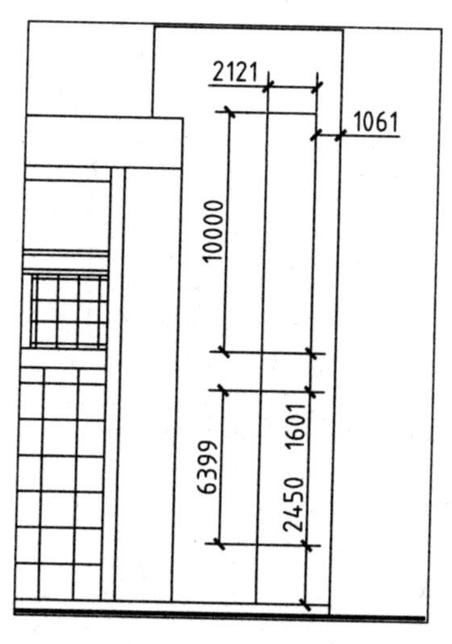

图 17-10　绘制幕墙轮廓线

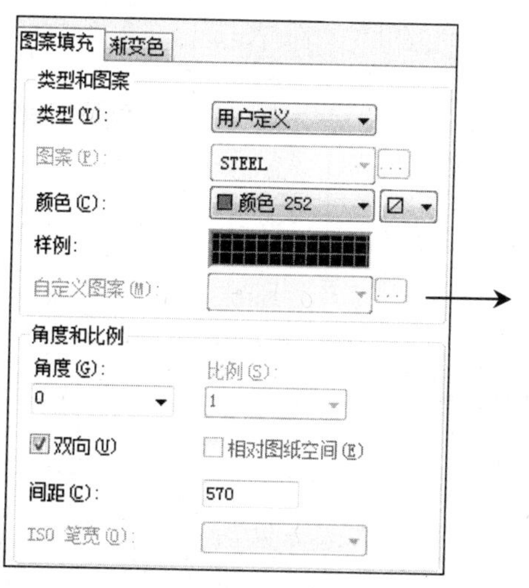

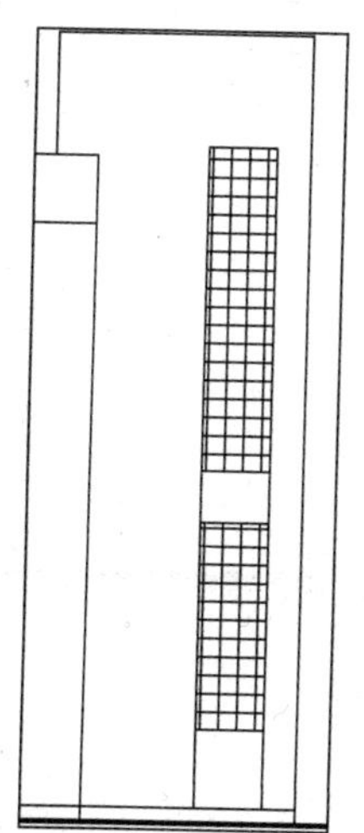

图 17-11　图案填充操作

15 将“立面装饰线”图层置为当前图层。

16 执行 A（圆弧）命令，分别指定点 A 为起点，点 B 为第二个点，点 C 为端点，以完成圆弧的绘制；执行 O（偏移）命令，设置偏移距离为 300，选择圆弧向内偏移两次，如图 17-12 所示。

17 执行 L（直线）命令，以圆弧中点及水平直线中点之间绘制连接线段；执行 RO（旋转）命令，设置角度为 23°，旋转复制线段，如图 17-13 所示。

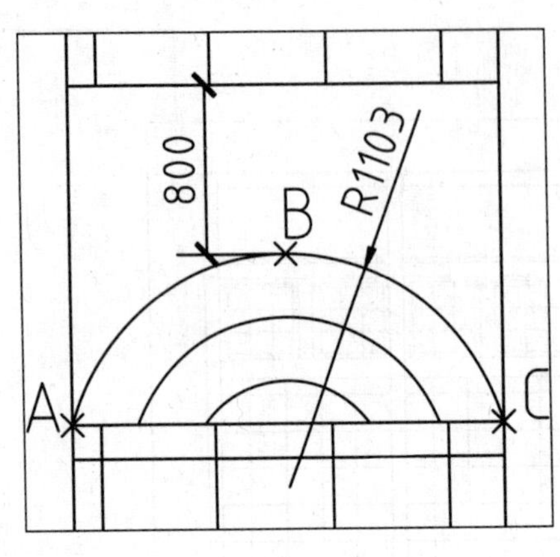

图 17-12 绘制圆弧

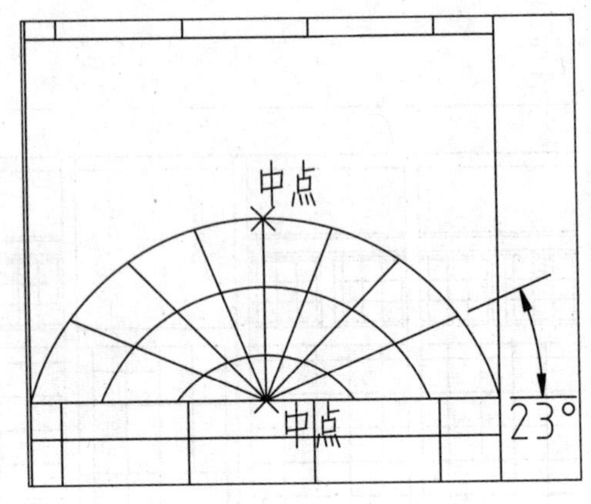

图 17-13 旋转复制线段

18 将“幕墙”图层置为当前图层。

19 执行 O（偏移）命令，偏移线段；执行 TR（修剪）命令，修剪线段，如图 17-14 所示。

20 执行 H（图案填充）命令，绘制幕墙填充图案，如图 17-15 所示。

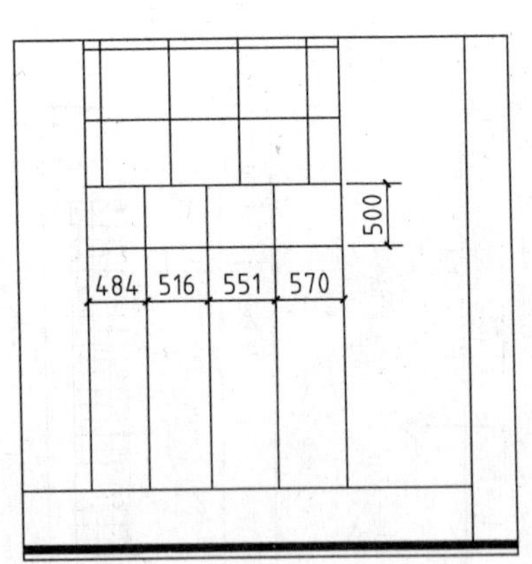

图 17-14 修剪线段

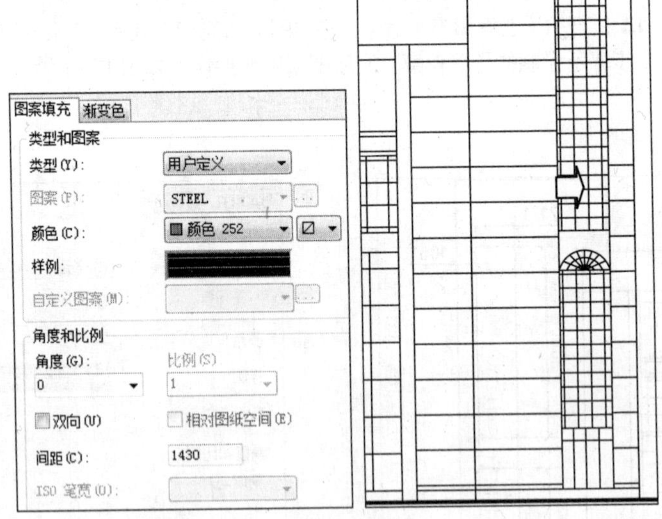

图 17-15 绘制幕墙填充图案

17.1.3 绘制门窗

门窗在建筑物中具有通风、采光等功能，由于立面窗的尺寸大多相同，因此可以通过“阵列复制”命令来进行移动复制。其余尺寸不一致的立面窗可以分别通过“绘图”命令及“编辑”命令来绘制。

01 将“门窗”图层置为当前图层。

02 执行 REC（矩形）命令、X（分解）命令，绘制并分解矩形；执行 O（偏移）命令、TR（修剪）命令，向内偏移并修剪矩形边，绘制立面窗图形，如图 17-16 所示。

03 单击“修改”工具栏上的“矩形阵列”按钮，选择虚线框框选的立面窗图形，设置列数为 1，行数为 10，行距为 3400，阵列复制立面窗图形，如图 17-17 所示。

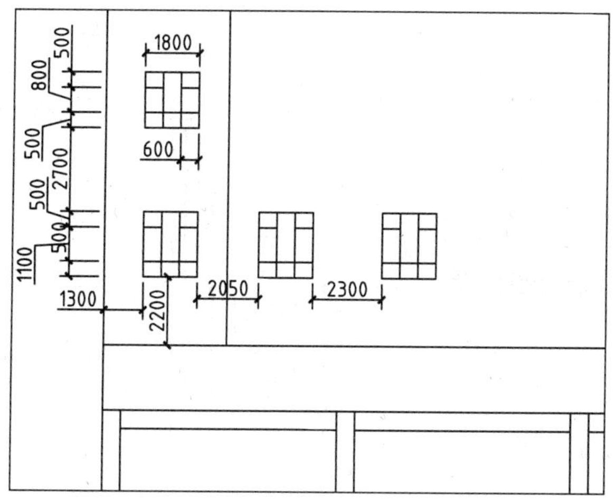

图 17-16　绘制立面窗图形

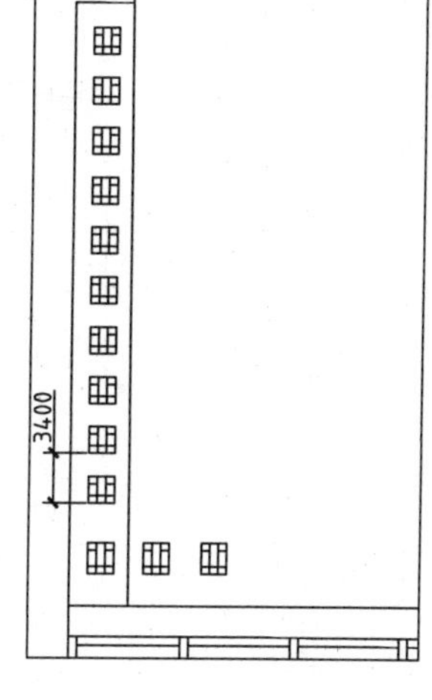

图 17-17　阵列复制立面窗图形

04 执行 CO（复制）命令，选择阵列复制得到的立面窗图形，向右移动复制，如图 17-18 所示。

05 选择移动复制得到的立面窗图形，执行 X（分解）命令，对其进行分解；执行 E（删除）命令，删除多余的立面窗图形，如图 17-19 所示。

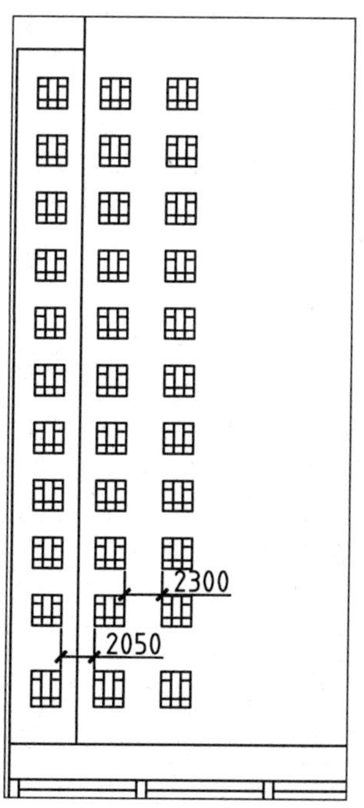

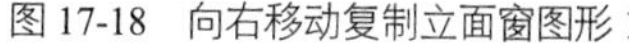

图 17-18　向右移动复制立面窗图形 1

图 17-19　删除多余的立面窗图形

06 执行 REC（矩形）命令、X（分解）命令，绘制并分解矩形；执行 O（偏移）命令，选择矩形边向内偏移，绘制立面窗外轮廓线，如图 17-20 所示。

07 执行 H（图案填充）命令，系统弹出“图案填充和渐变色”对话框，在其中设置立面窗图形的图案填充参数，执行图案填充，如图 17-21 所示。

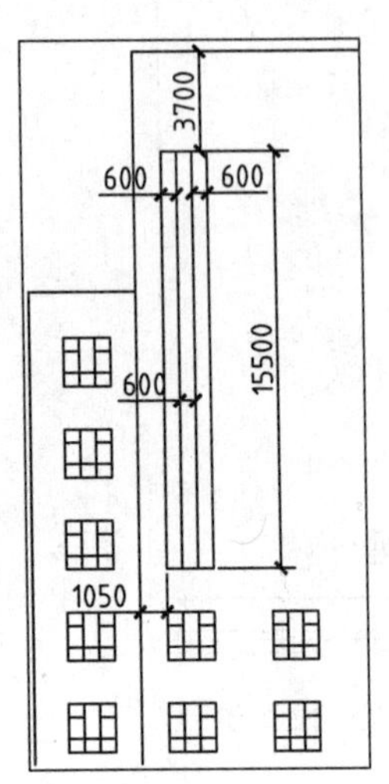

图 17-20　绘制立面窗外轮廓线

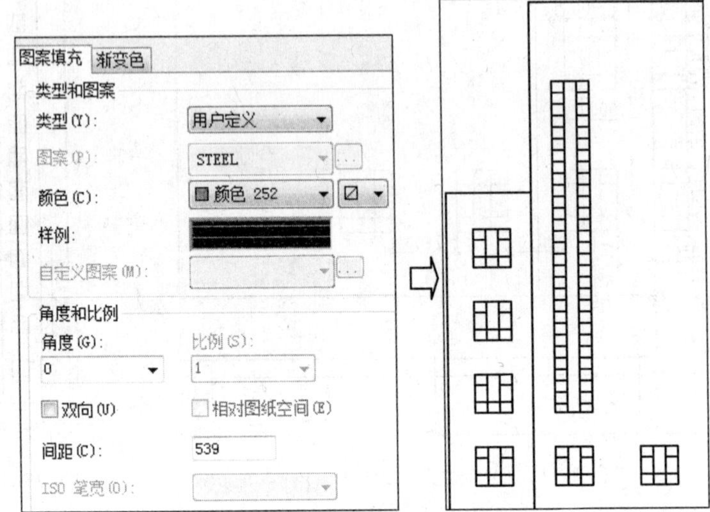

图 17-21　图案填充立面窗图形

08 执行 CO（复制）命令，选择绘制完成的立面窗图形，向右移动复制一份，如图 17-22 所示。

09 执行 MI（镜像）命令，选择左侧的立面窗图形，向右镜像复制一个副本，如图 17-23 所示。

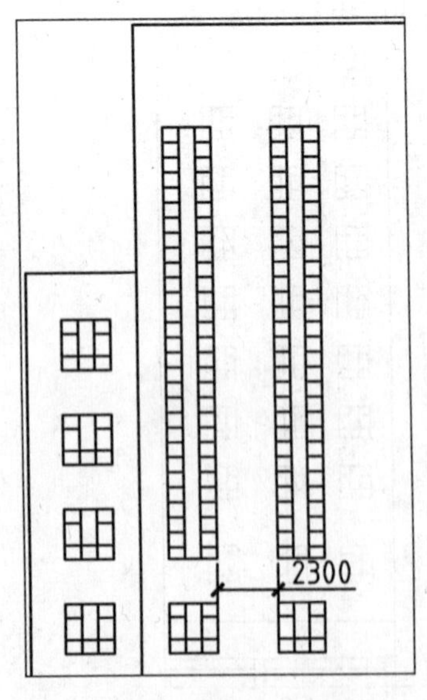

图 17-22　向右移动复制立面窗图形 2

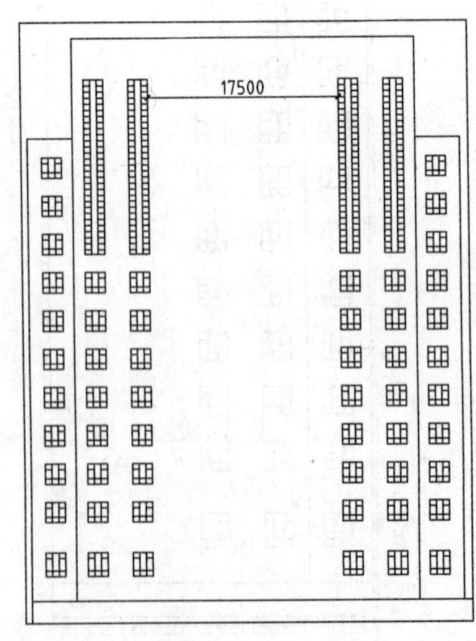

图 17-23　向右镜像复制立面窗图形

10 将“幕墙”图层置为当前图层。

11 绘制幕墙轮廓线。执行 O（偏移）命令，偏移线段；执行 TR（修剪）命令，修剪线段，如图 17-24 所示。

12 执行 H（图案填充）命令，填充幕墙图案，如图 17-25 所示。

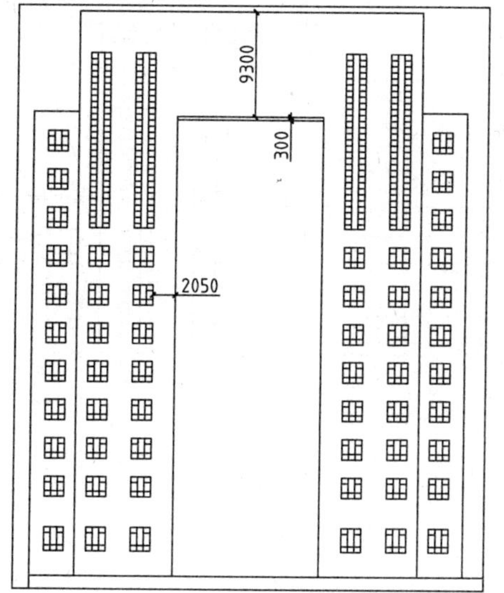

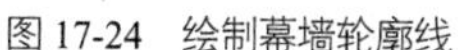
图 17-24　绘制幕墙轮廓线

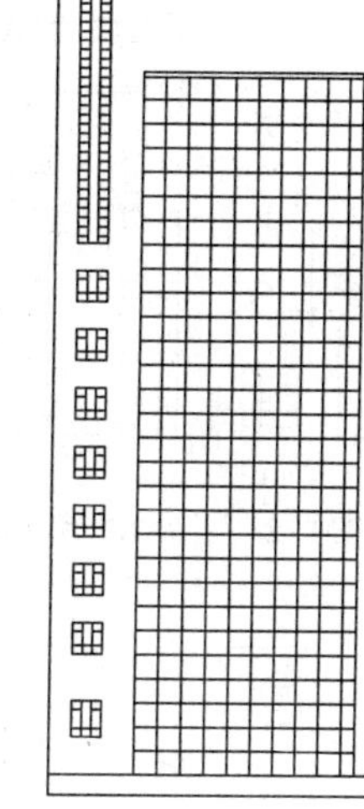

图 17-25　填充幕墙图案

17.1.4　绘制立面装饰造型

建筑外立面的装饰造型不仅为建筑物增加亮点，同时也为其提供给了识别作用。在绘制装饰造型时，可以使用直线对其进行简单概括即可。

01 将“立面装饰线”图层置为当前图层。

02 执行 A（圆弧）命令，指定 A、B、C 三点分别为圆弧的起点、第二点、端点，以完成圆弧的绘制；执行 O（偏移）命令，设置偏移距离为 1200，选择圆弧向内偏移，如图 17-26 所示。

03 执行 L（直线）命令，在点 A、点 B 之间绘制垂直直线；执行 RO（旋转）命令，设置旋转角度为 23°，旋转复制直线，如图 17-27 所示。

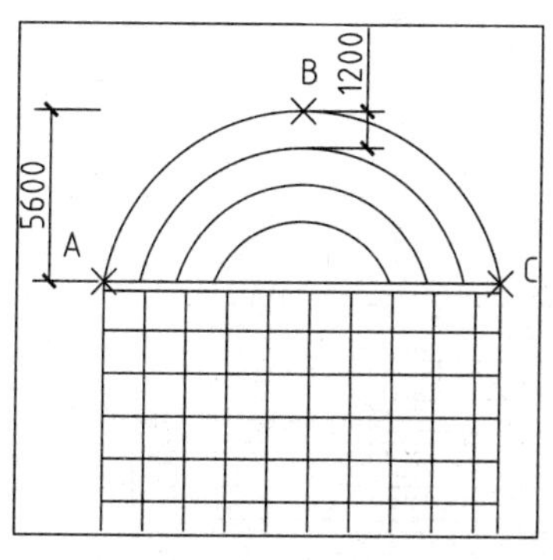

图 17-26　偏移圆弧

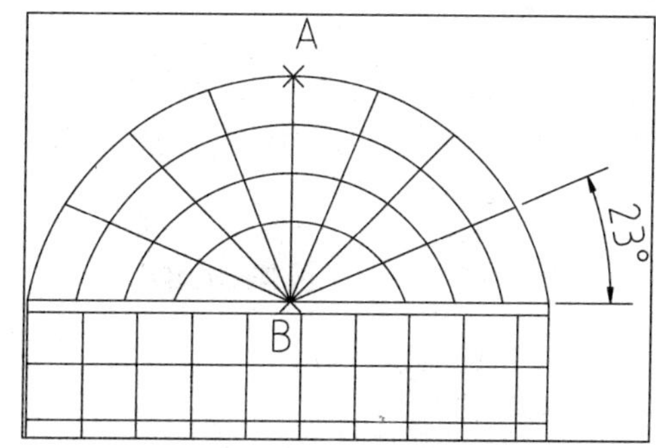

图 17-27　旋转复制直线

04 执行 O（偏移）命令、L（直线）命令、TR（修剪）命令，绘制如图 17-28 所示的水平装饰造型线 1。

05 执行 MI（镜像）命令，向右镜像复制水平装饰造型线 1；执行 TR（修剪）命令，修剪多余线段，如图 17-29 所示。

06 执行 O（偏移）命令、TR（修剪）命令、L（直线）命令，绘制设备层、水箱间、屋顶的立面装饰造型线，如图 17-30 所示。

07 执行 REC（矩形）命令、L（直线）命令，绘制立柱，如图 17-31 所示。

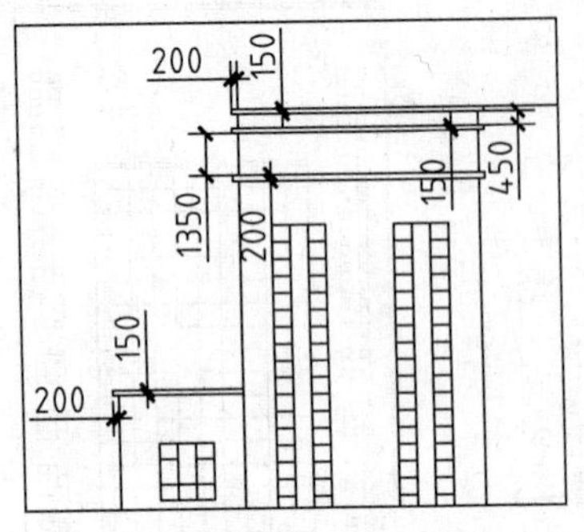

图 17-28　绘制水平装饰造型线 1

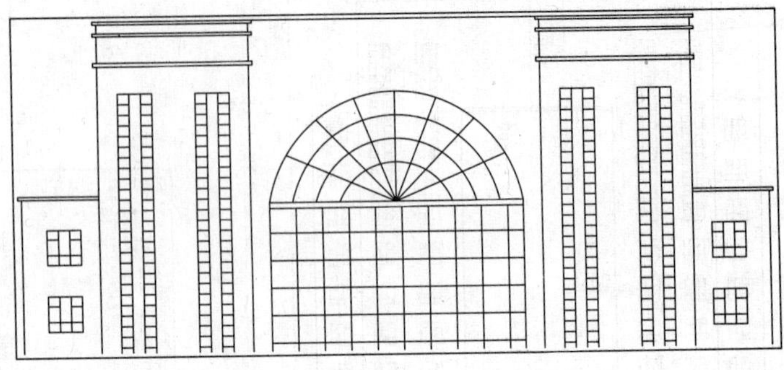

图 17-29　镜像复制水平装饰造型线 1

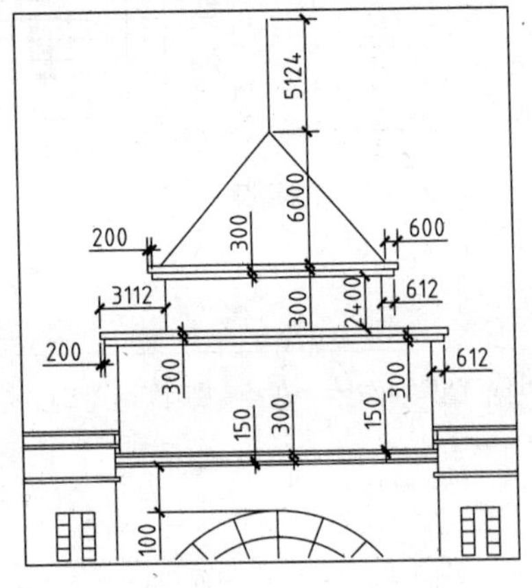

图 17-30　绘制立面装饰造型线

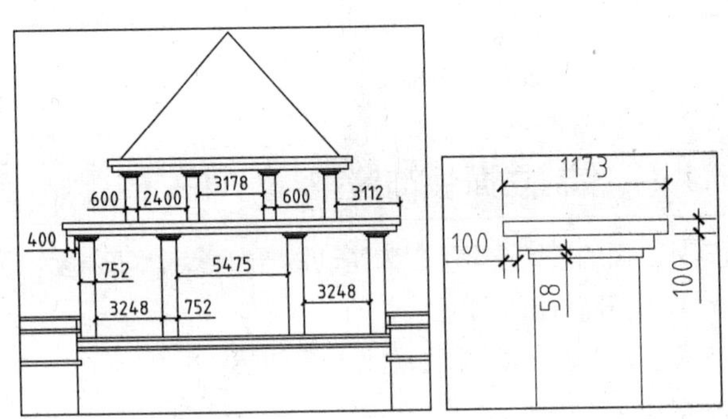

图 17-31　绘制立柱

08 执行 H（图案填充）命令，在“图案填充和渐变色”对话框中设置图案填充参数，在立面图中拾取填充区域的内部点，填充图案，如图 17-32 所示。

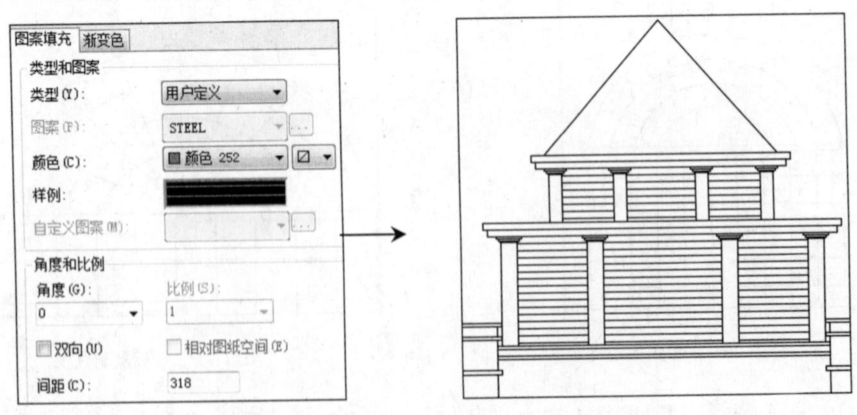

图 17-32　填充图案

09 按下 Enter 键，重新调出“图案填充和渐变色”对话框，在其中修改图案填充参数，执行图案填充操作效果如图 17-33 所示。

10 执行 REC（矩形）命令、O（偏移）命令、TR（修剪）命令，绘制如图 17-34 所示的立面装饰造型。

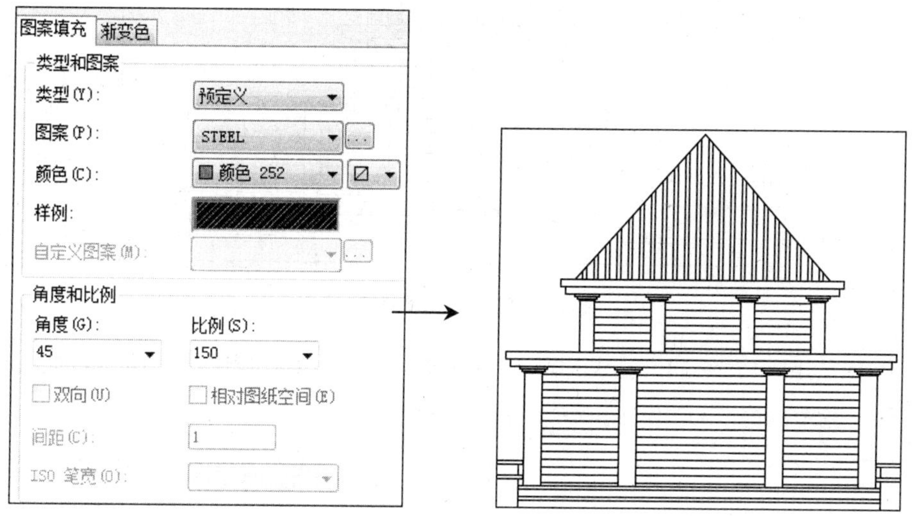

图 17-33　图案填充操作效果

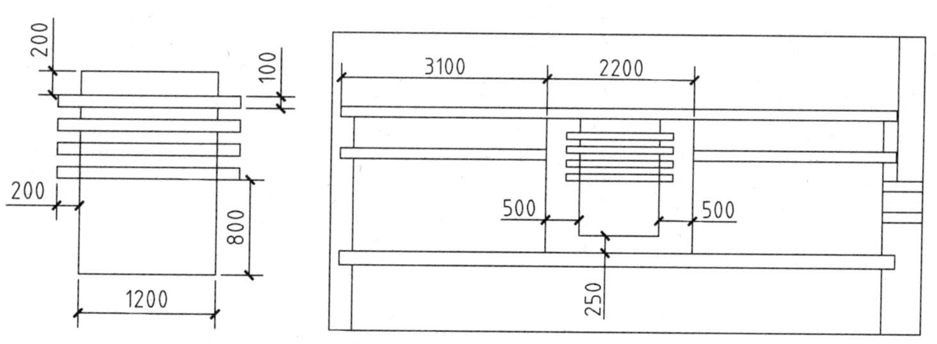

图 17-34　绘制立面装饰造型

11 执行 L（直线）命令、O（偏移）命令、TR（修剪）命令，绘制立面装饰造型的外轮廓线，如图 17-35 所示。

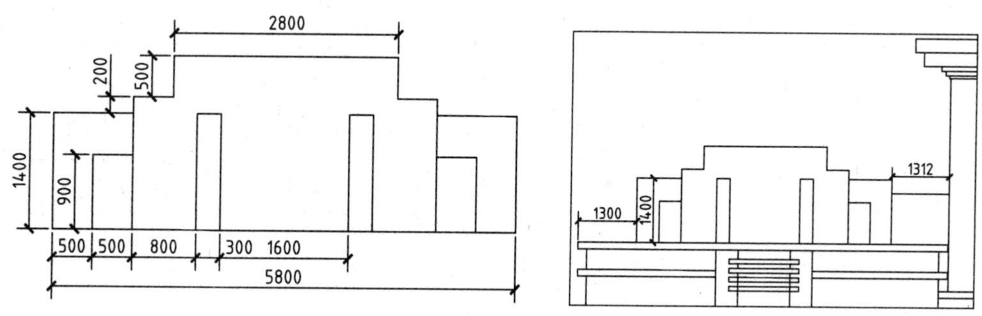

图 17-35　绘制立面装饰造型的外轮廓线

12 执行 MI（镜像）命令，向右镜像复制绘制完成立面装饰造型，如图 17-36 所示。

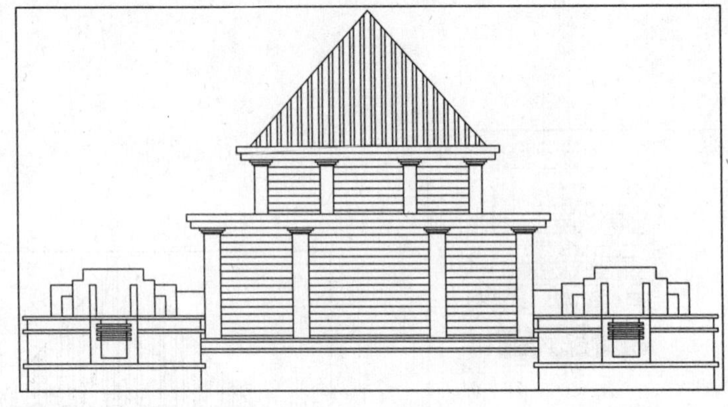

图 17-36 镜像复制立面装饰造型

13 执行 REC（矩形）命令、L（直线）命令、TR（修剪）命令，绘制屋顶装饰造型线，如图 17-37 所示。

14 执行 L（直线）命令、O（偏移）命令，绘制如图 17-38 所示的线段。

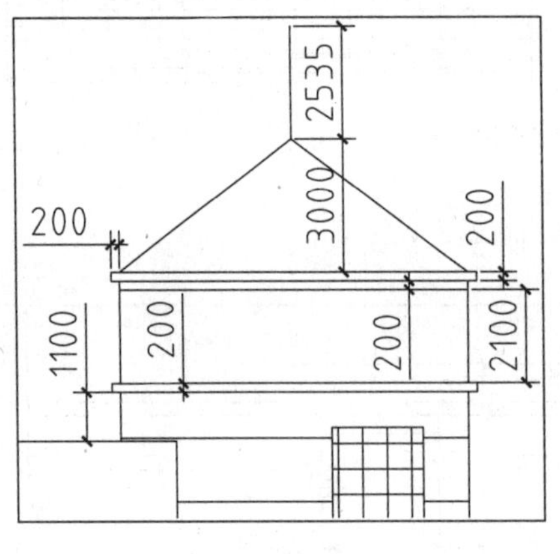

图 17-37 绘制屋顶装饰造型线

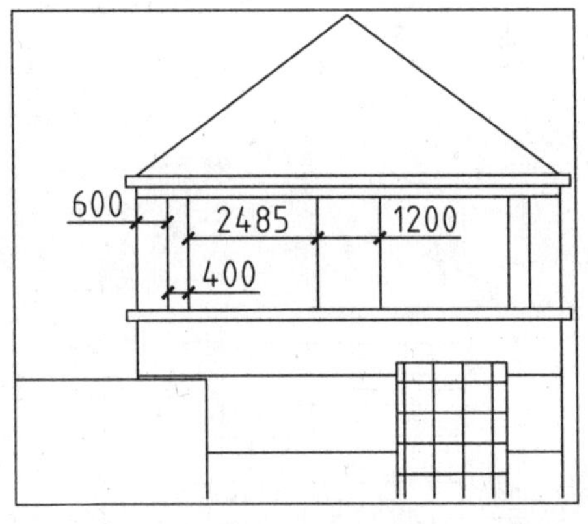

图 17-38 绘制线段

15 将“门窗”图层置为当前图层。执行 REC（矩形）命令、A（圆弧）命令、L（直线）命令，绘制立面装饰造型窗，如图 17-39 所示。

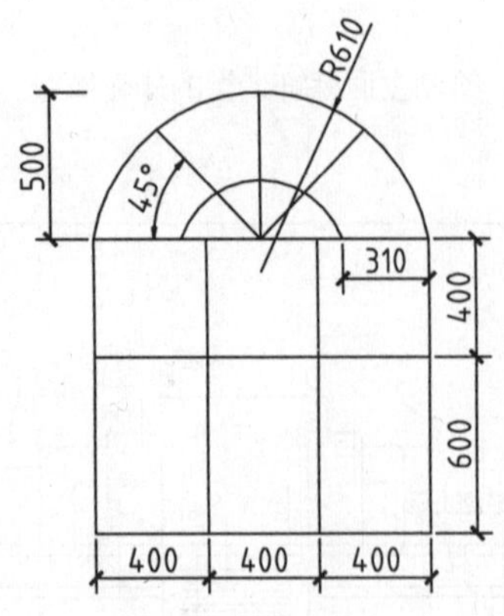

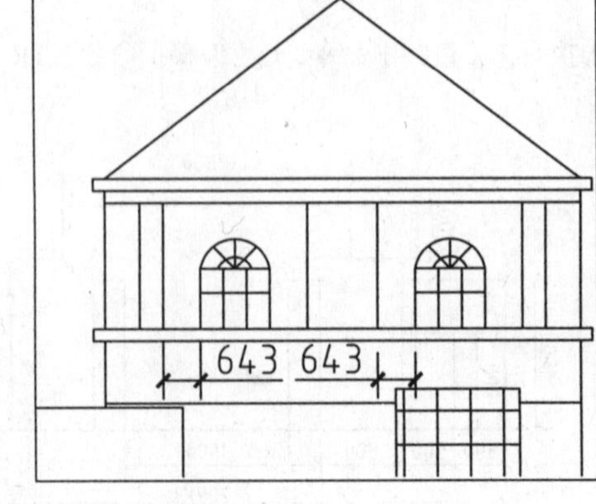

图 17-39 绘制立面装饰造型窗

16 将“立面装饰线”图层置为当前图层。

17 执行 O（偏移）命令、TR（修剪）命令，偏移并修剪线段；执行 L（直线）命令，绘制直线，绘制水平装饰造型线 2，如图 17-40 所示。

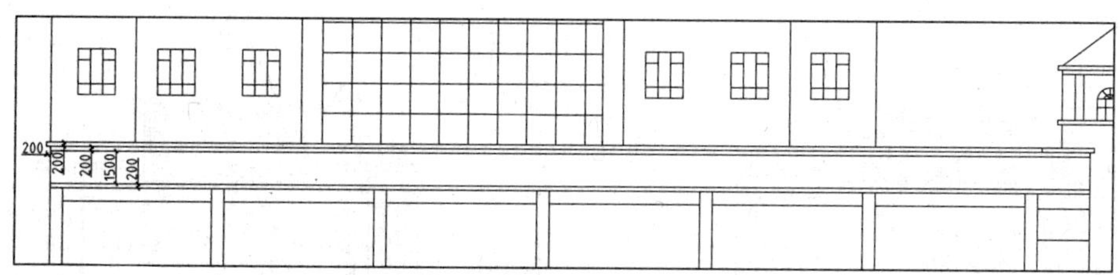

图 17-40　绘制水平装饰造型 2

18 执行 L（直线）命令、O（偏移）命令，绘制并偏移直线，绘制垂直装饰造型线 1，如图 17-41 所示。

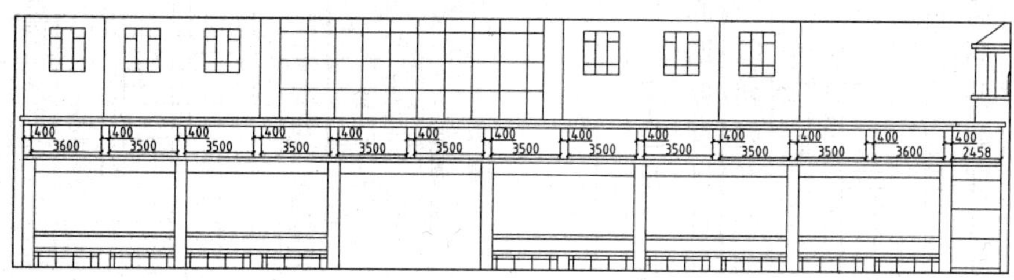

图 17-41　绘制垂直装饰造型线 1

19 执行 A（圆弧）命令、L（直线）命令、RO（旋转）命令，绘制如图 17-42 所示的弧形造型线。

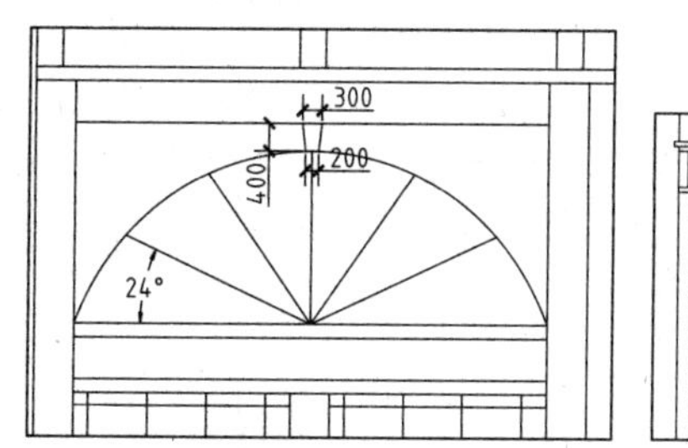

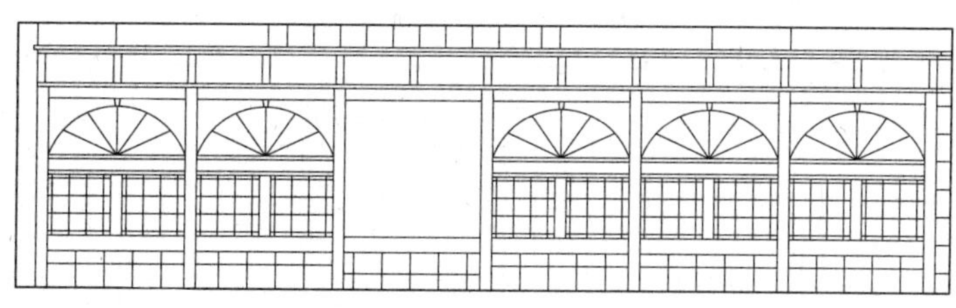

图 17-42　绘制弧形造型线

20 调入图块。打开本书提供的“图例图块.dwg”文件，将其中的立面造型图块复制粘贴至当前图形中，如图 17-43 所示。

图 17-43　调入立面造型图块

21 执行 L（直线）命令、O（偏移）命令，绘制并偏移直线；执行 TR（修剪）命令，修剪多余线段，绘制垂直装饰造型线 2，如图 17-44 所示。

22 重复上述操作，继续绘制水平装饰造型线 3，如图 17-45 所示。

图 17-44　绘制垂直装饰造型线 2

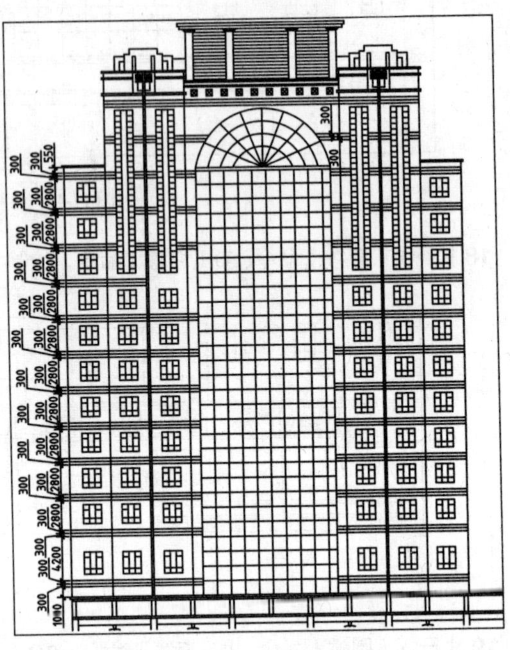
图 17-45　绘制水平装饰造型线 3

23 执行 REC（矩形）命令，绘制尺寸为 600×600 的矩形；执行 L（直线）命令，在矩形内绘制对角线，完成立面装饰造型的绘制，如图 17-46 所示。

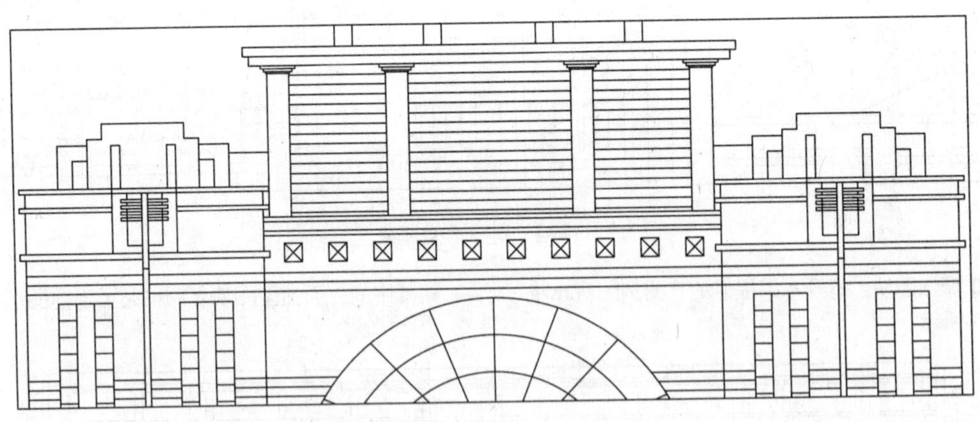
图 17-46　绘制立面装饰造型

17.1.5　绘制其他图形

其他图形包括雨篷、台阶、立面门，通过绘制这些图形以完善建筑立面图。

01 将“雨篷”图层置为当前图层。

02 执行 L（直线）命令、O（偏移）命令、A（圆弧）命令，绘制如图 17-47 所示的雨篷图形（为了清楚的显示雨篷图形，暂时将幕墙图案隐藏）。

03 执行 REC（矩形）命令、C（圆）命令、F（圆角）命令、TR（修剪）命令，绘制雨篷支架，如图 17-48 所示。

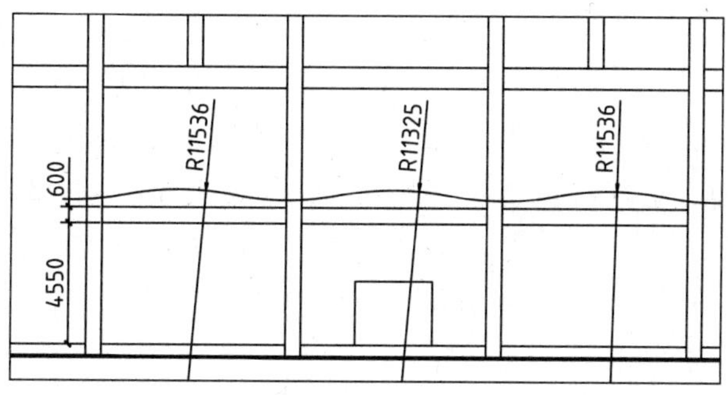

图 17-47　绘制雨篷图形

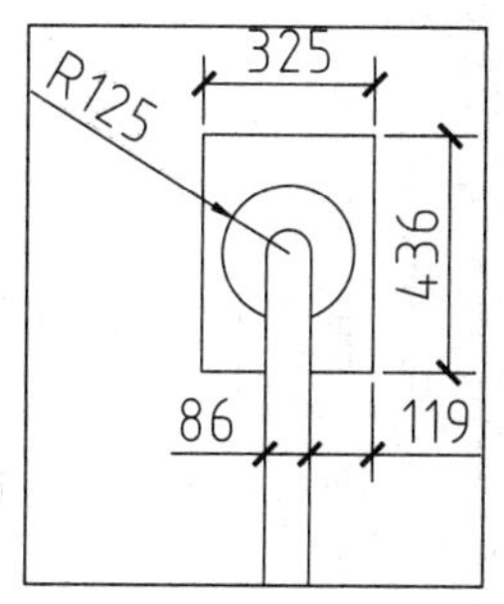

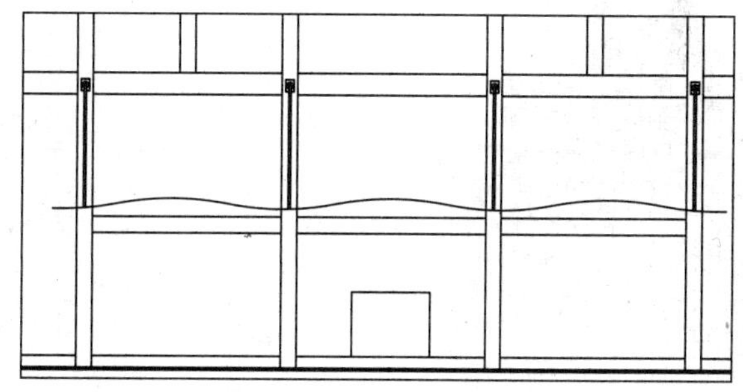

图 17-48　绘制雨篷支架

04 将“门窗”图层置为当前图层。

05 执行 O（偏移）命令，向内偏移立面门轮廓线，如图 17-49 所示。

06 将“辅助线”图层置为当前图层。

07 执行 O（偏移）命令，偏移线段，完成台阶图形的绘制，如图 17-50 所示。

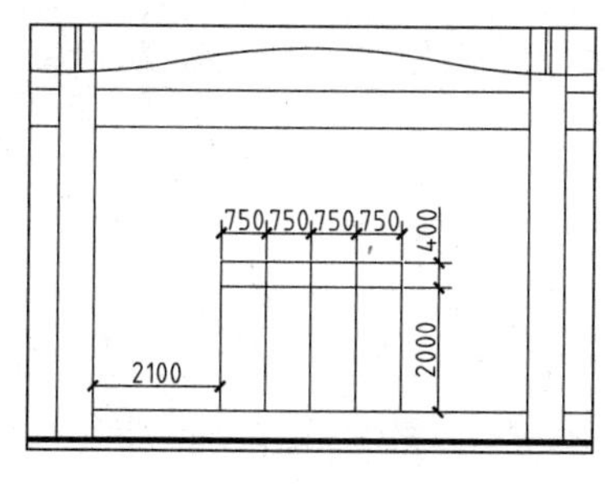

图 17-49　偏移立面门轮廓线

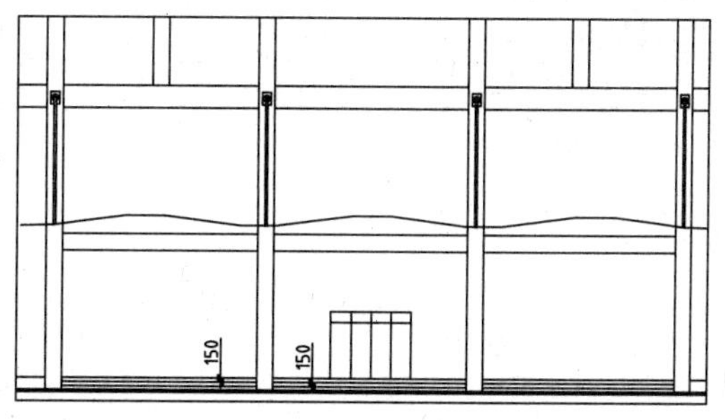

图 17-50　绘制台阶图形

17.2　绘制建筑立面图标注

建筑立面图的标注包括尺寸标注、标高标注、引线标注、文字标注。

17.2.1 绘制尺寸标注

通过绘制尺寸标注及标高标注，可以表明建筑物的层高及建筑物的总高度。

01 将“尺寸标注”图层置为当前图层。

02 执行 DLI（线性标注）命令、DCO（连续标注）命令，绘制立面图的尺寸标注，如图 17-51 所示。

03 执行 L（直线）命令，绘制标高基准线。

04 执行 I（插入）命令，在“块”选项板中选择标高图块；双击图块，在“增强属性编辑器”对话框中修改标高参数值。

05 重复上述操作，可以完成标高标注，如图 17-52 所示。

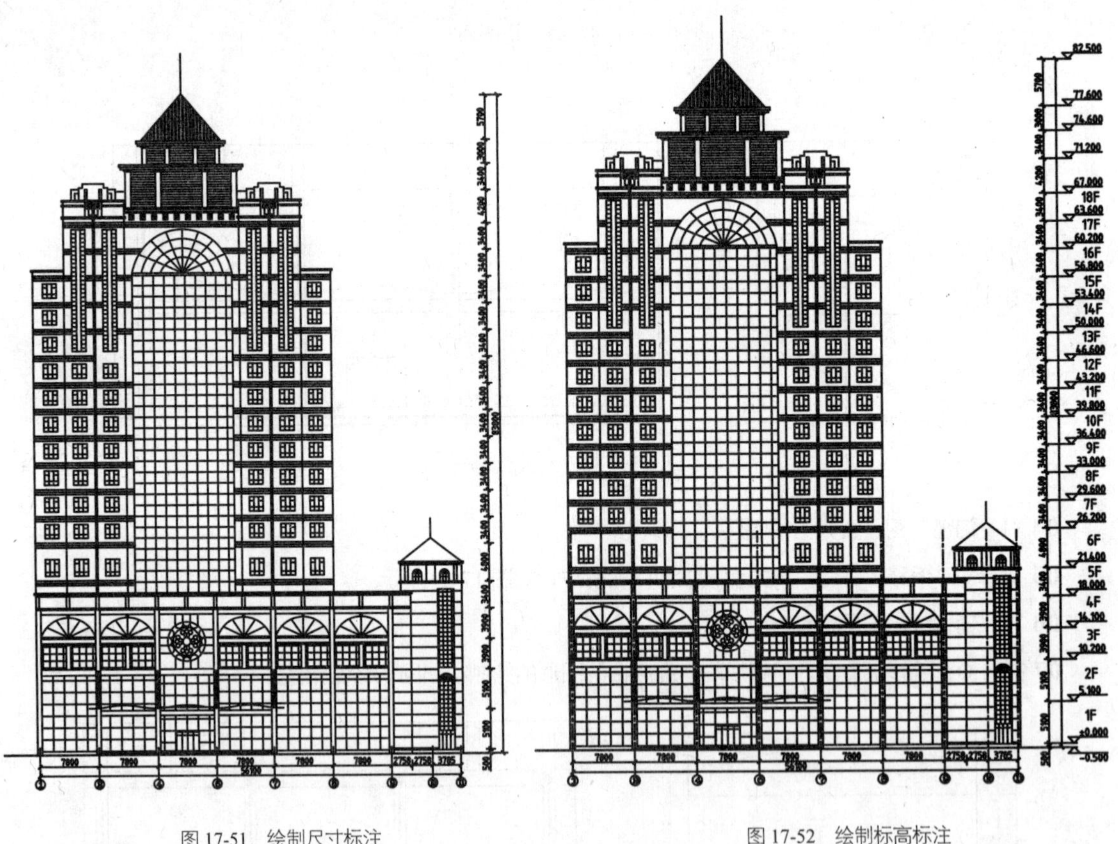

图 17-51　绘制尺寸标注

图 17-52　绘制标高标注

17.2.2 绘制文字标注

引线标注表明建筑立面所使用的材料种类、构件的名称等，图名标注及比例标注则表示该图形的名称以及绘制的比例。

01 将“文字标注”图层置为当前图层。

02 执行 MT（多行文字）命令，绘制层号标注，如图 17-53 所示。

03 执行 MLD（多重引线）命令，绘制立面图的引线标注，如图 17-54 所示。

04 执行 MT（多行文字）命令，绘制图名标注及比例标注；执行 PL（多段线）命令，在图名标注的下方绘制下划线，如图 17-55 所示。

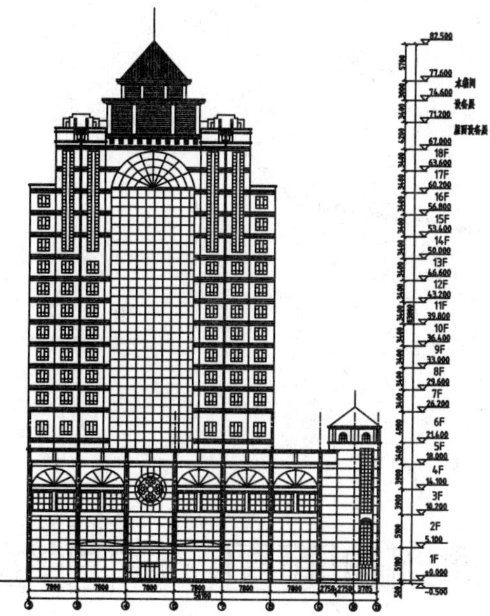

图 17-53　绘制层号标注

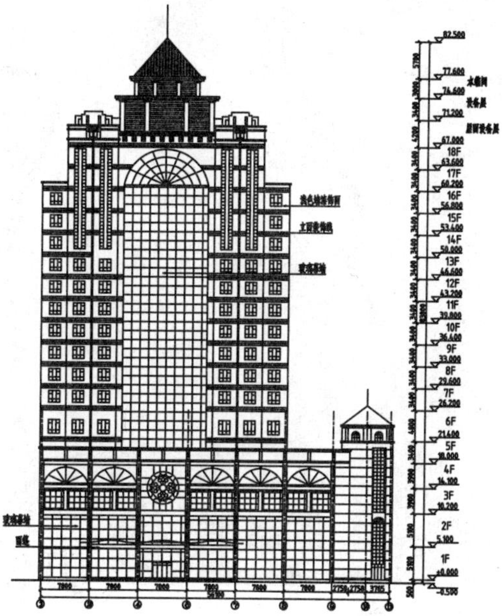

图 17-54　绘制引线标注

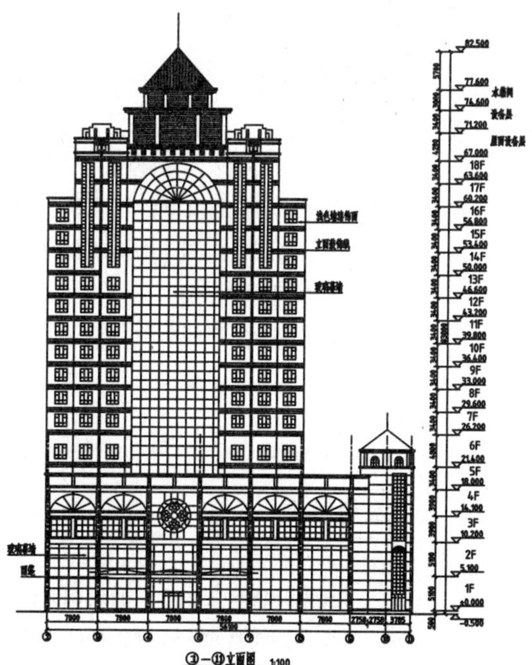

图 17-55　绘制图名标注及比例标注

第18章 办公楼建筑剖面图、详图的绘制

本章导读

办公楼剖面图表示了建筑内部的构造情况，反映了墙体、楼板、门窗与其他建筑构件之间的相互联系。

办公楼楼梯平面图使用 1:50 的比例绘制，是各层建筑平面图中楼梯间的局部放大图。

本章介绍办公楼建筑剖面图以及楼梯平面图的绘制。

本章重点

- 掌握办公楼建筑剖面图的绘制方法
- 掌握办公楼楼梯平面详图的绘制方法

18.1 绘制办公楼建筑剖面图

办公楼的层数较多，在绘制剖面图时可以执行“复制”命令，通过复制相同的图形可以减少绘图的工作量。

18.1.1 设置绘图环境

绘制剖面图的绘图环境包括文字样式、标注样式等，由于在绘制办公楼平面图时已介绍过绘图环境的具体设置方法，因此在本小节中仅介绍创建图层的方法，其他各项参数的设置可参考前面章节的介绍。

01 启动 AutoCAD 2020，新建一个空白文件。

02 执行“文件”→“保存”命令，将其保存为“办公楼剖面图.dwg”文件。

办公楼建筑剖面图主要由文字标注、图例、填充、墙体等元素组成，因此绘制办公楼建筑剖面图时，应建立表 18-1 所列的图层。

表 18-1　图层设置

序号	图层名	描述内容	线宽	线型	颜色	打印属性
1	文字标注	文字、图名、比例	默认	实线(CONTINUOUS)	绿色	打印
2	图例	图例	默认	实线(CONTINUOUS)	白色	打印
3	填充	填充	默认	实线(CONTINUOUS)	253 色	打印
4	墙体	墙体	默认	实线(CONTINUOUS)	洋红色	打印
5	剖断梁	剖断梁	默认	实线(CONTINUOUS)	黄色	打印
6	门窗	门窗	默认	实线(CONTINUOUS)	青色	打印
7	楼梯	楼梯	默认	实线(CONTINUOUS)	9 色	打印
8	楼板	楼板	默认	实线(CONTINUOUS)	黄色	打印
9	辅助线	辅助线	默认	实线(CONTINUOUS)	白色	打印
10	尺寸标注	尺寸标注	默认	实线(CONTINUOUS)	绿色	打印

03 创建图层。执行 LA（图层特性管理器）命令，在弹出的“图层特性管理器”对话框中创建表 18-1 所列的图层，如图 18-1 所示。

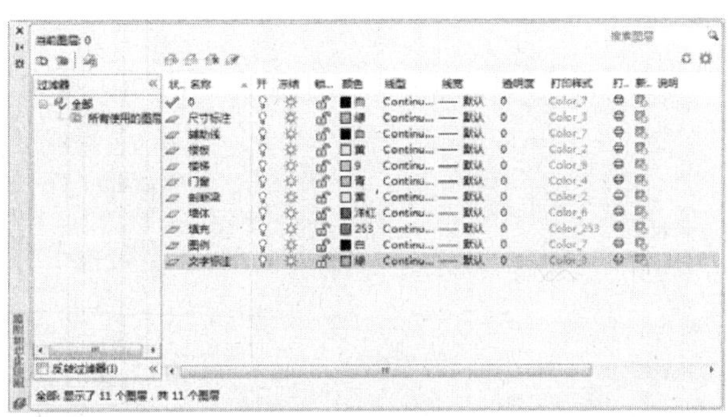

图 18-1　创建图层

18.1.2 绘制剖面构件图形

在绘制剖面图之前，首先要明确所绘制的剖面图代表的是建筑平面图的哪个位置，因此需要在平面图上绘制剖切符号以与剖面图相对应。

首先打开办公楼一层平面图，在其中可以查看绘制完成的剖切符号，即 A-A 符号，然后可以开始建筑剖面图的绘制。

01 将“墙体”图层置为当前图层。

02 执行“文件”→“打开”命令，打开“办公楼一层平面图.dwg”文件，如图 18-2 所示。

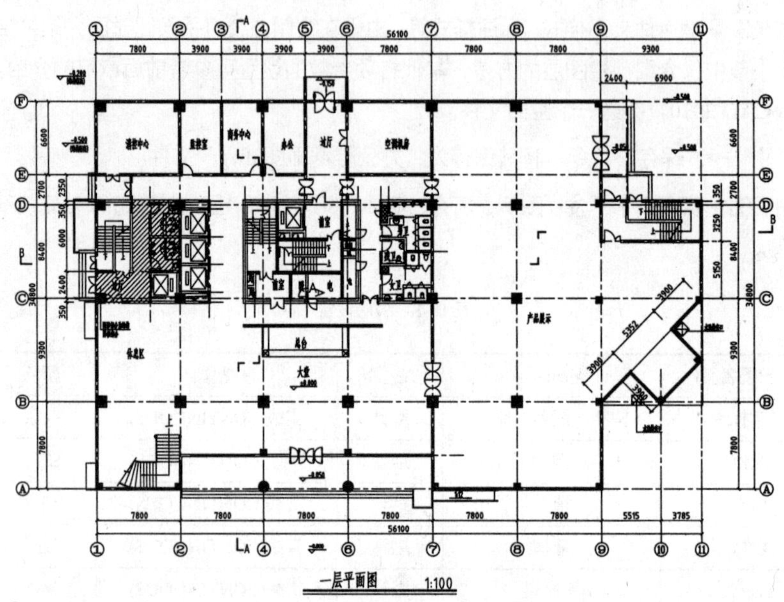

图 18-2　办公楼一层平面图

03 执行 CO（复制）命令，在一层平面图中选择 A 号轴线至 F 号轴线，将其移动复制到一旁；执行 RO（旋转）命令，调整其角度，如图 18-3 所示。

04 执行 L（直线）命令、O（偏移）命令、TR（修剪）命令，绘制如图 18-4 所示的剖面轮廓线。

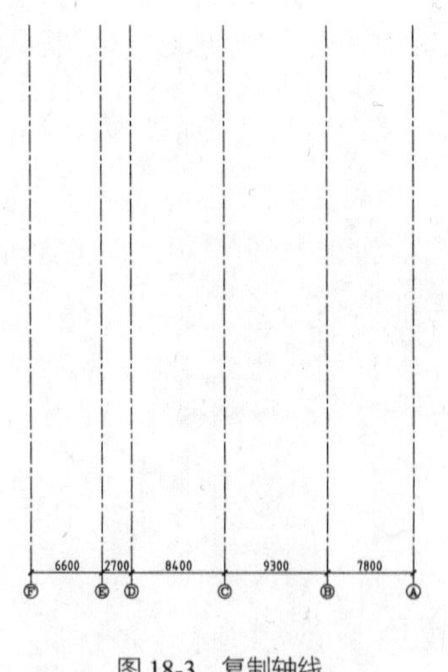

图 18-3　复制轴线

图 18-4　绘制剖面轮廓线

05 执行 O（偏移）命令，偏移线段，绘制剖面墙体，如图 18-5 所示。

06 将“楼板”图层置为当前图层。

07 执行 O（偏移）命令、TR（修剪）命令，绘制宽度为 100 的双线楼板图形，如图 18-6 所示。

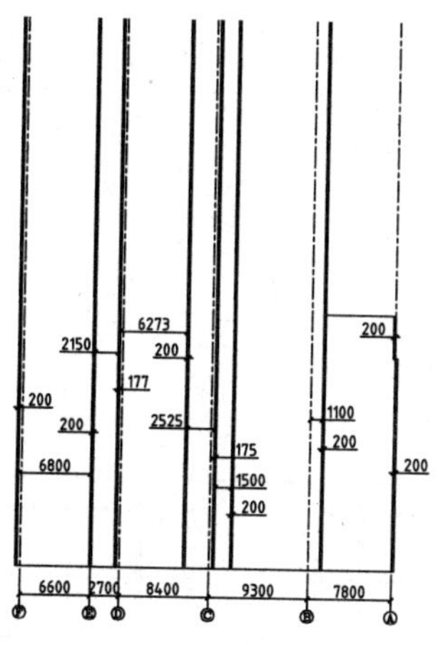

图 18-5　绘制剖面墙体

图 18-6　绘制双线楼板图形

08 重复以上操作，继续绘制其他的双线楼板图形，如图 18-7 所示。

09 将“剖断梁”图层置为当前图层。

10 执行 REC（矩形）命令、TR（修剪）命令，绘制如图 18-8 所示的剖断梁图形。

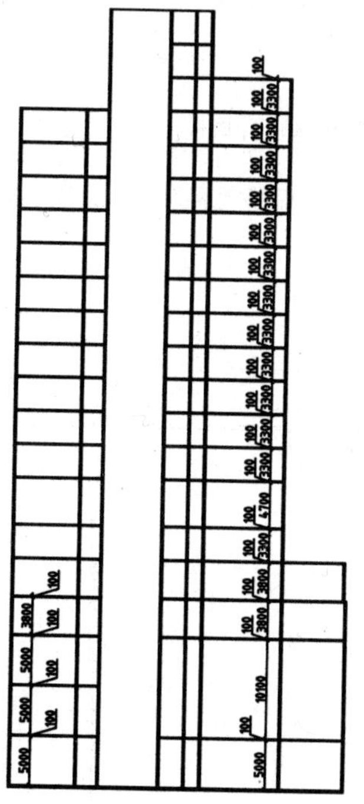

图 18-7　绘制其他的双线楼板图形

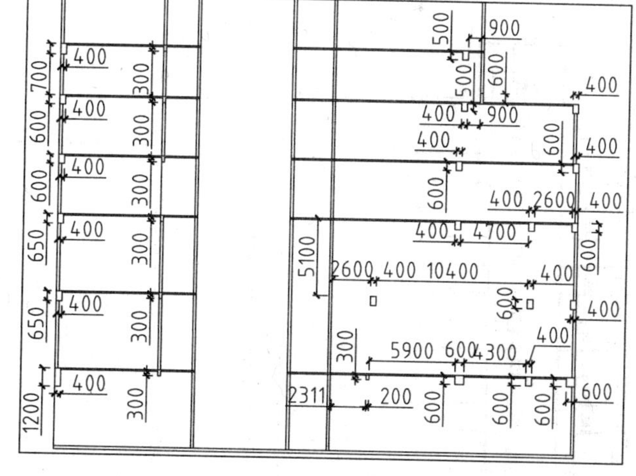

图 18-8　绘制剖断梁图形

11 执行 CO（复制）、TR（修剪）命令，移动复制已绘制完成的剖断梁图形，并修剪多余的线段，如图 18-9 所示。

12 将“门窗”图层置为当前图层。

13 执行 L（直线）命令，绘制窗洞洞口轮廓线；执行 TR（修剪）命令，修剪线段，绘制窗洞口，如图 18-10 所示。

14 执行 CO（复制）命令，移动复制窗洞口轮廓线；执行 TR（修剪）命令，修剪多余线段，如图 18-11 所示。

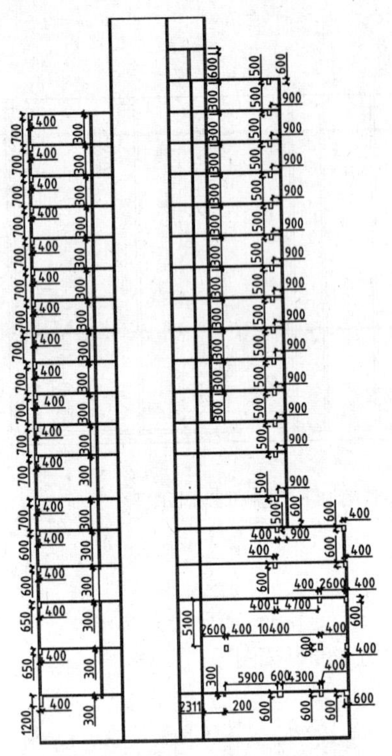

图 18-9 复制完善剖断梁图形

图 18-10 绘制门窗洞口

15 执行 L（直线）命令，绘制直线以闭合洞口；执行 O（偏移）命令，设置偏移距离为 70，分别选择左右两侧的直线向内偏移，绘制剖面窗图形，如图 18-12 所示。

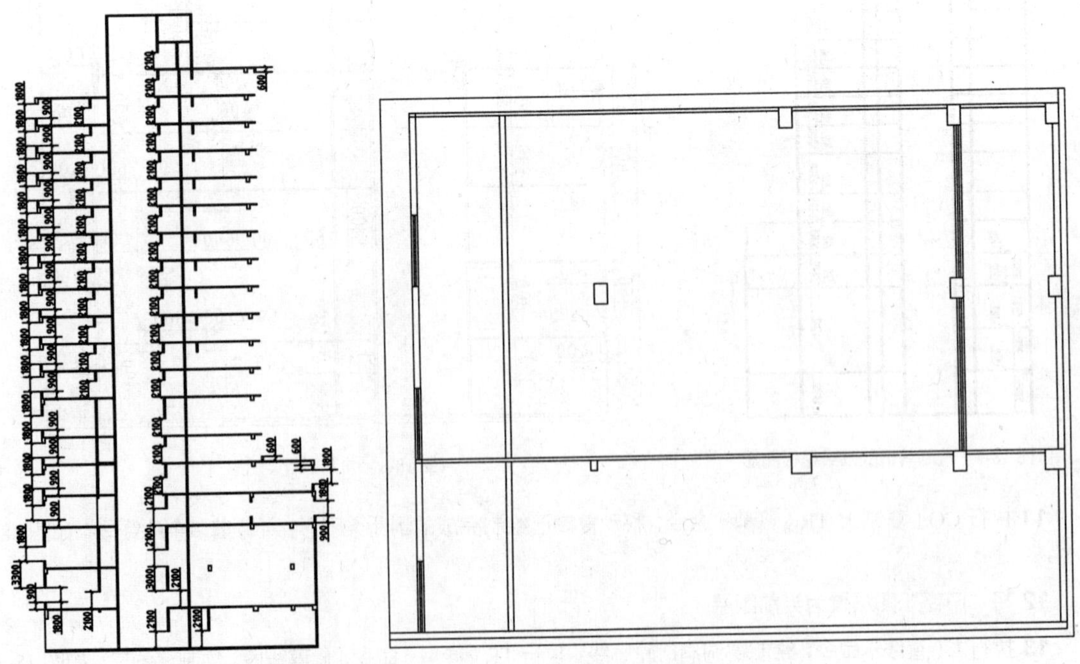

图 18-11 移动复制窗洞口

图 18-12 绘制剖面窗图形

16 重复上述操作，继续绘制其他剖面窗图形，如图 18-13 所示。

17 将“剖断梁”图层置为当前图层。

18 执行 O（偏移）命令，设置偏移距离为 200，选择窗洞口轮廓线向上偏移，绘制窗过梁图形，如图 18-14 所示。

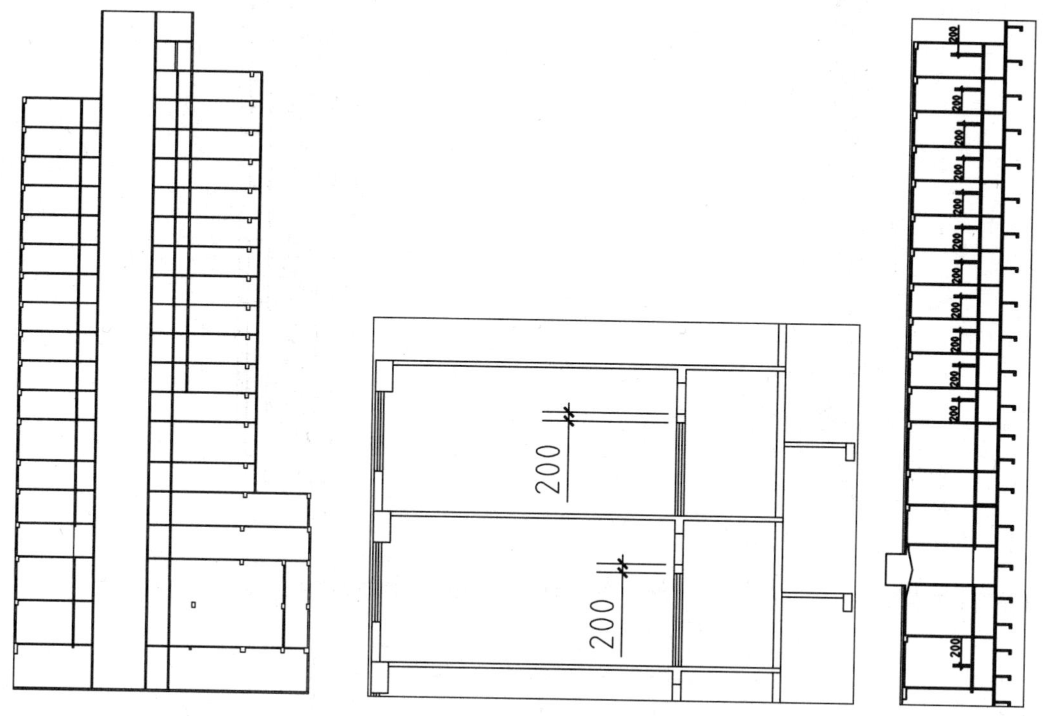

图 18-13　绘制其他剖面窗图形

图 18-14　绘制窗过梁图形

19 将“楼梯”图层置为当前图层。

20 执行 L（直线）命令、O（偏移）命令、TR（修剪）命令，绘制楼梯休息平台楼板及剖断梁图形，如图 18-15 所示。

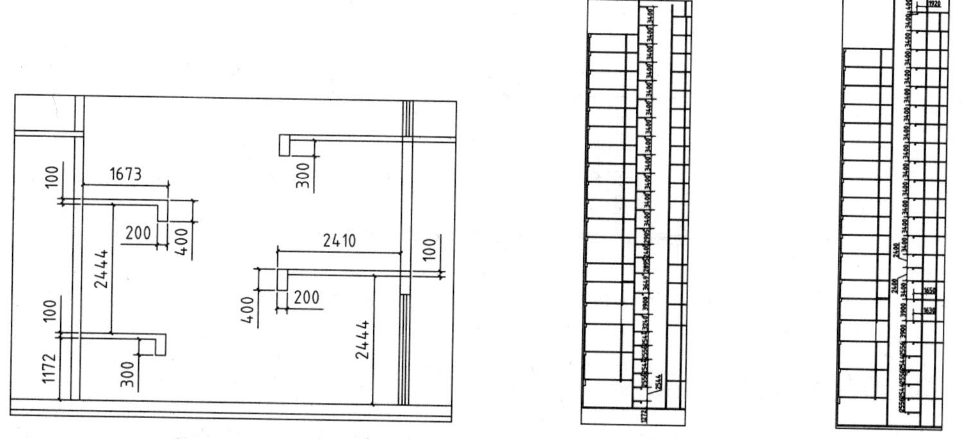

图 18-15　绘制休息平台楼板及剖断梁图形

21 执行 L（直线）命令、O（偏移）命令，绘制剖面楼梯踏步图形，如图 18-16 所示（具体尺寸请参考本节素材文件）。

22 执行 L（直线）命令，绘制剖面楼梯扶手图形，如图 18-17 所示（具体尺寸请参考本节素材文件）。

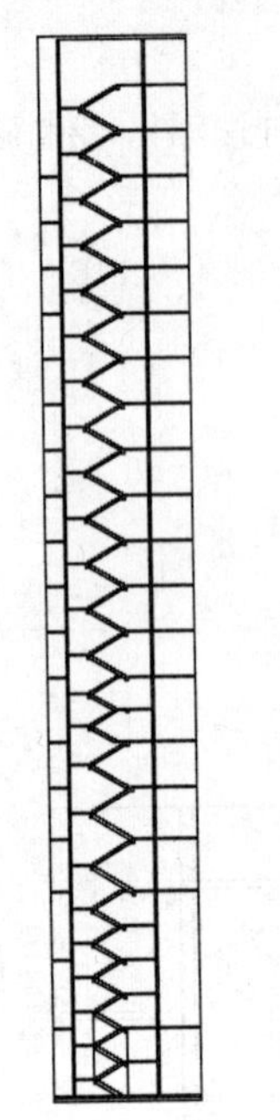

图 18-16　绘制剖面楼梯踏步图形

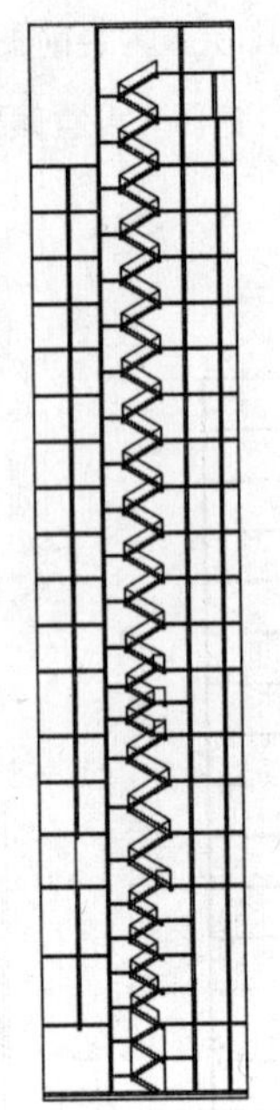

图 18-17　绘制剖面楼梯扶手图形

23 执行 L（直线）命令、O（偏移）命令，绘制其他剖面墙体及剖面窗图形，如图 18-18 所示。

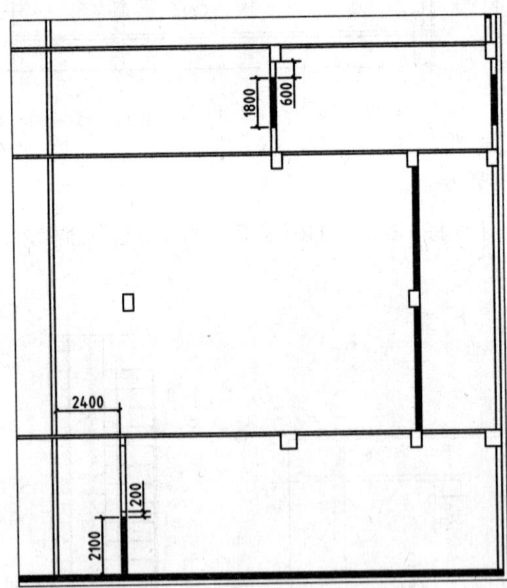

图 18-18　绘制其他剖面墙体及剖面窗图形

18.1.3　绘制其他剖面图形

其他剖面图形诸如檐口、雨篷、台阶等是建筑物不可缺少的构件，因此在绘制完成楼板、剖断梁等主要建筑构件剖面图形后，需要对这些图形执行绘制操作。

01 将“墙体”图层置为当前图层。

02 执行 PL（多段线）命令、O（偏移）命令，绘制檐口图形，如图 18-19 所示。

03 执行 L（直线）命令，绘制墙线；执行 O（偏移）命令，偏移墙线，绘制水塔墙体图形，如图 18-20 所示。

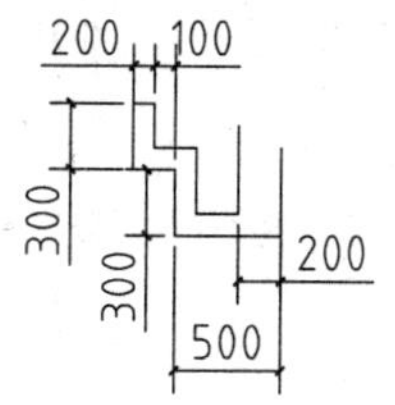

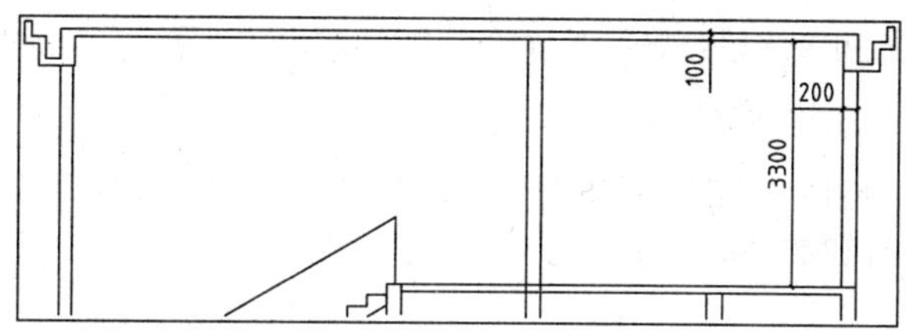

图 18-19　绘制檐口图形

04 执行 CO（复制）命令，向上移动复制绘制完成的檐口图形；执行 L（直线）命令，绘制连接直线，完善檐口图形，如图 18-21 所示。

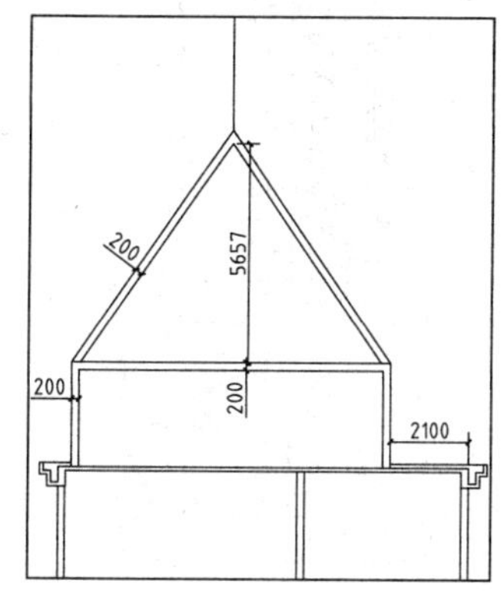

图 18-20　绘制水塔墙体图形

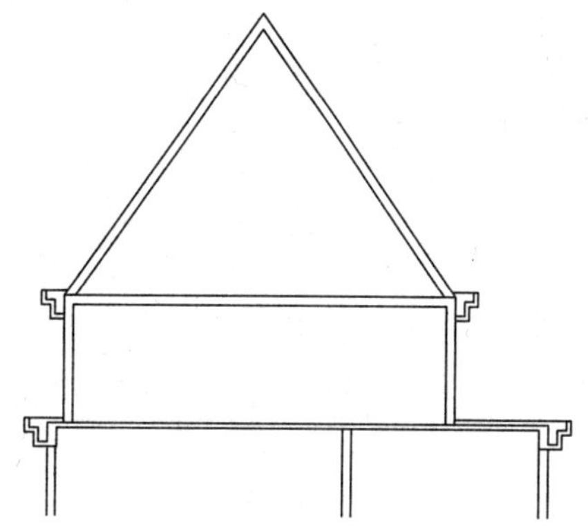

图 18-21　完善檐口图形

05 执行 L（直线）命令、O（偏移）命令、TR（修剪）命令，绘制如图 18-22 所示的墙体图形。

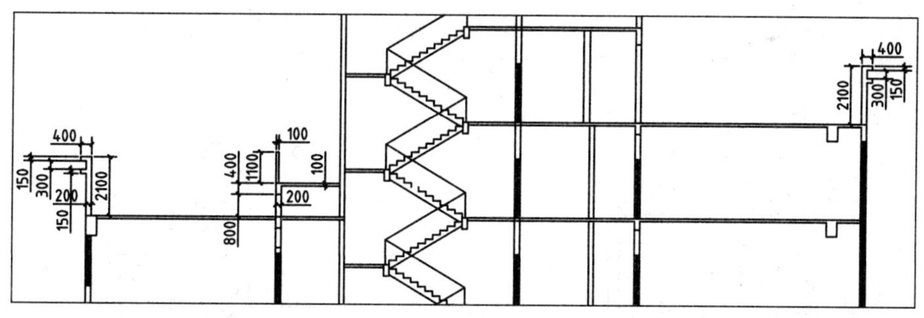

图 18-22　绘制墙体图形

06 将“辅助线”图层置为当前图层。

07 执行 L（直线）命令、O（偏移）命令、TR（修剪）命令，绘制雨篷图形，如图 18-23 所示。

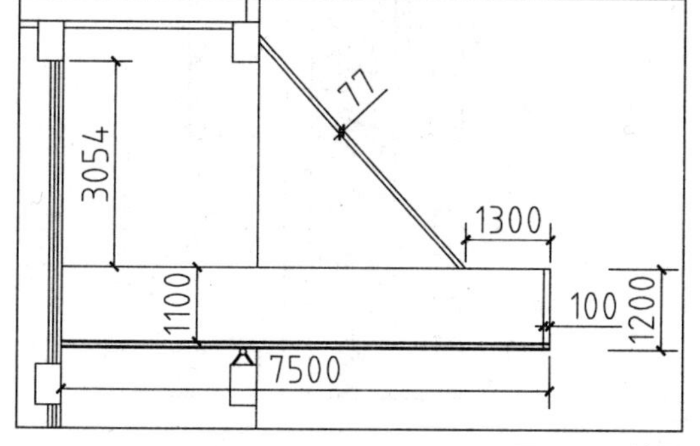

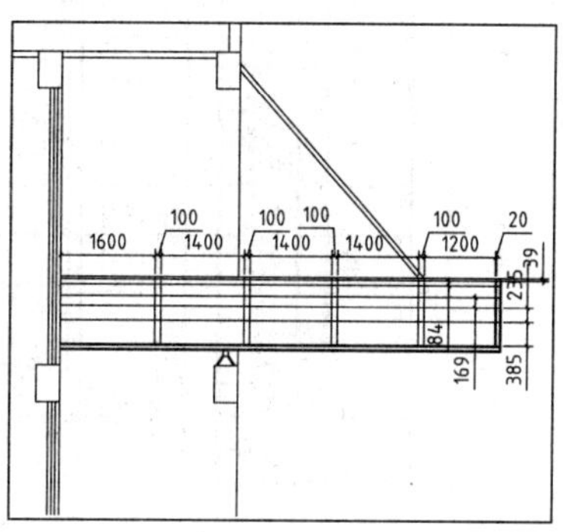

图 18-23　绘制雨篷图形

08 执行 PL（多段线）命令、O（偏移）命令、F（圆角）命令，绘制台阶及其扶手图形，如图 18-24 所示。

09 将“门窗”图层置为当前图层。

10 调入图块。打开本书提供的“图例图块.dwg”文件，将其中的立面门窗、文件柜等图块复制粘贴至当前图形中，如图 18-25 所示。

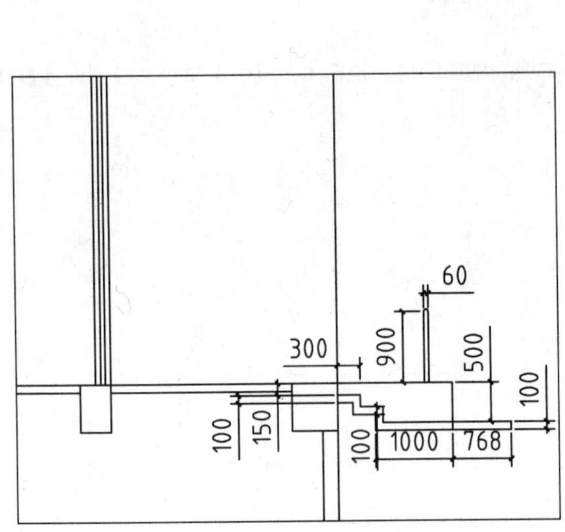

图 18-24　绘制台阶及其扶手图形

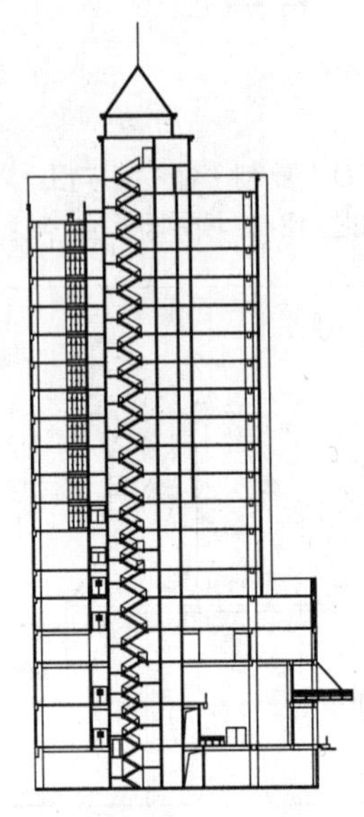

图 18-25　调入图块

11 将“辅助线”图层置为当前图层。执行 L（直线）命令、O（偏移）命令，绘制如图 18-26 所示的线段。

12 将“填充”图层置为当前图层。执行 H（图案填充）命令，在“图案填充和渐变色”对话框中选择 SOLID 图案，对剖面图执行图案填充操作，如图 18-27 所示。

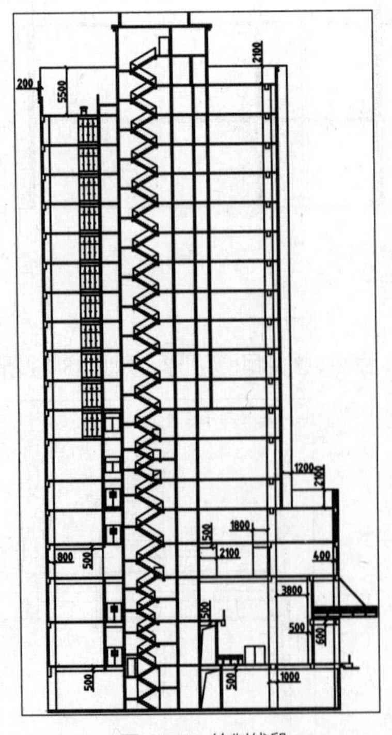

图 18-26　绘制线段

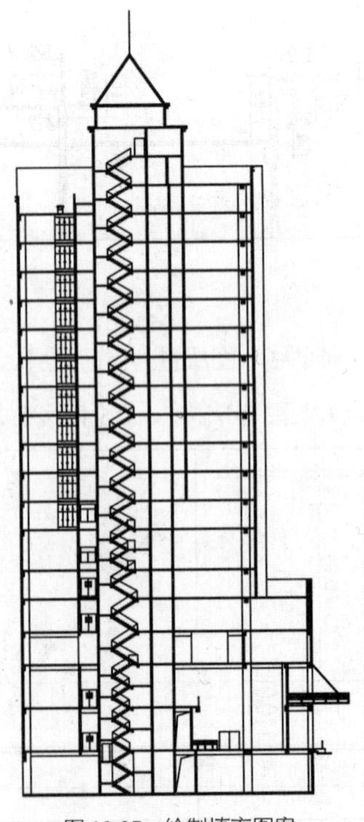

图 18-27　绘制填充图案

18.1.4 绘制剖面图标注

在所有的剖面图全部绘制完成之后，需要进行尺寸标注和文字标注，并对图形进行说明。尺寸标注表示了建筑的层高、总高度，文字标注表示了各区域的名称或用途，标高标注表示了指定区域的标高值。

01 将“尺寸标注”图层置为当前图层。

02 执行 DLI（线性标注）命令、DCO（连续标注）命令，绘制剖面图的尺寸标注，如图 18-28 所示。

03 执行 L（直线）命令，绘制标高基准线；执行 I（插入）命令，在“块”选项板中选择标高图块，单击“确定”按钮，在标高基准线上选择插入点，可以完成标高图块的插入。

04 双击标高图块，在“增强属性编辑器”对话框中修改其标高值，完成标高标注的绘制，如图 18-29 所示。

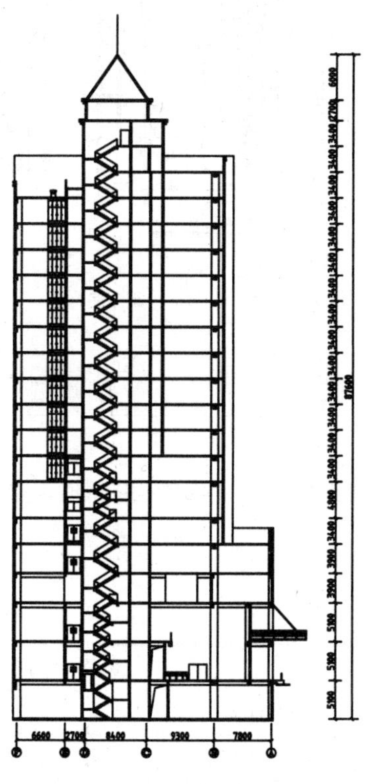

图 18-28 绘制尺寸标注

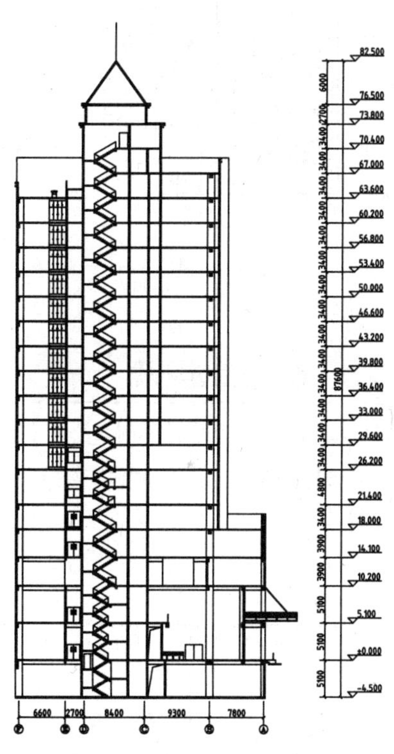

图 18-29 绘制标高标注

05 将“文字标注”图层置为当前图层。

06 执行 MT（多行文字）命令，绘制各区域名称标注以及层号标注，如图 18-30 所示。

07 执行 MT（多行文字）命令、PL（多段线）命令，绘制图名标注及下划线，如图 18-31 所示。

18.2 绘制办公楼楼梯平面图

办公楼楼梯平面图是使用一个假想得水平剖切平面通过每层向上的第一个梯段的中部（即休息平台下）剖切后，向下做正投影所得到的投影图。

楼梯平面图可以详细地表示楼梯位置、梯段数、踏步数等，本节介绍办公楼楼梯平面图的绘制方法。

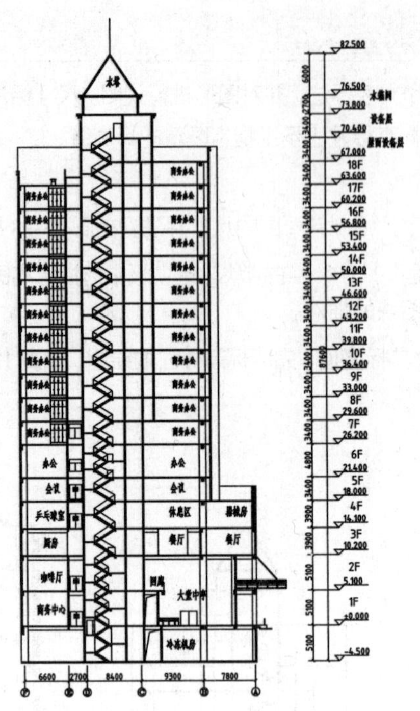

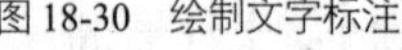

图 18-30　绘制文字标注

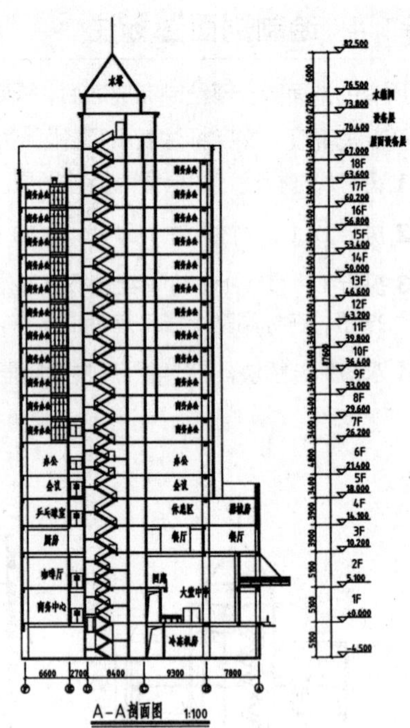

图 18-31　绘制图名标注

18.2.1　设置绘图环境

在绘制楼梯平面图之前，应创建绘制平面图所需的各类图层。

办公楼楼梯平面图主要由轴线、文字标注、墙体、门窗等元素组成，因此绘制平面图形时，应建立表 18-2 所列的图层。

表 18-2　图层设置

序号	图层名	描述内容	线宽	线型	颜色	打印属性
1	轴线	定位轴线	默认	中心线(CENTER)	红色	不打印
2	文字标注	文字、图名、比例	默认	实线(CONTINUOUS)	绿色	打印
3	墙体	墙体	默认	实线(CONTINUOUS)	洋红色	打印
4	门窗	门窗	默认	实线(CONTINUOUS)	青色	打印
5	楼梯	楼梯	默认	实线(CONTINUOUS)	黄色	打印
6	电梯	电梯	默认	实线(CONTINUOUS)	黄色	打印
7	尺寸标注	尺寸标注	默认	实线(CONTINUOUS)	绿色	打印
8	辅助线	辅助线	默认	实线(CONTINUOUS)	白色	打印
9	填充	填充	默认	实线(CONTINUOUS)	252 色	打印

01 启动 AutoCAD 2020，新建一个空白文件。

02 执行“文件”→“保存”命令，将其保存为“办公楼平面图.dwg”文件。

03 创建图层。执行 LA（图层特性管理器）命令，在弹出的“图层特性管理器”对话框中创建绘制楼梯平面图所需要的图层，如图 18-32 所示。

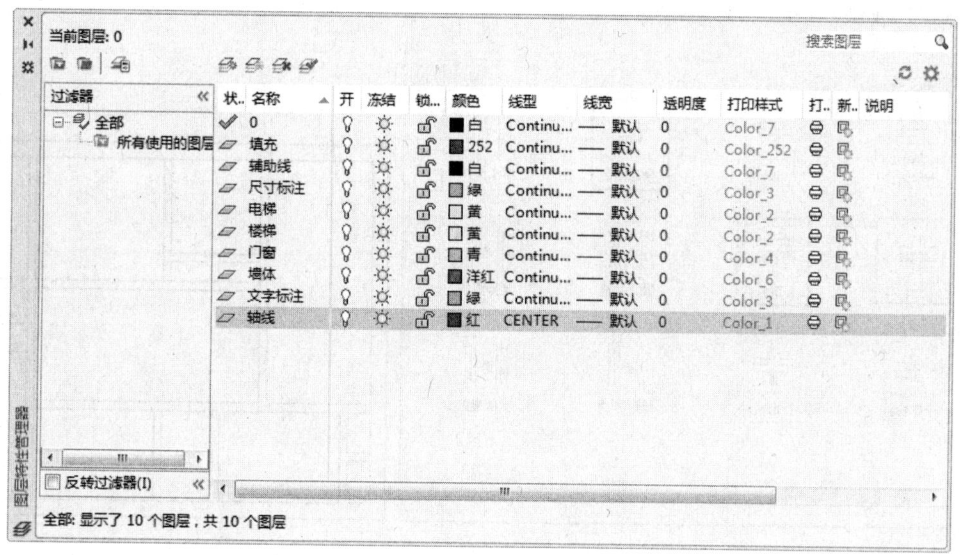

图 18-32　创建图层

18.2.2　绘制墙体、门窗图形

轴网可以为绘制墙体图形提供准确的定位作用；使用多线绘制墙体图形，可以节省时间，并且可以借助多线编辑工具对其进行编辑。由于在绘制办公楼建筑平面图时已创建了一系列门图块，因此在绘制楼梯平面图时，直接调用即可。

01 将“轴线”图层置为当前图层。

02 执行 L（直线）命令、O（偏移）命令，绘制并偏移直线，完成轴网的绘制，如图 18-33 所示。

03 将“墙体”图层置为当前图层。

04 执行 ML（多线）命令，分别设置多线比例为 400、220、200，捕捉轴线的交点来绘制多线，绘制墙体图形，如图 18-34 所示。

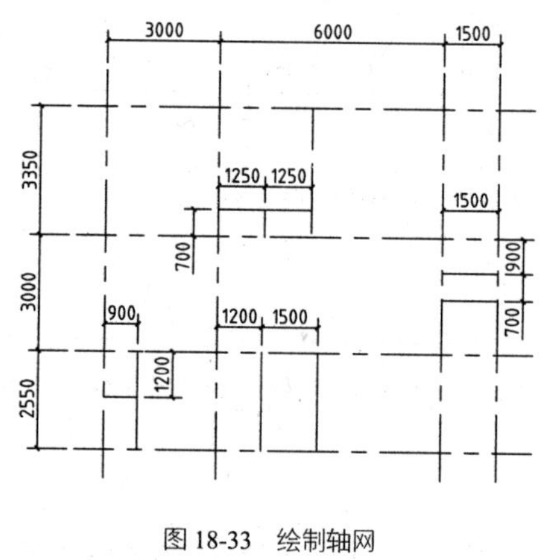

图 18-33　绘制轴网

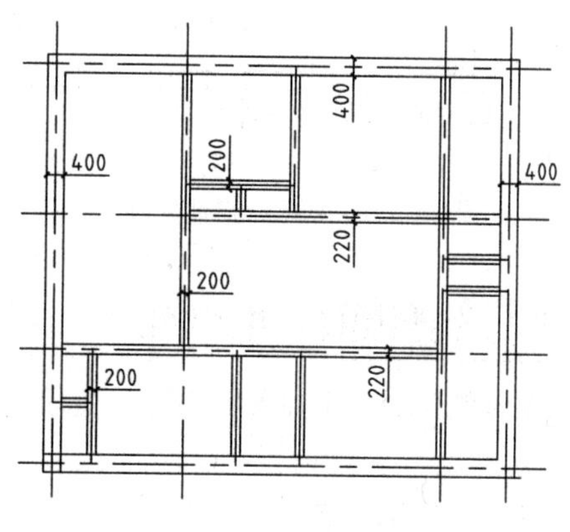

图 18-34　绘制墙体图形

05 关闭“轴线”图层。

06 双击多线，系统弹出“多线编辑工具”对话框；在对话框中分别单击“角点结合”按钮、“十字打开”按钮、“T 形打开”按钮，在绘图区中分别选择垂直多线及水平多线，完成多线编辑，如图 18-35 所示。

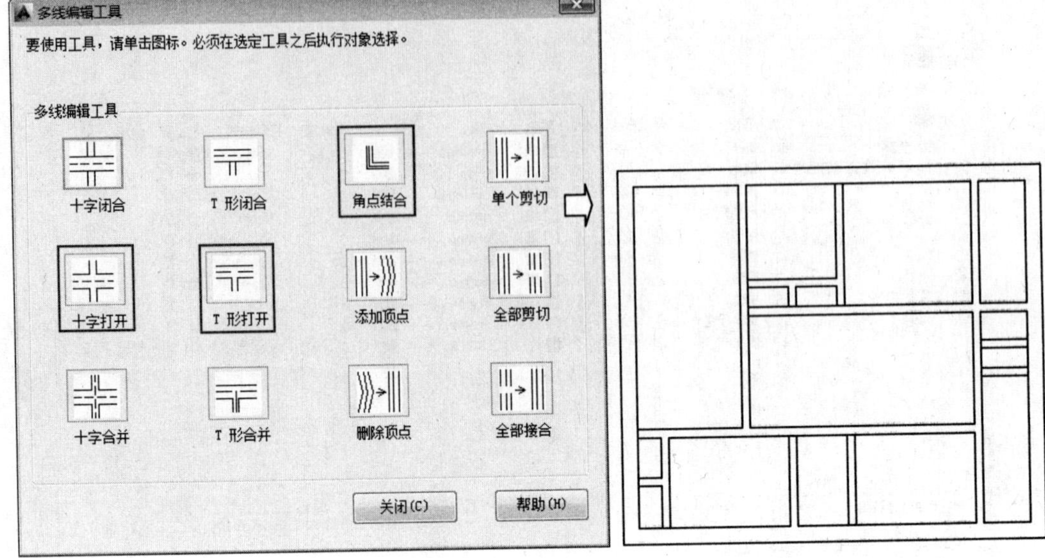

图 18-35　编辑多线

07 将“门窗”图层置为当前图层。

08 执行 L（直线）命令，绘制门洞口；执行 TR（修剪）命令，修剪墙线，如图 18-36 所示。

09 执行 I（插入）命令，在“块”选项板中选择平开门图形，并将其调入当前图形中，如图 18-37 所示。

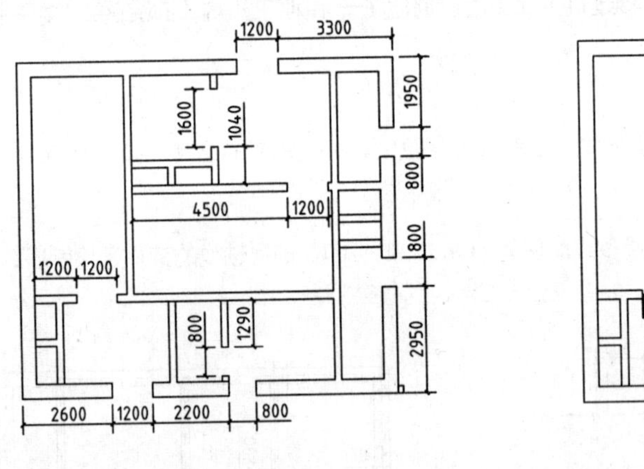

图 18-36　绘制门洞口

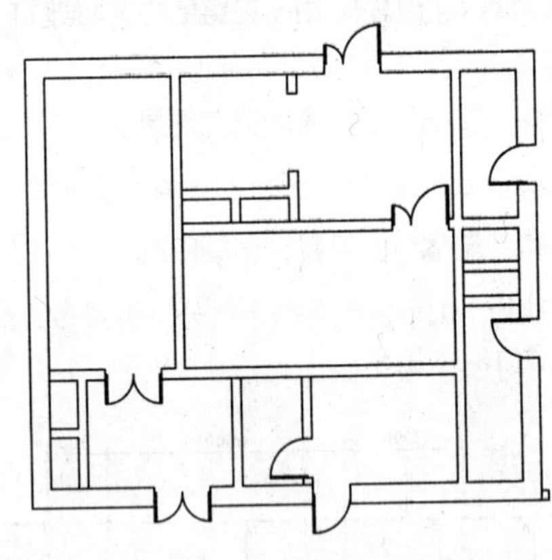

图 18-37　调入平开门图形

18.2.3　绘制楼梯、电梯图形

楼梯图形在绘制的过程中展示了踏步、梯段数、上楼方向等信息，在绘制电梯时则表现了电梯井、电梯门等信息。

01 将“楼梯”图层置为当前图层。

02 执行 L（直线）命令，绘制楼梯踏步轮廓线；执行 O（偏移）命令，设置偏移距离为 270，偏移轮廓线，绘制踏步，如图 18-38 所示。

03 执行 REC（矩形）命令，绘制矩形；执行 O（偏移）命令，设置偏移距离为 60，选择矩形向内偏移，如图 18-39 所示。

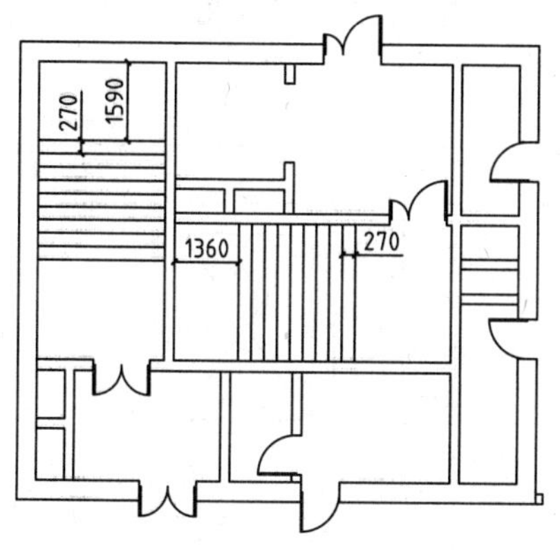

图 18-38　绘制踏步

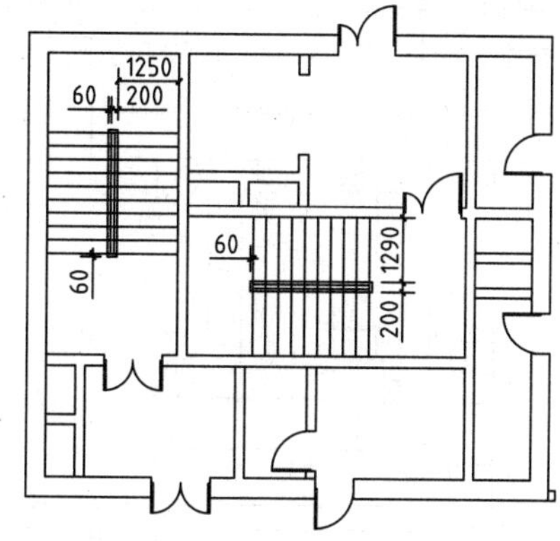

图 18-39　绘制并偏移矩形

04 执行 TR（修剪）命令，修剪矩形内的线段，绘制楼梯扶手，如图 18-40 所示。

05 执行 PL（多段线）命令，绘制折断线，如图 18-41 所示。

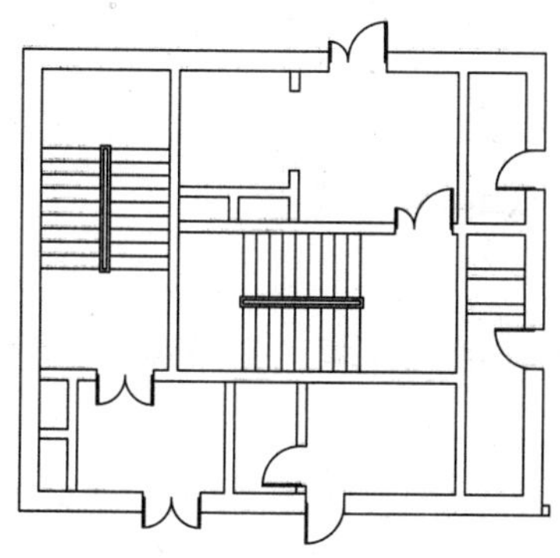

图 18-40　绘制楼梯扶手

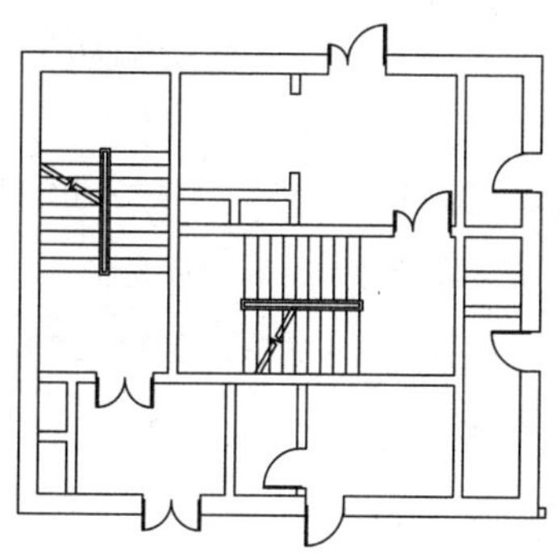

图 18-41　绘制折断线

06 执行 TR（修剪）命令，修剪线段，如图 18-42 所示。

07 执行 PL（多段线）命令，绘制起点宽度为 60，端点宽度为 0 的指示箭头；执行 MT（多行文字）命令，绘制上楼方向的文字标注，如图 18-43 所示。

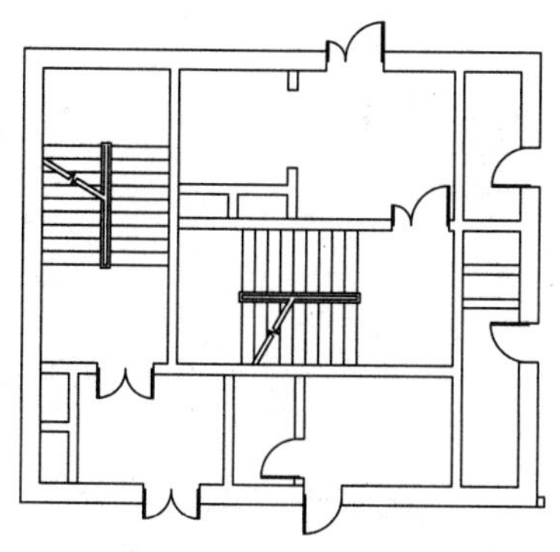

图 18-42　修剪线段

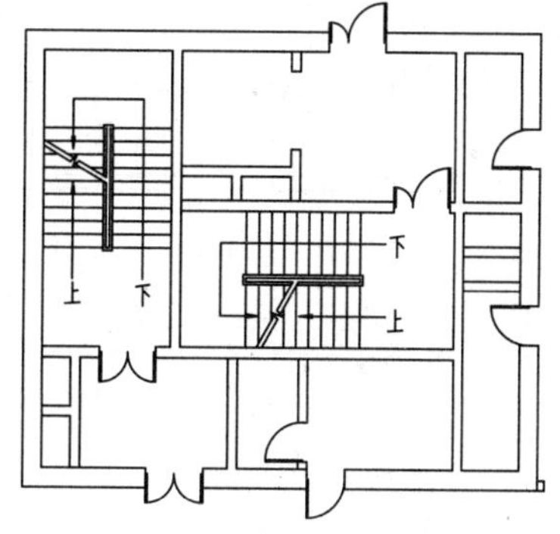

图 18-43　绘制指示箭头及文字标注

08 将“电梯”图层置为当前图层。

09 执行 REC（矩形）命令，绘制电梯井等图形，如图 18-44 所示。

10 执行 L（直线）命令，在矩形内绘制对角线；执行 L【直线】命令，在门洞处绘制闭合直线；执行 REC（矩形）命令，绘制尺寸为 34×1262 的矩形以表示电梯门图形，如图 18-45 所示。

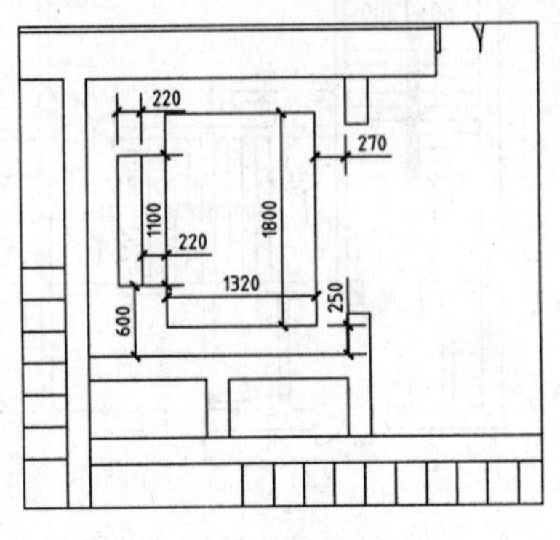

图 18-44　绘制电梯井图形

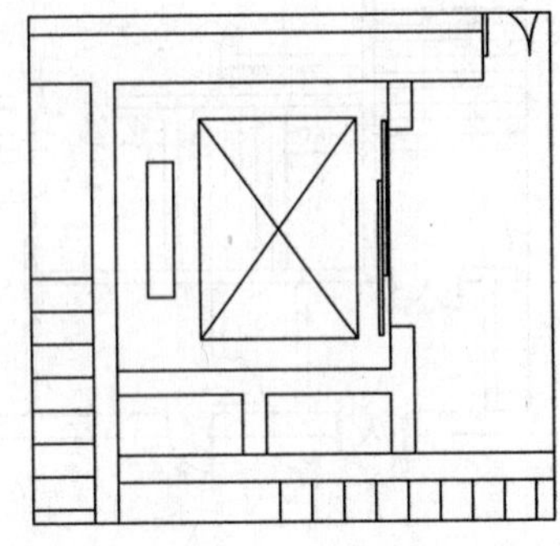

图 18-45　绘制电梯门图形

18.2.4　绘制其他图形

电梯间的承重墙需要使用两种图案进行填充以便识别，因此在绘制图案填充的过程中，应注意识别承重墙与非承重墙，以免在执行填充操作时发生错误。

01 将“辅助线”图层置为当前图层。

02 执行 PL（多段线）命令，在设备间绘制折断线，如图 18-46 所示。

03 将“填充”图层置为当前图层。

04 执行 H（图案填充）命令，在系统弹出“图案填充和渐变色”对话框，设置图案填充参数，如图 18-47 所示。

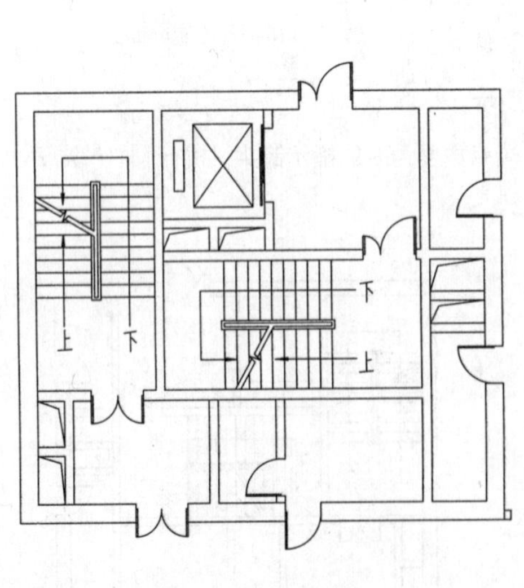

图 18-46　绘制折断线

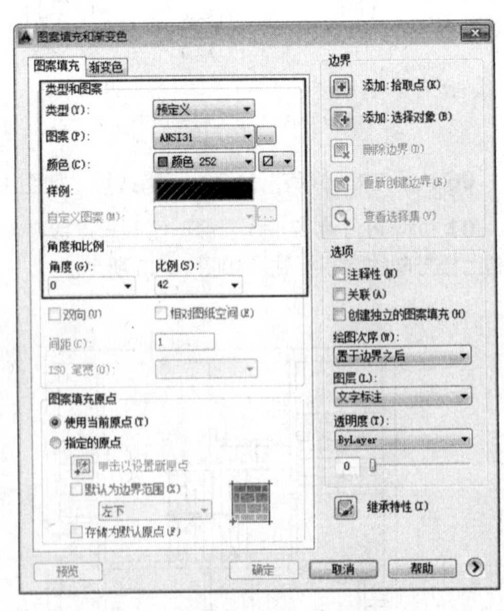

图 18-47　设置图案填充参数

05 单击“添加：拾取点”按钮，在平面图中的墙体轮廓线内单击鼠标左键以拾取内部点；按下 Enter 键返回“图案填充和渐变色”对话框，单击“确定”按钮，关闭对话框，即可完成图案填充操作，如图 18-48 所示。

06 按下 Enter 键，重新调出“图案填充和渐变色”对话框，在其中修改图案填充参数，如图 18-49 所示。

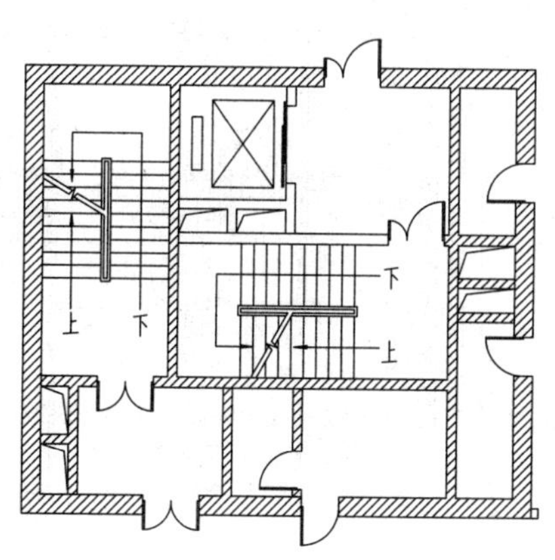

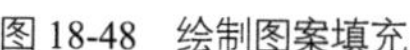

图 18-48　绘制图案填充

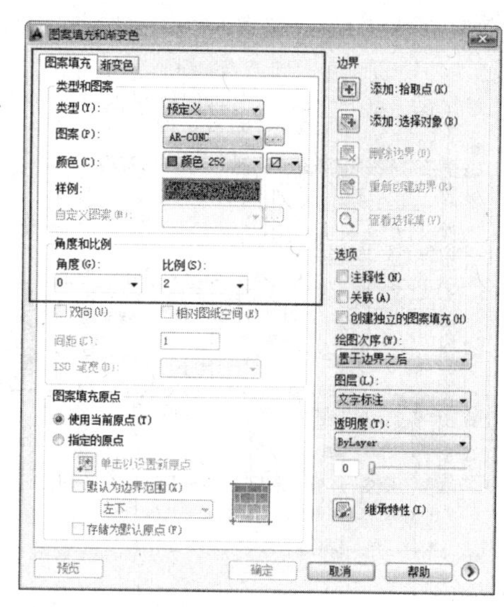

图 18-49　修改图案填充参数

07 对平面图执行图案填充操作的结果如图 18-50 所示。

18.2.5　绘制标注

尺寸标注包括各门洞的细部尺寸、梯段的尺寸、休息平台的尺寸、轴线间的尺寸等；文字标注除了标示各区域名称外，还应标注楼梯踏步的信息，如踏步的宽度、 踏步的步数等。

01 打开“轴线”图层。

02 将“尺寸标注”图层置为当前图层。

03 执行 DLI（线性标注）命令，绘制平面图尺寸，包括轴线间尺寸、平开门细部尺寸，如图 18-51 所示。

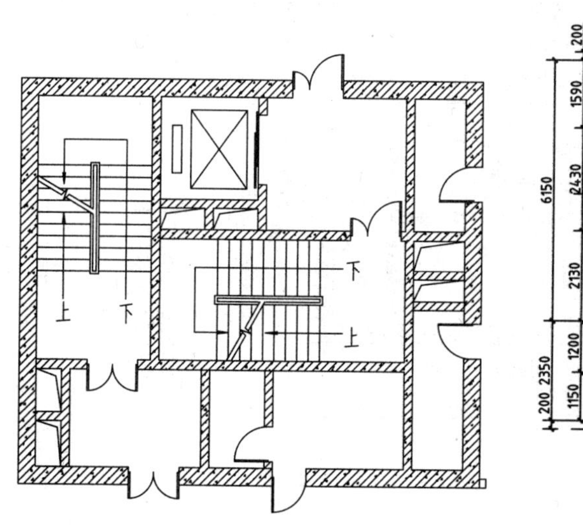

图 18-50　图案填充操作效果

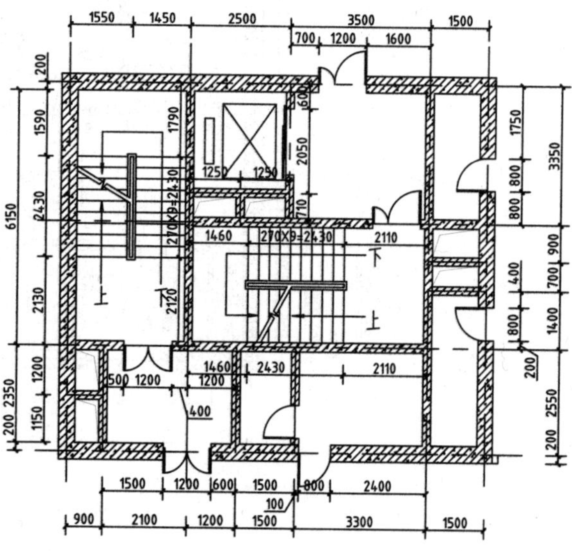

图 18-51　绘制尺寸标注

04 执行 L（直线）命令，绘制轴号引线；执行 C（圆）命令，绘制半径为 200 的圆，绘制轴号，如图 18-52 所示。

05 将“文字标注”图层置为当前图层。

06 执行 MT（多行文字）命令，绘制文字标注，如图 18-53 所示。

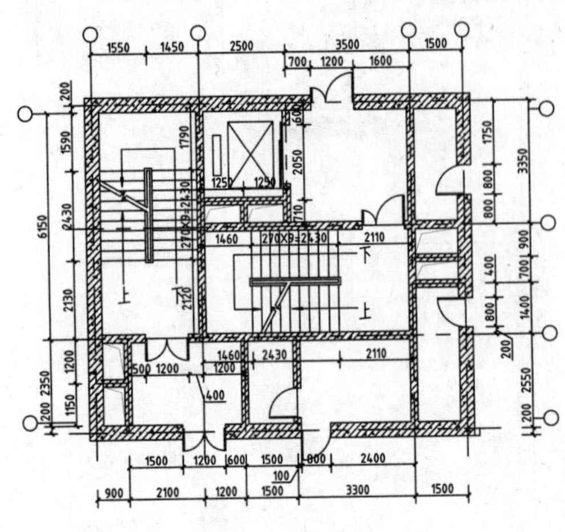

图 18-52　绘制轴号

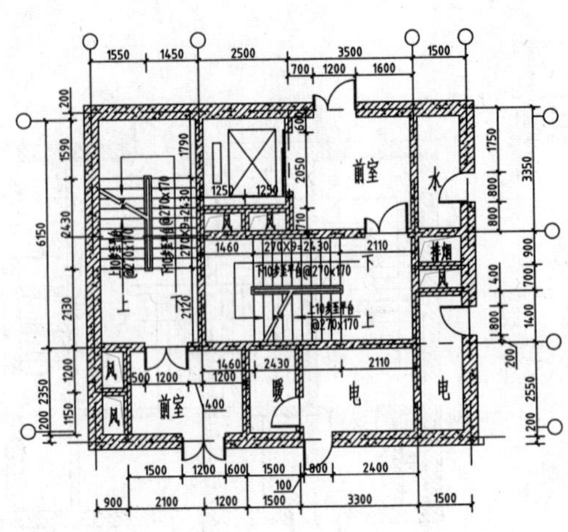

图 18-53　绘制文字标注

07 将“尺寸标注”图层置为当前图层。

08 执行 I（插入）命令，在“块”选项板中选择标高图块，单击“确定”按钮，将图块调入当前图形中。

09 双击标高图块，在稍后弹出的“增强属性编辑器”对话框中修改其标高值。

10 执行 L（直线）命令，绘制标高基准线；执行 MT（多行文字）命令，绘制其他标高标注文字，如图 18-54 所示。

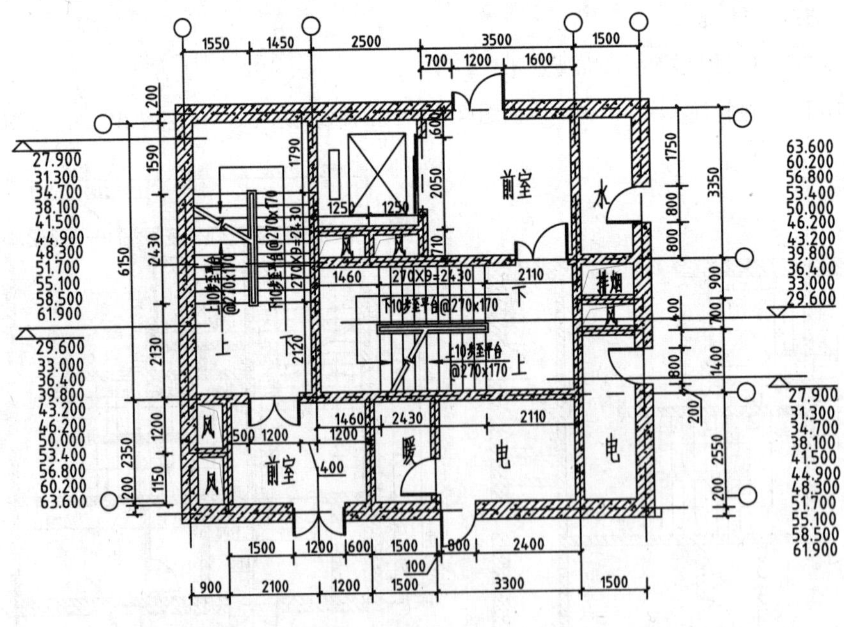

图 18-54　绘制标高标注

11 将“文字标注”图层置为当前图层。

12 执行 PL（多线线）命令，绘制起点宽度为 100、端点宽度为 100 的多段线；按下 Enter 键，修改多段线的起点宽度、端点宽度均为 0，指定多段线的起点和下一点，即可完成双下划线的绘制。

13 执行 MT（多行文字）命令，在双下划线上绘制图名及比例标注，如图 18-55 所示。

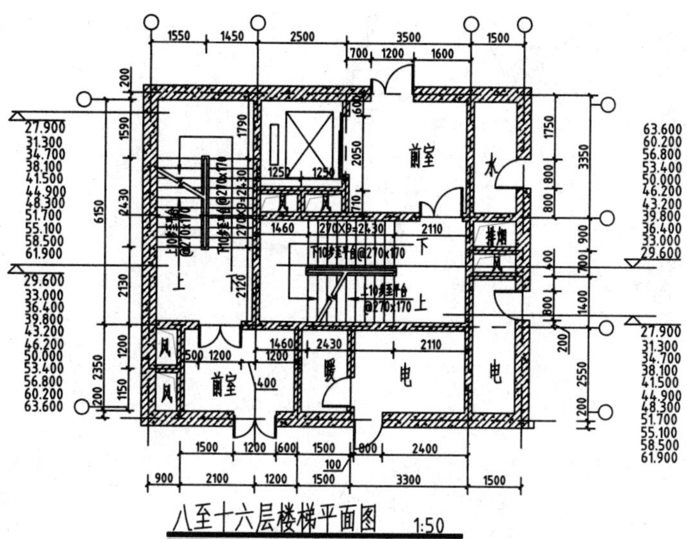

图 18-55　绘制图名标注及比例标注

第19章 厂房建筑平面图的绘制

本章导读

厂房建筑平面图表示了厂房的平面形状、大小以及各区域间的相互关系、门窗的位置、墙柱的位置等。本章介绍厂房底层平面图以及屋顶平面图的绘制方式。

本章重点

- 了解厂房等工业建筑的特点及类型
- 掌握厂房底层平面图的绘制方法
- 掌握厂房屋顶平面图的绘制方法

19.1 厂房项目概述

工业建筑一般称为厂房，是指从事各类工业生产及直接为工业生产需要服务而建造的各类工业建筑，包括主要工业生产用房及为生产提供动力和其他附属用房。

19.1.1 厂房的特点及设计要求

厂房要满足生产工艺流程的要求，并为工人创造良好的劳动卫生条件，以便提高产品质量和劳动生产率。

工业生产类别繁多，各类工业都具有不同的生产工艺和特征，对工业厂房建筑也有不同要求，因此厂房设计也随之而异。

厂房要求有较大的内部空间。由于厂房中的生产设备多、体量大，各部分生产联系密切，并有多种起重运输设备通行，致使厂房内部具有较大的空间。

例如，有桥式起重机的厂房，室内净高一般均在 8m 以上；有 6000 t 以上水压机的锻压车间，室内净高可超过 20 m。

厂房的长度一般均在数十米以上，有些大型轧钢厂，其长度可达数百米甚至超过千米。

厂房要有良好的通风和采风。当厂房宽度较大时，特别是多跨厂房，为满足室内采光、通风需要，屋顶上往往设有天窗；为满足厂房屋面防水、排水的需要，还应设置屋面排水系统（天沟及落水管）。

这些设施均使屋顶构造复杂。由于设有天窗，室内大都无顶棚，屋顶承重结构袒露于室内。

19.1.2 厂房的分类

工业建筑的类型很多，在建筑设计中常按用途、生产状况和层数等进行分类。

1. 按厂房的用途分

➢ 主要生产厂房。指各类工厂的主要产品从备料、加工到装配等主要工艺流程的厂房，如机械制造厂的机械加工与机械制造车间，钢铁厂的炼钢、轧钢车间，如图 19-1 所示。在主要生产厂房中常常布置有较大的生产设备和起重设备。

➢ 辅助生产厂房。指不直接加工产品，只是为生产提供服务的厂房，如机修、工具、模型车间等。

➢ 动力用厂房。指为全厂提供能源和动力的厂房，如发电站、锅炉房、氧气站等，如图 19-2 所示。

图 19-1　主要生产厂房

图 19-2　动力用厂房

➢ 储藏用建筑。指贮存原材料、半成品、成品的建筑（一般称仓库），如机械厂的金属材料库、油料库、燃料库等。由于贮存物质不同，在防火、防爆、防潮、防腐等方面有不同的设计要求。

➢ 运输用建筑。指贮存及检修运输设备和起重消防设备等的建筑，如汽车库、机车库、起重机库、消防车库等。

➢ 其他。如水泵房、污水处理设施等。

2. 按层数分

➢ 单层厂房。这类厂房多用于冶金、机械等重工业。其特点是设备体积大、质量大，车间内以水平运输为主，大多依靠厂房中的起重运输设备和车辆进行。厂房内的生产工艺路线和运输路线较容易组织，但单层厂房占地面积大、维护结构多、单路管线长、立面较单调。单层厂房又分单跨和多跨，如图 19-3 所示。

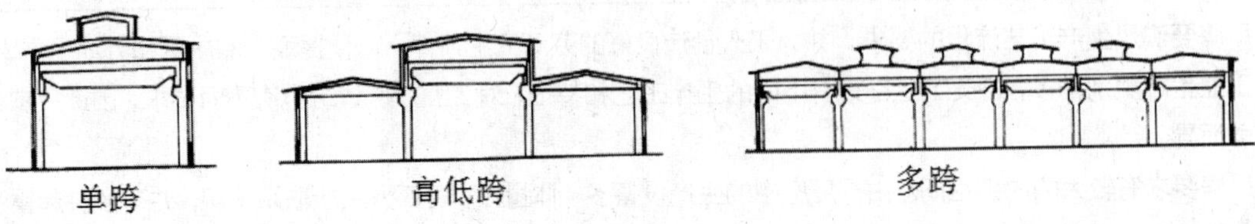

图 19-3 单层厂房

➢ 多层厂房。这类厂房常用于轻工业，如纺织、仪表、电子、食品、印刷、皮革、服装等，常见的层数为 2～6 层，如图 19-4 所示。此类厂房的设备重量轻、体积小，大型机床一般安装在底层，小型设备一般安装在楼层。

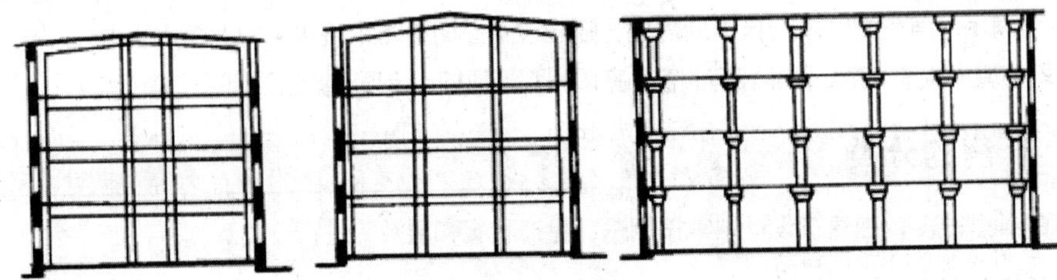

图 19-4 多层厂房

➢ 混合层数厂房。层数混合的工业厂房也就是在厂房中既有单层又有多层的混合类厂房。这种厂房常用于化工、热电站的主厂房等，例如，热电厂主厂房，汽机间可设在单层单跨内，其他可设在多层内；化工车间，高大的生产设备可设在单层单跨内，其他可设在多层内。

19.2 绘制厂房底层平面图

厂房底层平面图主要表示墙柱、门窗、内部布置等信息，由于厂房一般作为生产车间来使用，因此平面布置较为简单，需要明确表示墙柱的位置，以及生产车间与其他功能区域（如卫生间）的关系。

19.2.1 设置绘图环境

国家标准规定建筑平面图的绘图单位为 mm，因此在绘制建筑平面图之前应首先设置绘图单位。其次还应该对文字样式、标注样式、图层等进行设置。

01 启动 AutoCAD 2020，创建一个空白文件；执行“文件”→“保存”命令，将其保存为“厂房底层平面图.dwg”文件。

02 设置绘图单位。执行“格式”→“单位”命令，系统弹出“图形单位”对话框。在“类型”下拉列表中选择“小数”，在“精度”下拉列表中选择 0，在“用于缩放插入内容的单位”下拉列表中选择“毫米”，单击“确定”按钮，关闭对话框，即可完成绘图单位的设置。

03 设置文字样式。执行“格式”→“文字样式”命令，系统弹出“文字样式”对话框；单击其中“新建”按钮，创建名称为“建筑文字标注”的新样式。

04 在“字体”下拉列表中选择“gbenor.shx”字体，勾选“使用大字体”复选框，在“大字体”下拉列表中选择“gbcbig.shx”字体；勾选“注释性”复选框，设置“高度”为 700；单击“置为当前”按钮，将新文字样式置为当前正在使用的样式。

05 设置引线样式。执行“格式”→“多重引线样式”命令，在“多重引线样式管理器”对话框中新建名称为“引线标注”的新样式，单击“继续”按钮，对样式参数进行设置，见表 19-1。

表 19-1　多重引线样式参数设置

“引线格式”选项卡	“内容”选项卡
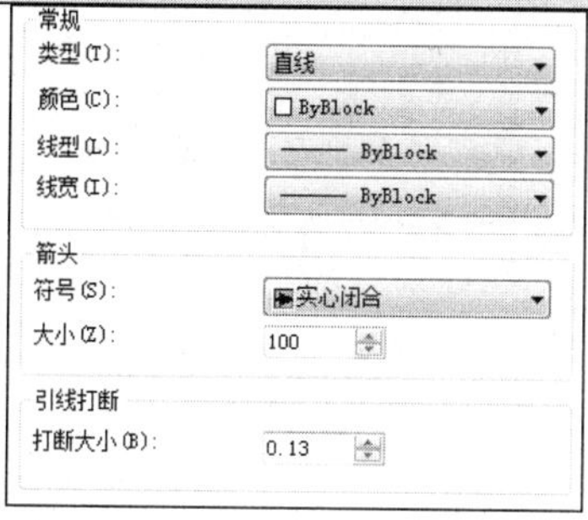 常规 类型(T)：直线 颜色(C)：ByBlock 线型(L)：ByBlock 线宽(I)：ByBlock 箭头 符号(S)：实心闭合 大小(Z)：100 引线打断 打断大小(B)：0.13	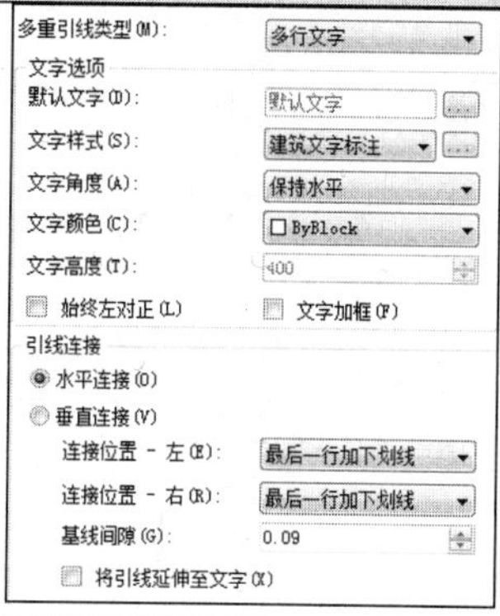 多重引线类型(M)：多行文字 文字选项 默认文字(D)：默认文字 文字样式(S)：建筑文字标注 文字角度(A)：保持水平 文字颜色(C)：ByBlock 文字高度(T)：400 始终左对正(L)　文字加框(F) 引线连接 水平连接(O) 垂直连接(V) 连接位置 - 左(E)：最后一行加下划线 连接位置 - 右(R)：最后一行加下划线 基线间隙(G)：0.09 将引线延伸至文字(X)

06 设置标注样式。执行“格式”→“标注样式”命令，系统弹出“标注样式管理器”对话框；单击右侧的“新建”按钮，在弹出的“创建新标注样式”对话框中创建名称为“建筑标注”的标注样式；其中标注样式各选项参数的设置请参考前面章节的介绍。

厂房底层平面图主要由柱子、轴线、文字标注、台阶、墙体、坡道等元素组成，因此绘制底层平面图形时，应建立表 19-2 所列的图层。

表 19-2　图层设置

序号	图层名	描述内容	线宽	线型	颜色	打印属性
1	柱子	墙体	默认	实线(CONTINUOUS)	黄色	打印
2	轴线	轴线	默认	中心线(CENTER)	红色	不打印
3	文字标注	文字、图名、比例	默认	实线(CONTINUOUS)	绿色	打印
4	台阶	台阶	默认	实线(CONTINUOUS)	白色	打印
5	散水	散水	默认	实线(CONTINUOUS)	白色	打印
6	墙体	墙体	默认	实线(CONTINUOUS)	洋红色	打印
7	坡道	坡道	默认	实线(CONTINUOUS)	白色	打印
8	门窗	门窗	默认	实线(CONTINUOUS)	青色	打印
9	楼梯	楼梯	默认	实线(CONTINUOUS)	黄色	打印
10	梁	梁	默认	实线(CONTINUOUS)	白色	打印
11	洁具	洁具	默认	实线(CONTINUOUS)	62 色	打印
12	起重机	起重机	默认	实线(CONTINUOUS)	142 色	打印
13	尺寸标注	尺寸标注	默认	实线(CONTINUOUS)	绿色	打印

07 创建图层。执行“格式”→“图层特性管理器”命令，在弹出的“图层特性管理器”对话框中创建表 19-2 所列的图层，如图 19-5 所示。

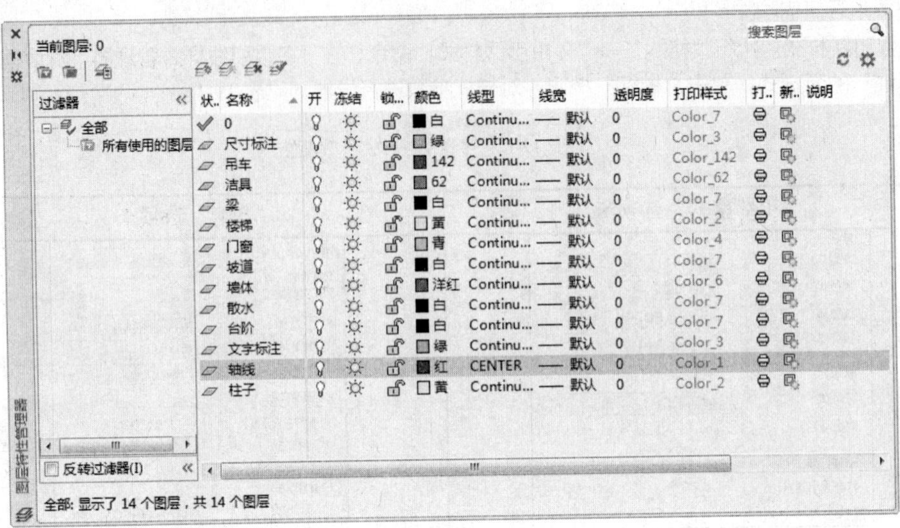

图 19-5 创建图层

19.2.2 绘制墙体图形

墙体规定了厂房的范围，包括开间和进深的大小，因此在绘制厂房平面图时应首先绘制墙体图形，然后在绘制其他平面图形。但在绘制墙体图形之前，首先应绘制轴网，以为墙体提供定位。

01 将“轴线”图层置为当前图层。

02 执行 L（直线）命令、O（偏移）命令，绘制如图 19-6 所示的轴网。

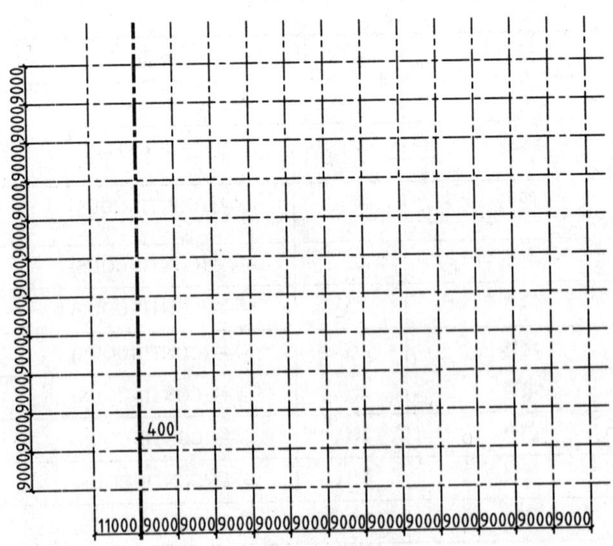

图 19-6 绘制轴网

03 将“墙体”图层置为当前图层。

04 执行 ML（多线）命令，设置“比例”为 200，捕捉轴线的交点，绘制多线，如图 19-7 所示。

05 将“柱子”图层置为当前图层。

06 执行 REC（矩形）命令，绘制柱子外轮廓；执行 H（图案填充）命令，选择 SOLID 图案，对矩形执行图案填充操作，如图 19-8 所示。

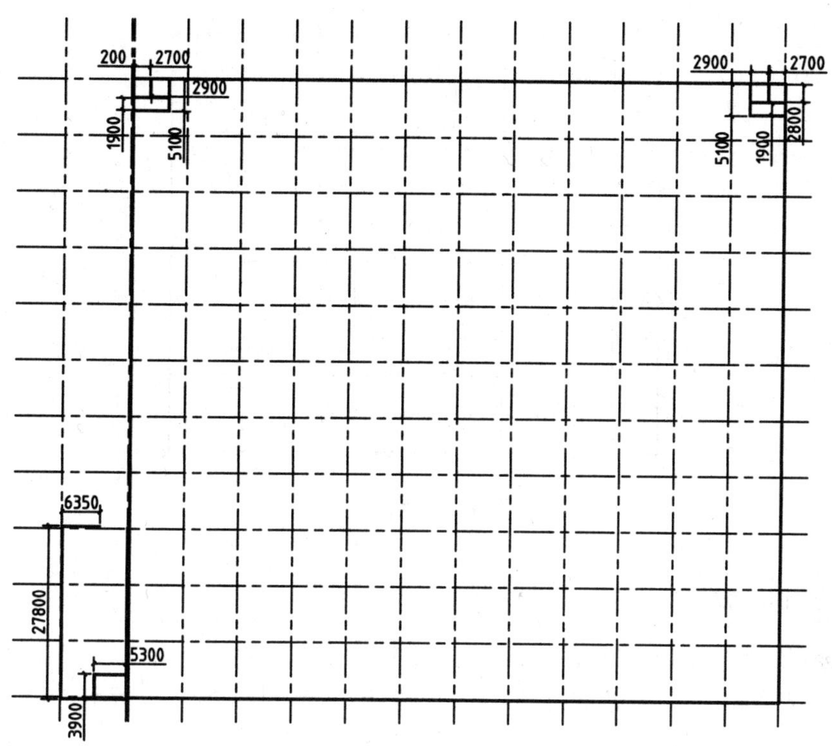

图 19-7　绘制墙体图形

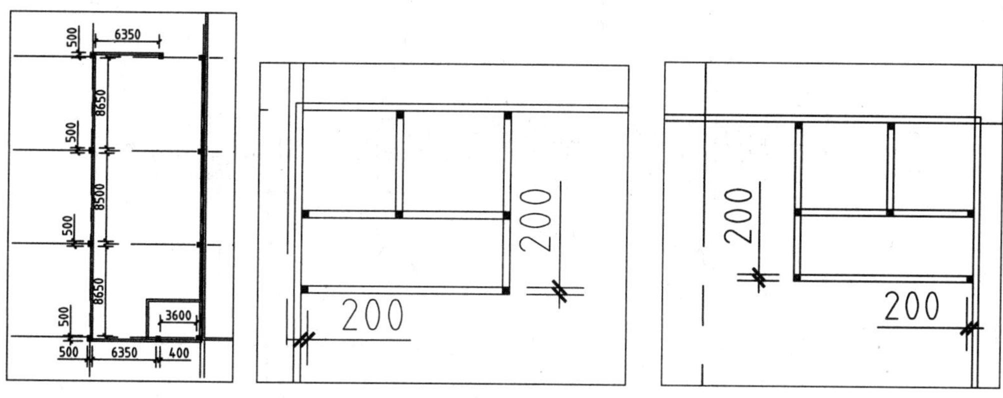

图 19-8　图案填充矩形

07 调入图块。打开本书提供的“图例图块.dwg”文件，将其中的柱子图块复制粘贴至当前图形中，如图 19-9 所示。

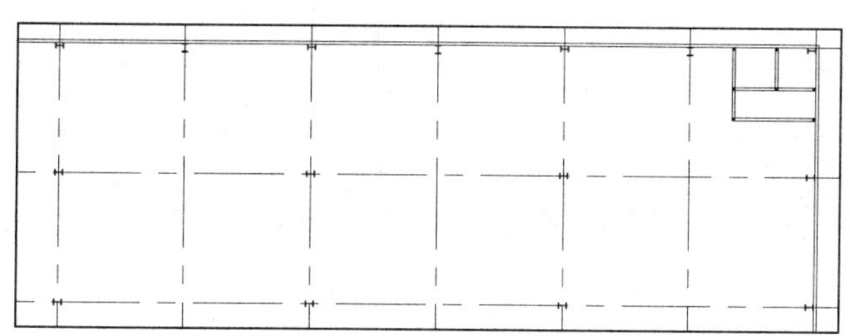

图 19-9　调入柱子图块

08 执行 CO（复制）命令，移动复制柱子图块，使柱子位于轴线的交点上，如图 19-10 所示。

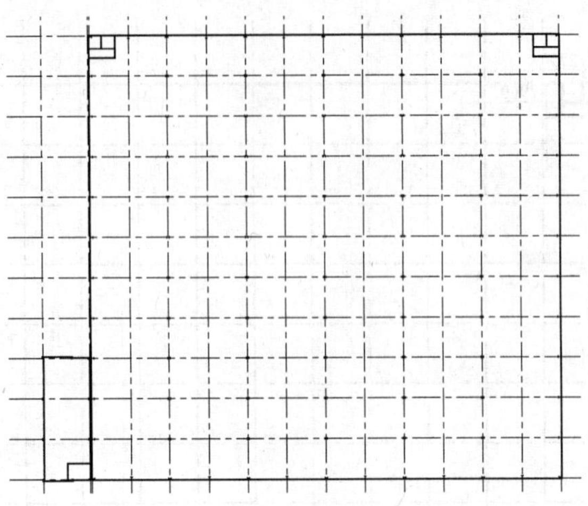

图 19-10　移动复制柱子图块

19.2.3　绘制门窗

门窗是厂房所不可缺少的建筑构件之一，承担了建筑物采光及通行的功能。由于厂房需要进出大量的人流、车流，因此门口的尺寸需要根据实际的流量来确定大小。生产车间需要充足的光线，因此窗的大小需要满足生产的需要。

01 将“门窗”图层置为当前图层。

02 执行 L（直线）命令、O（偏移）命令，绘制门窗洞口线；执行 TR（修剪）命令，修剪墙线，绘制门窗洞口，如图 19-11 所示。

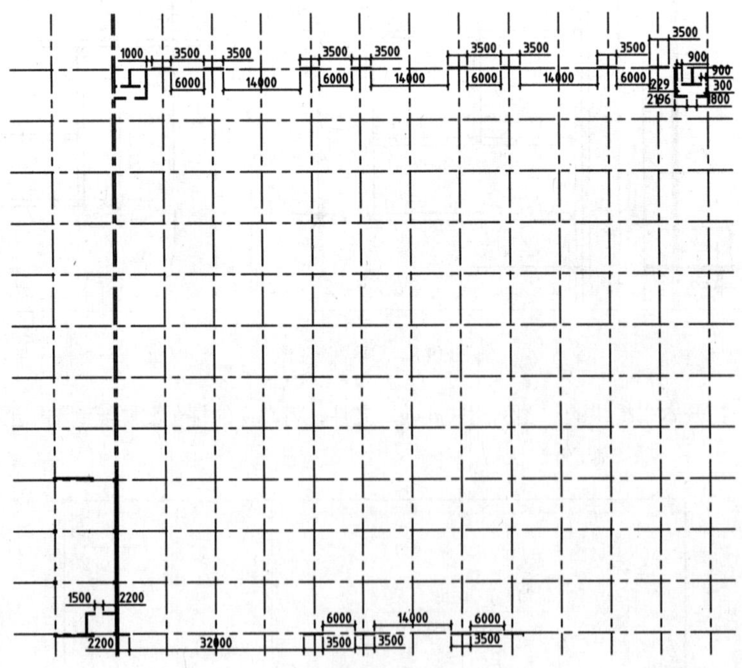

图 19-11　绘制门窗洞口

03 执行“格式”→“多线样式”命令，在“多线样式”对话框中新建名称为“窗”的新样式，在“修改多线样式”对话框中设置新样式的参数，如图 19-12 所示。

04 将新样式置为当前正在使用的样式，单击“确定”按钮，关闭“多线样式”对话框。

05 执行 ML（多线）命令，设置比例为 1，根据命令行的提示，指定多线的起点和下一点，绘制结果如图 19-13 所示。

图元(E)

偏移	颜色	线型
200	BYLAYER	ByLayer
135	BYLAYER	ByLayer
65	BYLAYER	ByLayer
0	BYLAYER	ByLayer

图 19-12　设置新样式参数

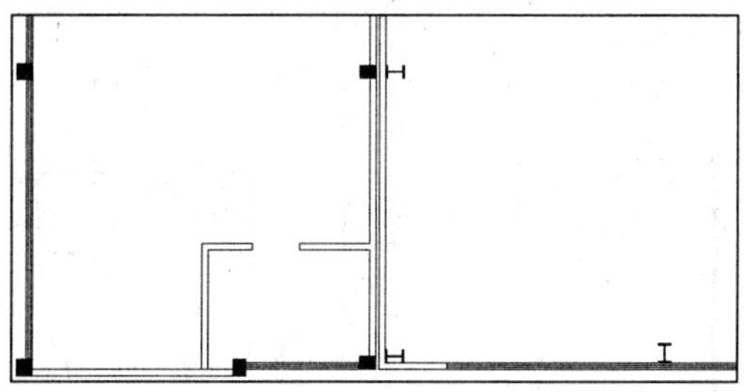

图 19-13　绘制平面窗

06 重复执行 ML（多线）命令，继续绘制其他平面窗图形，如图 19-14 所示。

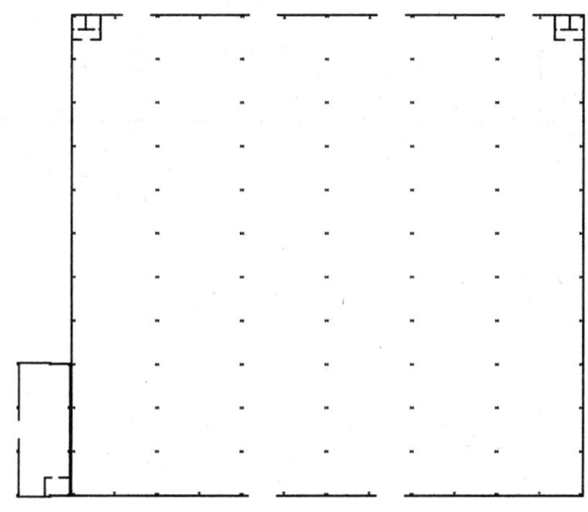

图 19-14　绘制其他平面窗图形

07 绘制门图形。执行 REC（矩形）命令、A（圆弧）命令，绘制弹簧门及推拉门图形，如图 19-15 所示。

08 执行 B（创建块）命令，分别以“弹簧门（1800）”“推拉门（6000）”为名称，在“块定义”对话框中执行写块操作。

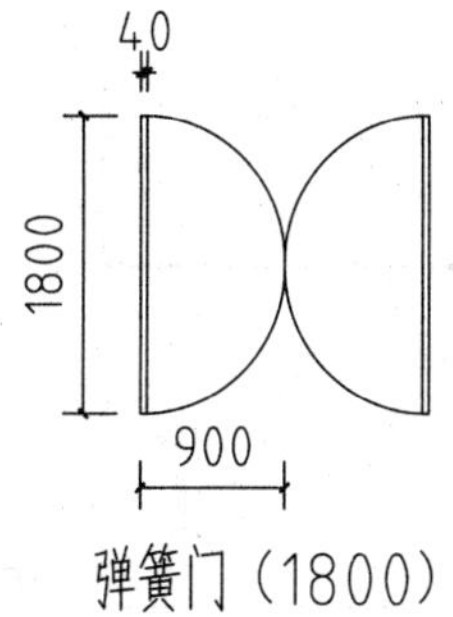

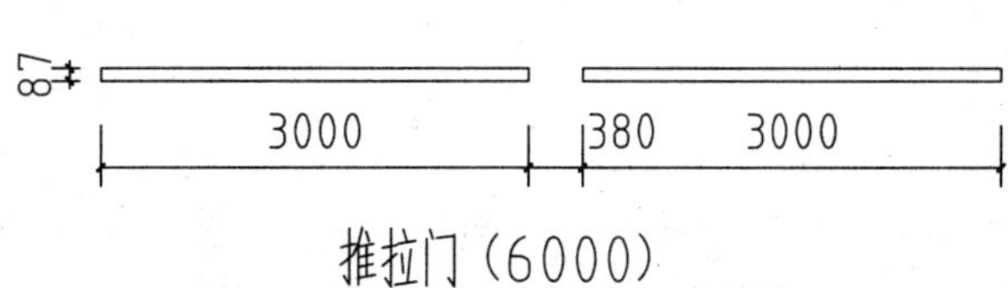

图 19-15　绘制弹簧门及推拉门图形

09 执行 I（插入）命令，选择“弹簧门（1800）”“推拉门（6000）”图块，将其调入平面图中，如图 19-16 所示。

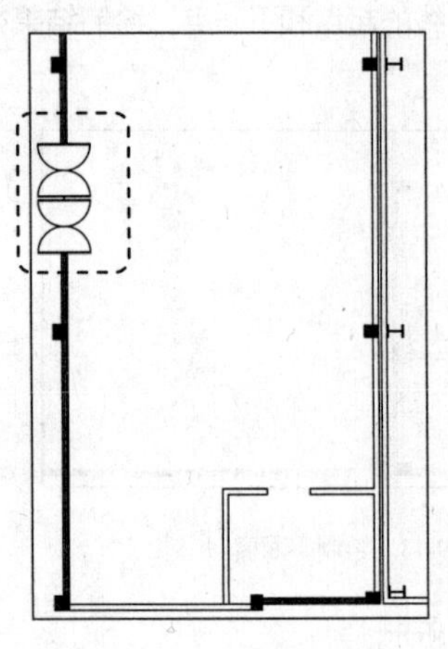

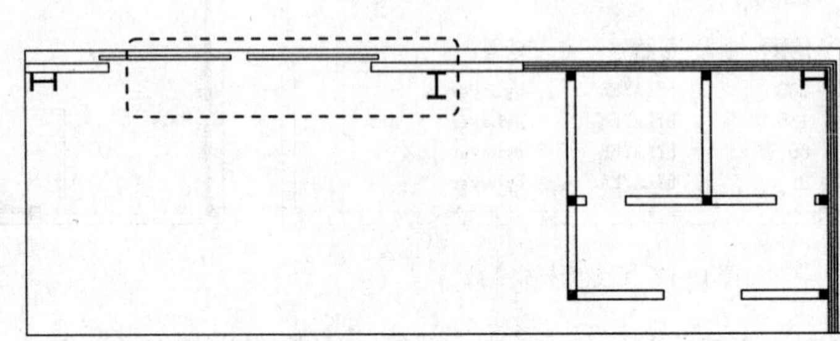

图 19-16 调入门图块

10 重复执行 I（插入）命令，在平面图其他区域调入门图块后的操作效果如图 19-17 所示。

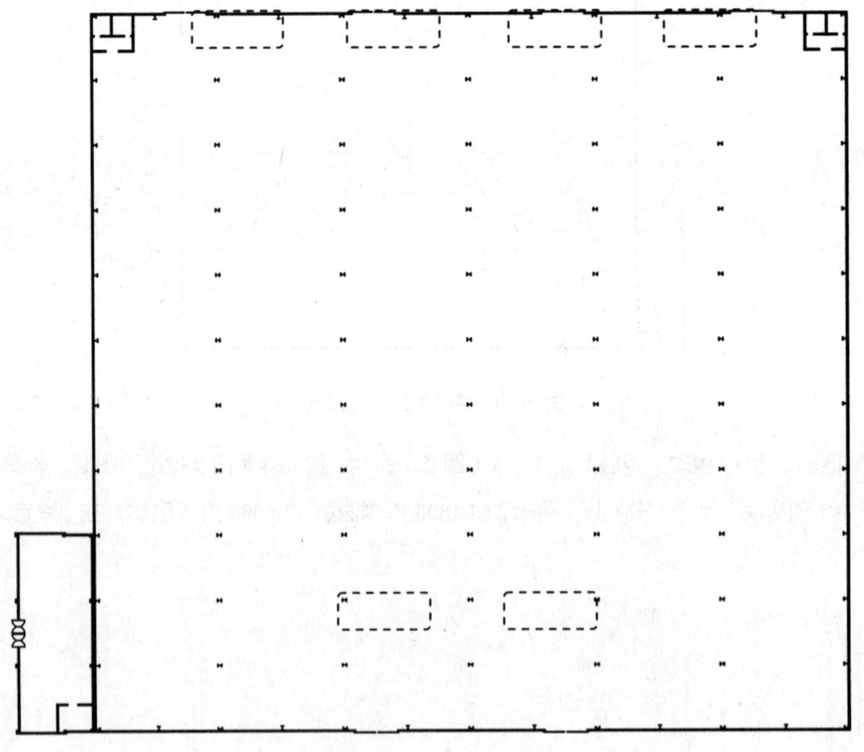

图 19-17 调入其他区域门图块后的操作效果

19.2.4 绘制卫生间平面图

卫生间位于厂房的角落，这样既避免了占用生产车间的位置，又极好地利用了角落的空间。

01 将“墙体”图层置为当前图层。

02 执行 L（直线）命令、TR（修剪）命令，绘制并修剪直线，绘制卫生间内部隔墙，如图 19-18 所示。

03 执行 O（偏移）命令，偏移线段；执行 TR（修剪）命令，修剪线段；执行 L（直线）命令，绘制直线，完成卫生间隔断墙体图形的绘制，如图 19-19 所示。

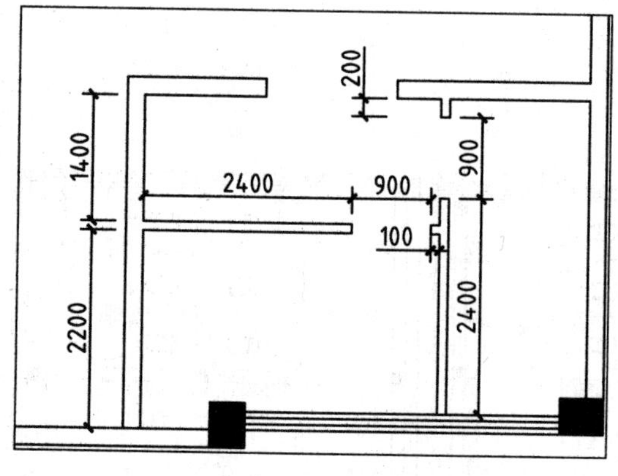

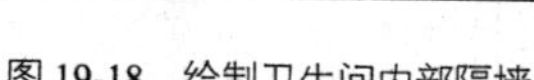
图 19-18　绘制卫生间内部隔墙

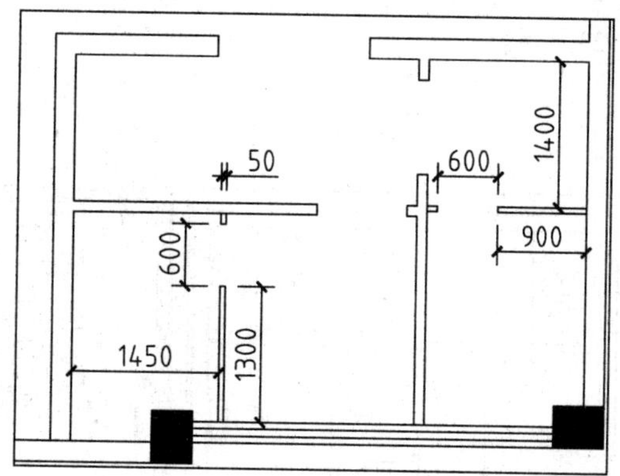

图 19-19　绘制卫生间隔断墙体图形

04 将“门窗”图层置为当前图层。

05 执行 REC（矩形）命令，分别绘制尺寸为 900×40、600×40 的矩形；执行 A（圆弧）命令，绘制圆弧，完成卫生间平开门及隔断门图形的绘制，如图 19-20 所示。

06 执行 B（创建块）命令，将绘制完成的门图形创建成块。

07 执行 REC（矩形）命令、L（直线）命令，绘制洗手台台面轮廓线，如图 19-21 所示。

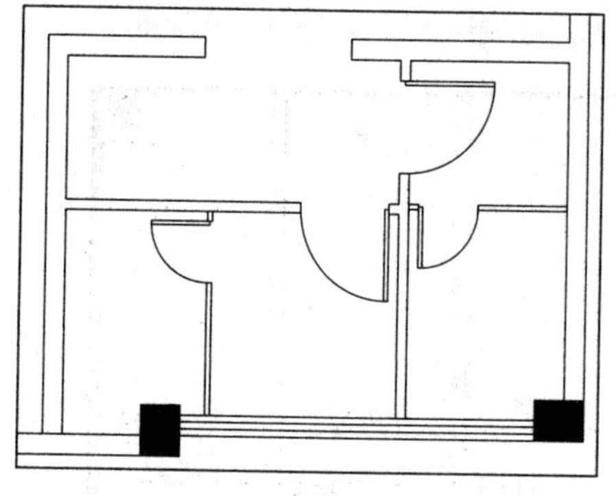

图 19-20　绘制平开门及隔断门图形

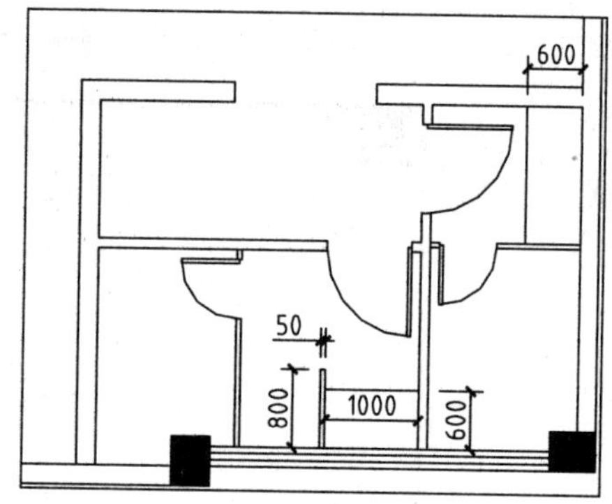

图 19-21　绘制洗手台台面轮廓线

08 重复上述操作，继续绘制卫生间隔断图形，如图 19-22 所示。

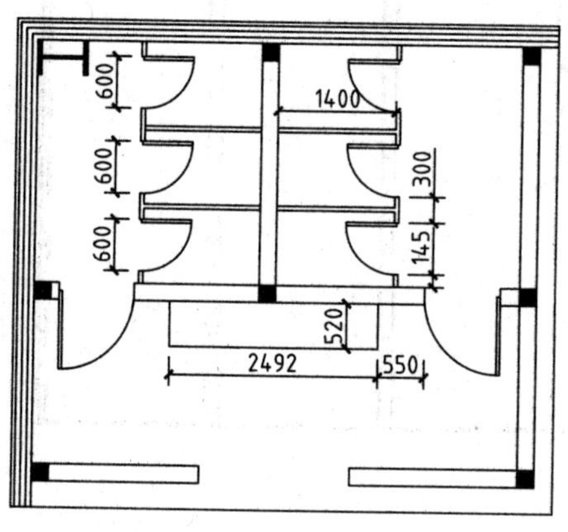

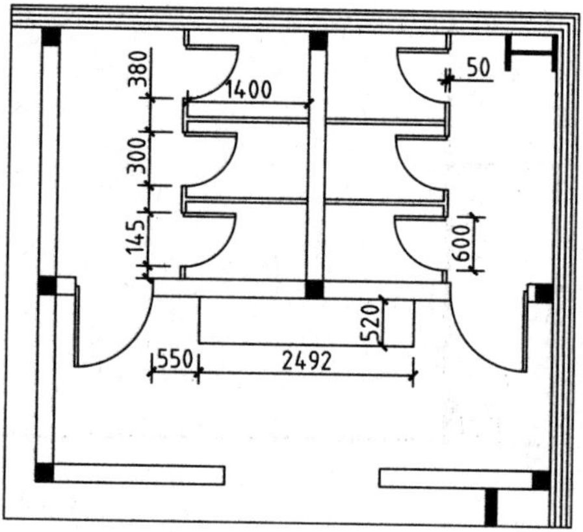

图 19-22　绘制卫生间隔断图形

09 调入图块。打开本书提供的“图例图块.dwg”文件，将其中的洁具图块复制粘贴至当前图形中，如图

19-23 所示。

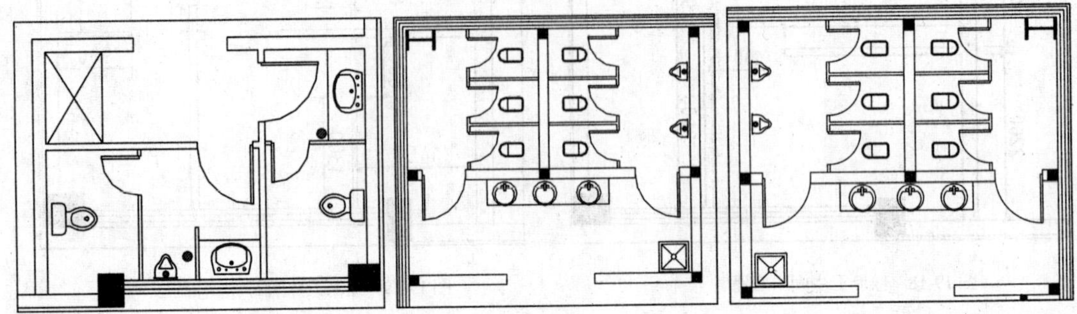

图 19-23 调入洁具图块

19.2.5 绘制底层平面图的其他图形

底层平面图的其他图形还包括梁、楼梯、坡道等图形，本节一一讲解进行各类图形的绘制步骤。

01 将“梁”图层置为当前图层。

02 执行 L（直线）命令、O（偏移）命令，绘制并偏移直线，绘制梁图形，如图 19-24 所示。

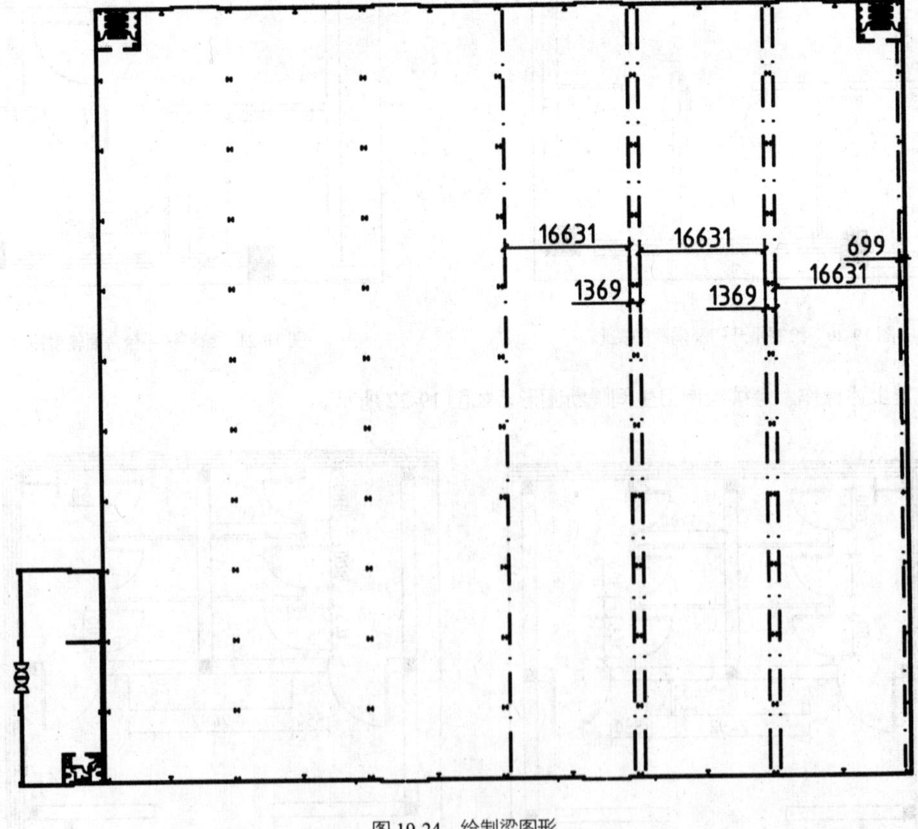

图 19-24 绘制梁图形

03 调入图块。打开本书提供的“图例图块.dwg”文件，将其中的起重机图块复制粘贴至当前图形中，如图 19-25 所示。

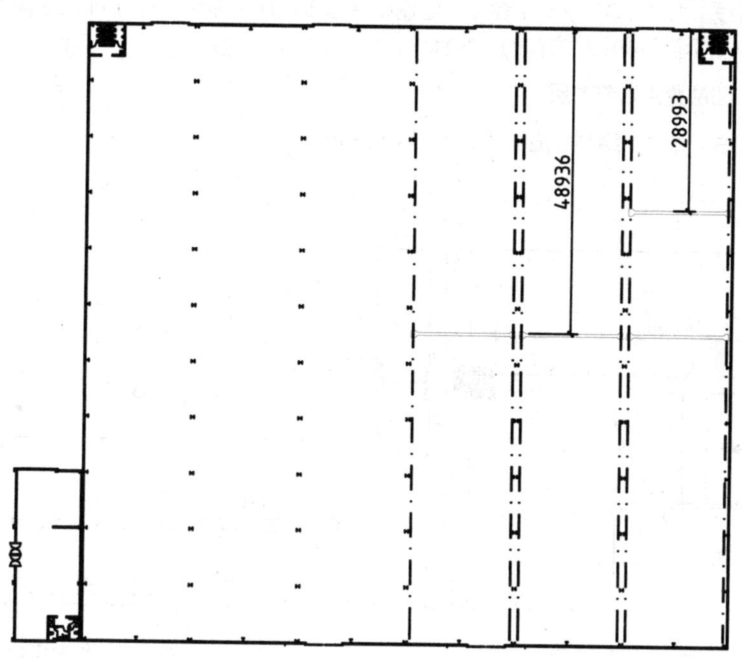

图 19-25　调入起重机图块

04 将“门窗”图层置为当前图层。

05 执行 L（直线）命令，绘制执行；执行 O（偏移）命令，偏移直线，绘制消防通道区域轮廓线，并将轮廓线的线型更改为虚线，如图 19-26 所示

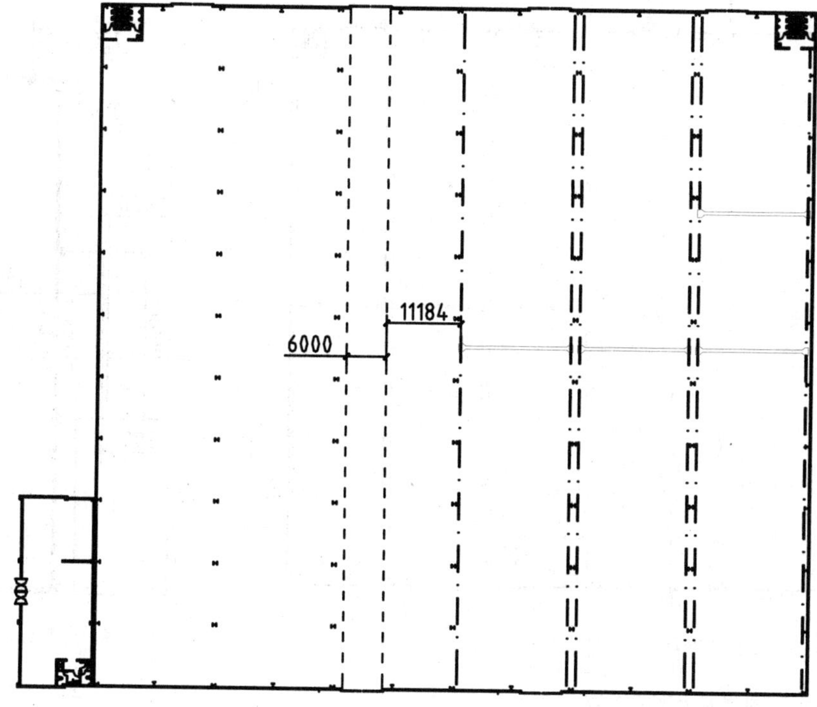

图 19-26　绘制消防通道区域轮廓线

06 将“楼梯”图层置为当前图层。

07 执行 L（直线）命令、O（偏移）命令，绘制楼梯踏步及扶手图形；执行 PL（多段线）命令、MT（多行文字）命令，绘制指示箭头及上楼方向的文字标注，如图 19-27 所示。

08 将“坡道”图层置为当前图层。

09 执行 L（直线）命令，绘制坡道图形，如图 19-28 所示。

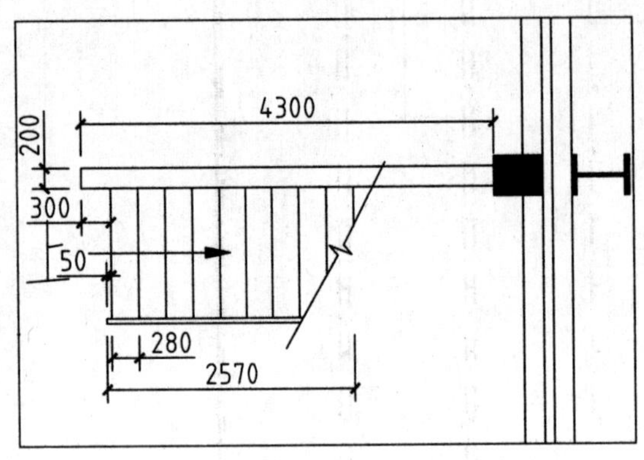

图 19-27　绘制楼梯图形

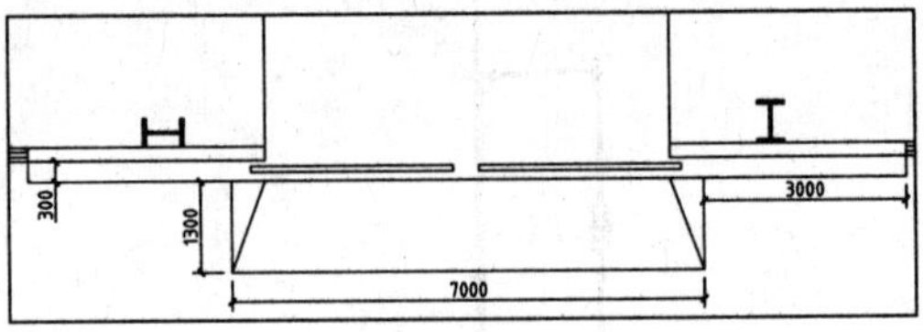

图 19-28　绘制坡道图形

10 执行 CO（复制）命令，移动复制绘制完成的坡道图形，如图 19-29 所示。

11 将“台阶”图层置为当前图层。

12 执行 L（直线）命令、O（偏移）命令，绘制并偏移直线，如图 19-30 所示。

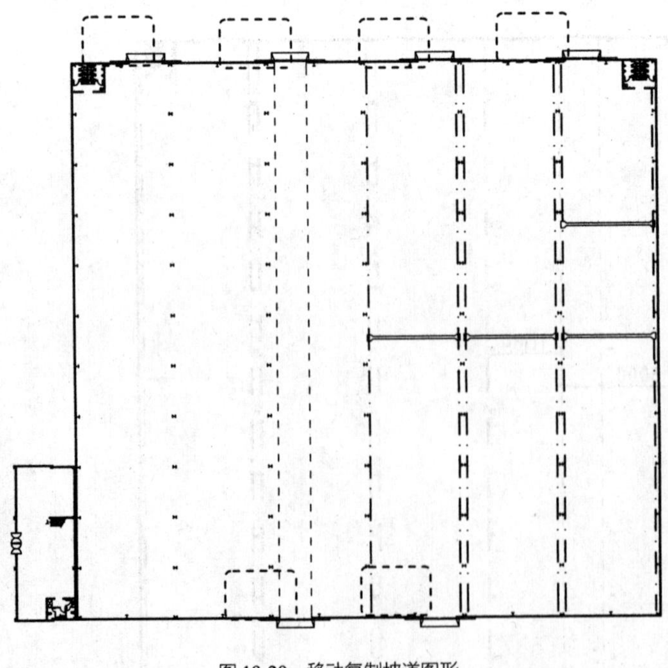

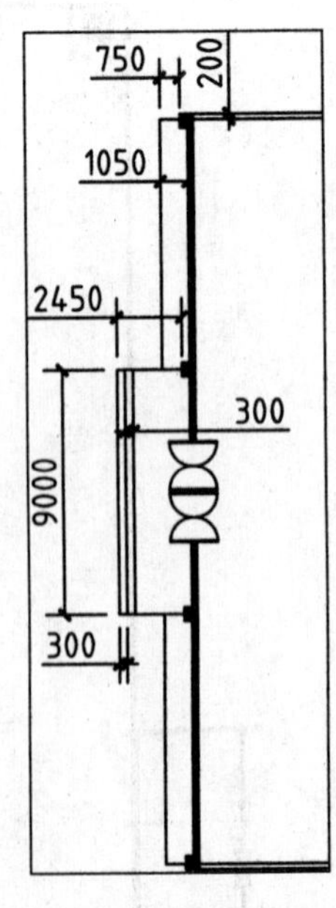

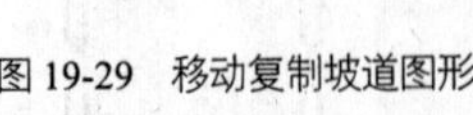

图 19-29　移动复制坡道图形

图 19-30　绘制台阶图形

13 将“散水”图层置为当前图层。

14 执行 O（偏移）命令、L（直线）命令，绘制散水图形，如图 19-31 所示。

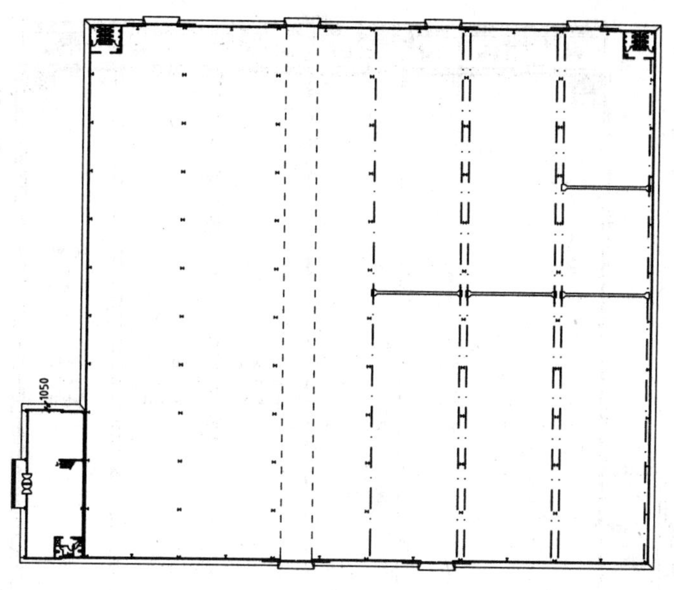

图 19-31　绘制散水图形

19.2.6　绘制标注

绘制各平面图形后，应依次绘制各类标注，如文字标注、尺寸标注、轴号标注、图名标注。尺寸标注包括水管外包尺寸、轴线间尺寸、门窗细部尺寸。

01 将“文字标注”图层置为当前图层。

02 执行 MT（多行文字）命令，绘制各区域名称标注，如图 19-32 所示

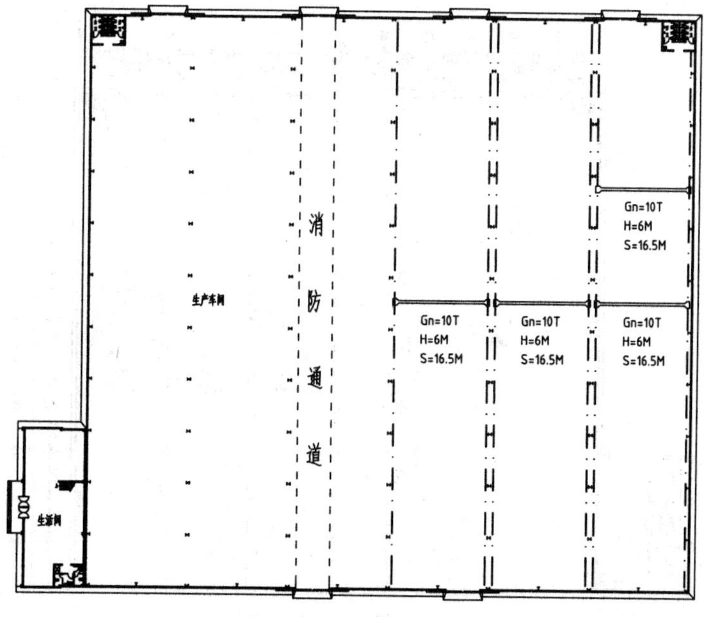

图 19-32　绘制文字标注

03 将“尺寸标注”图层置为当前图层。

04 执行 DLI（线性标注）命令、DCO（连续标注）命令，绘制尺寸标注，如图 19-33 所示。

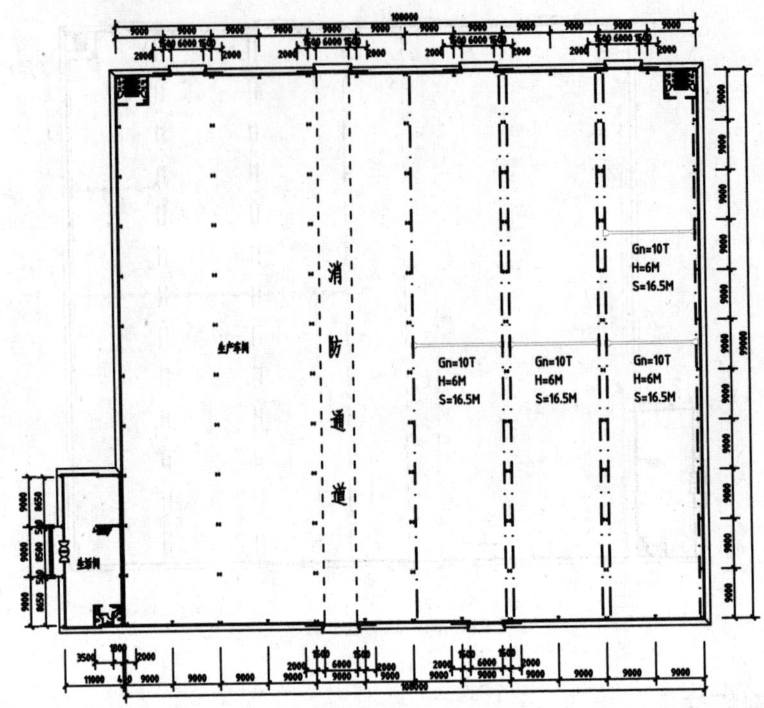

图 19-33　绘制尺寸标注

05 执行 L（直线）命令，绘制轴号引线；执行 C（圆）命令，绘制半径为 1000 的圆；执行 MT（多行文字）命令，绘制轴号标注，如图 19-34 所示。

06 执行 I（插入）命令，在弹出的【插入】对话框中选择标高图块；单击“确定”按钮，根据命令行的提示，选择插入点以完成图块的调入。

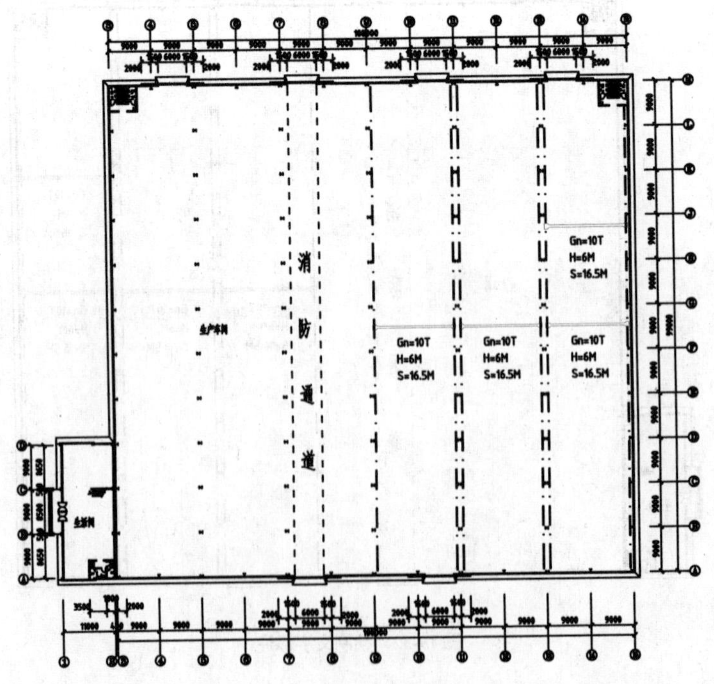

图 19-34　绘制轴号标注

07 将“文字标注”图层置为当前图层。

08 执行 MT（多行文字）命令，绘制图名及比例标注；执行 PL（多段线）命令，绘制宽度为 300、0 的下划线，完成底层平面图的绘制，如图 19-35 所示。

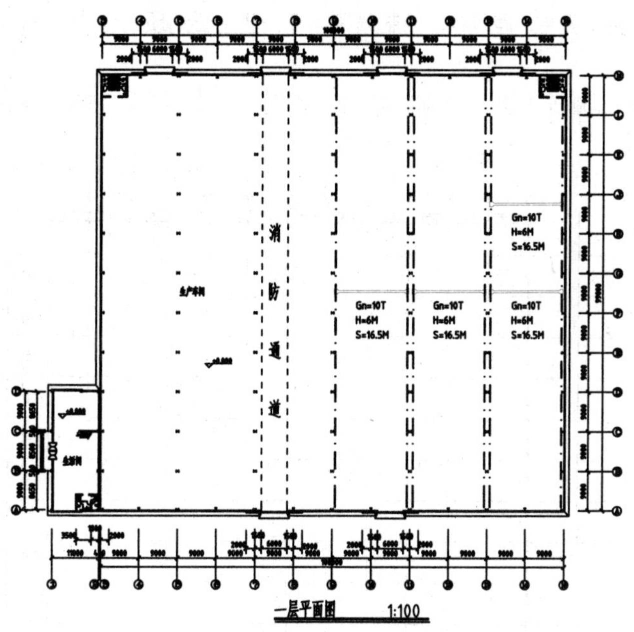

图 19-35 底层平面图

19.3 绘制厂房屋顶平面图

厂房屋顶平面图表示了屋面制作的完成效果，包括采光带的安装位置、天沟的布置以及其他各类构件的位置等。

19.3.1 设置绘图环境

图层的类型应根据图纸中所包含的图形种类来设置，如“文字标注”图层，在绘制文字标注时，可将该图层置为当前图层，以便使所绘制的文字标注位于该图层上；当修改图层属性时，可以影响文字标注的显示效果。

01 启动 AutoCAD 2020，执行“文件”→“打开”命令，打开在上一节绘制的“厂房底层平面图.dwg”文件。

02 执行“文件”→“另存为”命令，将文件另存为“厂房屋顶平面图.dwg”文件。

03 创建图层。执行 LA（图层特性管理器）命令，在弹出的“图层特性管理器”对话框中创建绘制屋顶平面图所需要的图层，如图 19-36 所示。

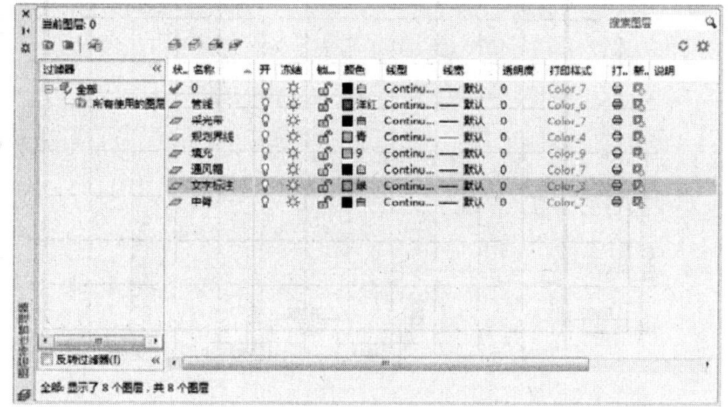

图 19-36 创建图层

19.3.2 绘制屋顶平面图

屋顶平面图中主要包括采光带、通风帽、钢制通风楼等一些主要的顶面构件图形，本小节介绍这些图形的绘制方式。

01 整理图形。执行 E（删除）命令，删除底层平面图上的墙体、门窗等图形，保留轴线、尺寸标注、轴号标注，如图 19-37 所示。

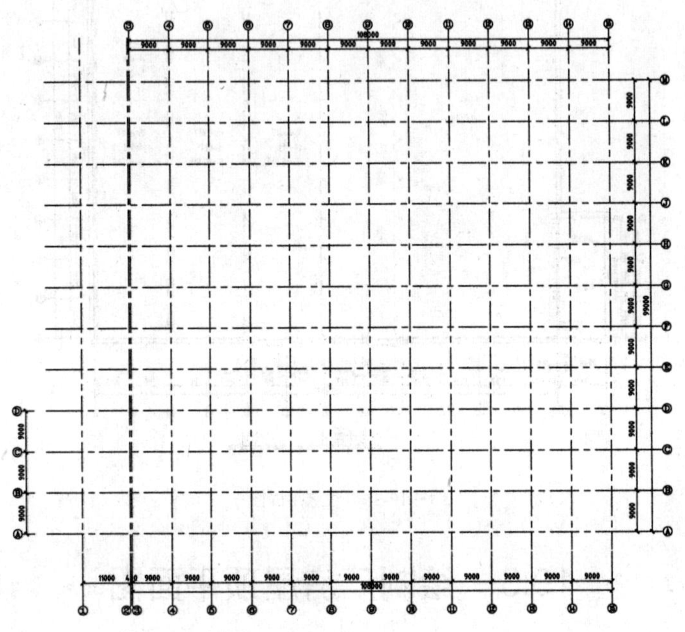

图 19-37　整理图形

02 将“规划界线”图层置为当前图层。

03 执行 L（直线）命令，绘制直线；执行 O（偏移）命令、TR（修剪）命令，偏移并修剪线段，绘制屋面轮廓线，如图 19-38 所示。

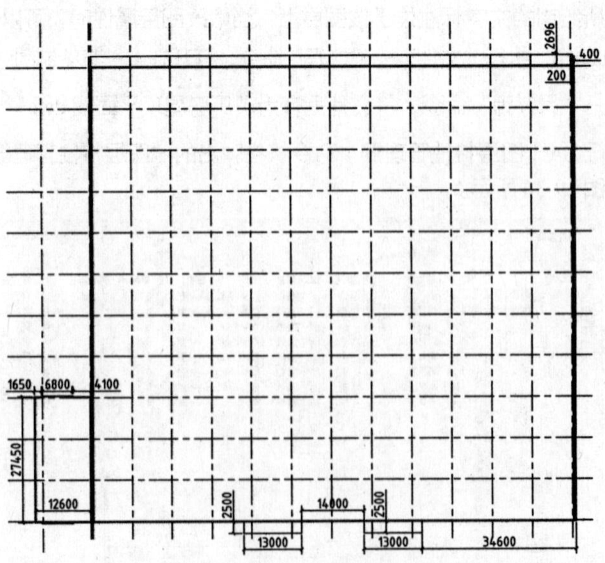

图 19-38　绘制屋面轮廓线

04 关闭“轴线”图层。

05 将“采光带”图层置为当前图层。

06 执行 REC（矩形）命令，绘制矩形；执行 CO（复制）命令，移动复制矩形，绘制屋面采光带图形，如图 19-39 所示。

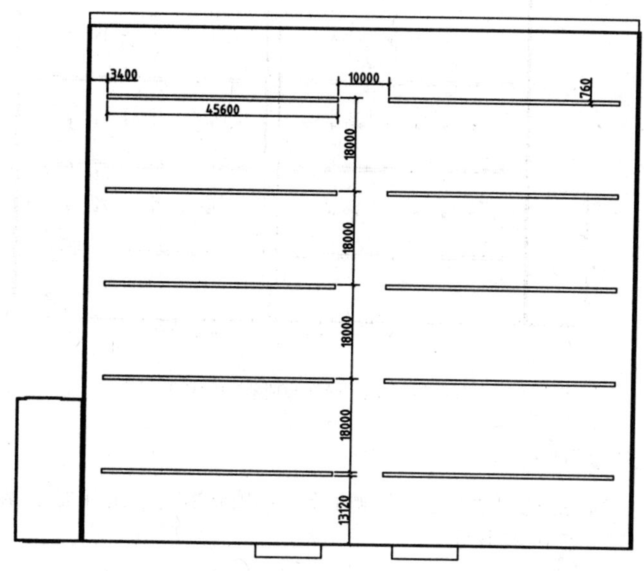

图 19-39　绘制屋面采光带图形

07 将“中脊”图层置为当前图层。

08 执行 REC（矩形）命令，绘制矩形；执行 L（直线）命令，绘制直线，完成中脊收边及中脊钢制通风楼轮廓线的绘制，如图 19-40 所示。

09 将“通风帽”图层置为当前图层。

10 执行 C（圆）命令，绘制半径为 585 的圆；执行 O（偏移）命令，设置偏移距离为 200，选择圆向内偏移；执行 CO（复制）命令，移动复制绘制完成的圆，完成屋顶通风帽图形的绘制，如图 19-41 所示。

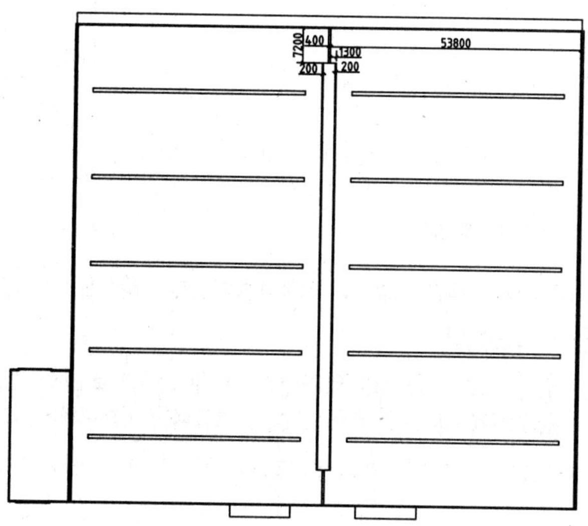

图 19-40　绘制中脊收边及中脊钢制通风楼轮廓线

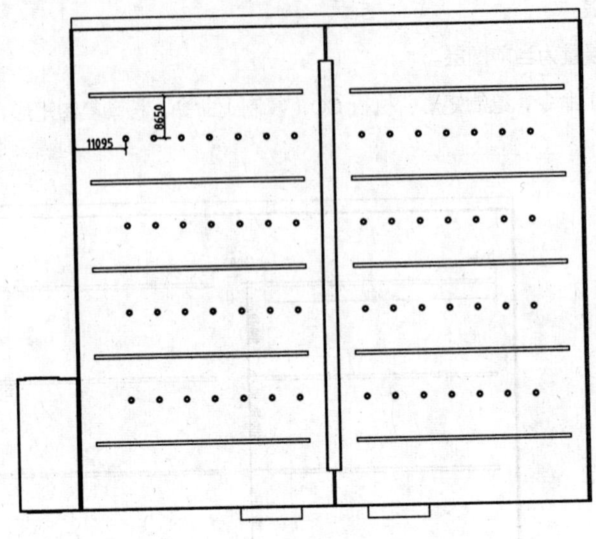

图 19-41　绘制屋顶通风帽图形

11 将“管线”图层置为当前图层。

12 执行 C（圆）命令，在屋顶平面图左右两侧的天沟内绘制半径为 108 的圆以表示排水管图形；执行 L（直线）命令，绘制直线，如　图 19-42 所示。

13 执行 PL（多段线）命令，绘制起点宽度为 100，端点宽度为 0 的指示箭头 1，如图 19-43 所示。

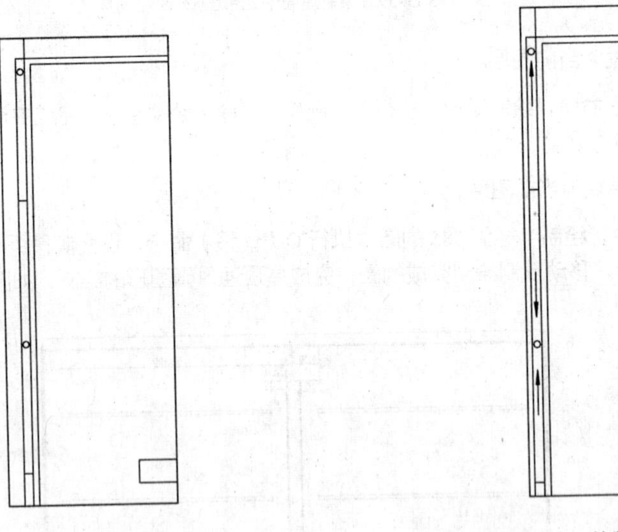

图 19-42　绘制排水管图形　　图 19-43　绘制指示箭头 1

14 执行 CO（复制）命令、MI（镜像）命令，复制排水管、指示箭头图形，如图 19-44 所示。

15 将“填充”图层置为当前图层。

16 执行 H（图案填充）命令，在“图案填充和渐变色”对话框中选择 LINE 图案，设置填充角度为 90°，填充比例为 250；在绘图区中拾取雨篷轮廓线为填充区域，完成图案填充的操作，如图 19-45 所示。

17 调入图块。打开本书提供的“图例图块.dwg”文件，将其中的柱子图块复制粘贴至当前图形中，如图 19-46 所示。

18 执行 L（直线）命令，在“规划界线”图层上绘制屋面轮廓线；执行 C（圆）命令，在“管线”图层上绘制半径为 160 的圆表示排水管线，如图 19-47 所示。

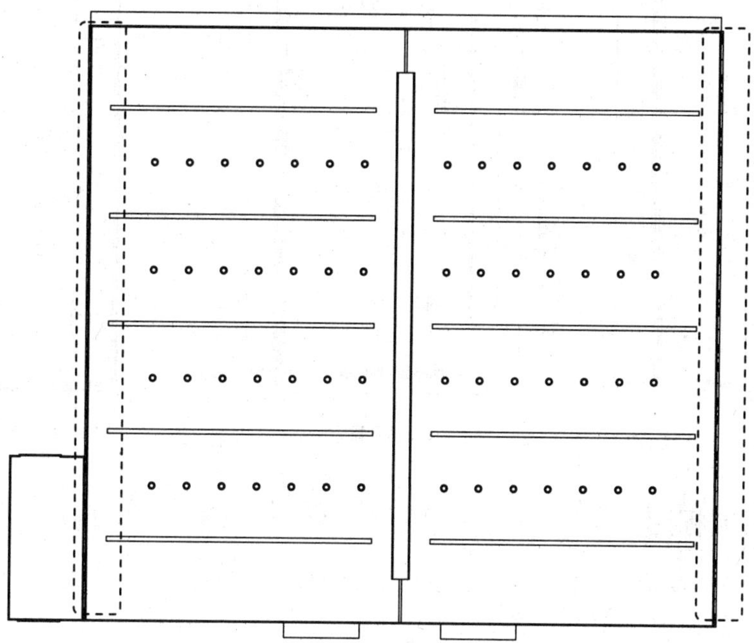

图 19-44　复制排水管、指示箭头图形

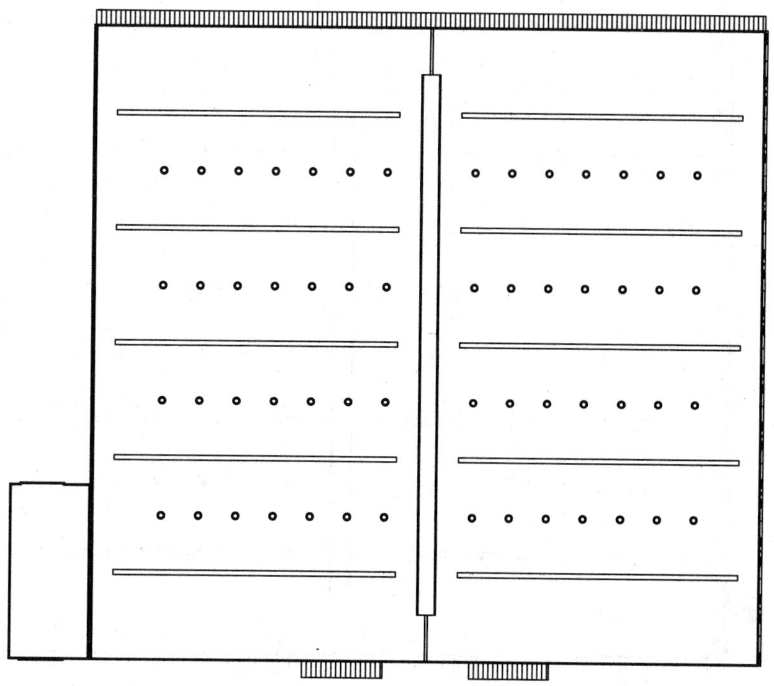

图 19-45　图案填充雨篷图形

19 执行 PL（多段线）命令，绘制指示箭头 2，如图 19-48 所示。

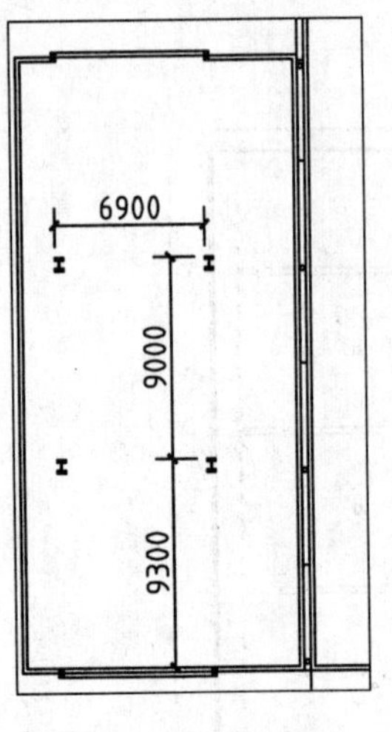

图 19-46 调入柱子图块

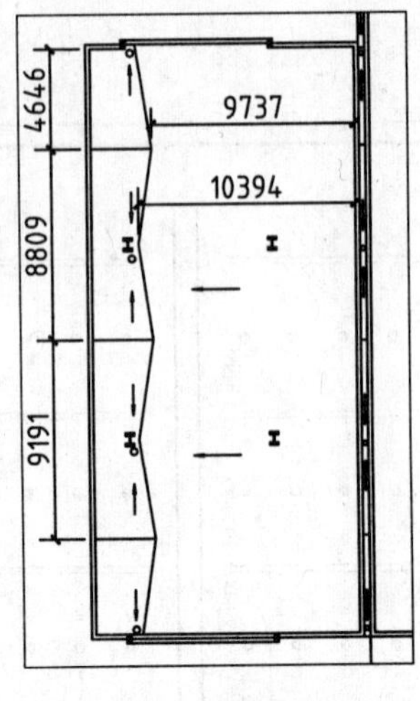

图 19-47 绘制排水管线

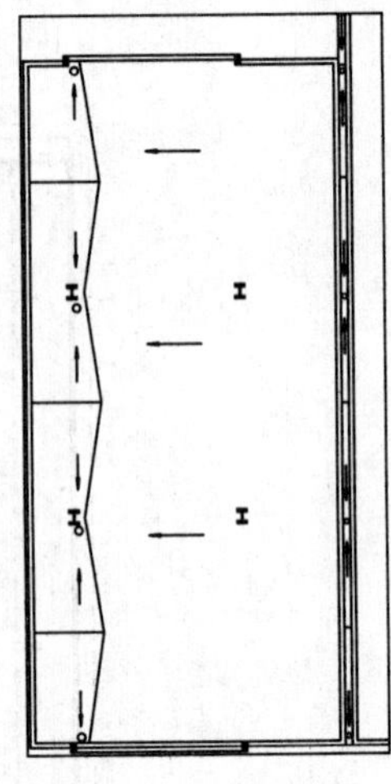
图 19-48 绘制指示箭头 2

19.3.3 绘制标注

屋面标注主要指坡度标注，比如天沟坡度的标注、屋面倾斜度的标注，还有对屋面构件的文字标注。

01 将“文字标注”图层置为当前图层。

02 执行 MT（多行文字）命令，绘制坡度标注，如图 19-49 所示。

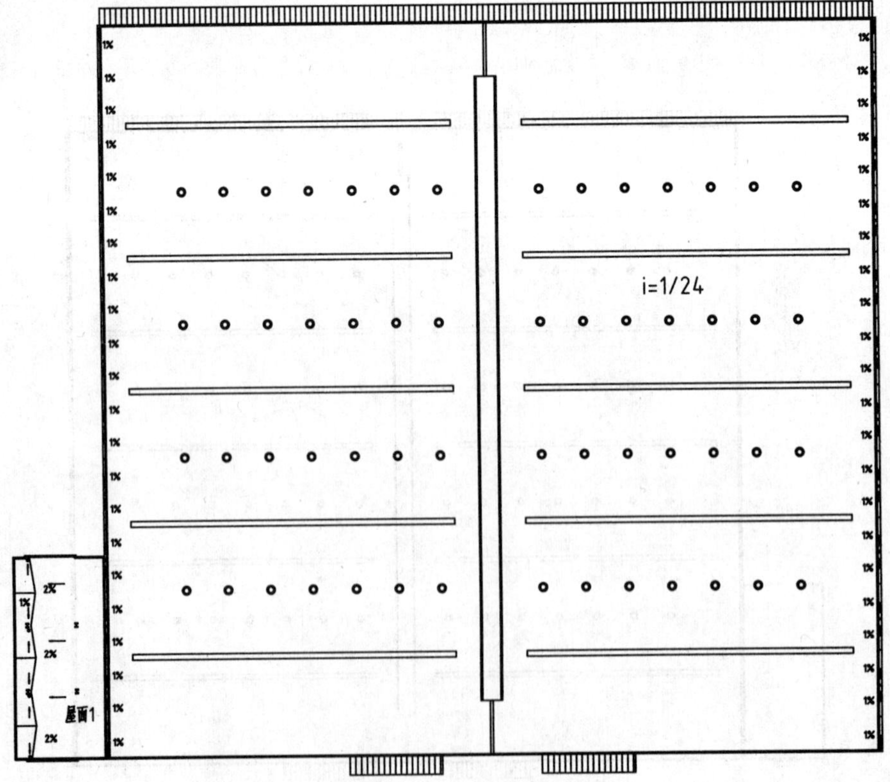

图 19-49 绘制坡度标注

03 执行 ML（多重引线）命令，绘制引线标注，如图 19-50 所示。

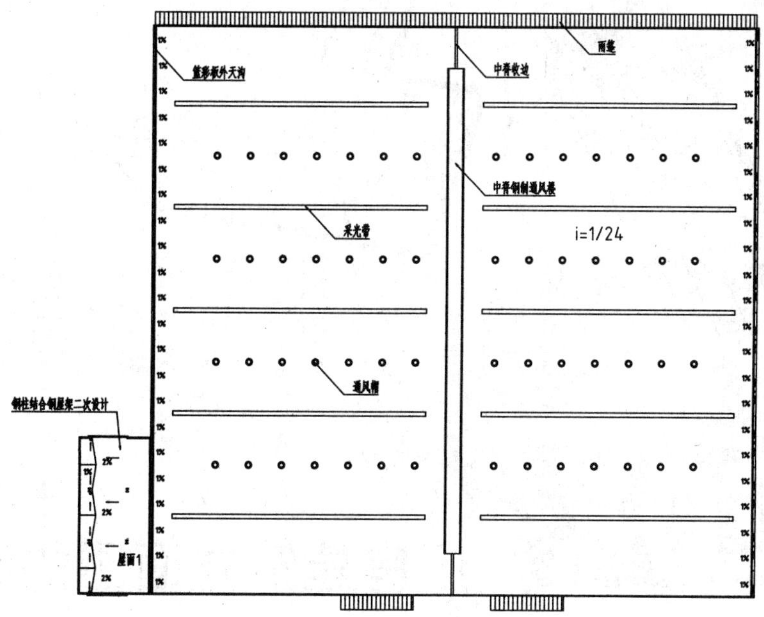

图 19-50 绘制引线标注

04 双击平面图下方的图名标注“一层平面图”，将其更改为“屋顶平面图”，如图 19-51 所示。

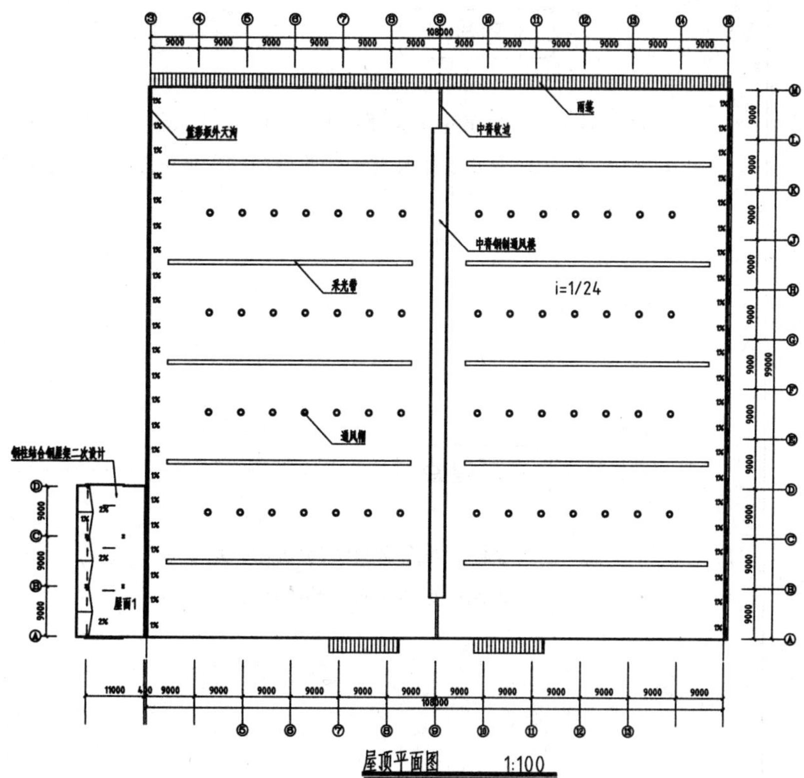

图 19-51 屋顶平面图

第20章 厂房建筑立面图的绘制

本章导读

厂房建筑立面图表现了厂房的外貌、各配件的形状及其相互关系和立面装饰的做法。本章介绍厂房正立面图、侧立面图的绘制方法。

本章重点

- 掌握厂房正立面图的绘制方法
- 掌握厂房侧立面图的绘制方法

20.1　绘制厂房正立面图

厂房的正立面图表示了厂房主要入口通道所在的墙面，在立面图上应表现门窗的关系、雨篷、台阶的位置及立面装饰的效果和使用材料等。

20.1.1　设置绘图环境

01 启动 AutoCAD 2020 应用程序，新建一个空白文件。

02 执行“文件”→“保存”命令，将其保存为“厂房正立面图.dwg”文件。

03 创建图层。执行 LA（图层特性管理器）命令，在弹出的“图层特性管理器”对话框中创建绘制厂房正立面图所需要的图层，如图 20-1 所示。

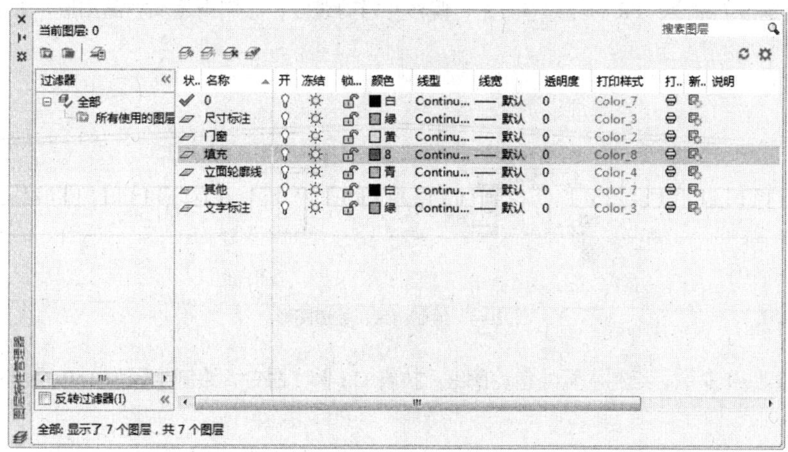

状..	名称	开	冻结	锁...	颜色	线型	线宽	透明度	打印样式	打..	新..	说明
✔	0				白	Continu...	—— 默认	0	Color_7			
	尺寸标注				绿	Continu...	—— 默认	0	Color_3			
	门窗				黄	Continu...	—— 默认	0	Color_2			
	填充				8	Continu...	—— 默认	0	Color_8			
	立面轮廓线				青	Continu...	—— 默认	0	Color_4			
	其他				白	Continu...	—— 默认	0	Color_7			
	文字标注				绿	Continu...	—— 默认	0	Color_3			

图 20-1　创建图层

20.1.2　绘制正立面图

厂房建筑正立面图中包括门窗、水管以及其他各构件图形。在绘制门窗或其它图形时，可以通过绘图命令、编辑命令配合绘制；而其他的图形，如钢制通风楼图形较为复杂，可以调用现成的图块，以便节省绘图时间。

01 将“立面轮廓线”图层置为当前图层。

02 执行 L（直线）命令、O（偏移）命令，绘制并偏移直线；执行 TR（修剪）命令，修剪线段，绘制正立面轮廓线，如图 20-2 所示。

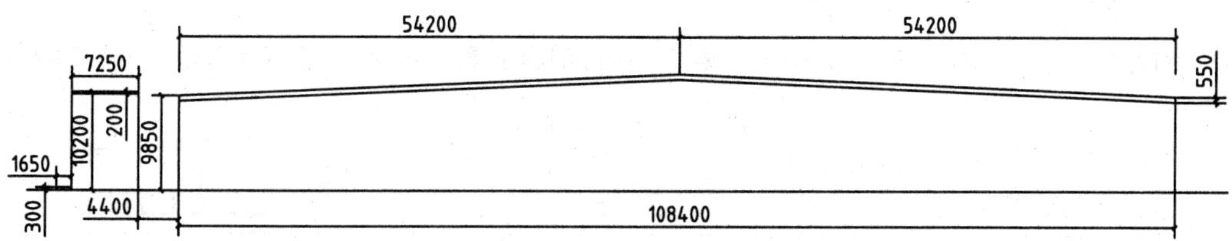

图 20-2　绘制正立面轮廓线

03 将“门窗”图层置为当前图层。

04 执行 REC（矩形）命令，绘制矩形；执行 L（直线）命令、O（偏移）命令，绘制并偏移直线，绘制门窗图形，如图 20-3 所示。

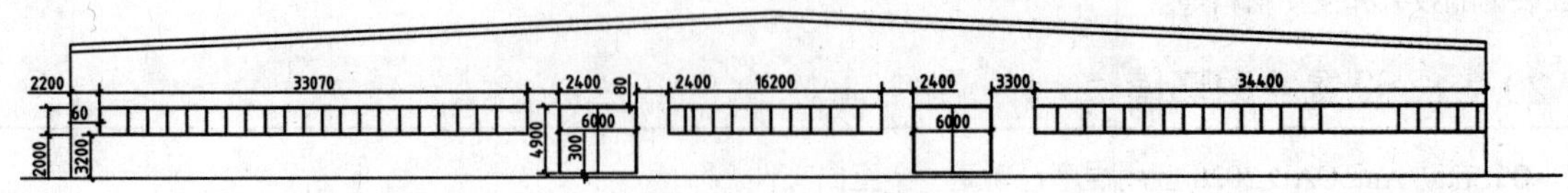

图 20-3　绘制门窗图形

05 将“其他”图层置为当前图层。

06 执行 O（偏移）命令、TR（修剪）命令，偏移并修剪线段，绘制雨篷及坡道图形，如图 20-4 所示。

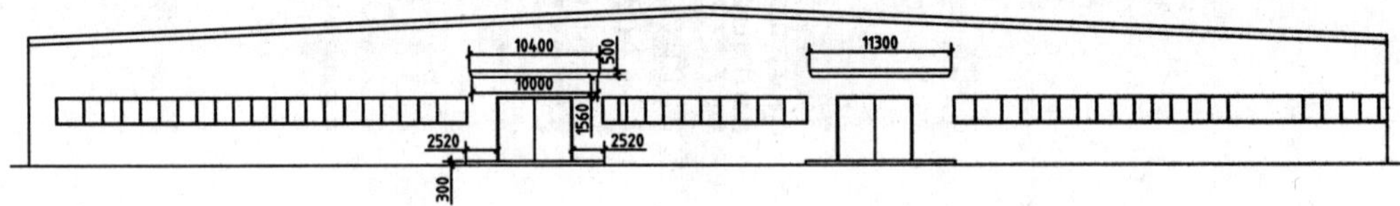

图 20-4　绘制雨篷及坡道图形

07 执行 L（直线）命令，绘制水管外包轮廓线；执行 C（圆）命令，绘制半径为 150 的圆以表示水管图形，如图 20-5 所示。

08 执行 MI（镜像）命令，选择绘制完成的水管图形，将其镜像复制至另一边，如图 20-6 所示。

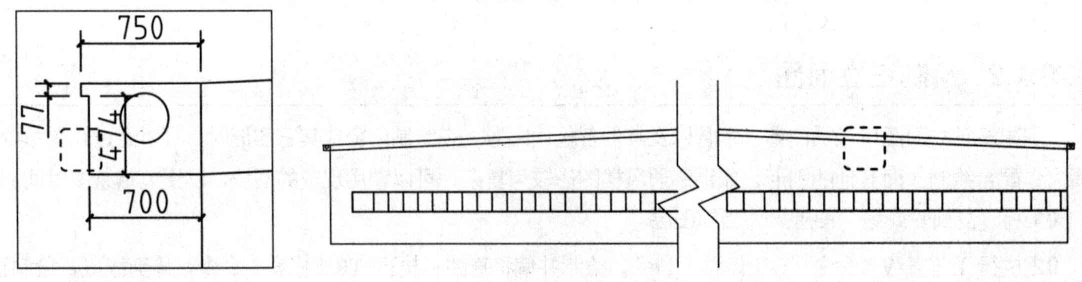

图 20-5　绘制水管图形　　　　图 20-6　镜像复制水管图形

09 选择 O（偏移）命令，选择地坪线向上偏移；执行 TR（修剪）命令，修剪多余线段，如图 20-7 所示。

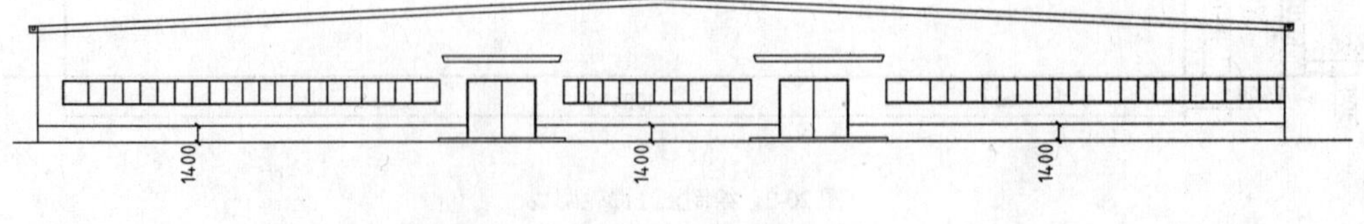

图 20-7　修剪线段

10 将“立面轮廓线”图层置为当前图层。

11 执行 L（直线）命令、O（偏移）命令、TR（修剪）命令，绘制如图 20-8 所示的图形。

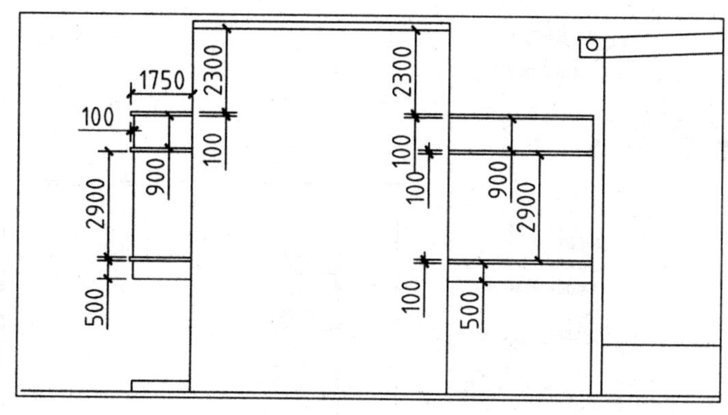

图 20-8　绘制图形

12 将"门窗"图层置为当前图层。

13 执行 REC（矩形）命令、L（直线）命令、O（偏移）命令，绘制立面窗图形，如图 20-9 所示。

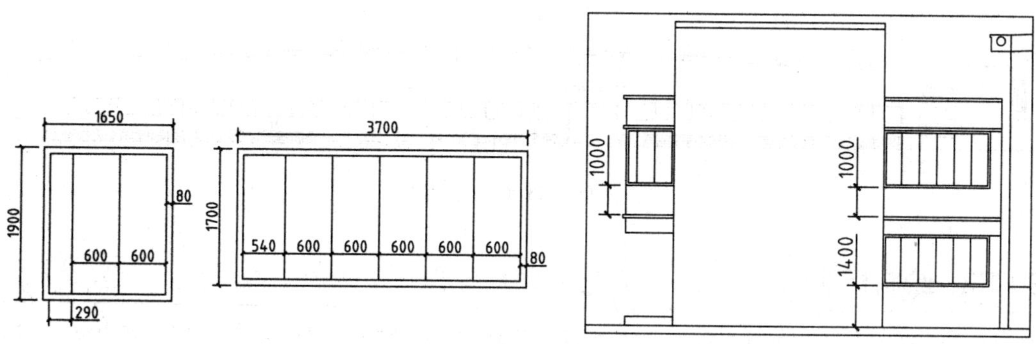

图 20-9　绘制立面窗图形

14 调入图块。打开本书提供的"图例图块.dwg"文件，将其中的空调百叶、中脊钢制通风楼图块复制粘贴至当前图形中，如图 20-10 所示。

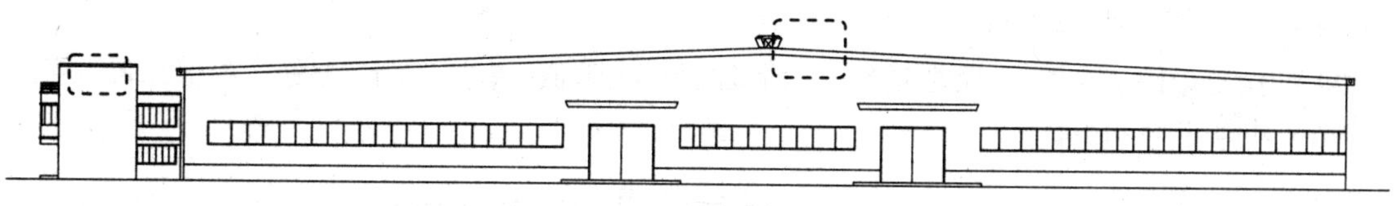

图 20-10　调入图块

15 将"填充"图层置为当前图层。

16 执行 H（图案填充）命令，在"图案填充和渐变色"对话框中设置图案填充参数，在正立面图中拾取填充区域，完成图案填充操作，效果如图 20-11 所示。

17 按 Enter 键，重复调出"图案填充和渐变色"对话框，在其中选择 AR-BRSTD 图案，设置填充角度为 0°，填充比例为 5，对正立面图执行图案填充操作，如图 20-12 所示。

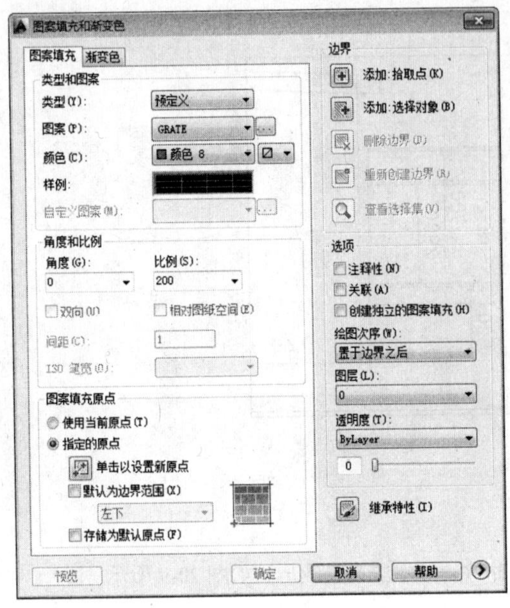

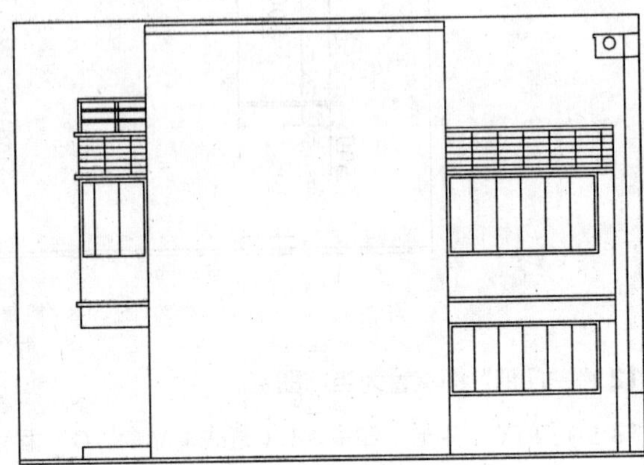

图 20-11 图案填充操作效果

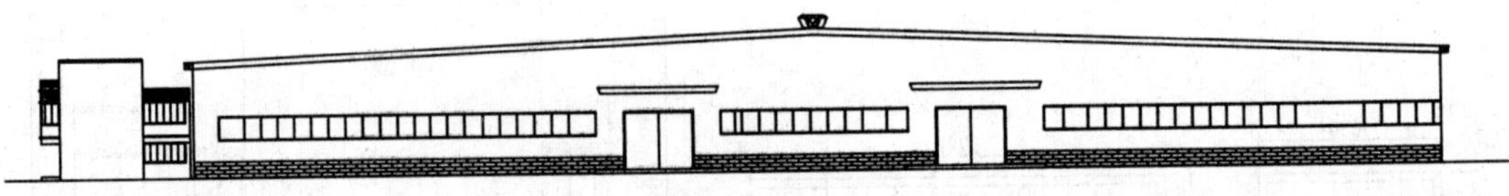

图 20-12 图案填充正立面图

20.1.3 绘制标注

立面图的标注有尺寸标注、标高标注、文字标注以及轴号标注。其中轴号标注可以从平面图中复制得到，也可重新自行绘制。

01 将“尺寸标注”图层置为当前图层。

02 执行 L（直线）命令，绘制轴号引线；执行 C（圆）命令，绘制半径为 1200 的圆；执行 MT（多行文字）命令，绘制轴号标注。

03 执行 I（插入）命令，在“插入”对话框中选择标高图块；单击“确定”按钮，关闭对话框并在绘图区中指定插入点，可完成调入图块的操作。

04 双击标高图块，在“增强属性编辑器”对话框中更改标高值；单击“确定”按钮，关闭对话框，可完成修改操作，如图 20-13 所示。

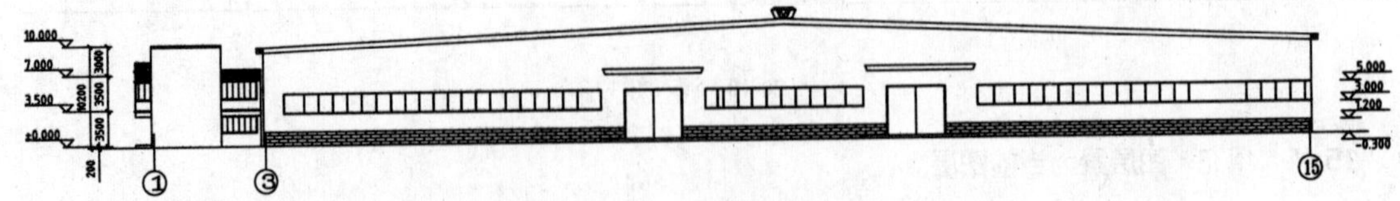

图 20-13 绘制标高标注

05 将“文字标注”图层置为当前图层。

06 执行 MLD（多重引线）命令，绘制墙面材料标注，如图 20-14 所示。

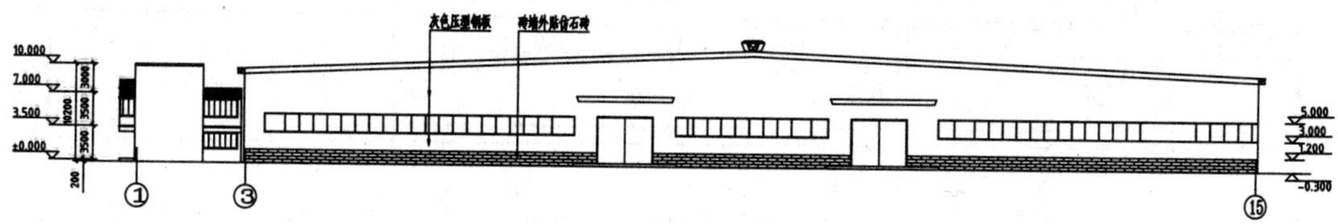

图 20-14　绘制墙面材料标注

07 执行 MT（多行文字）命令，绘制图名及比例标注；执行 PL（多段线）命令，绘制宽度为 200、0 的下划线，如图 20-15 所示。

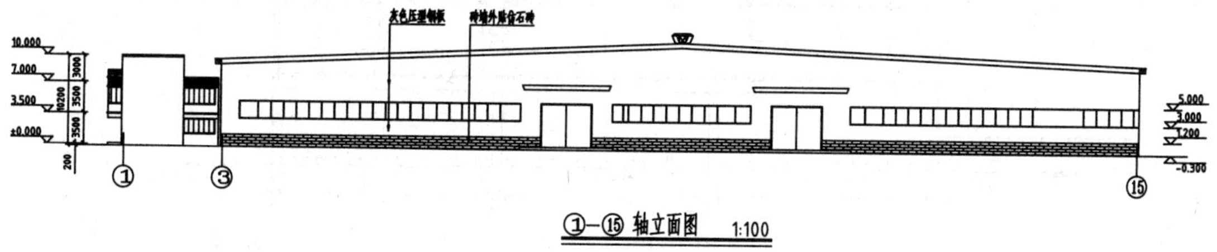

图 20-15　1-15 轴立面图

20.2　绘制厂房侧立面图

厂房的侧立面图与正立面图有相同的地方也有不相同的地方。相同的地方是同样包含门窗、墙面装饰等图形信息，不同的地方则是侧立面图表现的是从另一视角上观察厂房的结果，因此必然包含与正立面图所不同的信息，如天沟、采光带。

01 启动 AutoCAD 2020，新建一个空白文件。

02 执行“文件”→“保存”命令，将其保存为“厂房侧立面图.dwg”文件。

03 将“立面轮廓线”图层置为当前图层。

04 执行 L（直线）命令、O（偏移）命令、TR（修剪）命令，绘制侧立面图轮廓线，如图 20-16 所示。

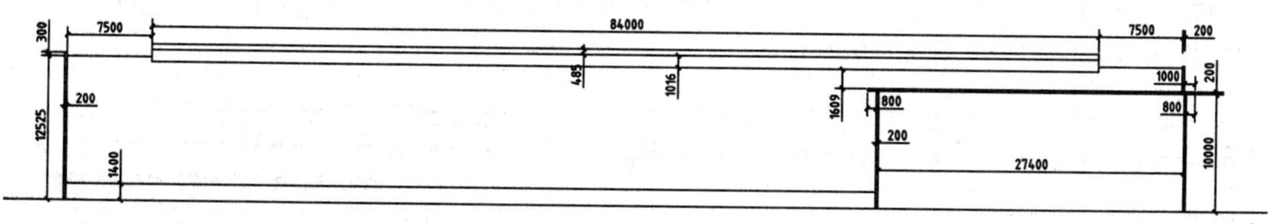

图 20-16　绘制侧立面图轮廓线

05 将“其他”图层置为当前图层。

06 执行 O（偏移）命令，偏移侧立面轮廓线；执行 O（修剪）命令，修剪线段，绘制天沟及采光带图形，如图 20-17 所示。

07 将“立面轮廓线”图层置为当前图层。

08 执行 O（偏移）命令、TR（修剪）命令，绘制如图 20-18 所示的侧立面轮廓线。

09 将“门窗”图层置为当前图层。

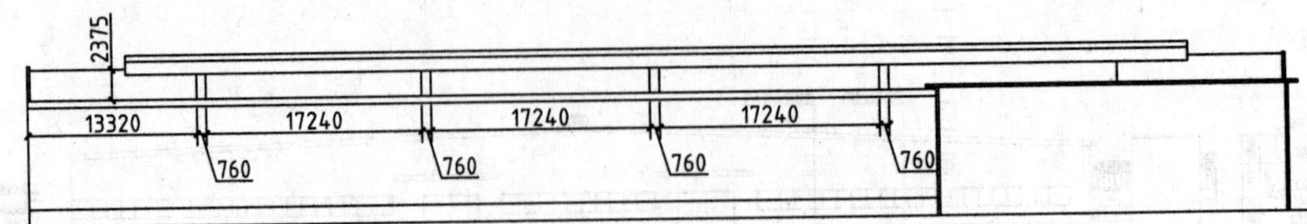

图 20-17　绘制天沟及采光带

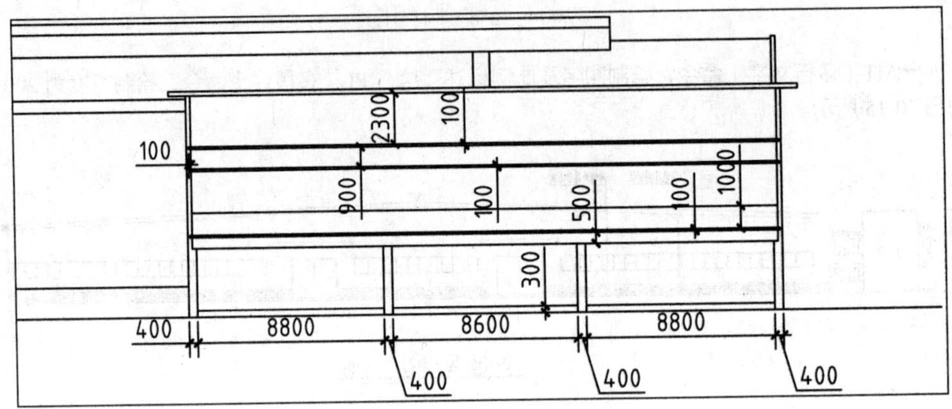

图 20-18　绘制侧立面轮廓线

10 执行 REC（矩形）命令、L（直线）命令、CO（复制）命令，绘制立面窗图形，如图 20-19 所示。

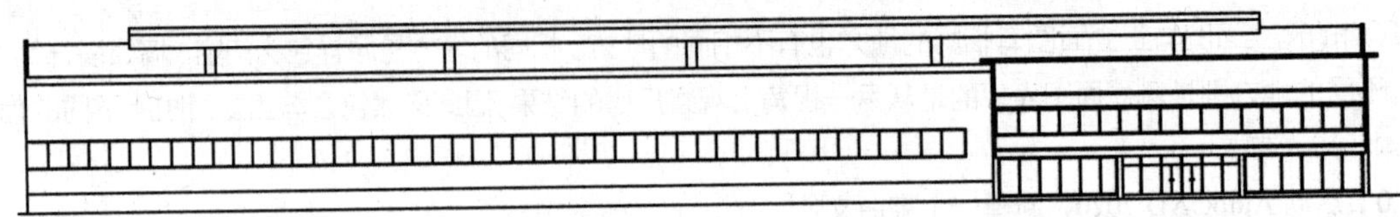

图 20-19　绘制立面窗图形

11 将“填充”图层置为当前图层。

12 执行 H（图案填充）命令，在“图案填充和渐变色”对话框中选择 AR-BRSTD 图案，设置填充角度为 0°，填充比例为 5，对侧立面图填充仿石砖图案；选择 GRATE 图案，设置填充角度为 0°，填充比例为 200，对立面图填充墙面装饰图案，如图 20-20 所示。

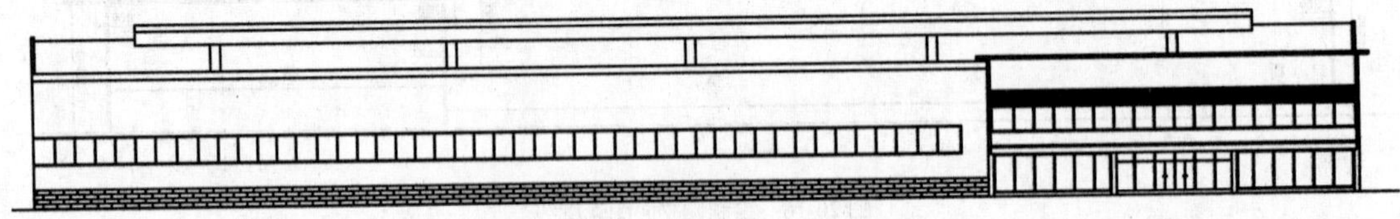

图 20-20　图案填充侧立面图

13 调入图块。打开本书提供的“图例图块.dwg”文件，将其中的通风帽图块复制粘贴至当前图形中，如图 20-21 所示。

14 将“尺寸标注”图层置为当前图层。

15 执行 L（直线）命令，绘制标高基准线；执行 I（插入）命令，调入标高图块，双击图块更改标高参数以完成标高标注。

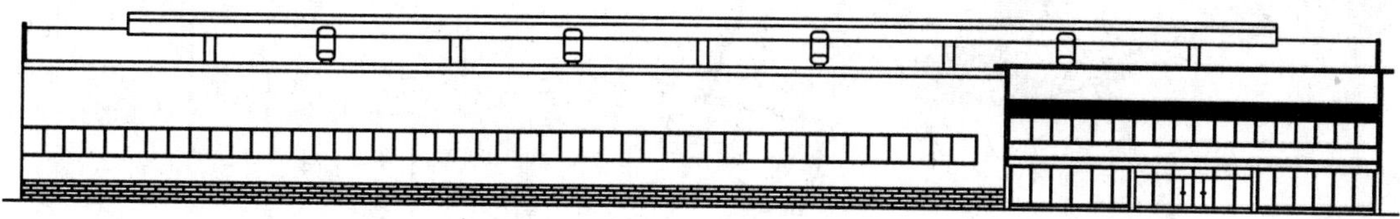

图 20-21　调入通风帽图块

16 执行 L（直线）命令、C（圆形）命令，绘制引线及轴号；执行 MT（多行文字）命令，绘制轴号标注，如图 20-22 所示。

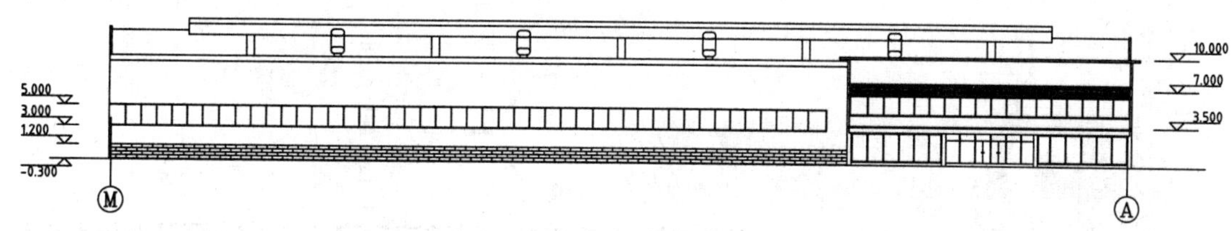

图 20-22　绘制轴号标注

17 将“文字标注”图层置为当前图层。

18 执行 MLD（多重引线）命令，绘制引线标注；执行 MT（多行文字）命令、PL（多段线）命令，绘制图名标注，如图 20-23 所示。

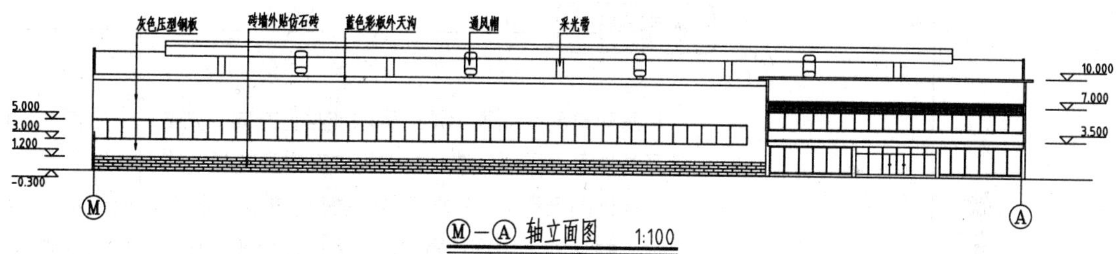

图 20-23　M-A 轴立面图

第21章 厂房建筑剖面图、详图的绘制

本章导读

厂房建筑剖面图表示了厂房内部垂直方向的高度、分层情况，还反映了楼地面、屋顶构造及各构配件在垂直方向上的相互关系。

厂房详图表示了厂房墙身的一些节点的详细构造，如形状、层次、尺寸以及材料的使用等；需要以较大的比例来绘制，以便完全表达清楚。

本章介绍厂房剖面图及详图的绘制。

本章重点

- 掌握厂房剖面图的绘制方法
- 掌握厂房详图的绘制方法

21.1 绘制厂房剖面图

绘制厂房剖面图的步骤一般包括设置绘图环境、绘制各类剖面图形、绘制图形标注（包括文字标注和尺寸标注），以下分别介绍各步骤的操作方式。

21.1.1 设置绘图环境

绘图环境包括文字样式、尺寸标注样式等，这些可以参考前面章节的介绍来进行设置。但是在绘制剖面图的时候，应该创建相应的图层，不能照搬其他类型图纸中的图层。

01 启动 AutoCAD 2020，新建一个空白文件。

02 执行“文件”→“保存”命令，将其保存为“厂房剖面图.dwg”文件。

03 创建图层。执行 LA（图层特性管理器）命令，在弹出的“图层特性管理器”对话框中创建绘制厂房剖面图所需要的图层，如图 21-1 所示。

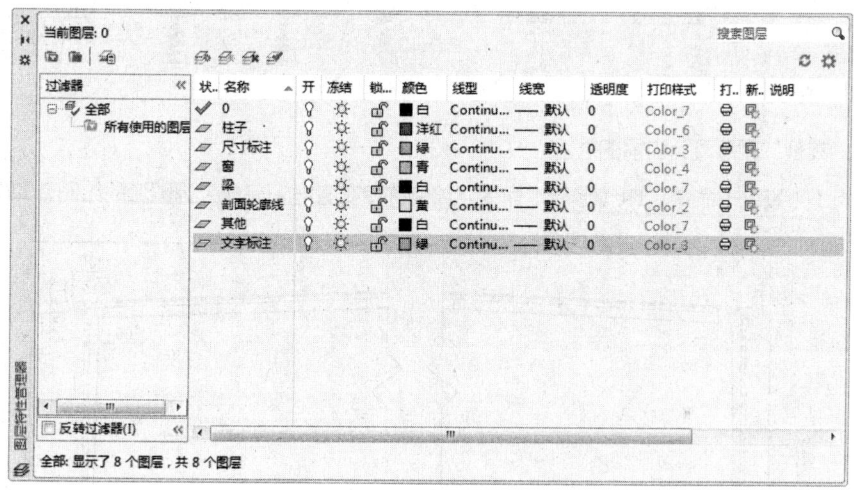

图 21-1 创建图层

04 执行“文件”→“打开”命令，打开在第 19 章中绘制的“厂房底层平面图.dwg”文件。

05 执行 PL（多段线）命令，绘制宽度为 200 的多段线以表示剖切符号；执行 MT（多行文字）命令，绘制剖面剖切编号，如图 21-2 所示。

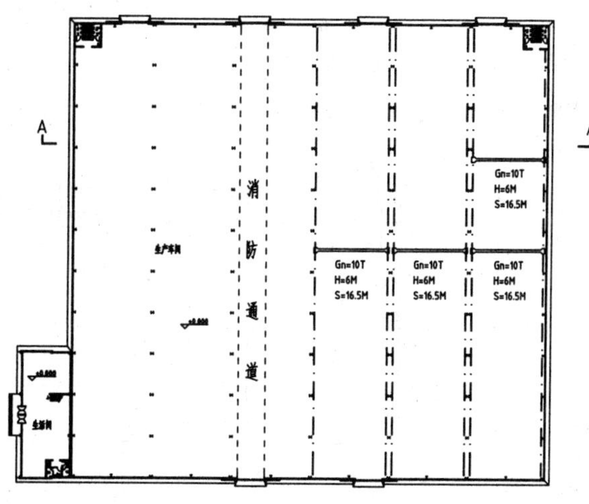

图 21-2 绘制剖面剖切符号

21.1.2 绘制剖面图

剖面图中所包含的图形包括墙体、门窗、其他承重构件等，应明确表示各图形的样式、大小，以便与平面图、立面图相对照。

01 将“剖面轮廓线”图层置为当前图层。

02 执行 L（直线）命令、O（偏移）命令，绘制并偏移直线；执行 TR（修剪）命令，修剪线段，绘制剖面轮廓线，如图 21-3 所示。

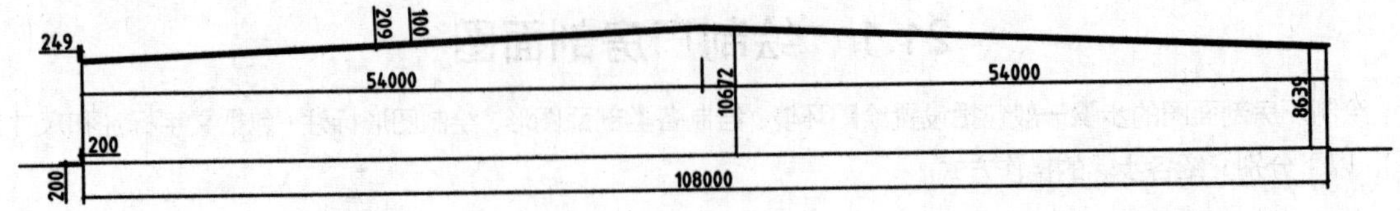

图 21-3　绘制剖面轮廓线

03 将“柱子”图层置为当前图层。

04 执行 L（直线）命令，绘制直线；执行 O（偏移）命令，偏移直线，如图 21-4 所示。

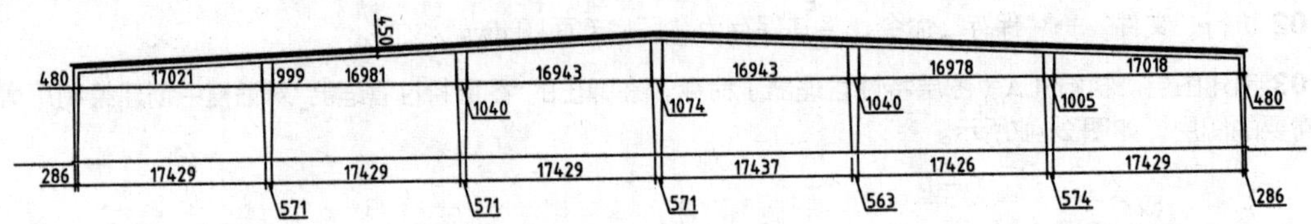

图 21-4　绘制柱子图形

05 将“其他”图层置为当前图层。

06 执行 L（直线）命令、TR（修剪）命令，绘制并修剪直线，完成天沟图形的绘制，如图 21-5 所示。

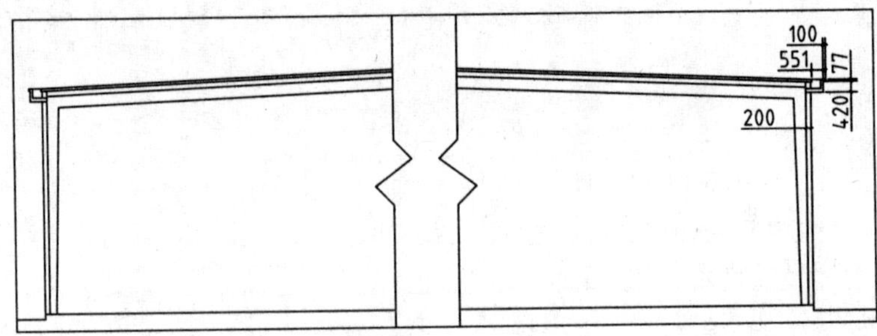

图 21-5　绘制天沟图形

07 将“窗”图层置为当前图层。

08 执行 O（偏移）命令、TR（修剪）命令，绘制剖面窗图形，如图 21-6 所示。

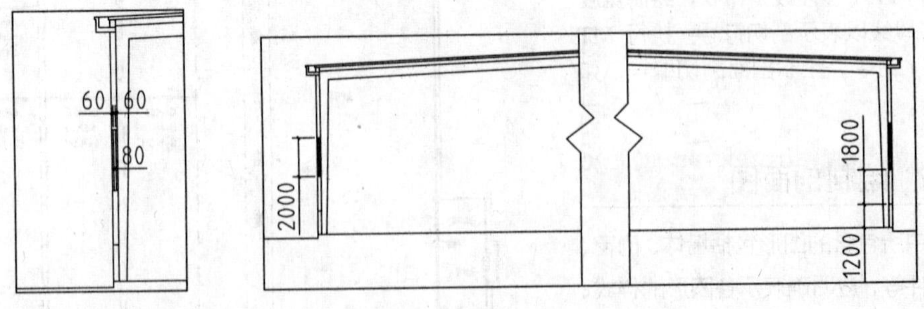

图 21-6　绘制剖面窗图形

09 将“梁”图层置为当前图层。

10 执行 REC（矩形）命令，绘制梁图形；执行 L（直线）命令，绘制梁支架图形，如图 21-7 所示。

11 调入图块。打开本书提供的“图例图块.dwg”文件，将其中的连接构件、中脊钢制通风楼图块复制粘贴至当前图形中，如图 21-8 所示。

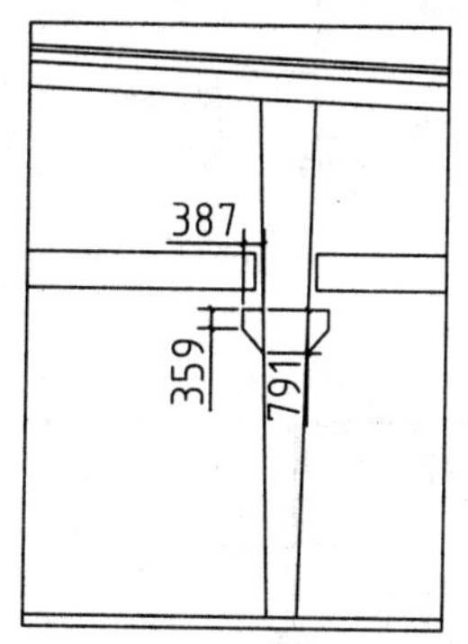

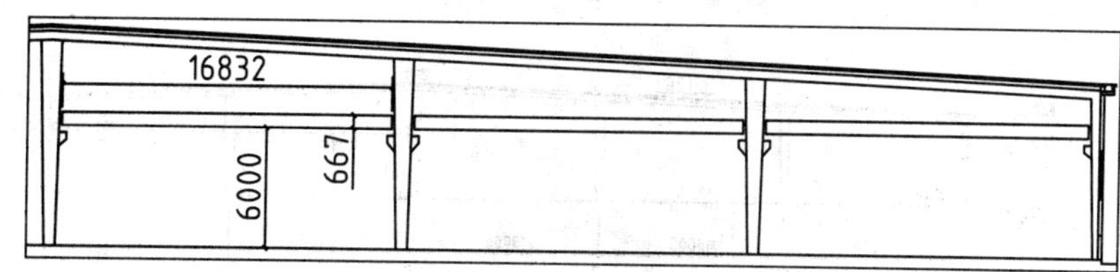

图 21-7　绘制梁及梁支架图形

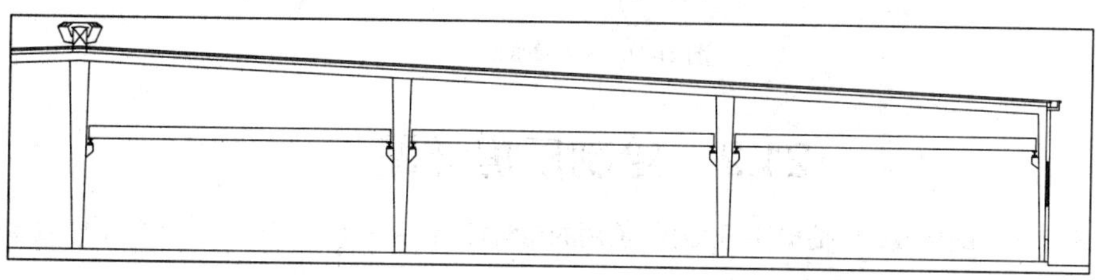

图 21-8　调入图块

21.1.3　绘制标注

图纸的标注是必不可少的，文字标注可以表达图形所代表的含义，尺寸标注可表示图形的尺寸（实际尺寸或图上尺寸）

01 将“尺寸标注”图层置为当前图层。

02 执行 L（直线）命令，绘制引线标注；执行 C（圆）命令，绘制半径为 1200 的圆以表示轴号；执行 MT（多行文字）命令，绘制轴号标注。

03 执行 DLI（线性标注）命令、DCO（连续标注）命令，绘制剖面图尺寸标注。

04 执行 L（直线）命令，绘制标高基准线；执行 I（插入）命令，在“插入”对话框中选择“标高”图块；双击标高图块，在“增强属性编辑器”对话框中更改标高参数，完成标高标注的绘制，如图 21-9 所示。

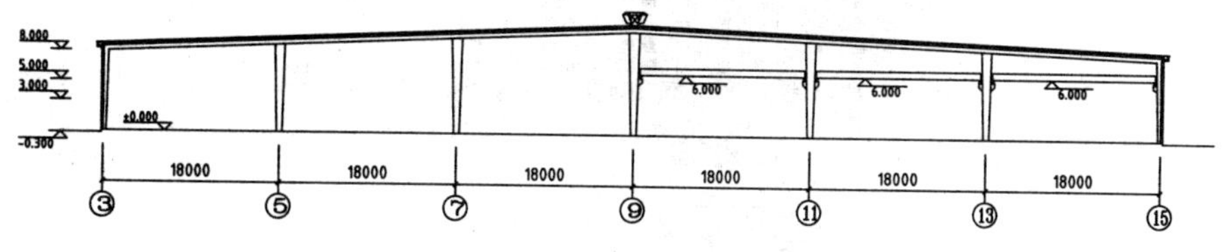

图 21-9　绘制标注

05 将“文字标注”图层置为当前图层。

06 执行 PL（多段线）命令，绘制起点宽度为 100，端点宽度为 0 的指示箭头；执行 MT（多行文字）命令，绘制屋面坡度标注文字，如图 21-10 所示。

07 执行 MT（多行文字）命令，绘制图名及比例标注；执行 PL（多段线）命令，分别绘制宽度为 200 及 0 的多段线，完成 A-A 剖面图的绘制，如图 21-11 所示。

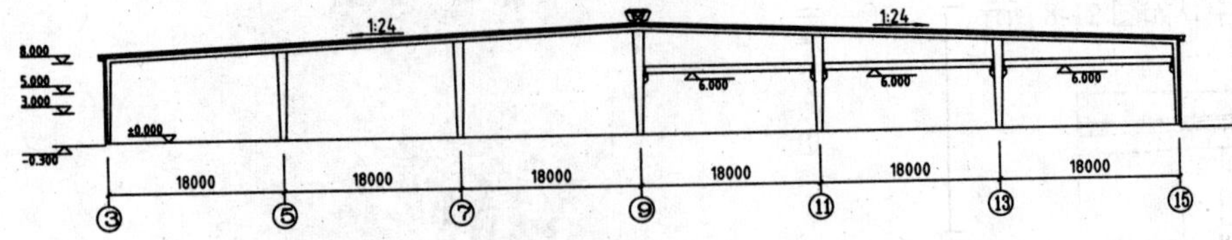

图 21-10　绘制屋面坡度标注

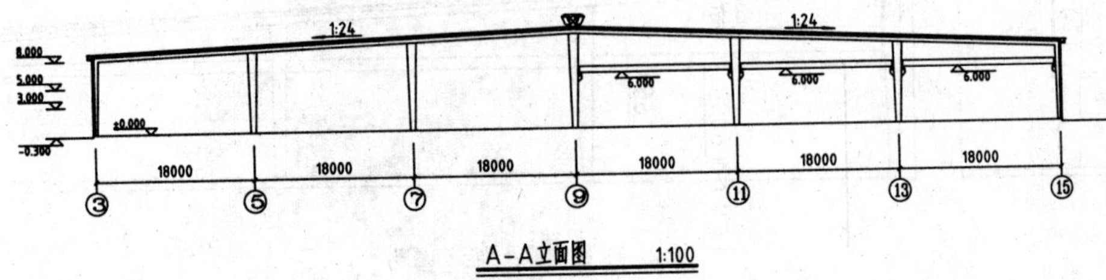

图 21-11　A-A 剖面图

21.2　绘制厂房详图

详图反映了指定部位的构成，包括构件的大小、使用的材料种类、具体的尺寸等，下面介绍厂房墙体节点详图的绘制步骤。

21.2.1　设置绘图环境

在绘制详图之前，应在平面图中标示待绘制节点图的部位。通常以详图索引符号来表示，方便将平面图与详图进行对照查看。

08 启动 AutoCAD 2020，新建一个空白文件。

09 执行“文件”→“保存”命令，将其保存为“厂房详图.dwg”文件。

10 创建图层。执行 LA（图层特性管理器）命令，在弹出的“图层特性管理器”对话框中创建绘制厂房详图所需要的图层，如图 21-12 所示。

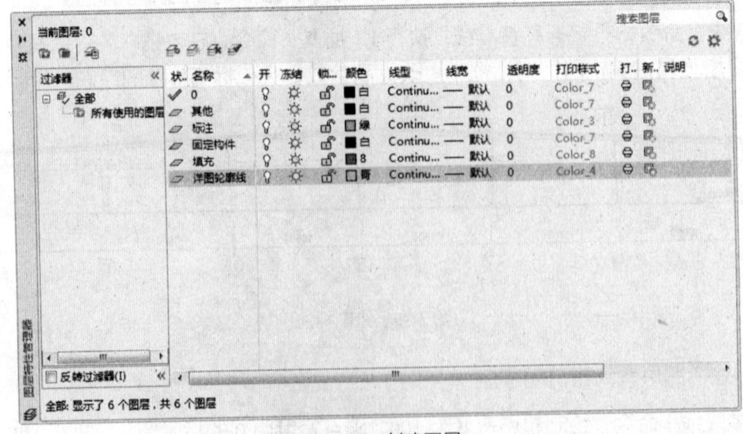

图 21-12　创建图层

11 执行“文件”→“打开”命令，打开在第 19 章中绘制的“厂房底层平面图.dwg”文件。

12 执行 L（直线）命令、C（圆）命令，绘制详图索引符号；执行 MT（多行文字）命令，绘制详图编号，如图 21-13 所示。

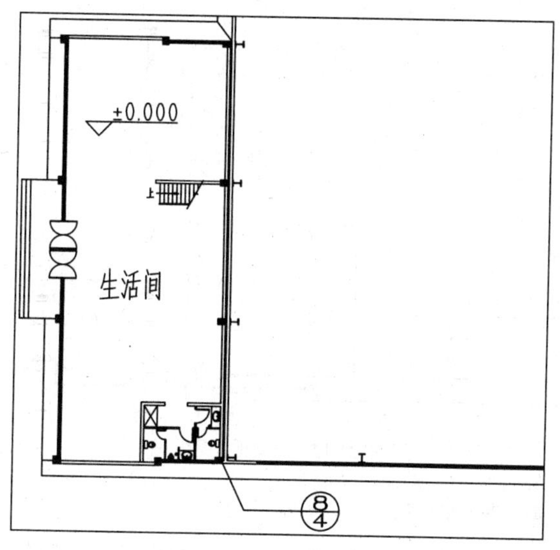

图 21-13　绘制详图符号

21.2.2　绘制详图

在绘制各类详图前，应先转换相应的图层，以使指定的图形在对应的图层上绘制，这样可以方便对图形进行编辑修改。

01 将“详图轮廓线”图层置为当前图层。

02 执行 L（直线）命令、O（偏移）命令，绘制并偏移直线；执行 TR（修剪）命令，修剪线段，绘制详图轮廓线，如图 21-14 所示。

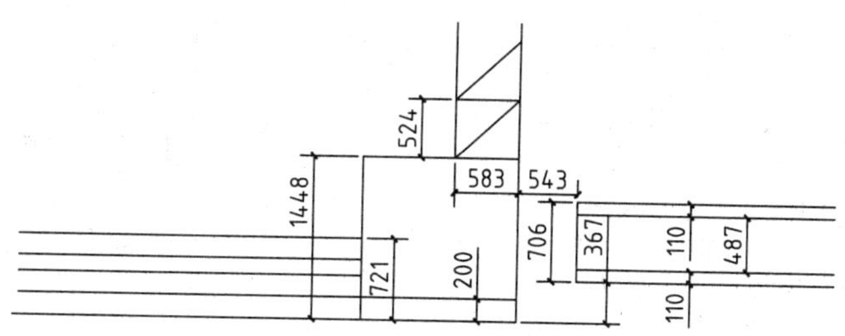

图 21-14　绘制详图轮廓线

03 将“其他”图层置为当前图层。

04 执行 PL（多段线）命令，设置宽度参数为 10，绘制镀锌铁皮轮廓线，如图 21-15 所示。

05 执行 PL（多段线）命令，设置宽度参数为 0，半径为 45，绘制钢板网，如图 21-16 所示。

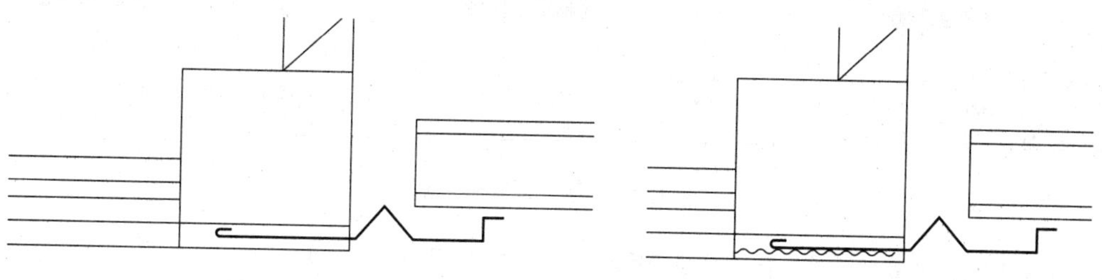

图 21-15　绘制镀锌铁皮轮廓线

图 21-16　绘制钢板网

06 按下 Enter 键，继续执行 PL（多段线）命令，绘制压型钢板，如图 21-17 所示。

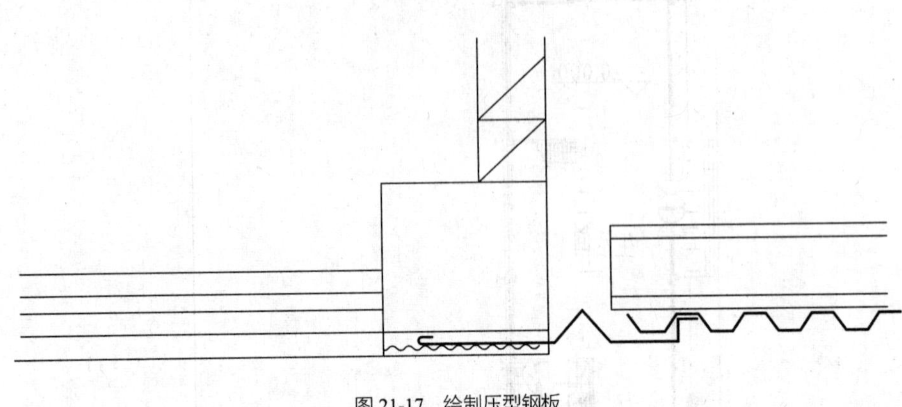

图 21-17　绘制压型钢板

07 将“固定构件”图层置为当前图层。

08 执行 PL（多段线）命令，分别绘制宽度为 16、10 的垂直多段线；执行 C（圆）命令，在宽度为 10 的垂直多段线的端点绘制半径为 33 的圆；执行 H（图案填充）命令，在“图案填充和渐变色”对话框中选择 SOLID 图案，对圆执行图案填充操作，绘制钢螺纹，如图 21-18 所示。

09 重复执行 PL（多段线）命令、L（直线）命令，绘制抽芯铆钉及自攻螺钉图形，如图 21-19 所示。

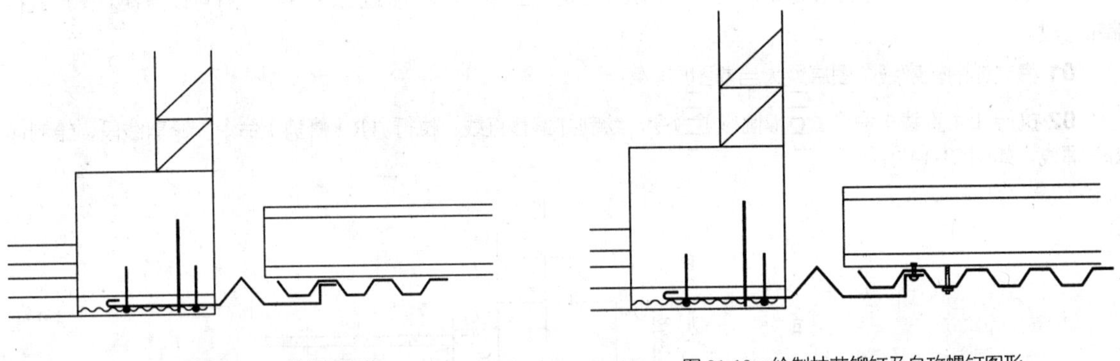

图 21-18　绘制钢螺纹　　　　图 21-19　绘制抽芯铆钉及自攻螺钉图形

10 将“填充”图层置为当前图层。

11 执行 H（图案填充）命令，在“图案填充和渐变色”对话框中设置图案填充参数，如图 21-20 所示。

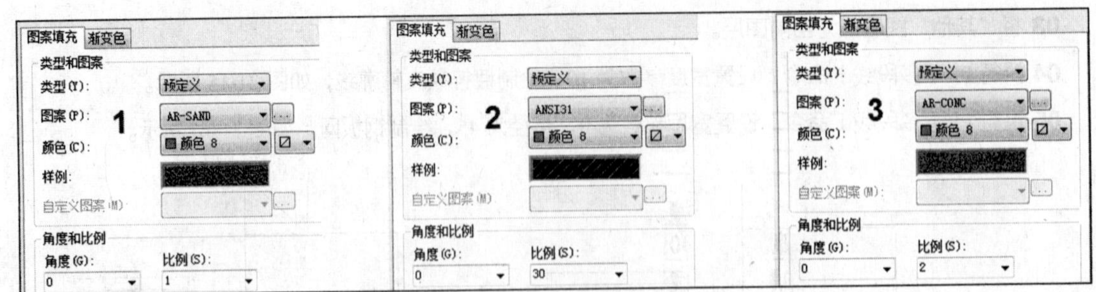

图 21-20　设置图案填充参数

12 在详图中选择指定的区域进行图案填充操作，如图 21-21 所示。

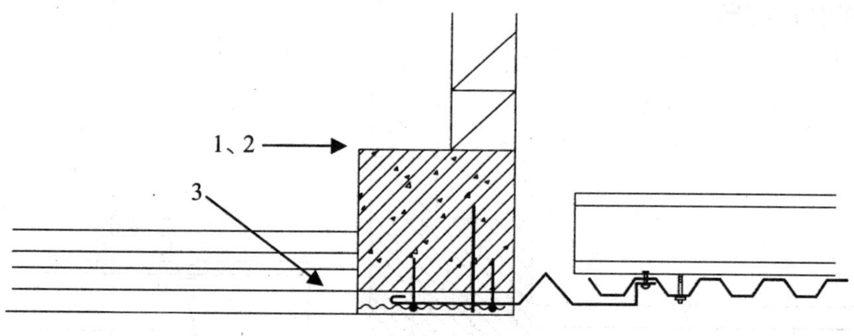

图 21-21　图案填充指定区域

21.2.3　绘制标注

详图的标注侧重于文字标注，即使用材料的标注；应该对指定部位的材料种类、工艺做法进行详细的标注。

01 将“标注”图层置为当前图层。

02 执行 DLI（线性标注）命令，绘制详图尺寸标注，如图 21-22 所示。

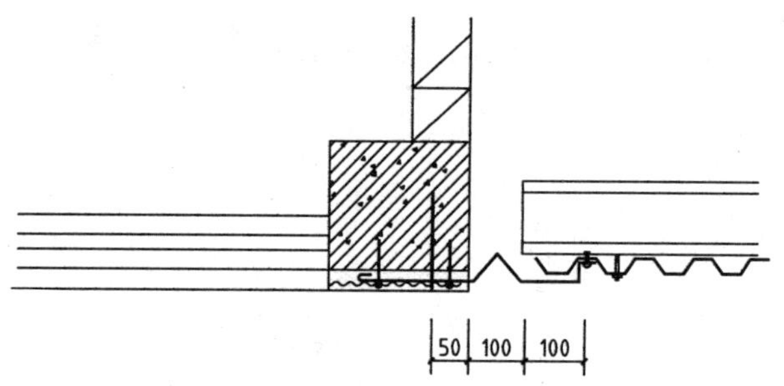

图 21-22　绘制详图尺寸标注

03 执行 MLD（多重引线）命令，绘制材料标注，如图 21-23 所示。

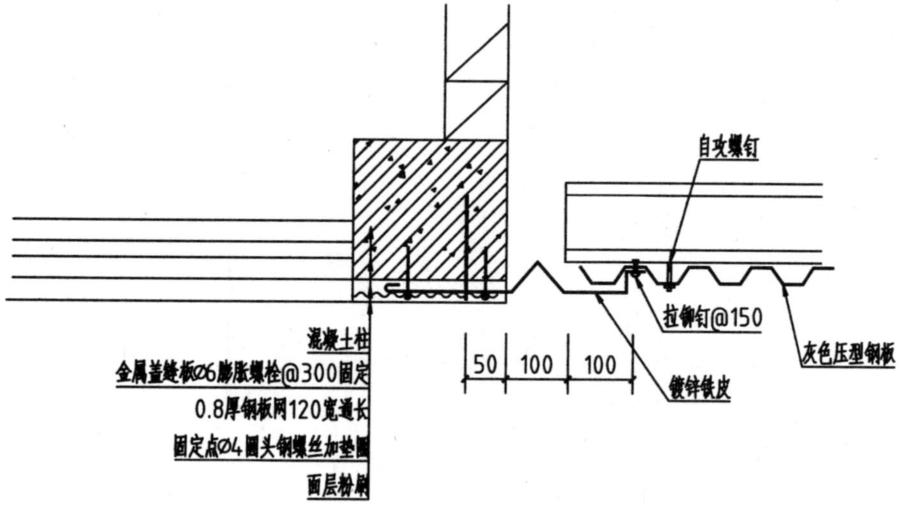

图 21-23　绘制材料标注

04 执行 C（圆）命令，绘制半径为 350 的圆，将圆的线宽更改为 0.3mm；执行 MT（多行文字）命令，绘制图号标注，如图 21-24 所示。

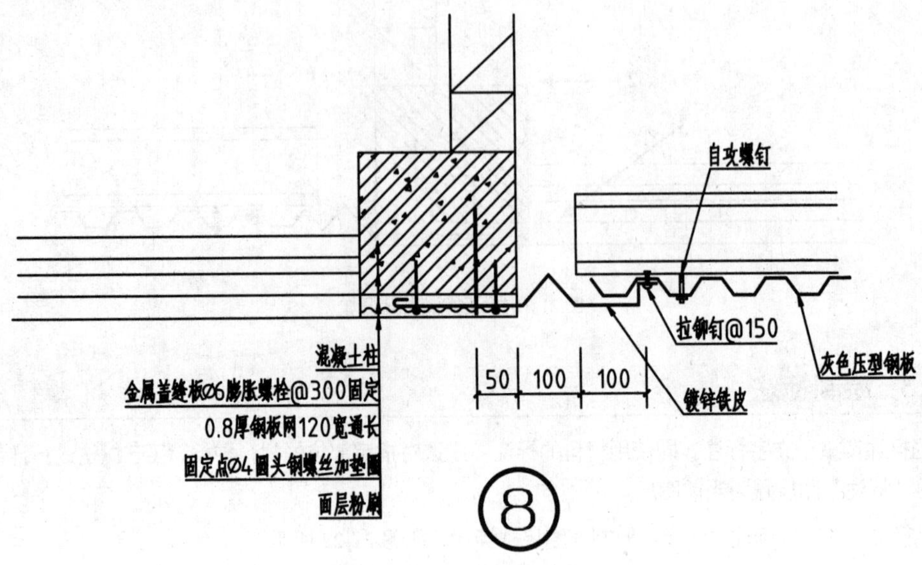

图 21-24　绘制图号标注